AVR ATmega 128
마이크로컨트롤러

프로그래밍과 인터페이싱

이응혁 / 장문석 / 장영건 지음

CONTENTS

CHAPTER 06

포트의 이해 / 171

CHAPTER 07

인터럽트 동작 / 203

CHAPTER 08

타이머/카운터의 동작 / 231

PREFACE

1970년대 말에 마이크로프로세가 등장한 이후로 현대 사회는 가전제품에서 개인용 휴대 기기와 로봇 제어기, 무선 통신 기기 등의 첨단 분야에 이르기까지 마이크로프로세서를 내장한 임베디드 마이크로컨트롤러의 사용이 필수적으로 되었다.

최근 마이크로컨트롤러 기술은 각종 제품의 융합화, 고기능화에 따라 점차로 다양한 기능을 내장한 임베디드 마이크로컨트롤러가 요구되고 있으며 USB, CAN, ZigBee 등과 같은 시스템의 분산화 추세에 따라 마이크로컨트롤러의 활용 범위가 매우 다양해지고 있는 실정이다.

현재 출시되고 있는 8비트의 마이크로컨트롤러는 인텔사의 8051 계열, 마이크로칩스 테크놀로지사의 PIC 계열과 아트멜사의 AVR 계열의 MCU 등이 대표적이지만, 이 중에서도 AVR 계열은 8051이나 PIC 계열에 비해 플래시 메모리를 내장하여 ISP 기능을 제공한다는 장점과, 시스템 개발자의 욕구에 맞는 다양한 기능을 내장하고 다양한 소자가 출시되고 있기 때문에, 가전제품이나 완구, 유무선 통신 제품과 기타 소형 시스템에 적합하다는 인식이 고조되면서 현재 가장 보편적으로 사용되고 있는 상황이다.

따라서 AVR 계열에 대한 이론적 지식, 프로그램 작성 기법과 이를 활용한 각종 시스템 구현 기술은 전자, 컴퓨터, 정보 통신 및 멀티미디어 분야에 종사하는 개발자에게는 필수적이라 할 수 있다.

AVR 마이크로컨트롤러의 동작 원리와 제어 방법을 쉽게 터득할 수 있는 방법은 현재까지의 실무와 강의 경험을 토대로 생각하여 볼 때, 사용자가 직접 보드를 설계/제작하고, 제작된 보드에 간단한 제어 프로그램을 작성하여 구동하여 보는 것이다.

따라서 본 교재에서는 AVR 마이크로컨트롤러 중에서 현재 광범위하게 사용되고 있고, 쉽게 평가 보드를 구할 수 있는 ATmega128을 중심으로 내부 하드웨어 구성과 이를 활용하여 보드 설계 과정을 설명하고, AVR에 내장된 모든 기능을 프로그램 작성 과정을 통해 직접 확인하고, 다양한 시스템의 개발에 필요한 기초 지식을 독자들에게 전달하여 개발 현장에서 실무 활용에 도움이 될 수 있는 내용을 다루고 있다.

이러한 AVR 마이크로컨트롤러에 대한 기초 지식과 실무 지식을 배양하기 위하여, 본 교재에서는 1장과 2장에서는 마이크로컨트롤러와 AVR의 개요에 대해 설명하였으며, 3장에서는 AVR을 사용하여 하드웨어를 설계하기 위한 과정, 4장과 5장에서는 제작된 보드를 사용하기 위한 개발환경을 각각 다루었으며, 6장에서 13장까지는 AVR에 내장되어 있는 기능을 확인하고 활용하기 위한 과정을 다루었다.

본 교재는 전체를 13장으로 구성하고, 각 장에서는 AVR의 실제 활용을 위하여 AVR의 기본 기능을 자세히 설명하고, 이를 제어하는 프로그램의 작성법을 설명함과 동시에 해당 예제를 제시하여 AVR의 기능을 보다 쉽게 이해하고 제어할 수 있는 방법을 터득할 수 있도록 프로그램 작성 방법을 자세히 설명하였다.

본 교재의 주요 특징과 내용을 살펴보면 다음과 같다.

◈ 〈AVR ATmega128 마이크로컨트롤러 -프로그래밍과 인터페이싱-〉의 주요 특징

• AVR에 내장된 기능을 초보자가 이해할 수 있도록 자세히 설명함.

• AVR에 내장된 기능을 확인할 수 있도록 예제 작성 과정을 자세히 설명함.

• 프로그램의 다양한 작성 방법의 습득을 위해 <참고사항>을 두어 설명함.

• 매 장마다 다양한 예제를 수록하고, 이를 활용하여 프로그램을 활용할 수 있도록 연습 문제를 제시함.

• 마이크로컨트롤러에서 사용되는 용어를 일목요연하게 정리하여 수록함.

• AVR의 개발에 필요한 데이터 시트, 응용 노트, 개발자 정보와 매 장의 프로그램의 소스와 실행 파일 등에 대한 정보는 웹 사이트^{주)}에서 다운로드 가능함.

• 프로그램의 작성을 돕기 위해 컴파일러에서 제공되는 함수 및 AVR의 I/O 레지스터를 정리하여 부록에 수록함.

◈ 교재의 내용

• 1장에서는 AVR 마이크로컨트롤러를 학습하기 전에 독자가 알아야 하는 기초적인 용어를 설명한다.

• 2장에서는 AVR 마이크로컨트롤러의 종류와 내부 구조 및 기능에 대한 기본적인 사항에 대해 설명한다.

• 3장에서는 AVR 마이크로컨트롤러의 회로를 제작하기 위한 기본적인 하드웨어 설계 방법과 이의 활용을 위한 방법에 대해 자세히 설명한다.

• 4장에서는 설계된 교육용 보드의 운영을 위해 C언어 컴파일러인 CodeVision에서 구현된 C언어 확장 기법 및 C언어 기초에 대해 자세히 설명한다.

• 5장에서는 제작된 교육용 보드의 운영을 위해 C언어 개발 환경 및 디버깅 환경에 대해 설명하고, 이 환경에서의 실험용 보드의 실제 동작 방법에 대해 설명한다. 여기에는 실험용 보드의 플래시 메모리로 다운로드되는 인텔 16진 파일의 분석에 대해 추가적으로 설명이 되어 있다.

• 6장에서 9장까지는 AVR 마이크로컨트롤러에 내장된 기능인 I/O 포트, 인터럽트와 8비트/16비트 타이머/카운터의 기능에 대해 C언어로 제어하는 방법을 예제와 더불어 상세히 설

주) 저자 홈페이지 http://www.roboticslab.co.kr
　　도서출판 ITC 홈페이지 http://www.itcpub.co.kr

명한다.

- 10장에서는 I/O 포트의 제어를 통해 문자형 LCD를 제어하는 방법을 자세히 설명한다.
- 11장과 12장에서는 AVR 마이크로컨트롤러에 내장된 직렬 포트, SPI 통신 포트, TWI 통신 포트를 C언어로 제어하는 방법을 예제와 더불어 상세히 설명한다. 여기에서 SPI 통신 모드를 이용한 주변소자의 활용으로 자이로 센서, EEPROM 등의 인터페이스 방법과 프로그램 작성 방법에 대해 자세히 설명한다.
- 13장에서는 A/D 변환기, EEPROM, 아날로그 비교기, 워치독 타이머 및 슬립 모드 등의 제어 방법에 대해 C언어로 제어하는 방법을 예제와 더불어 상세히 설명한다.

이상의 내용으로 작성된 본 교재는 크게 AVR 기능의 내장 기능을 소개하는 부분과 AVR을 확장하는 부분으로 구분될 수 있다. 따라서 대학의 교재로 활용하기 위해서는 각 대학의 실정에 맞추어 한 학기 또는 두 학기로 강의를 진행할 수 있다. 4장의 내용을 보면 AVR 사용을 위한 C 언어 활용을 다루고 있는데, 여기에는 일반 C언어의 고급 활용에 대해서도 설명하고 있다. 만약 C언어를 이용하여 프로그램을 작성하는 과정을 미리 학습하였다면, 4장의 내용 중에 AVR 활용을 위해 특별히 정의된 데이터 형, 메모리 형, 메모리 모델, 인터럽트 함수, 어셈블리 프로그램과의 결합 부분만을 강의하고 나머지 내용은 강의하지 않아도 무방할 것이다.

이 교재를 스스로 학습하기 위해서는 교재에서 설명하고 있는 교육용 보드가 필요하다. 이 보드는 한국산업기술대학교 IHLAB에 연락을 하면 구입하는 방법과 제작 방법에 대해 자세히 조언을 들을 수가 있을 것이다. 그리고 교재의 내용에 대한 사항과 작성된 프로그램에 대한 질의는 저자의 홈페이지인 www.roboticslab.co.kr을 통해 운영될 예정이고, ITC 출판사를 통해서도 피드백을 받을 예정이다.

아무쪼록 본 교재가 AVR 마이크로컨트롤러에 관심이 있고 이를 활용한 시스템 설계 및 제작에 관심이 있는 독자들에게 작게나마 도움이 되길 진심으로 바란다.

끝으로 이 책을 완성하기까지 프로그램의 작성 및 검증을 위해 불철주야 열심히 도와준 IHLAB (지능형 헬스케어 시스템 연구소)의 연구원들에게 심심한 감사의 뜻을 표하고, 또한 이 책의 출판을 위해 도움을 주신 ITC 출판사의 사장님을 비롯한 직원 여러분께 깊은 감사를 드린다.

2009년 8월
이 응혁

⠿ 저자에 대하여

이 응 혁 (ehlee@kpu.ac.kr)

| 주요 경력 |

- 1987.10 – 1992.5
  대우중공업(주) 중앙연구소 로봇제어팀
- 1992.5 – 1993.3
  생산기술연구원 HDTV 개발연구실
- 1995.3 – 2000.2
  건양대학교 컴퓨터공학과, 조교수
- 2000.3 – 현재
  한국산업기술대학교 전자공학과 교수

| 관심 분야 |

- 지능형 서비스 로봇의 제어 시스템
- 지능형 서비스 로봇의 센서 시스템 및 주행 제어
  알고리즘
- 모바일 헬스케어 시스템 및 생체 신호처리 시스템
- Embedded 시스템 응용 시스템 (Linux, WinCE 등)
- 영상처리 시스템(로봇 시각 시스템, DVR 등)

| 저서 |

- 디지털공학 – 이론 및 PLD 실습 – (사이텍미디어, 2001.7)
- 8051마이크로컨트롤러 – 인터페이싱과 프로그래밍 –
  (사이텍미디어, 2002.2)
- 디지털공학, (ITC 출판사, 2003.2)
- 멀티미디어 신호처리, (ITC 출판사, 2005.1)
- 8051마이크로컨트롤러 – 인터페이싱과 프로그래밍
  (개정판), (ITC, 2005.10)
- 회로이론 (ITC 출판사, 2007.2)
- 멀티미디어 신호처리(개정판) (ITC 출판사 2007.8)

장 영 건 (ygjang@chongju.ac.kr)

| 주요 경력 |

- 1979 – 1983
  국방과학연구소 연구원
- 1983 – 1994
  대우중공업 중앙연구소 책임연구원
- 1995 – 1996
  고등기술연구원 책임연구원
- 1996 – 현재
  청주대학교 컴퓨터정보공학과 교수

| 관심 분야 |

- HCI, 지능로봇, 보조공학, 웹 정보시스템

| 저서 |

- Visual Basic 프로그래밍 (영한출판사)
- 예제로 배우는 Visual Basic (도서출판 글로벌)

장 문 석(msjang@inha.ac.kr)

| 주요경력 |

- 2000.1 – 2004.12
  (주) 모텍스 연구소
- 2005.3 – 현재
  인하대학교 전자공학과 박사과정

| 관심 분야 |

- 지능형 서비스 로봇의 제어 시스템
- 무선 센서 네트워크 및 위치 인식 시스템
- Embedded 시스템

CHAPTER 01

마이크로컨트롤러

최근 마이크로컨트롤러 관련 산업은 IT 기술의 발전과 더불어 가장 빠르게 진보하는 기술 분야 중 하나이다. 가정용 일반 가전기기와 휴대폰, PDA, 전자사전을 비롯한 휴대형 기기뿐만 아니라 가정용 서비스 로봇의 제어장치에 이르기까지 폭넓게 적용되고 있는 마이크로컨트롤러는 개발의 편의성 및 기술의 모듈화 등이 빠르게 진행되고 있어 그 활용이 더욱 확대되어 가고 있다.

따라서 본 장에서는 마이크로컨트롤러를 활용하기 위한 전단계로서 마이크로컨트롤러의 내부 구성에 대해 살펴보고, 마이크로컨트롤러를 공부하기 위한 기본적인 지식과 마이크로컨트롤러의 활용 분야에 대해 소개하기로 한다.

1.1 마이크로프로세서와 마이크로컨트롤러

일반적으로 마이크로프로세서는 중앙처리장치인 CPU를 말하며, 마이크로컨트롤러는 CPU의 기능을 이용하여 컴퓨터를 구성하기 위한 요소를 하나의 IC 칩에 집적시켜 만든 것을 의미한다. 그러나 IT 산업이 발전하는 단계에서 소형화, 저가격화가 추진이 되면서 마이크로프로세서에 ROM과 RAM 등의 메모리와 부가장치인 직렬 인터페이스(serial interface), 병렬 인터페이스, 타이머, 카운터, 인터럽트(interrupt), 입력/출력 포트(port) 등의 기능을 부가하여 하나의 칩으로 만든 마이크로컨트롤러가 출시되는 추세이기 때문에 현재에는 마이크로프로세서와 마이크로컨트롤러의 용어가 혼용되어 사용되기도 한다.

그러나 공부를 하는 학생들 입장에서는 마이크로컨트롤러와 마이크로프로세서에 대한 정의를 하고 구분하여 사용하는 것이 바람직하므로, 본 절에서는 이에 대해 자세히 살펴보기로 한다.

1) 마이크로프로세서

마이크로프로세서(microprocessor)는 컴퓨터의 중앙처리장치(CPU : Central Processing Unit)를 단일의 IC에 집적한 반도체 소자로서 1971년 인텔에 의해 세계 최초로 8080이 개발되었으며, 이를 MPU(Micro Processor Unit)라고 지칭하였다. 그 뒤를 이어 Motorola, RCA, MOS Technology, Zilog 등에서 이와 유사한 6800, 6801, 6502, Z80 마이크로프로세서들을 개발하였다. 인텔의 마이크로프로세서는 8086, 80286, 80386, 80486, 펜티엄 프로세서로 발전하였다. 마이크로프로세서는 레지스터라고 불리는 아주 작은 기억소자를 이용하여 산술 및 논리연산을 수행하도록 설계되었다. 마이크로프로세서의 대표적인 연산에는 덧셈, 뺄셈, 두 수의 비교 그리고 시프트 등이 포함된다. 컴퓨터가 기동되면, 마이크로프로세서는 기본 입/출력시스템 즉, 바이오스의 제일 첫 번째 명령어를 자동으로 수행하도록 설계되어 있다.

2) 마이크로컴퓨터

마이크로프로세서와 같은 집적 회로(IC)는 자기 자신만으로는 별 쓸모가 없으나 마이크로프로세서가 메모리와 I/O(입출력)장치와 연결되어 특수 목적으로 명령어가 처리되는 구성을 갖는다면 의미가 있어진다. 이와 같이 마이크로프로세서와 기억장치, 입출력장치가 모여서 하나의 시스템으로 구성한 것을 마이크로컴퓨터라 한다. 이의 구성은 그림 1.1에 나타낸 것과 같으며, 일반적으로 마이크로프로세서와 입출력장치, 주기억장치 등을 하나의 PCB에 내장하여 만든 시스템을 의미한다.

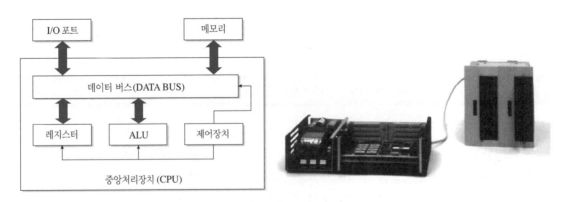

그림 1.1 마이크로컴퓨터의 구조 및 형태

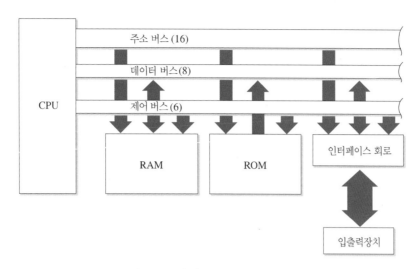

그림 1.2　마이크로컨트롤러의 구성도

3) 마이크로컨트롤러

　　마이크로컨트롤러(microcontroller)는 앞에 언급한 CPU 기능과 일정한 크기의 기억장치(RAM, ROM), 입출력(I/O) 장치 등을 하나의 칩에 모두 내장한 것을 말하며, 이의 구성을 그림 1.2에 나타내었다. 하나의 IC만으로 완전한 컴퓨터로서의 기능을 갖추고 있어 단일칩(single-chip) 또는 원칩 마이크로 컴퓨터(one-chip microcomputer)라고도 불린다. 최근에는 A/D 변환기, D/A 변환기, PWM 출력회로 기능을 내장한 마이크로컨트롤러가 출시되고 있어 많은 제어시스템에서 사용되고 있다. 마이크로컨트롤러는 범용의 마이크로프로세서로 지칭되는 MPU와 구별하기 위해 MCU라 부르기도 한다. 예를 들어 Z80과 68000은 마이크로프로세서이지만 AVR, 8051과 80C196 등은 마이크로컨트롤러이다. 마이크로컨트롤러에서 주목할 만한 점은 많은 입/출력 인터페이스를 위해 단일 비트를 사용할 수 있다는 것이고, 이를 위해 비트 단위의 조작이 가능한 명령어 집합을 가지고 있다는 것이다. 예를 들어 논리적인 AND, OR, XOR 등의 연산은 비트 단위의 연산을 수행할 수 있다.

1.2　중앙처리장치

　　중앙처리장치(CPU)는 마이크로프로세서의 두뇌에 해당하는 핵심부분으로 명령어의 인식, 해독과 실행을 제어하며 연산처리를 수행하는 장치로서, 내부에는 산술논리장치 (ALU : Arithmetic Logic Unit), 제어장치, 레지스터(register)등으로 구성되어 있고, 산술논리장치에서는 산술연산 또는 논리연산을 담당하며, 이의 기능을 간략하게 정리하면 다음과 같다.

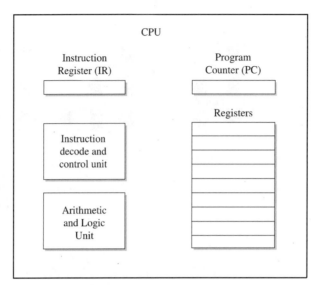

그림 1.3 중앙처리장치의 내부 구성 요소

❶ 레지스터   : 정보를 임시로 저장하는 임시 저장장치이다.
❷ 산술논리장치   : 정보에 대한 연산을 수행한다.
❸ 명령 디코더와 제어장치 : 명령 레지스터에 있는 명령을 해석하고, 수행할 동작을 결정하는
                                      제어 모듈이다.
❹ 명령 레지스터   : 수행될 명령의 이진 코드를 갖고 있는 레지스터로서 외부의 프로
                                      그램 메모리에서 명령을 가져와서 임시 보관한다.
❺ 프로그램 카운터   : 다음에 수행될 명령 주소를 저장하고 있는 임시 레지스터로서 프
                                      로그램의 흐름을 제어하는 기능을 가지고 있다.

　CPU의 기능 동작은 프로그램 카운터에 의해 지정된 메모리의 위치로부터 명령어를 읽어서 명령 레지스터에 임시 저장하고, 명령어 디코더와 해석장치에서는 이 명령을 해석하고 명령에 따라 ALU에서 연산을 하거나 프로그램의 흐름을 제어한다. 특히 외부 프로그램 메모리로부터 명령어를 읽어 오는 과정을 명령어 인출(instruction fetch)이라 하고, 이 명령어 인출과정을 시작으로 CPU는 명령어를 실행하게 된다. CPU에서 명령어를 인출하는 과정을 그림 1.4에 나타내었으며, 다음과 같은 순서로 동작이 진행된다.

❶ 프로그램 카운터의 내용이 주소 버스에 놓이게 된다.
❷ 메모리 읽기 제어 신호가 활성화된다.
❸ 데이터(명령어 opcode)가 ROM에서 읽혀져 데이터 버스에 놓인다.
❹ 명령어(opcode)가 CPU 내의 명령 레지스터에 놓인다.
❺ 프로그램 카운터가 증가한다.

　이상의 과정을 통해 해석된 명령어는 CPU의 ALU와 제어 장치에 의해 수행되는데, CPU에 의해 처리되는 명령은 산술(ADD, SUB, MUL, DIV)과 논리(AND, OR, NOT 등), 데이터 이동과 프로그램의 분기 동작 등으로 구성된다.

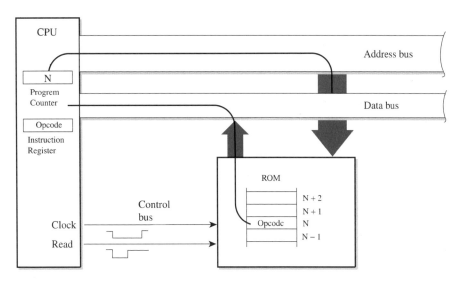

그림 1.4 CPU에서 명령어를 인출하는 과정

마이크로컨트롤러는 그림 1.2에서 설명한 바와 같이 CPU를 비롯한 메모리와 I/O 장치들을 모두 포함하여 하나의 칩에 모두 내장한 것을 말한다. 마이크로컨트롤러에는 프로그램 메모리와 데이터 메모리가 별도로 내장되어 있다. 프로그램 메모리에는 CPU에서 수행하여야 하는 프로그램(CPU 명령의 집합)이 저장되며, 이는 일반적으로 ROM(Read Only Memory)으로 구현되어 있다. 또한, 데이터 메모리는 CPU의 처리 과정에서 임시로 발생하는 데이터들을 저장하기 위해 사용되며, 이는 일반적으로 RAM(Random Access Memory)으로 구현되어 있다.

마이크로컨트롤러에 내장된 입출력장치는 하나의 마이크로컴퓨터 시스템을 구성하기에 필수적으로 필요한 주변 장치들을 포함하고 있으며, 이는 시간 제어를 하기 위한 타이머/카운터, 외부 장치와 데이터를 주고받기 위한 직/병렬 입출력장치, 프로그램의 흐름 제어와 외부 사건에 대해 비동기적으로 처리하는 인터럽트 장치와 아날로그 신호를 처리하는 데 필요한 ADC(Analog to Digital Converter) 및 DAC(Digital to Analog Converter) 등이 있다.

이상과 같이 마이크로컨트롤러에 내장된 장치들과 CPU와 데이터 교환하기 위해서는 그림 1.2에 표시된 바와 같이 다음의 3가지 버스들을 사용한다.

❶ 주소 버스
❷ 데이터 버스
❸ 제어 버스

마이크로컨트롤러가 메모리와 각종 I/O 들과 데이터를 교환하기 위해서는 데이터의 교환이 이루어져야 하는 장치들의 위치를 알아야 한다. 장치들의 위치를 식별하기 위한 방법으로 마이크로컨트롤러에서는 주소의 개념을 사용한다. 즉, 장치들의 위치를 주소라 한다. 이러한 장치들의 기본 단위는 바이트이므로 바이트별로 주소가 지정되며, 이 주소는 숫자로 표시되고 2진수로 표시된 수가 그림 1.2의 주소 버스를 통해 메모리 및 I/O 장치들에 전달된다. 여기서 버스는 다수의 선을 말하며 주소를 지정하기 위해 다수의 선이 사용되므로 주소 버스라 부른다.

주소 버스(address bus)는 CPU가 주변 장치들의 위치를 일방적으로 지정하기 위해 사용되므로 이는 단방향 버스라고 한다. 또한 주소 버스의 크기는 주소 선의 수로 결정되는데, 이 주소 선의 수가 CPU에서 최대로 지정할 수 있는 주소의 최대 크기를 결정한다. 일반적인 마이크로컨트롤러는 16개의 주소 선을 가지고 있으며, 주소 선의 수가 n개이면, 2^n개의 위치에 대해 액세스가 가능하다.

예를 들어, 주소 버스가 16비트일 때, 지정 가능한 주소는 0x0000 번지부터 0xFFFF 번지까지로서 메모리의 크기는 $2^{16}=2^6\times2^{10}$B=64KB가 된다. 만약, 32 비트의 주소 버스를 사용하는 경우에는 $2^{32}=2^2\times2^{10}\times2^{10}\times2^{10}$B=4GB의 주소 공간을 액세스할 수 있게 된다.

데이터 버스(data bus)는 CPU와 기억장치 또는 CPU와 입출력 장치 사이에 정보를 전달하는 역할을 수행하므로 양방향 버스라 한다. 마이크로프로세서를 말할 때 흔히 8비트 또는 16비트 마이크로프로세서라는 용어를 사용한다. 이때 8비트 마이크로프로세서라 함은 CPU에서 데이터를 연산할 때 기본적인 단위가 1바이트임을 나타낸다. 8비트 마이크로프로세서의 기본 연산 단위는 1바이트이므로 2바이트 연산을 위해서는 두 번의 데이터 액세스가 필요하다. 그러나 16비트 마이크로프로세서의 기본 연산 단위는 16비트 즉 2바이트이므로 한 번의 데이터 액세스를 통해 연산을 수행할 수 있으므로 8비트 마이크로프로세서에 비해 빠른 수행속도를 갖게 된다. 대부분의 마이크로프로세서는 4비트, 8비트, 16비트, 32비트 데이터 버스의 범주에 있게 되는데 데이터 버스의 폭이 증가함에 따라 시스템의 처리 능력 또한 증가하게 된다.

제어 버스(control bus)는 주소 버스, 데이터 버스와 함께 마이크로프로세서 버스의 3요소 중의 하나로서, 마이크로프로세서가 메모리나 I/O 장치와 데이터를 액세스할 때 필요한 신호들이다. 이러한 제어 신호는 CPU에 의해 제공되는 타이밍 신호들로서 주소 버스와 데이터 버스에서의 정보 이동을 동기화하는데 사용하며, 일반적으로 마이크로프로세서에서 사용되는 제어 신호에는 CLOCK, READ, WRITE 등의 세 가지가 있다.

이상의 세 개의 버스들을 이용하여 마이크로프로세서와 주변 장치와의 데이터 교환을 수행하게 된다. 각각의 주변장치와의 읽기/쓰기 동작을 수행할 때, CPU는 데이터(명령)의 주소를 주소 버스에 실어 보내고 현재 읽기 동작인지 쓰기 동작인지를 알리는 제어 신호를 제어 버스를 통해 주변 장치로 출력한다. 읽기 동작인 경우에는 명시된 주소가 가리키는 데이터를 검색해 데이터 버스에 적재한다. 쓰기 동작인 경우에는 CPU는 데이터 버스 상에 저장될 데이터를 실어주고, 제어 신호에 의해 쓰기 동작임을 기억장치가 인식하여 지정된 위치에 데이터를 기록한다.

1.4 메모리: RAM과 ROM

메모리(memory)는 데이터를 읽고 쓰기가 가능한 구조 또는 읽기만 가능한 구조로 되어 있느냐에 따라 RAM(Random Access Memory)과 ROM(Read Only Memory)로 구분된다. 마이크로컨트롤러 시스템에서 ROM은 프로그램의 명령을 저장하는 데 사용되며, RAM은 프로그램에 의해 데이터를 임시로 저장하는 데 사용된다. 그림 1.5는 현재 마이크로컨트롤러에서 사용되고 있는 메모리의 종류를 보여준다.

1) RAM

RAM은 전원이 제거되면 메모리에 저장된 내용이 소멸되는 메모리로서 휘발성 메모리(volatile memory)라고 한다.

◎ Static RAM(SRAM)

전원이 공급되는 동안에 저장된 데이터가 유지되는 RAM이다. 사용이 간단하다는 장점은 있지만 각각의 기억 비트를 구성하는 데 여러 개의 반도체 소자가 사용되어 하나의 메모리 IC에 구성할 수 있는 기억용량에 한계가 있어 대용량의 메모리 구현에는 부적합하다. 따라서, 많은 용량의 메모리가 필요하지 않은 소형의 제어 시스템에서 주로 SRAM이 많이 사용된다.

◎ Dynamic RAM(DRAM)

DRAM은 메모리의 기억 비트를 구성하는 데 단 한 개의 소자를 사용하기 때문에 같은 면

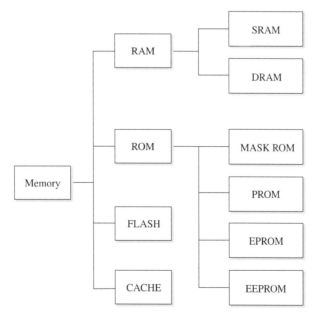

그림 1.5 메모리의 종류

적의 IC에 많은 용량의 기억 장소를 구성할 수 있어서 대용량의 메모리 시스템을 구축하는 데 사용되지만, 전원이 투입되어 있어도 일정 시간이 경과하면 저장된 정보가 소멸되기 때문에, 전원이 투입되어 있는 동안 데이터를 유지하기 위해 일정 시간마다 저장 내용을 다시 재생(refresh)시켜야 한다는 단점이 있다. 이러한 단점을 보완하기 위해 메모리 외부에 메모리 리프레시를 위한 별도의 복잡한 회로가 필요하여 소형의 제어 시스템과 같은 간단한 시스템에서는 사용하기 힘들고 주로 대용량의 메모리가 필요한 컴퓨터 시스템에 사용된다.

2) ROM

ROM은 전원이 제거되어도 메모리에 저장된 내용이 소멸되는 않는 메모리로서 비휘발성 메모리(non-volatile memory)라고 한다. 일반적으로 ROM에 저장되어 있는 데이터는 읽을 수만 있고 그 값을 변경할 수는 없다. 또한, ROM에는 컴퓨터를 켤 때마다 부팅되거나 재설정하기 위한 프로그램이 저장되어 있다.

○ 마스크 ROM

마스크 ROM(mask ROM)은 ROM 제조 시에 프로그램 코드에 맞게 내부 회로를 고정시켜 제작하는 메모리로서 읽기만 가능하고 더 이상의 지우기와 쓰기는 불가능하다.

○ PROM

PROM(Programmable ROM)은 내부 메모리 셀들에 전기적으로 녹일 수 있는 퓨즈를 달아 두고 외부에서 프로그래밍을 통해 퓨즈를 끊으면 1로 되고 퓨즈를 그 상태대로 유지시키면 0이 되어 그 값을 다시는 변경시킬 수 없는 ROM을 말한다. 이런 특성 때문에 OTP(One Time Programmabe)이라고 하며, 가격이 저렴해서 마스크 ROM을 제작할 수 없는 소량의 제품에 사용된다.

○ EPROM

EPROM(Erasable PROM)은 메모리 속에 저장된 내용을 지우고 다시 사용할 수 있는 ROM으로서, 메모리 칩의 표면에 부착된 유리창을 통해 강렬한 자외선을 비추면 ROM 내의 내용이 삭제된다(비록 보통 방의 불빛에는 EPROM의 내용을 지울 만큼 충분한 양의 자외선이 포함되어 있지 않지만, 햇빛에 노출되면 EPROM의 내용이 지워질 수 있다). 이러한 이유 때문에, 보통 EPROM의 창은 라벨로 붙여서 빛이 들어가지 않도록 조치된다.

○ EEPROM

EEPROM(Electrically Erasable PROM) 사용자가 메모리 내의 내용을 수정할 수 있는 ROM으로서, 정상보다 더 높은 전압을 이용하여 반복적으로 지우거나 다시 프로그램 (기록)할 수 있다. EPROM과 달리, EEPROM은 기록된 내용을 수정하기 위해 컴퓨터에서 빼낼 필요가 없다. EEPROM은 일부 내용을 선택적으로 수정할 수 없으며, 바이트 단위로 전체 내용을 지우고 다시 프로그램해야만 한다. 또한, 사용할 수 있는 수명에도 제한이 있는데, 다시 프로그램할 수 있는 횟수가 10만회 미만으로 제한될 수 있다.

3) 플래시 메모리

플래시 메모리(flash memory RAM)는 전원이 꺼진 상태에서도 데이터가 지워지지 않고 저장되는 비휘발성 메모리로서 요즘 ROM을 대신하여 널리 사용되고 있는 메모리이다. 플래시 메모리는 블록단위로 내용을 지울 수도 있고, 다시 프로그램할 수 있어 EEPROM에 비해 속도가 훨씬 빠르다. 이러한 특징으로 인해 배터리로 동작하는 디바이스에서 저장장치로 많이 사용되고 있으며, 종종 PC의 BIOS(Basic Input Output System)와 같은 제어코드를 저장하는 데 사용된다. 플래시 메모리는 구성 방법에 따라 크게 저장용량이 큰 데이터 저장형(NAND)과 처리속도가 빠른 코드 저장형(NOR)의 두 가지로 분류되고, 플래시 메모리를 이용하여 USB 메모리, Smart Media (SM)와 Secure Digital(SD) 등의 Compact Flash(CF), Memory Stick(MS)과 MMC(Multi Media Card) 등 다양한 제품이 만들어지고 있다.

4) 캐시 메모리

캐시 메모리(cache memory)는 처리속도가 빠른 CPU와 처리속도가 상대적으로 느린 HDD 또는 주 메모리 사이에서 처리되는 데이터 액세스 속도를 향상시키기 위해 사용되는 SRAM으로 구성된 메모리를 말한다.

일반적인 컴퓨터 시스템의 경우, CPU가 프로그램을 실행하는 과정은 그림 1.6과 같이 하드디스크로부터 프로그램과 데이터를 읽어서 처리하는 구조를 사용한다. 이 과정에서 하드디스크의 액세스 속도는 일반 RAM보다 느리기 때문에 전체적인 처리속도가 저감될 수밖에 없다. 따라서 하드디스크와 같이 액세스 속도가 느린 외부 메모리를 사용할 경우에는 처리 속도를 향상시키기 위한 방법으로 캐시 메모리를 사용한다. 즉, 그림 1.6과 같이 CPU와 하드디스크 사이에 임시 메모리를 배치하여 두고, 하드디스크로부터 처리할 프로그램이나 데이터를 일단 캐시 메모리로 저장해 둔다. 그런 다음 CPU가 프로그램을 실행할 때에는 하드디스크가 아닌 임시 메모리에 있는 내용을 읽어와서 프로그램이 실행되고, 동시에 하드디스크에 있는 다른 프로그램 및 데이터를 캐시 메모리에 저장할 수 있기 때문에 프로그램 실행을 위한 대기시간을 줄여서 전체 시스템의 속도를 향상시킬 수 있다. 따라서, 이러한 대기시간을 줄이는 것을 고려하여 볼 때, 메모리의 용량이 크다면 많은 양의 정보를 한 번에 읽어다가 캐시 메모리에 저장할 수 있으므로 처리속도의 향상에 효과가 있을 것이다.

캐시 메모리는 용도에 따라, 내부 캐시, 외부 캐시, 디스크 캐시 등으로 구분이 되는데 일반적으로 내부 캐시는 L1 캐시, 외부 캐시는 L2 캐시라 한다. L1(1차) 캐시는 CPU내부에 내장되어 있는 메모리로 CPU 내부 클럭 주파수에 의해 빠르게 동작하고, L2(2차) 캐시는 CPU 외부에 장착되어 사용되는 메모리로서 외부 시스템 클럭 주파수에 의해 동작하므로 L1 캐시보다 느리게 동작한다.

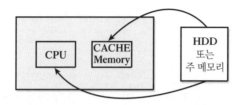

그림 1.6 캐시 메모리를 사용한 CPU 처리 속도의 향상 방법

1.5   입출력장치

표 1.1 입출력장치의 예

소자	입출력 형태	기 능
스위치	입력	신호의 연결을 위해 사용되는 입력장치 (예를 들어, 신호가 연결되면 ON 상태를 나타내고 신호가 연결되지 않으면 OFF 상태를 나타낸다.) 키보드와 같은 응용에 활용
ADC	입력	마이크로컨트롤러에 의해 처리될 수 있도록 아날로그 신호를 디지털 신호로 변환하는 장치
센서	입력	측정대상에 직접적 또는 간접적으로 접촉하여 대상의 물리량(힘, 압 력, 온도, 속도, 유량, 유속 등)을 다른 물리량(일반적으로 전기량으로 전압 또는 전류)으로 변환하는 소자 거리 계측용의 초음파 센서, 적외선 센서, 레이저 센서 물체 감지용의 영상 센서 물체 움직임 검출용의 가속도 센서, 자이로 센서, 엔코더
표시장치	출력	문자 또는 숫자를 표시하기 위해 사용되는 장치 LED, 7-세그먼트, LCD
모터	출력	기계장치를 제어하기 위해 사용되는 액츄에이터로 전류가 흐르는 도 체가 자기장 속에서 받는 힘을 이용하여 전기에너지를 역학적 에너 지로 바꾸는 장치 스텝모터, AC/DC 모터, BLDC 모터
솔레노이드	출력	전기적인 에너지를 회전 또는 직선 운동으로 변환하는 전자장치 구동되는 전원에 따라 DC와 AC 형태가 있음.
릴레이	출력	전자적인 접점을 ON/OFF하여 기계적인 접점을 ON/OFF하는 스위치
DAC	출력	마이크로컨트롤러에 의해 처리된 디지털 데이터를 아날로그 신호인 전압으로 변환하는 장치

마이크로컨트롤러 시스템에서 외부와의 연결을 위해 사용되는 하드웨어 장치를 입출력장치라 한다. 마이크로컨트롤러는 사람 또는 기계와의 정보 교류를 위해 입출력장치를 사용한다. 즉 마이크로컨트롤러는 입력장치를 통해 실세계의 신호를 받아들이고, 이에 대한 정보를 처리하여 사람이 이해할 수 있도록 출력장치를 통해 표시한다.

마이크로컨트롤러에서 사용하는 입출력장치는 매우 다양하지만, 일반적으로 제어의 목적에 간단하게 사용되는 입출력장치를 표 1.1에 나타내었다.

1.6　프로그래밍 언어

1) 마이크로컨트롤러 명령어

마이크로프로세서를 제어하기 위한 명령어들은 마이크로컨트롤러의 종류에 따라 약간씩 다르다. 본 교재에서는 국내 교육환경에서 가장 보편적으로 사용하고 있는 AVR 마이크로컨트롤러의 명령어 집합에 대해 간단하게 소개한다. 마이크로컨트롤러는 마이크로프로세서에 메모리 또는 기타 외부 장치를 하나의 칩에 내장하여 만든 것으로 기본적인 동작은 마이크로프로세서와 동일하다. 따라서 이 부분부터는 원서의 용어와 통일되게 표현하기 위해 AVR과 관련된 설명부분에서는 마이크로컨트롤러의 용어를 마이크로프로세서로 대체하여 사용하기로 한다. AVR 마이크로컨트롤러의 명령어 집합은 5개의 그룹으로 분류된다.

▶ 산술 및 논리(Arithmetic and logic)

▶ 루프와 점프(Loop와 jump)

▶ 데이터 전송(Data transfer)

▶ 비트 조작(Bit manipulation)

▶ CPU 제어(control)

각 명령어는 1과 0으로 이루어지는 비트열로 구성되어 있으며, 명령이 수행되기 전에 마이크로프로세서에 의해 해석된다. 2진 코드로 표현된 명령어들은 기계어(machine language)라 부르며, 마이크로컨트롤러는 2진 코드로 된 기계어만을 인식한다. 초기 컴퓨터들은 2진 코드로 된 명령어를 직접 입력하여 프로그램하였다. 마이크로컨트롤러에 명령어를 '쓰는(write)' 작업을 간단하게 만들기 위해 개발된 언어가 어셈블리(assembly) 언어이다. 어셈블리 언어의 영어와 유사한 명령어들은 2진 명령어로 바로 변환될 수 있기 때문에 어셈블리 언어는 하위 계층 언어로 분류된다. 그림 1.7은 어셈블러(assembler)라는 프로그램을 이용하여 니모닉(mnemonics)이라 불리는 영어와 흡사한 어셈블리 명령어들을 마이크로컨트롤러에서 사용되는 기계어로 번역하는 과정을 보여준다. 어셈블리 언어에는 데이터 구조와 어셈블리가 필요로 하는 정보를 나타내기 위한 명령어들도 있다. 이들 명령을 의사-동작(pseudo-operation)이라 한다. 어셈블러는 이들 명령어를 실제 명령어로 번역하지 않는다. 어셈블리 언어와 이에 대응하는 기계어는 마이크로프로세서 종류에 따라 서로 달라 호환되지 않는다. 예를 들어 8051로 작성된 어셈블리 프로그램은 AVR에서는 돌아가지 않는다. 어셈블리 언어는 프로그래머가 프로세스를 직접 제어할 수 있다는 장점이 있으며, 어셈블리 언어로 작성된 프로그램은 수행시간이 빠르다. 뿐만 아니라, 프로그래머는 인터럽트나 I/O 장치 같은 기계 프로세스를 보다 쉽게 다룰 수 있다. 반면에 C와 고급 프로그래밍 언어들은 컴퓨터 시스템에 사용되고 있는 마이크로프로세서의 종류와 무관하게 사용할 수 있다. 고급 언어로 작성된 프로그램은 컴파일러(compiler)라 불리는 프로그램을 이용하여 기계어로 번역된다.

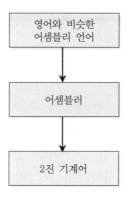

그림 1.7 마이크로프로세서의 어셈블리 프로그래밍 과정

2) 프로그래밍 언어

그림 1.8은 컴퓨터 하드웨어와 비교하여 프로그래밍 언어의 계층 구조를 나타낸 것이다. 가장 하위 레벨은 컴퓨터 하드웨어(CPU, 메모리, 디스크 드라이브와 입/출력)이고, 다음 레벨은 하드웨어가 이해하는 기계어(machine language)로서, 이는 1과 0으로 표현된다(논리 게이트는 1(HIGH) 또는 0(LOW)를 인식할 수 있다는 것을 기억하라). 기계어 위의 레벨은 어셈블리 언어로서, 1과 0이 영어 단어와 유사하게 표현된다. 어셈블리 언어는 기계어와 매우 근접한 형태이고, 기계에 종속적(기계어는 특정 마이크로프로세서에만 사용되므로)이므로 하위 레벨 언어로 분류된다.

어셈블리 언어 위의 레벨은 상위 레벨 언어(high-level language)로서, 사람이 사용하는 언어와 비슷하고, 컴파일 과정을 거쳐 기계어로 변환된다. 어셈블리 언어에 비해 상위 레벨 언어의 장점은 이식성에 있다. 이식성이라는 것은 프로그램이 여러 다양한 종류의 컴퓨터에서 실행될 수 있다는 의미이다. 또한 상위 레벨 언어는 어셈블리 언어보다 읽기, 쓰기와 유지가 편리하다. 대부분의 시스템 소프트웨어와 응용 소프트웨어는 상위 레벨 언어로 작성된다.

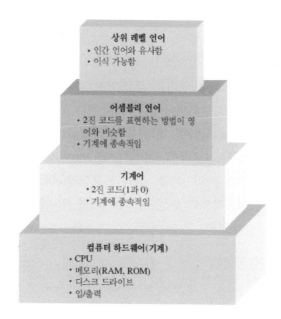

그림 1.8 컴퓨터 하드웨어와 비교하여 프로그래밍 언어의 계층 구조

○ 어셈블리 언어

마이크로프로세서 명령을 1과 0의 긴 열로 작성하는 것을 피하기 위해 니모닉이라는 영어와 비슷한 것이나 op-코드가 사용된다. 마이크로프로세서의 종류에 따라, 명령에 대해 2진 코드를 표현하는 고유의 니모닉 명령은 각각 다르다. 특정의 마이크로프로세서에 대한 모든 니모닉 명령은 명령어 집합으로 불린다. 어셈블리 언어는 마이크로프로세서의 프로그램을 작성하기 위해 이 명령어 집합을 사용하고, 어셈블리 언어는 기계어(2진 코드 명령)와 직접적으로 관련이 있기 때문에 하위 레벨 언어로 분류된다. 어셈블리 언어는 한 단계를 거쳐 기계어로 변환된다.

어셈블리 언어와 기계어는 특정 마이크로프로세서의 종류에만 적용이 가능하다. 어셈블리 언어는 마이크로프로세서의 종류에 따라 다르게 표현되고, 실행이 불가능하기 때문에 이식성이 없는 언어이다. 예를 들어 8051 마이크로프로세서에 대한 어셈블리 언어는 AVR 마이크로프로세서에서 인식될 수 없다.

어셈블러는 어셈블리 언어 프로그램을 마이크로프로세서에 의해 직접 인식되는 기계어로 변환하는 프로그램이다. 교차 어셈블러(cross-assembler)라 불리는 프로그램은 어느 한 종류의 마이크로프로세서의 어셈블리 언어를 다른 종류의 마이크로프로세서의 어셈블리 언어로 번역한다.

어셈블리 언어는 매우 큰 응용 프로그램을 작성하는 데 거의 사용되지 않는다. 그렇지만, 어셈블리 언어는 상위 레벨 프로그램으로부터 호출될 수 있기 때문에 서브루틴(큰 프로그램 내의 작은 프로그램)으로 종종 사용된다. 어셈블리 언어는 상위 레벨 언어의 제약을 받지 않고, 고속의 연산을 필요로 하는 부분에서 서브루틴 형식으로 유용하게 사용된다. 또한 어셈블리 언어는 산업용 공정제어와 같은 응용의 기계 제어 분야와 비디오 게임 분야의 응용에 사용되기도 한다.

○ **프로그램의 기계어로의 변환**

어셈블리 언어나 상위 레벨 언어로 작성된 모든 프로그램은 컴퓨터가 프로그램 명령을 인식할 수 있도록 기계어로 변환되어야 한다.

어셈블러는 그림 1.9에 나타낸 것과 같이 어셈블리 언어로 작성된 프로그램을 해석하여 기계어로 변환한다. 원시 프로그램(source program)이라는 용어는 어셈블리 또는 상위 레벨 언어로 작성된 프로그램을 의미하고, 목적 프로그램(object program)이라는 용어는 원시 프로그램을 변환하여 최종적으로 생성되는 기계어를 의미한다.

그림 1.9 어셈블러를 사용하여 어셈블리 언어를 기계어로 변환하는 과정

컴파일러는 그림 1.10에 나타낸 것과 같이 상위 레벨 언어로 작성된 프로그램을 마이크로프로세서가 사용할 수 있는 기계어로 번역하는 프로그램이고, 일반적으로 컴파일러가 수행되는 컴퓨터의 기계어로 번역한다. 반면에 교차-컴파일러는 컴파일러가 수행되고 있는 컴퓨터의 마이크로프로세서가 아닌 다른 종류의 마이크로프로세서의 기계어로 번역하는 프로그램을 말한다. 즉, 컴파일러는 전체 원시 프로그램을 검사하고 여러 개의 서브루틴을 모아서 재구성하여 하여 기계어로 변환하는 프로그램이다. 몇몇의 상위 레벨 언어는 프로그램을 매 라인마다 해석하여 기계어로 변환하는 인터프리터 또는 번역기를 사용하기도 한다.

그림 1.10 컴파일러를 사용하여 상위 레벨 언어를 기계어로 변환하는 과정

1.7   구동 소프트웨어

소프트웨어는 마이크로컨트롤러나 관련 장치들을 동작시키는 데 사용되는 다양한 종류의 프로그램을 부르는 일반적인 용어이다. 소프트웨어는 보통 응용 소프트웨어와 시스템 소프트웨어로 나뉘어지는데, 응용 소프트웨어는 사용자들이 직접 관심을 가지고 있는 작업을 처리하는 프로그

램을 말하며, 시스템 소프트웨어는 운영체제 및 응용 소프트웨어를 지원하는 프로그램을 포함한다. 그림 1.11은 소프트웨어의 단계를 나타낸 것이다.

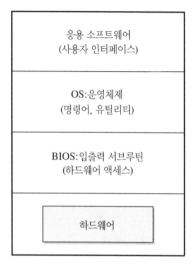

그림 1.11 소프트웨어의 단계 구분

유틸리티는 작지만 제한된 능력을 가진 유용한 프로그램으로서, 몇몇 유틸리티 프로그램들은 운영체제에 딸려 나오는 경우도 있다. 유틸리티는 응용프로그램과 같이 운영체계의 나머지 부분과는 별도로 설치될 수 있으며, 독립적으로 사용될 수 있는 능력을 가지고 있다. 애플릿은 작은 응용프로그램으로서, 때로 운영체제에 액서서리로 함께 딸려 나오는 경우가 있다. 애플릿은 자바나 기타 다른 프로그래밍 언어를 사용하여 독립적으로 만들어질 수 있다. 운영체제는 하드웨어와 우리가 사용하는 소프트웨어 사이에서 통역 역할을 한다.

컴퓨터 하드웨어는 달라도 윈도우 운영체제가 설치되어 있다면 윈도우 운영체제용으로 만들어진 모든 소프트웨어를 사용할 수 있다. 운영체제는 이밖에도 여러 가지 역할을 하며, 운영체제 소프트웨어에는 컴퓨터를 관리할 수 있는 여러 가지 프로그램들이 포함되어 있다.

BIOS는 Basic Input Output System의 약어이며 컴퓨터의 가장 기본적인 처리기능을 갖춘 프로그램으로서 컴퓨터와 주변장치 사이에서의 대화를 제어하고 조작하는 운용체계 프로그램이다. BIOS는 컴퓨터의 하드웨어와 소프트웨어 사이를 중계해 입/출력을 관장하는 소프트웨어로 컴퓨터를 처음 부팅할 때부터 전원을 끌 때까지 모든 컴퓨터의 흐름을 제어하는 프로그램이라 할 수 있으며, 컴퓨터를 켰을 때 제일 먼저 시스템을 자기 진단하여 고장 유무를 판단해 주는 한편, 디스크 드라이버, 모니터, 키보드 등과의 기본적인 연결고리를 만들어 주는 역할을 한다. 위와 같이 컴퓨터를 작동시킬 때 가장 기본이 되는 입출력 프로그램인 BIOS를 읽기 전용 메모리인 롬에 기록해 둔 것을 롬 바이오스(ROM-BIOS)라 한다.

롬 바이오스 서비스는 대부분 INT(interrupt)명령을 사용한 인터럽트를 통해 실행되는데, 인터럽트란 프로그램 실행 중 우선순위를 바꿔 처리하는 긴급 명령을 말한다. BIOS는 오퍼레이팅 시스템 중의 하드웨어에 의존하는 제어 프로그램이다.

최근에는 미들웨어라는 용어가 자주 사용되며, 이는 시스템 소프트웨어와 응용 소프트웨어 사이 또는 두 가지 다른 종류의 응용 프로그램 사이에서 조정 및 중개 역할을 하는 프로그램을 의미하는 말로 사용된다.

1.8 마이크로컨트롤러의 종류

마이크로컨트롤러의 종류는 어떻게 구분하느냐에 따라 다양하게 구분될 수 있다. 본 교재에서는 AVR 마이크로컨트롤러에 대해 논하기 때문에 이의 구조적 특징이 되는 부분에 대해서만 논하기로 한다.

1) 메모리 구조 및 명령어 구조에 의한 분류

마이크로컨트롤러는 메모리를 액세스하는 방법에 따라 폰 노이만(Von Neumann) 구조와 하버드(Harvard) 구조로 구분할 수 있다. 폰 노이만 구조는 미국의 수학자 John Von Neumann이 제안한 구조로 그림 1.12과 같이 프로그램과 데이터를 하나의 메모리에 저장하여 데이터는 메모리에서 읽거나 메모리에 쓰기도 하는 반면, 명령어는 메모리에서 읽기만 하는 구조를 말한다. 폰 노이만 구조는 명령어 구조로 구분하면 CISC(Complex Instruction Set Computer)구조로 되어 있다고 할 수 있다. 현재 출시되고 있는 마이크로컨트롤러 중에서 인텔의 x86 계열의 CPU와 AMD의 인텔 호환 CPU 등이 이 방식으로 구현되어 있다. CISC의 특징으로는 마이크로컨트롤러에게 메모리 특정 지점부터 실행하도록 지시할 수 있으며, 데이터와 명령어는 메모리를 공유하므로 특정 프로그램에서 명령어인 내용은 다른 프로그램에서 데이터일 수 있다. 이외의 특징은 다음과 같다.

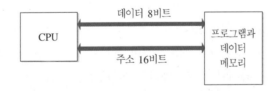

주) 그림에서 예시한 버스의 비트수는 단지 예시일 뿐임.

그림 1.12 폰 노이만 구조

❶ 많은 수의 명령어 - 일반적으로 100에서 250개의 명령어
❷ 다양한 어드레싱 모드 - 일반적으로 5에서 20가지의 모드
❸ 가변 길이 명령어 형식
❹ 메모리의 피연산자를 처리하는 명령어

반면에 하버드 구조는 프로그램과 데이터를 물리적으로 구분하여 각각 다른 메모리에 저장하는 구조로서, 그림 1.13에 이의 구조를 나타내었다. 하버드 구조는 명령어 구조로 구분하면 RISC (Reduced Instruction Set Computer)구조로 되어 있다. 이 구조는 명령어와 데이터를 서로 다른 데이터 버스와 주소 버스를 사용하므로 프로그램과 데이터에 대해 서로 다른 길이의 비트수를 사용할 수 있으며, 프로그램과 데이터를 동시에 읽어 들일 수 있다. 또한, 현재 명령을 마치는 것과 동시에 다음 명령을 가져올 수 있기 때문에 처리 속도를 향상시킬 수 있다. 이외의 특징은 다음과 같다.

❶ 상대적으로 적은 수의 명령어

❷ 상대적으로 적은 수의 어드레싱 모드

❸ 메모리 참조는 load와 store 명령어으로만 제한됨.

❹ 모든 동작은 CPU의 레지스터 안에서 수행됨

❺ 고정된 길이의 명령어 형식으로 디코딩이 간단함.

❻ 단일 사이클의 명령어 실행

❼ 마이크로 프로그램된 제어보다는 하드와이어된 제어를 선택함.

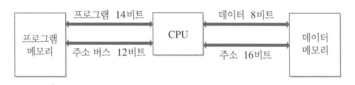

주) 그림에서 예시한 버스의 비트수는 단지 예시일 뿐임.

그림 1.13   하버드 구조

현재 출시되고 있는 마이크로컨트롤러 중에서 트랜스메타의 크루소와 애플의 PowerPC 등은 이 방식으로 구현되어 있다. PowerPC의 경우 CISC 방식인 인텔의 x86 CPU와 비교하면 같은 클럭에서 수 배 이상의 처리속도를 보여주고 있으며, 이런 빠른 속도 때문에 워크스테이션이나 대형 서버급의 컴퓨터에서는 대부분 RISC 방식의 CPU를 채택하고 있다.

또한, RISC이 처음 출시되었을 때, RISC은 CISC을 단순히 명령어를 간소화시킨 정도로 생각되었지만, RISC 방식은 명령어 수를 줄이는 대신 CPU 내부 캐시, 파이프 라이닝, 비순차 명령 실행, 레지스터 개수 증가 등과 같은 마이크로컨트롤러의 근본적인 기능을 향상시켜 CISC에 비해 월등히 높은 처리 속도를 가질 수 있게 되었다.

2) 비트수에 의한 분류

마이크로컨트롤러를 구분하는 데 있어 가장 고전적이고 전통적인 방법은 비트수에 의한 방법으로 4비트에서 64비트에 이르기까지 다양한 종류의 제품이 출시되고 있다. 그림 1.14에는 마이크로컨트롤러의 비트수의 증가에 따른 체계도를 나타내었다.

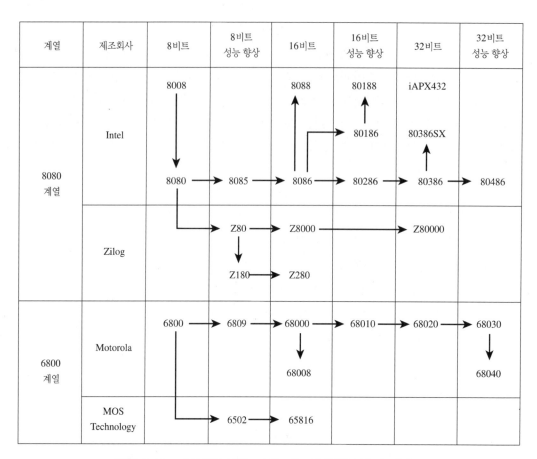

계열	제조회사	8비트	8비트 성능 향상	16비트	16비트 성능 향상	32비트	32비트 성능 향상
8080 계열	Intel	8008 ↓ 8080 →	8085 →	8088 ↑ 8086 →	80188 ↑ 80186 80286 →	iAPX432 80386SX ↑ 80386 →	80486
	Zilog		Z80 → ↓ Z180 →	Z8000 → Z280		Z80000	
6800 계열	Motorola	6800 →	6809 →	68000 → ↓ 68008	68010 →	68020 →	68030 ↓ 68040
	MOS Technology		6502 →	65816			

그림 1.14 대표적인 범용 마이크로프로세서의 발전 체계도

　　현재 널리 사용되고 있는 마이크로프로세서는 인텔사의 80계열과 모토롤라사의 68계열이 있다. 1969년 최초로 발표된 4004는 4비트의 마이크로프로세서로서 탁상계산기를 구현하는 데 사용되었다. 그러나 오늘날처럼 마이크로프로세서가 대중적으로 사용되기 시작한 것은 인텔사의 8비트 마이크로프로세서인 8080이 나온 후부터이다. 8080은 데이터 터미널을 구현하는 데 사용되었으며, 이후 자일로그사에서 8080을 개량하여 Z80 마이크로프로세서를 제작하여 마이크로프로세서의 범용화를 이끌어왔다.

　　한편 모토롤라사의 6800과 6809, 모스 테크놀로지사의 6502 등도 널리 사용된 8비트 마이크로프로세서였다. 1970년대 후반부터 16비트 마이크로프로세서가 등장하였다. 인텔사의 8086과 모토롤라사의 68000은 초창기의 16비트 마이크로프로세서인데, 이들은 각각 IBM PC와 매킨토시 마이크로컴퓨터에 채용되어 널리 알려졌다. 인텔사의 80386과 80486, 그리고 모토롤라사의 68020과 68030, 68040은 32비트 마이크로프로세서로서 이들 마이크로프로세서들부터 하나의 IC에 다양한 기능의 부가 I/O들이 내장되기 시작하였으므로, 이들 마이크로프로세서들부터 마이크로컨트롤러라는 용어가 혼용되기 시작하였다.

1.9 마이크로컨트롤러의 응용 분야

마이크로컨트롤러는 하나의 IC 안에 CPU를 비롯한 메모리, 입출력 I/O 등의 기능을 내장한 고성능의 집적 소자로서 이의 특징은 다음과 같이 설명할 수 있다.

❶ 소형, 경량화가 가능하다
다양한 프로그램으로 응용범위와 주변 소자수를 대폭 줄일 수 있어 회로가 간단하다.

❷ 가격이 저렴하다.
하나의 IC 안에 입/출력 포트, 직/병렬통신, 기억소자, 카운터/타이머 등의 기능을 내장시켜 별개의 IC로 시스템을 구현할 때보다 훨씬 저렴한 시스템의 구축이 가능하다.

❸ 타 시스템과의 이식성이 뛰어나다.
대부분의 제어 기능이 하나의 IC에 내장되어 있으므로, 시스템을 변경하고자 할 경우에는 약간의 기능 변경과 추가를 통해 쉽게 달성할 수 있어 다양한 용도로 활용이 가능하다.

❹ 신뢰성이 높다.
시스템 구성 소자수가 적어 획기적으로 줄어들어 제품의 신뢰성이 높다.

이러한 특징으로 인해 현재 마이크로컨트롤러는 간단한 기계 제어 장치에서부터 복잡한 로봇 제어 장치나 화성 탐사선과 같은 고기능의 시스템에 이르기까지 다양하게 활용되고 있다. 마이크로컨트롤러의 응용 분야를 나열하면 다음과 같은 것이 있을 수 있고, 이 분야 외에도 최근들어 USB 장치, ZigBee 통신 모듈에 이르기까지 응용 분야는 계속 확대되고 있다.

❶ 산업 분야
모터제어, 로봇제어, 프로세서 제어, 수치제어, 지능형 변환기 등

❷ 계측 분야
액체/가스 크로마토 그래프, 의료용 계측기, 오실로스코프 등

❸ 가전 분야
비디오 레코더, 레이저 디스크 구동부, 비디오 게임, 전자렌지, 에어컨 등

❹ 유도 및 제어분야
미사일 제어, 지능형 무기, 우주선 유도 제어 등

❺ 데이터 처리 분야
플로터, 복사기, 프린터, 하드디스크 구동부 등

❻ 정보통신 분야
모뎀, 지능형 카드 제어, RFID, ZigBee 통신 모듈 등

❼ 자동차 분야
점화 제어, 변속기 제어, 연료분사 제어, 브레이크 제어 등

연습문제

01 처음에 광범위하게 사용된 마이크로프로세서는 무엇인가? 언제 어느 회사에 의해서 소개되었는가?

02 반도체 메모리의 두 가지 종류의 이름은 무엇인가? 또한, 전원을 끌 때 내용이 남아있는 것은 어떤 형태인가?

03 CPU에 있는 어떤 레지스터가 주소를 포함하고 있는가? 이 레지스터에는 무슨 주소를 포함하고 있는가?

04 opcode가 인출되는 동안 주소와 데이터 버스에 있는 정보는 무엇인가? opcode가 인출되는 동안 버스에 있는 정보의 흐름의 방향은 무엇인가?

05 16비트 어드레스 버스와 8비트 데이터 버스를 가진 컴퓨터 시스템에 의해 주소화될 수 있는 데이터의 바이트수는?

06 마이크로프로세서, 마이크로컨트롤로와 마이크로컴퓨터의 차이점에 대해 간단히 설명하시오

07 "16비트 컴퓨터"라는 문장에서 "16비트"의 일반적인 의미는 무엇인가?

08 CISC과 RISC의 차이점은 무엇인가?

09 하바드 구조와 폰 노이만 구조를 설명하고, 이의 차이점에 대해 간단히 설명하시오.

10 AVR 마이크로컨트롤러에서 사용하고 있는 명령어를 5가지로 구분하여 설명하라.

11 마이크로컨트롤러에서 컴파일러의 용도를 설명하라.

12 이 장에서 표현한 소프트웨어의 3단계 중 가장 낮은 단계는? 소프트웨어의 이 단계에서의 목적은 무엇인가?

13 액츄에이터와 센서의 차이점은 무엇인가? 각각의 예를 들어라.

14 펌웨어(firmware)란 무엇인가? 마이크로컨트롤러에 근거한 시스템과 마이크로프로세서에 근거한 시스템과 비교해서 펌웨어에 더 의존하는 것은 무엇이고 왜 그런가?

15 마이크로컨트롤러를 사용하는 것과 같이 이 장에서 언급하지 않은 5개의 제품명을 나열하라.

16 PIC와 AVR 컨트롤러의 특징을 조사하시오.

17 마이크로컴퓨터 시스템에서 사용되는 버스의 종류를 나열하고, 간단하게 설명하시오.

18 EEPROM과 FLASH 메모리와의 차이점을 기술하고, 대표적인 IC 3종류씩 나열하시오.

CHAPTER **02**

AVR(ATmega128)의 구조

현재 산업용에서 가장 보편적으로 사용되고 있는 마이크로컨트롤러로는 8051, AVR 등이 출시되고 있으며, 본 교재에서는 다양한 모델과 쉬운 개발환경으로 많이 사용되고 있는 AVR에 대해 다루기로 한다. 이 장에서는 Atmel사의 AVR 시리즈의 개요 및 특징에 대해 알아보고, 실제 응용을 위해 AVR 시리즈 중에 가장 널리 사용되고 있는 ATmega128에 대해서 구체적으로 소개하고자 한다. 따라서 이 장에서는 ATmega128의 적극적인 활용을 위해 AVR의 내부 구조, 메모리 구조 및 확장, 기타 핵심 기능에 대해 기초적인 사항을 설명하기로 한다.

2.1   ATmega AVR 개요

1) AVR의 주요 특징

AVR 시리즈 마이크로컨트롤러는 1997년에 처음 발표된 8비트 마이크로컨트롤러로서, 기본적인 구조는 Norwegian Institute of Technology(NTH)의 Alf-Egil Bogen and Vegard Wollan 두 사람에 의해 고안되었다. 내부 구조는 다시 Atmel에서 Alf and Vegard에 의해 점차 개선되어 Atmel의 대표적인 컨트롤러로서 자리 매김을 하고 있다.

AVR은 Advanced Virtual RISC(Reduced Instruction Set Computer)의 약자로서, 초기의 칩 설계자인 Alf and Vegard [RISC]의 약자로 알려져 있는 것과는 다르다. 이 책에서 설명하는 AVR

은 Atmel사에서 제작된 RISC 구조의 저전력 CMOS 8-비트 마이크로컨트롤러를 의미한다.

AVR은 각각 프로그램 메모리와 저장되는 데이터를 갖는 하버드 구조(Harvard architecture)를 갖는다. 일반적인 하버드 구조에서는 프로그램을 영구적 또는 반영구적인 메모리에 저장하고, 일시적인 데이터를 휘발성 메모리에 저장하므로, 프로그램과 데이터를 동시에 읽어 들일 수 있다. 또한 전압 스파이크나 다른 악조건의 환경 요소에 의해 프로그램 메모리에 있는 프로그램이 지워지는 상황으로부터 보호될 수 있기 때문에 임베디드 시스템과 같은 환경에서는 이러한 구조는 매우 이상적이라 할 수 있어 제어용 마이크로컨트롤러에서는 많이 사용된다.

이러한 AVR의 주요 특징으로는 다음과 같은 사항을 들 수 있다.

▶ 하버드 구조를 사용하여 프로그램 메모리와 데이터 메모리를 동시에 액세스할 수 있고, 대부분의 명령은 단일 클럭으로 실행하여 동작 속도를 혁신적으로 개선한 제어기이며 임베디드 환경에 적합한 저전력 소모 구조를 가지고 있다.

▶ 명령어는 16비트 버스 폭의 하드웨어로 처리되지만, 데이터는 8비트 길이 기반으로 처리되는 특이한 8비트 마이크로컨트롤러이다.

▶ 내부에는 32개의 범용 작업 레지스터를 가지며 모든 레지스터는 산술논리연산장치(ALU)와 직접적으로 연결되는 구조를 가지고 있기 때문에 한 클럭 사이클 내에 단일 명령 사이에 두 개의 독립된 레지스터를 한꺼번에 처리한다. 결과적으로 AVR RISC 구조는 CISC 마이크로컨트롤러보다 10배 이상의 빠른 속도로 실행이 이루어지는 편리한 코드 체계를 가지는 마이크로컨트롤러이다.

▶ C 언어로 제어하기에 적합한 주소지정 모드(addressing mode)를 제공하여 높은 코드 집적도를 가지고 있다.

▶ 단일 칩에 자체 프로그램이 가능한 플래시 메모리와 파라메터 저장용의 EEPROM, 일반 데이터 변수 저장을 위한 SRAM 등이 집적되어 있어 메모리의 사용에 효율성을 제고하고 있다.

▶ 시스템 개발 과정에 편리성을 제공하기 위해 시스템 자체 내에 프로그래밍, 디버깅, 검증 등의 기능을 포함하고 있다. 즉, ISP(In-System Programming)이라는 기법을 통해 롬 라이터와 같은 별도의 장비 없이도 PC에서 프로그램을 작성하여 곧바로 AVR 내부의 플래시 메모리로 프로그램 코드를 저장할 수 있고, 부트 로더(Boot Loader)를 통해 직렬 인터페이스로 추후 마이크로컨트롤러에 내장된 펌웨어를 업그레이드할 수 있는 자가 프로그래밍(self-programming) 기법을 제공하고 있다.

▶ 1.8~5.5V의 동작이 가능하며, 특히 저전력 소모에 적합한 다양한 동작 모드를 제공한다.

AVR은 이와 같은 구조적인 특징 외에 내장된 기능 또한 다양하여 현재 제어용뿐만 아니라 LAN과 USB와 같은 유선 통신, ZigBee와 RF 링크와 같은 무선 통신, 자동차용의 모터 제어와 같은 용도로 많이 활용되고 있다. 현재 AVR의 갖고 있는 기능은 모델에 따라 약간씩은 차이가 있지만 다음과 같은 특징을 가지고 있다.

▶ 다기능, 양방향의 일반 목적의 I/O 포트를 가지고 있으며, 이는 구조 변경이 가능하고, 내부에는 풀업 저항이 내장되어 있다.

▶ 다양한 기능의 내부 오실레이터가 내장되어 있다.

▶ 재 프로그램이 가능한 플래시 메모리가 256K 바이트까지 내장되어 있다. 이 메모리는 ISP, JTAG 또는 고전압 방법을 이용하여 시스템 내에서 프로그램이 가능하다.

▶ 대부분의 소자에서 JTAG 또는 debugWIRE를 통해 칩 내에서 직접적인 디버깅이 가능하다.

▶ 내부 데이터 EEPROM이 4K 바이트까지 제공된다.

▶ 내부 SRAM이 8K 바이트까지 제공된다.

▶ 8비트와 16비트의 타이머가 내장되어 있으며, 이를 이용하여 PWM 출력 기능으로 활용할 수 있다.

▶ 아날로그 비교기가 내장되어 있다.

▶ 16개까지의 채널 입력을 갖는 10비트의 A/D 변환기가 내장되어 있다.

▶ I²C 호환성을 갖는 TWI 기능, RS-232, RS-485 등의 지원을 위한 UART/USART, SPI(Serial Peripheral Interface) 버스와 2선 또는 3선식의 동기 데이터 전송을 위한 USI(Universal Serial Interface) 등의 다양한 기능으로 직렬 인터페이스를 제공한다.

▶ 저전압 검출(Brown-out Detection) 기능을 제공한다.

▶ 워치독 타이머(WDT: WatchdDog Timer)를 내장하고 있다.

▶ 전원 절약을 위한 여러 가지의 슬립 모드를 제공한다.

▶ CAN 컨트롤러, USB 컨트롤러, 이더넷 컨트롤러와 LCD 컨트롤러의 지원이 가능하다.

2) AVR 마이크로컨트롤러의 종류

AVR 시리즈 마이크로컨트롤러는 다양한 응용 분야에 사용될 수 있도록 내장된 메모리와 외부 접속 장치의 규모에 따라 Tiny 계열, Mega 계열, 자동차용, 유무선 통신용으로 사용되는 전용 AVR 계열로 나누어진다. 전체 AVR 계열의 전제품의 구성은 표 2.1과 같다.

○ Tiny 계열

이 계열의 AVR은 소형 시스템에 적합한 소자로 장난감, 게임용 장치, 배터리 충전기 등 간단히 조립하여 센서 응용회로에 적용될 수 있는 모델로서, 대량으로 생산되는 간단한 응용분야에 사용하는 것을 목적으로 출시되어 가격이 낮고 기능이나 성능도 낮다. Tiny 계열의 내부에는 1K~2K 바이트의 플래시 메모리를 가지고 있으며, 외부 핀은 대개 8핀에서 28핀 정도로 외형이 아주 작으므로, 작은 프로그램에 적합한 소자이다. Tiny 계열의 종류 및 특징을 표 2.2에 나타내었다.

표 2.1 AVR 계열

AVR 계열	소자의 종류	주요기능
Tiny	ATtiny11/12L/13/15L ATtiny24/25/261 ATtiny44/45 ATtiny84/85	• 1~8K 바이트의 프로그램 메모리 • 8~20 핀 패키지 • 주변 소자의 기능이 제한적으로 내장됨.
Mega	ATmega8/48/88L ATmega8515/8535 ATmega16/162/164/168 ATmega32/324/325/3250L ATmega64/640/644/6450 ATmega128/1280/1281 ATmega2560/2561	• 4~256K 바이트의 프로그램 메모리 • 28~100 핀 패키지 • 확장 명령어 세트를 가지고 있음. (곱셈과 확장 메모리를 다루기 위한 명령어 내장) • 주변 소자의 기능이 확장됨.
Application Specific	ATtiny25/45 AT90PWM1/2 ATmega406 AT90CAN128P/329P AT90USB1286/647 ATmega64RZAPV/RZAV ATmega3290P/329P	• Automotive • Lighting • Smart Battery • CAN • USB • Z-Link • LCD

표 2.2 Tiny 계열의 종류 및 특징 요약

소자명	기본적인 사양				내장기능										
	Flash (KB)	EEPROM (Bytes)	SRAM (Bytes)	MAX I/O (Pin)	I_INT(주)	E_INT	Timer (8bit)	Timer (16bit)	W-Dog	UART	10bit A/D	Ana. Comp.	PWM	RTC	내장 발진기
ATtiny11/11L	1	-	-	6	4	2	1	-	O	-	-	O	-	-	O
ATtiny12/12L	1	64	-	6	5	2	1	-	O	-	-	O	-	-	O
ATtiny13	1	64	64	6	9	2	1	-	O	-	4	O	2	-	O
ATtiny15L	1	64	-	6	8	2	2	-	O	-	4	O	1	-	O
ATtiny24	2	128	128	12	17	3	1	1	O	-	8	O	4	-	O
ATtiny25	2	128	128	6	14	2	2	-	O	-	4	O	4	O	O
ATtiny26	2	128	128	16	11	2	2	-	O	-	11	O	2	O	O
ATtiny28L	2	-	-	11+9	5	2	1	-	O	-	-	O	-	-	O
ATtiny44	4	256	256	12	17	3	1	1	O	-	8	O	4	O	O
ATtiny45	4	256	256	6	14	2	2	-	O	-	4	O	4	O	O
ATtiny84	8	512	512	12	17	3	1	1	O	-	8	O	4	O	O
ATtiny85	8	512	512	6	14	2	2	-	O	-	4	O	4	O	O

주) I_INT: 내부 인터럽트, E_INT: 외부 인터럽트, O: 기능이 내장됨을 의미함.

○ Mega 계열

이 계열의 AVR은 프로그램 크기가 대형이고 입출력의 수가 많은 시스템에 적합한 소자로 무선 전화기, 프린터용 제어기, FAX 및 CD-ROM 제어기에 응용될 수 있는 모델로서, 규모가 크고 성능이 높은 응용 분야에 활용을 목적으로 출시되어 가격이 고가이고 기능이나 성능 또한 높다.

Mega 계열의 내부에는 8K~256K 바이트의 플래시 메모리를 가지고 있으며, 외부 핀은 28핀에서 100핀 정도로 핀 수가 상당히 많다. 이 중에서 성능이 우수한 모델의 경우에는 16MHz 클럭에서 16MIPS의 명령 처리 속도를 가지고 있다.

Mega 계열에는 플래시 메모리의 용량에 따라 기본 모델이 ATmega8, ATmega16, ATmega32, ATmega64, ATmega128, ATmega256 등으로 출시되고 있다. 이 ATmega 계열의 종류 및 특징은 다음과 같으며, 이를 표 2.3에 간단하게 요약하여 표현하였다.

① mega16L / mega161 / mega161L /mega163 / mega163L

40/44핀 패키지로 출시되고, 16K 바이트의 ISP로 프로그램 가능한 플래시 메모리와 1K바이트 SRAM 및 512 바이트의 EEPROM을 가지고 있다. 내부에 별도의 32 kHz 발진자를 가진 RTC를 1개 가지고 있으며 전원 절약 모드(7mA)도 가지고 있다. 칩 내부에 2사이클로 연산 가능한 곱셈기를 가지며 4채널의 PWM을 보유하고 있다. 또한 외부의 직렬 접속을 위하여 2개의 UART 및 SPI 접속을 할 수 있으며 프로그래밍이 가능한 저전압 검출(BOD: Brown-Out Detection) 회로를 가지고 있다.

표 2.3 Mega 계열의 종류 및 특징 요약

소자명	기본적인 사양				내장기능										
	Flash (KB)	EEPROM (Bytes)	SRAM (Bytes)	MAX I/O (Pin)	I_INT(주)	E_INT	Timer (8bit)	Timer (16bit)	W-Dog	UART	10bit A/D	Ana. Comp.	PWM	RTC	내장 발진기
ATmega8515/L	8	512	512	32	16	3	1	1	O	1	–	O	3	–	O
ATmega8/L	8	512	1024	23	18	2	2	1	O	1	8	O	3	O	O
ATmega16/L	16	512	1024	32	20	3	2	1	O	1	8	O	4	O	O
ATmega162/V	16	512	1024	35	27	5	2	2	O	2	–	O	6	O	O
ATmega168/V	16	512	1024	23	25	5	2	1	O	1	8/6	O	6	O	O
ATmega32/L	32	1024	2048	32	20	3	2	1	O	1	4	O	4	O	O
ATmega324/V	32	1024	2048	32	31	7	2	1	O	2	6	O	4	O	O
ATmega64/L	64	2048	4096	53	34	8	2	2	O	2	8	O	8	O	O
ATmega645/V	64	2048	4096	53	22	3	2	1	O	1	8	O	4	O	O
ATmega128/L	128	4096	4096	53	34	8	2	2	O	2	8	O	8	O	O
ATmega1280/V	128	4096	8192	86	57	11	2	4	O	4	16	O	16	O	O
ATmega2560/V	256	4096	8192	86	57	11	2	4	O	4	16	O	16	O	O

주) · I_INT: 내부 인터럽트, E_INT: 외부 인터럽트, O: 기능이 내장됨을 의미함.
　 · ATmega의 경우에는 기본적으로 고속의 연산을 위한 하드웨어 곱셈기와 ISP 기능 및 BOD 기능을 가지고 있음.

② **mega128L / mega1280V**

64/100핀 패키지로 출시되고, 128K 바이트의 ISP로 프로그램 가능한 메모리를 가지고 있으며 4K 바이트 SRAM 및 4K 또는 8K 바이트의 EEPROM을 가지고 있다. 외부에 약 60K 바이트의 데이터 메모리를 확장할 수 있는 구조이고, 내부 메모리의 프로그래밍과 온칩 디버그 기능을 위하여 JTAG 인터페이스 기능을 제공한다.

또한, 여섯 개의 8비트 I/O, 두 개의 8비트 타이머/카운터, 두 개의 16비트 타이머/카운터, 8채널의 10비트 A/D 변환기, 두 개의 전이중 방식의 USART, SPI 및 TWI 직렬 통신 포트, 아날로그 비교기, 전원 절약을 위한 여섯 개의 슬립모드 등의 기능을 지원한다. 이외에 칩 내부에 2사이클로 연산 가능한 곱셈기를 가지며 4채널의 PWM 출력 포트를 가지고 있고, 프로그래밍이 가능한 저전압 검출 회로를 가지고 있다.

○ **특수 용도의 AVR**

이외에 AVR은 응용 분야에 따라 자동차용, 통신용, LCD 제어용 등 다양한 응용에 적합하도록 최적화시켜 출시되고 있다. 자동차용의 AVR의 경우에는 자동차의 센서와 액츄에이터를 제어할 수 있는 기능과 차량용의 통신 기법인 CAN(Controller Area Network)과 LIN(Local Interconnect Network)을 지원하도록 최적화되어 있으며, 자동차의 동작 성능을 고려하여 악조건 하에서도 동작이 가능하도록 동작 온도가 다양하게 출시되고 있다. 즉, T 성능의 경우에는 −40℃∼+85℃에서, T1의 경우에는 −40℃∼+105℃, Z의 경우에는 −40°∼+125℃에서 동작이 가능하다. PC와의 데이터 통신을 위해서 USB 2.0의 호스트 컨트롤러 기능을 갖는 USB 제어기가 내장된 AVR과 홈 네트워크에서의 무선 통신을 지원하기 위해 ZigBee 기능을 지원하는 Z-Link의 AVR 등이 새롭게 출시되어 AVR은 첨단 산업의 전 분야에 걸쳐 활용되고 있다. 특수 용도로 사용되는 AVR의 종류 및 특징을 표 2.4에 나타내었다.

표 2.4 특수 용도로 사용되는 AVR의 종류 및 특징 요약

소자명	기본적인 사양				내장기능										
	Flash (KB)	EEPROM (Bytes)	SRAM (Bytes)	MAX I/O (Pin)	I_INT(주)	E_INT	Timer (8bit)	Timer (16bit)	W-Dog	UART	10bit A/D	Ana. Comp.	PWM	RTC	내장 발진기
ATtiny25 Auto	2	128	128	6	15	7	2	-	O	-	4	O	4	-	O
ATmega168 Auto	16	512	1024	23	26	26	1	2	O	1	8	O	6	O	O
AT90CAN128 Auto	128	4096	4096	53	34	8	2	2	O	2	8	O	8	O	O
ATmega128RZAV	128	4096	8192	54	48	17	4	2	O	2	8	O	9	O	O
ATmega256RZAV	256	4096	8192	54	48	17	4	2	O	2	8	O	9	O	O
ATmega3290P	32	1024	2048	69	25	32	1	2	O	1	7	O	4	O	O
AT90PWM1	8	512	512	19	26	4	1	1	O	-	11	O	7	O	O
AT90PWM216	16	512	1024	19	29	4	1	1	O	1	11	O	10	O	O
ATmega406	40	512	4096	18	23	4	1	1	O	-	-	O	1	O	O

주) I_INT: 내부 인터럽트, E_INT: 외부 인터럽트, O: 기능이 내장됨을 의미함.

2.2 　ATmega128의 기본 구조와 기능

　　2.1절에서 살펴본 바와 같이 AVR을 코어 기능으로 하여 하나의 소자에 내장되는 플래시 메모리, SRAM, EEPROM 등의 메모리, 기타 부가된 I/O의 내용과 특수 사용목적에 따라 다양한 종류의 소자가 출시되고 있다. 이렇게 다양하게 출시되는 AVR 계열 중에서 어떠한 마이크로컨트롤러를 사용하느냐는 시스템의 규모에 따라 시스템 설계자가 선정하여야 한다.

　　예를 들어 Tiny 계열의 마이크로컨트롤러는 I/O가 작고, 메모리의 용량이 작은 장난감을 제어하는 데 사용될 수 있으며, Mega 계열의 마이크로컨트롤러는 I/O의 수가 많고, 제어 프로그램의 구조가 복잡한 소형 로봇 제어기와 같은 시스템에서 사용될 수 있다. 특히, Mega 계열을 자세히 살펴보면 부가 I/O의 종류와 메모리의 용량에 따라 많은 종류의 마이크로컨트롤러가 출시되는데, 이들 모든 소자들은 기본적으로 동일한 AVR 코어를 가지고 있으므로, 핵심적인 기능과 제어 프로그램의 작성에 대해서는 모두 동일하게 적용이 가능하고, 일부 부가되는 I/O 기능에 따라 달리 구성되므로 하나의 소자만 잘 다뤄 확장된 기능을 중심으로 공부하면 모든 AVR을 잘 활용할 수 있게 된다.

　　본 교재에서는 I/O, 타이머/카운터, 인터럽트, 직렬통신, 아날로그 비교기, 아날로그-디지털 변환기 등을 내장하고 있는 ATmega128을 채택하여 소개하기로 한다.

1) ATmega128의 주요 특징

　　그림 2.1은 ATmega128의 제조사인 Atmel에서 제공하는 MCU 데이터 매뉴얼의 첫 페이지로서 ATmega128의 특징을 기술하고 있다. 이 중에서 마이크로컨트롤러를 선택할 때 가장 중요시되는 부분은 마이크로컨트롤러의 비트수, 프로세서의 속도, 내장된 메모리의 용량, I/O 포트를 포함한 내장된 기능 등이다.

　　ATmega128은 개선된 RISC 구조를 갖는 AVR을 기반으로 하여 제작된 고성능이면서 저전력 구조의 8비트 마이크로컨트롤러이다. 이들의 특징을 자세히 설명하면 다음과 같다.

◎ **마이크로컨트롤러의 속도**

　　16MHz의 클럭을 사용할 때, 16MIPS의 연산속도를 갖는다.

◎ **메모리**

　　ATmega128에는 비휘발성의 프로그램 메모리와 데이터 저장용의 SRAM이 별도로 구성되어 있어 하버드 구조를 채택하고 있으며, 별도로 EEPROM이 내장되어 있다. 각 메모리는 다음과 같이 구성되어 있다.

　　▶ 128K 바이트의 ISP 방식 프로그램용 플래시 메모리를 가지고 있으며 10,000번까지 지우고 다시 쓸 수 있다. 즉, 내장된 부트 프로그램에 의해 시스템 내에서 프로그래밍이 가능하며, 독립적인 고정(lock) 비트를 갖는 부가적인 부트 코드 섹션을 가지고 있다.

▶ 4K 바이트의 EEPROM을 가지고 있으며 100,000번까지 지우고 다시 쓸 수 있다.

▶ 4K 바이트의 데이터 저장용 SRAM을 가지고 있다.

▶ 64K 바이트까지 외부 메모리 확장이 가능하다.

▶ 시스템 내 프로그래밍(ISP)를 위한 SPI 인터페이스를 제공한다.

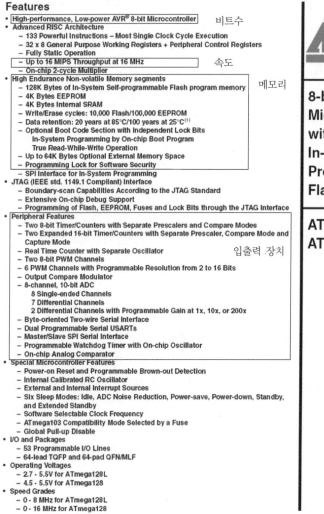

그림 2.1　ATmega128의 특징

○ 부가 I/O 장치

ATmega128에는 다음과 같은 부가적인 I/O를 내장하고 있다.

▶ 독립적인 프리스케일러와 비교 모드를 갖는 두 개의 8비트 타이머/카운터

▶ 독립적인 프리스케일러, 비교 모드와 캡처 모드를 갖는 두 개의 확장 16비트 타이머/카운터

▶ 독립적인 오실레이터를 갖고 있는 실시간 카운터

▶ 두 개의 8비트 PWM 채널

▶ 2~16 비트로 프로그램 가능한 분해능을 갖는 여섯 개의 PWM 채널

▶ 출력 비교 모듈레이터

▶ 8채널의 10비트 A/D 변환기

▶ 바이트 기반의 2선 직렬 인터페이스

▶ 두 개의 프로그램 가능한 직렬 USARTs

▶ 마스터-슬레이브 모드를 갖는 SPI 직렬 인터페이스

▶ 내장된 오실레이터로 구현된 프로그램 가능한 워치독 타이머

▶ 내장된 아날로그 비교기

▶ 53개의 프로그램 가능한 입출력 I/O

▶ 아날로그 비교기 내장

▶ 35개의 프로그램 가능한 입출력 I/O

○ 기타

　ATmega128에는 위에서 설명한 특징 외에 다음과 부가적인 기능과 특징을 가지고 있다.

▶ 전원 투입 리셋과 프로그램 가능한 저전압 검출(BOD: Brown-Out Detection) 기능을 제공.

▶ 조정 가능한 RC 오실레이터의 내장.

▶ 8개의 외부 인터럽트 소스와 27개의 내부 인터럽트 소스를 가지고 있음(총 35개의 인터럽트 벡터를 가지고 있음).

▶ 슬립 모드로서 여섯 개의 전원 절약 모드를 가지고 있다(휴면, ADC 잡음 저감, 전원 절감, 전원 차단, 대기, 확장 대기).

▶ 내장 메모리의 프로그래밍과 온칩 디버깅이 가능한 JTAG(IEEE std. 1149.1) 인터페이스 제공.

▶ ATmega103 호환 모드를 제공.

▶ 64핀의 TQFP(Thin Quad Flat Package) 또는 MLF(Micro Lead Frame) 패키지로 구성되어 있음.

▶ ATmega128L은 2.7~5.5V의 전원 전압에서 동작하며, 시스템 클럭의 입력 범위는 0~8MHz이다. ATmega128은 4.5~5.5V의 전원 전압에서 동작하며, 시스템 클럭의 입력 범위는 0~16MHz이다.

2) ATmega128의 핀의 기능

　앞에서 설명한 바와 같이 ATmega128의 외부 구조는 그림 2.2에 나타낸 것처럼 64핀의 TQFP 패키지로 되어 있다. 이 핀들의 기능은 다음과 같다.

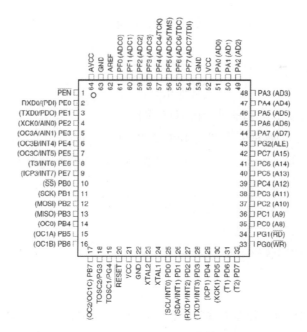

그림 2.2 ATmega128의 핀 배치도(TQFP 패키지)

▶ **포트 A(PA0~PA7)**

포트 A는 ATmega128 IC의 핀 51번에서 핀 44번까지로 역으로 진행되고, 중복된 기능을 가지는 포트이다. 즉, 외부 데이터 메모리와 데이터 전송 시 하위 주소와 데이터 버스로 사용되고, 외부에 메모리를 인터페이스하지 않을 때에는 내부 풀업 저항(20~50 kΩ)을 갖는 8비트의 양방향 I/O 포트로 사용이 가능하다. 이를 표 2.5에 요약해 놓았다.

표 2.5 포트 A의 다중 기능

포트 핀	다른 기능	설명
PA0	AD0	주소/데이터 비트 0
PA1	AD1	주소/데이터 비트 1
PA2	AD2	주소/데이터 비트 2
PA3	AD3	주소/데이터 비트 3
PA4	AD4	주소/데이터 비트 4
PA5	AD5	주소/데이터 비트 5
PA6	AD6	주소/데이터 비트 6
PA7	AD7	주소/데이터 비트 7

▶ **포트 B(PB0~PB7)**

포트 B는 ATmega128 IC의 핀 10번에서 핀 17번까지로 중복된 기능을 가지는 포트이다. 이 포트는 타이머/카운터와 SPI 등의 중복된 기능을 가지며, 이와 같은 기능을 사용하지 않을 경우에는 내부 풀업 저항(20~50kΩ)을 갖는 8비트의 양방향 I/O 포트로 사용이 가능하다. 이를 표 2.6에 요약해 놓았다.

표 2.6 포트 B의 다중 기능

포트 핀	다른 기능	설명
PB0	$\overline{SS}$	SPI 슬레이브 선택 입력
PB1	SCK	SPI 버스 직렬 클럭
PB2	MOSI	SPI 버스 마스터 출력/슬레이브 입력
PB3	MISO	SPI 버스 마스터 입력/슬레이브 출력
PB4	OC0	타이머/카운터 0의 비교 일치와 PWM 출력
PB5	OC1A	타이머/카운터 1의 비교 일치와 PWM 출력 A
PB6	OC1B	타이머/카운터 1의 비교 일치와 PWM 출력 B
PB7	OC2/OC1C[1]	타이머/카운터 2의 비교 일치와 PWM 출력/ 타이머/카운터 1의 비교 일치와 PWM 출력 C

주) 1. OC1C는 ATmega103 호환모드에서는 적용되지 않는다.

▶ **포트 C(PC0~PC7)**

포트 C는 ATmega128 IC의 핀 35번에서 핀 42번까지로 중복된 기능을 가지는 포트이다. 즉, 외부 데이터 메모리와 데이터 전송시 상위 주소 A8~A15로 사용되고, 외부에 메모리를 인터페이스하지 않았을 때에는 내부 풀업 저항(20~50kΩ)을 갖는 8비트의 양방향 I/O 포트로 사용이 가능하다.

표 2.7 포트 C의 다중 기능

포트 핀	다른 기능	설명
PC0	A8	주소 비트 8
PC1	A9	주소 비트 9
PC2	A10	주소 비트 10
PC3	A11	주소 비트 11
PC4	A12	주소 비트 12
PC5	A13	주소 비트 13
PC6	A14	주소 비트 14
PC7	A15	주소 비트 15

▶ **포트 D(PD0~PD7)**

포트 D는 ATmega128 IC의 핀 25번에서 핀 32번까지로 중복된 기능을 가지는 포트이다. 이 포트는 외부 인터럽트(INT0~INT3), TWI 직렬통신, USART1, 타이머/카운터 등의 중복된 기능을 가지고 있으며, 이상의 기능을 사용하지 않을 경우에는 내부 풀업 저항(20kΩ~50kΩ)을 갖는 8비트의 양방향 I/O 포트로 사용이 가능하다. 이를 표 2.8에 요약해 놓았다.

▶ **포트 E(PE0~PE7)**

포트 E는 ATmega128 IC의 핀 2번에서 핀 9번까지로 중복된 기능을 가지는 포트이

다. 이 포트는 외부 인터럽트(INT4~INT7), 아날로그 비교기, ISP, USART0, 타이머/
카운터 3의 출력 등의 중복된 기능을 가지고 있으며, 이상의 기능을 사용하지 않을
경우에는 내부 풀업 저항(20kΩ~50kΩ)을 갖는 8비트의 양방향 I/O 포트로 사용이
가능하다. 이를 표 2.9에 요약해 놓았다.

표 2.8 포트 D의 다중 기능

포트 핀	다른 기능	설명
PD0	INT0/SCL[1]	외부 인터럽트 0 입력/ TWI 직렬 클럭
PD1	INT1/SDA[1]	외부 인터럽트 1 입력/ TWI 직렬 데이터
PD2	INT2/RXD1[1]	외부 인터럽트 2 입력/ UART1 수신 핀
PD3	INT3/TXD1[1]	외부 인터럽트 2 입력/ UART1 송신 핀
PD4	ICP1	타이머/카운터 1의 입력 캡처 핀
PD5	XCK1[1]	USART1의 외부 클럭 입력/출력
PD6	T1	타이머/카운터 1 클럭 입력
PD7	T2	타이머/카운터 2 클럭 입력

주) 1. XCK1, TXD1, RXD1, SDA와 SCL은 ATmega103 호환모드에서는 적용되지 않는다.

표 2.9 포트 E의 다중 기능

포트 핀	다른 기능	설명
PE0	PDI/RXD0	ISP의 프로그램 데이터 입력/ UART0 수신 핀
PE1	PDO/TXD0	ISP의 프로그램 데이터 출력/ UART0 송신 핀
PE2	AIN0/XCK0[1]	아날로그 비교기 (+) 입력/ USART0 외부 클럭 입력/출력
PE3	AIN1/OC3A[1]	아날로그 비교기 (-) 입력/ 타이머/카운터 3의 출력 비교와 PWM 출력 A
PE4	INT4/OC3B[1]	외부 인터럽트 4/ 타이머/카운터 3의 출력 비교와 PWM 출력 B
PE5	INT5/OC3C[1]	외부 인터럽트 5/ 타이머/카운터 3의 출력 비교와 PWM 출력 C
PE6	INT6/T3[1]	외부 인터럽트 6/ 타이머/카운터 3의 클럭 입력
PE7	INT7/ICP3[1]	외부 인터럽트 7/ 타이머/카운터 3의 캡처 입력 핀

주) 1. ICP3, T3, OC3C, OC3B, OC3A와 XCK0은 ATmega103 호환모드에서는 적용되지 않는다.

▶ **포트 F(PF0~PF7)**

포트 F는 ATmega128 IC의 핀 61번에서 핀 54번까지로 역으로 진행되고, 중복된 기능을 가지는 포트이다. 이 포트는 A/D 변환기의 입력과 JTAG 등의 중복된 기능을 가지고 있으며, 이상의 기능을 사용하지 않을 경우에는 내부 풀업 저항(20kΩ~50kΩ)을 갖는 8비트의 양방향 I/O 포트로 사용이 가능하다. 이를 표 2.10에 요약해 놓았다.

표 2.10 포트 F의 다중 기능

포트 핀	다른 기능	설명
PF0	ADC0	A/D 변환기 입력 채널 0
PF1	ADC1	A/D 변환기 입력 채널 1
PF2	ADC2	A/D 변환기 입력 채널 2
PF3	ADC3	A/D 변환기 입력 채널 3
PF4	ADC4/TCK	A/D 변환기 입력 채널 4/ JTAG 클럭
PF5	ADC5/TMS	A/D 변환기 입력 채널 5/ JTAG 모드 선택
PF6	ADC6/TDO	A/D 변환기 입력 채널 6/ JTAG 데이터 출력
PF7	ADC7/TDI	A/D 변환기 입력 채널 7/ JTAG 데이터 입력

▶ **포트 G(PG0~PG4)**

포트 G는 5비트로 구성되어 있으며, ATmega128 IC의 33, 34번 핀, 43번 핀과 18, 19번 핀으로 연결되어 있다. 이 포트는 외부 메모리 액세스에 관련된 읽기/쓰기와 주소 래치 등의 신호와 RTC 오실레이터 입력 기능 등의 중복된 기능을 가지고 있으며, 이상의 기능을 사용하지 않을 경우에는 내부 풀업 저항(20kΩ~50kΩ)을 갖는 5비트의 양방향 I/O 포트로 사용이 가능하다. 이를 표 2.11에 요약해 놓았다.

표 2.11 포트 G의 다중 기능

포트 핀	다른 기능	설명
PG0	$\overline{WR}$	외부 메모리의 쓰기 스트로브 신호
PG1	$\overline{RD}$	외부 메모리의 읽기 스트로브 신호
PG2	ALE	외부 메모리에 대한 주소 래치(ALE) 신호
PG3	TOSC2	RTC 오실레이터 타이머/카운터 0
PG4	TOSC1	RTC 오실레이터 타이머/카운터 0

이상의 포트들을 범용의 입출력 포트로 사용할 경우에는 DDRx 레지스터를 통하여 포트를 출력 또는 입력으로 설정하고, 출력 데이터는 PORTx 레지스터를 통하여 출력할 수 있고, 입력 데이터는 PINx 레지스터를 통하여 읽을 수 있다. 자세한 동작은 I/O 포트를 다루는 6장에서 설명하기로 한다.

▶ $\overline{\text{RESET}}$

ATmega128에 대한 마스터 리셋 입력으로 액티브 LOW 신호이다. 정확한 리셋 동작을 위해서는 최소 50ns 이상의 신호 폭이 요구된다.

▶ $\overline{\text{PEN}}$

이 신호는 전원 투입에 의한 리셋 시에 LOW 상태를 유지하면 ATmega128이 SPI 직렬 통신에 의한 프로그래밍 모드로 들어가도록 허용하는 기능을 수행하며, 전원 투입 시에만 해당하여 평상시에는 리셋 신호가 입력되더라도 아무런 기능을 수행하지 않는다. 이 핀은 내부적으로 풀업되어 있다.

▶ XTAL1 단자는 반전 오실레이터에 증폭기에 대한 입력이며, 내부 클럭 동작 회로에 대한 입력이다.

▶ XTAL2 단자는 반전 오실레이터에 증폭기의 출력이다.

▶ AVCC 단자는 A/D 변환기의 전원로서, A/D 변환기를 사용하지 않을 때에도 VCC에 연결하여 놓아야 하고, A/D 변환기를 사용할 경우에는 저주파 통과 필터를 거쳐 VCC에 연결하여야 한다.

▶ AREF 단자는 A/D 변환기의 기준 전압을 입력하는 단자로서 A/D 변환기의 정확한 동작을 위해 정밀한 전압을 인가하여야 한다.

▶ VCC는 전원 입력 단자로 +2.7~+5[V]가 인가된다.

▶ GND는 전원 접지 단자이다.

3) ATmega128의 내부 구조

ATmega128의 내부 구조는 그림 2.3에 나타낸 것처럼 하버드 구조라는 특징을 가지므로 내부 버스가 두 가지로 구성되어 있다. ATmega128의 프로그램 메모리는 소자의 내부에만 존재하므로 이를 위한 버스도 내부에만 있게 되는데, 이 그림에서 프로그램 카운터(Program Cuunter), 프로그램 플래시 메모리, 명령 레지스터(Instruction Register), 명령 해독기(Instruction Decoder) 등을 연결하는 버스가 바로 프로그램 메모리를 액세스하기 위한 명령 인출 버스에 해당한다. 또한, 이 그림에서 굵은 화살표로 표시된 것이 데이터 액세스용 버스인데, 이것은 내부에서 범용 레지스터, SRAM이나 EEPROM과 같은 데이터 메모리는 물론이고 각종 내장 I/O들을 모두 연결하고 있으며, 외부에 데이터 메모리를 확장할 수 있도록 시스템 버스에 접속되어 있다. AVR 코어 및 각 부분의 기능에 대해서는 본 교재를 통해서 자세히 논하기로 한다.

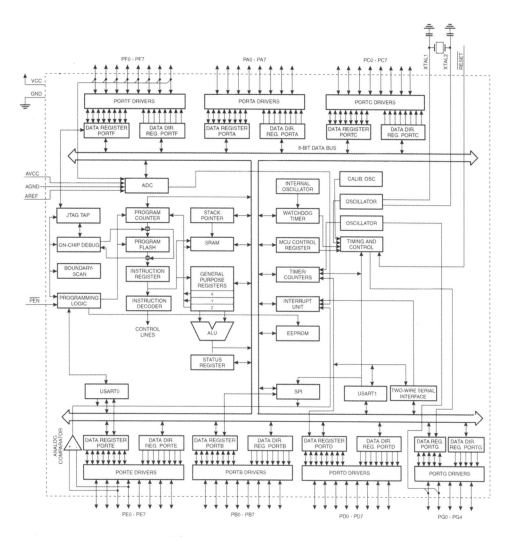

그림 2.3 ATmega128의 내부 구조

2.3 ATmega AVR CPU 코어

본 절에서는 AVR CPU 코어에 대해 일반적인 내부 구조를 설명한다. 이 CPU 코어의 주된 기능은 정확하게 프로그램을 실행시키는 역할을 수행하는 것이다. 따라서 CPU는 메모리를 액세스하고, 계산을 수행하고, 주변 장치를 제어하며, 인터럽트를 실행하는 역할을 한다.

AVR은 병렬처리와 성능을 극대화하기 위하여 하버드 구조를 사용한다. 하버드 구조는 프로그램과 데이터를 각각 물리적으로 다른 메모리에 저장하고, 명령어와 데이터는 서로 다른 데이터 버스를 사용하도록 구성되어 있어 프로그램과 데이터에 대해 다른 비트수를 사용할 수 있고, 프로그램과 데이터를 동시에 읽어 들일 수 있다는 장점이 있다.

이러한 구조로 인하여 AVR에서는 프로그램에서의 명령이 하나의 파이프라인으로 수행되고,

하나의 명령이 수행되는 동안에 동시에 프로그램 메모리로부터 인출된다. 이러한 개념으로 인해 하나의 명령이 하나의 클럭 사이클에 수행이 가능하게 된다. AVR에서 프로그램 메모리는 시스템에 내장된 재 프로그램이 가능한 플래시 메모리(In-System Reprogrammable Flash memory)로 구성되어 있다.

AVR의 CPU 코어 구조는 그림 2.4에 나타내었다. 그림에 나타낸 것과 같이 프로그램 카운터가 지시하는 플래시 메모리 번지에서 명령어를 인출하고 해독하는 부분과 ALU(Arithmetic and Logical Unit), 32개의 범용 레지스터, 상태 레지스터, 스택 포인터 등의 명령어 처리 부분, 그리고 데이터 메모리 및 인터럽트 처리 등을 포함한 I/O 모듈 등으로 구성된다. 지금부터 AVR 코어 내에 있는 각각의 주요 기능에 대해 살펴보기로 하자.

1) 플래시 프로그램 메모리

프로그램 메모리는 8비트로 구성되어 있으며, 기본적으로 한 개의 번지가 16비트 단위로 구성되어 16비트 마이크로프로세서인 것처럼 동작한다. 따라서 모든 AVR의 명령어는 16비트 또는 32비트 길이로 구성되어 있다. 플래시로 되어 있는 내부 프로그램 메모리는 부트 프로그램 섹션(boot program section)과 응용 프로그램 섹션(application program section)의 두 가지 영역으로 나누어져 있다. 이 영역은 메모리 잠금 비트(memory lock·bit)를 사용하여 쓰기와 쓰기/읽기의 금지를 할 수 있다.

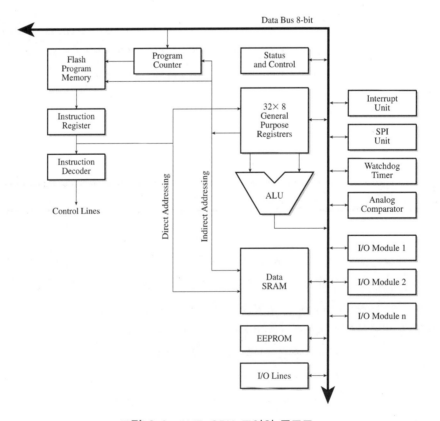

그림 2.4 AVR CPU 코어의 구조도

2) 산술논리연산장치(ALU)

AVR의 ALU는 32개의 일반 목적의 동작 레지스터(general purpose working register)와 직접적으로 연계되어 동작하므로, 누산기가 한 개인 일반 마이크로프로세서와는 달리 레지스터에 대한 유연성이 높아 고성능의 동작을 할 수 있다. ALU는 레지스터 간 또는 레지스터와 상수 간의 산술 또는 논리 연산을 단일 클럭 사이클에 수행하고, 연산된 결과에 대한 ALU의 상태를 상태 레지스터로 갱신한다. ALU의 연산은 산술 연산, 논리 연산과 비트 연산의 세 가지로 나누어지며, 몇몇의 AVR에서는 강력한 하드웨어 곱셈기를 가지고 있어서 부호있는 정수/부호없는 정수의 곱셈 연산과 소수점 형식의 곱셈 연산을 빠르게 수행할 수 있다.

3) 상태 레지스터

상태 레지스터(status register)는 가장 최근에 실행된 산술 연산의 명령어 처리 결과에 대한 상태를 나타내 주며, 이러한 상태 정보는 조건부 처리 명령에 의해 프로그램의 흐름을 제어하는 데 사용될 수 있다. 상태 레지스터는 인터럽트를 처리하는 과정에서 자동으로 저장되거나 복구되지 않으므로, 반드시 소프트웨어에서 이러한 동작을 처리해 주어야 한다.

AVR의 상태 레지스터는 8비트의 크기를 가지고 있고, 읽기/쓰기가 가능하며 SREG라고 표기된다. SREG의 각 비트들은 그림 2.5와 같이 정의된다.

▶ **비트 7 (I): 전체 인터럽트 허가 (global interrupt enable)**

이 비트는 전체적으로 인터럽트를 허용하는 용도로 사용되며, AVR내에 있는 각각의 인터럽트에 대한 사용 여부는 각각의 인터럽트 관련 제어 레지스터에서 수행된다. 만약, 이 비트가 0으로 클리어되어 있으면, 어떠한 인터럽트도 개별적으로 허용될 수 없게 된다.

I 비트는 인터럽트가 발생하면 하드웨어에 의해 자동적으로 클리어되고, RETI 명령이 수행되면 다음 인터럽트를 허가하기 위해 1로 세트된다. 또한, I 비트는 SEI 또는 CLI 명령으로 세트되거나 클리어될 수 있다.

▶ **비트 6 (T): 비트 복사 저장 (bit copy storage)**

이 비트는 비트 단위의 누산기로서 비트 복사 명령 BLD(Bit LoaD)과 비트 저장 명령 BST(Bit STore)을 사용하여 임의의 레지스터로 데이터를 전송하는 용도로 사용된다.

Bit	7	6	5	4	3	2	1	0	
	I	T	H	S	V	N	Z	C	SREG
Read/Write	R/W	R/W	R/W	R/W	R/W	R/W	R/W	R/W	
Initial Value	0	0	0	0	0	0	0	0	

그림 2.5 상태 레지스터의 비트 정의

즉, 임의의 레지스터 파일의 한 비트는 BST 명령을 사용하여 T 비트로 복사되고, T
에 있는 비트는 반대로 BLD 명령을 사용하여 임의의 레지스터 파일의 특정 비트로
복사될 수 있다.

▶ **비트 5 (H): 보조 캐리 플래그 (half carry flag)**

이 비트는 몇몇의 산술연산 과정에서 보조 캐리가 발생했음을 나타내고, BCD연산에
서 유용하게 사용된다.

▶ **비트 4 (S): 부호 비트 (sign bit)**

이 비트는 플래그 N과 플래그 V를 배타적 OR 연산을 한 결과를 나타낸다($S=N\oplus V$).
이는 부호없는 정수와 부호있는 정수들의 대소 관계를 판단할 때 유용하게 사용된다.

▶ **비트 3 (V) : 2의 보수 오버플로우 비트 (two's complement overflow bit)**

이 비트는 2의 보수 연산에서 오버플로우가 발생했음을 나타낸다.

▶ **비트 2 (N) : 음의 플래그(negative flag)**

이 비트는 산술 및 논리 연산의 결과가 음수임을 나타낸다.

▶ **비트 1 (Z) : 영 플래그 (zero flag)**

이 비트는 산술 및 논리 연산의 결과가 0이 되었음을 나타낸다.

▶ **비트 0 (C) : 캐리 플래그 (carry flag)**

이 비트는 산술 및 논리 연산의 결과에 자리 올림이 발생하였다는 것을 나타낸다. 감
산에서는 이 비트가 자리 내림을 나타낸다.

4) 범용 레지스터 파일

레지스터 파일은 AVR의 고성능 RISC 명령을 수행하는 데 최적화되어 있는 레지스터로서, AVR
내부에는 그림 2.6에 나타낸 바와 같이 1 바이트 크기로 32개의 범용 레지스터로 구성되어 있다.
AVR은 다른 범용의 마이크로컨트롤러와는 달리 연산의 대상이 누산기(Accumulator)가 아닌 이들
32개의 범용 레지스터들을 사용하여 연산을 할 수 있어서 연산의 속도를 빠르게 하고, 코드를 작성
하는데 편리한 구조를 제공한다. 이러한 레지스터간의 연산은 보통 1 사이클 명령으로 이루어진다.
즉, 하나의 클럭 동안에 하나의 ALU 명령을 처리하며 레지스터 파일에서 두 개의 오퍼랜드가 출력
되는 동시에 명령이 실행되고 결과가 레지스터 파일에 저장되는 기능의 동작이 이루어진다.

32개의 범용 레지스터 중에서 마지막의 6개인 R26-R31은 2개씩 쌍으로 묶여져서 16비트 레
지스터로 사용이 가능하며, 보통 X, Y, Z 레지스터로 사용되며, 이를 그림 2.7에 자세히 표시하
였다. 이러한 16비트 레지스터들은 주로 데이터 메모리의 16비트 주소를 지정하는 포인터로 사용
되며, Z 레지스터는 LPM/ELPM/SPM 명령에서 프로그램 메모리 영역의 상수를 액세스하는 데
사용되기도 한다.

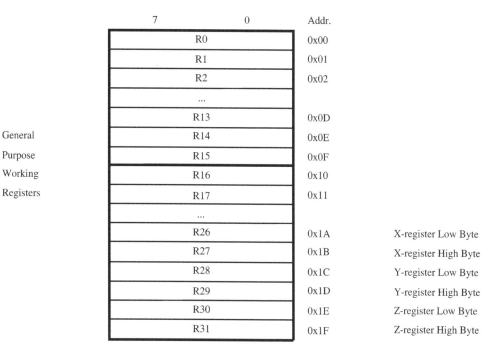

그림 2.6 범용 레지스터 파일

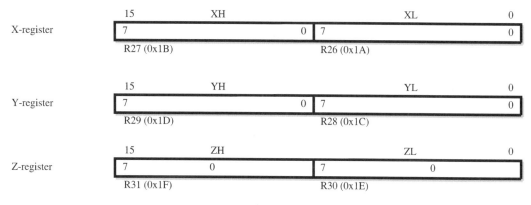

그림 2.7 X, Y, Z 레지스터

5) 스택 포인터

스택은 마이크로컨트롤러 응용에서 서브루틴이나 인터럽트 발생시에 복귀되는 주소를 임시로 기억하기 위해서 사용되거나 일반 프로그램에서 지역 변수 또는 임시 데이터를 저장하는 용도로 사용되는 특별한 구조의 메모리이다. 즉, 스택은 다른 일반 메모리처럼 임의의 번지를 지정하여 액세스하는 방식이 아니라 데이터의 입출력이 하나의 포트로 되어 데이터가 LIFO(Last In First Out) 방식으로 입출력되는 구조이다. 스택 포인터(stack pointer)는 항상 데이터의 상단(top of stack)을 가리키는 16비트 레지스터로서 SP라고 표시되는데, 이는 데이터 저장이 가능한 스택의 번지를 의미한다. 스택의 동작은 스택에 데이터를 넣는 푸싱(pushing) 동작과 스택에서 데이터를 제거시키는 팝핑(popping) 동작으로 구분된다. 스택에 푸싱하는 동작은 데이터를 저장하고 나서 스택 포인터의 값을 감소시키고, 팝핑 동작은 스택 포인터의 값을 증가시킨 후에 데이터를 읽어낸다.

AVR을 사용할 경우, 스택은 SRAM 영역 내에 존재하여야 하며, SP 레지스터의 초기값은 적어도 0x60 번지 이상의 값으로 설정되어야 한다. 또한 스택 포인터는 그림 2.8에 나타낸 바와 같이 I/O 공간 내에서 2개의 8비트 레지스터로 구현되어 있으며, 실제 사용되는 비트의 수는 AVR의 종류에 따라 다르다.

Bit	15	14	13	12	11	10	9	8	
	SP15	SP14	SP13	SP12	SP11	SP10	SP9	SP8	SPH
	SP7	SP6	SP5	SP4	SP3	SP2	SP1	SP0	SPL
	7	6	5	4	3	2	1	0	
Read/Write	R/W	R/W	R/W	R/W	R/W	R/W	R/W	R/W	
	R/W	R/W	R/W	R/W	R/W	R/W	R/W	R/W	
Initial Value	0	0	0	0	0	0	0	0	
	0	0	0	0	0	0	0	0	

그림 2.8   AVR의 스택 포인터

6) RAM 페이지 Z 선택 레지스터

RAMPZ(RAM Page Z Select Register) 레지스터는 ATmega128 내부의 128K 바이트 플래시 프로그램 메모리에서 64K 바이트 단위로 구분되는 두 개의 페이지 중에서 어느 것을 사용할지를 지정하는 역할을 수행한다.

이 레지스터는 그림 2.9와 같이 최하위 비트 1개만 사용하는데, 이를 RAMPZ=0으로 설정하면 프로그램 메모리는 0 페이지 즉, 0x0000 ~ 0x7FFF 영역의 하위 64K 바이트가 액세스되고, RAMPZ = 1로 설정하면 프로그램 메모리는 1 페이지 즉, 0x8000 ~ 0xFFFF 영역의 상위 64K 바이트가 액세스된다.

Bit	7	6	5	4	3	2	1	0	
	-	-	-	-	-	-	-	RAMPZ0	RAMPZ
Read/Write	R	R	R	R	R	R	R	R	
Initial Value	0	0	0	0	0	0	0	0	

그림 2.9   RAMPZ 레지스터

> **참고사항**
>
> ATmega128의 프로그램 메모리는 128K 바이트로 16비트의 주소선으로는 전체 영역을 액세스하는 것이 불가능하다. 따라서 64K 바이트 이상의 번지를 액세스할 때에는 RAMPZ 레지스터의 페이지 선택 기능을 사용한다.
>
> ATmega128에서는 프로그램 메모리 번지의 상수를 액세스할 때에는 ELPM과 SPM 명령에 의하여 처리되는데, 이 명령은 Z 레지스터를 사용한다. 그러나 이 레지스터는 16비트이므로 64K 바이트의 영역만 처리할 수 있으므로, RAMPZ 레지스터를 이용하여 현재의 활성화된 페이지가 0인지 1인지를 미리 지정하여야 정확한 주소의 상수를 액세스할 수 있게 된다.

7) 명령어의 실행

AVR은 하버드 구조와 고속으로 액세스할 수 있는 레지스터 파일의 구조를 이용한 파이프라이닝 기법을 사용하고 있으며, 이러한 구조로 인해 그림 2.10에 나타낸 것과 같이 명령을 평균적으로 한 클럭에 한 개씩 처리하는 구조가 가능하다. 그림에서 알 수 있듯이 AVR에서는 하나의 CPU 클럭 사이클 동안에 현재 단계의 명령어의 실행(execution)과 다음 단계에 수행하여야 하는 명령어의 인출(fetch)이 동시에 수행되고 있으며, 이를 통해 1MHz당 1MIPS(Million Instruction Per Second)의 처리 속도 구현이 가능하다.

그림 2.11에는 AVR의 단일 명령 사이클 동안의 내부 타이밍 개념을 보여주고 있다. 즉, AVR에서는 단일 클럭 사이클 동안에 두 개의 레지스터에서 데이터를 인출해 오고, 이에 대한 산술연산을 실행하고, 그 결과를 목적 레지스터에서 다시 저장하는 모든 과정을 단일 명령어 사이클에서 수행하는 것이 가능하다는 것을 나타낸다. 그림에서 clk$_{CPU}$는 AVR로 공급되는 클럭을 의미한다.

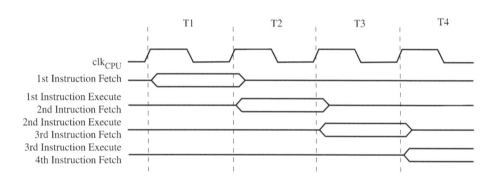

그림 2.10 AVR의 파이프라이닝 처리 방법(병렬 처리구조의 명령어 인출과 명령어 실행 과정)

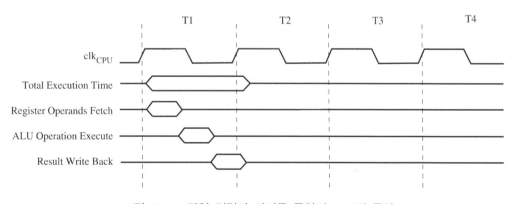

그림 2.11 단일 명령어 사이클 동안의 ALU의 동작

8) 리셋 및 인터럽트의 처리

AVR에는 리셋을 포함하여 여러 종류의 인터럽트 소스를 포함하고 있으며, 이에 해당하는 리셋 및 인터럽트 벡터를 가지고 있다. 이러한 인터럽트들은 여러 가지의 인터럽트 마스크 레지스

터를 통하여 각각 개별적으로 인터럽트의 허용 여부를 설정할 수 있으며, 상태 레지스터(SREG)의 I비트(전체 인터럽트 허가)를 이용하여 전체적인 허용 여부를 설정할 수 있다.

인터럽트는 프로그램 카운터의 값에 따라 부트 잠금 비트(boot lock bit) BLB02 또는 BLB12 비트를 프로그램하면 자동으로 금지된다.

인터럽트의 자동 실행을 위한 인터럽트 벡터는 프로그램 메모리의 최하위 공간에 배치되어 있다. 즉, 리셋 벡터는 프로그램 메모리의 0x0000번지에 존재하며, 다른 종류의 인터럽트 벡터는 2 바이트씩 간격을 두고 배치되어 있다. 이 인터럽트 벡터 테이블은 내장된 인터럽트의 우선순위를 결정하는데, 인터럽트 벡터의 주소가 낮을수록 인터럽트의 우선순위는 높아진다. 인터럽트 벡터는 일반 인터럽트 제어 레지스터(GICR: General Interrupt Control Register)의 IVSEL 비트를 1로 설정하거나, BOOTRST 퓨즈 비트를 프로그램하여 부트 플래시 섹션(boot flash section)으로 옮겨질 수 있다.

전체 인터럽트 허가(I) 비트가 0으로 클리어되어 있는 상태에서 인터럽트가 발생하면 모든 인터럽트는 금지되어 발생하지 않게 되고, 전체 인터럽트 허가(I) 비트가 1로 설정되어 있는 상태에서 각각의 인터럽트가 사용이 허가된 인터럽트가 발생하면 인터럽트 벡터를 참조하여 인터럽트 서비스 루틴이 자동으로 실행되며, 인터럽트가 수행되는 동안에 우선순위가 높은 인터럽트가 발생하면 현재 실행 중인 인터럽트 루틴은 중단되고 우선순위가 높은 인터럽트가 수행된다. 인터럽트의 종료는 RETI(Return from Interrupt) 명령에 의해 수행되며, 이때 I비트는 자동으로 클리어된다.

또한, AVR에서는 인터럽트의 동작은 유형에 따라 두 가지로 구분된다. 첫 번째는 인터럽트가 발생하면 인터럽트 플래그를 설정하는 경우이고, 두 번째는 인터럽트가 발생한 동안에만 인터럽트를 요청하는 경우이다. 첫 번째 유형의 경우에는 인터럽트를 서비스하기 위하여 프로그램 카운터가 인터럽트 벡터 테이블에 있는 주소를 가리키게 되고, 하드웨어에 의해 이 인터럽트 플래그는 자동으로 클리어된다. 또한 이 인터럽트 플래그는 해당 인터럽트 플래그 비트에 1을 써서 클리어시킬 수도 있다. 해당 인터럽트 허가 비트가 0으로 클리어되어 있는 상황에서 인터럽트가 발생하면, 인터럽트 플래그는 1로 되어, 인터럽트가 허가될 때까지 기억하고 있다가 인터럽트가 허가되면 인터럽트 벡터 테이블을 참조하여 인터럽트가 수행된다. 마찬가지로, 전체 인터럽트 허가 비트가 0으로 클리어되어 있는 상황에서 하나 또는 그 이상의 인터럽트가 발생하면, 인터럽트 플래그는 1로 되어, 전체 인터럽트 허가 비트가 1로 설정될 때까지 기억하고 있다가, 우선순위에 의해 인터럽트가 서비스된다.

두 번째 유형의 경우에는 인터럽트가 요청되더라도 이를 기억해 둘 인터럽트 플래그를 가지고 있지 않는 경우로서 인터럽트가 허가되지 않은 상황에서 인터럽트의 요구 조건이 발생되더라도 인터럽트를 실행을 하지 않게 된다.

인터럽트가 수행되는 동안에 대기중인 인터럽트가 있는 경우에는 무조건 인터럽트가 발생하기 전에 수행하던 프로그램으로 자동으로 복귀하여, 하나 이상의 명령을 수행한 후에 대기중인 인터럽트를 서비스한다.

이러한 방법으로 동작하는 인터럽트는 종류에 상관없이 인터럽트의 응답시간은 네 개의 클럭 사이클 내에 이루어진다. 즉, 네 개의 클럭 사이클 동안에 현재 수행 중인 프로그램의 프로그램 카운터(PC: Program Counter)로 저장되고, 인터럽트 벡터의 주소가 프로그램 카운터에 적재되어 실제 인터럽트 처리 프로그램이 실행될 수 있도록 준비된다. 마찬가지로 인터럽트 처리 프로그램이 끝날 경우에도 네 개의 클럭 사이클 내에 이상의 역동작이 이루어진다.

모든 마이크로컨트롤러에서 인터럽트의 동작은 매우 중요하며, 프로그램과 연계하여 이해를 하여야 하므로, AVR에 대한 인터럽트의 개념 및 동작에 대해서는 인터럽트를 소개하는 7장에서 자세히 다루기로 하자.

2.4 ATmega128의 메모리

마이크로컨트롤러를 활용하는 과정에서 메모리의 구조는 매우 중요하다. 일반적으로 마이크로 컨트롤러에는 프로그램 메모리와 데이터 메모리가 내장되어 있으며, AVR의 경우에는 두 개의 메모리 이외에 주요 시스템 변수들을 저장하여 활용하기 위하여 별도의 EEPROM이 내장되어 있다. 마이크로컨트롤러를 처음 접하는 경우에는 프로그램 메모리와 데이터 메모리를 구분하지 못하는 경우가 많으나, 그냥 쉽게 다른 시스템에서 프로그램 메모리는 ROM, 데이터 메모리는 RAM이라 생각하여도 된다. 이 절에서는 ATmega128의 메모리 구조에 대해 설명한다.

1) 프로그램 메모리

ATmega128은 프로그램 메모리로 비휘발성 메모리인 재 프로그램이 가능한 플래시 메모리 (In-System Reprogrammable Flash memory)를 사용하고 있으며, 128K 바이트로 구성되어 있다. 여기서 ATmega128이라는 의미는 128K 바이트의 프로그램 메모리를 가지고 있음을 의미한다.

ATmega128은 8비트 마이크로컨트롤러이지만, AVR의 명령어들이 모두 16비트 또는 32비트로 구성되어 있으므로 플래시 메모리는 64K×16 비트 단위로 구성된다. 이러한 구조로 되어 있는 이유는 ATmega128의 모든 명령어가 2바이트의 배수로 되어 있어 효율성을 높이기 위함이다. 그림 2.12에는 ATmega128의 프로그램 메모리의 구성을 보여주고 있으며, 이러한 프로그램 메모리는 소프트웨어의 보호를 목적으로 플래시 프로그램 메모리의 공간은 부트 프로그램 섹션과 응용 프로그램 섹션으로 나누어지고, 이 메모리에는 ISP(In-System-Programming) 기술을 사용하여 PC에서 작성한 프로그램을 직접 다운로드할 수 있도록 되어 있다. 이러한 프로그램 메모리는 ISP 기능을 사용하여 다운로드된 후에는 내용을 변경할 수 없고, 그 내용을 읽는 것만 가능하다. 즉, ATmega128을 보드에 장착하고 나서 ISP 기능을 이용해 PC에서 프로그램 다운로딩의 과정을 10,000번까지 가능하다는 의미이다.

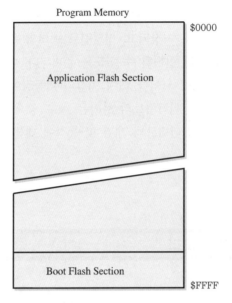

그림 2.12 프로그램 메모리 맵

2) 데이터 메모리

데이터 메모리는 쓰기/읽기가 가능한 메모리이다. 그림 2.13은 ATmega128의 데이터 메모리 맵을 보여주고 있으며, 메모리는 바이트 단위로 주소가 지정된다.

데이터 메모리의 최대 크기는 64K(0x0000-0xFFFF) 바이트이며, 그림 2.13에서와 같이 최하위 영역은 레지스터로 사용되고, 그 다음 영역은 내부 SRAM과 외부 데이터 메모리 순으로 배치된다.

또한 ATmega128의 데이터 메모리 구성은 ATmega128 일반 모드(메모리 구성 A)와 ATmega103 호환 모드(메모리 구성 B)로 구분되며, 약간의 차이가 존재한다. ATmega128 모드에서는 0x10FF (4,352 바이트)번지까지는 내부 데이터 메모리로 사용되고 나머지 0x1100번지부터 0xFFFF번지까지 외부 데이터 메모리로 사용할 수 있고, ATmega103 호환 모드에서는 0x0FFF(4,096 바이트) 번지까지는 내부 데이터 메모리로 사용되고 나머지 0x1000번지부터 0xFFFF번지까지 외부 데이터 메모리로 사용할 수 있다. 즉, ATmega103 호환 모드의 경우에는 0x0020~0x005F번지의 64개의 I/O 레지스터만을 사용하는 데 비해 ATmega128 모드에서는 이 구조에다 0x0060~0x00FF번지의 확장 I/O 레지스터를 추가로 사용하는 것이 차이점이다. ATmega128의 경우 데이터 메모리의 구성이 이러한 구조로 되어 있기 때문에 호환모드에서는 0x0060~0x0FFF(4000 바이트)번지까지를 내부 데이터 메모리로 사용할 수 있으며, 일반 모드인 경우에는 0x0100~0x10FF(4096 바이트)번지까지를 내부 데이터 메모리를 사용할 수 있다. 이상의 SRAM 데이터 메모리의 구성은 32개의 레지스터 파일, 64개의 I/O 레지스터, 160개의 확장 I/O 레지스터, 내·외부 RAM으로 구성되어 있으며, 이를 각각에 대해 설명하면 다음과 같다.

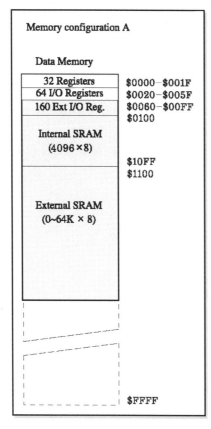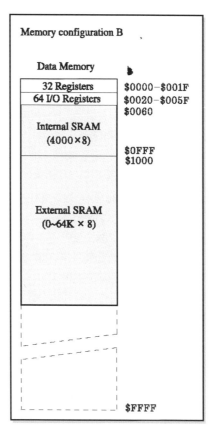

(a) 일반 모드   (b) 호환 모드

그림 2.13 데이터 메모리 맵

참고사항

◉ **ATmega103과 ATmega128의 호환성**

ATmega103 모드는 64개의 I/O를 사용하는 데 반해 ATmega128은 이 I/O 영역 외에 0x60~0xFF 영역의 확장 I/O 영역을 추가로 사용하는 매우 복잡한 마이크로컨트롤러이다. 즉, ATmega103은 ATmega128에 비해 제한된 기능을 가지고 있으며, ATmega103에서 사용하는 I/O 영역은 ATmega128과 동일한 주소를 가지고 있으며, ATmega128에서 확장된 I/O의 주소는 확장 영역에만 존재한다. 일반적인 I/O 영역을 액세스할 때에는 IN과 OUT 명령을 사용하지만, 확장 영역을 액세스할 때에는 LD/LDS/LDD와 ST/STS/STD 명령을 사용한다. 이들 I/O 영역은 모두 내부 RAM에 위치하며, 이 모드의 차이에 의해 내부 RAM의 주소는 사용 모드에 따라 재배치되어야 한다. 이러한 과정이 ATmega103을 사용하는 경우에 약간의 문제가 야기된다. 또한, 프로그램의 코드가 절대 주소를 가지고 사용될 경우에 인터럽트 벡터의 수가 증가하는 것으로 인해 문제가 야기될 수도 있다.

이러한 문제를 해결하기 위해 ATmega103 호환 모드는 퓨즈 비트 M103C를 프로그램함으로써 선택된다. 이 모드에서는 확장 I/O 영역에 있는 모든 기능은 사용되지 않게 되어, 내부 RAM은 ATmega103에 있는 것처럼 동작하고, 모든 확장 인터럽트는 배제된다.

ATmega128은 완벽하게 ATmega103과 호환되어 PCB를 변경하지 않고 ATmega103으로 사용될 수 있다.

◉ ATmega103 호환 모드

퓨즈 비트 M103C를 프로그램함으로써 ATmega128은 ATmega103과 RAM, I/O와 인터럽트 벡터가 호환된다. 그러나 ATmega128의 몇몇 새로운 특징들은 호환되지 않는다. 이들 기능은 다음과 같다.

- ▶ 두 개의 USART 중에 하나는 비동기 모드로 사용된다. 단지 보오 레이트 레지스터의 8개의 LSB만 사용가능하다.
- ▶ 3개의 비교 레지스터를 갖는 2개의 16-비트 타이머/카운터 대신에 2개의 비교 레지스터를 갖는 1개의 16-비트 타이머/카운터
- ▶ 2선 직렬 인터페이스는 제공되지 않는다.
- ▶ 포트 C는 출력만 가능하다.
- ▶ 포트 G는 이중 기능으로만 동작한다(일반 I/O 포트가 아님).
- ▶ 포트 F는 ADC의 입력과 디지털 입력으로 동작한다.
- ▶ 부트 로더는 호환되지 않는다.
- ▶ 내부 조정 RC 발진기의 주파수를 조정할 수 없다.
- ▶ 일반 I/O에 대해 외부 메모리 인터페이스를 할 수 없을 뿐만 아니라 웨이트 상태의 변경이 불가하다.

이 외에, ATmega103에 더욱 호환되게 할 수 있는 약간의 차이가 존재한다.

- ▶ MCUCSR 레지스터에 단지 EXTRF와 PORF이 있다.
- ▶ 워치독 타임-아웃을 변경하는 데 시간 순서를 조정할 필요가 없다.
- ▶ 외부 인터럽트 핀 3~0은 레벨 인터럽트로만 사용된다.
- ▶ USART는 FIFO 버퍼를 가지고 있지 않아서 데이터 오버런이 일찍 발생한다.

ATmega103에서 사용하지 않는 I/O 비트는 ATmega128에서 동일한 동작을 하도록 0으로 써야만 한다.

◯ 레지스터 파일

0x0000~0x001F 영역으로 AVR 구조에서 설명한 것과 동일하며, 실제로 이 부분은 SRAM은 아니지만 메모리의 주소 영역을 사용하고 있다.

◯ I/O 레지스터

I/O 레지스터는 SRAM과 달리 ATmega128에 내장된 I/O 소자들을 직접 제어하는 데 사용된다. 이들의 주소는 0x0020~0x005F의 영역으로 총 64개의 레지스터로 구성되어 있으며, 표 2.10에는 이들 I/O 레지스터의 주소 및 기능을 소개하였다.

확장 I/O 레지스터는 기존의 AVR 모델에 비하여 ATmega128에 새로 추가된 각종 I/O 기능을 제어하기 위한 레지스터로서 주소는 0x0060~0x00FF의 영역으로 총 160개의 레지스터로 구성되어 있으며, 표 2.11에는 이들 확장 I/O 레지스터의 주소 및 기능을 소개하였다.

I/O 레지스터와 확장 I/O 레지스터는 AVR 내부에 내장된 I/O 기능을 제어하기 위해 사용

되지만 이들 레지스터를 액세스하는 데에는 약간의 차이가 있다.

I/O 레지스터 영역을 액세스하기 위해서는 어셈블리 명령어로 IN/OUT 명령을 사용한다. 표 2.12를 보면 I/O 레지스터의 주소가 두 가지로 표시되어 있다. 괄호 속의 주소는 레지스터의 메모리 주소를 나타내고 괄호 밖의 주소는 입출력 주소를 나타낸다. 메모리 동작으로 I/O 레지스터를 조작할 경우에는 메모리 주소를 사용하고, 입출력 동작을 사용하여 I/O 레지스터를 조작할 경우에는 I/O 주소를 사용한다. 즉, IN/OUT 명령을 사용하여 이들 I/O 레지스터를 액세스하기 위해서는 0x00~0x3F 번지로 지정하여 사용하는 점에 유의하여야 한다. 또한, 이들 I/O 레지스터 중에서 0x00~0x1F 번지에 위치하는 32개의 레지스터는 비트 단위의 액세스가 가능하고, 나머지 번지의 레지스터는 비트 단위의 액세스를 할 수 없다는 점도 유의하여야 한다.

확장 I/O 레지스터의 경우에는 I/O 레지스터와는 달리 이 영역의 데이터를 액세스하기 위해서는 외부 데이터 메모리와 같이 어셈블리 명령어로 LD/LDS/LDD 또는 ST/STS/STD 명령을 사용한다는 것이다. 이는 확장 I/O 레지스터의 번지는 반드시 16비트로 지정하여야 한다는 것을 의미한다. 각 레지스터에 대한 상세 내용은 각 기능부분을 설명하는 부분에서 자세히 다루기로 한다.

표 2.12 I/O 레지스터 맵

I/O 주소 (SRAM 주소)	레지스터 이름	기능
0x00(0x20)	PINF	포트 F 데이터 입력 레지스터
0x01(0x21)	PINE	포트 E 데이터 입력 레지스터
0x02(0x22)	DDRE	포트 E 데이터 방향 레지스터
0x03(0x23)	PORTE	포트 E 데이터 출력 레지스터
0x04(0x24)	ADCL	A/D 변환기 데이터 레지스터(하위 바이트)
0x05(0x25)	ADCH	A/D 변환기 데이터 레지스터(상위 바이트)
0x06(0x26)	ADCSRA	A/D 변환기 제어 및 상태 레지스터
0x07(0x27)	ADMUX	A/D 변환기 멀티플렉서 레지스터
0x08(0x28)	ACSR	아날로그 비교기 제어 및 상태 레지스터
0x09(0x29)	UBRR0L	USART 0 보오레이트 레지스터(하위 바이트)
0x0A(0x2A)	UCSR0B	USART 0 제어 및 상태 레지스터 B
0x0B(0x2B)	UCSR0A	USART 0 제어 및 상태 레지스터 A
0x0C(0x2C)	UDR0	USART 0 I/O 데이터 레지스터
0x0D(0x2D)	SPCR	SPI 제어 레지스터
0x0E(0x2E)	SPSR	SPI 상태 레지스터
0x0F(0x2F)	SPDR	SPI I/O 데이터 레지스터
0x10(0x30)	PIND	포트 D 데이터 입력 레지스터
0x11(0x31)	DDRD	포트 D 데이터 방향 레지스터
0x12(0x32)	PORTD	포트 D 데이터 출력 레지스터
0x13(0x33)	PINC	포트 C 데이터 입력 레지스터

표 2.12 I/O 레지스터 맵(계속)

I/O 주소 (SRAM 주소)	레지스터 이름	기능
0x14(0x34)	DDRC	포트 C 데이터 방향 레지스터
0x15(0x35)	PORTC	포트 C 데이터 출력 레지스터
0x16(0x36)	PINB	포트 B 데이터 입력 레지스터
0x17(0x37)	DDRB	포트 B 데이터 방향 레지스터
0x18(0x38)	PORTB	포트 B 데이터 출력 레지스터
0x19(0x39)	PINA	포트 A 데이터 입력 레지스터
0x1A(0x3A)	DDRA	포트 A 데이터 방향 레지스터
0x1B(0x3B)	PORTA	포트 A 데이터 출력 레지스터
0x1C(0x3C)	EECR	EEPROM 제어 레지스터
0x1D(0x3D)	EDDR	EEPROM 데이터 레지스터
0x1E(0x3E)	EEARL	EEPROM 제어 레지스터(하위 주소)
0x1F(0x3F)	EEARH	EEPROM 제어 레지스터(상위 주소)
0x20(0x40)	SFIOR	특수 기능 I/O 레지스터
0x21(0x41)	WDTCR	워치독 타이머 제어 레지스터
0x22(0x42)	OCDR	On-chip 디버그 레지스터
0x23(0x43)	OCR2	타이머/카운터2 출력비교 레지스터
0x24(0x44)	TCNT2	타이머/카운터2 레지스터
0x25(0x45)	TCCR2	타이머/카운터2 제어 레지스터
0x26(0x46)	ICR1L	타이머/카운터1 입력 캡쳐 레지스터(하위 바이트)
0x27(0x47)	ICR1H	타이머/카운터1 입력 캡쳐 레지스터(상위 바이트)
0x28(0x48)	OCR1BL	타이머/카운터1 출력 비교 B 레지스터(하위 바이트)
0x29(0x49)	OCR1BH	타이머/카운터1 출력 비교 B 레지스터(상위 바이트)
0x2A(0x4A)	OCR1AL	타이머/카운터1 출력 비교 A 레지스터(하위 바이트)
0x2B(0x4B)	OCR1AH	타이머/카운터1 출력 비교 A 레지스터(상위 바이트)
0x2C(0x4C)	TCNT1L	타이머/카운터1 카운터 레지스터(하위 바이트)
0x2D(0x4D)	TCNT1H	타이머/카운터1 카운터 레지스터(상위 바이트)
0x2E(0x4E)	TCCR1B	타이머/카운터1 제어 레지스터 B
0x2F(0x4F)	TCCR1A	타이머/카운터1 제어 레지스터 A
0x30(0x50)	ASSR	비동기 상태 레지스터
0x31(0x51)	OCR0	타이머/카운터0 출력비교 레지스터
0x32(0x52)	TCNT0	타이머/카운터0 레지스터
0x33(0x53)	TCCR0	타이머/카운터0 제어 레지스터
0x34(0x54)	MCUCSR	MCU 제어 및 상태 레지스터
0x35(0x55)	MCUCR	MCU 제어 레지스터
0x36(0x56)	TIFR	타이머/카운터 인터럽트 플래그 레지스터
0x37(0x57)	TIMSK	타이머/카운터0 제어 레지스터
0x38(0x58)	EIFR	확장 인터럽트 플래그 레지스터
0x39(0x59)	EIMSK	확장 인터럽트 마스크 레지스터

표 2.12 I/O 레지스터 맵(계속)

I/O 주소 (SRAM 주소)	레지스터 이름	기능
0x3A(0x5A)	EICRB	외부 인터럽트 제어 레지스터 B
0x3B(0x5B)	RAMPZ	확장 인터럽트 플래그 레지스터
0x3C(0x5C)	XDIV	XTAL 분할 제어 레지스터
0x3D(0x5D)	SPL	스택포인터 하위 바이트
0x3E(0x5E)	SPH	스택포인터 상위 바이트
0x3F(0x5F)	SREG	상태 레지스터

표 2.13 확장 I/O 레지스터 맵

주소	레지스터 이름	기능
(0x60)	Reserved	
(0x61)	DDRF	포트 F 데이터 방향 레지스터
(0x62)	PORTF	포트 F 데이터 출력 레지스터
(0x63)	PING	포트 G 데이터 입력 레지스터
(0x64)	DDRG	포트 G 데이터 방향 레지스터
(0x65)	PORTG	포트 G 데이터 출력 레지스터
(0x66)	Reserved	
(0x67)	Reserved	
(0x68)	SPMCSR	저장 프로그램 제어 및 상태 레지스터
(0x69)	Reserved	
(0x6A)	EICRA	외부 인터럽트 제어 레지스터 A
(0x6B)	Reserved	
(0x6C)	XMCRB	외부 메모리 제어 레지스터 B
(0x6D)	XMCRA	외부 메모리 제어 레지스터 A
(0x6E)	Reserved	
(0x6F)	OSCCAL	오실레이터 캘리브레이션 레지스터
(0x70)	TWBR	TWI 비트 레이트 레지스터
(0x71)	TWSR	TWI 상태 레지스터
(0x72)	TWAR	TWI 어드레스 레지스터
(0x73)	TWDR	TWI 데이터 레지스터
(0x74)	TWCR	TWI 제어 레지스터
(0x75)	Reserved	
(0x76)	Reserved	
(0x77)	Reserved	
(0x78)	OCR1CL	타이머/카운터1 출력 비교 C 레지스터(하위 바이트)
(0x79)	OCR1CH	타이머/카운터1 출력 비교 C 레지스터(상위 바이트)
(0x7A)	TCCR1C	타이머/카운터1 제어 레지스터 C
(0x7B)	Reserved	-

표 2.13 확장 I/O 레지스터 맵(계속)

주소	레지스터 이름	기능
(0x7C)	STIFR	확장 타이머/카운터 인터럽트 플래그 레지스터
(0x7D)	ETIMSK	확장 타이머/카운터 인터럽트 마스크 레지스터
(0x7E)	Reserved	
(0x7F)	Reserved	
(0x80)	ICR3L	타이머/카운터3 입력 캡처 레지스터(하위바이트)
(0x81)	ICR3H	타이머/카운터3 입력 캡처 레지스터(상위바이트)
(0x82)	OCR3CL	타이머/카운터3 출력 비교 C 레지스터(하위 바이트)
(0x83)	OCR3CH	타이머/카운터3 출력 비교 C 레지스터(상위 바이트)
(0x84)	OCR3BL	타이머/카운터3 출력 비교 레지스터 B(하위바이트)
(0x85)	OCR3BH	타이머/카운터3 출력 비교 레지스터 B(상위바이트)
(0x86)	OCR3AL	타이머/카운터3 출력 비교 레지스터 A(하위바이트)
(0x87)	OCR3AH	타이머/카운터3 출력 비교 레지스터 A(상위바이트)
(0x88)	TCNT3L	타이머/카운터3 카운트 레지스터(하위바이트)
(0x89)	TCNT3H	타이머/카운터3 카운트 레지스터(상위바이트)
(0x8A)	TCCR3B	타이머/카운터3 제어 레지스터 B
(0x8B)	TCCR3A	타이머/카운터3 제어 레지스터 A
(0x8C)	TCCR3C	타이머/카운터3 제어 레지스터 C
(0x8D)	Reserved	
(0x8E)	Reserved	
(0x8F)	Reserved	
(0x90)	UBRR0H	USART 0 보우 레지스터(상위 바이트)
(0x91)	Reserved	
..	Reserved	
(0x97)	Reserved	
(0x98)	UBRR1H	USART 1 보우 레지스터(상위 바이트)
(0x99)	UBRR1L	USART 1 보우 레지스터(하위 바이트)
(0x9A)	UCSR1B	USART 1 제어 및 상태 레지스터 B
(0x9B)	UCSR1A	USART 1 제어 및 상태 레지스터 A
(0x9C)	UDR1	USART 1 I/O 데이터 레지스터
(0x9D)	UCSR1C	USART 1 제어 및 상태 레지스터 C
(0x9E)	Reserved	
..	Reserved	
(0xFF)	Reserved	

○ 내부 SRAM

ATmega128의 내부 데이터 메모리인 SRAM은 프로그램에서 각종 사용자 변수를 저장하거나 스택 영역으로 사용되는 영역으로서 4K 바이트를 차지하고 있으며 0x0100~0x10FF번지를 통해 액세스된다. 내부 데이터 메모리를 액세스하는 과정은 그림 2.14와 같이 2 클럭 사이클(T1~T2)이 소요되며, 외부 데이터 메모리와 하드웨어적으로 구분하기 위하여 ALE, $\overline{\text{WR}}$, $\overline{\text{RD}}$ 신호는 외부로 출력되지 않는다.

○ 외부 SRAM

ATmega128을 사용하면서 내부 SRAM의 용량이 부족할 경우에는 외부 0x1100번지부터 0xFFFF번지까지 약 60K 바이트의 SRAM을 확장할 수 있다. 외부 SRAM 영역에는 사용자의 필요성에 따라 외부 데이터 메모리로써 SRAM을 확장하여 사용하거나 I/O를 확장하여 사용할 수 있다.

외부 SRAM을 확장하여 사용할 경우에는 내부 SRAM을 사용하는 것보다 1바이트를 액세스하는 데 1클럭만큼의 처리시간이 더 소요된다. 만약 이보다 더 긴 시간이 요구되는 외부 메모리 또는 확장 I/O 소자인 경우에는 2.5절에서 설명하는 방법에 의해 사용자가 1~3개의 웨이트 사이클을 부여할 수 있다. 자세한 방법에 대해서는 2.5절의 설명을 참조하기 바란다.

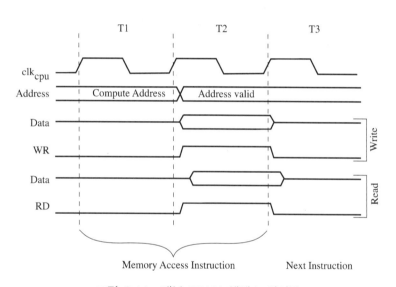

그림 2.14   내부 SRAM 액세스 사이클

3) EEPROM

EEPROM은 전원이 제거되어도 저장된 데이터가 보존되는 비휘발성 메모리로 시스템에 반드시 필요한 상수나 변수들의 현재 값을 기록하기 위해서 사용되며, ATmega128에는 이러한 용도를 지원하기 위해 프로그램 메모리와 데이터 메모리 외에 4K 바이트의 EEPROM 메모리를 제공하고 있다. 이 EEPROM의 영역은 프로그램 메모리와 데이터 메모리와 별도의 주소 공간을 사용하고 있고, 이 EEPROM의 쓰기/읽기는 I/O 레지스터를 사용하여 주소를 지정하는 방법으로 가능하다. EEPROM을 액세스하는 과정은 매우 번거롭지만, 제어 전용의 시스템을 구축할 경우에 유용하게 활용되고 있다. EEPROM은 내용을 읽을 때에는 회수에 제한이 없으나 쓰기는 100,000번까지 보장하며, EEPROM의 액세스는 그림 2.15에서 그림 2.17까지에 나타낸 EEPROM 주소 레지스터(EEAR), EEPROM 데이터 레지스터(EEDR) 및 EEPROM 제어 레지스터(EECR)를 통해서 1 바이트 단위로 가능하다.

EEPROM 주소 레지스터는 그림 2.15에 나타낸 바와 같이 4K 바이트의 EEPROM의 주소를 가리키기 위해 11비트의 공간(EEARH + EEARL)을 사용한다. 또한 EEPROM 데이터 레지스터는 ATmega128이 마이크로컨트롤러로서 데이터 단위가 8비트이므로 그림 2.16과 같이 8비트의 레지스터로 구성이 되어 있으며, EEPROM에 데이터를 쓰기 위해서는 EEAR에 먼저 주소를 지정하고 이 EEDR에 데이터를 쓰면 되고, EEPROM으로부터 데이터를 읽기 위해서는 EEAR에 주소를 지정하여 이 EEDR을 읽으면 된다. 그리고, EEPROM 제어 레지스터(EECR)는 EEPROM의 쓰기/읽기를 제어하기 위한 레지스터로 그림 2.17과 같은 비트들로 구성되어 있다.

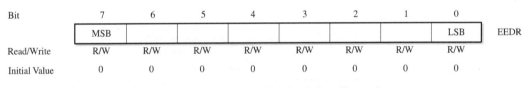

Bit	15	14	13	12	11	10	9	8	
	–	–	–	–	EEAR11	EEAR10	EEAR9	EEAR8	EEARH
	EEAR7	EEAR6	EEAR5	EEAR4	EEAR3	EEAR2	EEAR1	EEAR0	EEARL
	7	6	5	4	3	3	1	0	
Read/Write	R	R	R	R	R/W	R/W	R/W	R/W	
	R/W	R/W	R/W	R/W	R/W	R/W	R/W	R/W	
Initial Value	0	0	0	0	X	X	X	X	
	X	X	X	X	X	X	X	X	

그림 2.15 EEPROM의 주소 레지스터(EEAR)

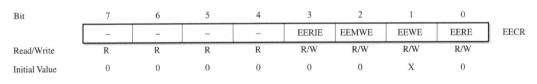

Bit	7	6	5	4	3	2	1	0	
	MSB							LSB	EEDR
Read/Write	R/W	R/W	R/W	R/W	R/W	R/W	R/W	R/W	
Initial Value	0	0	0	0	0	0	0	0	

그림 2.16 EEPROM의 데이터 레지스터(EEDR)

Bit	7	6	5	4	3	2	1	0	
	–	–	–	–	EERIE	EEMWE	EEWE	EERE	EECR
Read/Write	R	R	R	R	R/W	R/W	R/W	R/W	
Initial Value	0	0	0	0	0	0	X	0	

그림 2.17 EEPROM의 제어 레지스터(EECR)

▶ 비트 3 : EERIE (EEPROM 준비 인터럽트 허가, EEPROM Ready Interrupt Enable)
SREG 레지스터의 I비트가 1로 설정되어 있는 상황에서 EERIE 비트에 1을 쓰면, EEPROM 준비 인터럽트가 허가되고, EEPROM 준비 인터럽트는 EEWE가 0일 때에 요구된다.

▶ 비트 2 : EEMWE (EEPROM Master Write Enable)
이 비트는 EEWE 비트를 1로 설정하여 EEPROM에 데이터를 쓸 것인지를 결정하는 비트이다. EEMWE가 1로 설정된 후 4 사이클 내에 EEWE가 1이 되면 선택된 EEPROM 주소번지에 데이터를 쓰고, EEMWE가 0일 경우에는 EEWE의 설정에 상관없이 데이터의 쓰기는 이루어지지 않는다. EEMWE 비트가 소프트웨어에 의해서 1로 설정된 후에 4 사이클이 지나면 EEMWE 비트는 하드웨어에 의해 자동으로 0으로 된다.

▶ 비트 1 : EEWE (EEPROM Write Enable)

EEWE 비트는 EEPROM에 데이터를 쓰기 위한 스트로브 신호로서, EERE=1이면, EEPROM에 데이터를 쓸 수 있다.

▶ 비트 0 : EERE (EEPROM Read Enable)

EERE 비트는 EEPROM의 데이터를 읽기 위한 스트로브 신호로서, EERE=1이면, EEPROM의 데이터를 읽을 수가 있다.

여기서는 EEPROM의 내부 레지스터의 구조 및 정의에 대해 살펴보는 것으로 만족하고, 이들 레지스터를 이용하여 실제 데이터를 쓰고 읽는 과정은 12장의 EEPROM의 활용 부분에서 자세히 다루기로 한다.

2.5　ATmega128의 외부 메모리 확장

앞에서도 설명한 바와 같이 ATmega128 마이크로컨트롤러의 외부 데이터 영역은 0x1100 ~ 0xFFFF 번지의 약 60K 바이트의 영역을 사용할 수 있으며, 이들 영역은 외부 SRAM 또는 플래시 메모리와 LCD 표시장치, A/D 및 D/A 변환기와 같은 외부 I/O 확장에 사용할 수 있다. 이 외부 데이터 메모리 영역은 다음과 같이 여러 가지 우수한 기능을 가지고 있어서 사용자가 하드웨어를 인터페이스하고 이를 프로그램으로 구동하는 데 매우 편리하게 되어 있다.

▶ 인터페이스할 소자의 액세스 시간에 적합하도록 소프트웨어로 0~3개의 웨이트 사이클을 설정할 수 있다(ATmega103 모드에서는 0~1개의 웨이트 설정 가능).
▶ 외부 데이터 메모리 영역을 2개의 섹터로 분할할 수 있고, 이들 각각에 대해 독립적으로 웨이트 사이클을 설정할 수 있다(ATmega103 모드에서는 지원하지 않음).
▶ 16비트의 주소의 상위 바이트에 있는 8비트 중에서 필요한 개수만을 주소 버스로 사용할 수 있다(ATmega103 모드에서는 지원하지 않음).
▶ 데이터 버스의 신호들이 동작할 때 전류 소비량이 감소되도록 버스 키퍼 기능을 설정하여 사용할 수 있다(ATmega103 모드에서는 지원하지 않음).

1) 외부 인터페이스의 기본 동작

ATmega128에서 외부 데이터 메모리를 독립시켜서 최대 64K 바이트까지 확장시킬 수 있다. 외부 데이터 메모리의 확장은 A 포트, C 포트 및 메모리 제어용 신호 포트인 G 포트를 사용한다. 즉, 인터페이스에 필요한 신호는 다음과 같이 요약될 수 있다.

▶ AD7~AD0 : 다중화된 데이터 버스와 하위 8비트 주소 버스선
▶ A15~A8 : 상위 8비트 주소 버스선 (사용되는 비트의 수는 조정이 가능함)
▶ ALE : 다중화된 데이터 버스와 주소 버스를 분리하기 위한 제어 신호
▶ $\overline{\text{RD}}$: 외부 데이터 메모리 읽기 스트로브 신호
▶ $\overline{\text{WR}}$: 외부 데이터 메모리 읽기 스트로브 신호

이러한 제어 신호를 사용하여 외부 데이터 메모리를 ATmega128과 인터페이스하는 방법을 살펴보자. 외부 데이터 메모리를 확장하는 회로는 그림 2.18과 같다. 외부 데이터 메모리를 인터페이스하는 데 필요한 신호는 주소와 데이터 버스로 사용되는 PA 포트(주소 하위 바이트/데이터)와 PC 포트(주소 상위 바이트)와 이를 쓰고 읽는 제어 신호로 $\overline{\text{WR}}$과 $\overline{\text{RD}}$가 사용된다. PA 포트에서는 하위 8비트의 주소 버스와 데이터 버스를 시분할하여 출력되기 때문에 그림 2.18에 나타낸 바와 같이 ALE 신호를 사용하여 이 버스의 신호를 분리시켜야 한다. 즉, ALE 신호로 PA 포트를 래치시키면 래치 출력은 주소가 되고, 래치되기 전의 버스 신호는 데이터가 된다.

이상과 같이 외부 데이터 메모리가 확장이 되어 있으면, 이 외부 주소 공간에 해당하는 영역에 데이터를 액세스할 경우에는 외부로 주소 버스와 데이터 버스로 신호선이 출력되고 이와 더불어 3개의 제어 신호가 출력된다. 만약, 외부 데이터 메모리가 없는 경우에는 주소/데이터 버스와 ALE 신호는 출력되지만 제어신호인 $\overline{\text{WR}}$과 $\overline{\text{RD}}$는 출력되지 않아 외부의 공간을 액세스할 수 없게 된다.

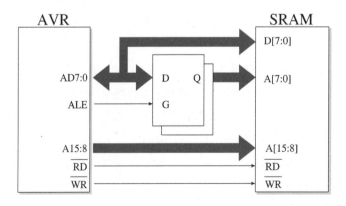

그림 2.18 ATmega128의 외부 데이터 메모리 확장을 위한 인터페이스

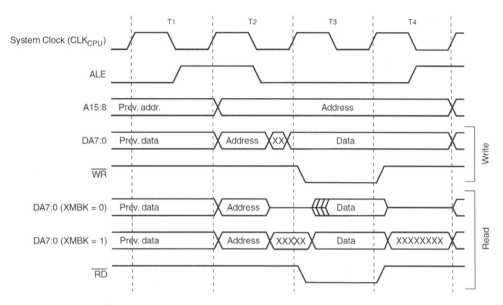

그림 2.19 웨이트 사이클이 없는 상태의 외부 데이터 메모리 액세스 사이클 (SRWn1~0=00)

외부 메모리의 소자는 다양한 타이밍을 요구한다. 이러한 다양한 타이밍을 고려하기 위해서 ATmega128의 경우에는 네 가지의 다른 웨이트 사이클을 사용하여 인터페이스를 할 수 있도록 기능을 제공하고 있다. 그림 2.19에는 ATmega128이 외부 데이터 메모리를 액세스하는 동작을 개괄적으로 나타내었으며, 그림에서와 같이 기본적으로 3 클럭 사이클(T2~T4) 동안에 메모리의 액세스가 이루어진다. 그러나 뒷부분에서 설명하는 MCUCR과 XMCRA 레지스터를 이용하여 소프트웨어적으로 1~3개까지의 웨이트 사이클을 줄 수 있는데 이러한 경우의 타이밍도를 그림 2.20~그림 2.22에 나타내었다.

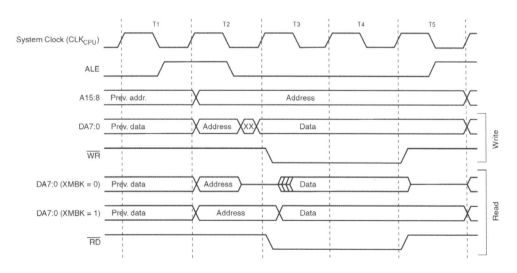

그림 2.20 한 개의 웨이트 사이클이 주어진 상태의 외부 데이터 메모리 액세스 사이클 (SRWn1~0=01)

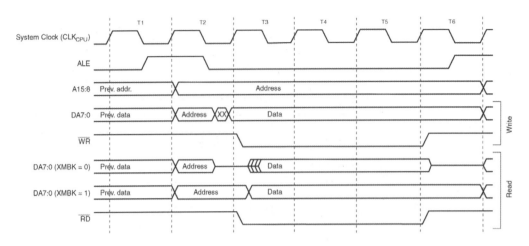

그림 2.21   두 개의 웨이트 사이클이 주어진 상태의 외부 데이터 메모리 액세스 사이클 (SRWn1~0=10)

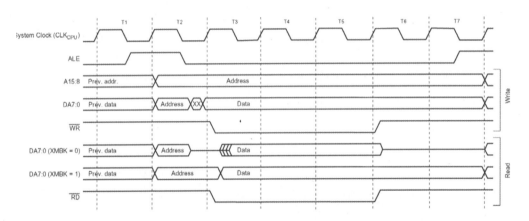

그림 2.22   세 개의 웨이트 사이클이 주어진 상태의 외부 데이터 메모리 액세스 사이클 (SRWn1~0=11)

2) 외부 데이터 메모리 인터페이스를 위한 레지스터의 설정

외부 데이터 메모리 인터페이스를 위해 ATmega128에는 MCU 제어 레지스터(MCU Control Register : MCUCR), 확장 메모리 제어 레지스터 A(Extended Memory Control Register A : XMCRA) 와 확장 메모리 제어 레지스터 B(Extended Memory Control Register B : XMCRB) 등의 세 개 의 제어 레지스터가 제공된다. 이들의 기능을 설명하면 다음과 같다.

◎ MCU 제어 레지스터

MCU 제어 레지스터(MCU Control Register)는 MCU의 전체적인 시스템 기능을 설정하는 레지스터로 그림 2.22와 같은 비트 구성을 가지고 있으며, 외부 데이터 메모리 영역과 관련 되는 비트는 비트 7과 비트 6이다. 나머지 비트 중에 SE, SM0~SM2는 슬립 모드의 활용에 사용되며, IVSEL과 IVCE는 인터럽트 벡터 제어에 사용되므로, 이 비트들에 대해서는 슬립 모드와 인터럽트 제어 부분에서 자세히 다루기로 한다.

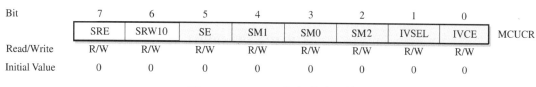

그림 2.23 MCU 제어 레지스터(MCUCR)의 내용

▶ 비트 7 : SRE (External SRAM /XMEM Enable) 비트

이 비트는 외부 데이터 메모리 영역의 액세스를 가능하기 위해 사용된다. 이 비트가 1로 세트되어 있으면 A15~A8, AD7~AD0, ALE, $\overline{WR}$, $\overline{RD}$ 등과 같은 외부 데이터 메모리 영역의 액세스를 위한 신호가 외부로 출력되게 된다. 만약, 이 비트가 0으로 설정되면 이 신호들은 기본 기능인 병렬 I/O 포트로 동작한다.

▶ 비트 6 : SRW10 (Wait State Select) 비트

이 비트는 외부 데이터 메모리 영역을 액세스할 때 부여하는 웨이트 사이클의 수를 지정하는 데 사용되며, 다음에 설명하는 XMCRA 레지스터의 SRW11 비트와 조합하여 사용된다. 그러나, ATmega103 호환 모드에서는 SRW10=1이면 한 개의 웨이트 사이클을 설정하며, SRW10=0이면 웨이트 사이클이 0이 된다.

◉ 확장 메모리 제어 레지스터 A

확장 메모리 제어 레지스터 A(Extended Memory Control Register A, XMCRA)는 메모리 영역을 분할하거나 웨이트 사이클을 설정하는 데 사용하는 레지스터로서 그림 2.24와 같은 비트 구성을 가지고 있다. SRL0~SRL2 비트와 SRW00, SRW01, SRW11 등의 6 비트는 이 목적으로 사용된다.

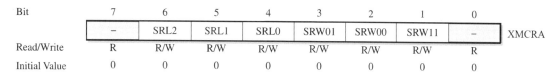

그림 2.24 확장 메모리 제어 레지스터 A(XMCRA)의 내용

▶ 비트 6~4 : SRL2~SRL0 (Wait State Sector Limit) 비트

일반적으로 MCU에 인터페이스되는 메모리를 포함한 주변 소자의 경우에 액세스 속도의 차이가 있을 수 있다. 이러한 액세스 속도의 차이가 나는 소자를 제어하기 위해 ATmega128의 경우에는 외부 데이터 메모리를 두 개의 섹터로 나누어 분할 제어할 수 있는 기능을 제공하고 있다. SRL2~SRL0 비트는 메모리를 두 개의 섹터로 구분하는 기능을 담당하고, 비트의 구성에 따라 표 2.14와 같이 주소 공간이 구분된다. 이 주소 공간에 대해 각각 별도로 웨이트 사이클을 부여할 수 있다.

▶ **SRW11와 SRW10 비트** (Wait-state Select Bits for Upper Sector)

MCUCR의 SRW10 비트와 XMCRA의 SRW11 비트를 조합하여 외부 데이터 메모리
의 상위 섹터에 해당하는 영역의 웨이트 사이클을 설정할 수 있다.

▶ **SRW01과 SRW00 비트** (Wait-state Select Bits for Lower Sector)

이 비트들은 외부 데이터 메모리의 하위 섹터에 해당하는 영역의 웨이트 사이클을 설
정한다. 이 비트들을 사용하여 웨이트 사이클을 설정하는 방법은 표 2.15를 참조하기
바란다.

표 2.14 SRL2~SRL0 비트에 의한 외부 데이터 메모리의 섹터 분할

SRL2	SRL1	SRL0	Sector Limits
0	0	0	Lower sector = N/A Upper sector = 0x1100 ~ 0xFFFF
0	0	1	Lower sector = 0x1100 ~ 0x1FFF Upper sector = 0x2000 ~ 0xFFFF
0	1	0	Lower sector = 0x1100 ~ 0x3FFF Upper sector = 0x4000 ~ 0xFFFF
0	1	1	Lower sector = 0x1100 ~ 0x5FFF Upper sector = 0x6000 ~ 0xFFFF
1	0	0	Lower sector = 0x1100 ~ 0x7FFF Upper sector = 0x8000 ~ 0xFFFF
1	0	1	Lower sector = 0x1100 ~ 0x9FFF Upper sector = 0xA000 ~ 0xFFFF
1	1	0	Lower sector = 0x1100 ~ 0xBFFF Upper sector = 0xC000 ~ 0xFFFF
1	1	1	Lower sector = 0x1100 ~ 0xDFFF Upper sector = 0xE000 ~ 0xFFFF

표 2.15 SRWn1 및 SRWn0 비트에 의한 웨이트 사이클의 설정

SRWn1	SRWn0	웨이트 사이클의 수
0	0	0 웨이트
0	1	읽기/쓰기 스트로브 신호에 1개의 웨이트
1	0	읽기/쓰기 스트로브 신호에 2개의 웨이트
1	1	읽기/쓰기 스트로브 신호에 2개의 웨이트 신호와 다음 주소 출력 전에 1개의 웨이트

주) n은 섹터 번호를 나타냄. 즉, 0=하위 섹터이고, 1= 상위 섹터임.

◉ 확장 메모리 제어 레지스터 B

확장 메모리 제어 레지스터 B(Extended Memory Control Register B, XMCRB)는 버스 키퍼 기능을 설정하고, 외부 데이터 메모리 주소의 상위 바이트 중에서 어디까지 주소 기능을 사용할 것인지를 설정하는 데 사용되는 레지스터이다. 이의 비트 구성을 그림 2.25에 나타내었다.

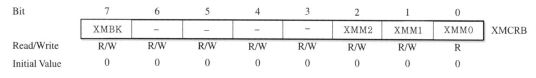

Bit	7	6	5	4	3	2	1	0	
	XMBK	–	–	–	–	XMM2	XMM1	XMM0	XMCRB
Read/Write	R/W	R/W	R/W	R/W	R/W	R/W	R/W	R	
Initial Value	0	0	0	0	0	0	0	0	

그림 2.25 확장 메모리 제어 레지스터 B(XMCRB)의 내용

▶ 비트 7 : XMBK (External Memory Bus Keeper Enable) 비트

이 비트는 외부 메모리 버스 키퍼 기능을 허가하는 비트로서 이 비트를 1로 설정하면 AD7~AD0 신호선은 버스 키퍼 기능으로 사용할 수 있다. 즉, 버스 키퍼 기능이 설정되면 외부 데이터 메모리의 AD7~AD0 버스의 신호가 3-상태로 되어야 하는 동안에 이를 이전의 출력값을 유지하도록 하여 전력 소모를 줄이는 데 기여한다. 이 기능은 원래 외부 데이터 메모리가 확장될 때, 즉 SRE 비트가 1인 경우에 동작이 되는 것이지만, SRE 비트가 0인 경우에도 이 기능은 유효하게 작용한다.

▶ 비트 2~0 : XMM2 ~ XMM0 (External Memory High Mask) 비트

이 비트들은 포트 C와 기능을 겸하고 있는 주소 버스의 상위 바이트가 어느 부분까지 주소 버스 신호로 사용될 지를 결정하는 비트로서, 이 비트를 다양하게 설정함으로써 A15~A8의 일부분만 주소 버스로 사용할 수 있으며, 그 나머지 비트들은 포트 C로서의 기능으로 사용된다. 이렇게 설정을 변경함으로써, 외부 데이터 메모리의 용량이 작은 경우에 주소 비트로 사용되지 않는 비트들은 일반 I/O 포트로 사용할 수 있다는 장점을 가지게 된다. 이 비트들의 설정에 따라 외부 메모리의 확장에 사용되는 주소 비트와 포트 C와의 상관관계를 표 2.16에 나타내었다.

표 2.16 외부 메모리가 확장되었을 경우의 주소 비트와 포트 C와의 상관관계

XMM2	XMM1	XMM0	외부 메모리의 주소 버스로 사용되는 비트	일반 IO로 사용되는 포트 C의 핀
0	0	0	8비트(A15 ~ A8)로 사용 60KB 전체를 사용함.	없음
0	0	1	7비트(A14 ~ A8)로 사용	PC7
0	1	0	6비트(A13 ~ A8)로 사용	PC7 ~ PC6
0	1	1	5비트(A12 ~ A8)로 사용	PC7 ~ PC5
1	0	0	4비트(A11 ~ A8)로 사용	PC7 ~ PC4
1	0	1	3비트(A10 ~ A8)로 사용	PC7 ~ PC3
1	1	0	2비트(A9 ~ A8)로 사용	PC7 ~ PC2
1	1	1	주소 비트로 사용되는 비트는 없음	PC7 ~ PC0 모두 포트 C로 사용

○ **내부 풀업 저항과 버스 키퍼**

　　이외에 외부 데이터 메모리를 확장을 하면서 고려하여야 하는 사항으로 버스 키퍼(bus keeper) 의 기능이 있다. PA 포트(AD7∼AD0 신호)의 내부에는 풀업 저항이 내장되어 있어 해당 포트에 1을 쓰면 동작할 가능성이 있으므로, 슬립 모드에서 전력 소모를 줄이기 위해서는 이 모드로 들 어가기 전에 해당 포트에 0을 출력하여 풀업 저항이 동작하지 않도록 하는 것이 바람직하다.

　　또한, 외부 메모리 인터페이스의 경우에도 SFIOR 레지스터의 XMBK 비트의 제어를 통해 버스 키퍼 기능을 가능하게 하거나 불가능하게 할 수 있다. 즉, XMBK=1로 설정하면, 버스 키퍼의 기능이 설정되고, 이 신호선들은 3-상태로 들어가야 하는 순간에 이전의 상태값을 그 대로 출력하게 된다. 따라서 전력 소모를 줄일 수 있게 된다.

3) 외부 메모리의 활용 및 주소 지정 방법

　　ATmega128의 경우에, 외부 데이터 메모리는 그림 2.26과 같이 최대 약 60KB로 확장할 수 있으며, 이 메모리 공간은 앞에서 설명한 바와 같이 임의의 경계선을 지정하여 두 개의 섹터로 구분할 수 있다. 이렇게 나누어진 각 섹터에는 각각 독립적으로 웨이트 사이클을 부여할 수 있다. 이는 속도가 비교적 빠른 SRAM의 경우에는 웨이트를 부여하지 않고 제어할 수 있으며, 이에 비 해 상대적으로 동작 속도가 느린 I/O 소자들은 적절한 웨이트 사이클을 부여하여 제어의 유연성 을 확보하기 위함이다. 그러나, 두 개의 외부 메모리 제어 레지스터(XMCRA, XMCRB)는 확장 I/O 영역에 있기 때문에 ATmega103 호환 모드에서는 이들 레지스터를 액세스할 수 없다. 따라 서 섹터를 나누는 기능은 지원되지 않는다. 따라서 ATmega103 호환 모드에서의 제약 사항은 다 음과 같이 된다.

> ▶ 단지 두 개의 웨이트 사이클만 부여하는 것이 가능하다(SRW1n = 0b00와 SRW1n = 0b01).
> ▶ 주소의 상위 바이트에 부여할 수 있는 비트의 수가 고정된다.
> ▶ 외부 메모리 섹터에 다른 웨이트 사이클을 부여하여 분할할 수 없다.
> ▶ 버스 키퍼 기능을 사용할 수 없다.
> ▶ $\overline{\text{WD}}$, $\overline{\text{RD}}$와 ALE 핀은 출력으로만 사용 가능하다.

　　이제 그림 2.26을 보면서 섹터를 구분하는 과정을 알아보자. 먼저 외부 메모리를 SRL2∼ SRL0 비트를 사용하여 표 2.14에 제시된 내용 중에 하나로 두 개의 섹터로 구분하고, 두 개의 섹 터에 대해서 하위 섹터는 SRW01∼SRW00 비트를 사용하고, 상위 섹터는 SRW11∼SRW10 비 트를 사용하여 표 2.15에 제시된 내용으로 각각 웨이트 사이클을 부여한다. 이렇게 함으로써 두 섹터에 대해 각각 다른 웨이트 사이클을 부여하여 제어할 수 있게 된다.

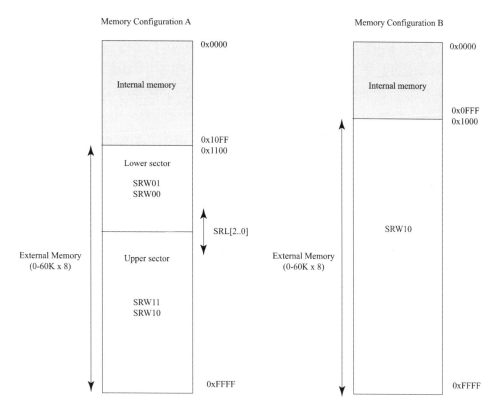

주) ATmega103 비호환 모드에서의 ATmega128 : 메모리 구조 A로 사용 가능
ATmega103 호환 모드에서의 ATmega128 : 메모리 구조 B로 사용가능

그림 2.26 외부 메모리의 섹터 영역 분할

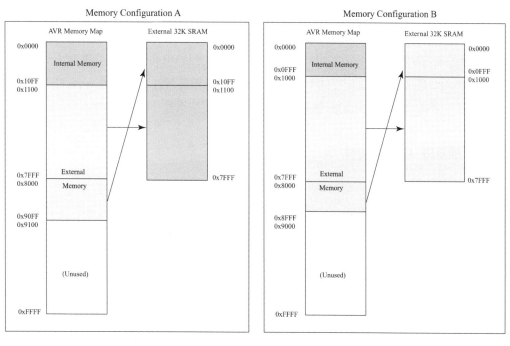

그림 2.27 32KB의 외부 메모리를 갖는 메모리 맵

이제 실제 외부 메모리를 장착한 경우를 살펴보자. 외부 메모리는 그림 2.26에 나타낸 바와 같이 내부 메모리 후반에 맵핑되기 때문에 데이터 영역에 있는 4,352 바이트(0x0000~0x10FF의 영역)는 외부 메모리로 주소화되지 않는다. 즉, 외부 메모리의 앞부분에 있는 0x0000~0x10FF의 영역은 액세스가 불가능하다. 그러나, 외부 메모리가 64K 바이트보다 작게 확장되어 있는 경우에는 다르다. 그림 2.27과 같이 32K 바이트의 외부 메모리가 확장되어 있는 경우에 이 영역은 0x8000~0x90FF의 주소로 쉽게 액세스가 될 수 있다. 외부 메모리 주소 비트인 A15가 외부 메모리로 연결이 되어 있지 않기 때문에 0x8000~0x90FF의 주소는 외부 메모리에 대해 0x0000~0x10FF 번지로 나타나게 된다. 즉, 이렇게 32K 바이트의 메모리를 확장할 경우에 실제 소프트웨어로 제어하는 주소의 범위는 0x1100~0x90FF이다.

ATmega103 호환 모드로 동작하는 경우에 내부 주소 영역은 4,096 바이트로서, 이는 외부 메모리의 첫 번째 4096 바이트는 0x8000~0x8FFF에서 액세스될 수 있음을 의미한다. 따라서 응용 소프트웨어에서 외부 32K 바이트는 0x1000~0x8FFF의 주소로 액세스가 가능하다.

2.6 ATmega128의 기타 하드웨어

ATmega128을 비롯한 AVR 계열의 마이크로컨트롤러의 장점은 플래시 메모리 내에 부트 로더(boot loader) 프로그램을 내장하고 있다는 것이다. 부트 로더 프로그램의 역할은 MCU 자체에서 사용자 응용 프로그램을 다운로드 또는 업로드하는 기능과 AVR의 동작에 필요한 기본적인 메모리 보호 기능과 시스템 설정 기능을 수행한다. 이러한 기능들은 ATmega128의 기본적인 동작을 이해하는 데 도움이 될뿐 아니라 AVR 주변 회로를 설계하고 기본 설정을 하는데 반드시 필요하므로 잘 알아 두어야 한다. 따라서 본 절에서는 AVR을 사용하기에 앞서 필요한 메모리를 비롯한 시스템 설정에 필요한 기능과 ATmega128의 기본적인 하드웨어 구조 및 동작에서 대하여 앞에서 다루지 않았던 시스템 클럭 및 리셋 등의 필수적인 사항에 대해서 설명한다.

1) 메모리 보호와 시스템 설정

ATmega128의 플래시 메모리는 그림 2.12에서와 같이 응용 프로그램 섹션과 부트로더 섹션으로 구분되어 있으며, ATmega128에서는 각각의 섹션을 시스템의 사용 용도에 따라 메모리의 내용을 보호하기 위해서 1바이트의 메모리 잠금 비트(memory lock bit)와 기본적인 MCU 시스템의 기능을 설정하는 3바이트의 퓨즈 비트(fuse bit)가 제공된다.

◎ 메모리 잠금 비트

메모리 잠금 비트는 메모리의 보호 기능을 설정하는데 사용되며, 표 2.17에 나타낸 것과 같이 1바이트 중에 6개의 비트만이 사용된다. 여기서 메모리 보호 기능은 프로그램 메모리의 내용을 외부에서 읽어볼 수 없도록 보안을 유지하는 것뿐만 아니라 실수로 프로그램이 수행되는 것을 방지하기 위한 보호기능을 의미한다.

이 비트들은 기본 값으로 1로 설정되어 있으며, PonyProg 2000 또는 CodeVision 등의 컴파일러 환경에서 AVR 칩 쓰기 도구 프로그램을 이용하여 각 비트의 값을 변경할 수 있으며, 칩삭제 기능을 수행하면 다시 기본 값인 1로 환원된다. 이에 대해서는 5장에서 설명하기로 한다.

ATmega128에서 제공되는 보호 모드로는 표 2.17에 나타낸 것처럼 6개의 메모리 잠금 비트들의 설정에 따라 LB 모드, BLB0 모드와 BLB1 모드의 3개의 메모리 보호 모드를 제공한다.

LB 모드는 PC 등을 이용하여 외부에서 부트로더 섹션과 응용 프로그램 섹션 등의 플래시메모리와 EEPROM에 프로그래밍하는 것을 금지하도록 설정하는 보호모드이고, BLB0와 BLB1은 각각 플래시 메모리 내의 부트로더 프로그램과 응용 프로그램이 실행되면서 각자자기 섹션이 아닌 다른 섹션을 액세스할 때 설정하는 보호모드이다. 각각의 모드에 대해서 살펴보기로 하자.

표 2.17 메모리 잠금 비트

비트 이름	비트	기능	기본값
	7	–	1
	6	–	1
BLB12	5	Boot Lock Bit	1(unprogrammed)
BLB11	4	Boot Lock Bit	1(unprogrammed)
BLB02	3	Boot Lock Bit	1(unprogrammed)
BLB01	2	Boot Lock Bit	1(unprogrammed)
LB2	1	Lock Bit	1(unprogrammed)
LB1	0	Lock Bit	1(unprogrammed)

주) 기본값에서 1은 프로그램되지 않은 것을 의미하고, 0은 프로그램된 상태를 나타냄.

표 2.18 LB 모드에 의한 메모리 보호 기능

메모리 잠금 비트			보호 기능
LB 모드	LB2	LB1	
1	1	1	• 메모리 잠금 기능이 없음(기본 설정)
2	1	0	• 플래시나 EEPROM을 병렬 모드나 SPI/JTAG 직렬 모드로 프로그래밍하는 것을 금지시킴. 퓨즈 비트 또한 프로그래밍이 금지됨.주)
3	0	0	• 플래시나 EEPROM을 병렬 모드나 SPI/JTAG 직렬 모드로 프로그래밍하거나 검증하는 것을 모두 금지함. 퓨즈 비트 또한 프로그래밍이 금지됨.

주) 잠금 비트를 프로그래밍하기 전에 퓨즈 비트를 프로그래밍한다.

① **LB 모드**

이 모드는 PC등의 외부 프로그램에서 플래시 메모리를 액세스할 경우에 제공되는 보호 기능으로, LB2와 LB1 비트에 의해 설정된다. 자세한 내용은 표 2.18을 참조하기 바란다.

② **BLB0 모드**

이 모드는 부트로더 프로그램이 응용 프로그램 섹션을 액세스하는 것을 보호하는 기능으로 BLB02와 BLB01 비트에 의해 설정된다. 자세한 내용은 표 2.19를 참조하기 바란다.

③ **BLB1 모드**

이 모드는 응용 프로그램이 부트로더 섹션을 액세스하는 것을 보호하는 기능으로, 마찬가지로 BLB12와 BLB11 비트에 의해 설정된다. 자세한 내용은 표 2.20을 참조하기 바란다.

표 2.19 BLB0 모드에 의한 메모리 보호 기능

메모리 잠금 비트			보호 기능
BLB0 모드	BLB02	BLB01	
1	1	1	• SPM 또는 LPM 명령을 사용하여 응용 섹션을 액세스하는 데 아무런 제한이 없음.
2	1	0	• SPM 명령으로 응용 프로그램 섹션에 쓰기가 금지됨.
3	0	0	• SPM 명령으로 응용 프로그램 섹션에 쓰기가 금지됨. • 부트로더 섹션에서 실행되는 LPM 명령으로 응용 프로그램 섹션의 읽기가 금지됨. • 만약, 부트로더 섹션에 인터럽트 벡터가 위치한다면 응용 프로그램 섹션이 실행되는 동안에 모든 인터럽트가 금지됨.
4	0	1	• 부트로더 섹션에서 실행되는 LPM 명령으로 응용 프로그램 섹션의 읽기가 금지됨. • 만약, 부트로더 섹션에 인터럽트 벡터가 위치한다면 응용 프로그램 섹션이 실행되는 동안에 모든 인터럽트가 금지됨.

표 2.20 BLB1 모드에 의한 메모리 보호 기능

메모리 잠금 비트			보호 기능
BLB1 모드	BLB12	BLB11	
1	1	1	• SPM 또는 LPM 명령을 사용하여 부트로더 섹션을 액세스하는 데 아무런 제한이 없음.
2	1	0	• SPM 명령으로 부트로더 섹션에 쓰기가 금지됨.

표 2.20 BLB1 모드에 의한 메모리 보호 기능(계속)

메모리 잠금 비트			보호 기능
BLB1 모드	BLB12	BLB11	
3	0	0	• SPM 명령으로 응용 프로그램 섹션에 쓰기가 금지됨. • 응용 프로그램 섹션에서 실행되는 LPM 명령으로 부트로더 섹션의 읽기가 금지됨. • 만약, 응용 프로그램 섹션에 인터럽트 벡터가 위치한다면 부트로더 섹션이 실행되는 동안에 모든 인터럽트가 금지됨.
4	0	1	• 응용 프로그램 섹션에서 실행되는 LPM 명령으로 부트로더 섹션의 읽기가 금지됨. • 만약, 응용 프로그램 섹션에 인터럽트 벡터가 위치한다면 부트로더 섹션이 실행되는 동안에 모든 인터럽트가 금지됨.

○ **퓨즈 비트**

퓨즈 비트는 AVR의 기본적인 시스템 설정용으로 사용되며, 모두 3 바이트로 구성되어 있다. 이 비트들은 메모리 잠금 비트를 프로그래밍하는 것과 동일한 과정으로 프로그래밍이 가능하며, AVR 칩 쓰기 도구 프로그램의 칩 삭제 기능을 수행하더라도 퓨즈 비트는 영향을 받지 않으며, 메모리 잠금 비트의 LB1을 사용하여 퓨즈 비트를 변경할 수 없도록 보호 기능을 설정할 수 있다. 따라서 퓨즈 비트를 먼저 설정하고 메모리 잠금 비트는 나중에 설정하여야 한다. 각각의 퓨즈 바이트는 표 2.21, 표 2.22와 표 2.24에 나타내었으며, 이에 대해 자세히 살펴보기로 하자.

① 제 1 바이트 : 확장 퓨즈 바이트

퓨즈 비트를 설정하는 첫 번째 바이트는 확장 퓨즈 바이트로서 표 2.21에 나타낸 것과 같이 ATmega128의 동작 모드와 저전압 검출(BOD : Brown-out detection) 기능을 설정하는데 사용된다. 이 표에서도 알 수 있듯이 ATmega128의 기본 설정 상태는 ATmega128 호환모드로 설정되어 있는 점에 유의를 하여야 한다. 따라서, ATmega128의 일반 모드로 동작을 원할 경우에는 이 퓨즈 비트를 1로 해제하여야 한다. 그리고, 저전압 검출 기능 설정에 관련된 것은 이 절의 마지막 부분에서 설명되는 BOD 리셋 부분을 참조하기 바란다.

표 2.21 확장 퓨즈 바이트의 비트 구성

비트 이름	비트	기능	기본값
–	7	–	1
–	6	–	1
–	5	–	1

표 2.21 확장 퓨즈 바이트의 비트 구성(계속)

비트 이름	비트	기능	기본값
	4		1
	3		1
	2		1
M103C	1	ATmega103 호환 모드	0(programmed)
BODLEVEL0	0	워치독 타이머 동작을 허용	1(unprogrammed)

② 제 2 바이트 : 퓨즈 상위 바이트

퓨즈 비트를 설정하는 두 번째 바이트는 퓨즈 상위 바이트(Fuse High Byte)로 표 2.22에 나타내었으며, 각 비트들의 의미는 다음과 같다.

표 2.22 퓨즈 상위 바이트의 비트 구성

비트 이름	비트	기능	기본 값
OCDEN	7	OCD(On-Chip Debugging) 기능의 선택	1(unprogrammed, disabled)
JTAGEN	6	JTAG 기능의 선택	0(programmed, JTAG enabled)
SPIEN	5	SPI를 통한 직렬 프로그래밍 기능의 선택	0(programmed, SPI prog. enabled)
CKOPT	4	수정 발진자의 진폭 설정	1(unprogrammed)
EESAVE	3	칩 삭제의 경우에 EEPROM은 삭제하지 않고 데이터를 보존	1(unprogrammed, EEPROM not preserved)
BOOTSZ1	2	부트 섹션의 크기를 선택 (표 2.21 참조)	0(programmed)
BOOTSZ0	1	부트 섹션의 크기를 선택 (표 2.21 참조)	0(programmed)
BOOTRST	0	리셋 벡터의 선택	1(unprogrammed)

▶ OCDEN 비트

이 비트는 MCU와 디버거 프로그램 간의 통신을 가능하게 설정하는 비트로서, 초기 설정 값이 OCDEN=1로 되어 있어 OCD 기능을 사용할 수 없도록 되어 있다.

▶ JTAGEN 비트

이 비트는 JTAG 기능을 설정하는 비트로서, 초기 설정값이 JTAGEN=0으로 되어 있어 JTAG 프로그래밍이 가능한 상태로 되어 있다.

▶ SPIEN 비트

SPI 기능은 플래시 메모리에 프로그램을 다운로드하는 ISP(In-System Programming)기능이나 EEPROM에 데이터를 다운로드하는 기능을 말하며, 이 비트의 설정에 따라 SPI 기능이 온/오프 됨. 이 비트는 초기 설정값이 SPIEN=0으로 되어 있어 SPI 프로그래밍이 가능한 상태로 되어 있다.

▶ CKOPT 비트

이 비트는 수정 발진자의 진폭을 설정하는 비트로서, 초기 설정값이 CKOPT=1로 되어 있어 수정 발진자의 진폭이 작아서 전력 소모가 적은 상태로 동작되도록 되어 있다. CKOPT=0으로 변경하면 수정 발진자의 진폭이 커져서 잡음이 심한 환경에서 사용하는 것이 바람직하다. 그러나 전력 소모가 증가한다는 단점이 있다. 자세한 것은 시스템 클럭의 수정 발진자 부분을 참조하기 바란다.

▶ EESAVE 비트

이 비트는 칩 삭제(chip erase) 명령을 실행할 경우에, EEPROM의 내용을 삭제할 것인지 아니면 보존할 것인지를 설정하는 비트로서, 초기 설정값이 EESAVE=1로 되어 있어 EEPROM의 내용은 보존되지 않고 지워지도록 되어 있다.

▶ BOOTSZ1, BOOTSZ0 비트

이 두 비트는 부트 섹션의 크기를 설정하는 비트로서 비트 설정값에 따른 부트 섹션의 크기는 표 2.23을 참조하기 바란다. 이 비트의 초기 설정값은 "00"으로 설정되어 있어 부트 로더 섹션의 주소는 0xF000~0xFFFF까지의 4096워드로 지정되어 있다.

표 2.23 부트 섹션의 크기 설정

BOOTSZ1	BOOTSZ0	부트 섹션 크기	응용 프로그램 섹션	부트 로더 섹션
1	1	512 워드(4 페이지)	0x0000-0xFDFF	0xFE00-0xFFFF
1	0	1024 워드(8 페이지)	0x0000-0xFBFF	0xFC00-0xFFFF
0	1	2048 워드(16 페이지)	0x0000-0xF7FF	0xF800-0xFFFF
0	0	4096 워드(32 페이지)	0x0000-0xEFFF	0xF000-0xFFFF

▶ BOOTRST 비트

이 비트는 리셋 벡터를 설정하는 비트로서, BOOTRST=1인 경우에는 리셋 벡터 주소가 0x0000이 되고, BOOTRST=0이면 리셋 벡터 주소는 부트 섹션의 시작주소로 설정된다.

③ 제 3 바이트 : 퓨즈 하위 바이트

퓨즈 비트를 설정하는 세 번째 바이트는 퓨즈 하위 바이트(Fuse High Byte)로 표 2.24에 나타내었으며, 각 비트들의 의미는 다음과 같다.

표 2.24 퓨즈 하위 바이트의 비트 구성

비트 이름	비트	기능	기본값
BODLEVEL	7	저전압 검출 트리거 레벨	1(unprogrammed)
BODEN	6	저전압 검출 허가	1(unprogrammed, BOD 금지)
SUT1	5	기동 시간의 설정	1(unprogrammed)
SUT0	4	기동 시간의 설정	0(programmed)
CKSEL3	3	클럭 소스의 설정	0(programmed)
CKSEL2	2	클럭 소스의 설정	0(programmed)
CKSEL1	1	클럭 소스의 설정	0(programmed)
CKSEL0	0	클럭 소스의 설정	1(unprogrammed)

▶ BODLEVEL

이 비트는 저전압 검출기(Brown-out Detector)의 저전압 레벨을 설정하는 비트로서 BODLEVEL=1이면 저전압 검출 기준 전압이 2.7V로 되고, BODLEVEL=0이면 4.0V로 설정된다. 자세한 설명은 이 절의 BOD 부분을 참조하기 바란다.

▶ BODEN 비트

이 비트는 저전압 검출 기능을 설정하는 비트로서 BODEN=1이면 BOD 기능을 허가한다. 자세한 설명은 BOD 리셋 부분을 참조하기 바란다.

▶ SUT1, SUT0 비트

이 두 비트는 시스템의 기동 시간(start-up time), 즉 시스템의 리셋이나 슬립모드에서 벗어나 정지되어 있는 클럭이 다시 안정적으로 공급되기 시작하여 CPU가 정상적인 동작을 할 수 있을 때까지 CPU의 동작을 지연시키는 데 필요한 시간을 설정하는 비트로서 이의 설정 방법은 시스템 클럭을 설명하는 부분에서 자세히 다루기로 한다. 이 비트들의 초기값은 기본 클럭 소스에 대해 최대의 기동시간을 갖도록 설정되어 있다.

▶ CKSEL3-0 비트

이 비트들은 시스템 내에서 사용할 클럭 소스를 선택하는 기능을 하는 비트로서 SUT1과 SUT0 비트와 클럭과 관련되어 있으며, 이 비트의 초기값은 "0001"로 설정되어 시스템 클럭은 RC 오실레이터로 선택되어 있다. 자세한 설명은 시스템 클럭 부분을 참조하기 바란다.

◉ 제품 표시 바이트

Atmel사에서 출시되는 모든 마이크로컨트롤러에는 소자의 종류에 따라 3바이트의 인식 코드를 내장하고 있다. 이 제품 표시 바이트(signature byte)는 직렬 및 병렬 프로그래밍 모드에서 모두 읽혀지며, 보호 기능이 설정되어 있는 상태에서도 읽혀진다. 이 바이트들은 각각 별도의 주소에 저장되어 있으며, Atmel사에서 출시되는 AVR의 몇몇 예를 보이면 표 2.25와 같다.

표 2.25 제품 표시 바이트의 예

0x00번지	0x01번지	0x02번지	AVR 모델
0x1E (Atmel사의 제품)	0x98 (256KB 플래시)	0x01	ATmega2560
		0x02	ATmega2561
	0x97 (128KB 플래시)	0x01	ATmega103
		0x02	**ATmega128**
		0x03	ATmega1280
	0x96 (64KB 플래시)	0x02	ATmega64
		0x08	ATmega640
	0x94 (16KB 플래시)	0x01	ATmega161
		0x02	ATmega163
		0x03	ATmega16
		0x04	ATmega162
		0x05	ATmega169
	0x93 (8KB 플래시)	0x06	ATmega8515
		0x08	ATmega8535
	0x91 (2KB 플래시)	0x07	ATtiny28
		0x0A	ATtiny2813

2) 시스템 클럭

ATmega128에서는 그림 2.28에 나타낸 바와 같이 시스템 클럭을 발생할 수 있는 방법이 여러 가지가 있고, 이 시스템 클럭을 내부에서 배분하는 계통도 매우 복잡하다. ATmega128을 구동하기 위한 시스템 클럭 소스는 그림 2.28의 아래 부분에 나타낸 것과 같이 외부 클럭을 비롯하여 여섯 가지 소스가 공급될 수 있으며, 이 소스들이 클럭 멀티플렉서를 통해 하나의 클럭 소스로 선택되어 AVR 클럭 제어 유닛에 공급되고 이는 다시 ATmega128 내부의 각 기능 블록으로 clk_{CPU}, $clk_{I/O}$, clk_{FLASH}, clk_{ASY}와 clk_{ADC}의 5가지 계통으로 구분되어 공급된다. 그러나, 마이크로컨트롤러 내부에 내장된 각 부분들은 모두 항상 동작하는 것이 아니기 때문에 모든 클럭이 동시에 공급될 이유는 없고, 소비 전력을 줄이기 위해서는 현재 동작하는 모듈에만 클럭을 공급하는 것이 효과적이다. 따라서 ATmega128에서는 각 모듈별로 클럭을 별도로 공급하며, 각 모듈의 동작을 선택하여 클럭을 발생시키고 차단할 수 있는 여러 가지 슬립 모드를 지원하고 있다.

ATmega128의 내부 클럭은 다음과 같이 5가지로 분류되어 각 기능 블록으로 공급되며, 이의 역할은 다음과 같다.

▶ CPU 클럭(clk_{CPU}) : AVR 코어에서 사용하는 클럭 소스이며, 이는 일반 목적 레지스터 파

일(General Purpose Register File), 상태 레지스터와 스택 등을 구동하는 역할을 한다. CPU 클럭을 멈추는 것은 AVR 코어의 일반 동작 및 연산 등을 멈추게 하는 것이다.

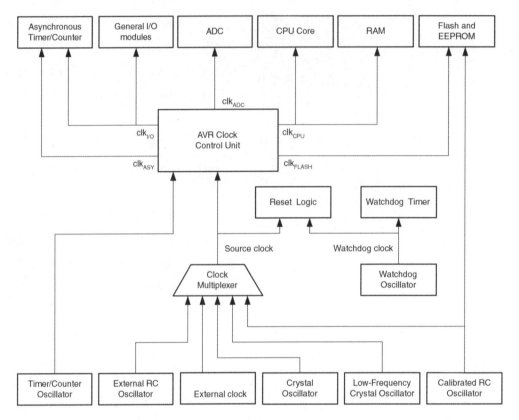

그림 2.28 ATmega128의 시스템 클럭 구성도

▶ I/O 클럭($clk_{I/O}$) : 이 클럭은 타이머/카운터, SPI와 USART 등의 대부분의 I/O 모듈에서 사용하는 클럭 소스이다. 이 클럭은 외부 인터럽트 모듈에 의해 사용될 수 있다. 즉, 어떤 종류의 외부 인터럽트는 비동기 논리에 의해 검출되므로 I/O 클럭이 정지되어 있는 경우에도 인터럽트를 검출하여 슬립 모드에서 벗어나도록 하는 기능으로 사용될 수 있다.

▶ 플래시 클럭(clk_{FLASH}) : 이 클럭은 플래시 메모리 인터페이스 동작에 사용되며, 일반적으로 플래시 클럭은 CPU 클럭과 동시에 ON/OFF 제어된다.

▶ 비동기 타이머 클럭(clk_{ASY}) : 이 클럭은 외부의 32kHz 수정 발진자에 의해서 비동기 타이머/카운터가 동작하도록 공급된다. 이는 마이크로컨트롤러가 슬립모드에 있을 경우에도 실시간으로 타이머/카운터 기능을 동작시키기 위함이다.

▶ ADC 클럭(clk_{ADC}) : 이 클럭은 A/D 변환을 할 때 사용되는 정밀한 클럭으로, 디지털 회로에 의한 잡음의 영향을 최소화하기 위하여 CPU 클럭과 I/O 클럭을 정지시키는 것을 허용한다.

○ 클럭 소스

ATmega128 클럭 소스는 표 2.26에 표시한 것과 같이 다섯 가지로서, 비트 설정용 세 번째 바이트인 퓨즈 하위 바이트에 있는 CLKSEL3-0의 네 개의 비트를 사용하여 선택할 수 있다. 이렇게 선택된 클럭 소스는 AVR 클럭 발생기로 입력되어 적당한 모듈로 공급된다.

ATmega128은 제품 출하시에 클럭의 동작과 관계된 퓨즈 하위 바이트의 비트들의 설정이 CKSEL="0001", SUT="10"으로 되어 있으므로, 전원이 투입된 후에는 내부 RC 발진자에 의해서 발생하는 약 1MHz의 클럭으로 동작하게 되고, 기동 시간도 가장 길게 동작한다. 이 비트들의 초기값은 사용자가 설계한 시스템의 요구사항에 따라 ISP 기능(PonyProg 2000 또는 CodeVision 등의 유틸리티 프로그램 이용)을 이용하여 변경되어야 한다.

ATmega128을 구동하기 위해서 사용되는 클럭은 표 2.26에 제시된 것과 같이 다섯 개의 클럭 소스가 사용될 수 있으나, 일반적으로 클럭 소스는 외부 수정 발진기를 주로 사용한다. 따라서 본 교재에서는 초기 기본 동작 모드로 설정되어 있는 내부 RC 오실레이터와 외부 수정 발진기를 사용하는 방법에 대해서만 자세히 설명하고, 이외의 기능을 사용하고자 하는 경우에는 ATmega128 데이터 매뉴얼을 참조하기 바란다.

표 2.26 클럭 소스의 선택

클럭 소스	CKSEL3~0
외부 수정 오실레이터/세라믹 공진기	1111 ~ 1000
외부 저주파 수정 오실레이터	0111 ~ 0100
내부 RC 오실레이터	0010
외부 클럭	0000
예약	0011, 0001

○ 내부 RC 오실레이터

ATmega128의 내부 RC 오실레이터는 5V와 25℃ 기준으로 1.0, 2.0, 4.0, 8.0MHz의 고정된 클럭을 공급한다. 이 클럭은 표 2.27과 같이 선택할 수 있으며, 기본적으로 1MHz로 설정되어 있다.

표 2.27 내부 RC 오실레이터의 동작 모드

CKSEL3-0	중심 주파수(MHz)
0000[주]	1.0
0010	2.0
0011	4.0
0100	8.0

주) 출하시 소자의 설정값

여기서 클럭 소스의 선택과 함께 고려하여야 하는 사항은 CPU의 기동 시간이다. RC 내부 오실레이터가 사용되는 경우의 기동 시간은 SUT 퓨즈 비트에 따라서 표 2.28과 같이 결정되며, 초기 설정값은 최대의 지연시간을 갖도록 SUT="10"으로 설정되어 있다.

표 2.28   내부 RC 오실레이터를 사용할 때의 기동 시간

SUT1~0	전원 차단 및 전원 절감으로부터의 기동 시간	리셋의 경우 추가 지연시간	사용이 권장되는 분야
00	6CK	–	BOD 허가
01	6CK	4.1ms	고속으로 투입되는 전원
10	6CK	65ms	저속으로 투입되는 전원
11	사용하지 않음		

내부 RC 오실레이터의 발진 주파수의 정밀도는 25°C의 주변온도에서 5V로 동작할 경우에 1MHz의 클럭의 경우에 ±3%의 오차를 가지고 있다. 내부 RC 오실레이터에 의해 발생되는 클럭은 전압이나 온도의 변화에 따라 변화될 수 있다. 따라서, 이 클럭의 주파수를 보다 정확하게 공급하기 위해서는 주파수의 미세 조정이 이루어져야 한다. 주파수의 미세 조정은 그림 2.29에 제시한 오실레이터 조정 레지스터(OSCCAL)가 사용된다.

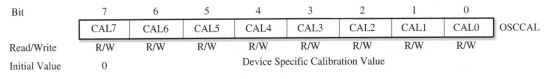

그림 2.29   오실레이터 조정 레지스터(OSCCAL)의 비트 구성

실제, ATmega128의 클럭 소스로 내부 RC 오실레이터를 사용하고자 할 경우에는 외부의 XTAL1과 XTAL2 단자에는 아무 것도 연결되어 있지 않아야 하고, 클럭 소스 설정 퓨즈 비트(CKSEL)는 표 2.27에 제시된 대로 설정되어 있어야 한다. 이렇게 설정된 후에는 CPU의 리셋 과정에서 퓨즈 하위 바이트의 값이 OSCCAL 레지스터로 자동으로 적재되어 내부 RC 오실레이터의 주파수를 미세 조정하게 된다. 만약 내부 RC 오실레이터의 주파수를 미세 조정을 하여야 한다면, OSCCAL 레지스터의 값을 변경하여야 한다. OSCCAL 레지스터의 값으로 조정가능한 주파수 범위는 표 2.29와 같으며, OSCCAL="00" 이면 최저 주파수가 선택되고, OSCCAL="7F" 이면 최대 주파수가 선택된다.

이렇게 조정된 오실레이터는 EEPROM과 플래시 메모리를 액세스하는 데 사용된다. 만약 EEPROM과 플래시 메모리에 데이터가 쓰여진 경우에는 출력 주파수를 10%이상 변경하지 말아야 한다. 이런 경우에는 EEPROM과 플래시 메모리의 쓰기 동작에 오류가 발생할 수 있기 때문이다.

표 2.29 내부 RC 오실레이터의 주파수 범위

OSCCAL값	출력 주파수에 대한 %값에서 최저 주파수	출력 주파수에 대한 %값에서 최고 주파수
0x00	50%	100%
0x3F	75%	150%
0x7F	100%	200%

◯ **외부 수정 오실레이터**

    ATmega128의 구동 클럭으로 외부 수정 오실레이터 또는 세라믹 공진기를 사용하는 경우에는 그림 2.30에 나타낸 것처럼 XTAL1 입력 단자와 XTAL2 출력 단자에 연결한다. 그림 2.30에서 C1과 C2에 연결되는 캐패시터의 용량은 수정 발진기인지 또는 세라믹 공진기인지에 따라 다르고 또한 주변 회로의 부유 캐패시턴스와 주변 상황의 전자기 잡음에 따라 달라 약간씩 다르게 된다. 표 2.30에는 수정 오실레이터를 사용할 경우에 대해 C1과 C2의 값을 제시하였으며, 세라믹 공진기를 사용할 경우에는 C1과 C2의 값을 공진기 제조회사의 권장 사항에 따라 결정하는 것이 바람직하다.

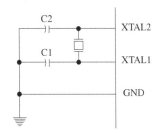

그림 2.30 수정 오실레이터 또는 공진기의 연결

    오실레이터는 네 개의 모드로 동작하며, 각각의 모드는 특정 주파수에 대해 최적화되어 있다. 이 동작 모드들은 표 2.30에 나타낸 것처럼 퓨즈 비트 CKSEL3-CKSEL1에 의해 선택된다. CKSEL0 퓨즈 비트는 2개의 SUT 퓨즈 비트와 함께 표 2.31에 나타낸 것처럼 기동 시간을 선택하는 데 사용된다. 세라믹 공진기는 일반적으로 주파수가 낮고 주파수 안정도가 낮은 응용 분야에서 사용되므로, 실제 응용에는 많이 사용되지 않는다. 따라서 표 2.30과 표 2.31에서 주로 수정 발진기를 사용하는 경우만 고려하면 될 것이다.

표 2.30 수정 발진기를 사용할 경우의 동작 모드

CKOPT	CKSEL3-1	주파수 범위(MHz)	수정 발진기를 사용할 경우의 권장 C1과 C2의 값
1	101[주]	0.4 - 0.9	-
1	110	0.9 - 3.0	12-22pF
1	111	3.0 - 8.0	12-22pF
0	101,110,111	8.0 -	12-22pF

주) 이 선택 사항은 수정 발진자에서는 사용할 수 없고, 반드시 세라믹 공진기에서 사용되어야 한다.

표 2.31 수정 발진기 동작 모드에 따른 기동 시간

CKSEL0	SUT1~0	기동 시간	리셋의 경우 추가 지연시간	사용이 권장되는 분야
0	00	258 CK	4.1ms	세라믹 공진기 고속으로 투입되는 전원
0	01	258 CK	65ms	세라믹 공진기 저속으로 투입되는 전원
0	10	1K CK	–	세라믹 공진기 BOD 허가
0	11	1K CK	4.1ms	세라믹 공진기 고속으로 투입되는 전원
1	00	1K CK	65ms	세라믹 공진기 저속으로 투입되는 전원
1	01	16K CK	–	수정 발진기 BOD 허가
1	10	16K CK	4.1ms	수정 발진기 고속으로 투입되는 전원
1	11	16K CK	65ms	수정 발진기 저속으로 투입되는 전원

○ 기타 클럭 소스

ATmega128의 구동 클럭으로 이상의 두 가지 이외에 사용되는 것은 외부 저주파 수정 발진기, 외부 RC 오실레이터와 외부 클럭이 사용될 수 있다. 그러나, 이러한 클럭 공급은 자주 사용되지 않는다. 따라서 본 교재에서는 이에 대해서는 설명을 생략하니, 궁금한 사항은 ATmega128 데이터 매뉴얼을 참조하기 바란다.

이와 같이 AVR을 구동하는 클럭 소스는 5가지 이외에 타이머/카운터 오실레이터가 있으며, TOSC1과 TOSC2 단자를 통해 입력된다. 이 단자는 32.768kMz 시계 수정 발진기를 직접 달아서 쓸 수 있도록 최적화되어 있으며, 이를 사용할 경우에는 외부에 캐패시터를 연결할 필요가 없다.

○ XTAL 분주 제어 레지스터

XTAL 분주 제어 레지스터(XTAL Divide Control Register, XDIV)는 전원 전력이 낮을 경우 전력 소모를 줄이기 위해서 2~129까지의 범위에서 소스 클럭 주파수를 분주하는 레지스터로서 그림 2.31에 나타내었다.

Bit	7	6	5	4	3	2	1	0	
	XDIVEN	XDIV6	XDIV5	XDIV4	XDIV3	XDIV2	XDIV1	XDIV0	XDIV
Read/Write	R/W	R/W	R/W	R/W	R/W	R/W	R/W	R/W	
Initial Value	0	0	0	0	0	0	0	0	

그림 2.31 XTAL 분주 제어 레지스터(XDIV)

▶ 비트 7 : XDIVEN (XTAL Divide Enable) 비트

이 비트는 소스 클럭의 분주를 허가하는 비트로서 XDIVEN=1일 때, CPU의 클럭 주파수와 모든 주변 장치의 클럭 주파수($clk_{I/O}$, clk_{FLASH}, clk_{ASY}, clk_{ADC})를 XDIV6~0의 설정값의 비율로 분주된다.

▶ 비트 6~0 : XDIV6 ~ XDIV0 (XTAL Divide Select) 비트

분주비를 설정하는 데 사용되는 비트로서, 이 설정값을 d라고 하면 CPU와 주변장치에 공급되는 클럭 주파수는 다음과 같이 결정된다.

$$f_{CLK} = \frac{\text{Source clock}}{129 - d}$$

여기서 7비트의 XDIV6 ~ XDIV0으로 설정할 수 있는 값은 0~127이므로 분주비는 2~129가 된다. 분주비는 XDIVEN=0일 때 바뀔 수 있으며, 분주기는 MCU로 들어가는 마스터 클럭 입력을 분주하므로 CPU와 모든 주변장치의 클럭이 분주된다. 따라서 속도로 정의된 분주비에 따라 클럭의 속도는 낮아지게 된다. 시스템 클럭이 분주되어 사용될 때, 타이머/카운터0은 비동기 클럭으로만 사용될 수 있으니 주의하여야 한다. 여기서 비동기 클럭은 스케일 저감된 소스 클럭의 1/4보다 반드시 낮아야 한다. 그렇지 않으면 인터럽트가 발생하지 않게 되고, 타이머/카운터0 레지스터를 액세스하는 것은 불가능하게 된다.

3) 시스템 리셋

마이크로컨트롤러에 리셋 신호가 입력되면, 일반적으로 마이크로컨트롤러가 초기 상태의 동작을 할 수 있도록 스택 포인터를 포함한 모든 I/O 레지스터들을 초기값으로 설정하고, 프로그램의 실행은 초기 리셋 백터에 있는 번지를 참조하여 수행된다. 일반적인 마이크로컨트롤러의 경우에, 리셋은 외부에 연결되는 전원 투입 리셋이 전부이나 ATmega128에서 리셋 동작을 일으키는 리셋 소스는 다소 복잡하여 그림 2.32에 도시한 것처럼 5개의 소스를 가지고 있다. 이러한 리셋 소스가 활성화 되면 ATmega128의 동작은 완전히 멈추었다가, 리셋소스가 모두 해제된 후에는 내부의 지연 카운터가 동작을 시작하여, 지연 카운터의 동작이 끝나 전원이 MCU가 동작할 수 있는 안정적인 상태로 되면 프로그램이 처음부터 다시 시작된다.

그림 2.32의 시스템 리셋에 관련된 내부 구성도를 보면, ATmega128의 리셋 소스로는 전원 투

입 리셋(Power-On Reset), 외부 리셋(External Reset), 워치독 리셋(Watchdog Reset), 저전압 리셋(Brown-out Reset)과 JTAG AVR 리셋으로 구성되어 있다. 표 2.32에는 이와 관련된 전기적인 특성을 요약하여 나타내었으며, 이 리셋 소스에 대하여 정리하여 설명하면 다음과 같다.

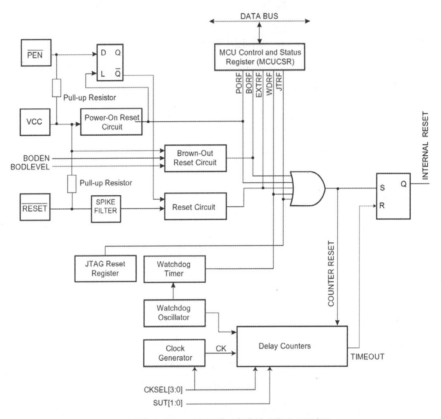

그림 2.32   시스템 리셋의 내부 구성도

표 2.32   리셋 동작의 전기적 특성

기호	파라메타	조건	Min	Typ	Max	단위
V_{POT}	전원 투입 리셋 임계 전압(상승시)			1.4	2.3	V
	전원 투입 리셋 임계 전압(하강시)$^{(주)}$			1.3	2.3	V
V_{RST}	$\overline{RESET}$ 핀 임계 전압		$0.2V_{CC}$		$0.85V_{CC}$	V
t_{RST}	$\overline{RESET}$핀의 펄스 폭		1.5			μs
V_{BOT}	저전압 검출 리셋 임계 전압	BODLEVEL=1	2.4	2.6	2.9	V
		BODLEVEL=0	3.7	4.0	4.5	
t_{BOD}	BOD 검출을 위한 최저 전압 기간	BODLEVEL=1		2		μs
		BODLEVEL=0		2		μs
V_{HYST}	BOD 히스테리시스			100		mV

주) 공급전압이 하강시의 V_{POT} 전압보다 작은 경우에는 전원 투입 리셋은 작동하지 않는다.

▶ 전원 투입 리셋 : 전원 전압 Vcc가 전원 투입 리셋의 임계값(VPOT)보다 이하일 때 MCU
가 리셋된다.

▶ 외부 리셋 : $\overline{\text{RESET}}$ 핀에 지정된 최소 펄스 폭(1.5μs) 이상의 Low 레벨이 지속되면 MCU
가 리셋된다.

▶ 워치독 리셋 : 워치독 타이머에서 지정된 주기 이상이 경과되어 워치독 기능이 동작함으로
써 MCU가 리셋된다.

▶ 저전압(Brown-out) 리셋 : 전원 전압 Vcc가 저전압 리셋 임계 전압(VBOT) 이하로 떨어
져서 저전압 검출기가 동작할 때 MCU가 리셋된다.

▶ JTAG AVR 리셋 : JTAG 시스템에서 리셋 레지스터에 1을 저장시키고 이에 관련된 하드
웨어가 동작함으로써 MCU가 리셋된다.

그림 2.32의 시스템 리셋에 관련된 내부 구성도를 자세히 살펴보면, 5개의 리셋 소스 중에 하
나가 활성화되면 OR 논리 게이트에 의해 내부 인터럽트 처리 회로로 전달되는 회로부와 5개의
리셋 소스 가운데 어느 것이 인터럽트를 발생시켰는지 알려 주기 위한 수 있도록 5개의 리셋 소
스에 대한 상태가 MCU 제어 및 상태 레지스터(MCUCSR) 회로부로 구성되어 있다.

이상과 같은 리셋 회로의 동작과정에서 지연 카운터에 의한 지연시간(리셋 설명 그림에서의
t_TOUT 시간을 의미함)은 CKSEL과 SUT0-1 퓨즈 비트를 이용하여 설정되고, 리셋의 원인에 대한
정보는 그림 2.33의 MCU 제어 및 상태 레지스터(MCU Control and Status Register : MCUCSR)
에 플래그로 저장된다.

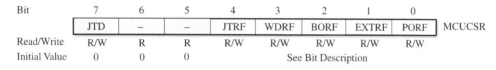

Bit	7	6	5	4	3	2	1	0	
	JTD	–	–	JTRF	WDRF	BORF	EXTRF	PORF	MCUCSR
Read/Write	R/W	R	R	R/W	R/W	R/W	R/W	R/W	
Initial Value	0	0	0	See Bit Description					

그림 2.33 MCU 제어 및 상태 레지스터(MCUCSR)의 비트 구성

MCUCSR 레지스터에는 각각의 리셋이 발생하게 되면 해당 비트가 설정되며, 전원 투입 리셋
이 발생할 경우에는 나머지 네 개의 비트가 모두 0으로 클리어된다. MCUCSR 레지스터의 비트
에 대한 설명은 다음과 같다. 여기서 사용되지 않는 JTD 비트는 JTAG 제어에 사용되므로 JTAG
설명 부분에서 자세히 설명하기로 한다.

▶ 비트 4 (JTRF) : JTAG 리셋 플래그

　이 비트는 JTAG 명령인 AVR_RESET으로 JTAG 리셋 레지스터에 1을 쓸 경우에 설
　정되고, 전원 투입 리셋이나 플래그에 1을 기록함으로써 리셋된다.

▶ 비트 3 (WDRF) : 워치독 리셋 플래그

　이 비트는 워치독 리셋이 발생할 경우에 설정되고, 전원 투입 리셋이나 플래그에 1을
　기록함으로써 리셋된다.

▶ **비트 2 (BORF) : 저전압 리셋 플래그**

이 비트는 저전압 리셋이 발생할 경우에 설정되고, 전원 투입 리셋이나 플래그에 1을 기록함으로써 리셋된다.

▶ **비트 1 (EXTRF) : 외부 리셋 플래그**

이 비트는 외부 리셋이 발생할 경우에 설정되고, 전원 투입 리셋이나 플래그에 1을 기록함으로써 리셋된다.

▶ **비트 0 (PORF) : 전원 투입 리셋 플래그**

이 비트는 전원 투입 리셋이 발생할 경우에 설정되고, 전원 투입 리셋이나 플래그에 1을 기록함으로써 리셋된다.

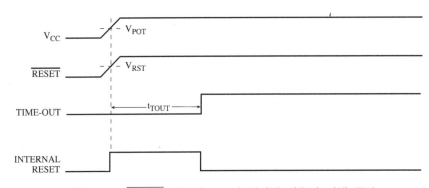

그림 2.34 $\overline{RESET}$ 단자가 Vcc에 연결된 경우의 리셋 동작

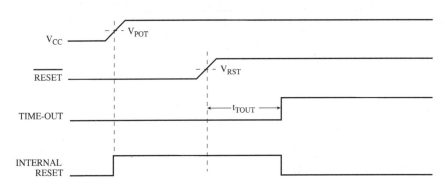

그림 2.35 $\overline{RESET}$ 단자가 외부 리셋 회로에 연결된 경우의 리셋 동작

○ **전원 투입 리셋**

전원 투입 리셋(POR) 펄스는 ATmega128로 공급되는 동작 전원이 표 2.32에 제시된 전압 레벨(V_POT) 이하로 내려갈 때, ATmega128의 내부 검출회로에 의해서 발생되며, MCU에 전원이 투입될 때 MCU가 자동으로 리셋되도록 한다. 전원 투입 리셋의 경우 그림 2.34와 그림 2.35에서와 같이 $\overline{RESET}$ 단자가 Vcc에 직접 연결되거나 외부 리셋 회로를 통해 연결되어 동작할 수 있다. 그림 2.34는 $\overline{RESET}$ 단자가 Vcc에 바로 연결된 경우이며, 전원이 켜지

면 $\overline{RESET}$ 단자가 V_{cc}와 같이 동작하므로, 리셋 동작이 V_{cc} 투입과 동시에 일어나 바로 지연카운터가 동작하여 타임아웃이 될 때까지 MCU는 모든 레지스터를 초기값으로 세팅하고 정지했다가 타임아웃이 되면 프로그램이 다시 처음부터 실행된다. 그림 2.35는 $\overline{RESTE}$단자가 외부 리셋 회로를 통해 연결된 경우이며, 그림 2.34와는 달리 전원이 외부 리셋 회로에 인가되어 리셋 회로의 지연 시간을 거쳐 $\overline{RESET}$ 입력에 인가되므로, V_{cc}가 $\overline{RESET}$ 단자에 직접 입력되는 것보다 외부 리셋 지연 시간 만큼 지연되어 동작하게 된다. 이 $\overline{RESET}$ 입력이 인가되고 난 후에는 그림 2.34의 경우와 동일하다. 대부분의 MCU의 경우에는 이 방식을 사용하며, 전원 인가시 안정적인 리셋동작을 얻도록 하고 있다.

○ 외부 리셋

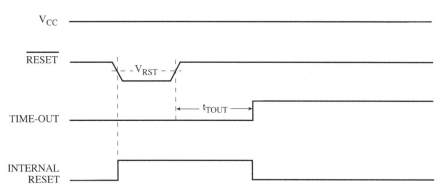

그림 2.36 $\overline{RESET}$ 단자가 외부 리셋 신호(펄스)에 연결된 경우의 리셋 동작

외부 리셋은 MCU의 외부에서 $\overline{RESET}$ 단자에 Low 레벨의 신호가 입력되면 동작한다. 이 경우의 동작 개념도는 그림 2.36에 나타내었다. 여기서, 리셋 신호는 표 2.32에 제시된 것과 같이 리셋 문턱 전압(V_{RST}) 이하의 전압이 리셋동작을 위한 최소 펄스폭인 t_{RST}(2.5μs)이상 Low 레벨을 유지해야 된다. $\overline{RESET}$ 단자가 Low 레벨을 유지하는 동안에는 MCU의 동작은 멈춰 있다가, 이 단자의 전압이 V_{RST} 이상이 되면, 지연카운터가 동작하기 시작하며, 타임아웃이 되면 프로그램이 처음부터 다시 시작된다.

○ 저전압 검출 리셋

ATmega128에는 V_{cc} 레벨이 일정 수준 이하로 떨어지는 것을 감시하는 저전압 검출 (Brown-out Dectection : BOD)회로가 내장되어 있다. BOD 회로는 전원전압 V_{cc}가 BOD 회로에 설정된 저전압 레벨 검출값보다 낮은 기간이 표 2.32의 t_{BOD}(2μs) 이상 지속될 경우에만 저전압을 검출하여 리셋 동작을 수행한다. V_{cc}의 레벨 검출 전압은 BODLEVEL 퓨즈를 사용하여 선택되는데 BODLEVEL=1일 때 검출 전압이 2.7V로 설정되고, BODLEVEL=0일 때 검출 전압은 4.0V로 설정된다.

V_{cc}의 전압 레벨을 검출하는 과정에서 전압 스파이크에 의한 오동작을 줄이기 위해 그림 2.37에 나타낸 것과 같이 검출되는 BOD 신호는 어느 정도의 히스테리시스 폭을 갖도록 설

계되어 있다. 즉 전압이 감소하는 경우에는 V_{BOD-} = V_{BOD-} + $V_{HYST-}/2$ 이하로 될 때 리셋이 걸리게 되며, 전압이 증가하는 경우에는 V_{BOD+} = V_{BOD+} + $V_{HYST+}/2$ 이상으로 될 때 리셋이 해제된다. 이렇게 하여 BOD 리셋이 해제되면 지연카운터가 동작하기 시작하며, 타임아웃이 되면 프로그램이 처음부터 다시 시작된다. BOD 기능의 설정 및 해제는 퓨즈 하위 바이트의 BODEN 비트에 의해 수행된다.

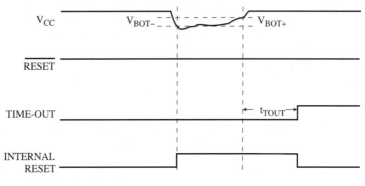

그림 2.37   저전압 검출 리셋의 동작

◉ 워치독 리셋

ATmega128에 내장된 워치독 리셋에 의한 동작 개념을 그림 2.38에 나타내었으며, 워치독 리셋은 그림 2.38에서와 같이 워치독 타임 아웃이 발생하면, 자체적으로 1 클럭 사이클의 짧은 WDT 타임아웃 펄스를 발생시켜 리셋 신호가 발생하고, 시간 지연 카운터에 의한 일정 시간이 자연된 후에 리셋 신호가 종료된다. 워치독 타이머의 자세한 동작은 이장의 마지막 부분에서 다시 설명하기로 한다.

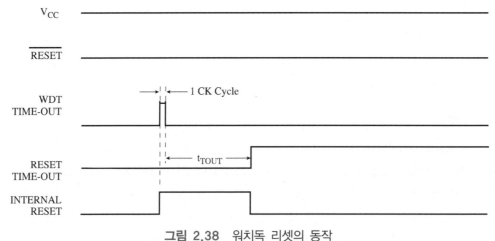

그림 2.38   워치독 리셋의 동작

4) 전원 관리 및 슬립 모드

ATmega128에서는 전원의 효율적인 관리를 위해 슬립 모드를 제공한다. 슬립 모드(sleep mode)는 마이크로컨트롤러의 내부에 사용되지 않는 내장 모듈의 동작을 정지시켜 소비 전력을 절감하기 위해 사용되는 동작으로 ATmega128에는 응용에 따라 다양한 전력 소모의 형태를 결정할 수 있도록 6가지의 슬립 모드를 지원한다. ATmega128에 내장되어 있는 슬립 모드로는 휴면(idle), ADC 잡음 저감, 전원 차단(Power-down), 전원 절감(Power-save), 대기, 확장 대기의 6가지의 슬립 모드가 있으며, 슬립 모드를 사용하기 위해서는 MCUCR 레지스터(그림 2.23 참조)의 SE 비트가 1로 설정되고, SLEEP 명령이 수행되어야 한다. 여섯 가지의 슬립 모드는 SM2~0 비트의 설정에 따라 표 2.33과 같이 결정된다.

표 2.33 슬립 모드의 선택

SM2	SM1	SM0	슬립 모드
0	0	0	휴면
0	0	1	ADC 잡음 저감
0	1	0	전원 차단
0	1	1	전원 절감
1	0	0	사용하지 않음(resereved)
1	0	1	사용하지 않음(resereved)
1	1	0	대기(주)
1	1	1	확장 대기(주)

주) 대기 모드와 확장 대기 모드의 경우에는 외부 수정 발진기 또는 공진기를 사용할 때 가능함.

슬립 모드에서 사용되는 MCU 제어에 관련된 레지스터의 비트에 대해서는 앞에서 설명을 하지 않았으므로 간단하게 설명하면 다음과 같다.

▶ MCUCR의 비트 5 (SE) : 슬립 허가 비트

이 비트는 슬립 명령이 실행될 때, MCU가 슬립 모드로 들어가기 위해서는 1로 설정되어 있어야 한다. 슬립 모드로부터 해제되면 0으로 클리어된다.

▶ MCUCR의 비트 2 (SM2) : 슬립 모드 선택 비트 2
▶ MCUCR의 비트 4 (SM1) : 슬립 모드 선택 비트 1
▶ EMCCR의 비트 3 (SM0) : 슬립 모드 선택 비트 0

이상의 비트들은 표 2.33과 같이 슬립 모드를 선택하는 데 사용된다.

MCU가 슬립 모드에 있을 때 허용된 인터럽트가 발생되면, 슬립 모드로부터 해제된다. 이때 MCU는 기동 시간에 4 클럭 사이클이 더 경과한 후에 슬립 모드로부터 해제되어 동작을 시작하게 되는데, 먼저 인터럽트 서비스 루틴이 실행하고 SLEEP 명령의 바로 뒤에 이어지는 명령으로 복귀하게 된다. 모든 레지스터 파일과 SRAM의 내용은 슬립모드에 들어갔다가 복귀된 후에도 변경되지 않고 그대로 유지된다. 만약, 슬립 모드에서 리셋이 발생하면 슬립 모드가 해제되고 정상적인 리셋 동작이 수행된다.

표 2.34에는 ATmega128에서 사용되는 6개의 슬립 모드의 동작에 대해 MCU가 슬립모드로 들어갔을 때, 각 슬립 모드별로 동작하는 클럭의 상태와 슬립 모드로부터 해제되기 위한 방법이 요약되어 있다. 이를 참고로 하여 각 모드별 동작에 대해 알아보도록 하자.

표 2.34 5가지 슬립 모드의 동작 요약

슬립 모드	동작되는 클럭					오실레이터		슬립 모드로부터의 해제 방법					
	clk_{CPU}	clk_{FLASH}	$clk_{I/O}$	clk_{ADC}	clk_{ASY}	메인 클럭 허가	타이머 OSC 허가	INT7 ~ INT0	TWI 주소 일치	타이머 0	SPM/ EEPROM Ready	ADC	기타 I/O
휴면			x	x	x	x	$x^{(2)}$	x	x	x	x	x	x
ADC 잡음 저감			x	x		x	$x^{(2)}$	$x^{(3)}$	x	x		x	
전원 차단								$x^{(3)}$	x				
전원 절감					$x^{(2)}$		$x^{(2)}$	$x^{(3)}$	x	$x^{(2)}$			
대기$^{(1)}$						x		$x^{(3)}$	x				
확장 대기$^{(1)}$					$x^{(2)}$	x	$x^{(2)}$	$x^{(3)}$	x	$x^{(2)}$			

1) 외부 수정 발진기 또는 공진기가 클럭 소스로 선택된 경우
2) ASSR 레지스터의 AS 비트가 1로 설정된 경우
3) 단지 INT3~0 또는 INT7~4가 레벨 인터럽트로 동작할 경우

○ 휴면 모드

SM2-SM0 비트가 "000"으로 설정되어 있고, SLEEP 명령이 수행되면 CPU는 슬립 모드로 들어간다. 이 모드에서는 CPU의 동작은 정지되고, SPI, USART, 아날로그 비교기, 2선 직렬 인터페이스, 타이머/카운터, 워치독과 인터럽트 등의 모든 주변 장치들이 정상동작을 한다. 즉, 슬립 모드에서는 기본적으로 clk_{CPU}와 clk_{FLASH}은 정지되고, 나머지 모든 클럭들은 정상적으로 동작한다.

휴면 모드는 외부 인터럽트나 타이머 오버플로우, USART 송신 완료 인터럽트 등에 의해 해제될 수 있다. 아날로그 비교기 인터럽트에 의해 휴면 모드가 해제될 필요가 없는 경우에는 전체 소모 전력을 줄이기 위해 아날로그 비교기의 전원을 차단할 수 있는데, 이는 아날로그 비교기 제어 및 상태 레지스터(ACSR)의 ACD 비트를 1로 세팅하면 된다. 이렇게 함으로써 휴면 모드에서 전력 소모를 줄일 수 있다.

◯ **ADC 잡음 저감 모드**

SM2-SM0 비트가 "001"으로 설정되어 있고, SLEEP 명령이 수행되면 MCU는 ADC 잡음 저감(ADC Noise Reduction) 모드로 들어간다. 이 모드에서는 CPU의 동작은 정지되고, ADC, 외부 인터럽트, 2선 직렬 인터페이스 주소 감시, 타이머/카운터0과 워치독 타이어 등이 허가되어 있다면 이들 주변 장치들은 정상 동작을 한다. 즉, 이 모드에서는 기본적으로 $clk_{I/O}$, clk_{CPU}와 clk_{FLASH}는 정지되고, 나머지 모든 클럭들은 정상적으로 동작한다.

이 모드는 ADC가 정밀한 동작을 하기 위하여 잡음의 영향을 덜 받도록 하기 모드이고, 만약 ADC가 허가되어 있다면 이 모드로 들어갈 때 변환이 자동으로 시작된다. ADC 변환 완료 인터럽트와는 별개로 외부 리셋, 워치독 리셋, BOD 리셋, 2선 직렬 인터페이스 주소 일치 인터럽트, 타이머/카운터0 인터럽트, SPM/EEPROM 준비 인터럽트, INT7~4 외부 레벨 인터럽트 또는 INT3~0 외부 인터럽트에 의해 ADC 잡음 저감 모드에서 해제될 수 있다.

◯ **전원 차단 모드**

SM2-SM0 비트가 "010"으로 설정되어 있고, SLEEP 명령이 수행되면 CPU는 전원 차단 (Power-down) 모드로 들어간다. 이 모드에서는 기본적으로 모든 클럭을 정지시키기 때문에 동기식 모듈의 동작도 따라서 정지되며, 오직 비동기식 모듈의 동작만 허용되는 모드이다. 그러므로 외부 오실레이터가 정지되어 CPU 등의 동기식 모듈의 동작은 정지되지만 외부 인터럽트, 2선 직렬 인터페이스 주소 감시 워치독은 계속해서 동작한다. 전원 차단 모드는 외부 리셋, 워치독 리셋, 저전압 검출 리셋, 2선 직렬 인터페이스 주소 일치 인터럽트, 외부 레벨 인터럽트 INT7-4와 외부 인터럽트 INT3-0에 의해서 해제될 수 있다.

이 모드에서 해제될 때에는 클럭 발진 회로가 충분히 안정한 상태로 돌아가서 동작을 하여야 하므로, 충분한 기동 시간이 필요하다. 이에 대한 사항은 클럭 소스 부분을 참조하기 바란다.

◯ **전원 절감 모드**

SM2-SM0 비트가 "011"로 설정되어 있고, SLEEP 명령이 수행되면 CPU는 전원 차단 (Power-save) 모드로 들어간다. 이 모드는 다음의 한 가지 사항을 제외하고는 전원 차단 모드의 동작과 동일하다. 즉, 전원 절감 모드의 경우에는 기본적으로 clk_{ASY} 클럭을 제외한 모든 클럭을 정지시키고 CPU가 비동기 모듈에 의해 동작할 경우에 사용이 되며, 이 경우에 타이머/카운터 2의 클럭은 TOSC1 단자로 입력되는 외부 오실레이터에 비동기적으로 동작한다. 이 모드의 동작은 다음과 같다.

비동기 모드 상태 레지스터(ASSR)의 AS0 비트가 1로 설정되면 타이머/카운터0은 TOSC1 단자에 연결된 수정 발진기에 의해 동작하게 된다. 이 상태에서 CPU가 슬립 모드에 있게 되더라도 타이머/카운터2는 계속 동작하고 있게 된다. 이러한 상황에서 SREG의 전체 인터럽트 허가 비트가 1로 설정되어 있고, 타이머/카운터 인터럽트 마스크(TIMSK) 레지스터의 타이머/카운터0 인터럽트 허가 비트가 1로 설정되어 있으면 CPU는 타이머/카운터0의 타이머 오버플로우 또는 출력 비교 이벤트 발생에 의해 슬립모드에서 해제된다.

만약 ASSR 레지스터의 AS0 비트가 0로 설정되어 타이머/카운터0이 I/O 클럭(clk_{I/O})에 의해 동작하고 있는 경우에는 전원 절감 모드 대신에 전원 차단 모드를 사용하는 것이 바람직하다. 왜냐하면 전원 절감 모드에서 해제된 후에는 비동기 타이머의 레지스터의 내용이 미정의 상태로 되기 때문이다.

타이머/카운터0의 비동기 동작에 대해서는 타이머/카운터를 설명하는 부분을 참조하기 바란다.

◎ 대기 모드

SM2-SM0 비트가 "110"으로 설정되어 있고, 외부 수정 발진기 또는 세라믹 공진기가 선택된 상황에서 SLEEP 명령이 수행되면 CPU는 대기(Standby) 모드로 들어간다. 이 모드는 오실레이터가 동작하고 있는 것을 제외하고 전원 차단 모드와 같다. 대기 모드에서는 오실레이터가 동작하고 있으므로 슬립 모드에서 깨어날 때, 오실레이터의 안정화 시간이 필요 없기 때문에 MCU는 6 클럭 사이클 내에 해제된다.

◎ 확장 대기 모드

SM2-SM0 비트가 "111"로 설정되어 있고, 외부 수정 발진기 또는 세라믹 공진기가 선택된 상황에서 SLEEP 명령이 수행되면 CPU는 확장 대기(Extended standby) 모드로 들어간다. 이 모드는 오실레이터가 동작하고 있는 것을 제외하고 전원 절감 모드와 같다. 대기 모드에서는 오실레이터가 동작하고 있으므로 슬립 모드에서 깨어날 때, 오실레이터의 안정화 시간이 필요 없기 때문에 MCU는 6 클럭 사이클 내에 해제된다.

◎ 최소의 전력 소모를 위한 고려

일반적으로 AVR의 슬립 모드를 사용할 경우에는 가능한 한 최소의 디바이스만 동작하도록 설정되어야 한다. 특히 AVR의 전력 소모를 최소화하기 위해서는 다음과 같은 여러 가지 모듈이 특별 고려 대상이 되고, 이 기능 중에 필요하지 않은 기능은 모두 배제시키는 것이 바람직하다.

▶ A/D 변환기 : A/D 변환기가 허가되어 있다면, A/D 변환기는 모든 슬립 모드에서 허가된다. 전력을 절감하기 위해서 A/D 변환기는 어떠한 슬립 모드에 들어가지 전에 금지되어 있어야 한다. A/D 변환기가 꺼진 후에 다시 켜졌을 때, 다음 차례의 변환 과정으로 확장될 수 있다. 자세한 동작은 A/D 변환기 부분을 참조하기 바란다.

▶ 아날로그 비교기 : 휴면 모드로 들어갈 때 이 모듈의 동작이 필요하지 않다면 이 기능을 금지하여야 한다. 다른 슬립 모드의 경우에는 자동적으로 동작이 금지된다.

▶ 저전압 검출 : 저전압 검출 기능이 필요하지 않은 경우에는 이 모듈은 꺼 놓는 것이 바람직하다. 저전압 검출 기능이 BODLEVEL 퓨즈 비트에 의해 허가되어 있는 경우에는 모든 슬립 모드는 동작을 하게 되어 전력을 소모하게 된다.

▶ 내부 전압 기준 : 이 기능은 아날로그 비교기의 저전압 검출 기능으로 필요할 경우에는 허

가를 해 놓는다. 만약 이 모듈의 동작이 금지되어 있다면, 내부 전압 기준 모듈은 금지되어 전력을 소모하지 않게 된다.

▶ **워치독 타이머** : 워치독 타이머 기능이 필요하지 않은 경우에는 이 모듈은 꺼 놓는 것이 바람직하다. 워치독 타이머 기능의 동작이 허가되어 있는 경우에는 모든 슬립 모드는 동작을 하게 되어 전력을 소모하게 된다.

▶ **포트 핀** : 슬립 모드로 들어갈 때 모든 포트 핀은 최소의 전력을 소모하도록 구성되어 있다. 즉, 모든 핀들이 저항 부하를 구동하지 않도록 구성된다는 것이다. I/O 클럭(clk$_{I/O}$)이 정지되어 있는 슬립 모드의 경우에는 소자의 입력 버퍼는 금지시켜 입력 로직에 불필요한 전력 소모를 줄이도록 한다. 그러나 슬립 모드로부터 해제되기 위해서 입력 로직이 필요하다면, 이 핀의 동작은 허가되어 있어야 한다.

▶ **JTAG 인터페이스 및 내장 디버그 시스템** : OCDEN 퓨즈 비트의 설정으로 내장 디버그 모드로 동작하고 있는 상태에서 MCU가 전원 차단 및 전원 절감 모드로 들어간 경우에는 시스템의 메인 클럭은 동작하고 있다. 이러한 상태의 슬립 모드 상태에서는 전류의 소모가 많아지므로, 다음과 같은 세 가지 방법으로 이 상황을 극복할 수 있다.

• OCDEN 퓨즈 비트를 0으로 설정함.
• JTAAGEB 퓨즈 비트를 0으로 설정함.
• MCUCSR 레지스터의 JTD 비트를 1로 설정함.

이상의 모듈에 대해서 전력을 최소로 소모하기 위한 전략을 간략하게 설명을 하였지만, 보다 자세한 동작 개념을 이해하기 위해서는 각 모듈을 설명하는 부분에서 자세히 다루어지니 그 부분을 참조하기 바란다.

5) 워치독 타이머

워치독 타이머는 MCU를 사용하는 시스템이 어떠한 원인에 의해 무한루프에 빠지거나 비정상적인 동작을 하면 자동으로 시스템을 리셋시켜 다시 정상적인 MCU 동작이 이루어 지도록 하는 기능을 말하고, 여기에 무한루프 상황과 비정상적인 상황을 모니터링하는 데 사용되는 타이머를 워치독 타이머라 한다.

워치독 타이머의 기본적인 동작 원리는 다음과 같이 설명할 수 있다. 먼저 타이머의 구성은 리셋이 가능한 타이머로 구성되어 있고, 이 타이머의 출력은 오버플로우로서 정해진 시간이 초과할 경우에 발생한다. 이러한 형태의 타이머 구성을 워치독 타이머라 하며, 워치독 타이머가 정상적으로 동작할 경우에는 정해진 시간(시스템의 오류라고 생각되는 시간의 2-3배 정도의 시간으로 설정함)을 주기로 워치독 타이머는 계속 초기화되고, 이렇게 정해진 시간을 초과할 경우에 오버플로우가 발생하여 MCU를 리셋하게 된다. 따라서 MCU가 정상적으로 동작되기 위해서는 반드시 MCU를 주기적으로 리셋시켜 주어야 한다. 이러한 워치독 타이머의 동작 개념을 그림 2.39에 자세히 표현하였다.

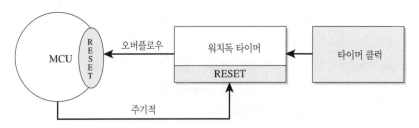

그림 2.39   워치독 타이머의 동작 원리

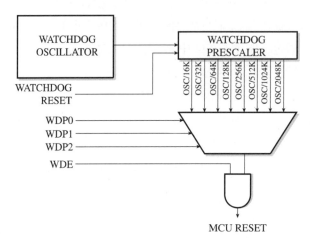

그림 2.40   ATmega128의 워치독 타이머

ATmega128의 워치독 타이머의 내부 구성은 그림 2.40에 나타내었으며, 워치독 타이머는 칩에 내장된 오실레이터로부터 만들어진 1MHz의 클럭을 사용하며, 사용자가 이를 분주하여 8가지로 클럭 주기를 변경할 수 있도록 구성되어 있다. ATmega128의 경우, 워치독 타이머는 워치독 리셋 명령인 WDR 명령을 실행하거나 MCU 리셋이 발생하는 경우에 리셋된다. 워치독 타이머에서 오버플로우가 발생하면 그림 2.35와 같이 1 클럭 주기의 내부 리셋 신호가 발생하여 MCU를 리셋시킨다.

워치독 타이머를 제어하는 데 사용되는 레지스터는 워치독 타이머 제어 레지스터(Watchdog Timer Control Register : WDTCR)로서 그림 2.41에 나타내었으며, 비트들의 정의는 다음과 같다.

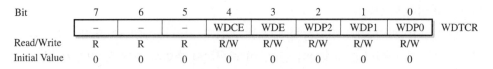

그림 2.41   워치독 타이머 레지스터의 비트 구성

▶ **비트 4 : WDCE (워치독 변경 허가 비트, Watchdog Change Enable)**

이 비트가 1로 설정되면, 워치독 타이머의 프리스케일러의 값을 변경하거나 워치독 기능을 사용하지 않도록 설정한다는 의미이며, WDE 비트가 1로 되어 있을 때, 이 비트는 1로 설정될 수 있다. WDCE 비트가 1로 설정되어 있다가 4사이클이 지나면 자동으로 하드웨어에 의해 WDCE는 0으로 된다.

▶ **비트 3 : WDE (워치독 허가 비트, Watchdog Enable)**

이 비트는 워치독 기능의 사용 여부를 결정한다. WDE 비트가 1이면 워치독 타이머가 동작하고, WDE비트가 0이면 워치독 타이머는 동작하지 않는다. 여기서 유의할 사항은 WDCE 비트가 1로 설정이 되어야만 WDE 비트를 0으로 변경할 수 있다는 것이다.

▶ **비트 2~0 : WDP2-WDP0 (워치독 타이머 프리스케일러 비트, Watchdog Timer Prescaler)**

이 비트들은 워치독 타이머가 허가되어 있는 경우에, 워치독 타이머의 프리스케일러의 값을 결정한다. 표 2.35에는 이 비트들의 선택에 따른 워치독 타이머의 프리스케일러의 설정 비율과 이에 대한 오버플로우 발생시간을 나타내었다. 또한, 전원전압의 크기에 따라서 내부 오실레이터의 발진에 약간의 차이가 발생하므로 5V일 때와 3.3V일 때, 같은 프리스케일러의 값을 설정하더라도 타임아웃 간격에는 차이가 있음을 유의하여야 한다. 일반적으로 전원전압이 낮은 경우 오실레이터의 발진주파수가 느려진다.

표 2.35 워치독 타이머의 프리스케일러 값에 따른 오버플로우 발생 시간

WDP2	WDP1	WDP0	워치독 분주비	Vcc = 3V에서의 타임아웃	Vcc = 5V에서의 타임아웃
0	0	0	16K(16,384)	14.8ms	14.0ms
0	0	1	32K(32,768)	29.6ms	28.1ms
0	1	0	64K(65,536)	59.1ms	56.2ms
0	1	1	128K(131,072)	0.12s	0.11s
1	0	0	256K(262,144)	0.24s	0.22s
1	0	1	512K(524,288)	0.47s	0.45s
1	1	0	1,024K(1,048,576)	0.95s	0.9s
1	1	1	2,048K(2,097,152)	1.9s	1.8s

워치독 타이머는 MCU의 리셋과 직접 연관이 되므로, 이를 사용할 경우에는 타이머의 오동작을 방지하기 위하여 세심한 주의를 기울여야 한다. 즉, 워치독 타이머의 동작을 해제하기 위해서는 다음과 같은 절차를 거쳐야 가능해진다.

❶ WDCE와 WDE 비트를 동시에 1로 설정한다. 워치독 타이머의 동작을 해제하기 전에 이 비트가 1로 설정되어 있더라도 반드시 WDE는 다시 1로 설정을 하여야 한다.

❷ 4 클럭 사이클 이내에 WDE 비트를 0으로 설정한다.

MCU가 정상적으로 동작하고 있는 동안에 워치독 타이머의 동작이 해제되거나 프리스케일러의 값이 바뀌어서 워치독 타이머의 타임 아웃 간격이 바뀌는 것을 방지하기 위하여 표 2.36에 설명된 것과 같이 확장 퓨즈 바이트의 M103C 퓨즈 비트와 퓨즈 상위 바이트의 WDTON 퓨즈 비

트의 설정에 따라 세 가지의 안전레벨을 선택될 수 있다.

표 2.36 M103C와 WDTON 퓨즈 비트의 설정에 의한 워치독의 구성

M103C	WDTON	안전 레벨	WDT 초기상태	워치독 해제 방법	타임아웃 변경 방법
1	1	1	금지	지정된 처리순서	지정된 처리순서
1	0	2	허용	항상 허용	지정된 처리순서
0	1	0	금지	지정된 처리순서	제한이 없음
0	0	2	허용	항상 허용	지정된 처리순서

워치독 타이머의 동작을 변경하는 것은 안전레벨에 따라서 약간의 차이가 있으며, 각 레벨에 대한 내용은 다음과 같다.

안전레벨 0은 ATmega128과의 호환모드로서, M103C은 0으로 WDTON은 1로 설정을 한 것이며, 워치독 타이머는 초기에 기본적으로 금지되어 있다. 워치독 타이머의 동작을 금지할 경우에는 앞에서 설명한 ①, ②의 순서대로 따라야 한다. 표에서는 이를 지정된 순서라고 표현하고 있다. 그러나 안전 레벨 0은 워치독 타이머의 동작을 허용하고, 오버플로우 간격을 변경하는데 아무런 제약이 없는 모드로, 지정된 순서를 따르지 않고 단순히 WDTCR의 해당 비트를 원하는 값으로 세팅하면 된다. 즉 워치독 타이머의 동작을 허용하기 위해서는 단순히 WDE=1로 세팅하는 것으로 가능하며, 오버플로우 간격을 바꿀 때도 WDTCR의 WDP2~WDP0에 값을 세팅하면 된다.

안전레벨 1은 M103C과 WDTON을 모두 1로 설정을 한 것이며, 워치독 타이머는 초기에 기본적으로 금지되어 있다. 워치독 타이머의 동작을 금지할 경우에는 앞에서 설명한 ①, ②의 순서대로 따라야 한다. 그러나 안전 레벨 1은 워치독 타이머의 동작을 허용하고, 오버플로우 간격을 변경하는 데 아무런 제약이 없는 모드로, 앞에서 설명한 순서를 따르지 않고 단순히 WDE 비트를 1로 설정하면 된다.

안전레벨 2는 M103C와는 관계없이 WDTON 비트를 0으로 설정한 것이며, 워치독 타이머는 초기에 기본적으로 금지되어 있다. 이 모드에서는 워치독 타이머의 동작을 금지시킬 수 없으며, 오버플로우 간격을 변경하고자 할 때에는 앞에서 설명한 순서를 따라야 한다.

연습문제

01 AVR이 다른 마이크로컨트롤러에 비하여 가지는 우수한 소프트웨어적인 특징은 무엇인가?

2 AVR의 Tiny, Mega 계열의 차이점을 간략하게 비교하고, 요즘 출시되는 AVR의 특정 활용분야에 대해 세 가지 정도만 나열하시오.

3 ATmega128과 ATmega162에 내장된 기능에 대해 비교 설명하시오.

4 ATmega128에 내장된 I/O 기능과 이를 제어하기 위한 I/O 제어 레지스터를 기술하시오.

5 AVR의 인터럽트 유형 두 가지에 대해 처리 방법의 차이를 설명하시오.

6 ATmega128에서 정의된 다음의 세 가지 메모리에 대해 내부 메모리 구조를 도식화하고 이에 대해 간단히 설명하시오.
① 플래시 코드 메모리
② 데이터 메모리
③ EEPROM 메모리

07 내부 데이터 메모리 SRAM의 구성에 대해 간략히 설명하시오.

08 ATmega128의 특징에 대해 다음 질문에 답하시오.
(1) 내부 메모리 용량(FLASH, SRAM, EEPROM)은?
(2) 외부 메모리를 얼마까지 확장할 수 있는가?
(3) I/O의 개수는?
(4) 이외에 내부에 구성되어 있는 기능은 무엇이 있는가?

09 내부 SRAM 및 SFR에 대해 다음 질문에 답하시오.
(1) 일반 작업 레지스터의 구조 및 활용 방안에 대해 설명하시오.
(2) 일반 작업 레지스터와 일반 내부 메모리의 차이점은?
(3) AVR이 리셋되면 SP는 몇 번지로 세팅되는가?
(4) I/O 제어 레지스터 중에 소프트웨어 제어 연산에 사용되는 모든 레지스터를
    나열하시오.
(5) USART의 기능을 담당하는 I/O 제어 레지스터는?
(6) 타이머/카운터0와 2의 기능을 담당하는 I/O 제어 레지스터는?
(7) 인터럽트 기능을 담당하는 I/O 제어 레지스터는?
(8) I/O 제어를 담당하는 I/O 제어 레지스터는?

10 AVR에 내장된 부트 로더의 기능에 대해 설명하고, 이를 위해 사용되는 레지스터
를 간단히 설명하시오.

11 워치독 타이머를 정의하고, 사용 용도를 설명하시오.

12 BOD를 정의하고, 사용 용도를 설명하시오.

13 AVR은 다른 마이크로컨트롤러에 비해 ISP 기능과 JTAG 기능이 있는 것이 장점
이다. 이 기능에 대해 조사하시오.

14 AVR 내부의 플래시 메모리에 프로그램을 기입하는 방법에는 SPI 방식, JTAG를 사용하는 방식, 병렬 프로그래밍 방식이 있다. 이들 방식을 조사하고, 차이점을 간단하게 기술하시오.

15 ATmega103 호환 모드와 ATmega128의 차이점에 대해 간략하게 기술하라.

16 슬립 모드의 용도와 ATmega128에 내장되어 있는 기능을 나열하라.

CHAPTER 03

실험 보드의 설계

이 장에서는 앞에서 배웠던 ATmega128의 하드웨어 개념을 이용하여 ATmega128 회로를 제작하기 위한 기본적인 하드웨어 구성 방법을 알아보고, 구성된 하드웨어에 독자들이 직접 작성한 프로그램을 어떻게 적용할 것인가에 대해서 알아본다. 여기서 제시하는 ATmega128 응용회로는 실습을 위해 I/O 제어를 기본으로 하고 있다. 회로의 설계에 사용한 툴(Tool)은 ORCAD로 회로 설계에 가장 많이 사용되는 CAD 툴이다. 본 장에서 설명하는 내용을 충실히 이해한다면 AVR을 이용하는 하드웨어 시스템을 자유롭게 설계할 수 있게 될 것이다.

3.1 교육용 실험 보드의 설계 전략

ATmega128에는 기본적으로 플래시 메모리, SRAM과 EEPROM과 같은 메모리 소자와 병렬 I/O, 직렬 I/O, 타이머/카운터, 인터럽트, 직렬 통신(USART, SPI, TWI), 아날로그 비교기, A/D 변환기 등의 주변 소자가 내장되어 있고, I/O 및 메모리 확장을 위한 기능을 제공하고 있다. 이러한 기능을 모두 활용하고 AVR의 장점인 ISP를 통한 자가 프로그래밍 기법을 활용하여 PC에서 프로그램을 작성하고 작성된 프로그램의 검증을 위해 교육용 보드로 작성된 코드를 다운로드하여 실험할 수 있는 기능을 갖는 실험용 보드가 필요하다.

따라서 이 장에서는 ATmega128의 활용을 위해 다음과 같은 기능을 갖는 교육용 보드를 설계하고 활용하는 방법에 대해 설명하고자 한다.

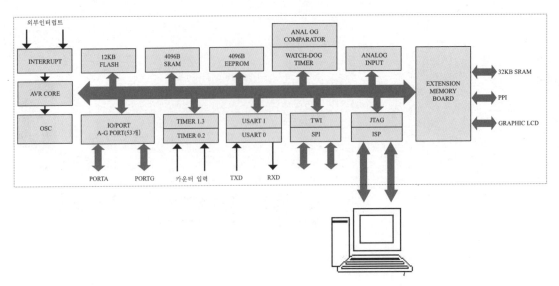

그림 3.1 교육용 보드의 전체 구성도

▶ 사용 클럭: 14.7456MHz

▶ 외부 인터럽트: 스위치 입력(INT4, INT5, INT6)

▶ 카운터 관련 입력: T0, T1 입력과 OC1A, OC1B 입력

▶ I/O 포트: 부저, LED 출력 8개, 스위치 입력 4개

▶ 두 채널의 직렬 통신 포트: RS232 통신

▶ SPI 통신 포트, TWI 통신 포트

▶ A/D 변환기 입력 포트

▶ 아날로그 비교기

▶ ISP 포트: JTAG과 ISP 포트 지원

▶ 동작 전원: USB 케이블을 통한 입력 전원과 DC5V 입력

▶ 외부 메모리 확장을 위한 메모리 확장 보드(32KB의 SRAM, 그래픽 LCD, 확장용 I/O 소자 인터페이스 가능)

이상의 기능을 갖는 교육용 보드의 전체 구성은 그림 3.1에 나타내었으며, 특히 PC와의 인터페이스를 위해 JTAG 포트나 ISP 포트를 사용하도록 구성하였다.

3.2 MCU 동작을 위한 기본 회로 인터페이스

이 절에서는 앞에서 설명한 대로 ATmega128 MCU를 이용하여 교육용 보드를 설계하기 위한 기본적인 회로 설계 방법에 대해 알아보고자 한다. 이를 위해 다음과 같은 MCU 주변 회로 구성에 대해 설명하고, 실험보드의 전체적인 구성에 대해 설명하기로 한다.

▶ 발진 회로
▶ 리셋 회로
▶ I/O 제어 회로
▶ 전원 회로

1) 발진 회로

ATmega128의 발진회로의 입력으로 사용될 수 있는 소자는 2장에서 설명한 바와 같이 수정 발진기와 외부 클럭, 내부 오실레이터와 외부 저주파 RC 오실레이터를 사용할 수 있으나, 일반적으로 수정 발진기와 외부 클럭을 많이 사용하므로 이에 대한 회로 설계 방법에 대해 설명한다.

ATmega128의 내부에는 구동을 클럭으로 입력받기 위해 XTAL1과 XTAL2 단자가 마련되어 있으며, 양단을 걸쳐서 반전 증폭기가 내장되어 있다. XTAL1은 클럭 입력, XTAL2는 클럭 출력 단자로 사용된다.

◉ 수정 발진기를 이용한 발진 회로

그림 3.2에는 이 단자에 수정 발진기를 연결하여 발진회로를 구성한 예를 나타내었다.

XTAL1과 XTAL2 양단에 입력하는 주파수는 표 2.30에 설명한 바와 같이 퓨즈 바이트의 CKSEL3-1 비트의 값에 결정되며, 입력 주파수에 따른 C1과 C2의 캐패시터의 값은 일반적으로 항상 같은 값을 가져야 하며, 최적의 값은 사용 환경의 부유 캐패시턴스와 전자기적 잡음의 양에 따라 달라지지만 일반적으로 입력 주파수에 따른 C1과 C2의 값은 표 2.30을 참조하면 12~22pF로 결정된다.

교육용 보드에서는 발진회로로서 수정 발진기를 사용하고 있다. 원래 ATmega128은 최대 16MHz의 시스템 클럭을 사용할 수 있도록 되어있으나, 교육용 보드에서는 USART의 통신 과정에서 통신 오류를 줄이기 위해 14.7456MHz를 XTAL1 및 XTAL2 단자에 연결하여 사용하였으며, C1과 C2의 캐패시터의 값은 위에서 설명한 대로 22pF를 사용하였다.

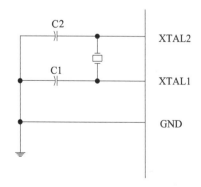

그림 3.2 외부 수정 발진기를 이용한 발진 회로

◎ 외부 클럭을 이용한 발진 회로

　발진회로로 외부 클럭을 사용할 경우에는 그림 3.3과 같이 XTAL1 단자에 입력한다. 외부 클럭을 이용하여 ATmega128을 구동하기 위해서는 CKSEL 퓨즈 비트를 "0000"으로 설정하여야 한다.

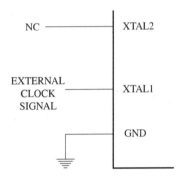

그림 3.3　외부 클럭을 입력으로 사용하는 회로

　이상과 같이 외부 수정 발진기나 외부 클럭을 사용하는 경우에 요구되는 클럭의 구동 사양은 그림 3.4에 나타내었으며, 이에 대한 타이밍 관계 특성을 표 3.1에 제시하였다. 회로가 정상적으로 동작을 하기 위해서는 반드시 이러한 사양으로 클럭이 공급되어야 하므로, 반드시 확인하기 바란다.

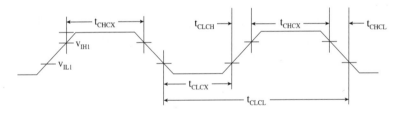

그림 3.4　외부에서 공급되는 클럭 파형

표 3.1　외부 구동 클럭의 타이밍 특성

기호	파라미터	V_{CC} = 2.7~5.5V		V_{CC} = 4.5~5.5V		단위
		Min.	Max.	Min.	Max.	
1/t_{CLCL}	발진 주파수	0	8	0	16	MHz
t_{CLCL}	클럭 주기	125		62.5		ns
t_{CHCX}	High 시간	50		25		ns
t_{CLCX}	Low 시간	50		25		ns
t_{CLCH}	상승 시간		1.6		0.5	μs
t_{CHCL}	하강 시간		1.6		0.5	μs
Δt_{CLCL}	현재 클럭에서 다음 클럭으로 변화하는 주기의 비율		2		2	%

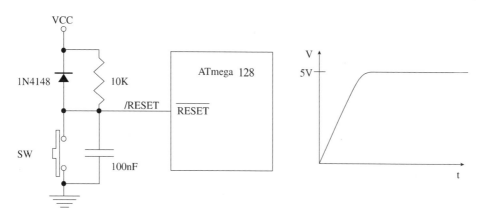

그림 3.5 리셋 회로

2) 전원 투입 리셋 회로

ATmega128에서 리셋 동작을 일으키는 리셋 소스는 다소 복잡하여 2장에서 설명한 바와 같이 (그림 2.37 참조) 5개의 소스를 가지고 있다. 5개의 소스 중에 하드웨어 설계에 반영되는 것은 전원 투입 리셋이다. 이는 전원 전압 V_{cc}가 전원 투입 리셋의 임계값(VPOT)보다 이하일 때 MCU가 리셋되는 것으로, 마이크로컨트롤러 외부에서 리셋 신호가 입력되면, 일반적으로 마이크로컨트롤러가 초기 상태의 동작을 할 수 있도록 스택 포인터를 포함한 모든 I/O 레지스터들을 초기값으로 설정하고, 프로그램의 실행은 초기 리셋 백터에 있는 번지를 참조하여 수행된다.

ATmega128의 경우 전원 투입 리셋의 동작은 $\overline{RESET}$ 단자를 "L"로 하면 이루어진다. 리셋에 필요한 시간은 2장의 시스템 클럭 프리스케일러에 설명한 바와 같이 최소 2.5μs이상 "L"를 유지할 필요가 있다. 이상의 설명과 같이 동작하도록 교육용 보드에서는 그림 3.5와 같은 리셋 회로를 사용하였다.

그림 3.5에 제시한 리셋 입력회로는 전원 투입 리셋(power-on reset)과 매뉴얼 리셋이 가능한 회로이다. 전원이 투입되면 저항 10kΩ을 통해 캐패시터 10μF으로 충전된다. 리셋 신호는 이 R과 C의 시정수 만큼 지연되어 0V가 인가된다. 즉, 이 시정수 동안에 ATmeaga128은 자동으로 리셋된다. 이 회로에서 스위치의 역할은 매뉴얼 리셋 기능으로 스위치가 눌리면 캐패시터에 충전에 +5V 전압은 스위치를 통해 빠르게 방전된다. 스위치가 눌러 있는 동안에 $\overline{RESET}$ 단자의 출력은 0V가 되어 ATmega128은 리셋되고, 스위치 개방되면 전원 투입 리셋과 동일하게 동작하여 시정수 동안 지연되어 정상적으로 리셋이 입력된다.

3) I/O 제어 회로

ATmega128는 A, B, C, D, E, F 포트 각 8핀과 G 포트 5핀으로 전체 53개의 I/O 핀을 가지고 있다. 이러한 I/O 핀들은 단순히 I/O 기능만을 하는 것이 아니라 여러 가지 부가 기능으로 동작할 수 있기 때문에 교육용 보드는 이것들을 최대한 활용할 수 있도록 하드웨어를 설계하였으며, 그림 3.6에 교육용 보드의 I/O 인터페이스 구성을 나타내었으며, 표 3.2에는 ATmega128 교육용 보드의 I/O 포트 기능에 대해 정리 요약하여 놓았다.

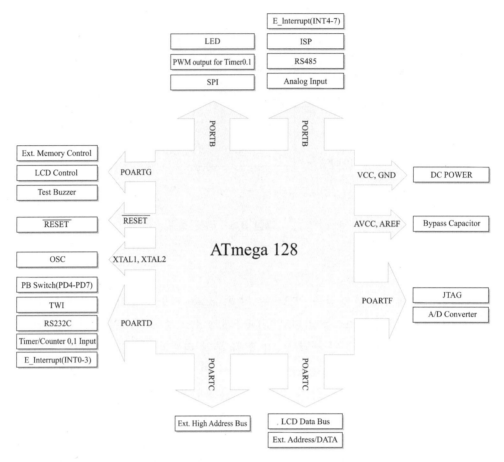

그림 3.6 교육용 보드의 I/O 인터페이스 구성도

표 3.2에 정리된 기능을 갖고 있는 ATmega128 교육용 보드는 원래 메인 보드와 I/O 확장용의 보드의 두 개로 나누어져 있으나, 그림 3.7에는 이를 모두 통합하여 하나로 나타내었다. 교육용 메인 보드는 그림 3.7에 점선으로 묶어서 표현된 부분으로 ATmega128 MCU, 리셋 회로, 클럭 발생 회로로만 구성되어 있고 나머지 부분은 I/O 확장 보드의 구성이다. 따라서 ATmega128 메인 보드와 I/O 확장 보드의 연결은 많은 연결선으로 되어야 하는데, 이는 그림 3.8와 같이 커넥터로 처리를 하였다.

표 3.2 교육용 보드의 I/O 포트 기능 요약

포트	기능
PORTA	문자 LCD의 데이터 버스(LCD_AD0~7) 외부 메모리 데이터 버스(EXM_D0~7)
PORTB	8개의 LED 출력 SPI 신호(PB0~PB3)/타이머/카운터0, 1의 PWM 단자(PB4~PB7)
PORTC	외부 메모리 어드레스 버스(EXM_A8~15)

표 3.2 교육용 보드의 I/O 포트 기능 요약(계속)

포트	기능
PORTD	외부 인터럽트 INT0~INT3 입력(PD0~PD3) TWI 직렬 통신 포트(PD0·PD1) UART1 직렬 통신 포트(PD2~PD3): RS232C 4개의 푸시 버튼 스위치 입력(PD4~PD7) 타이머/카운터0, 1 입력(T0, T1)
PORTE	ISP 인터페이스 UART0 직렬 통신 포트(PE0~PE1): RS232C 아날로그 비교기 입력(PE2~PE3) 외부 인터럽트 INT4~INT7 입력(PE4~PE7)
PORTF	8개 채널 A/D 변환기 입력 JTAG 인터페이스(PF4~PF7)
PORTG	외부 메모리 제어 신호($\overline{EWR}$, $\overline{ERD}$, ALE) LCD 제어 신호(LCD_RS, LCD_RW, LCD_E) 부저(PG4)

　교육용 보드의 I/O 포트에 연결되어 실험과정에서 사용되는 회로는 단순 입출력을 시험하기 위한 스위치와 LED 회로에서부터 AVR의 ISP 기능을 담당하는 JTAG 및 ISP 회로에 이르기까지 ATmega128 내부의 모든 기능을 시험할 수 있도록 고안되어 있다. 다음은 이러한 기능의 회로에 대해 기능별로 간단하게 설명하기로 한다.

○ 입출력 회로 실험을 위한 LED 및 DIP 스위치 회로

　교육용 보드에서는 입출력 회로를 실험하기 위하여 그림 3.9과 같이 PORTB의 모든 비트에는 LED를 출력용으로, PORTD의 모든 비트에는 스위치를 입력용으로 각각 구성하였다. 또한 PORTD를 활용하여 스위치 인터럽트 INT0~3 실험을 할 수 있으며, T0, T1카운터의 입력 실험, 일반 폴링 방식의 스위치 입력이 가능하다.

○ 프로그램 다운로드 및 디버깅을 위한 인터페이스 회로

　작성된 프로그램의 다운로드 및 부트로더의 코드를 프로그램하기 위해서 ISP 기능을 사용한다. ISP 기능은 프로그램 작성을 위한 PC에서 ATmega128 마이크로컨트롤러로 코드 및 데이터를 직접 보내 ATmega128 내부에 있는 플래시 ROM과 EEPROM에 기록하는 방식을 의미한다. ATmega128 교육용 보드에서는 PC의 패러럴 포트(프린터 포트)를 기본 제공한다. 또한 USB 포트를 통하여 플래시 메모리에 프로그램을 다운로드할 수 있게 ISP 포트를 구현하였으며 이를 위한 회로를 그림 3.10에 나타내었다.

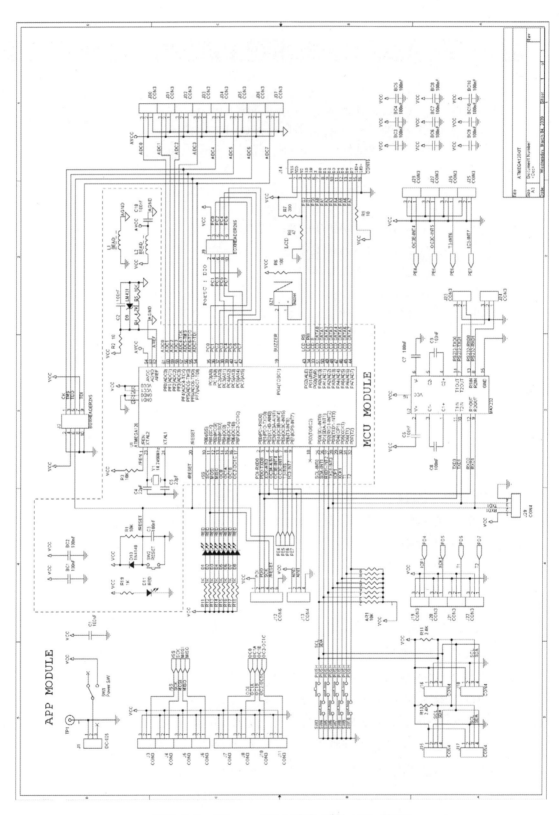

그림 3.7 ATmega128 교육용 메인 보드 회로도

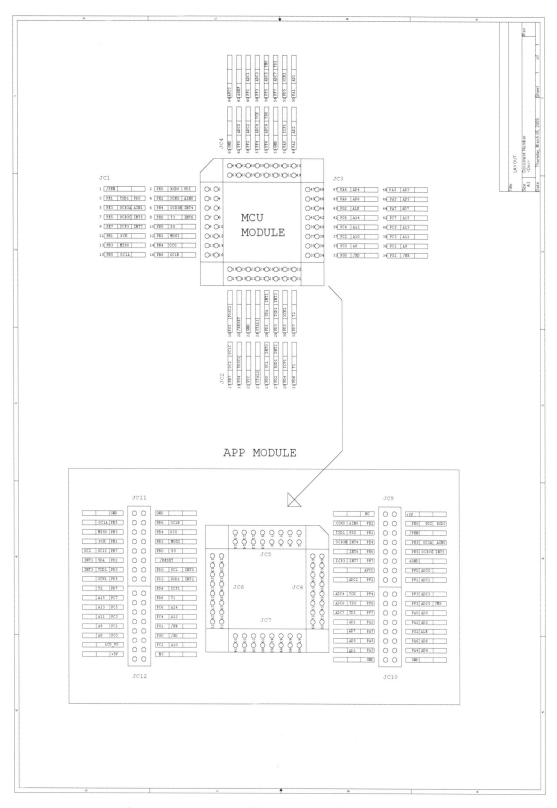

그림 3.8 ATmega128 메인 보드와 I/O 확장 보드와의 신호 연결

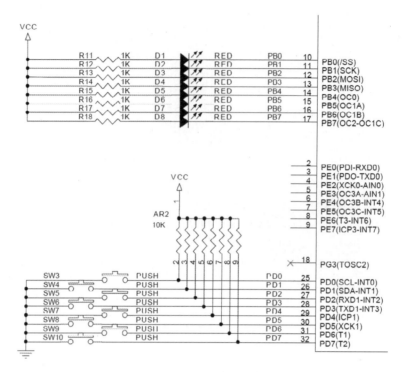

그림 3.9 입출력 실험을 위한 I/O 포트의 회로도

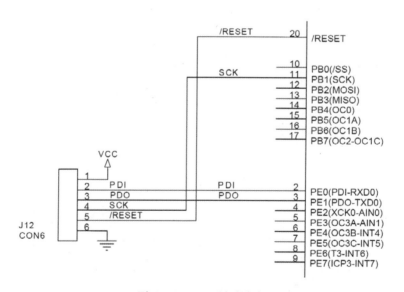

그림 3.10 ISP 인터페이스

● RS232 직렬 통신 회로(USART 인터페이스 회로)

RS-232 통신을 하기 위해서는 ATmega128로 입출력되는 신호 5V의 신호를 RS232C 규격에 맞는 신호 레벨로 변환하여 주기 위해서 라인 드라이버와 리시버를 사용해야 한다. 이는 본 교재의 11장의 내용을 참조하기 바란다. 이 교육용 보드에서는 RS232 통신을 위해 현재 출시되는 라인 드라이버와 리시버 중에서 하나의 IC에 두 개의 드라이버와 리시버가 내

장되어 있고, 단일 전원을 사용하는 MAX232 소자를 사용하였으며 이 IC를 이용하여 설계된 회로는 그림 3.11에 나타내었다. PC와의 통신 방식은 비동기식으로 사용되는 3선 통신방식(TX, RX, GND)을 이용하고 있으며, MAX232의 기능은 ATmega128에서 만들어진 TTL 레벨의 TXD 신호를 RS232 레벨(±12V)인 TX로 변환하고, RS232 레벨(±12V)인 RX 신호를 TTL 레벨(+5V)의 RXD 신호로 변환해 주는 소자이다.

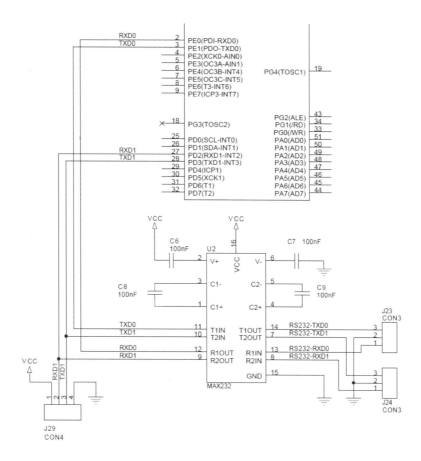

그림 3.11 RS232 인터페이스 회로

○ LCD 외부 확장용 인터페이스 신호선

교육용 보드에는 문자 표시용으로 LCD를 사용할 수 있는 회로를 내장하고 있으며, 이를 그림 3.12에 나타내었다. 교육용 보드에서 사용하는 LCD는 히타치사의 44780 LCD 제어기를 내장한 모듈이며, 자세한 설명은 10장에서 다루기로 한다. 데이터 선은 포트 A와 연결되고, LCD 선택 단자(E)는 LCD를 선택하는 단자로 액티브 High로 인가된다. PG0, PG1은 R/W, RS 단자에 해당되고 이 단자들은 포트 G에 연결되어 있다. V_{CC}와 VSS는 각각 5V와 GND에 연결되고 VO는 LCD의 화면 밝기를 조절하는 단자이다. 15번, 16번 핀은 백라이트가 있는 LCD의 경우 백라이트에 공급하는 전원이 연결된다.

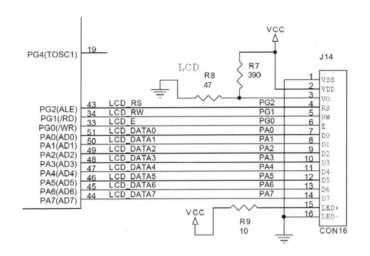

그림 3.12 LCD 인터페이스 회로

◎ 아날로그 디지털 변환을 위한 인터페이스 회로

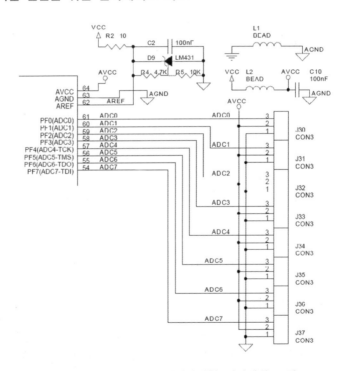

그림 3.13 아날로그 디지털변환 인터페이스 회로

아날로그-디지털 변환기(Analog-Digital Converter, ADC)는 아날로그 신호를 디지털 신호로 변환하는 장치로 ATmega128에는 8개의 아날로그 입력을 받을 수 있도록 구성되어 있다. A/D 변환기를 사용하기 위해서는 아날로그 전원 및 기준 전압의 처리가 중요하다. 이 부분에 대한 설명은 13장을 참조하기 바란다. 그림 3.13에는 A/D 변환기를 사용하기 위한 전원부와 8개의 아날로그 입력을 처리할 수 있는 커넥터를 나타내었다.

3.3 보드의 제작 및 실습

본 교재에서사용하는 교육용 보드의 PCB 패턴과 실크면은 그림 3.14와 같다. 이 보드를 조립하기 위해서는 표 3.3과 표 3.4의 부품 리스트에 나타낸 부품을 구입해야 한다. 이는 독자들이 직접 시장에 나가면 쉽게 구할 수 있을 것이다. 부품이 준비되었으면 조립을 하고, 동작을 확인하기 위하여 테스트 프로그램을 작성한 다음, ATmega128 각 부분의 파형을 측정하여 확인해야 한다. 다음과 같이 오실로스코프를 사용하여 ATmega128의 중요한 핀의 신호 파형을 측정해보기 바란다.

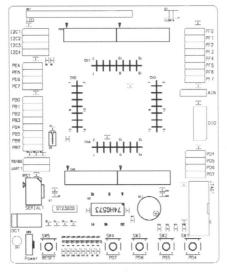

(a) 메인 보드의 실크면

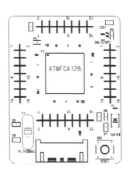

(b) MCU 보드의 실크면

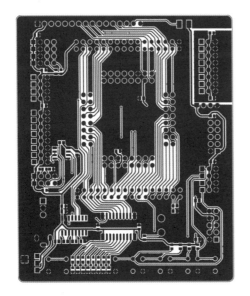

(c) 메인 보드 앞면

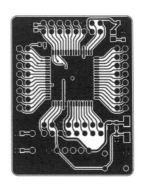

(d) MCU 보드 앞면

그림 3.14 교육용 보드 PCB 제작 필름

표 3.3   ATmega128 교육용 MCU 보드 자재 목록

번호	품 명	규 격	PART NUMBER	VENDER1	수 량	TYPE	비 고
1	ATMEGA128	ATMEGA128 - 16AU	U1	ATMEL	1	TQFP	최대 16MHz
2	레귤레이터	LM431BCM3 N1D	D9	NI	1	SOT-23	3.3V
3	스위치PB	ITS-1105	SW2	ILOSAM	1	DIP	푸쉬버튼
4	칩저항	1Kohm	R19	Any vendor	1	SMD 1608	오차5%
5	칩저항	10Kohm	R1,R3	Any vendor	2	SMD 1608	오차5%
6	칩커패시터	22pF	C4,C5	WALSIN	2	SMD 1608	오차5%
7	칩커패시터	100nF	C2,C3,C10,BC1-2	Any vendor	5	SMD 1608	오차5%
8	칩LED	SML-210PT	D11	ROHM	1	SMD 1608	적색
9	크리스탈	14.7456Mhz	Y1	Any vendor	1	ATS DIP	
10	다이오드	1N4148	D10	Any vendor	1	SMD	쇼트키
11	BEAD	BEAD	L1,L2	Any vendor	2	SMD 2012	전원분리
12	컨넥터	HEADER PIN 2.54mm 2X8 PIN	JC1-4	MOLEX	4	DIP	암
13	컨넥터	SMW250-06	J12	연호	1	DIP	역삽입방지

표 3.4   ATmega128 보드의 어플리케이션 보드 자재 목록

번호	품 명	규 격	PART NUMBER	VENDER1	수 량	TYPE	비 고
1	IC	MAX232EWE	U2	MAXIM	1	SOP16	
2	소형토글스위치	AT1D-2M3	SW1	Any vendor	1	DIP	3접점
3	스위치PB	ITS-1105	SW2-10	ILOSAM	8	DIP	푸쉬버튼
4	칩저항	10ohm	R2,R9	WALSIN	2	SMD 1608	오차5%
5	칩저항	100ohm	R6	WALSIN	1	SMD 1608	오차5%
6	칩저항	680ohm	R7,R8	WALSIN	2	SMD 1608	오차5%
7	칩저항	1Kohm	R11-18	WALSIN	8	SMD 1608	오차5%
8	칩저항	2.4Kohm	R10-11	WALSIN	2	SMD 1608	오차5%
9	칩저항	4.7Kohm	R4	WALSIN	1	SMD 1608	오차5%
10	칩저항	10Kohm	R5	WALSIN	1	SMD 1608	오차5%
11	어레이저항	10Kohm	AR1	Any vendor	1	DIP	오차5%
12	칩커패시터	100nF	C1,C6-9,BC3-10	WHASIN	13	SMD 1608	오차5%
13	칩LED	SML-210PT	D1-8	ROHM	8	SMD 1608	적색
14	BUZZER	HC-12G	BZ1	ILOSAM	1	DIP	직경 9mm
15	테스트 포인트	테스트 포인트(노랑)	TP1	디바이스마트	1	DIP	
16	컨넥터	HEADER PIN 2.54mm 1X3 PIN	J3-11,J19-24,J30-37	MOLEX	22	DIP	Straight
17	컨넥터	HEADER PIN 2.54mm 1X4 PIN	J13,J15-18,J25-29	MOLEX	10	DIP	Straight
18	컨넥터	BOXHEADER (2 X 5)	J2,J9	MOLEX	2	DIP	박스형
19	컨넥터	HEADER PIN 2.54mm 1X16 PIN	J14	MOLEX	1	DIP	Straight
20	문자LCD	2X16 문자 LCD	J14에 연결 가능	Any vendor	1	DIP	

표 3.4　ATmega128 보드의 어플리케이션 보드 자재 목록(계속)

번호	품 명	규 격	PART NUMBER	VENDER1	수 량	TYPE	비 고
21	컨넥터	HEADER PIN 2.54mm 2X8 PIN	JC5-8	MOLEX	4	DIP	MCU 보드 연결
22	컨넥터	HEADER 소켓 2.54mm 2X8 PIN	JC9-12	MOLEX	4	DIP	확장용 핀
23	파워잭	DC-002(1.3)	J1	Any vendor	1	DIP	내경 1.3파이

　　보드의 조립이 정상적으로 되어 있는 경우에 먼저 검사해야 하는 부분이 클럭과 리셋 입력이 다. ATmega128가 이 클럭에 동기를 맞추어 동작하므로 이 클럭의 입력이 정확하게 공급되어야한다. XTAL2 단자에 관측되는 파형은 그림 3.15과 같이 이 주파수의 공급 클럭이 14.7456MHz로 주기는 약 67.7ns이다. 또한 전원이 투입되면 자동으로 리셋 신호(Power-On Reset)가 인가되거나, 리셋 버튼을 누르면 리셋 신호(Manual Reset)가 ATmega128에 인가되는데, 이 매뉴얼 리셋의 파형을 관측하면 그림 3.16과 같다. 리셋은 액티브 Low로 약 50ms 유지되고 다시 High로 된다.

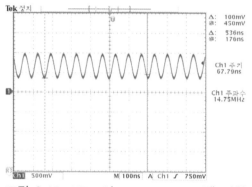

그림 3.15　XTAL2(ATmega128-23번) 파형

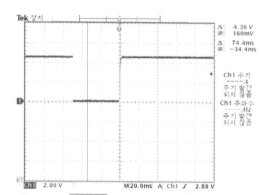

그림 3.16　RESET(ATmega128-20번) 파형

　　그림 3.15, 3.16과 같이 클럭과 리셋의 신호가 정상적으로 동작하면, ATmega128에서는 자동으로 리셋 벡터 주소인 0x0000번지로 점프하여 프로그램을 수행하게 된다.

　　이러한 파형이 관측되면, 교육용 보드로의 입력 신호는 정상적으로 동작한다고 볼 수 있다. 내부의 기능이 올바르게 동작하는지 검사하기 위해서는 3장까지의 지식으로는 불가능하지만 4장에서 설명하는 기본 실험환경을 구축한 후, 웹사이트에서^{주)} 제공되는 bd_test.hex와 bd_test1.hex 파일을 ISP 프로그램을 통해 다운로드하면 교육용 보드의 동작 여부를 살펴볼 수 있다. 따라서 독자들은 제작된 보드가 정확하게 동작하는지 직접 프로그램을 다운로드하여 실행시키고, 각 단자에서 출력되는 파형이 다음과 같이 관측되는지 확인하여 보기 바란다. Board_test 폴더에 있는 파일을 참조하여 사용하라.

주) 저자 홈페이지 http://www.roboticslab.co.kr
　도서출판 ITC 홈페이지 http://www.itcpub.co.kr

● I/O 포트(PORTB0-3)의 신호

bd_test.hex 파일에는 I/O 포트의 동작 확인을 위해 PORTB에 연결된 LED를 토글시키는 프로그램을 작성하여 놓았다. 이 프로그램을 실행되면 그림 3.17, 3.18와 같은 토글 파형이 관측된다.

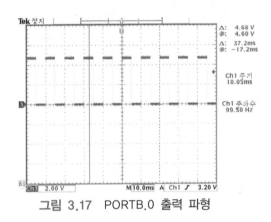
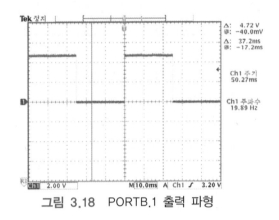

그림 3.17 PORTB.0 출력 파형   그림 3.18 PORTB.1 출력 파형

● RS232C 통신 신호

bd_test.hex 파일에는 RS232C 통신 포트의 동작 확인을 위해 0x55를 115200bps로 일방적으로 송신하는 프로그램을 작성하여 놓았다. 이 프로그램을 실행하여 파형을 관측하면 그림 3.19, 3.20과 같은 TXD와 RXD 신호가 관측된다. RXD 신호는 PC에서 0x55를 115200bps로 일방적으로 보낸 신호를 수신한 파형이다.

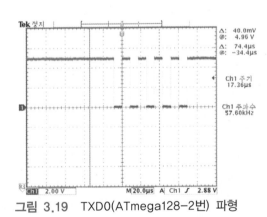
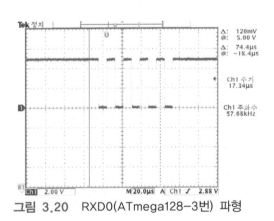

그림 3.19 TXD0(ATmega128-2번) 파형   그림 3.20 RXD0(ATmega128-3번) 파형

이 신호는 5V로 동작하는 신호로 MAX232를 지나면 RS232C 통신 규격에 맞게 +12V와 -12V로 변환된다. 이는 그림 3.21과 3.22에 나타내었다. 여기서 실제 관측되는 파형의 전압은 +10 ~ -10V정도이다.

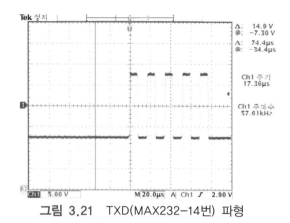

그림 3.21 TXD(MAX232-14번) 파형

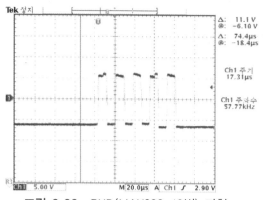

그림 3.22 RXD(MAX232-13번) 파형

연습문제

01 ATmega128의 발진 회로 설계에 사용되는 오실레이터와 수정 발진자의 차이점을 조사하라.

02 현재 출시되고 있는 ATmega128의 최대 동작 주파수는 얼마인가? 또한 이를 사용하기 위한 회로를 설계하라.

03 교육용 보드에서는 ATmega128를 구동하기 위하여 14.7456MHz의 클럭을 사용하였다. 그 이유는 무엇인가?

04 리셋 회로의 동작을 설명하고, 이 회로의 리셋 시간을 구하라.

05 ATmega128의 리셋에 대한 문제이다.
  1) 리셋의 내부 메카니즘을 설명하시오.
  2) 리셋에 요구되는 최소 시간은 얼마인가?
  3) 리셋후의 PC의 값은?
  4) 리셋후의 스택 포인터의 값은?

06 PORTA에서 주소와 데이터 신호가 출력되는데 이 신호들이 분리되는 방법에 대해 설명하라.

CHAPTER 04

AVR 사용을 위한 C언어 활용

$\mathbf{A}$ VR 마이크로컨트롤러를 제어하기 위한 프로그램을 작성하기 위해서는 일반적으로 어셈블러와 C언어를 사용한다. 본 교재에서는 C언어를 사용하여 ATmega128을 제어하는 방법을 설명하기로 하였으므로 본 장에서는 AVR용의 C언어 컴파일러인 CodeVision®AVR에서 제공되는 C언어 확장 기법에 대해 자세히 알아본다.

CodeVision®AVR C 컴파일러는 표준 ANSI C에다 AVR의 하드웨어를 제어하기 위해 메모리 모델, 특수 기능 레지스터의 액세스, 인터럽트와 외부 메모리 확장을 위한 포인터 부분을 보강하여 놓았으며, 본 장에서는 이들 사용방법에 대해 기본적인 내용을 설명하고, C언어를 사용하여 마이크로컨트롤러를 사용하면서 중요시되는 C언어의 활용방법에 대해 간략하게 설명한다.

4.1 개요

이제 하드웨어가 제작되었으니 이를 구동할 수 있는 프로그램을 작성하는 방법을 공부하도록 하자. ATmega128을 포함한 AVR을 활용하기 위하여 프로그램을 작성하기 위해서는 어셈블러와 C언어를 사용할 수 있다.

어셈블러를 이용하여 프로그램을 작성하면 하드웨어의 이해와 수행속도와 메모리 관리 측면에서 유리하나 언어를 이해하는 데 시간이 많이 소요된다. 또한, 어셈블러는 마이크로프로세서마다 각기 다르고 또한 기계어와 비슷한 수준이라 사용하기가 다소 복잡하다. 한편, 요즘 개발자들은

C언어에 개발환경에 익숙해져 있고, C언어를 이용하면 보다 용이하게 마이크로컨트롤러의 제어를 할 수 있다고 생각하기 때문에 컴파일러의 구입이라는 부담과 어셈블러에 비해 프로그램의 크기는 커지는 단점에도 불구하고 C언어를 사용하는 경향이 심화되고 있다.

따라서 본 교재에서는 C언어를 중심으로 AVR 마이크로컨트롤러인 ATmega128을 이용하여 프로그램을 작성하는 방법을 다루게 될 것이다. 현재 접하기 쉬운 AVR용의 C 컴파일러로는 IAR사, HPInfoTech사와 무상으로 배포되는 AVR-GCC가 있는데, 본 교재에서는 현재 회사에서 실무 활용에 가장 많이 활용되는 HPInfoTech 사의 C 컴파일러를 중심으로 프로그램을 작성하고자 한다. 그러나 독자들은 HPInfoTech 사의 C 컴파일러를 사용하지 않고, 다른 컴파일러를 이용하여 프로그램을 작성해도 무방할 것이다. 이 교재에서 사용하고 있는 컴파일러 외에 다른 컴파일러를 사용할 경우에는 변수들의 사용 방법(특히 비트 변수)과 포인터 사용 방법 등 몇몇 가지 사항만을 고려하면 쉽게 프로그램을 작성할 수 있을 것이다. 즉, 본 교재에서 소개되는 프로그램 작성과정 및 C언어의 활용 방법은 컴파일러와 상관없이 동일하게 적용할 수 있을 것이다.

C언어는 코드 효용성과 구조화된 프로그래밍과 풍부한 연산자를 제공하는 다목적의 프로그래밍 언어이다. 또한, C언어는 일반적으로 제한사항이 없게 결합되어서 다양한 소프트웨어 작업에 효과적인 프로그래밍을 할 수 있고 편하게 작업할 수 있으므로, 다른 응용프로그램을 사용하는 것보다 C언어를 사용하면 많은 응용프로그램을 쉽고 효과적으로 만들 수 있다.

여기에서 설명하는 CodeVision®AVR 컴파일러는 표준 ANSI C언어를 동일하게 사용할 수 있도록 구현되어 있으며, AVR 마이크로컨트롤러에 대해 빠른 속도와 간결한 코드를 생성할 수 있다.

AVR을 사용하여 C 프로그램을 작성하기 위해서는 C언어의 문법에 익숙하여야 하는 것이 사실이다. 그러나 본 교재는 마이크로컨트롤러를 활용하는 데 목적을 두고 있기 때문에 C언어의 기초에 대해서는 독자들이 학습을 하였다고 가정하고 CodeVision®AVR 컴파일러에서 AVR용으로 사용하기 위해 확장된 부분과 C언어를 이용한 제어 프로그램의 작성을 효율적으로 작성하기 위해 ANSI C에서 제공되는 함수, 포인터, 구조체와 공용체에 대해 자세히 설명하기로 한다. 따라서, C언어에 대해 기본적인 지식이 없는 독자들은 C언어에 대한 기본 문법에 대해서는 간단하게 다른 C언어 교재를 참조하여 선행 학습을 하기 바란다.

CodeVision®AVR 컴파일러는 일반 C언어 컴파일러와는 달리 마이크로컨트롤러 환경에 적합하도록 고안되어 있기 때문에 AVR 사용의 편리성을 증진시키기 위해 다음과 같이 일반 ANSI C에 다음과 같은 확장 기능을 제공하고 있다.

▶ Data Types
▶ Memory Types
▶ Memory Models
▶ Pointers
▶ Interrupt Function
▶ 어셈블리 프로그램과의 결합

이러한 기능들은 일반 ANSI C 컴파일러에서 제공되지 않고, AVR 마이크로컨트롤러에 종속되어 있는 되는 기능이므로, AVR 마이크로컨트롤러를 활용하기 위해서는 독자들은 반드시 C언어 확장 내용들을 숙지하여야 할 것이다.

4.2 변수 및 상수

자료(data)는 상수(constant)와 변수(variable)로 구분된다. 상수는 변하지 않고 항상 고정된 값을 가지며, 변수는 그 값이 변할 수 있다.

1) 변수형

변수를 사용하기 위해서는 선언문에서 변수 자신의 타입을 명시하여야 한다. 변수는 자료의 형태와 크기를 식별하기 위한 식별자(identifier)가 먼저 오고, 그 다음에 선택된 변수의 이름을 정의하고 마지막으로 세미콜론으로 마무리하여 선언된다. 또한 하나 이상의 변수를 선언하기 위해서는 각각의 변수를 따로 선언하거나 식별자(identifier) 뒤에 여러 변수 이름을 쉼표로 구분하여 선언한다.

```
unsigned char buf;
int flag, point;
long int my_data_ary;
```

표 4.1 변수의 타입과 크기

변수의 타입	크기(bits)	값의 범위
bit	1	0, 1
char	8	−128 ~ +127
unsigned char	8	0 ~ 255
signed char	8	−128 ~ +127
int or short int	16	−32,768 ~ +32,767
unsigned int	16	0 ~ 65,535
signed short	16	−32,768 ~ +32,767
long int	32	−2,147,483,648 ~ 2,147,483,647
unsigned long int	32	0 ~ 4,294,967,295
signed long int	32	−2,147,483,648 ~ 2,147,483,647
float	32	±1.175494E-38 ~ ±3.402823E+38
double	32	±1.175494E-38 ~ ±3.402823E+38

변수와 상수는 마이크로컨트롤러에서 내장된 제한적인 메모리로 저장되므로, 컴파일러는 메모리의 효율적 관리를 위해 각각의 변수들이 어느 메모리에 저장되는지를 알아야 한다. 따라서, 프로그래머는 변수를 정의하고, 변수의 크기와 변수 타입을 지정하는 것을 정확히 설정하여 주어야 한다. 표 4.1에는 변수형과 이와 관련된 변수의 크기를 나타내었다.

2) 변수의 유효 범위

변수형에 설명한 바와 같이, 변수와 상수는 사용하기 전에 반드시 선언이 되어 있어야 한다. 변수의 유효 범위(scope)는 어떤 식별자에 의해 접근할 수 있는 구역 또는 프로그램의 구역을 의미하며, 지역 변수(local variables)와 전역 변수(global variables)로 구분된다.

◯ 지역 변수

지역 변수는 함수에 의해 사용되는 메모리 공간에서 사용되는 변수를 의미한다. 즉, 지역 변수는 C언어에서 함수가 호출될 때 프로그램 스택이나 컴파일러에서 생성되는 힙 공간에 저장되며, 변수가 정의된 함수 내로 변수의 사용이 제한된다. 따라서 이 변수들은 다른 함수에 의해 액세스되지 않는다. 따라서 이러한 특성을 가지고 있는 지역 변수들은 컴파일러 상에서 각각의 함수 내에 속한 것으로만 취급되기 때문에, 지역 변수는 다른 함수와 충돌없이 여러 함수에서 같은 이름으로 선언되어 사용될 수 있다.

◯ 전역 변수

전역 또는 외부 변수는 컴파일러에 의해 사용되는 메모리 공간에서 사용되는 변수를 의미하며, 이 변수는 프로그램 전 영역에서 액세스될 수 있다. 즉, 전역 변수는 프로그램내의 임의의 함수에 의해 변경될 수 있고, 다른 함수에 의해 사용될 수 있도록, 이 변수의 값은 지정된 메모리에 저장된다. 전역 변수는 일반적으로 main() 함수가 실행될 때, 0으로 클리어된다. 이러한 동작을 하는 프로그램은 컴파일러의 startup 코드에 들어 있어, 실제 프로그래머는 알 수 없지만 프로그램을 초기화할 때 실행된다.

다음의 예는 변수의 유효 범위를 설명하기 위한 프로그램으로 전역 변수와 지역 변수의 차이점을 이해하여 보기 바란다.

```
PROGRAM CODE
    unsigned char temp_buf;     // a global variables
    void function_x (void)      // this is a function called from main()
    {
        unsigned int tween;     // a local variables
        tween = 10;             // OK because tween is local
        temp_buf = 20;          // OK because temp_buf is global
        main_buf = 22;          // main_buf 변수는 main 함수의 국소 변수이므로 오류임.
    }
```

```
void main()
{
    unsigned char main_buf;  // a local variables in main()
    temp_buf = 12;           // OK because temp_buf is global
    tween = 34;              // tween 변수는 function_x 함수의 국소 변수이므로
                             //오류임.

}
```

만약 변수가 함수 내에서 사용될 때, 지역 변수가 전역 변수와 동일한 이름을 갖는다면 지역 변수는 함수 내에서만 사용이 가능하게 된다. 이 경우에 전역 변수의 값은 함수 내에서 액세스될 수 없으며, 변경되지 않은 상태로 유지되므로 유의하여 사용하여야 한다.

3) 상수

상수(constants)는 변수의 값이 한번 정해지면 변하지는 않는 데이터로서, 프로그램이 실행되고 있는 동안에는 변경이 될 수 없다. 따라서 상수는 컴파일되는 프로그램의 일부로 간주되며 RAM 상에 저장되기보다는 ROM 상에 위치하게 된다. 다음의 예는 상수의 사용 예로서 사용 방법을 살펴보기 바란다.

```
a = 3 + b;              // 3은 상수로서 컴파일러에 의해 직접 코드화된다.
printf("hello world")   // "hello world"라는 문장은 프로그램 메모리에 위치하게 되며
                        // 변경될 수 없다.
x = 'C'                 // 문자 'C' 또한 프로그램 메모리에 변경없이 위치하게 된다.
```

또한 상수를 const 예약어를 사용하여 데이터 형과 크기를 선언할 수 있다.

```
const char c_text = 55;
```

상수로서 데이터 변수를 정의하면, 제한된 RAM의 저장 영역에 변수를 저장하는 것이 아니라 프로그램 코드 영역에 저장된다. 이렇게 함으로써 제한된 RAM의 공간을 효율적으로 사용할 수 있게 된다.

◯ 숫자 상수

숫자 상수(numeric constants)는 프로그램의 판독성을 높이기 위하여 기수(base)를 이용하여 여러 가지로 표현할 수 있다. int와 long int 타입의 상수는 다음과 같은 예로 사용될 수 있다.

▶ 10진수는 접두어 없이 표현됨 : 1234
▶ 2진수는 0b의 접두어를 사용함 : 0b11010010

▶ 16진수는 0x의 접두어를 사용함 : 0x00

▶ 8진수는 o의 접두어를 사용함 : o555

상수의 사용을 더욱 명확하게 정의하기 위해서 다음과 같은 한정자(modifier)를 사용할 수
도 있다.

▶ unsigned int의 상수를 표현할 경우에는 U 접미사(suffix)를 사용할 수 있음 : 10000U
▶ long int의 상수를 표현할 경우에는 L 접미사를 사용할 수 있음 : 77L
▶ unsigned long int의 상수를 표현할 경우에는 UL 접미사를 사용할 수 있음 : 77UL
▶ 부동소수점의 상수를 표현할 경우에는 F 접미사를 사용할 수 있음 : 2.1234F
▶ 문자 상수는 작은따옴표(single quotation mark)를 사용하여 표현함 : 'b' 또는 'B'

○ 문자 상수

문자 상수(character constants)는 출력 가능한 문자와 LF, CR과 Tab과 같이 출력되지 않는
문자로 구분되어 사용된다. 출력 가능한 문자 상수는 작은따옴표를 사용하여 표현하고,
ASCII 코드로 문자를 표현하기 위해서는 먼저 백슬래시(\ )기호를 앞에 넣고 표현할 내용을
전부 작은따옴표로 묶어서 표현한다. 즉, 문자 상수 t는 다음과 같이 세 가지로 표현할 수 있다.

't' , ' \ 164' 또는 ' \ x74'

C언어에서 현재 사용되고 있는 출력되지 않는 문자의 예를 표 4.2에 나타내었다. 이는 직
렬 통신 등을 이용하여 터미널로 문자를 전송할 경우에 특수 제어 문자 즉 이스케이프 시퀀
스(escape sequence) 문자로 사용된다.

표 4.2 출력되지 않는 문자의 예

문자	표현 방법	HEX값의 표현
BEL	' \ a'	' \ x07'
Backspace	' \ b'	' \ x08'
TAB	' \ t'	' \ x09'
LF	' \ n'	' \ x0a'
VT	' \ v'	' \ x0b'
FF	' \ f'	' \ x0c'
CR	' \ r'	' \ x0d'

4) 비트 변수

AVR용의 C 컴파일러에서는 비트 단위의 제어를 위해 bit라는 키워드를 제공한다. 일반 ANSI
C에서 비트 단위로 데이터를 직접 처리하는 방법이 제공되지 않기 때문에, 비트 단위로 데이터를

액세스하고 처리하기 위해서는 바이트 또는 워드 단위의 값에 해당 비트를 AND 또는 OR 마스킹하여 처리한다.

그러나 AVR과 같은 마이크로컨트롤러는 I/O를 비트 단위로 처리하는 제어 응용에 적합하도록 설계되어 있기 때문에 C언어를 사용하여 비트 단위로 데이터를 처리하는 과정은 매우 중요하며, 이를 위해 마이크로컨트롤러를 다루는 C컴파일러에서는 bit 키워드를 제공하고 있다. bit 키워드는 비트 변수의 선언, 인자 목록(argument list), 함수의 복귀값 등을 선언하기 위해 사용되며, 사용 방법은 다음과 같다.

```
bit  flag1=0, flag2=0, buf_full;      // 비트 변수의 선언
bit testfunc(bit flag1, bit flag2)    // 비트 함수 및 비트 인수
{
        .
        .
    return(0);                        // 비트 복귀 값
}
```

첫 번째 라인은 비트 변수 세 개를 선언한 것이며, 이들 중에 flag1과 flag2 변수를 0으로 초기화한 것이다. 두 번째 라인은 함수를 선언한 것으로 입력 변수와 출력 변수를 모두 비트 변수로 선언하여 사용하는 것이다. 마지막으로 return(0);은 함수의 복귀 값을 비트로 전달하는 것이다.

비트 변수의 사용에 주의할 사항은 다른 변수와는 달리 포인터나 배열을 사용할 수 없다는 것이다. 즉, 다음과 같은 사용은 잘못된 표현 방법이다.

```
bit *ptr;                             // 잘못된 사용법
bit t_dat[5];                         // 잘못된 사용법
```

이외에 비트 변수를 이용하여 I/O 레지스터를 비트 단위로 액세스하는 방법은 4.3절에서 자세히 다루기로 한다.

5) 열거형 상수와 정의

C언어를 사용하여 프로그램을 작성하는 과정에서는 프로그램 코드를 읽고 의미를 파악하는 것이 매우 중요하게 대두된다. 이를 프로그램 코드의 가독성(readibility)이라 하는데 이는 프로그램 작성과정에서 프로그램의 의미 파악을 위해 매우 중요하게 작용한다. 이러한 용도 열거형 상수가 사용되며, 열거형 상수를 사용하면 정수형 상수를 표현하는 기호 이름을 선언할 수 있다.

열거형 상수(enumeration)는 enum 키워드를 사용하여 새로운 타입을 생성하고 그 타입이 갖게 될 값을 지정하게 된다. (사실 enum 상수는 int 타입이기 때문에 int를 사용하는 곳에서는 어느 곳에서나 enum 상수를 사용할 수 있다.)

enum은 상수로 열거되며, 나열된 식별자에 연속적인 정수의 상수 값을 지정하는 데 사용된다. 사용 예는 다음과 같다.

```
        int num_val;                                    // 정수 변수를 선언

                                                        // 열거형 상수를 선언
        enum { zero_val, one_val, two_val, three_val };
        num_val = two_val;                              // num_val=2와 같음.
```

zero_val은 상수 0으로 설정되어 있고, 이에 따라 나머지 one_val은 1로, two_val은 2로, three_val은 3으로 자동으로 상수값이 설정된다.

enum 상수의 초기값은 다음과 같이 변경할 수도 있다.

```
        enum { start=10, next_val1, next_val2, next_val3 };
```

이렇게 되면, start=10으로 되고, 다음에 연속되는 변수들은 next_val1=11, next_val2=12, next_val3=13으로 자동으로 설정된다.

정의(definition)는 열거형 상수와 같은 의미로 사용되지만, 차이점은 문장의 열을 대치한다는 것이다. "#define leds PORTA"라는 선언문에 의해 컴파일러는 항상 leds를 PORTA로 대치한다. #define으로 정의되는 선언문은 세미콜론을 붙이면 안 되고, 어떠한 주석문(comments) 이나 설명도 이어질 수 없다는 점에 유의하여야 한다.

다음 예제를 통해 열거형 상수와 #define에 대한 장점을 살펴보도록 하자.

```
        enum { red_led_on=1,  yellow_led_on, both_led_on };
        #define leds PORTA

                .
                .

        PORTA = 0x01;           // ① PORTA에 1을 기록
        leds = red_led_on;      // ② leds 포트에 red LED를 on 시킴
```

위의 프로그램에서 ①의 문장의 경우는 단지 PORTA에다 1이라는 값을 출력한다는 의미만 전달될 뿐 프로그램의 동작에 대해 어떠한 동작을 하는지 의미 파악이 불가능하다. 그러나 ②의 문장의 경우는 이 문장을 사용하기 전에 미리 열거형 상수와 #define에 의해 led 출력 포트에 빨간색의 LED를 켠다는 뜻을 다른 프로그래머에게 쉽게 전달할 수 있도록 하여준다. 따라서, 열거형 상수와 선언문을 적절하게 사용하면, 프로그램의 용도를 쉽게 이해할 수 있는 코드를 작성할 수 있다는 장점을 가지게 될 것이다.

6) 기억부류

마이크로컨트롤러에서는 변수들이 저장되는 공간에 따라 자동(auto), 정적(static), 레지스터 (register)의 3가지 기억부류(storage classes)로 정의된다. 변수가 함수의 선언부 밑에서 선언되면 기본적으로 자동(auto) 기억부류로 간주되고, 이 경우 키워드는 거의 사용되지 않는다.

◉ **자동 기억부류**

　　자동 기억부류(auto classes)의 지역 변수는 변수가 정의되어 메모리에 할당될 때에는 초기
화되지 않는다. 따라서 이 변수가 사용되기 전에 프로그래머는 이 변수에 어떠한 내용이 들
어있는지 확인을 하여야 한다. 이 메모리 공간은 함수가 사용되어질 때 할당되며, 함수가 재
진입을 할 경우에는 현재 사용되고 있는 의미있는 변수 값은 사라지게 되어 유효하지 않게
된다. 자동 기억부류의 변수는 다음과 같이 선언된다.

```
auto int value_1;
또는
int value_1;                      // 이것이 일반적인 표현 방법임
```

◉ **정적 기억부류**

　　정적 기억부류(static classes)의 지역 변수는 변수가 정의된 함수의 유효범위(이 정적변수
는 다른 함수들에 의해 액세스되지 않는다.)를 갖지만, 전역 메모리 공간에 배치된다. 정적
변수는 함수가 처음으로 사용될 때, 0으로 초기화되고, 함수가 활성화될 때 그 값을 유지한
다. 이렇게 되어 함수가 재진입할 때마다 변수의 값은 현재의 값을 유지하고 유효한 값을 유
지하게 된다. 정적 기억부류의 변수는 다음과 같이 선언된다.

```
static int value_2;
```

◉ **레지스터**

　　레지스터 기억부류(register classes)의 지역 변수는 초기화되지 않고 일시적으로 사용된다
는 점에서 자동 변수와 비슷하다. 그러나 레지스터는 변수를 저장하는 공간을 마이크로프로
세서 내부의 레지스터를 사용하므로, 이 변수를 액세스하는 데 자동 변수보다 적은 머신 사
이클의 수를 필요로 한다. 일반적으로 레지스터의 공간은 전체 메모리에 비해 상당히 작다.
따라서 레지스터 지역 변수는 속도를 향상시키기 위해 자주 액세스되는 변수를 대상으로 설
정한다. 레지스터 기억부류(register classes)의 변수는 다음과 같이 선언된다.

```
register int value_3;
```

4.3　I/O의 제어

　　AVR 마이크로컨트롤러에는 I/O를 비롯한 여러 가지의 주변 소자가 내장되어 있다. 이들 주변
소자의 기능을 제어하기 위해서는 I/O 레지스터 또는 확장 I/O 레지스터가 사용되고, 이들 레지
스터는 SRAM의 영역에 주소가 할당되어 있다. 따라서 병렬 I/O 포트를 포함한 내부 주변 소자
를 제어하기 위해서는 이 레지스터를 액세스하는 방법을 잘 알고 있어야 한다.

AVR용의 C 컴파일러에서는 I/O 포트를 제어하기 위해서 병렬 포트를 비롯한 I/O 장치를 정의하고 액세스할 수 있도록 sfrb 또는 sfrw라는 키워드를 제공한다. 이를 통해 AVR의 특수 기능 레지스터(SFR)를 액세스할 수 있다. 예를 들어 다음과 같은 문장이 사용되었다고 하자.

```
ⓐ sfrb PINA=0x19;     // 8 bit access to the SFR
ⓑ sfrw TCNT1=0x2c;    // 16 bit access to the SFR
```

ⓐ는 변수 PINA를 특수 기능 레지스터의 0x19 번지에 8비트의 데이터 길이로 할당하고, 이는 AVR의 입력 포트 A 레지스터의 주소가 된다. ⓑ는 TCNT1를 특수 기능 레지스터의 0x2C 번지에 16비트의 데이터 길이로 할당하고, 이는 AVR의 타이머/카운터1의 제어 레지스터의 주소가 된다.

이상과 같이 I/O 포트에 대해 정의를 하면, 프로그램에서는 다음과 같이 I/O 포트를 직접 액세스 할 수 있게 된다.

```
unsigned char a;
a = PINA;              // PORTA 입력 핀을 읽음

TCNT1 = 0x1111;        // TCNT1L & TCNT1H 레지스터에 값을 씀
```

I/O 레지스터의 주소는 헤더 파일에 정의되어 있으며, ATmega128의 경우에는 <mega128.h>에 ATmega128에 내장된 모든 I/O의 주소가 정의되어 있다. 따라서 ATmega128의 내부 레지스터를 사용하려고 할 경우에는 헤더 파일은 반드시 프로그램의 시작 부분에 포함되어 사용되어야 한다.

실제 ATmega128을 사용하여 프로그램을 작성할 경우에는 위의 프로그램은 다음과 같이 완전한 프로그램으로 작성되어야 한다.

```
#include <mega128.h>
void main (void)
{
    unsigned char a;
    a = PINA;              // PORTA 입력 핀을 읽음

    TCNT1 = 0x1111;        // TCNT1L & TCNT1H 레지스터에 값을 씀
}
```

16 비트의 레지스터의 경우에는 일반적으로 위에 설명한 TCNT1 레지스터와 같이 16비트로 처리된다. 그러나 확장 I/O에 있는 16 비트 레지스터의 경우에는 반드시 바이트 단위로 액세스를 하여야 하는 경우도 있다. 이렇게 두 바이트를 각각 액세스할 때에는 액세스하는 순서가 매우 중요하다. 레지스터에 데이터를 쓸 경우에는 반드시 상위 바이트를 먼저 쓰고 하위 바이트를 나중에 써야 하고, 레지스터의 데이터를 읽을 경우에는 반드시 하위 바이트를 먼저 읽고 상위 바이트를 나중에 읽어야 한다. 이에 대해서는 실제 내부 I/O 기능을 액세스하는 부분에서 자세히 설명하기로 한다.

I/O 레지스터의 비트 단위로 액세스하는 것은 I/O 레지스터의 이름에 부가되는 비트 선택기 (selector)를 사용함으로써 가능해진다. AVR에 있는 I/O 레지스터의 비트 단위 액세스는 I/O 공

간의 주소가 0x00~0x1F 번지인 경우만 가능하다. 이는 비트 단위의 액세스는 실제 어셈블리 명령어 CBI, SBI, SBIC와 SBIS에 의해 처리되기 때문이다. I/O 레지스터를 비트 단위로 액세스하는 방법은 다음과 같다.

```
sfrb PORTA=0x1b;
sfrb DDRA=0x1a;
sfrb PINA=0x19;
void main(void)
{
     DDRA.0 = 1;            // 출력 포트 A의 비트 0으로 1로 세트하여 출력으로 설정.
     DDRA.1 = 0;            // 출력 포트 A의 비트 1을 0으로 클리어하여 입력으로 설정
     PORTA.0 = 1;           // 출력 포트 A의 비트 0을 1로 세트함.
     while(1)
     {
          if (PINA.1)       // 포트 A의 입력 비트 1을 검사함.
               PORTA.0 = 0;
     }
}
```

여기서, 프로그램의 가독성을 향상시키기 위해서 I/O 레지스터의 비트에 #define 전처리기를 이용하여 의미를 부여할 수 있다. 예를 들면 다음과 같다.

```
sfrb PINA=0x19;
#define alarm_input PINA.1
void main(void)
{
     if (alarm_input)    // 포트 A의 입력 비트 1을 검사함.
          PORTA.0 = 0;
}
```

참고사항

AVR용의 컴파일러에서만 제공되는 기능으로 비트 단위의 제어를 하는 방법외에, ANSI C에서 제공하는 시프트 연산자를 이용하여 비트 제어를 하는 방법도 사용할 수 있다.

먼저, 비트 단위로 제어하기 위해 전처리기 #define를 이용하여 해당 비트수만큼 시프트하도록 BIT(x)를 선언한다.

```
#define BIT(x)    (1 << (x))
```

이 BIT(x)를 이용하여 다음과 같이 비트를 세트, 클리어 또는 반전시키는 함수를 만들어 선언한다.

```
void PORTB_L(int i) { PORTB = PORTB & ~BIT(i);}  // 0으로 클리어 하는 함수
```

```
        void PORTB_H(int i) { PORTB = PORTB | BIT(i);}    // 1로 세트하는 함수
        void PORTB_T(int i) { PORTB = PORTB ^ BIT(i);}    // 비트를 토글하는 함수
```

이상과 같이 함수가 선언되면, 다음과 같은 과정으로 각 비트의 위치만 지정하여 함수를 호출하면 비트 단위의 조작이 가능하여 진다.

```
        PORTB_T(0);                         // PORTB 레지스터의 비트 0를 토글시킴
        PORTB_L(2);                         // PORTB 레지스터의 비트 2를 리셋시킴
        PORTB_H(5);                         // PORTB 레지스터의 비트 5를 세트시킴
```

4.4   메모리 모델 및 포인터

마이크로컨트롤러에서는 변수와 상수를 저장하기 위하여 다른 형태의 메모리를 사용하는 구조를 채택하고 있다. 프로그램의 실행 도중에 변경되지 않고 그 값을 그대로 유지하는 상수와 같은 데이터를 저장하는 메모리, 프로그램의 실행 도중에 데이터를 쓰고 읽고 하는 용도도 사용되는 메모리와 시스템의 전원이 차단된 경우에 시스템의 매개변수 등의 중요한 정보를 보관하기 위해 사용되는 메모리가 마이크로컨트롤러에서는 필요하다. 그리고, 포인터와 레지스터 변수와 같은 특별한 메모리가 액세스될 경우에는 별도의 다른 사항이 고려되어야 한다.

1) 메모리 모델

AVR과 같은 마이크로컨트롤러를 사용할 경우에 먼저 고려하여야 할 사항은 메모리 모델의 선택이다. 메모리 모델은 상수와 변수가 사용되는 메모리 공간이나 포인터가 위치하는 메모리 공간을 어떻게 효율적으로 선택할 것인가를 결정하는 것이다.

AVR 마이크로컨트롤러의 활용을 위해 CodeVisionAVR®과 같은 AVR용의 컴파일러에서는 4가지의 메모리 모델(Tiny, Samll, Medium, Large)을 제공한다.

Tiny 메모리 모델은 SRAM에 있는 변수를 가리키기 위해 8비트의 포인터를 사용한다. 이 모델에서는 단지 SRAM의 처음 256 바이트만을 액세스할 수 있다.

Small 메모리 모델은 SRAM에 있는 변수를 가리키기 위해 16비트의 포인터를 사용한다. 이 모델에서는 SRAM의 전체 영역인 64K 바이트를 액세스할 수 있다.

Tiny와 Small 메모리 모델에서는 플래시 메모리 영역을 지시하기 위해 16비트의 포인터를 사용한다. 이 두 메모리 모델에서는 플래시 메모리가 16비트의 주소로 되어 있기 때문에, 상수 배열과 문자열의 크기는 64K 바이트로 제한된다. 그렇지만, 최대 프로그램의 크기는 마이크로컨트롤러에 장착된 최대 플래시 메모리의 크기와 같게 된다.

이상과 같은 제한 사항을 없애기 위하여 Medium 메모리 모델과 Large 메모리 모델을 사용할 수 있다.

Medium 메모리 모델은 플래시 메모리에 있는 상수를 가리키기 위해 32비트의 포인터를 사용하는 것을 제외하면 Small 메모리 모델과 비슷하다. 함수 포인터의 주소는 함수의 주소가 워드 크기를 가지고 있기 때문에 16비트로 되어 있으며, 이 16비트의 워드를 사용하면 128K 바이트 내에 있는 함수를 지시하는 것은 충분히 가능하다. Medium 메모리 모델은 128K 바이트의 플래시 메모리를 갖는 원칩 마이크로컨트롤러에서 사용할 수 있는 모델이다.

Large 메모리 모델은 플래시 메모리 영역에 있는 상수를 가리키기 위한 포인터와 함수 포인터로 32비트를 사용한다는 것을 제외하면 Small 모델과 비슷하다. Large 메모리 모델은 256K 바이트 이상의 플래시 메모리를 사용하는 경우에 적합하다.

모든 메모리 모델에서 EEPROM 메모리 내에 있는 상수와 변수를 가리키기 위해 16비트의 포인터를 사용한다.

2) 상수와 변수

AVR 마이크로컨트롤러 내부에는 데이터(SRAM), 프로그램(FLASH) 그리고 EEPROM 메모리를 별도로 가지고 있고, AVR 마이크로컨트롤러는 하버드 구조를 사용하기 때문에 이 메모리들은 별도의 주소를 가지고 있다. CodeVisionAVR®과 같은 AVR용의 컴파일러에서는 이상과 같이 다른 종류의 메모리를 액세스하기 위하여 3가지 형태의 메모리 기술자(memory descriptors)를 제공한다.

변수는 RAM에 저장되며, 별도의 메모리 기술자가 사용되지 않으면 이는 자동 영역 또는 기본 영역인 RAM에 저장된다. 상수는 프로그램 영역인 플래시 메모리에 놓이게 되며, 메모리 기술자로서 const 또는 flash 키워드를 사용한다. EEPROM에 저장되는 변수인 경우에는 eeprom 키워드가 사용된다.

상수나 변수의 선언에 flash와 eeprom 키워드를 사용되면, 이는 각별한 의미를 갖게 된다. const, flash 또는 eeprom이 선언과정에서 처음에 나타난다면, 이러한 상수나 변수들은 실질적으로 메모리에 위치하게 된다는 것을 컴파일러에게 알리는 역할을 한다. flash나 eeprom 키워드를 사용하여 타입이 선언되면, FLASH 또는 EEPROM을 참조하는 변수임을 나타내지만, 변수 자체는 물리적으로 SRAM에 위치한다. 이 방법은 FLASH 또는 EEPROM 내에 포인터를 선언하였을 경우에 사용된다.

다음과 같이 변수를 선언하면, 프로그램 메모리(FLASH)내에 상수를 배치하게 될 것이고, 이 데이터는 프로그램을 실행하는 동안에는 변경되지 않는다. 다음의 사용 예를 본 장에서 학습한 내용을 토대로 살펴보기 바란다.

```
// 플래시 메모리 내로 상수를 선언하는 방법
flash int integer_constant = 1234 + 5;
flash char char_constant = 'a';
flash long long_int_constant1 = 99L;
flash long long_int_constant2 = 0x10000000;
flash int integer_array1[] = { 1, 2, 3 };

// 플래시 메모리 내로 상수를 선언하는 방법
flash int integer_array2[10] = {1, 2}; // 처음 두 요소만 1과 2로 되고 나머지는 0으로
                                       //채워짐
flash int multidim_array[2][3] = { {1, 2, 3}, { 4, 5, 6 }};
flash char string_constant1[] = "This is a string constant";
const char string_constant2[] = "This is also a string constant";

// 플래시 메모리 내로 구조체를 선언하는 방법
flash struct {
    int a;
    char b[3], c[3];
} sf = { {0x000a}, {0xb1, 0xb2, 0xb3}, {0xb1, 0xb2, 0xb3} };
```

EEPROM 공간은 불휘발성의 영역이지만, 변수 영역으로 사용된다. EEPROM에 저장되는 변수는 단순히 eeprom 키워드를 사용하여 다음과 같이 선언하면 된다.

```
eeprom int cycle_count;        // EEPROM 영역에 int 타입의 변수를 할당
eeprom char ee_string[20];     // EEPROM 영역에 20 바이트의 문자열을 할당

eeprom struct {
    char a;
    int b;
    char c[15];
} se;                          // EEPROM 영역에 18 바이트의 구조체 se를 할당
```

이러한 영구적인 메모리 영역(FLASH)과 반영구적인 메모리 영역(EEPROM)은 임베디드 시스템에서 시스템의 특성을 고려하여 많이 사용된다. 플래시 영역에는 프로그램 코드와 변화하지 않는 데이터 즉 상수가 배치된다. 이 메모리 영역에 문자열과 룩업 테이블 등을 선언하면 RAM 영역으로 할당되지 않아 그 만큼 RAM의 사용에 여유를 갖게 된다. 이러한 경우를 다음과 같은 예를 통해 살펴보도록 하자. 다음과 같이 문자열이 선언되었다면,

```
char mystring[30] = "This string is placed in SRAM";
```

이는 SRAM에 30 바이트의 공간을 할당하게 되고, 문자열 "This string is placed in SRAM"은 프로그램과 함께 물리적으로 플래시 메모리 내에 위치한다. 이렇게 된 상태에서 프로그램이

기동되면, 플래시 메모리에 저장된 문자열은 SRAM으로 복사되어, mystring이라는 변수가 액세스 될 때마다 프로그램은 SRAM의 문자열을 액세스하게 된다. 이상과 같이 문자열의 데이터가 변경되지 않는 상황이라면, SRAM에 30 바이트를 두고 사용하는 것은 SRAM의 낭비일 것이다. 따라서, 이러한 SRAM 영역의 낭비를 막기 위해, 문자열은 플래시 메모리에 저장될 수 있도록 직접 선언하는 것이 유리하다.

```
flash char mystring[30] = "This string is placed in SRAM";
```

EEPROM 영역은 전원이 마이크로컨트롤러로부터 제거되었을 때 데이터가 손상되지 않고 남아 있기 때문에 비휘발성(non-volatile) 영역이지만, 이 영역의 데이터는 프로그램에 의해 변경될 수 있으므로 데이터는 반영구적이다. 또한, EEPROM은 수명이 있어서 전기적으로 쓰는 회수는 제한되어 있으며, 이 영역에서는 최대 10,000회의 쓰기 동작이 가능하다. 그러나, 기술의 발달로 인해 수 십만 또는 수 백만 번의 쓰기 동작이 가능한 EEPROM이 개발될 것으로 예상된다. 반면에 데이터를 읽는 회수는 제한이 없다.

EEPROM을 사용하여 소프트웨어를 설계할 때 이러한 물리적인 제한사항 때문에, 데이터가 변경되지 않고 유지되어야 하는 경우와 빈번하게 변화하지 않는 경우에는 이 영역을 사용하지 않는 것이 바람직하다. 이 영역은 저속의 데이터 로그인, 측정 테이블, 시간 측정 그리고 소프트웨어 설정과 설정에 관련된 구성값을 보관하는 시스템 응용에서 효과적으로 사용된다.

3) 포인터

이러한 특수 메모리 영역을 지시하는 포인터는 프로그램이 실행되는 동안에 각각 서로 다르게 처리된다. 포인터가 플래시와 EEPROM 메모리 영역을 지시하더라도, 포인터 자체는 항상 SRAM 내에 저장된다. 이러한 경우에, 포인터는 선언된 포인터의 타입으로 정상적으로 할당되지만, 컴파일러가 원하는 영역을 액세스하기 위한 코드를 제대로 생성할 수 있도록 참조되는 메모리의 형은 반드시 기술되어야 한다. 이러한 경우에 flash와 eeprom 키워드는 포인터가 어디를 가리키는지 상세하게 나타내기 위해 사용된다. 즉, SRAM에 있는 변수는 일반적인 포인터를 사용하여 액세스되고, 플래시 메모리에 있는 상수를 액세스하기 위해서는 flash 타입의 한정자(modifier)가 사용되며, EEPROM에 있는 변수를 액세스하기 위해서는 eeprom 타입의 한정자가 사용된다. 다음은 각각의 메모리에 있는 문자열을 지시하기 위해 사용되는 포인터의 사용 예를 나타낸 것이다.

```
char *ptr_to_ram = "This string is placed in SRAM";
        // SRAM 내에 있는 문자열을 지시하는 포인터
char flash *ptr_to_flash = "This string is placed in FLASH";
        // 플래시 메모리 내에 있는 문자열을 지시하는 포인터
char eeprom *ptr_to_eeprom = "This string is placed in EEPROM";
        // EEPROM 내에 있는 문자열을 지시하는 포인터
```

함수 포인터는 항상 플래시 메모리를 액세스하여야 하므로, 포인터의 타입으로 flash 키워드를 사용할 필요가 없다.

4) 레지스터 변수

AVR 마이크로컨트롤러에 내장된 SRAM 영역에는 레지스터 파일(register file)이라 불리는 영역이 포함되어 있다. 이 영역에는 I/O 포트, 타이머 그리고 다른 주변 장치의 제어를 위한 포트 레지스터뿐만 아니라 연산의 보조적인 역할을 하는 레지스터 영역(scratch pad)을 포함하고 있다. 이 레지스터 영역으로 변수를 지정하기 위해서는 반드시 register 타입의 한정자를 사용하여야 한다. register 타입의 한정자를 사용하여 변수를 정의하는 방법은 다음과 같다.

```
register int abc;
```

만약 한정자가 변수를 정의하는 데 사용되지 않았더라도, 변수는 컴파일러에 의해 자동으로 레지스터로 할당되게 될 것이다. 이렇게 변수가 레지스터로 자동으로 할당되는 것을 방지하기 위해 volatile 한정자를 사용한다. 이 한정자는 변수의 값이 프로그램이 아닌 다른 매개체에 의해 변경될 수 있음을 컴파일러에게 알리는 역할을 하며, 이 volatile 타입의 한정자를 사용하여 변수를 정의하는 방법은 다음과 같다.

```
volatile int abc;
```

이 volatile 한정자는 마이크로컨트롤러가 슬립 모드로 동작하고 있는 동안에 변수를 SRAM에 저장하여야 하는 응용에서 자주 사용된다. 즉, 슬립모드로 있는 동안에는 저전력을 유지하여야 하고, 이를 위해서 변경되어야 하는 변수의 저장은 당연히 마이크로컨트롤러 내부에 있는 레지스터를 사용하여야만 한다. 따라서, 슬립모드로부터 마이크로컨트롤러가 깨어나서 일반모드로 다시 동작할 때마다 SRAM에 저장되어 있던 변수는 다시 사용될 수 있게 될 것이다. 이상과 같이 이 volatile 한정자는 일반적으로 하드웨어 주소 또는 다른 프로그램과 공유되는 데이터에 적용된다.

레지스터로 할당되지 않은 전역 변수는 SRAM의 일반 또는 전역 변수 영역에 저장된다. 레지스터에 할당되지 않은 지역 변수는 SRAM의 데이터 스택(Data Stack) 또는 힙 영역(Heap Space)에 동적으로 할당되어 저장된다.

참고로 프로그램이 컴파일되면, AVR에 내장된 SRAM 메모리는 그림 4.1과 같은 메모리 맵을 가지게 된다.

작업 레지스터 영역은 32×8 비트로 구성된 일반 목적의 작업 레지스터이다. R0, R1과 R23~R31의 레지스터는 컴파일러에 의해 일반 목적으로 사용되고, R2~R15까지의 레지스터는 전역 또는 지역 비트 변수를 할당하는 데 사용되고, 이 영역에서 사용하지 않는 레지스터 영역은 전역 char와 int 변수 그리고 전역 포인터를 위해 할당된다. R16~R21은 지역 char와 int 변수를 위해 할당된다. I/O 레지스터 영역은 CPU 주변 장치를 제어하기 위해 64개의 포트 제어 레지스터로 구성되어 있다. 스택 영역은 지역 변수를 동적으로 저장하고, 함수 매개변수를 전달하고, 인터럽트 루틴을 서비스할 때 R0, R1과 R23~R31의 레지스터와 SREG 레지스터를 저장하는 용도로 사용된다. 데이터 스택 포인터는 Y 레지스터로 구성되어 있으며, 프로그램이 기동될 때 "0x5F + 데이터 스택 크기"의 값으로 설정된다.

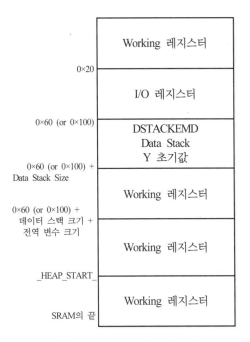

그림 4.1 SRAM 메모리 구성

전역 변수 영역은 프로그램이 수행되고 있는 동안에 전역 변수를 정적으로 저장하는 데 사용되고, 이 영역의 크기는 전역 변수로 선언되어 있는 모든 변수를 계산하여 결정된다. 하드웨어 스택 영역은 함수의 반환 주소를 저장하는데 사용되며, 스택 레지스터는 스택 포인터로 사용되고, 이는 _HEAP_START_ − 1의 주소로 초기화된다. 스택을 초기화하는 과정은 컴파일러의 사용법을 자세히 참조하기 바란다.

4.5　인터럽트의 제어

인터럽트는 AVR과 같은 대부분의 마이크로컨트롤러의 응용에서 중요한 역할을 한다. 인터럽트는 외부 또는 내부 하드웨어에 의해 프로그램의 흐름을 변화시키거나, 예외적으로 처리되어야 하는 기능을 처리하기 위하여 제공되는 기능이라 생각할 수 있다. 이러한 인터럽트의 제어를 위해 ATmega128에는 표 4.3에 나타낸 것과 같이 리셋을 포함하여 총 35종의 인터럽트 소스를 제공한다.

ATmega128에서는 인터럽트가 발생하면 인터럽트 내부 제어 메카니즘에 의해 현재 수행되고 있는 프로그램을 잠시 정지하고 인터럽트가 발생한 것을 대응하기 위하여 ISR(Interrupt Service Routine)을 처리하고, 다시 정지되었던 프로그램으로 돌아가 나머지 프로그램을 수행한다.

표 4.3 ATmega128에서 제공하는 인터럽트

벡터 번호	벡터 주소	인터럽트 소스	인터럽트 정의
1	0x0000	RESET	외부 핀, POR, BOD, 워치독과 JTAG 리셋
2	0x0002	INT0	외부 인터럽트 0
3	0x0004	INT1	외부 인터럽트 1
4	0x0006	INT2	외부 인터럽트 2
5	0x0008	INT3	외부 인터럽트 3
6	0x000A	INT4	외부 인터럽트 4
7	0x000C	INT5	외부 인터럽트 5
8	0x000E	INT6	외부 인터럽트 6
9	0x0010	INT7	외부 인터럽트 7
10	0x0012	TIM2_COMP	타이머/카운터2 비교일치
11	0x0014	TIM2_OVF	타이머/카운터2 오버플로우
12	0x0016	TIMER1_CAPT	타이머/카운터1 캡쳐
13	0x0018	TIMER1_COMPA	타이머/카운터1 비교일치 A
14	0x001A	TIMER1_COMPB	타이머/카운터1 비교일치 B
15	0x001C	TIMER1_OVF	타이머/카운터1 오버플로우
16	0x001E	TIMER0_COMP	타이머/카운터0 비교일치
17	0x0020	TIMER0_OVF	타이머/카운터0 오버플로우
18	0x0022	SPI_STC	SPI 직렬 전송 완료
19	0x0024	USART0_RXC	UASRT0 수신 완료
20	0x0026	USART0_UDRE	UASRT0 데이터 레지스터 준비완료
21	0x0028	USART0_TXC	UASRT0 송신 완료
22	0x002A	ADC_INT	ADC 변환 완료
23	0x002C	EE_RDY	EEPROM 준비
24	0x002E	ANA_COMP	아날로그 비교기
25	0x0030	TIM1_COMPC	타이머/카운터1 비교일치 C
26	0x0032	TIM3_CAPT	타이머/카운터3 캡쳐
27	0x0034	TIM3_COMPA	타이머/카운터3 비교일치 A
28	0x0036	TIM3_COMPB	타이머/카운터3 비교일치 B
29	0x0038	TIM3_COMPC	타이머/카운터3 비교일치 C
30	0x003A	TIM3_OVF	타이머/카운터3 오버플로우
31	0x003C	USART1_RXC	UASRT1 수신 완료
32	0x003E	USART1_UDRE	UASRT1 데이터 레지스터 준비완료
33	0x0040	USART1_TXC	UASRT1 송신 완료
34	0x0042	TWI	2선 직렬 인터페이스
35	0x0034	SPM_READY	저장 프로그램 메모리 준비

이렇게 인터럽트가 발생하면 ISR을 처리하게 되는데, 이는 인터럽트 벡터라는 위치에서 시작한다. 즉, 인터럽트 벡터에는 인터럽트 기능을 서비스하기 위한 프로그램이 위치해 있어야 한다.

이러한 ATmega128의 인터럽트 시스템을 액세스하기 위해서 AVR C 컴파일러에서는 interrupt 키워드를 사용하여 다음과 같은 ISR 함수를 작성할 수 있는 기능을 제공한다.

```
interrupt [n] void int_func_name (void)
{
    .....            // ISR의 프로그램 코드
}
```

이렇게 선언하면 CodeVision 컴파일러는 인터럽트 벡터와 목록(entry)과 탈출코드(exit code)를 자동으로 생성해준다. 인터럽트 벡터 주소는 선언부의 interrupt [n]에 의해 생성되고, 여기서 n은 인터럽트 벡터 번호로서 1부터 시작하며, 이 벡터 번호에 의해 벡터 주소가 자동 생성된다.

인터럽트가 발생하여 인터럽트 함수가 수행되면 현재 사용 중인 모든 레지스터는 컴파일러에 의해 자동으로 저장되고, 인터럽트 함수가 끝나는 시점(어셈블리 언어의 RETI 명령)에서 다시 복구된다.

ISR은 일단 인터럽트 소스가 초기화되고 전체 인터럽트가 허가되어 있는 상황이면, 언제든지 실행된다. 또한, ISR은 어떠한 함수 인자도 인터럽트 함수에 정의될 수 없고, 반환 값을 사용할 수도 없다. 즉, 인터럽트 서비스 루틴에서는 어떠한 매개변수도 사용될 수 없다.

다음은 mega128.h 헤더 파일에 인터럽트 벡터와 관련하여 정의된 것이다. 인터럽트 서비스 함수를 작성할 때 interrupt 키워드와 함께 사용되니 주의 깊게 살펴보기 바란다.

```
// Interrupt vectors definitions

#define EXT_INT0 2
#define EXT_INT1 3
#define EXT_INT2 4
#define EXT_INT3 5
#define EXT_INT4 6
#define EXT_INT5 7
#define EXT_INT6 8
#define EXT_INT7 9
#define TIM2_COMP 10
#define TIM2_OVF 11
#define TIM1_CAPT 12
#define TIM1_COMPA 13
#define TIM1_COMPB 14
#define TIM1_OVF 15
#define TIM0_COMP 16
#define TIM0_OVF 17
#define SPI_STC 18
#define USART0_RXC 19
#define USART0_DRE 20
#define USART0_TXC 21
#define ADC_INT 22
#define EE_RDY 23
#define ANA_COMP 24
#define TIM1_COMPC 25
#define TIM3_CAPT 26
#define TIM3_COMPA 27
#define TIM3_COMPB 28
#define TIM3_COMPC 29
#define TIM3_OVF 30
#define USART1_RXC 31
#define USART1_DRE 32
#define USART1_TXC 33
#define TWI 34
#define SPM_RDY 35
```

다음은 타이머2 비교일치 ISR을 작성한 예로서, ISR 함수를 어떻게 정의하여 사용하는지 살펴보기 바란다.

```
unsigned int interruptcnt;
unsigned char second;
interrupt [TIM2_COMP] void timer2_comp_int (void)
{
        if (++interruptcnt == 4000){        // count to 4000
                second++;                   // second   counter
                interruptcnt = 0;           // clear int counter
        }
}
```

4.6   어셈블리어와의 결합

C언어를 사용하여 프로그램을 작성하다 보면, 프로그램이 수행되는 시간에 제약을 받는 경우가 종종 발생한다. 특히, 작성된 함수의 처리 속도를 향상시켜야 하는 경우와 I/O 레지스터 영역에 있는 I/O 디바이스를 직접 처리하는 경우에 있어서는 C언어로 프로그램을 작성하는 것보다 어셈블리 언어로 프로그램을 작성하는 편이 훨씬 효율적인 프로그램 실행 코드를 얻는 데 도움이 된다.

따라서, C언어를 사용하여 작성된 프로그램과 어셈블리 언어로 작성된 프로그램을 서로 호출하여 사용하는 방법이 필요하다. 그러나 C언어를 사용하여 프로그램을 작성하는 과정에서는 대부분이 어셈블리 언어로 작성된 프로그램을 간단하게 삽입하는 경우나 어셈블리 언어 작성된 함수를 호출하는 경우가 필요한 사항이 되므로 이 부분에서는 이 두 가지 경우에 대해 알아보기로 한다.

먼저, C언어 프로그램에 어셈블리 언어를 삽입하여야 하는 경우에는 다음 프로그램과 같이 #asm과 #endasm 지시자를 사용하면 간단하게 구현할 수 있다.

```
void delay(unsigned char i)
{
        while (i--) {
        // 어셈블리 언어 코드
        #asm
                nop
                nop
        #endasm
        }
}
```

또한, 다음과 같이 인라인 어셈블리를 사용하여 구현하는 것도 가능하다. 여기서 여러 개의 명령어를 사용할 경우에는 명령어 사이에 '\'를 사용하여야 한다.

```
#asm("sei");          // 인터럽트 허가
#asm("nop\nop\nop");
```

어셈블리 프로그램에서는 레지스터 R0, R1, R22, R23, R24, R25, R26, R27, R30과 R31은 자유롭게 사용될 수 있지만, 인터럽트 서비스 루틴에서 이상의 레지스터를 사용할 경우에는 인터럽트를 진입할 때와 탈출할 때 반드시 저장 또는 복원의 과정을 프로그래머가 직접 해주어야 한다.

두 번째로 어셈블리 언어 작성된 함수를 호출하는 경우는 다음의 예를 보면 쉽게 이해할 수 있을 것이다. 이 예는 세 개의 숫자를 더하는 과정을 어셈블리 언어로 작성하여 함수 처리를 하였으며, 이 함수를 C언어로 작성한 프로그램에서 호출하는 과정을 간략하게 나타내고 있다.

```
PROGRAM CODE

    // 어셈블러로 선언된 함수, 이 함수는 a+b+c한 값을 반환한다.
    #pragma warn-           // 경고 메시지를 금지시킴
    int sum_abc(int a, int b, unsigned char c) {
        #asm
                ldd    r30,y+3 ;R30=LSB a
                ldd    r31,y+4 ;R31=MSB a
                ldd    r26,y+1 ;R26=LSB b
                ldd    r27,y+2 ;R27=MSB b
                add    r30,r26 ; (R31,R30)=a+b
                adc    r31,r27
                ld     r26,y   ;R26=c
                clr    r27      ;promote unsigned char c to int

                add    r30,r26 ; (R31,R30)=(R31,R30)+c
                adc    r31,r27
        #endasm
    }
    #pragma warn+           // 경고 메시지를 허가함

    void main(void) {
        int r;
        // now we call the function and store the result in r
        r=sum_abc(2,4,6);
    }
```

연습문제

01 AVR에 내장된 메모리 영역으로 사용되는 메모리 형 지정자 네 가지를 나열하고 이를 설명하시오.

02 AVR C 컴파일러에서 제공되는 기본적인 메모리 모델 네 가지에 대해 설명하시오.

03 AVR C 컴파일러에 의해 컴파일이 된 후에 SRAM 영역이 분리되는 상황을 설명하고, 각 영역에 어떠한 변수들이 저장이 되는지 설명하시오.

04 SFR 중에 비트주소지정 가능한 레지스터가 있다. 이 레지스터의 번지가 0x38번지라고 가정하고, 비트 필드를 이용하여 비트 단위로 액세스하는 방법을 설명하시오.

05 인터럽트 서비스 루틴은 다음과 같은 함수 선언에 의해 가능하다.
여기서 interrupt [n]의 의미는 무엇인가?

```
interrupt [n] void int_func_name (void)
```

06 다음 코드는 주로 프로그램의 초기화 과정에 많이 사용되는 것으로 I/O 레지스터를 비트 단위로 설정하여 8비트의 레지스터의 내용 중에 해당 비트만 1로 설정하는 것을 나타낸다. 다음의 질문에 답하시오.

```
// TCCR0 레지스터의 비트 선언
#define FOC0          7
#define WGM00         6
#define COM01         5
#define COM00         4
#define WGM01         3
#define CS02          2
#define CS01          1
#define CS00          0
```

```
// TCCR0 레지스터의 초기화 과정
TCCR0 |= (1<<WGM01) | (1<<WGM00) | (4<<CS00);
```

1) 1<<WGM01의미와 연산 과정을 설명하시오.
2) 4<<CS00의미와 연산 과정을 설명하시오.

CHAPTER **05**

실험 환경의 구축

이 제 ATmega128 교육용 보드를 설계 및 제작을 완료하고, 이 교육용 보드를 사용하기 위한 AVR 환경에 적합한 C언어를 학습하였으니, 본 장에서는 C언어로 작성한 프로그램을 컴파일하고 교육용 보드로 다운로드하여 프로그램을 디버깅하는 과정에 대해 알아보기로 하자.

교재에서 사용하는 AVR용의 C언어 컴파일러는 CodeVision®AVR로서, AVR 마이크로컨트롤러에 적합한 자동 프로그램 발생기와 IDE(Intergrated Development Environment) 기능을 내장하고 있는 C컴파일러이다. 또한, 컴파일러에서 생성된 프로그램을 다운로드하기 위해 사용하는 ISP(In Systm Programming)는 AVR 내부 프로그램 메모리에 사용자가 작성한 프로그램을 다운로드하여 시험할 수 있는 기능과 퓨즈 비트를 설정하는 용도로 사용한다. 마지막으로 작성된 프로그램을 디버깅하여야 하는데 이는 AVR-Studio 환경을 사용하기로 한다.

교재에서 작성하는 프로그램은 CodeVision®AVR 환경하에서 작성될 것이며, 따라서 이 장에서는 교육용 보드의 환경에 맞추어 CodeVision 컴파일러 환경을 구축하고 사용하는 방법에 대해 필수적인 사항만 설명할 것이며, 이 장에서 설명하지 않는 부분은 CodeVision®AVR 사용자 매뉴얼을 참고하기 바란다.

5.1 AVR 보드의 개발 과정

AVR 마이크로컨트롤러를 사용하여 산업용 제어장치나 통신용 장비 등의 전자 시스템을 개발하기 위해서는 그림 5.1과 같은 과정을 거치는 것이 일반적이다. 즉, 시스템 활용에 맞는 마이크로컨트롤러를 선정하고, 하드웨어 설계를 하고 난 후에 시스템 소프트웨어를 개발한다. 소프트웨어를 개발하는 과정은 그림 5.1의 ③번부터 해당되며, 이 과정에서 마이크로컨트롤러에 적합한 프로그램을 작성하기 위한 컴파일러, 보드 검증용의 에뮬레이터 및 시뮬레이터, 프로그램 라이터 등의 개발 장비가 필요하게 된다.

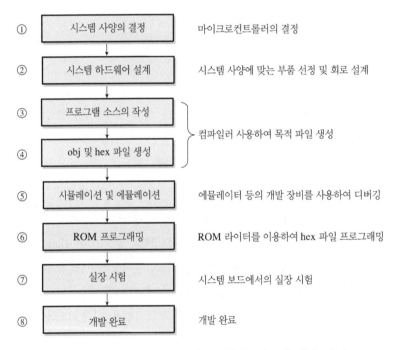

그림 5.1 마이크로컨트롤러를 이용한 시스템 개발 과정

③번에서 ⑦까지의 개발 과정을 자세히 살펴보면 그림 5.2와 같은 과정으로 설명할 수 있다. 그림 5.2의 좌측 부분은 에디터와 컴파일러 환경을 이용하여 목적 파일을 생성하는 과정에 해당하고, 우측 부분은 생성된 목적 파일을 이용하여 작성된 프로그램을 디버깅하는 과정에 해당하며, 특히 AVR을 사용하여 프로그램을 디버깅하는 과정으로는 ICE(In-Circuit Emulator)를 이용하는 방법, 시뮬레이터를 이용하는 방법과 ISP를 이용하는 방법 등이 있다.

⊙ ICE

마이크로컨트롤러의 기능을 에뮬레이션해주는 장비를 ICE(In-Circuit Emulator)라 한다. 이것은 타겟 보드(교재에서는 교육용 보드)에 마이크로컨트롤러를 빼고 그 자리에 ICE 프로

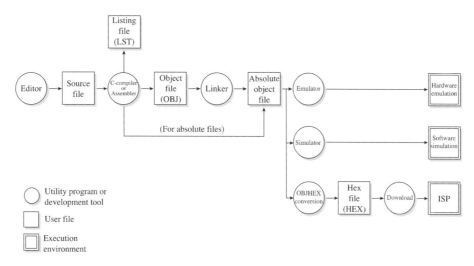

그림 5.2 AVR을 사용한 시스템 개발 과정

브를 장착하여 ICE 내부에 있는 마이크로컨트롤러가 타겟 보드의 마이크로컨트롤러를 대신
하도록 하여 작성된 프로그램을 디버깅하여 주는 장비로서, 실시간 입출력의 오류 정정을
위한 하드웨어 및 소프트웨어 기능을 가지고 있다. 한편, ATmega 계열의 주요 모델들은
IEEE1149.1 표준의 JTAG 인터페이스를 접속할 수 있는 외부 핀들을 제공하고 있으므로,
이를 이용하여 JTAG ICE가 출시되고 있다. JTAG ICE는 일반 다른 ICE와는 달리 타겟 보
드에 있는 마이크로컨트롤러는 그대로 사용하면서 표준 10핀의 JTAG 커넥터를 통하여 ICE
와 타겟 보드를 연결한다. 출시되는 JTAG ICE를 그림 5.3에 나타내었다.

그림 5.3 JTAG ICE의 외관

⭕ **시뮬레이터**

소프트웨어만으로 AVR의 동작을 모사해주는 소프트웨어로 AVR Studio나 C-SPY 등의
소프트웨어가 여기에 해당된다. 이것은 소프트웨어를 이용하여 프로그램을 작성 시험해보는
가장 간편한 방법이나 하드웨어에 대한 기술 습득에 매우 취약하다는 단점이 있다.

⭕ **ISP**

ISP(In-System Programmer)는 시스템 개발 과정에서 개발의 편리성을 제공하기 위해

AVR의 플래시 메모리에 사용자가 작성한 프로그램을 직렬 통신 방식으로 다운로드하는 기능을 말한다. 즉, 이는 마이크로컨트롤러 내부에 롬 라이터와 같은 기능을 하는 요소가 들어 있어 이를 활용하면 쉽게 사용자가 작성한 프로그램을 AVR의 플래시 메모리에 기록하여 쉽게 실행시켜볼 수 있는 장점이 있다. 이 기능을 활용하기 위해서는 별도의 ISP 다운로드 케이블이 필요하며, 여기에는 그림 5.4에 나타낸 것과 같이 PC의 병렬 포트, 직렬 포트와 USB 포트를 이용할 수 있는 제품들이 출시되고 있다. 본 교재에서는 현재 USB 포트형의 ISP를 사용하여 실험을 진행할 것이나, 독자들은 이 세 가지 중에 사용이 편리한 것을 선택하여도 무방할 것이다.

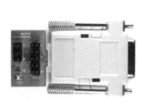

(a) 직렬 포트형 ISP   (b) 병렬 포트형 ISP   (c) USB 포트형 ISP

그림 5.4 ISP의 종류 및 외관

이상과 같이 AVR(ATmega128) 관련하여 하드웨어와 소프트웨어를 개발하는 절차와 이에 필요한 장비에 대해 알아보았다. 다음 절부터는 이상에서 설명한 각각의 과정에 대해 교육용 보드를 직접 사용하면서 자세히 살펴보기로 하자.

5.2   AVR CodeVision 컴파일러의 사용

AVR 계열의 마이크로컨트롤러를 장착한 보드를 사용하여 프로그램을 작성하기 위해서는 먼저 C언어 또는 어셈블리 언어를 이용하여 프로그램을 작성해야 한다. 이러한 언어로 작성된 프로그램을 컴파일하기 위해서는 AVR 전용의 컴파일러가 필요하다.

AVR 전용의 컴파일러는 CodeVisionAVR, IAR EWAVR C와 WinAVR 등이 출시되고 있다. 이들을 간단하게 정리하면 다음과 같다.

▶ CodeVisionAVR

HP InfoTech사의 교차 C컴파일러(Cross-compiler)로서 ISP 다운로더와 CodeWizardAVR 프로그램 자동 생성기를 내장하고 있는 통합 개발 환경(IDE, Intergrated Development Environment)이다. 그러나, 이 CodeVisionAVR은 프로그램의 디버깅 환경을 제공하지 않기 때문에 Atmel사에서 배포하는 AVR Studio 4 소프트웨어를 같이 사용하여야 한다.

CodeVisionAVR은 유료로서 구입하는 데에는 약간의 비용이 들지만, 학생들의 사용을 권장하기 위해 무료 평가판을 HP InfoTech사의 홈페이지(http://www.hpinfotech.ro/html/cvavr_doc.htm)에서 제공하고 있어 작성할 수 있는 프로그램의 크기는 2K 바이트내로 제한된다.

▶ IAR EWAVR C

IAR사의 교차 C컴파일러로서 ISP 다운로더는 AVR Studio 4를 사용한다. 이 컴파일러 역시 CodeVisionAVR과 마찬가지로 유료이고, 교육용 무료 평가판을 제공하고 있다.

▶ WinAVR

WinAVR은 gcc라는 GNU 프로젝트의 일환으로 개발된 공개 C컴파일러로서, 작성할 수 있는 프로그램의 사이즈에는 제한이 없으며, 무료로 사용할 수 있다는 장점이 있다. 그러나 무료 소프트웨어이므로 사용 환경이 상용 소프트웨어에 비해 약간은 부실한 면이 있으나 최근 AVR Studio 4와 통합하여 사용할 수 있도록 보완되어 많이 편리해졌다.

이 소프트웨어는 http://sourceforge.net/projects/winavr 사이트에서 무료로 다운받아 사용할 수 있다.

본 교재에서는 WinAVR과 AVR Studio 4를 통합하여 사용하는 환경보다도 신뢰성 및 회사에서의 상업용 제품 개발에 많이 활용되는 CodeVisionAVR과 AVR Studio 4를 선택하여 학습하도록 한다.

CodeVisionAVR을 비롯한 C컴파일러 환경을 이용하여 AVR에서 직접 실행할 수 있는 최종 목적 파일인 hex 파일을 생성하는 과정은 그림 5.5와 같으며, 주요 과정에 대한 설명은 다음과 같다.

① C컴파일러 및 교차 C컴파일러

C컴파일러는 C언어로 작성된 프로그램을 마이크로컨트롤러가 사용할 수 있는 기계어(machine language)로 번역하는 소프트웨어이고, 일반적으로 컴파일러가 수행되는 컴퓨터의 기계어로 번역한다. 반면에 교차 C컴파일러는 컴파일러가 수행되고 있는 컴퓨터의 마이크로컨트롤러가 아닌 다른 종류의 기계어로 번역하는 소프트웨어를 말하여, AVR C컴파일러가 이에 해당한다. 즉, 우리가 학습하는 AVR의 실행 코드를 만들기 위해서 사용하는 C컴파일러는 PC환경에서 수행되고 있지만, 이 C컴파일러의 출력 결과는 AVR에 관련된 기계어이므로, 이러한 컴파일러를 교차 C컴파일러라 한다.

② 어셈블러

마이크로컨트롤러의 어셈블리 언어를 기계어로 번역하는 프로그램을 말한다.

C컴파일러와 어셈블러를 이용하여 소스 프로그램을 재배치 가능한 목적 파일로(relocatable object file)로 만드는 과정을 컴파일링이라 한다.

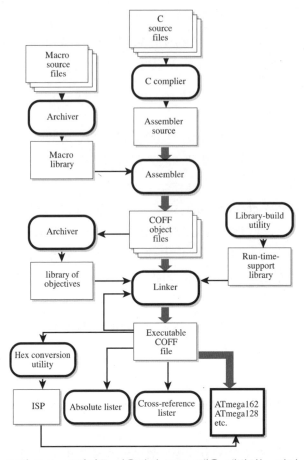

그림 5.5   C언어를 사용하여 프로그램을 개발하는 과정

③ 링커

　사용자가 작성하는 파일은 여러 개로 나누어질 수 있다. 각 소스 파일은 각각 컴파일되며 링커가 각각 컴파일된 파일을 하나로 모아서 하나의 기계어로 만들어 준다. 링커를 통해서는 절대 목적 파일 및 디버그 용도의 파일이 생성되며, CodeVisionAVR의 경우에는 "*.o"인 파일과 "*.cof"이 생성된다. cof 확장자를 갖는 파일은 C 소스 수준의 디버그가 가능한 파일로서 AVR Studio 디버거에서 사용된다.

④ **Hex** 파일 변환기

　링커로 만들어진 기계어 프로그램을 플래시 메모리로 전송할 때 사용되는 인텔-16진 형식 (intel-hex format)으로 변환하여 주는 역할을 한다. ISP에서는 이 파일 형식을 사용한다.

　이제 CodeVisionAVR을 사용하여 소스 프로그램을 작성하고 컴파일하여 교육용 보드에 다운 로드하기 위한 인텔 16진 파일을 만드는 과정에 대해 살펴보도록 하자.

　CodeVisionAVR을 적절하게 사용하기 위해서는 여러 가지의 기능을 학습하여야 하지만, 본 교재에서는 다음과 같이 교육용 보드를 이용하여 실험하기 위한 필수적인 사항에 대해서만 설명하고, 자세한 것은 HP Infotech사에서 제공하는 매뉴얼을 참조하기 바란다. 참고로 이 매뉴얼은 웹사이트에서[주)] 다운로드 받을 수 있다.

▶ 프로젝트의 생성
▶ 소스 코드의 작성
▶ 교육용 보드 사용을 위한 환경 설정
▶ 프로젝트의 컴파일

1) 프로젝트의 생성

프로젝트는 파일의 집합으로 여러 파일이 하나로 합쳐져서 특정의 프로그램이 만들어지기 위해서 반드시 설정되어야 한다. 따라서 CodeVisionAVR을 처음 실행해서, 새로운 프로그램을 작성하기 위해서는 반드시 프로젝트를 생성해야 한다. 이 과정은 File → New를 실행하거나 메뉴 밑에 있는 아이콘 🗋 를 클릭해서 그림 5.6과 같이 설정을 해야 한다. 새로운 프로젝트를 생성하면 그림 5.7과 같이 하드웨어 환경에 맞는 코드를 생성시켜주는 CodeWizardAVR을 사용할 것인지에 대한 확인 메시지가 나타나게 되는데, 본 교재에서는 CodeWizardAVR을 실행하지 않고, 프로그램 코드를 모두 생성하는 것으로 진행하고자 한다. CodeWizardAVR을 실행해서 프로그램을 개발하는 것이 숙련된 개발자에게는 편리한 기능이지만, AVR을 처음 접하거나, 배우는 독자에게는 권하고 싶지 않은 기능이다.

그림 5.6　프로젝트 생성

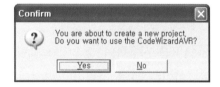

그림 5.7　CodeWizardAVR 실행 여부 확인

그림 5.8　프로젝트의 생성 화면

주) 저자 홈페이지 http://www.roboticslab.co.kr
　도서출판 ITC 홈페이지 http://www.itcpub.co.kr

그림 5.7에서 <No>를 선택한 후에 그림 5.8과 같이 생성하고자하는 프로젝트 이름을 입력한다. 여기서는 프로젝트 명을 "test" 입력하고 저장을 클릭한다.

2) 소스 코드의 작성

그림 5.9 소스 코드의 작성

CodeVisionAVR을 사용하여 소스 프로그램을 작성하기 위해서는 File → New를 실행하거나, 메뉴 밑에 있는 아이콘 🗋를 클릭하고 프로젝트 생성 때와 마찬가지로 그림 5.6의 화면이 나타나면 소스를 선택한 후 그림 5.9와 같이 편집 창에 프로그램을 테스트 프로그램을 작성한다. 사용된 테스트 프로그램은 교육용 보드의 PORTB의 하위 4비트에 연결된 4개의 LED를 일정 시간 간격으로 On/Off하는 프로그램이다. 이렇게 작성된 테스트 프로그램을 File → Save 실행하거나 메뉴 밑에 있는 아이콘 💾을 클릭해서 test.c라는 파일이름으로 저장한다.

3) 교육용 보드 사용을 위한 환경 설정

프로젝트가 생성되고 소스 파일이 작성되었으면 이제 교육 보드에 맞는 환경을 설정하여야 한다. 이 환경에 대한 설정은 3장에서 설계된 교육용 보드의 사양과 일치를 하여야 한다. 이것은 메뉴 항목에서 Project → Configure을 실행하거나, 메뉴 밑에 있는 아이콘 🗟을 클릭하면 그림 5.10과 같은 프로젝트 환경설정 윈도우가 나타난다.

그림 5.10의 프로젝트 환경 설정을 보면 [File], [C Compiler], [After Make] 탭이 있다. [File] 탭은 C언어로 표현된 소스 파일을 프로젝트에 추가하거나, 제거하는 역할을 하고, [C Compile] 탭은 개발하고자 하는 AVR의 환경을 설정하는 부분이고, [After Make] 탭은 컴파일이 이루어진 후에 다음에 이루어지는 작업을 정의하는 역할을 한다.

그림 5.10 프로젝트 환경설정 화면

○ [File] 탭

　[File] 탭은 컴파일하고자 하는 C언어로 작성된 소스를 프로젝트에 추가(Add)하거나, 추가
된 C언어 소스를 프로젝트에서 제거(Remove)하거나, 추가된 소스 파일의 이름을 변경(Edit
File Name)하거나 여러 개의 소스 파일의 컴파일 순서(Move Up, Move Down)를 정하는 역
할을 한다.

　프로젝트에서 미리 작성된 C언어 소스를 추가하기 위해서는 그림 5.10의 화면에서 오른쪽
에 위치한 Add 버튼을 클릭하면 그림 5.11과 같이 프로젝트에 추가하고자 하는 파일을 클릭
한 후에 열기 버튼을 클릭하면 프로젝트에 원하는 파일을 등록할 수 있다.

그림 5.11 프로젝트에 프로그램 파일 추가하기(Add File To Project)

○ [C Compiler] 탭

　　컴파일러는 사용하고자 하는 타겟 보드에서 실행되기 위한 프로그램을 생성하기 위해서
타겟 보드의 하드웨어 사용현황, 즉 칩 형태, 소자의 스택 사이즈와 내부 외부 RAM의 크기
등에 대한 중요한 정보를 미리 알고 있어야 한다. 또한 컴파일러는 특정 응용에 적합하도록
C 코드를 해석하고 최적화하기 위한 방법을 알고 있어야 한다. 이러한 사항에 대해 기본적
으로 설정하는 곳이 [C Compile] 탭 부분이다.

　　그림 5.12에 나타낸 [C Compile] 탭은 C 컴파일러의 환경을 설정해주는 탭으로 Code
Generation, Advanced, Message, Globally #define, Paths 탭으로 나누어진다. Code Generation
탭은 사용하고자 하는 AVR 칩과 메모리에 대한 환경을 설정하는 곳이다.

① **Chip**의 선택

　　이 부분에는 사용하고자 하는 AVR 소자를 선택하는 부분이다. 교육용 보드는 ATmega128
을 사용하고 있으므로 AVR 중에서 이를 선택한다.

② **Clock**의 선택

　　이 부분에는 사용하는 ATmega128의 시스템 클럭을 선택하는 부분이다. 교육용 보드의
시스템 클럭은 14.7456MHz이므로 직접 입력한다.

③ 메모리 모델

　　이 부분에는 사용하는 ATmega128의 메모리 모델을 선택하는 부분이다. AVR에서 사용할
수 있는 메모리 모델은 4.8절에서 설명한 바와 같이 Tiny, Small, Medium과 Large 모델이
있으나, ATmega128을 선택하면 자동으로 Small 모델이 선택된다.

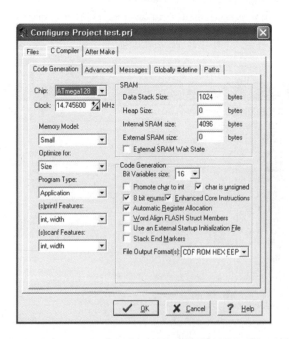

그림 5.12　[C Compile] Tap에서 컴파일러 선택사항 설정하기

④ 최적화 방법

이 부분은 Optimize for로 표시되어 있으며, 컴파일 과정에서의 최적화 방법을 선택하는 부분이다. CodeVisionAVR에서는 컴파일 과정의 최적화 방법으로 코드 크기의 최소화와 최대 실행 시간의 최소화 방법으로 제공한다. 일반적으로 메모리 크기에 제한이 있는 마이크로컨트롤러에서는 최적화 방법으로 코드 크기의 최소화를 선택한다.

⑤ 최적화 수준

이 부분은 Optimization Level로 표시되어 있으며, 코드 메모리의 최적화 크기를 선택하는 부분이다. 컴파일된 프로그램은 일반적으로 컴파일된 프로그램은 최적화 방법의 설정과 최적화 수준의 설정에 따라 최적화되고, 프로그램 크기가 작고, 실행 속도가 빠른 최적화 방법을 선택한다. 따라서 Maximal 항목을 선택한다. 그러나, 디버깅할 때 최적화 수준이 너무 높으면 문제가 될 수 있으므로 경험에 비추어 설정하는 것이 바람직하다.

⑥ 프로그램 종류

이 부분은 자동 프로그램(self-programming)을 수행할 경우에 응용 섹션 또는 부트로더 섹션을 선택할 것인지를 선택하는 부분이다. 교육용 보드에서 프로그래밍 실습을 위해서는 이 부분은 반드시 응용 섹션으로 선택되어야 한다.

⑦ (s)printf 특징과 (s)scanf 특징

(s)printf Features 항목은 프로젝트에서 Standard C Input/Output 함수인 sprintf와 printf 함수의 서식 문자를 선택하는 옵션이고, (s)scanf Feature 항목은 프로젝트에서 Standard C Input/Out 함수인 sscanf와 scanf 함수의 서식 문자를 선택하는 옵션이다. 자세한 정보는 컴파일러 매뉴얼을 참조하기 바란다.

⑧ SRAM

CodeVisionAVR에서는 특정 AVR이 선택되면, 이 마이크로컨트롤러의 데이터 스택 크기, 힙 크기와 내부 RAM의 크기의 기본값이 미리 설정되어 있어야 한다. SRAM 부분에서는 이를 선택한다.

▶ 데이터 스택 크기는 반드시 지정해야 한다. 표준 라이브러리로부터 동적 메모리를 할당하고자 한다면, Heap size 역시 지정해야한다. Heap size는 다음 공식에 의해서 계산될 수 있다.

$$heap_{size} = (n + 1) \times 4 \sum_{i=1}^{n} block\_size_i$$

여기서, n은 힙에 할당될 메모리 블록의 수이고 $block\_size_i$는 메모리 블록 i의 크기이다. 만일 메모리 동작 할당을 사용하지 않는다면 힙 크기는 반드시 0으로 지정해야 한다.

▶ 내부 SRAM 크기를 입력하는 부분에서는 사용하고자 하는 내부 메모리의 크기를 바이

트 단위로 입력한다. ATmega128의 경우는 4K 바이트의 내부 SRAM 메모리를 가지고 있으므로, 4096을 입력한다.

▶ 외부 SRAM 크기를 입력하는 부분에서는 외부 메모리를 사용할 경우에 외부 메모리의 크기를 바이트 단위로 입력한다. 교육용 보드의 경우 외부 SRAM을 사용 하지 않을 경우 0으로 입력하고, 외부 SRAM을 사용할 경우 외부 SRAM의 크기가 32K 바이트이므로 32768로 입력한다.

⑨ 코드 발생

코드 발생 부분에서는 비트 변수의 크기, 특정 선택 사항을 허가하거나 금지하고, 최종 목적 파일의 형태를 결정하는 부분이다.

▶ <Bit Variable size>는 전역 비트 변수의 최대 크기를 설정하는 부분이다. ATmega128에서는 4장에서 설명한 바와 같이 비트 변수의 사용 영역이 16바이트이므로 16바이트로 설정한다.

▶ <Promote char to int> 체크 박스는 char 변수를 int 변수로 사용한다는 의미로 이 항목을 선택하게 되면 AVR 같은 8비트 마이크로컨트롤러에서 컴파일할 경우 프로그램 메모리(코드 메모리)가 커지고, 동작 속도가 떨어지게 되므로 권장하지 않는다.

▶ <char is unsigned> 체크 박스는 char 변수를 unsigned char 변수로 사용한다는 의미로 char로 선언된 변수의 크기는 0-255의 값을 가지게 된다.

▶ <8 bit enums> 체크 박스는 일반 ANSI C에서는 enum을 선언하였을 때 데이터 타입이 16비트로 선언이 되지만 이 항목을 체크하면 8비트로 선언한다는 의미이다.

▶ <Enhanced Code Instruction> 체크 박스는 새로운 ATmega와 AT94K FPSLIC 디바이스에서 확장된 코드를 생성할 것인지를 체크하는 항목으로, 확장 명령어를 지원하는 마이크로컨트롤러를 사용할 경우에 체크할 수 있다.

• <Automation Register Allocation> 체크 박스는 char와 int 전역 변수와 전역 포인터를 범용 레지스터인 R2에서 R14 레지스터에 자동으로 할당할 것인지를 체크하는 항목이다.

• <Word Align FLASH Struct Members> 체크 박스는 struct 변수의 선언을 Flash 메모리에 짝수 번지에 정렬할 것인지를 체크하는 항목이다.

• <Use an External Startup Initialization File> 체크 박스는 외부 Startup 파일을 사용할 것인지를 체크하는 항목이다. 만약 사용자가 마이크로컨트롤러의 초기화 과정이나 다른 기본적인 설정 프로그램을 startup.asm 파일에 작성하여 놓고 이를 사용할 경우에는 반드시 이 체크 박스에 체크를 해놓아야 한다.

• <Stack End Markers> 체크 박스는 디버깅 목적으로 사용되며, 이 체크 박스를 선택하면 컴파일러에 의해 DSTACKEND와 HSTACKEND 스트링을 데이터 스택과 하드웨어 스택의 끝부분에 배치된다. AVR Studio와 같은 시뮬레이터나 에뮬레이터를 사용하여 프로그램을 디버깅할 경우에 이 스트링이 덮어 써지는지 아니면 데

이터 스택을 수정하는지를 확인할 수 있다. 그러나 프로그램이 잘 실행이 되고 있는 상황이라면, 코드 사이크즈를 줄이기 위해 이 스트링의 배치를 사용하지 않는 것이 바람직하다.

- <File Output Format(s)> 리스트 박스는 컴파일 후 생성되는 결과 파일을 OBJ파일로 나타낼 것인지 Hex 파일형태로 나타낼 것인지를 선택한다. [COF ROM HEX EEP] 항목을 선택하면 COFF(Atmel AVR Studio 디버거에서 요구하는 파일형식), ROM, 인텔 16진 그리고 EEP(In-System 프로그래머에서 요구하는 파일형식) 확장자의 결과 파일이 생성되고, [OBJ ROM HEX EEP] 항목을 선택하면 OBJ, ROM, Intel Hex 그리고 EEP 확장자의 결과 파일이 생성이 된다. 즉, 디버거에서 프로그램을 검증할 경우에는 반드시 [COF ROM HEX EEP] 항목을 선택하여야 한다.

⑩ **Advanced** 탭

Advanced 탭은 CodeVision 컴파일러의 Professional version에서만 설정이 가능한 항목으로, 인터럽트 벡터와 SARM 메모리의 사용 방법을 보다 자세하게 설정하는 부분으로 교육용 보드에서는 기본 설정을 유지하여 사용하면 무리가 없다.

⑪ **Message** 탭

Message 탭은 컴파일 과정에서 발생하는 경고 메시지의 발생을 사용할 것인지 아니면 사용하지 않을 것인지를 설정하는 부분으로 그림 5.13에 CodeVision에서 제공하는 경고 메시지를 나타내었으며, Enable Warnings 체크 박스를 체크하면 경고 메시지를 개별적으로 체크할 수 있도록 구성되어 있다.

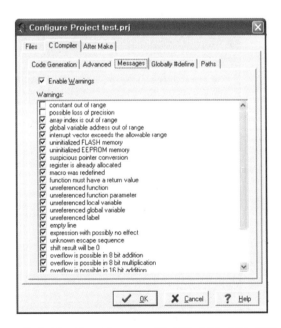

그림 5.13 경고 Message의 선택 사항 설정 화면

⑫ **Globally #define** 탭

Globally #define 탭은 그림 5.14에서와 같이 편집 창에 #define으로 정의된 매크로를 현재의 프로젝트 파일에 적용할 수 있도록 해준다. 예를 들어 그림에서와 같이 설정하여 놓으면, 현재 사용 중인 프로젝트의 모든 소스 파일에 이를 포함하지 않았어도, 자동으로 현재 사용중인 프로젝트의 파일에 #define ABC 1234라는 매크로가 적용된다.

그림 5.14 Globally #define 탭에서의 선택 사항 설정 화면

그림 5.15 Paths 탭에서의 선택 사항 설정 화면

⑬ **Paths** 탭

Paths 탭은 그림 5.15과 같이 #include와 라이브러리 파일의 경로를 설정하고 추가할 수 있다. 위의 그림에서 #include는 C:\cvavr\inc 경로를 나타내고, 라이브러리 경로는 c:\cvavr\lib 를 나타낸다.

○ **[After Make] 탭**

[After Make] 탭은 컴파일과 실행 파일 만들기 과정을 모두 마친 후에 AVR 칩에 프로그램하는 방법과 전송하는 방법에 대해서 설정하는 역할을 하며, 이 탭에서는 그림 5.16에 나타낸 것과 같이 <Program the Chip> 체크 박스와 <Execute User's Program> 체크 박스의 기능이 제공된다. 각 체크 박스에서 설정하는 내용은 다음과 같다.

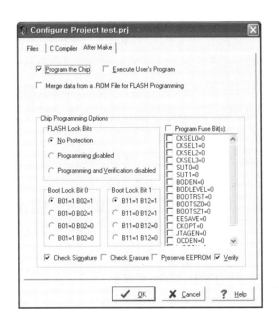

그림 5.16 [After Make] 탭에서의 선택 사항 설정 화면

① **<Program the Chip>** 체크 박스

<Program the Chip> 체크 박스를 선택하면 <Merge data from a ROM File for FLASH Programming> 체크 박스와 <Chip Program Options> 박스가 나타난다. <Program the Chip> 체크박스에서는 실행 파일 만들기 과정을 거쳐 생성된 결과 파일(rom, hexfile 등)을 ISP를 이용해서 자동으로 마이크로컨트롤러 내부에 있는 플래시 메모리나 EEPROM에 기록하기 위한 방법과 퓨즈 비트를 설정하는 기능을 담당한다. 이 부분에서 제공되는 각각의 기능은 다음과 같이 간단하게 설명된다.

▶ <Merge data form a ROM File for FLASH Programming> 체크 박스를 선택하면, hex 파일과 선택된 파일을 하나의 파일로 만들어 플래시 메모리에 기록할 것인지를 결정한다.

▶ <Chip Programming Options>에서는 플래시 메모리와 부트 잠금 비트 등을 설정할 수 있다.

▶ <FLASH Lock Bits>은 마이크로컨트롤러의 보호 수준을 설정하는 역할을 한다. 각각의 의미는 다음과 같다.

- No Protection : 모든 읽기/쓰기 동작이 허용된다.
- Programming Disabled : 플래시와 EEPROM 메모리 영역의 읽기는 허용되나 쓰기는 금지된다.
- Programming and Verification Disabled : 모든 읽기/쓰기 동작이 금지된다.

▶ <Program Fuse Bits>은 마이크로컨트롤러 내부에 있는 어떠한 퓨즈 비트를 프로그램할 것인지를 설정하는 부분으로 퓨즈 비트에 대한 세부 항목 설정은 2.6절을 참고하여 필요에 따라 설정하기 바란다.

▶ <Boot Lock Bit 0>와 <Boot Lock Bit 1>은 마이크로컨트롤러 내부에 있는 메모리의 내용을 보호하기 위하여 설정하는 부분으로 2.6절의 메모리 잠금 비트의 설명을 참고로 하여 설정하기 바란다.

▶ Atmel에서 출시되는 AVR에는 고유의 서명 코드(signature)를 가지고 있다. <Signature> 체크 박스를 선택하면 프로그래머에 연결된 칩의 형태와 실제 프로그램하고자 하는 칩의 형태를 비교한 후에 프로그램을 진행한다.

▶ <Check Erasure> 체크 박스에서는 프로그램을 하기 전에 플래시나 EEPROM의 내용이 블랭크인지를 검사할 것인지를 결정한다.

▶ 이상의 과정을 거쳐 선택된 기능은 실제 실행 프로그램을 플래시나 EEPROM 메모리에 기록할 때 참조로 하여 프로그램되며, 프로그램되는 절차는 다음과 같은 순서로 진행된다.

- Chip Erase
- FLASH and EEPROM blank check
- FLASH Programming and verification
- EEPROM Programming and verification
- Fuse and Lock Bits programming

② <Execute User's Program> 체크 박스

Execute User's Program 체크 박스의 기능은 소자를 프로그램하기 위해서 CodeVision외의 다른 프로그램(예:PonyProg 또는 AVR Studio)을 사용할 것인지를 선택하는 것으로 부분으로 이 체크 박스를 선택하면 Program Setting 버튼이 나타나고, 이 화면에 사용하고자 하는 소프트웨어의 경로 및 작업 폴더 등을 기록하면 된다.

본 교재에서는 ISP를 이용하여 퓨즈 비트 설정과 교육용 보드에 인텔 16진 파일을 다운로드를 위해 <Program the Chip>의 기능을 사용하고, AVR Studio에서 프로그램을 디버깅하기 위해서 <Execute User's Program 체크 박스를 선택해서 사용한다. 이에 대해서는 본 장의 5.3절에서 자세히 설명한다.

4) 실행 파일 만들기

실행 파일을 얻는 과정은 그림 5.5에서 설명한 바와 같이 다음의 단계로 수행된다.

(a) 프로젝트 내에 있는 C 소스 파일을 어셈블러 소스 파일로 컴파일한다.

(b) 어셈블러 소스 파일을 어셈블한다.

(c)의 과정만을 실행하는 과정은 프로젝트 컴파일이라고 말하고, (a)와 (b) 과정을 모두 실행하는 과정은 실행 파일 만들기(make project)라고 말한다.

◯ **프로젝트 컴파일**

프로젝트 파일을 컴파일하기 위해서 CodeVision 메뉴에서 Project → Compile을 실행하든지, 메뉴바에서 를 클릭 또는 단축키로 F9키를 입력하면 컴파일할 수 있으며, 컴파일되는 도중에 중단하기 위해서는 Project → Stop Compilation 또는 을 클릭한다. 컴파일이 완전히 끝난 후에 그림 5.17과 같이 Information 창에서 결과를 확인할 수 있다. 그림 5.17은 test.c 프로그램을 컴파일한 결과이며, 만약 소스 프로그램에 오류가 있으면, 좌측의 Navigtor 창에 오류의 정보와 위치가 나타난다. 이 정보를 보고 오류를 수정하여 오류가 없어질 때까지 컴파일 과정을 반복하면 된다.

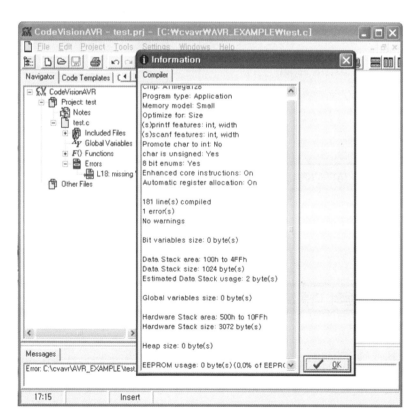

그림 5.17 Project → Compile 결과 및 Navigator 창의 화면

◎ 실행 파일 만들기

　　컴파일된 파일에서 실행 파일을 만들기(make projects) 위해서는 Project → Make을 실행하거나, 메뉴바에서 🗐 버튼을 클릭 또는 단축키로 [Shift]+[F9]키를 입력하면 되고, 실행 파일을 만드는 도중에 중단하기 위해서는 Project → Stop Compilation 또는 ❌을 클릭하면 된다. 실행 파일 만들기 과정이 완전히 끝난 후에 그림 5.18과 같이 Information 창에서 결과를 확인할 수 있다. 이 Information 창은 그림 5.16과는 달리 <컴파일러>과 <어셈블러> 탭으로 구성되어 있으며, 그림 5.18의 (a)와 (b)와 같이 각각 컴파일러의 결과와 어셈블러의 컴파일 결과를 확인할 수 있다.

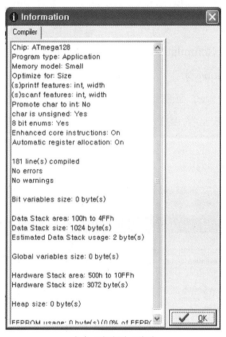

　　　　(a) 컴파일 결과　　　　　　　　　　　　(b) 어셈블러의 결과

그림 5.18　Project → Make 결과

5.3　프로그램의 다운로드 및 시뮬레이션

　　5.2절에서는 CodeVisionAVR을 사용하여 소스 프로그램을 컴파일하여 실행 파일을 만드는 과정까지 살펴보았다. 본 절에서는 이 실행 파일을 교육용 보드에 ISP를 이용하여 다운로드하고, 디버깅하는 방법에 대해 살펴보기로 하자.

1) 실행 파일을 ISP를 이용하여 교육용 보드에 다운로드하기

ISP를 이용하여 작성한 프로그램을 교육용 보드로 다운로드하여 실험하기 위한 과정은 다음과 같은 과정을 거쳐야 한다.

▶ 실험 환경의 구축
▶ USB-ISP의 디바이스 드라이버 설치
▶ CodeVIsion환경에서 다운로드하기

○ 실험 환경의 구축

먼저 프로그램의 실행 파일을 다운로드하기 위해 그림 5.19와 같이 PC와 교육용 보드사이에 USB-ISP 보드를 연결하여 실험 환경을 구축한다.

Atmel사에서 AVR의 플래시 메모리에 사용자 프로그램을 다운로드할 수 있도록 직렬 포트형 ISP 프로그래머(AVR ISP)를 판매하고 있으나, 이 외에도 프린터의 병렬 포트와 USB 포트에 접속하여 사용할 수 있는 ISP 다운로드 프로그래머가 출시되고 있다. 이들 ISP는 AVR에 내장된 SPI 직렬 통신 방식을 이용하여 ISP를 구현되어 있으므로 궁극적으로 직렬 통신에 의하여 ISP가 수행된다. 본 교재에서는 이들 ISP 중에서 USB 포트형의 ISP를 사용하기로 한다. 교육용 보드에서는 이 UBS-ISP 보드와의 연결을 위해 그림 3.10에 나타낸 것처럼 6핀의 ISP 커넥터를 준비하여 놓았다.

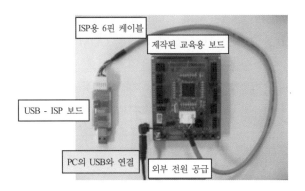

그림 5.19 실험을 위한 환경 구축

○SB-ISP의 디바이스 드라이버 설치

CodeVisionAVR 환경이나 AVR Studio 환경에서는 RS-232C 직렬통신 포트를 통하여 동작하기 때문에 UBS-ISP를 사용하려면 이를 접속한 USB 포트를 RS-232C 직렬통신 포트처럼 동작시켜주는 VCP(Virtual COM Port) 디바이스 드라이버를 설치하고 USB 포트를 COM 포트처럼 직렬포트로 설정하여야 한다. 본 교재에서는 VCP 디바이스 드라이버용으로 FDTI 사의 CDM_2.02.04.exe를 사용하며, 이는 웹사이트에서[주] 다운로드 받을 수 있다.

주) 저자 홈페이지 http://www.roboticslab.co.kr
　　도서출판 ITC 홈페이지 http://www.itcpub.co.kr

이 디바이스 드라이버 CDM_2.02.04.exe는 자동으로 설치되며, 설치가 된 후에는 내 컴퓨터의 장치관리자에서 COM 포트가 설정되어 있는지 확인하여야 한다. 이 과정은 그림 5.20에 나타내었다. 이 COM 포트는 사용하는 컴퓨터와 USB 포트에 따라 달라질 수 있다. 그림 5.20에서는 USB 포트가 가상 직렬포트 COM2로 잡혀 있는데, 이를 변경할 필요가 있는 경우에는 <USB Serial Port>의 속성을 선택하여 변경할 수 있다.

그림 5.20 USB 포트가 VCP로 설정된 화면

이제 <USB Serial Port>의 통신 속도를 비롯한 다운로드 프로토콜을 설정해야 하는데, 이는 <USB Serial Port>의 속성에서 <Port Settings>을 선택하여 수정할 수 있다. 교육용 보드의 실험 환경에서는 그림 5.21에 설정된 대로 COM2 포트를 115200bps, 8 data, no parity, 1 stop bit, 흐름제어 없음의 통신 형식을 사용기로 한다.

그림 5.21 COM2의 통신 형식의 설정 화면

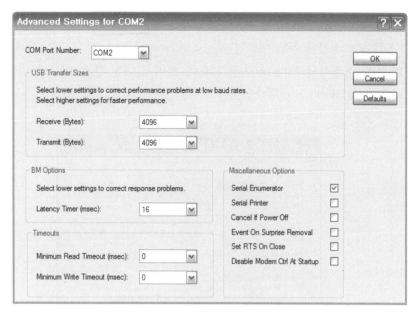

그림 5.22　가상의 직렬 포트를 COM2로 수정 설정할 수 있는 화면

그러나, 이와 같이 VCP 드라이버를 설치하였을 때 USB가 기본적으로 COM2 포트로 설정되어 있지 않을 경우에는 그림 5.21에서 <Advanced..>를 눌러서 그림 5.22에 나타낸 것처럼 가상의 직렬포트를 COM2로 지정할 수 있다.

◉ CodeVIsion환경에서 다운로드하기

CodeVisionAVR IDE에는 사용자가 컴파일한 프로그램을 마이크로컨트롤러에 쉽게 전송하여 테스트하기 위한 AVR Chip Programmer 기능을 내장하고 있다. 이 프로그램 기능은 Atmel STK500, AVRISP, AVRISP MkII, AVR Dragon, JTAGICE MkII, AVRProg, Kanda Systems STK200+, STK300, Dontronic DT006, Vogel Elektronik VTEC-ISP, Futurlec JRAVR 또는 MicroTronics ATCPU, Mega2000 개발 보드를 사용할 수 있도록 설계되었다.

C컴파일러를 통해 생성된 프로그램의 실행파일은 CodeVisionAVR IDE와 AVR Studio를 통해서 다운로드할 수 있으나, 본 교재에서는 CodeVisionAVR IDE 환경을 사용하기로 한다.

다운로드는 작성된 프로그램의 실행파일을 플래시 메모리에 기록하는 과정이므로, CodeVisionAVR에서는 Chip Programmer 기능에 의해 수행된다. Chip Programmer는 Tools → Chip Programmer를 실행하거나 메뉴 밑의 아이콘 ⬇를 클릭을 하면 실행되며, 실행 결과 화면은 그림 5.23에 나타내었다. 이 화면에 나타나는 설정 항목들을 자세히 살펴보면 5.2절에서 설정한 내용, 즉 [After Make] 탭 설정 내용을 그대로 반영하고 있음을 알 수 있다.

다운로드할 수 있는 내용은 퓨즈 비트, 플래시 메모리, EEPROM이며 이는 다음과 같은 과정으로 수행된다.

① 퓨즈 비트를 프로그램하기

그림 5.23에서 설정된 퓨즈 비트의 내용을 ATmega128에 프로그램하기 위해서 Program → Fuse Bit(s)를 실행하면 된다. 교육용 보드에 이미 쓰여진 퓨즈 비트의 내용을 읽기 위해서는 Read → Fuse Bit(s)를 실행하면 된다.

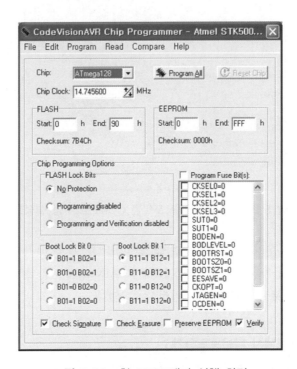

그림 5.23 칩 프로그래머 실행 화면

② 플래시 메모리를 프로그램하기

5.3절에서 컴파일한 결과 파일을 플래시 메모리에 쓰기 위해서는 File → Load Flash를 실행하여 Flash 메모리에 쓰여질 파일(.rom 확장자)을 버퍼에 로드한 후에 Program → Flash를 실행하면 된다. 교육용 보드에 이미 쓰여진 플래시 메모리의 내용을 읽기 위해서는 Read → Flash를 실행하면 FLASH 버퍼에 저장이 된다. 이렇게 저장된 플래시 메모리의 내용을 확인하기 위해 Edit → Flash을 실행하면 그림 5.24와 같이 버퍼의 내용 확인이 가능하다.

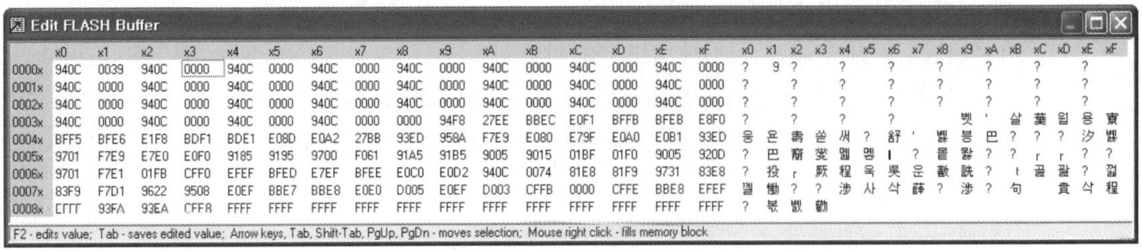

	x0	x1	x2	x3	x4	x5	x6	x7	x8	x9	xA	xB	xC	xD	xE	xF	x0	x1	x2	x3	x4	x5	x6	x7	x8	x9	xA	xB	xC	xD	xE	xF
0000x	940C	0039	940C	0000	940C	0000	940C	0000	940C	0000	940C	0000	940C	0000	940C	0000	?	9	?		?		?		?		?		?		?	
0001x	940C	0000	940C	0000	940C	0000	940C	0000	940C	0000	940C	0000	940C	0000	940C	0000	?		?		?		?		?		?		?		?	
0002x	940C	0000	940C	0000	940C	0000	940C	0000	940C	0000	940C	0000	940C	0000	940C	0000	?		?		?		?		?		?		?		?	
0003x	940C	0000	940C	0000	940C	0000	940C	0000	940C	0000	94F8	27EE	BBEC	E0F1	BFFB	BFEB	E8F0	?		?		?		?		벳	'	살	薰	입	용	實
0004x	BFF5	BFE6	E1F8	BDF1	BDE1	E08D	EQA2	27BB	93ED	958A	F7E9	E080	E79F	EQA0	E0B1	93ED	웅	온	耆	쐬	써	?	舒	'	뱉	뵹	巴	?	?	汐	别
0005x	9701	F7E9	E7E0	E0F0	9185	9195	9700	F061	91A5	91B5	9005	9015	01BF	01F0	9005	920D	?	巴	黯	柴	剴	멍		?	뜰	황	?	r	r	?	?
0006x	9701	F7E1	01FB	CFF0	EFEF	BFED	E7EF	BFEE	E0C0	E0D2	940C	0074	81E8	81F9	9731	83E8	?	投	r	厥	程	윽	晃	운	歗	誅	?	t	골	괄	?	겸
0007x	83F9	F7D1	9622	9508	E0EF	BBE7	BBE8	E0E0	D005	E0EF	D003	CFFB	0000	CFFE	BBE8	EFEF	꿸	嶼	?	涉	사	삭	薛	?	涉	?	句		貴	삭	程
0008x	ΕΓΓΓ	93FA	93EA	CFF8	FFFF	FFFF	FFFF	FFFF	FFFF	FFFF	FFFF	FFFF	FFFF	FFFF	FFFF	FFFF	?	붓	별	勤												

F2 - edits value; Tab - saves edited value; Arrow keys, Tab, Shift-Tab, PgUp, PgDn - moves selection; Mouse right click - fills memory block.

그림 5.24 Flash 버퍼에 저장된 플래시 메모리의 확인

③ EEPROM을 프로그램하기

EEPROM에 데이터를 쓰기 위해서는 File → Load EEPROM을 실행하여 EEPROM에 쓰여질 파일(.eep 확장자)을 버퍼에 로드한 후에 Program → EEPROM을 실행하면 된다. 교육용 보드에 이미 쓰여진 EEPROM의 내용을 읽기 위해서는 Read → EEPROM을 실행하면 EEPROM 버퍼에 저장이 된다. 이렇게 저장된 EEPROM의 내용을 확인하기 위해 Edit → EEPROM을 실행하면 그림 5.25와 같이 버퍼의 내용 확인이 가능하다.

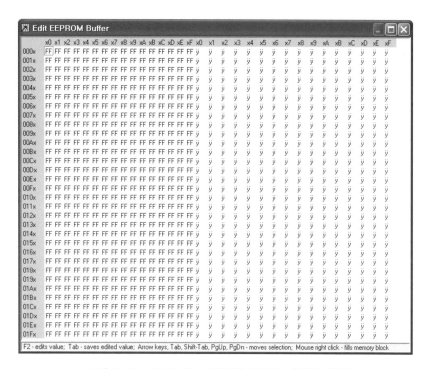

그림 5.25 EEPROM 버퍼에 저장된 데이터 확인

④ 모든 메모리를 프로그램하기

이상의 각각의 메모리에 대한 프로그래밍 과정은 그림 5.23의 **Program All** 버튼에 의해 한 번에 수행될 수 있다.

2) AVR Studio를 이용하여 프로그램을 디버깅하기

5.3절에서 생성된 결과 파일을 이용하여 교육용 보드에 다운로드하지 않고, AVR Studio를 이용하여 프로그램을 디버깅하는 것도 가능하다. AVR Studio는 Atmel사의 홈페이지에서 다운로드 받을 수 있으며, CodeVisionAVR 환경과 연동하여 디버깅하기 위해서는 AVR Studio의 버전은 4.06 이후의 버전을 사용해야만 한다. 본 교재에서는 AVR Studio 4.13 버전을 사용하였으며, 이전의 버전을 사용할 경우에는 CodeVisionAVR에서 컴파일된 디버그용의 파일(coff symbolic 파일)과의 인터페이스를 제공하지 않기 때문에 디버깅을 할 수 없음을 유의하여야 한다.

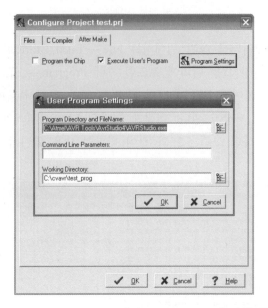

그림 5.26　Program Settings에서 AVR Studio와 작업 폴더의 설정

　　CodeVisionAVR과 AVR Studio를 연동하기 위해서는 그림 5.18의 [After Make] 탭 설정 기능에서 <Execute User's Program> 체크 박스를 설정함으로써 가능해진다. <Execute User's Program> 체크 박스를 선택하면 Program Settings 이라는 버튼이 나타나고, 이를 클릭하면 그림 5.26과 같이 외부 프로그램과 연동할 수 있는 프로그램의 경로(Program Directory and FileName)와 현재 작업중인 프로젝트의 경로를 설정할 수 있는 화면이 나타난다. 여기에 사용자의 환경에 맞게 AVR Studio가 들어있는 폴더와 현재 작업 중인 파일의 경로를 설정하여 놓는다.

　　이렇게 설정한 후에, Project → Make를 실행하면 그림 5.27과 같이 Execute User's Program을 실행할 수 있는 Execute User's Program 버튼이 생성되고, 이 버튼을 클릭하면 AVR Studio 프로그램이 실행된다.

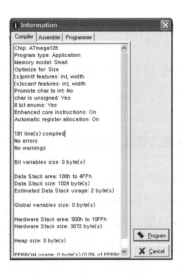

그림 5.27　Project → Make 실행한 후의 Execute User's Program 아이콘의 생성

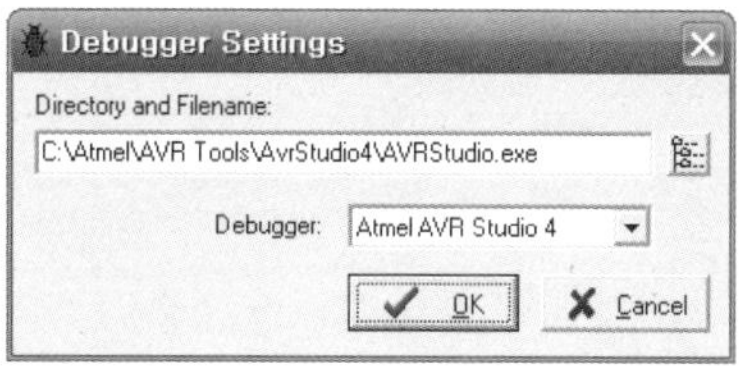

그림 5.28 AVR Studio 디버거의 설정

AVR Studio 프로그램을 연동하기 위한 또 다른 방법은 CodeVisionAVR의 Settings → Debugger 메뉴에서 AVR Studio를 디버거 프로그램으로 등록하는 것이다. 이 과정은 Settings → Debugger을 실행하면 그림 5.28과 같은 명령어 설정 창이 생성되고, 여기에 AVR Studio 프로그램의 경로와 디버거를 선택하면 된다. 이를 실행할 때에는 Tools → Debugger을 실행하거나 메뉴 밑의 아이콘 을 클릭하면 AVRStudio 프로그램이 실행된다.

이제 CodeVisionAVR과 AVR Studio를 연동하여 디버깅할 수 있는 환경이 구축되었다. 이상의 설명과 같이 Project->Make를 실행한 후에 Execute User's Program 버튼을 클릭하거나, Tools → Debugger(단축 아이콘)을 클릭하면 AVRStudio 프로그램이 실행되어, 그림 5.29와 같은 AVR Studio 화면이 나타난다.

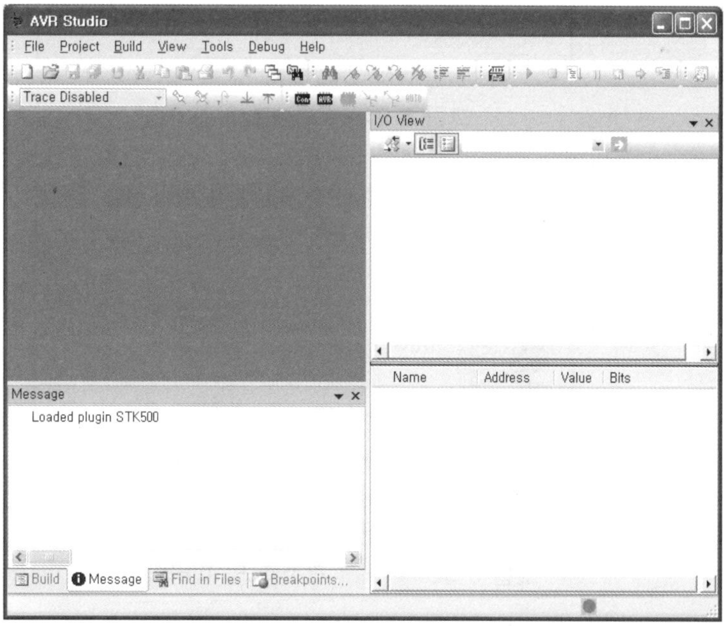

그림 5.29 AVR Studio 프로그램 실행 화면

AVR Studio에서 디버깅을 하기 위해서는 다음과 같은 과정을 거쳐야 한다.

❶ File → Open을 실행하여 프로그램을 디버깅하기 위해서 그림 5.30과 같이 디버그 파일을 열기를 한다. 디버그용의 파일은 위에서 설명한 것과 같이 '＊.coff' 확장자를 가지고 있어야 한다. 본 실험 과정에서는 test.coff 파일을 선택한다.

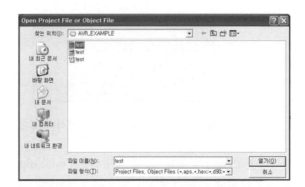

그림 5.30   디버그 파일 열기

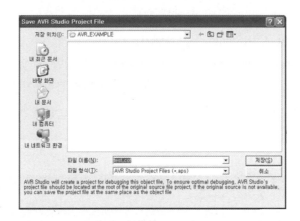

그림 5.31   프로젝트 파일 저장

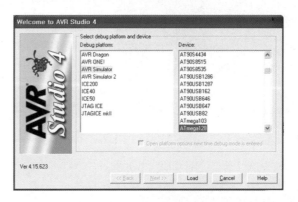

그림 5.32   디버그 플랫폼 및 디바이스 선택

❷ ①의 과정이 종료되면 그림 5.31과 같이 프로젝트가 자동으로 생성되며, 새로운 프로젝트
이름을 입력한 후 저장한다. 본 실험 과정에서는 test_cof.aps 파일로 지정하였다. 여기서
확장자 aps는 AVR Studio에서의 프로젝트 파일을 의미한다.

❸ ②번 과정이 종료되면, 그림 5.32와 같이 디버그 플랫폼 및 디바이스를 선택 화면이 나타나며,
여기서는 디버그 환경은 AVR Simulator를 선택하고, 디바이스는 ATmega128을 선택한다.

❹ ③번 과정이 종료되면, 그림 5.33과 같이 통합 환경의 디버거가 실행이 된다.

그림 5.33의 통합 환경의 디버거에서 왼쪽의 Processor는 ATmega128 코어의 내부 상태를 나타내고, 가운데는 실행 중인 test 프로그램의 소스 코드를 나타내고 있다. 오른쪽의 I/O View는 ATmega128의 기능별 레지스터 값을 나타내고, 오른쪽 밑은 현재 실행 중인 명령어에서의 레지스터 상태의 값을 나타낸다. 소스 코드의 실행에서 ●은 BreakPoint를 의미하며 ⇨은 현재 실행 중인 명령어의 위치를 의미한다.

표 5.1에는 프로그램 개발 및 디버그를 위해 AVR Studio에서 많이 사용되는 명령을 요약하여 놓았다. 이 명령들을 이용하여 프로그램 소스를 명령어별, 함수별로 순차적으로 프로그램을 실행하여 프로그램의 동작 상태를 확인할 수 있으니, 독자들 스스로가 많은 연습을 하기 바란다.

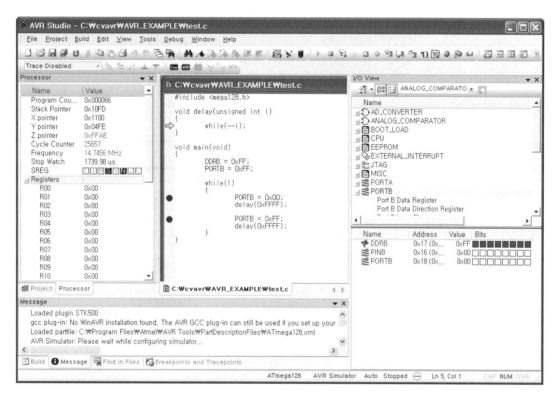

그림 5.33 통합 환경의 디버거 실행

표 5.1 AVR Studio에서 사용되는 명령어 요약

명령	단축키	기능
Start Debugging	Ctrl+Shift+Alt+F5	디버그 시작
Stop Debugging	Ctrl+Shift+F5	디버그 끝
Run	F5	Breakpoint가 있는 위치까지 자동 실행
Break	Ctrl+F5	자동 실행에서 현재 실행하고 있는 위치의 명령에서 강제 정지
Reset	Shift+F5	프로그램 초기화

표 5.1   AVR Studio에서 사용되는 명령어 요약(계속)

명령	단축키	기능
Setp Info	F11	다음 명령어 실행, 다음 실행해야 할 명령어가 함수이면 함수 내로 진입하여 실행
Setp Over	F10	다음 명령어 실행, 다음 실행해야 할 명령어가 함수이면 함수를 하나의 명령어로 인식하여 실행
Step Out	Shift+F11	현재 실행 중인 함수가 끝날 때까지 명령 실행
Run to Cursor	Ctrl+F10	현재 커서 위치가 있는 명령까지 자동 실행
Auto Step	Alt+F5	실행 과정별로 자동으로 명령 실행
Next Breakpoint	Ctrl+F9	다음 Breakpoint가 있는 위치까지 자동 실행
Toggle Breakpoint	F9	Breakpoint 지정 및 해제
Remove all Breakpoints		모든 Breakpoint 해제

5.4   인텔 16진 파일의 분석

이상의 과정을 거쳐 작성한 프로그램의 실행(결과) 파일은 인텔 16진 파일이 생성되고, 이 파일이 최종적으로 AVR의 플래시 메모리에 저장된다. 인텔 16진 파일에 대한 상세한 사항은 AVR을 학습하는 과정에는 불필요한 것으로 느껴지지만, 실제 하드웨어 및 소프트웨어를 디버그하는 데에는 유용하게 사용되므로 이에 대한 이해는 반드시 필요하다고 생각된다. 따라서 본 절에서는 결과 파일인 인텔 16진 코드에 대해 자세히 분석하기로 한다.

CodeVision C 컴파일러의 최종 출력 파일은 절대 목적 파일(absolute object file)이다. 인텔 16진 파일 형식은 기본적인 목적 파일의 형식이다. 이 형식은 라인 당 하나의 레코드를 갖는 ASCII 파일 형식으로 되어 있고, CR(carriage return)과 LF(line feed)를 제외하면 오로지 ASCII 문자만을 사용한다. 모든 라인은 다음과 같은 형식으로 되어 있다.

: NN AAAA RR HH CC CRLF

여기서 사용되는 심볼은 표 5.2에 나타내었다.
인텔 16진 파일에서 사용되는 레코드 형식은 다음과 같다.

00 - 데이터 레코드
01 - 파일 레코드의 끝
02 - 확장된 세그먼트 어드레스 레코드
03 - 시작 세그먼트 어드레스 레코드
04 - 확장된 선형 어드레스 레코드
05 - 시작 선형 어드레스 레코드

표 5.2 인텔 16진 파일에서 사용되는 기호 정의

위치	설명
1	**Record Marker** : 라인의 첫 번째 문자는 인텔 16진 파일임을 나타내기 위하여 항상 콜론(ASCII 0x3A)을 사용한다. 즉, 레코드의 시작을 의미한다.
2 - 3	**Record Length** : 이 필드는 레코드에 있는 데이터 바이트의 수를 두 자리의 16진수로 표현한다. 이는 라인의 체크섬과 첫 번째 9문자를 포함하지 않고, 순수한 데이터 바이트의 전체 수이다.
4 - 7	**Address** : 이 필드는 데이터가 칩 상에 놓이는 어드레스를 나타낸다. 값은 0x0000에서 0xFFFF로 4자리의 16진수 값을 갖는다.
8 - 9	**Record Type** : 이 필드는 라인에 대한 레코드 형태를 나타낸다. 가능한 레코드 값은 다음과 같다. 00=데이터 레코드, 01=End of File 레코드, 이외에 02, 03, 04, 05의 값을 가질 수 있다. 이는 아래에서 자세히 설명한다.
10 - ?	**Data Byte** : 다음의 바이트들은 실제 ROM에 주어지는 실제 데이터이다. 이 데이터는 두 자리의 16진수 값이다.
Last 2 character	**CheckSum** : 라인의 마지막 두 문자는 라인에 대한 체크섬이다. 체크섬 값은 라인의 처음 시작인 콜론과 체크섬 바이트를 제외한 모든 데이터의 합의 2의 보수를 취해 얻은 값이다. 이의 수행 과정은 아래에서 자세히 설명한다.

1) 데이터 레코드(Data Records)

인텔 16진 파일은 CR과 LF로 끝나는 여러 자리의 데이터 레코드로 구성되어 있다. 데이터 레코드는 다음과 같이 나타난다.

:10246200464C5549442050524F46494C4500464C33

여기서, 10은 레코드에 있는 데이터 바이트 수이고, 2462는 데이터가 메모리 내에 위치하는 어드레스를 나타내고, 00은 레코드 형식으로 데이터 레코드를 의미한다. 그리고, 464C...464C는 데이터들이며, 33은 레코드의 체크섬이다.

2) 확장된 선형 어드레스 레코드(HEX386)

확장 선형 어드레스 레코드는 32비트 어드레스 레코드와 HEX386 레코드로서 알려져 있다. 이 레코드는 데이터 어드레스의 상위 16비트(bits 16-31) 를 포함하고 있다. 확장 선형 어드레스 레코드는 항상 두 개의 데이터 바이트를 가지며, 다음과 같이 나타난다.

:02000004FFFFFC

여기서, 02는 레코드에 있는 데이터 바이트 수이고, 0000은 어드레스 필드이다. 확장 선형 어드레스 레코드에서 이 필드는 항상 0000이다. 그리고, 04는 레코드 형식이다. 즉 확장 선형 어드레스 레코드를 의미하고, FFFF는 상위 16비트 어드레스를 나타낸다. 이 레코드의 마지막 바이트인 FC는 레코드의 체크섬으로 다음과 같이 계산된다.

```
01h + NOT(02h + 00h + 00h + 04h + FFh + FFh)
```

확장 선형 어드레스 레코드가 읽혀지면, 데이터 필드 내에 저장된 확장 선형 어드레스는 저장되고, 인텔 16진 파일에서 읽혀지는 후속 레코드에 적용된다. 이 선형 주소는 다른 확장 어드레스 레코드에 의해 변경될 때까지 유효한 상태로 남아 있다.

데이터 레코드의 절대 어드레스는 확장 선형 어드레스 레코드와 데이터 레코드의 주소 필드로부터 오는 주소를 사용하여 레코드와 다음과 같은 과정에 의해 얻어진다.

데이터 레코드의 주소 필드로부터 얻어진 주소	2462
확장된 선형 어드레스 레코드의 데이터 필드	FFFF
	————
절대 메모리 어드레스	FFFF2462

3) 확장된 세그먼트 어드레스 레코드(HEX86)

HEX86으로 알려진 확장된 세그먼트 어드레스 레코드는 데이터 세그먼트의 4∼19 비트를 포함한다. 확장 세그먼트 어드레스 레코드는 항상 두 개의 바이트를 갖고, 다음과 같이 표현된다.

```
:020000021200EA
```

여기서, 02는 레코드에 있는 데이터 바이트 수이고, 0000은 어드레스 필드로 확장 세그먼트 어드레스 레코드에서 이 필드는 항상 0000이다. 그리고, 02는 레코드 형으로 확장된 세그먼트 어드레스 레코드에서 항상 02이다. 1200는 어드레스의 세그먼트이고, EA는 레코드의 체크섬으로 다음과 같이 계산된다.

```
01h + NOT(02h + 00h + 00h + 02h + 12h + 00h).
```

확장 세그먼트 어드레스 레코드가 읽혀지면, 데이터 필드 내에 저장된 확장 세그먼트 어드레스는 저장되고, 인텔 16진 파일에서 읽혀지는 후속 레코드에 적용된다. 이 세그먼트 주소는 다른 확장 어드레스 레코드에 의해 변경될 때까지 유효한 상태로 남아 있다.

데이터 레코드의 절대 어드레스는 확장 세그먼트 어드레스 레코드와 후속으로 오는 데이터 레코드의 주소로부터 다음과 같은 과정으로 더해 얻어진다.

데이터 레코드의 어드레스 필드로부터 얻어진 어드레스	2462
확장된 세그먼트 어드레스 레코드의 데이터 필드	1200
	————
절대 메모리 어드레스	00014462

4) 파일의 끝 레코드

인텔 16진 파일은 반드시 EOF(end-of file) 레코드로 끝난다. 이 레코드는 레코드 필드에 반드시 01의 값을 갖는다. EOF 레코드는 항상 다음과 같이 나타난다.

:00000001FF

여기서 00는 레코드에 있는 데이터 바이트 수이고, 0000은 데이터가 메모리 내에 위치하는 어드레스이다. EOF 레코드에서 어드레스는 아무 의미가 없으므로 무시된다. 0000h라는 주소는 일반적이다. 그리고 01은 레코드 형이다. 즉 end-of-file 레코드를 나타내고, FF는 레코드의 체크섬으로 다음과 같이 계산된다.

$$01h + NOT(00h + 00h + 00h + 01h)$$

5) 체크섬의 계산 원리

체크섬은 다음과 같이 정의된다.

```
sum = byte_count+address_hi+address_lo+record_type+(sum of all data bytes)
checksum=((-sum)&ffh)
```

위의 형식 표에서 설명한 바와 같이 마지막 두 문자가 라인에서의 데이터에 대한 체크섬을 나타낸다. 체크섬은 두 자리의 16진수 값이기 때문에 0에서 255까지의 값을 갖는다. 체크섬은 라인의 처음 시작인 콜론과 체크섬 바이트를 제외한 모든 데이터의 값을 더하고, 이에 대해 2의 보수 값을 취함으로써 계산된다. 예를 들면 다음과 같이 계산된다.

:0300300002337A1E

이 라인 데이터를 각각의 요소로 나누어 보면 다음과 분리된다. 레코드 길이는 03이고, 데이터가 저장되어야 하는 주소는 0030h이다. 이 주소부터 3바이트인 0030,0031,0032h 번지로 차례대로 저장된다. 레코드 형은 00으로 일반적인 16진 데이터를 의미하고, 이 레코드의 체크섬은 1Eh이다. 이상의 모든 데이터 바이트를 취하여 체크섬을 구하면 다음과 같은 16진수 값을 갖는다.

```
03 + 00 + 30 + 00 + 02 + 33 + 7A = E2
```

구해진 E2에 2의 보수를 취하면 1E가 되고, 이것이 최종적인 체크섬 값이 된다. 만약 구해진 값이 FFh보다 크다면, 간단하게 100h보다 작은 값을 취하면 된다. 예를 들면, 494h값의 2의 보수 값을 얻기 원한다면, 간단하게 제일 윗자리의 4를 생략하고 94h만을 취하여 이의 보수를 취하면 된다. 즉, 94h의 보수인 6Ch가 체크섬으로 얻어진다.

이상의 기본 개념을 갖고, 실제 C언어로 작성된 프로그램이 AVR 어셈블러를 거쳐 생성된 인텔 16진 파일을 살펴보도록 하자. 다음은 본 장에서 사용한 test.c 프로그램 소스 파일을 컴파일하여 얻은 text.hex 파일 전체를 나타내고 있다.

```
:080000000C9439000C9400007F
:100008000C9400000C9400000C9400000C94000068
:100018000C9400000C9400000C9400000C94000058
:100028000C9400000C9400000C9400000C94000048
:100038000C9400000C9400000C9400000C94000038
:100048000C9400000C9400000C9400000C94000028
:100058000C9400000C9400000C9400000C94000018
:100068000C9400000C9400000000F894EE27ECBB00
:10007800F1E0FBBFEBBFF0E8F5BFE6BFF8E1F1BD8B
:10008800E1BD8DE0A2E0BB27ED938A95E9F780E01A
:100098009FE7A0E0B1E0ED930197E9F7E0E7F0E032
:1000A80085919591009761F0A591B591059015906E
:1000B800BF01F00105900D920197E1F7FB01F0CF28
:1000C800EFEFEDBFEFE7EEBFC0E0D2E00C947400B5
:1000D800E881F9813197E883F983D1F72296089569
:1000E800EFE0E7BBE8BBE0E005D0EFE003D0FBCFF3
:1000F8000000FECFE8BBEFEFFFEFFA93EA93E8CFFB
:00000001FF
```

그림 5.30은 test.hex 파일에 있는 인텔 16진 파일의 일부를 독자의 이해를 돕기 위해서 분석한 것으로 나머지 라인에 대해서도 인텔 16진 파일이 형식에 맞추어 되어 있는지 확인하여 보기 바란다. 그러면 확실하게 인텔 16진 파일의 형식을 이해할 수 있을 것이다.

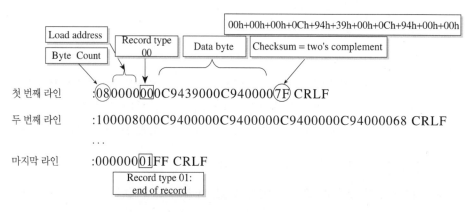

그림 5.34   인텔 16진 형식

연습문제

1 마이크로컨트롤러를 사용하여 시스템을 개발하기 위한 과정을 설명하시오.

2 CodeVsionAVR IDE 환경의 특징을 조사하시오.

3 AVR ISP에는 세 가지 형태가 있다. 이들은 무엇인가?

4 병렬 포트형 AVR ISP의 구성 원리를 조사하고, 이의 활용법에 대해 설명하시오.

5 AVR ISP에서 사용되는 신호선 규격에 대해 설명하시오.

6 Atmel에서 제공하는 STK500 프로토콜에 대해 조사하시오.

7 다음은 인텔 16진 코드의 예이다. 다음 질문에 답하시오.

    :100800007589117F007E0575A88AD28FD28D80FEF2
    :10081000C28C758C3C758AB0DE087E050FBF09025E
    :100820007F00D28C32048322FB90FC0CFC7AFCAD5E
    :0A083000FD0AFD5CFDA6FDC8FDC831
    :00000001FF

(a) 이 프로그램의 시작 번지는 무엇인가?

(b) 이 프로그램의 길이는 어떻게 되나?

(c) 이 프로그램의 마지막 주소는 무엇인가?

08 다음의 인텔 16진 코드에는 체크섬(checksum) 에러를 갖고 있다. 부정확한 체크섬은 마지막 두 문자 "00"이다. 정확한 체크섬은 얼마인가?

:100800007589117C007F0575A8FFD28FD28D80FE00

09 다음의 인텔 16진 코드의 내용에서 제일 마지막 줄의 의미를 파악하여 설명하시오.

:090100007820765508B880FA2237

:00000001FF

10 사용자 프로그램을 다운로드할 때 인텔 16진 형식 파일을 사용하는 이유는 무엇이며, 이 파일 형식은 어떻게 구성되어 있는지 설명하시오.

CHAPTER 06

포트의 이해

지금까지 ATmega128의 사용을 위하여 교육용 보드의 하드웨어 설계 과정과 프로그램 작성을 위한 CodeVision C 컴파일러 환경 및 C언어 활용에 대해 학습하였다. 이번 장부터는 이를 기반으로 하여 ATmega128의 내부 기능에 대해 C언어 프로그램을 작성하여 제어하는 방법을 상세하게 설명하기로 한다. 먼저 본 장에서는 ATmega128 I/O 포트의 구조와 기능에 대해서 설명하고, 실험을 통해 I/O 포트의 동작을 철저히 이해하도록 한다.

6.1 포트의 구조 및 기본 동작

1) I/O 포트의 기본 구조

ATmega128에는 8비트의 I/O 포트 6개(포트 A ~ 포트 F)와 5비트의 I/O 포트(포트 G)를 내장하고 있어 총 53개의 I/O 포트를 가지고 있다. ATmega128의 포트가 범용의 디지털 I/O로 사용될 경우에는 리드-모디파이-라이트(Read-Modify-Write)기능을 수행할 수 있다. 여기서, 리드-모디파이-라이트 기능이라는 것은 I/O 포트의 입출력을 변경하지 않고도 동시에 입력과 출력의 기능을 수행할 수 있는 구조로 I/O가 설계되어 있다는 것이며, 이 기능의 제어는 어셈블리 명령어인 SBI(Set Bit in I/O register)와 CBI(Clear Bit in I/O register) 명령에 의해 수행되며, 입출력 방향의 변경없이 포트의 동작 방향이 달라질 수 있다는 것을 의미한다.

각 포트는 입력과 출력으로 사용할 수 있는 구조로 그림 6.1과 같이 구성되어 있다. 포트의 입력단에는 포트의 보호를 위해 Vcc와 GND 사이에 보호 다이오드가 달려 있으며, 회로의 입력과 출력을 안정화시키기 위한 풀업 저항(R_{pu})도 내장하고 있다. 풀업 저항과 Vcc 사이에 FET 스위치가 달려 있어서 스위치의 On/Off 동작에 의해 풀업 저항의 사용 여부를 선택할 수 있도록 되어 있으며, 일반적으로 내장형 풀업 저항은 부하가 작은 상태를 지원하기 위한 것으로 20kΩ~50kΩ 사이의 값을 가지고 있다. 만약 부하가 커서 포트의 전류가 부족할 경우에는 핀의 외부에 풀업 저항을 내장 풀업 저항보다 작은 저항을 선택하여 원하는 용도에 맞는 값으로 회로를 설계해주어야 한다.

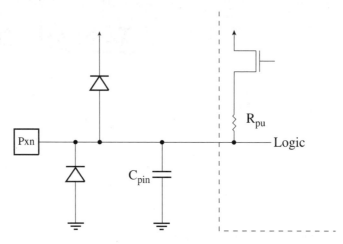

그림 6.1 I/O 핀의 등가 회로

입출력 포트가 출력포트로 사용될 경우에 있어서 논리 1을 출력할 경우에는 핀에서 전류가 유출되는데 이를 소스 전류(source current)라 부르고, 논리 0을 출력할 경우에는 반대로 외부에서 핀을 통해 IC 내부로 전류가 유입되는데 이를 싱크 전류(sink current)라 부른다. ATmega128의 소스 전류와 싱크 전류의 최대 허용 범위는 모두 40mA로 동일하며, 포트의 구동 전류만으로 직접 LED의 구동이 가능하다.

모든 병렬 I/O 포트는 SRAM의 영역 내에 I/O 포트를 위한 별도의 메모리 공간인 특수 목적 레지스터(SFIOR)를 엑세스함으로써 입출력 동작을 할 수 있다.

ATmega128에 내장된 병렬 I/O 포트는 위에서 설명한 바와 같이 포트 A~G를 내장하고 있으며, 기능이 모두 동일하기 때문에 본 절에서는 설명을 위해 PORTxn으로 정리하여 표현하기로 한다. 여기서 x는 포트 A~G를 나타내며, n은 각 포트의 비트 번호 0~7을 나타낸다. 즉, PORTx는 PORTA~PORTG를 나타내며, PORTB4는 PORTB의 4번째 비트를 가리킨다.

각각의 포트는 3개의 I/O 레지스터를 사용하여 제어할 수 있도록 구성되어 있으며, 이들은 입출력의 방향을 설정하는 DDRx 레지스터(Data Direction Register), 데이터 출력에 해당하는 PORTx 레지스터와 포트 입력 핀에 해당하는 PINx 레지스터(Port Input Pins Register)이다. 일반적으로 대부분의 마이크로컨트롤러의 경우에는 입력과 출력 데이터 레지스터를 구분하지 않고 사용하여 왔으나, AVR의 경우에는 이렇게 입력 및 출력의 레지스터를 각각 다른 I/O 공간으로 지정하여 사용하고 있다는 점을 유의하여야 한다. 또한, PORTx와 DDRx 레지스터는 읽기/쓰기가 모두 가능하지만 PINx는 읽기만 가능하고 쓰기는 불가능하다는 점에도 유의하여야 한다.

DDRx 레지스터는 I/O 포트의 방향을 설정하는 레지스터로서 각 비트를 1로 설정하면 포트는 출력으로 결정되고, 각 비트를 0으로 설정하면 포트는 입력으로 결정된다.

- DDRxn = 0 : PORTxn = 입력 → 입력된 데이터가 PINxn에 저장됨.
- DDRxn = 1 : PORTxn = 출력 → PORTxn의 데이터가 출력됨.

각 포트에 관련된 레지스터의 비트 구성은 그림 6.2와 같으며, ATmega128의 I/O 포트 레지스터는 포트 A~F는 모두 동일한 구조를 가지고 있으며, 포트 G는 5개의 비트만 사용하고 있다. 따라서 그림 6.2에는 포트 A와 포트 G의 비트 구성만 나타내었고, 각 포트에 대한 자세한 비트 구성 및 주소는 2장의 I/O 레지스터 맵을 설명하는 표 2.10이나 부록 2를 참조하기 바란다.

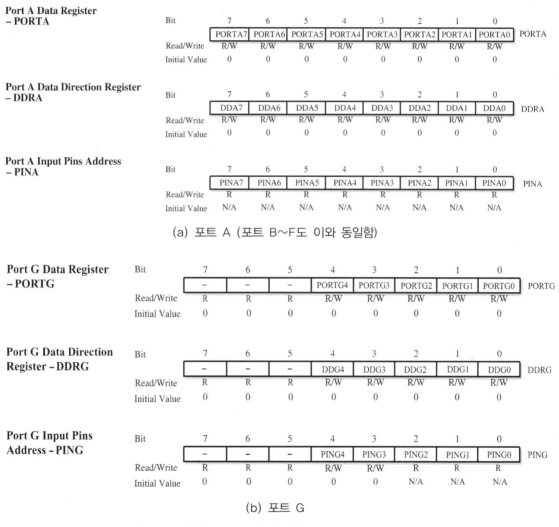

그림 6.2 병렬 I/O 포트에 관련된 레지스터의 비트 구성도

2) I/O 포트의 기본 동작

그림 6.3에는 I/O 포트의 각 핀들이 범용 I/O 핀으로 동작할 때의 내부 구성을 나타내었다. 그림을 자세히 살펴보면 내부 데이터 버스와 직접 연결된 두 개의 플립플롭이 있는데, 플립플롭(DDxn) ①은 DDR 레지스터 중에 하나의 비트를 나타내고, 플립플롭(PORTxn) ②는 입/출력의 용도로써 사용되는 PORT 레지스터 중에서 하나의 비트를 나타낸다. 또한, 클럭 동기회로(SYNCHRONIZER)라는 플립플롭(PINxn) ③이 있는데, 이는 입력 핀의 신호를 직접 읽을 수 있도록 구성된 PIN 레지스터 중에 하나의 비트를 나타낸다.

그림 6.3의 I/O 포트는 입력과 출력을 모두 포함하고 있으므로, I/O 포트를 입력으로 사용할지 아니면 출력으로 사용할지를 먼저 결정을 하여야 한다. I/O 포트의 입출력을 결정하는 레지스터는 방향 설정 레지스터(DDRx)로서 그림에서는 DDxn 플립플롭에 해당한다. 만약, DDxn 비트가 1로 설정되면, DDxn 플립플롭의 출력에 연결되어 있는 3-상태 버퍼가 허가되어 출력 핀으로 설정되고, PORTxn 플립플롭에 쓰여진 데이터가 출력된다. 또한 DDxn 비트가 0으로 설정되면, DDxn 플립플롭의 출력에 연결되어 있는 3-상태 버퍼가 차단되어 PORTxn 플립플롭의 상태를 입력할 수 있도록 구성된다.

DDxn이 출력으로 설정되어 플립플롭 ②가 출력으로 동작하는 경우에 PORTxn에 0을 쓰면 이 핀의 출력은 0으로 되어 싱크로 동작하고, PORTxn에 1을 쓰면 출력은 1로 되어 소스로 동작한다.

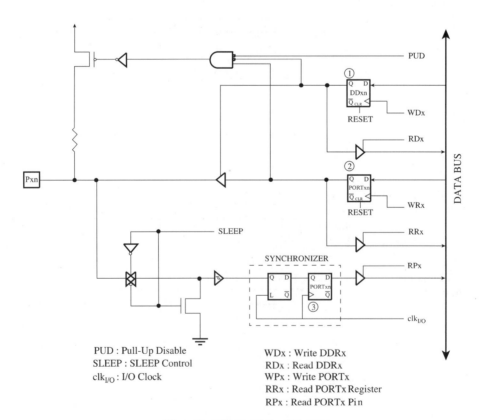

PUD : Pull-Up Disable
SLEEP : SLEEP Control
clk$_{I/O}$: I/O Clock

WDx : Write DDRx
RDx : Read DDRx
WPx : Write PORTx
RRx : Read PORTx Register
RPx : Read PORTx Pin

그림 6.3 입출력 핀의 기본 구조

표 6.1 I/O 포트 핀의 설정에 따른 동작 모드

DDXn	PORTxn	PUD	I/O	풀업 저항	비고
0	0	x	입력	No	3상태(Hi-Z)
0	1	0	입력	Yes	외부 저항에 의해 풀-다운되어 있다면 Pxn은 소스 전류가 된다.
0	1	1	입력	No	3상태(Hi-Z)
1	0	x	출력	No	L 출력(싱크)
1	1	x	출력	No	H 출력(소스)

DDxn이 입력으로 설정된 경우는 출력으로 설정된 경우보다 내부 구성이 좀 복잡해진다. 포트가 입력으로 동작하는 경우에는 그림의 상단에 있는 AND 게이트의 동작을 고려하여야 한다. 이 AND 게이트의 입력에는 SFIOR 레지스터의 PUD(Pull-Up Disable) 비트가 하드웨어적으로 연결되어 I/O 내부의 FET를 제어한다. 즉, PUD 신호를 1로 설정하면 AND 게이트는 금지되고, 이로 인해 FET가 Off되어 풀업 저항이 연결되지 않는다. 이 상태에서는 PORTxn의 상태에 상관없이 외부 핀은 플로팅 상태로 된다. 또한, 만약 I/O 포트가 입력으로 설정된 상태에서 PUD 신호를 0으로 설정하고, PORTxn을 1로 설정하면 AND 게이트는 허가되어 FET는 On 상태로 된다. 이 상태에서는 외부 핀은 풀업 저항이 연결된다. 따라서 외부 핀의 상태가 0이되면 이 핀은 전류 소스로 동작하게 된다. 마지막으로 I/O 포트가 입력으로 설정된 상태에서 PORTxn이 0으로 설정되어 있으면 AND 게이트는 PUD 신호와 상관없이 금지되고 이로 인해 FET는 Off로 되어 풀업 저항이 연결되지 않고, 플로팅 상태가 된다. 이상의 I/O 포트의 입출력 동작에 대한 동작 모드를 표 6.1 간단하게 제시하였으니 참고하기 바라고, 이에 대해 자세히 분석하여 보기 바란다. 여기서 SFIOR 레지스터에 대한 자세한 설명은 2장의 그림 2.24를 참조하기 바란다.

3) 외부 핀의 신호를 읽기

ATmega128의 I/O 포트를 읽는 과정은 그림 6.3에 나타난 바와 같이 두 가지의 경로가 존재한다. 하나는 PORTxn 플립플롭을 통해 읽는 경로이고, 또 다른 하나는 직접 PINxn을 통해 읽는 경로이다. 일반적으로 입력 핀의 신호를 읽는 경우에는 직접 PINxn을 통해 읽는 경로를 사용하고, 위에서 설명한 리드-모디파이-라이트 (Read-Modify-Write) 처리를 수행할 경우에는 PORTxn 플립플롭의 경로를 사용한다. 이렇게 리드-모디파이-라이트 처리의 경우에 PINxn의 신호를 읽지 않고 PORTxn 신호를 읽는 이유는 PORTxn으로 출력되는 I/O 포트의 부하 임피던스에 의하여 PINxn으로 입력되는 논리값의 상태가 달라질 수 있기 때문이다. 이러한 주의 사항을 상기하면서 외부 핀의 신호를 읽는 과정을 살펴보기로 하자.

I/O 포트의 신호는 DDRx 레지스터의 DDxn 비트의 설정에 관계없이 PINxn 레지스터를 통해 직접 읽을 수 있다. 그러나 그림 6.3에 표시한 바와 같이 PINxn 레지스터 비트는 불안정 상태 (metastabilty)를 피하기 위하여 클럭 동기 회로를 사용하는데, 그림 6.4의 (a)에서 볼 수 있는 바

와 같이 핀 상태의 입력 동작에 최소 $t_{PD,min}$(0.5 클럭)에서 최대 $t_{PD,min}$(1.5 클럭)의 시간지연이 발생한다. 따라서, PORTxn 비트에 출력한 값을 다시 읽을 경우에는 곧 바로 읽으면 안 되고, 그림 6.4(b)에 제시한 것과 같이 NOP 명령을 삽입하여 약간의 시간지연을 두고 읽는 것이 바람직하다. NOP 명령을 사용할 경우의 시간지연은 t_{PD}(1 클럭)으로 일정하게 유지할 수 있다.

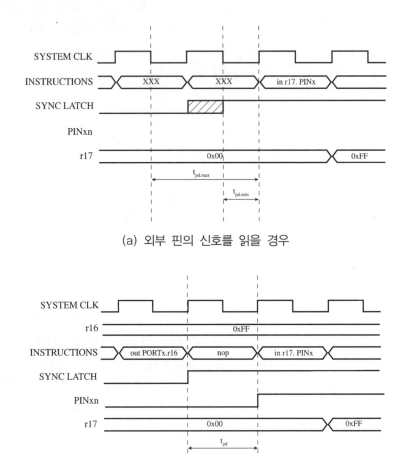

(a) 외부 핀의 신호를 읽을 경우

(b) 포트로 출력한 후에 다시 외부 핀의 신호를 읽을 경우

그림 6.4 외부 핀의 신호를 읽는 동작의 타이밍도

그림 6.3을 살펴보면, I/O 핀(PIN) 부분에 SLEEP 신호를 볼 수 있다. 이 SLEEP 신호는 입력 신호가 플로팅되어 있거나 $V_{CC}/2$에 가까운 아날로그 신호가 입력이 될 경우에 전원차단, 전원절감 등의 슬립모드에서 AVR의 소비소모를 줄이기 위해 설정되는 신호이다. 즉, SLEEP 신호에 의하여 각 포트의 핀 입력은 슈미트트리거의 입력에서 접지로 클램프(clamp)되어 동작이 차단된다.

SLEEP 신호는 외부 인터럽트 핀으로 허가된 모든 포트 핀의 신호를 무시하도록 직접 작용된다. 만약 외부 인터럽트 요구가 허가되어 있지 않을 경우에는 SLEEP 신호에 의해 이들 핀은 활성화되고, 또한, SLEEP 신호는 I/O 포트의 다른 다중 기능에 의해서도 직접 작용될 수 있다.

또한, I/O 핀이 사용되지 않을 경우에는 이 핀의 상태를 정해진 레벨로 고정시켜두는 것이 바람직하다. 대부분의 디지털 입력 핀이 이상의 설명과 같은 슬립 모드에서 사용되지 않는다고 할지라도, 전류 소모를 줄이기 위하여 입력이 플로팅되는 것은 방지되어야 한다. 따라서 이렇게 입력이 플로팅되는 것을 방지하기 위해 가장 간단하게 사용하는 방법은 내부의 풀업 저항을 연결하는 것이다. 이러한 경우에 리셋 기간 동안에는 풀업 저항이 연결되지 않게 된다. 만약 리셋 기간 동안의 전력 소모가 중요한 요소가 된다면, 외부에서 풀업 또는 풀다운 저항을 사용하여 입력 핀의 상태를 확실한 논리 레벨로 설정하여 놓는 것이 바람직하다.

6.2 I/O 포트의 부가적인 기능

ATmega128의 입출력 핀은 6.1절에서 설명한 기본적인 기능 외에도 부가적인 기능을 1 또는 두 가지 이상을 가지고 있다. 이것은 다양한 기능을 내장하고 있는 마이크로컨트롤러에서 볼 수 있는 일반적인 특징이기도 하다. 그림 6.5는 그림 6.3에서 설명한 기본적인 I/O 동작에다 부가기능이 추가된 전체적인 I/O핀의 내부 구성을 보여준다. 이 내부 구성도를 보면 내부에 부가된 기능이 어떻게 동작하는지 알 수 있을 것이다. 그러나 이러한 포트의 자세한 동작을 모르고 있더라도 ATmega128를 제어하는 데에는 문제가 없으므로, 본 교재에서는 자세한 설명은 생략하기로 한다. 만약 부가가적인 기능들이 어떻게 수행되는지 궁금한 독자들은 데이터 매뉴얼에 자세히 설명이 되어 있으므로 이를 참조하기 바란다.

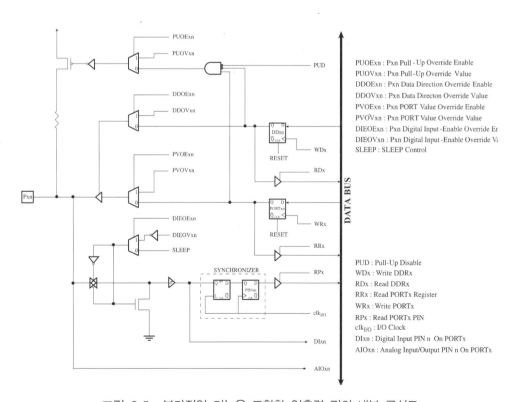

그림 6.5 부가적인 기능을 포함한 입출력 핀의 내부 구성도

표 6.2 포트 A의 부가적인 기능 요약

포트 핀	기능
PORTA 7	AD7(Address / Data 7)
PORTA 6	AD6(Address / Data 6)
PORTA 5	AD5(Address / Data 5)
PORTA 4	AD4(Address / Data 4)
PORTA 3	AD3(Address / Data 3)
PORTA 2	AD2(Address / Data 2)
PORTA 1	AD1(Address / Data 1)
PORTA 0	AD0(Address / Data 0)

1) 포트 A

포트 A에는 범용 I/O 포트의 기능뿐만 아니라, 표 6.2와 같이 외부 메모리를 확장할 경우에 주소버스 16비트 중에서 하위 8비트와 데이터 버스 8비트의 기능을 동시에 수행할 수 있는 주소/데이터 선의 기능이 부가되어 있다.

2) 포트 B

포트 B는 범용 I/O 포트의 기능뿐만 아니라, 표 6.3과 같이 타이머/카운터의 외부 입력 기능, SPI 인터페이스를 위한 데이터선(MISO, MOSI)과 클럭선(SCK), 슬레이브 선택선($\overline{SS}$) 등의 부가적인 기능을 가지고 있다.

표 6.3 포트 B의 부가적인 기능 요약

포트 핀	기능
PORTB 7	OC2(Output Compare and PWM Output for Timer/Counter2) OC1C(Output Compare and PWM Output C for Timer/Counter1)
PORTB 6	OC1B(Output Compare and PWM Output B for Timer/Counter1)
PORTB 5	OC1A(Output Compare and PWM Output A for Timer/Counter1)
PORTB 4	OC0(Timer/Counter0 Output Compare Match Output)
PORTB 3	MISO(SPI Bus Master Input/Slave Output)
PORTB 2	MOSI(SPI Bus Master Output/Slave Input)
PORTB 1	SCK(SPI Bus Serial Clock)
PORTB 0	$\overline{SS}$(SPI Slave Select Input)

3) 포트 C

포트 C는 범용 I/O 포트의 기능뿐만 아니라, 표 6.4와 같이 외부 메모리를 인터페이스하기 위한 16비트의 주소버스 중에서 상위 8비트 주소 버스의 기능을 가지고 있다.

4) 포트 D

포트 D는 범용 I/O 포트의 기능뿐만 아니라, 표 6.5와 같이 타이머/카운터의 클럭입력 기능, 외부 인터럽트 입력(INT0-INT3) 기능, USART1의 데이터 송신 및 수신 데이터 기능, 직렬통신 외부 클럭입력(XCK1), 타이머 캡쳐 기능, TWI 직렬통신 포트 기능 등 다양한 기능을 가지고 있다.

표 6.4 포트 C의 부가적인 기능 요약

포트 핀	기능
PORTC 7	A15(Address 15)
PORTC 6	A14(Address 14)
PORTC 5	A13(Address 13)
PORTC 4	A12(Address 12)
PORTC 3	A11(Address 11)
PORTC 2	A10(Address 10)
PORTC 1	A9(Address 9)
PORTC 0	A8(Address 8)

표 6.5 포트 D의 부가적인 기능 요약

포트 핀	기능
PORTD 7	T2(Timer/Counter2 Clock Input)
PORTD 6	T1(Timer/Counter1 Clock Input)
PORTD 5	XCK1(USART1 External Clock Input/Output)
PORTD 4	ICP1(Timer/Counter1 Input Capture Pin)
PORTD 3	INT3(External Interrupt 3 Input) TXD1(USART1 Transmit Data)
PORTD 2	INT2(External Interrupt 2 Input) RXD1(USART1 Receive Data)
PORTD 1	INT1(External Interrupt 1 Input) /SDA(TWI Serial Data)
PORTD 0	INT0(External Interrupt 0 Input) /SCL(TWI Serial Clock)

5) 포트 E

포트 E는 범용 I/O 포트의 기능뿐만 아니라, 표 6.6와 같이 타이머/카운터 캡처 기능, 타이머/카운터 클럭 입력 기능, 외부 인터럽트 입력 기능, USART0 직렬통신 포트 기능, 아날로그 비교기 기능, ISP 기능을 가지고 있다.

표 6.6 포트 E의 부가적인 기능 요약

포트 핀	기능
PORTE 7	INT7(External Interrupt 7 Input) ICP3(Timer/Counter3 Input Capture Pin)
PORTE 6	INT6(External Interrupt 6 Input) T3(Timer/Counter3 Clock Input)
PORTE 5	INT5(External Interrupt 5 Input) OC3C(Output Compare and PWM Output C for Timer/Counter3)
PORTE 4	INT4(External Interrupt 4 Input) OC3B(Output Compare and PWM Output B for Timer/Counter3)
PORTE 3	AIN1(Analog Comparator Negative Input) OC3A(Output Compare and PWM Output A for Timer/Counter3)
PORTE 2	AIN0(Analog Comparator Positive Input) ACK0(USART0 External Clock Input/Output)
PORTE 1	PDO(Programming Data Output) TXD0(USART0 Transmit Data)
PORTE 0	PDI(Programming Data Input) RXD0(USART0 Receive Data)

6) 포트 F

포트 F는 범용 I/O 포트의 기능뿐만 아니라, 표 6.7와 같이 A/D 변환기 기능, JTAG 인터페이스 기능을 가지고 있다.

7) 포트 G

포트 G는 8비트가 아니라 5비트만 유효하다. 또한, 포트 G는 범용 I/O 포트의 기능뿐만 아니라 외부 메모리를 액세스하기 위한 $\overline{RD}$, $\overline{WR}$ 스트로브 신호의 기능, 타이머/카운터 오실레이터 기능, ALE 신호 등의 기능을 가지고 있다.

표 6.7 포트 F의 부가적인 기능 요약

포트 핀	기 능
PORTF 7	ADC7(ADC Input Channel 7) TDI(JTAG Test Data Input)
PORTF 6	ADC6(ADC Input Channel 6) TDO(JTAG Test Data Output)
PORTF 5	ADC5(ADC Input Channel 5) TCK(JTAG Test Clock)
PORTF 4	ADC4(ADC Input Channel 4) TCK(JTAG Test Clock)
PORTF 3	ADC3(ADC Input Channel 3)
PORTF 2	ADC2(ADC Input Channel 2)
PORTF 1	ADC1(ADC Input Channel 1)
PORTF 0	ADC0(ADC Input Channel 0)

표 6.8 포트 G의 부가적인 기능 요약

포트 핀	기 능
PORTG 4	TOSC1(RTC Oscillator Timer/Counter0)
PORTG 3	TOSC2(RTC Oscillator Timer/Counter0)
PORTG 2	ALE(Address Latch Enable to external memory)
PORTG 1	$\overline{\text{RD}}$ (Read strobe to external memory)
PORTG 0	$\overline{\text{WR}}$ (Write strobe to external memory)

6.3 I/O 포트 활용 실험

이 교재에서 설명하는 교육용 보드에서는 I/O 포트 실험을 위해 그림 6.6과 같이 PORTB의 하위 4비트를 LED에 출력용, 상위 4비트를 스위치 입력용으로 구성하였다.

먼저, 출력 포트인 LED 회로를 고려하여 보자. 이 회로의 출력은 전류 싱크로 작용하고, Low 신호를 인가하면 LED가 점등되고, High 신호를 인가하면 LED가 소등된다. 이 회로의 구성에서 저항은 LED로 흘러 들어가는 전류를 제한하기 위한 전류 제한(current limit) 저항이다. 이 저항 값은 LED로 흘러 들어가는 전류를 가정하여 결정되는데, LED를 구동하기 위한 전류의 값(I_F)은

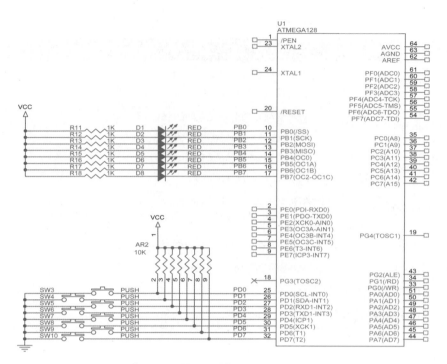

그림 6.6　실습에 사용되는 I/O 포트의 회로도

보통 10mA이고, 이때 LED에서는 1.5V의 전압강하(V_F)가 발생하므로, 전류 제한 저항의 값은

$$R = \frac{V_{CC} - V_F}{I_F} = \frac{5 - 1.5}{10 \times 10^{-3}} = 350[\Omega]$$

이 된다. 여기서 저항값 350Ω은 표준 저항값이 아니므로, 이와 비슷한 값인 330Ω 또는 470Ω을 선택하여 사용하면 되는데, 본 회로에서는 1K을 선택하였다. 또한 만약 LED의 밝기를 조절하려면, 이 저항의 값을 줄이면 된다. 그러면 전류가 많이 흐르게 되어 LED의 밝기는 밝아진다.

　다음으로 입력 포트인 스위치 회로를 고려하여 보자. 이 스위치가 연결된 입력 포트는 내부적으로 풀업 저항이 연결되어 있다. 따라서 스위치가 열려 있으면 1의 상태가 입력되고, 스위치가 닫히면 0의 상태가 입력된다. 그리고, 저항값은 결정은 위의 수식을 이용하여 독자가 선정하여 보기 바란다. 본 회로에서는 10K을 선택하였다.

　PORTB를 제어하기 위해서는 그림 6.7에 나타낸 것과 같이 세 개의 레지스터가 사용되며, 이는 I/O 포트의 방향을 설정하여 주는 DDRB 레지스터, 포트로 데이터를 출력하기 위해 사용되는 PORTB 레지스터와 포트의 입력을 읽기 위해 사용되는 PINB 레지스터로 구성되어 있다. PORTD도 PORTB와 같다.

　그림 6.7을 보면 DDRB 레지스터와 PORTB 레지스터는 R/W로 되어 있어 읽기/쓰기와 가능하고, PINB 레지스터는 R로만 되어 있어 읽기만 가능하다. 그리고 레지스터의 초기값은 마이크로컨트롤러에 전원이 투입된 직후 또는 시스템 리셋이 된 직후의 각 레지스터가 갖는 값을 나타내는데, DDRB 레지스터와 PORTB 레지스터는 초기값이 0으로 설정되어 있는 반면에 PINB 레

지스터의 초기값은 "N/A"표기되어 있어 리셋 후의 초기값은 정의되어 있지 않다. 따라서 이 입력 포트의 값은 필요하다면 시스템 리셋 후에 0 또는 1의 값으로 초기화되어야 한다.

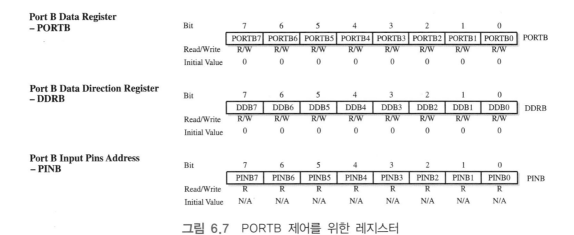

그림 6.7 PORTB 제어를 위한 레지스터

PORTB/PORTD를 제어하기 위해서는 먼저 PORTB/PORTD 레지스터를 액세스하는 방법을 알아야 한다. CodeVisionAVR 컴파일러 환경에서 I/O를 제어하기 위한 방법으로는 바이트 단위와 비트 단위로 제어가 가능하다. 바이트 단위로 제어하기 위해서는 먼저 PORTB/PORTD에 관련된 I/O 레지스터의 주소를 정의하여야 한다. 이는 4.3절에서 설명을 한 것과 같이 다음과 같이 sfrb를 사용하여 정의한다.

```
sfrb PINB = 0x16;      // PINB 레지스터의 sfr 정의
sfrb DDRB = 0x17;      // DDRB 레지스터의 sfr 정의
sfrb PORTB = 0x18;     // PORTB 레지스터의 sfr 정의

sfrb PIND = 0x10;      // PIND 레지스터의 sfr 정의
sfrb DDRD = 0x11;      //DDRD 레지스터의 sfr 정의
sfrb PORTD = 0x12;     //PORTD 레지스터의 sfr 정의
```

이렇게 정의가 되면 이제 바이트와 비트 단위로 액세스가 가능하다. 바이트 단위로 액세스하는 방법은 다음과 같다.

```
PORTB = 0xfd;          // PORTB에 0xfd를 쓰기, 이는 PORTB.1의 LED를 On시킨다.

unsigned char ch;
ch = (PINB & 0xf0);
// 외부 포트 B의 유효한 상위 4비트 정보만 읽어서 ch 변수에 기록함.
// PORTB의 상위 4비트만 스위치 정보이므로 상위 4비트만 1로 마스크하여
// 유효 정보로 처리함.
```

포트 B를 비트 단위로 액세스하는 방법은 다음이 비트 필드를 이용하여 사용할 수 있다.

```
DDRB.0=1;        // 포트 B의 0번째 비트를 1로 기록하여 출력으로 설정함
DDRB.4=0;        // 포트 B의 0번째 비트를 0으로 기록하여 입력으로 설정함

PORTB.0=1;       // PORTB의 0번째 비트에 1을 출력
if (PINB.4) { /* place some code here */ };
// PORTB의 네 번째 비트값을 읽어 판단하기 위해 사용

#define alarm_sts PINB.4
if (alarm_sts) { /* place some code here */ };
// 프로그램의 가독성을 높이기 위해 alarm_sts를 포트 B의 네 번째 비트로 정의하여 읽음

bit key_sts5;  // 비트 변수 key_sts5를 정의
key_sts5 = PINB.5; // 정의된 비트 변수에 포트 B의 다섯 번째 비트를 기록
```

이와 같이 비트 필드(bit num)를 이용하는 방법은 0x00에서 0x1F까지의 I/O 레지스터 주소 영역에서만 사용이 가능하고, 0x20이후의 주소 영역에서는 사용이 불가능하다. 0x20 이후의 주소 영역에 대해서 비트 단위로 레지스터를 액세스하기 위해서는 다음과 같이 SetBit()와 ClrBit() 별도의 함수를 만들어 사용하여야 한다. 함수의 선언은 다음과 같다.

```
typedef unsigned char Byte;              // 변수 Byte를 unsigned char로 정의
Byte SetBit(unsigned char REG, unsigned char Bit) // SetBit 함수의 정의
{
    return (REG | Bit);
}

Byte ClrBit(unsigned char REG, unsigned char Bit) // ClrBit 함수의 정의
{
    return (REG &=~Bit);
}
```

이상과 같이 선언된 함수를 이용하여 해당 포트의 비트를 설정하고 클리어하는 과정은 다음과 같다.

```
PORTB=SetBit(PORTB, 2);          // PORTB 레지스터의 2번째 비트를 1로 설정
PORTB=ClrBit(PORTB, 4);          // PORTB 레지스터의 4번째 비트를 0으로 클리어
```

또한, 이 함수는 프로그램의 가독성을 높이기 위하여 다음과 같이 포트 B의 비트를 정의할 수 있다.

```
#define PORTB0 0x80              // 포트 B의 7번째 비트 정의
#define PORTB1 0x40              // 포트 B의 6번째 비트 정의
#define PORTB2 0x20              // 포트 B의 5번째 비트 정의
#define PORTB3 0x10              // 포트 B의 4번째 비트 정의
#define PORTB4 0x08              // 포트 B의 3번째 비트 정의
```

```
#define PORTB5 0x04                // 포트 B의 2번째 비트 정의
#define PORTB6 0x02                // 포트 B의 1번째 비트 정의
#define PORTB7 0x01                // 포트 B의 0번째 비트 정의
```

이렇게 정의한 후에 함수를 사용하는 것은 다음과 같다.

```
PORTB=SetBit(PORTB, PORTB2);       // PORTB 레지스터의 2번째 비트 1로 설정
PORTB=ClrBit(PORTB, PORTB4);       // PORTB 레지스터의 4번째 비트 0으로 설정
```

SetBit()와 ClrBit() 함수의 사용은 레지스터의 각 비트 설정에 있어서 소스 코드만으로 기능 정의를 빠르게 이해할 수 있는 장점이 있다. 그러나 이러한 함수를 사용하여 레지스터의 각 비트를 제어하는 방법은 C언어의 활용에 있어서 AVR 레지스터들을 포인터로 접근하는 것이 불가능하기 때문에 매번 함수를 호출하고, 변경된 레지스터의 값을 반환받아야 하는 점이 약간 불편하다.

참고사항

함수 호출에 의해 레지스터의 각 비트를 제어하는 또 다른 방법으로는 비트 연산자를 이용하여 제어하는 방법이 있다. 비트 연산은 마이크로컨트롤러 응용에서 매우 중요하게 대두된다. C언어에서 이를 위해 논리 연산과 시프트 연산에 대해 다음과 같은 비트단위 연산자를 제공한다.

연산자	이름	예	연산의 내용
~	비트단위 보수 연산자	~x	비트의 내용을 보수화(1→0으로 또는 0→1로)
&	비트단위 AND	x&y	x비트와 y비트의 내용을 AND
|	비트단위 OR	x|y	x비트와 y비트의 내용을 OR
^	비트단위 XOR	x^y	x비트와 y비트의 내용을 XOR
<<	왼쪽 시프트	x<<2	비트의 내용을 2번 좌로 시프트
>>	오른쪽 시프트	x>>3	비트의 내용을 3번 우로 시프트

다음의 연산을 통해 활용 방법을 살펴보자.

```
#define FOC0      7        // TCCR0레지스터의 7번째 비트 정의
#define WGM00     6        // TCCR0레지스터의 6번째 비트 정의
#define COM01     5        // TCCR0레지스터의 5번째 비트 정의
#define COM00     4        // TCCR0레지스터의 4번째 비트 정의
#define WGM01     3        // TCCR0레지스터의 3번째 비트 정의
#define CS02      2        // TCCR0레지스터의 2번째 비트 정의
#define CS01      1        // TCCR0레지스터의 1번째 비트 정의
#define CS00      0        // TCCR0레지스터의 0번째 비트 정의

unsigned char myByte = 0;
```

```
            myByte = myByte | 0x08;        // ① 3번째 비트를 무조건 1로 세트한다.
            myByte = myByte & 0x08;        // ② 3번째 비트를 무조건 1로 마스크한다.


            myByte |= 0x08;                // ①의 기능과 동일하다.
            myByte &= 0x80;                // ②의 기능과 동일하다.
            PORTB.1 = ~PORTB.1;            // PORTB.1비트를 토글(0이면 1, 1이면 0로 반전)


            TCCR0 |= 1<<CS01;
            // 1<<CS01은 1의 값을 1번(CS01) 우로 시프트한다. 즉, TCCR0레지스터의 1번째 비트를 의미한다.
            // TCCR0 |= 1<<CS01;은 기존에 TCCR0 레지스터의 값은 변경하지 않고, CS01 비트를 1로
            // 세트한다.


            TCCR0 &= ~(1<<CS01);
            // ~(1<<CS01)은 1의 값을 1번(CS01) 우로 시프트한 후 토글한다. 즉, TCCR0레지스터의 1번째
            // 비트를 0으로 하고 나머지 비트 모두를 1로 세트한다.
            // TCCR0 &= ~(1<<CS01)은 기존에 TCCR0 레지스터의 값은 변경하지 않고, CS01 비트를
            // 0으로 클리어한다.

         이상의 내용들은 본 교재를 통해서 널리 활용이 될 것이니 기억하여 두기 바란다.
```

　　이상과 같이 비트 정의를 하고, 비트 제어를 하기 위해서 프로그램을 작성할 때 마다 프로그램의 시작 부분에서 sfr의 비트 제어 필드와 비트 설정 함수를 정의하는 것은 너무 반복되고 지루한 일이다. 원래 CodeVision C 컴파일러에서는 inc 폴더 내에 AVR 계열에 따라 사용할 수 있도록 sfr 정의 파일을 추가하여 놓았다. 우리가 본 실험에서 사용하는 프로세서는 ATmega128이므로 <mega128.h> 파일을 참조하면 된다. 이 헤더 파일의 내용은 다음과 같다.

```
// CodeVisionAVR C Compiler
// (C) 1998-2004 Pavel Haiduc, HP InfoTech S.R.L.
// I/O registers definitions for the Atmega128

#ifndef _MEGA162_INCLUDED_
#define _MEGA162_INCLUDED_
#pragma used+

// I/O 영역 레지스터의 정의        sfrb TCNT2=0x24;
sfrb PINF=0;                      sfrb TCCR2=0x25;
sfrb PINE=1;                      sfrb ICR1L=0x26;
sfrb DDRE=2;                      sfrb ICR1H=0x27;
sfrb PORTE=3;                     sfrw ICR1=0x26;   // 16 bit access
sfrb ADCL=4;                      sfrb OCR1BL=0x28;
sfrb ADCH=5;                      sfrb OCR1BH=0x29;
```

```
sfrw ADCW=4;       // 16 bit access
sfrb ADCSRA=6;
sfrb ADMUX=7;
sfrb ACSR=8;
sfrb UBRR0L=9;
sfrb UCSR0B=0xa;
sfrb UCSR0A=0xb;
sfrb UDR0=0xc;
sfrb SPCR=0xd;
sfrb SPSR=0xe;
sfrb SPDR=0xf;
sfrb PIND=0x10;
sfrb DDRD=0x11;
sfrb PORTD=0x12;
sfrb PINC=0x13;
sfrb DDRC=0x14;
sfrb PORTC=0x15;
sfrb PINB=0x16;
sfrb DDRB=0x17;
sfrb PORTB=0x18;
sfrb PINA=0x19;
sfrb DDRA=0x1a;
sfrb PORTA=0x1b;
sfrb EECR=0x1c;
sfrb EEDR=0x1d;
sfrb EEARL=0x1e;
sfrb EEARH=0x1f;
sfrw EEAR=0x1e;    // 16 bit access
sfrb SFIOR=0x20;
sfrb WDTCR=0x21;
sfrb OCDR=0x22;
sfrb OCR2=0x23;

sfrw OCR1B=0x28;  // 16 bit access
sfrb OCR1AL=0x2a;
sfrb OCR1AH=0x2b;
sfrw OCR1A=0x2a;  // 16 bit access
sfrb TCNT1L=0x2c;
sfrb TCNT1H=0x2d;
sfrw TCNT1=0x2c;  // 16 bit access
sfrb TCCR1B=0x2e;
sfrb TCCR1A=0x2f;
sfrb ASSR=0x30;
sfrb OCR0=0x31;
sfrb TCNT0=0x32;
sfrb TCCR0=0x33;
sfrb MCUCSR=0x34;
sfrb MCUCR=0x35;
sfrb TIFR=0x36;
sfrb TIMSK=0x37;
sfrb EIFR=0x38;
sfrb EIMSK=0x39;
sfrb EICRB=0x3a;
sfrb RAMPZ=0x3b;
sfrb XDIV=0x3c;
sfrb SPL=0x3d;
sfrb SPH=0x3e;
sfrb SREG=0x3f;
```

```
// 확장 I/O 영역 레지스터의 정의
#define DDRF (*(unsigned char *) 0x61)
#define PORTF (*(unsigned char *) 0x62)
#define PING (*(unsigned char *) 0x63)
#define DDRG (*(unsigned char *) 0x64)
#define PORTG (*(unsigned char *) 0x65)
#define SPMCSR (*(unsigned char *) 0x68)
#define EICRA (*(unsigned char *) 0x6a)
#define XMCRB (*(unsigned char *) 0x6c)
#define XMCRA (*(unsigned char *) 0x6d)
#define OSCCAL (*(unsigned char *) 0x6f)
#define TWBR (*(unsigned char *) 0x70)
#define TWSR (*(unsigned char *) 0x71)
#define TWAR (*(unsigned char *) 0x72)
#define TWDR (*(unsigned char *) 0x73)
#define TWCR (*(unsigned char *) 0x74)
```

```
#define OCR1CL (*(unsigned char *) 0x78)
#define OCR1CH (*(unsigned char *) 0x79)
#define TCCR1C (*(unsigned char *) 0x7a)
#define ETIFR (*(unsigned char *) 0x7c)
#define ETIMSK (*(unsigned char *) 0x7d)
#define ICR3L (*(unsigned char *) 0x80)
#define ICR3H (*(unsigned char *) 0x81)
#define OCR3CL (*(unsigned char *) 0x82)
#define OCR3CH (*(unsigned char *) 0x83)
#define OCR3BL (*(unsigned char *) 0x84)
#define OCR3BH (*(unsigned char *) 0x85)
#define OCR3AL (*(unsigned char *) 0x86)
#define OCR3AH (*(unsigned char *) 0x87)
#define TCNT3L (*(unsigned char *) 0x88)
#define TCNT3H (*(unsigned char *) 0x89)
#define TCCR3B (*(unsigned char *) 0x8a)
#define TCCR3A (*(unsigned char *) 0x8b)
#define TCCR3C (*(unsigned char *) 0x8c)
#define UBRR0H (*(unsigned char *) 0x90)
#define UCSR0C (*(unsigned char *) 0x95)
#define UBRR1H (*(unsigned char *) 0x98)
#define UBRR1L (*(unsigned char *) 0x99)
#define UCSR1B (*(unsigned char *) 0x9a)
#define UCSR1A (*(unsigned char *) 0x9b)
#define UDR1 (*(unsigned char *) 0x9c)
#define UCSR1C (*(unsigned char *) 0x9d)
// Interrupt vectors definitions
#define EXT_INT0 2
#define EXT_INT1 3
#define EXT_INT2 4
#define EXT_INT3 5
#define EXT_INT4 6
#define EXT_INT5 7
#define EXT_INT6 8
#define EXT_INT7 9
#define TIM2_COMP 10
#define TIM2_OVF 11
#define TIM1_CAPT 12
#define TIM1_COMPA 13
#define TIM1_COMPB 14
#define TIM1_OVF 15
#define TIM0_COMP 16
#define TIM0_OVF 17
#define SPI_STC 18
#define USART0_RXC 19
#define USART0_DRE 20
#define USART0_TXC 21
#define ADC_INT 22
```

```
#define EE_RDY 23
#define ANA_COMP 24
#define TIM1_COMPC 25
#define TIM3_CAPT 26
#define TIM3_COMPA 27
#define TIM3_COMPB 28
#define TIM3_COMPC 29
#define TIM3_OVF 30
#define USART1_RXC 31
#define USART1_DRE 32
#define USART1_TXC 33
#define TWI 34
#define SPM_RDY 35
```

이상의 <mega128.h> 파일을 보면 포트 A∼포트 G에 대한 비트 정의가 되어 있지 않다. 따라서 교재에서 소개하는 방법으로 포트를 비트 단위로 액세스하기 위해서는 위에서 설명한 바와 같이 각각의 I/O 포트를 정의하는 부분을 <mega128.h> 파일에 추가하여 놓아야 한다.

```
// 인터럽트 허가 함수의 정의
#define sei() #asm("sei")
#define cli() #asm("cli")
```

// PORTA 관련 레지스터의 정의

// PINA의 비트 정의	//DDRA의 비트 정의	//PORTA의 비트 정의
#define PINA7 7	#define DDRA7 7	#define PORTA7 7
#define PINA6 6	#define DDRA6 6	#define PORTA6 6
#define PINA5 5	#define DDRA5 5	#define PORTA5 5
#define PINA4 4	#define DDRA4 4	#define PORTA4 4
#define PINA3 3	#define DDRA3 3	#define PORTA3 3
#define PINA2 2	#define DDRA2 2	#define PORTA2 2
#define PINA1 1	#define DDRA1 1	#define PORTA1 1
#define PINA0 0	#define DDRA0 0	#define PORTA0 0

// PORTB 관련 레지스터의 정의

// PINB의 비트 정의	//DDRB의 비트 정의	//PORTB의 비트 정의
#define PINB7 7	#define DDRB7 7	#define PORTB7 7
#define PINB6 6	#define DDRB6 6	#define PORTB6 6
#define PINB5 5	#define DDRB5 5	#define PORTB5 5
#define PINB4 4	#define DDRB4 4	#define PORTB4 4
#define PINB3 3	#define DDRB3 3	#define PORTB3 3
#define PINB2 2	#define DDRB2 2	#define PORTB2 2
#define PINB1 1	#define DDRB1 1	#define PORTB1 1
#define PINB0 0	#define DDRB0 0	#define PORTB0 0

// PORTC 관련 레지스터의 정의

// PINC의 비트 정의	//DDRC의 비트 정의	//PORTC의 비트 정의
#define PINC7 7	#define DDRC7 7	#define PORTC7 7
#define PINC6 6	#define DDRC6 6	#define PORTC6 6
#define PINC5 5	#define DDRC5 5	#define PORTC5 5

```
#define PINC4 4            #define DDRC4 4            #define PORTC4 4
#define PINC3 3            #define DDRC3 3            #define PORTC3 3
#define PINC2 2            #define DDRC2 2            #define PORTC2 2
#define PINC1 1            #define DDRC1 1            #define PORTC1 1
#define PINC0 0            #define DDRC0 0            #define PORTC0 0
```

// PORTD 관련 레지스터의 정의

| // PIND의 비트 정의 | //DDRD의 비트 정의 | //PORTD의 비트 정의 |

```
#define PIND7 7            #define DDRD7 7            #define PORTD7 7
#define PIND6 6            #define DDRD6 6            #define PORTD6 6
#define PIND5 5            #define DDRD5 5            #define PORTD5 5
#define PIND4 4            #define DDRD4 4            #define PORTD4 4
#define PIND3 3            #define DDRD3 3            #define PORTD3 3
#define PIND2 2            #define DDRD2 2            #define PORTD2 2
#define PIND1 1            #define DDRD1 1            #define PORTD1 1
#define PIND0 0            #define DDRD0 0            #define PORTD0 0
```

// PORTE 관련 레지스터의 정의

| // PINE의 비트 정의 | //DDRE의 비트 정의 | //PORTE의 비트 정의 |

```
#define PINE7 7            #define DDRE7 7            #define PORTE7 7
#define PINE6 6            #define DDRE6 6            #define PORTE6 6
#define PINE5 5            #define DDRE5 5            #define PORTE5 5
#define PINE4 4            #define DDRE4 4            #define PORTE4 4
#define PINE3 3            #define DDRE3 3            #define PORTE3 3
#define PINE2 2            #define DDRE2 2            #define PORTE2 2
#define PINE1 1            #define DDRE1 1            #define PORTE1 1
#define PINE0 0            #define DDRE0 0            #define PORTE0 0
```

// PORTF 관련 레지스터의 정의

| // PINF의 비트 정의 | //DDRF의 비트 정의 | //PORTF의 비트 정의 |

```
#define PINF7 7            #define DDRF7 7            #define PORTF7 7
#define PINF6 6            #define DDRF6 6            #define PORTF6 6
#define PINF5 5            #define DDRF5 5            #define PORTF5 5
#define PINF4 4            #define DDRF4 4            #define PORTF4 4
#define PINF3 3            #define DDRF3 3            #define PORTF3 3
#define PINF2 2            #define DDRF2 2            #define PORTF2 2
#define PINF1 1            #define DDRF1 1            #define PORTF1 1
#define PINF0 0            #define DDRF0 0            #define PORTF0 0
```

// PORTG 관련 레지스터의 정의

| // PING의 비트 정의 | //DDRG의 비트 정의 | //PORTG의 비트 정의 |

```
#define PING4 4            #define DDRG4 4            #define PORTG4 4
#define PING3 3            #define DDRG3 3            #define PORTG3 3
#define PING2 2            #define DDRG2 2            #define PORTG2 2
#define PING1 1            #define DDRG1 1            #define PORTG1 1
#define PING0 0            #define DDRG0 0            #define PORTG0 0
```

| // UCSR1A의 비트 정의 | // OSCCAL의 비트 정의 | // ACSR의 비트 정의 |

```
#define MPCM1 0            #define CAL0  1            #define ACD    7
#define U2X1  1            #define CAL1  2            #define ACBG   6
#define UPE1  2            #define CAL2  3            #define ACO    5
#define DOR1  3            #define CAL3  4            #define ACI    4
#define FE1   4            #define CAL4  5            #define ACIE   3
#define UDRE1 5            #define CAL5  6            #define ACIC   2
#define TXC1  6            #define CAL6  7            #define ACIS1  1
#define RXC1  7                                       #define ACIS0  0
```

```
// UCSR0A의 비트 정의          // UCSR0B의 비트 정의          // SPCR의 비트 정의
#define RXCIE0  7             #define RXC0    7             #define SPIE   7
#define TXCIE0  6             #define TXC0    6             #define SPE    6
#define UDRIE0  5             #define UDRE0   5             #define DORD   5
#define RXEN0   4             #define FE0     4             #define MSTR   4
#define TXEN0   3             #define DOR0    3             #define CPOL   3
#define UCSZ02  2             #define UPE0    2             #define CPHA   2
#define RXB80   1             #define U2X0    1             #define SPR1   1
#define TXB80   0             #define MPCM0   0             #define SPR0   0
// SPSR의 비트 정의             // EECR의 비트 정의             // EEARH의 비트 정의
#define SPIF    7             #define EERIE   3             #define EEAR8  0
#define WCOL    6             #define EEMWE   2
#define SPI2X   0             #define EEWE    1
                             #define EERE    0
// TCCR2의 비트 정의            // SREG의 비트 정의             // UBRR1H의 비트 정의
#define FOC2    7             #define I       7             #define URSEL1  7
#define WGM20   6             #define T       6
#define COM21   5             #define H       5
#define COM20   4             #define S       4
#define WGM21   3             #define V       3
#define CS22    2             #define N       2
#define CS21    1             #define Z       1
#define CS20    0             #define C       0
// UCSR1C의 비트 정의           // GICR의 비트 정의             // GIFR의 비트 정의
#define URSEL1  7             #define INT1    7             #define INTF1  7
#define UMSEL1  6             #define INT0    6             #define INTF0  6
#define UPM11   5             #define INT2    5             #define INTF2  5
#define UPM10   4             #define PCIE1   4             #define PCIF1  4
#define USBS1   3             #define PCIE0   3             #define PCIF0  3
#define UCSZ11  2             #define IVSEL   1
#define UCSZ10  1             #define IVCE    0
#define UCPOL1  0
// TIMSK의 비트 정의            // TIFR의 비트 정의             // SPMCR의 비트 정의
#define TOIE1   7             #define TOV1    7             #define SPMIE  7
#define OCIE1A  6             #define OCF1A   6             #define RWWSB  6
#define OCIE1B  5             #define OCF1B   5             #define RWWSRE 4
#define OCIE2   4             #define OCF2    4             #define BLBSET 3
#define TICIE1  3             #define ICF1    3             #define PGWRT  2
#define RXIE2   2             #define TOV2    2             #define PGERS  1
#define TOIE0   1             #define TOV0    1             #define SPMEN  0
#define OCIE0   0             #define OCF0    0
// EMCUCR의 비트 정의           // MCUCR의 비트 정의            // MCUCSR의 비트 정의
#define SM0     7             #define SRE     7             #define JTD    7
#define SRL2    6             #define SRW10   6             #define SM2    5
#define SRL1    5             #define SE      5             #define JTRF   4
#define SRL0    4             #define SM1     4             #define WDRF   3
#define SRW01   3             #define ISC11   3             #define BORF   2
#define SRW00   2             #define ISC10   2             #define EXTRF  1
#define SRW11   1             #define ISC01   1             #define PORF   0
#define ISC2    0             #define ISC00   0
```

```
// TCCR0의 비트 정의          // SFIOR의 비트 정의          // TCCR1A의 비트 정의
#define FOC0     7           #define TSM      7           #define COM1A1   7
#define WGM00    6           #define XMBK     6           #define COM1A0   6
#define COM01    5           #define XMM2     5           #define COM1B1   5
#define COM00    4           #define XMM1     4           #define COM1B0   4
#define WGM01    3           #define XMM0     3           #define FOC1A    3
#define CS02     2           #define PUD      2           #define FOC1B    2
#define CS01     1           #define PSR2     1           #define WGM11    1
#define CS00     0           #define PSR310   0           #define WGM10    0

// TCCR1B의 비트 정의          // TCCR3A의 비트 정의          // TCCR3B의 비트 정의
#define ICNC1    7           #define COM3A1 7             #define ICNC3    7
#define ICES1    6           #define COM3A0 6             #define ICES3    6
#define WGM13    4           #define COM3B1 5             #define WGM33    4
#define WGM12    3           #define COM3B0 4             #define WGM32    3
#define CS12     2           #define FOC3A    3           #define CS32     2
#define CS11     1           #define FOC3B    2           #define CS31     1
#define CS10     0           #define WGM31    1           #define CS30     0
                            #define WGM30    0

// ETIMSK의 비트 정의          // ETIFR의 비트 정의           // /PCMSK1의 비트 정의
#define TICIE3 5            #define ICF3     5           #define PCINT_15 7
#define OCIE3A 4            #define OCF3A    4           #define PCINT_14 6
#define OCIE3B 3            #define OCF3B    3           #define PCINT_13 5
#define TOIE3  2            #define TOV3     2           #define PCINT_12 4
                                                        #define PCINT_11 3
                                                        #define PCINT_10 2
                                                        #define PCINT_9  1
                                                        #define PCINT_8  0

//PCMSK0의 비트 정의           // CLKPR의 비트 정의
#define PCINT_7 7           #define CLKPCE 7
#define PCINT_6 6           #define CLKPS3 3
#define PCINT_5 5           #define CLKPS2 2
#define PCINT_4 4           #define CLKPS1 1
#define PCINT_3 3           #define CLKPS0 0
#define PCINT_2 2
#define PCINT_1 1
#define PCINT_0 0

// 비트 세트 및 클리어 함수 정의
typedef unsigned char    Byte;
typedef unsigned int     Word;
```

수정된 헤더 파일을 보면 포트 제어에 관련된 레지스터 외에 ATmega128에는 비트 제어가 가능한 타이머/카운터 제어, 인터럽트 등의 제어 레지스터가 있다. 이에 대해서도 추후 활용을 위해 추가하여 놓았다. 이에 대한 자세한 설명은 해당 기능을 설명하는 부분에서 설명하기로 하고, 여기서는 별도 설명을 하지 않기로 한다. 수정된 파일은 웹 사이트[주]에서 제공되는 new_mega128.h 파일이며, 본 교재의 프로그램을 작성하기 전에 독자들은 이 파일을 CodeVision C 컴파일러가

주) 저자 홈페이지 http://www.roboticslab.co.kr
   도서출판 ITC 홈페이지 http://www.itcpub.co.kr

설치되어 있는 폴더의 \inc 폴더 아래에 추가시켜 놓아야 한다. 본 교재에서는 이 헤더 파일을 사용하여 프로그램을 작성하는 것으로 한다.

이제 실습 보드에 연결된 I/O를 초기화하는 과정을 살펴보도록 하자. 포트 D의 입력과 포트 B 의 출력 동작을 위해서는 먼저 데이터 방향 DDRD와 DDRB 레지스터에 입력/출력을 결정하여야 한다. PORTB의 포트 핀을 출력으로 설정하려면, DDRBx에 1을 쓰면 되고, PORTD의 포트 핀을 입력으로 설정하려면 DDRDx에 0을 쓰면 된다. 여기서 포트 핀을 입력으로 사용할 경우에는 핀 의 외부에 풀업 저항을 이용하거나, 내부에 있는 풀업 저항을 사용할 수 있다. 내부 풀업 저항을 사용할 경우에는 표 6.1에 제시되어 있는 것처럼 SFIOR 레지스터의 PUD 비트를 0으로 설정하고, PORTDx 비트를 0으로 설정해 놓아야 한다.

PORTD의 8비트는 입력 포트이고, PORTB의 8비트는 출력 포트이므로, 다음과 같이 PORTB 와 PORTD를 초기화한다.

```
DDRB = 0xFF;          // 포트 B를 출력으로 설정
PORTB = 0x00;         // 출력을 0으로 설정
DDRD = 0x00;          // 포트 D를 입력으로 설정
PORTD = 0x00;         // 포트 D를 내부 풀업 저항을 사용하기 위해 0으로 설정
SFIOR.2 = 0;          // PUD 비트를 1로 설정
```

이상의 과정을 이용하여 PORTD.4를 읽어 이를 PORTB.1에 표시하는 프로그램은 다음과 같다.

예제 6.1 LED를 시프트하여 구동하기

PORTB에 연결된 LED를 PORTB.0 → PORTB.7 의 순서대로 일정시간 동안 ON시키고 OFF시키는 프로그램을 작성하라.

그림 6.6의 회로를 보면 포트 B의 하위 4비트에는 네 개의 LED가 연결되어 있다. 이 LED 를 점등하기 위해서는 포트 B의 출력 포트에 0을 쓰면 되고, LED를 끄기 위해서는 포트 B의 출력 포트에 1을 쓰면 된다. 예를 들어, 포트 B의 0번째 비트에 연결된 LED를 연속 적으로 점멸하는 과정은 다음과 같이 무한 루프를 이용하여 간단하게 구현된다.

```
while(1){
        PORTB.0 = 0;
        PORTB.0 = 1;
}
```

위의 과정을 수행할 경우에는 포트 B의 0번째 비트에 연결된 LED가 점멸된다. 그러나 LED의 깜박거리는 시간이 너무 빨라 눈으로 식별하기가 어렵게 된다. 따라서 LED의 점등 을 확인하기 위해서는 포트 B의 0번째 비트에 0을 쓰고 1을 쓰는 중간에 시간 지연을 시

켜야 한다. 이를 위해 다음과 같은 일정시간 동안 아무 동작을 하지 않는 시간 지연 함수가 요구된다.

```
void delay(unsigned int i)
{
        while(--i);
}
```

이상과 같이 LED 점멸을 눈으로 확인하기 위해서는 LED를 on/off 하는 중간에 시간 지연 함수가 필수적이다.

이제 LED를 PORTB.0 → PORTB.1 → PORTB.2→ PORTB.3의 순으로 켜기 위한 과정을 살펴보자. 이 순서대로 LED를 켜기 위해서는 PORTB에 먼저 PORTB.0번째의 비트만 0을 쓰고 나머지 비트는 1을 써야 한다. 즉, PORTB의 초기값은 11111110B가 된다. 이 값을 PORTB에 쓰는 과정은 다음과 같다.

```
PORTB = 0xfe;
```

이 값을 연속적으로 3번 왼쪽으로 시프트하면 PORTB.0에서 PORTB.3으로 LED가 순차적으로 ON될 것이다. 그러나 C언어에서 시프트를 수행하게 되면, 최하위 비트가 항상 0으로 채워지기 때문에 이를 그대로 PORTB로 출력하면 최하위 비트에 있는 LED는 무조건 ON 되어 있게 된다. 따라서 LED를 순차적으로 좌로 이동을 할 경우에는 최하위 비트를 1로 채워주어야 하므로 1을 OR시킨다. 이의 과정은 다음과 같은 과정으로 구현된다. 즉, 아래 루틴에 의해 PORTB.0 → PORTB.3으로 한 번 LED를 점등한다.

```
BYTE led=0xfe;
for(i=0; i<4;i++)
{
        delay_ms(500);
        PORTB = led;
        led = (led<<1)|0x01;
        delay_ms(500);
}
```

이상의 내용을 종합하여 전체 프로그램을 작성하면 다음과 같다.

```
#include <mega128.h>
#include <delay.h>          //delay 헤더파일 포함

void PB_Lshift(void)
```

```
    {
            Byte LED;                //LED 변수 정의
            int i;
            LED=0xfe;                //LED 변수의 초기값
            for(i=0; i<8; i++)
            {
                    delay_ms(500);
                    PORTB=LED;
                    LED=(LED<<1)|0x01;
            }
    }
void main(void)
{
        DDRB= 0xff;     //상위 4, 하위 4개를 포함한 총 8개의 핀을 출력으로 정의.

        while(1)
        {
            PB_Lshift();
            delay_ms(500);
        }
}
```

END

참고사항

위의 예에서 구현한 시간 지연 함수 delay()는 이름만 시간지연 함수이지 실제 시간의 의미는 없다. 정확한 시간 지연을 위해서는 어셈블리 언어를 사용하여 프로그램을 작성하는 것이 일반적이다. 그러나 여기서는 C언어만을 사용하므로 정확하게 시간지연 함수를 구현할 수 없다. 다행히도 정확한 시간 지연을 위해 CodeVision C 컴파일러에는 다음과 같은 시간 지연 함수를 제공하고 있으며, 이는 delay.h에 선언되어 있다.

```
void delay_us(unsigned int n)          // uS의 시간지연 함수
void delay_ms(unsigned int n)          // mS의 시간지연 함수
```

따라서 다음의 함수를 사용하려면 이를 사용하기 전에 다음과 같이 delay.h 파일을 프로그램의 시작 부분에 포함한 후에 사용하여야 한다.

```
#include <delay.h>
```

이 시간 지연 함수를 이용하여 예제 6.1 프로그램을 다시 작성하면 다음과 같다.

```
#include <mega128.h>
#include <delay.h> //delay헤더파일 포함

void PB_Lshift(void)
{
    Byte LED;        //LED 변수 정의
    int i;
    LED=0xfe;        //LED 변수의 초기값
    for(i=0; i<8; i++)
    {
        delay_ms(500);
        PORTB=LED;
        LED=(LED<<1)|0x01;
    }
}
void main(void)
{
    DDRB= 0xff;
    while(1)
    {
        PB_Lshift();
        delay_ms(1000);
    }
}
```

시작

(초기화)
DDRB = 0xff;
LED = 0xfe;
I = 0;

Delay 500ms

PORTB = LED;
LED = (LED<<1) | 0x01
I++;

i < 8

delay 1000ms

그림 6.8   예제 6.1의 프로그램 흐름도

예제 6.2 LED를 좌우로 시프트하여 구동하기

LED를 좌에서 우, 우에서 좌로 점등하는 프로그램을 작성하시오.

LED를 좌에서 우로 시프트 시키는 비트 패턴은 다음과 같이 되고,

PORTB =   11111110 →   11111101 →   11111011 →   11110111   ...
         0xfe   0xfd   0xfb   0xf7   ...

우로 시프트 된 후에는 좌로 시프트하여야 하므로 비트 패턴은 다음과 같이 된다.

PORTB =   01111111 →   10111111 →   11011111 →   11101111   ...
         0x7f   0xbf   0xdf   0xef   ...

따라서, 이 과정을 무한 루프를 이용하여 반복시키면 되므로 프로그램을 쉽게 작성할 수 있다. 여기서는 LED의 점멸을 주기를 사용자가 자유롭게 조절할 수 있도록 시간 지연 함수에 사용되는 인수를 #define문을 사용하여 공통으로 적용할 수 있도록 하였다.

```
            #define DELAY    500

        delay_ms(DELAY);
```

그리고 PORTB의 데이터를 직접 시프트시키지 않고, led 변수를 정의하여 시프트 시킨 후
에 PORTB에 값에 출력하도록 하였다. 이것은 PORTB의 상위 니블에 있는 DIP 스위치의
값이 LED 출력에 영향을 미칠 수 있기 때문이다.

이상의 내용을 참조하여 예제 6.1의 프로그램을 활용하면 다음과 같이 쉽게 구현된다.

```
#include <mega128.h>
#include <delay.h>

void PB_LRshift(void)
{
    Byte LED;
    int i;
    LED=0xfe;  //좌에서 우로 이동할 때의 초기 값
    for(i=0; i<8; i++)
    {
      delay_ms(500);
      PORTB=LED;
      LED=(LED<<1)|0x01;
    }
    LED=0x7f; //우에서 좌로 이동할 때의 초기 값
    for(i=0; i<8; i++)
    {
      delay_ms(500);
      PORTB=LED;
      LED=(LED>>1)|0x80;
    }
}
void main(void)
{
    DDRB= 0xff;
    while(1)
    {
      PB_LRshift();
      delay_ms(1000);
    }
}
```

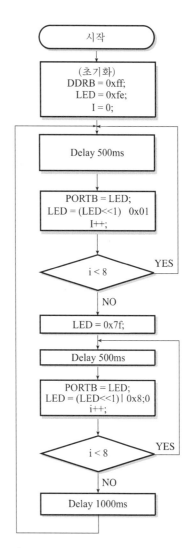

그림 6.9 예제 6.2의 프로그램 흐름도

END

예제 6.3   입출력 결합 시험

DIP 스위치의 입력에 다음과 같이 LED를 네 가지 형태로 동작시키는 프로그램을 작성하시오.

PORTD.4에 연결된 버튼 스위치가 ON되면, PORTB.0→PORTB.7의 순서로 LED가 하나씩 점멸
PORTD.5에 연결된 버튼 스위치가 ON되면, PORTB.7→PORTB.0의 순서로 LED가 하나씩 점멸
PORTD.6에 연결된 버튼 스위치가 ON되면, PORTB에 연결된 모든 LED를 점멸
PORTD.7에 연결된 버튼 스위치가 ON되면, 8개의 LED중 상위 4개, 하위 4개의 LED가 교대로 점멸

이 프로그램은 PORTD.4 - PORTD.7에 연결된 버튼 스위치를 사용하여 각각의 경우에 맞는 프로그램을 구현하는 문제이다. 즉, 입력 값을 가지고 여러 가지 형태 중에서 하나를 선택하여 처리하는 방법이다. 이를 구현하기 위해서 일반적으로 C언어의 switch 구문을 사용한다.

PORTD 포트에 연결되어 있는 버튼 스위치의 값을 읽기 위해서 0xF0로 AND하여 상위 4비트를 가지고 어떤 스위치가 ON되었는지를 검사한다. 버튼 스위치의 입력 상태는 다음과 같이 0xe0, 0xd0, 0xb0, 0x70의 네 가지가 되므로 각각의 경우에 따라 서브루틴을 작성하면 된다. 과정은 다음과 같다.

```
void main(void)
{
    Byte key;      // key 변수의 정의
    DDRB = 0xff;   // 모든 포트 출력으로 설정
    DDRD = 0x0f;   // 상위 포트를 입력, 하위 포트를 출력으로 설정

    while(1)
    {
        //버튼 스위치의 값을 읽기 위해서 PINB를 0xf0으로 AND하여 검사한다.
        key = (PIND & 0xf0);
        switch(key)
        {
            case 0xe0 :
                PB_LShift();
                delay_ms(500);
                break;
            case 0xd0 :
                PB_RShift();
                delay_ms(500);
                break;
```

```
                    case 0xb0 :
                            PB_LEDOnOff();
                            delay_ms(500);
                            break;
                    case 0x70 :
                            PB_LEDSwitch();
                            delay_ms(500);
                            break;
                    default:
                            break;
                }
            }
        }
```

나머지 부분의 프로그램은 위의 예제를 활용하여 독자 여러분이 직접 작성하여 보기 바란
다. 프로그램의 흐름은 다음과 같다.

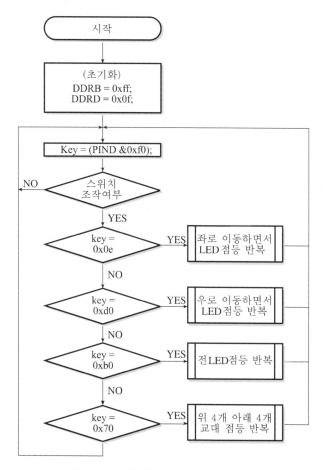

그림 6.10 예제 6.3의 프로그램 흐름도

연 습 문 제

01 병렬 포트를 범용의 입력 포트로 사용할 경우 외부 전위를 정확하게 읽기 위한 과정을 설명하시오.

02 병렬 포트의 읽기 동작에서 PINx의 신호를 읽는 경우와 PORTx를 읽는 경우의 차이점을 설명하시오.

03 CodeVision에서 PORTD를 비트 단위로 액세스하기 위한 방법을 설명하시오.

04 예제 6.1에서 PORTB = (PORTB << 1) | 1; 을 하는 이유를 설명하시오. 만약 이 과정을 수행하지 않으면 프로그램의 수행결과는 어떻게 나타나겠는가?

05 예제 6.1의 프로그램을 LED 점등 패턴을 문자 배열로 선언하고, 이를 배열과 포인터를 이용하여 동일하게 동작하도록 구현하시오.

06 그림 6.6의 회로에서 다이오드의 방향이 반대로 되어 있는 경우의 회로를 그리고, 예제 6.1의 프로그램과 동일하게 동작하도록 프로그램을 작성하시오.

07 예제 6.2를 do~while 문을 이용하여 프로그램을 작성하시오.

08 예제 6.3의 프로그램을 if/else 구조를 이용하여 프로그램을 수정하시오.

09 CodeVision에서 시간 지연 함수로 제공되는 delay_ms()의 소스를 찾아 함수 내부의 구현 내용을 분석하여 제시하시오.

10 PORTB에 공통 애노드(C.A)의 7-세그먼트 LED를 인터페이스하는 회로를 설계하고, 이를 0-F까지 표시하는 프로그램을 작성하시오.

11 예제 6.3에서 LED 두 개씩을 교대로 점멸하는 프로그램을 완성하시오.

12 그림 6.2의 회로에서 버튼 스위치의 정보를 읽어 그대로 LED로 출력하는 프로그램을 작성하시오.

13 CodeVision에서 시간 지연 함수를 사용하여 버튼 스위치의 정보에 따라 다음의 주기로 모든 LED를 점멸하는 프로그램을 작성하시오. 점멸은 주기는 버튼 스위치의 값에 따라 10ms씩 증가하도록 구성한다.

14 LED가 약 1초 간격으로 다음과 같이 무한히 구동되는 프로그램을 작성하시오. (여기서, ●는 꺼짐이고, ○는 켜짐이다.)

①	PB_3	PB_2	PB_1	PB_0
	○	●	○	●

②	PB_3	PB_2	PB_1	PB_0
	●	○	●	○

③	PB_3	PB_2	PB_1	PB_0
	○	●	●	○

④	PB_3	PB_2	PB_1	PB_0
	●	○	○	●

⑤	PB_3	PB_2	PB_1	PB_0
	○	○	○	○

⑥	PB_3	PB_2	PB_1	PB_0
	●	●	●	○

CHAPTER 07

인터럽트 동작

마이크로컨트롤러의 응용에서 인터럽트는 마치 동시에 두 가지 일을 수행하는 것과 같은 상황에서 유용하게 사용된다. 본 장에서는 ATmega128의 인터럽트의 사용법을 이해하기 위하여 먼저 인터럽트 개요와 메커니즘을 알아보고, 이것을 바탕으로 ATmega128의 인터럽트 내부 구성 및 레지스터의 기능에 대해 설명한다.

ATmega128에 내장된 기능에 따라 인터럽트의 소스는 다양하지만 본 장에서는 외부 인터럽트의 사용법에 대해서 자세히 설명하고, 타이머/카운터 또는 직렬 통신과 같은 이 외의 인터럽트 기능에 대해서는 각 해당 기능을 설명하는 부분에서 자세히 다루기로 한다. 따라서 본 장에서는 외부 인터럽트를 제어하기 위한 프로그램 작성법을 살펴보고 몇 가지 간단한 실험을 통해 일반적인 인터럽트의 동작방법을 완벽하게 이해할 수 있도록 한다.

7.1 인터럽트 개요

1) 인터럽트의 개념

인터럽트는 마이크로컨트롤러의 응용 시스템을 설계하고 구현하는 데 커다란 역할을 차지한다. 마이크로컨트롤러 시스템에서 인터럽트는 프로그램이 수행되고 있는 동안에 어떤 조건이 발생하여 수행 중인 프로그램을 일시적으로 중지시키게 만드는 조건이나 사건의 발생을 말한다. 이러한 인터럽트는 사건에 대하여 비동기적으로 반응할 수 있도록 해주며 다른 프로그램이 수행되는 동안 사건을 처리할 수 있도록 하여준다. 따라서 마이크로컨트롤러에서 인터럽트 구동 시스템은 마치 동시에 많은 일들을 처리할 수 있는 것처럼 느끼게 한다.

또한 마이크로컨트롤러가 프로그램을 실행하는 과정을 살펴보면 한 번에 하나의 명령어만을 처리한다. 따라서, 인터럽트가 발생하면 마이크로컨트롤러는 현재 수행 중인 프로그램을 일시 중단하고, 인터럽트 처리를 위한 프로그램을 수행한 후에 다시 원래의 프로그램으로 복귀한다. 이와 같은 방식은 프로그램의 처리 방식은 함수의 호출과정과 유사하다. 그러나 인터럽트 구동 시스템에서 인터럽트는 주프로그램에서 비동기적으로 발생하는 사건(event)에 대한 반응하는 것이 일반 함수와의 차이점이다. 즉, 일반 함수는 주프로그램에서 순차적으로 제어를 하지만, 인터럽트 프로그램은 인터럽트 자체가 언제 발생할지 예측을 할 수 없으므로, 주프로그램에서 언제 인터럽트가 발생할지는 알 수 없다는 것이다.

이상과 같이 인터럽트를 처리하는 프로그램을 인터럽트 서비스 루틴(Interrupt Service Routine : ISR) 또는 인터럽트 핸들러(Interrupt Handler)라 부른다.

인터럽트가 발생할 때 주프로그램은 일시적으로 수행을 정지하고 ISR로 분기한다. 즉, ISR이 실행되고 연산이 수행된 후에 ISR 프로그램이 종료되면 주프로그램의 중지된 부분부터 다시 계속된다. 인터럽트의 종료는 "인터럽트로부터의 복귀(return from interrupt) : RETI" 명령에 의해 수행된다. 일반적으로 주프로그램을 기본 레벨에서의 수행, 그리고 ISR을 인터럽트 레벨에서의 수행이라고 한다. 또한, 기본 레벨 대신 '포그라운드(foreground)', 인터럽트 레벨 대신 '백그라운드(background)'라는 용어를 사용하기도 한다. 이러한 백그라운드라는 이름은 인터럽트 프로그램은 주프로그램에 비해 숨어져 있어 수행하는 것이 보이지 않는다는 의미에서 생성되었다.

인터럽트에 대한 간단한 개요를 그림 7.1에 나타내었다. 그림 7.1(a)는 인터럽트가 발생하지 않은 프로그램의 수행을 보여주고 있으며, 그림 7.1(b)는 때때로 인터럽트가 발생하는 기본 레벨에서의 수행과 인터럽트 레벨에서 수행되는 ISR을 보여주고 있다.

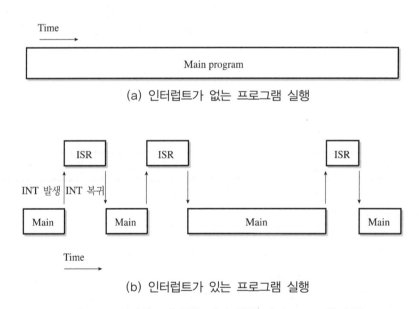

(a) 인터럽트가 없는 프로그램 실행

(b) 인터럽트가 있는 프로그램 실행

그림 7.1 인터럽트가 있을 때와 없을 때의 프로그램 수행

인터럽트의 전형적인 예는 시스템의 정상적인 동작이 이루어지지 않는 경우이다. 인터럽트의

동작을 이해하기 위하여 마이크로컨트롤러 보드의 전원 감시 기능을 생각하여 보자. 마이크로컨트롤러 보드의 전원은 보통 5V의 전원이 공급되어야 한다. 그런데 전원의 이상으로 인해 4.5V 이하로 떨어지게 되는 경우 보드가 정상적으로 동작하는 것을 보장할 수 없다. 이러한 경우 외부에서 마이크로컨트롤러의 수행 중인 프로그램을 중지시키고 전원이 다시 정상적으로 공급될 때까지 기다려야 한다. 마이크로컨트롤러 보드는 정상적인 전원이 인가되는 경우에는 주프로그램 (즉, foreground)이 수행되고, 전원의 이상이 검출되었을 때 (아마도, 신호는 HIGH 상태에서 LOW 상태로 변화가 일어날 것이다.) 인터럽트가 발생한다. 인터럽트가 발생된 것을 마이크로컨트롤러가 감지하면 주프로그램은 실행이 중단되고, ISR이 실행의 제어권을 이어 받아 백그라운드 프로그램이 수행된다. 그리고 전원이 다시 정상적으로 공급되면 주프로그램으로 제어권을 다시 넘김으로 끝나게 된다. 주프로그램은 인터럽트에 의해서 중단되었던 곳부터 수행된다. 이 예에서 중요한 점은 사용자의 직접적인 입력이 "비동기적"으로 발생한다는 것이다. 즉, 인터럽트는 때때로 예기치 않게 발생하거나, 시스템 내에서 수행되는 소프트웨어에 의해서 발생되는 것이다.

2) 인터럽트의 종류

인터럽트의 종류는 마이크로컨트롤러에 따라 다르지만, 일반적으로 인터럽트 발생 원인에 의한 분류, 인터럽트가 발생할 경우 마이크로컨트롤러에서 처리하는 방식에 의한 분류로 구분할 수 있다.

◉ 인터럽트 발생 원인에 의한 분류

마이크로컨트롤러의 인터럽트는 마이크로컨트롤러 주변에 부가된 하드웨어에 의해 발생하는 하드웨어 인터럽트, zero-divide, 정의되지 않은 명령의 실행 등과 같이 소프트웨어적으로 이상 동작에 의해 발생하는 소프트웨어 인터럽트로 구분할 수 있다. 하드웨어 인터럽트는 마이크로컨트롤러 내부의 기능에 의해 발생하는 내부 인터럽트와 마이크로컨트롤러 외부에 부가된 소자에 의해 발생하는 외부 인터럽트로 구분할 수 있는데, 마이크로컨트롤러에 다양한 기능이 내장되면서 모든 기능이 하나의 마이크로컨트롤러로 구현되면서 이에 대한 구분도 모호해지고 있다. 그러나, 고전적인 의미로 볼 때 모든 부가된 I/O는 CPU 외부에 있는 것으로 간주할 수 있기 때문에 이러한 경우 모두 외부 인터럽트로 생각할 수 있다. 따라서, ATmega128에 내장된 기능에 의한 인터럽트는 모두 외부 인터럽트로 구분하여도 무방하겠다.

◉ 처리 방식에 의한 분류

외부 인터럽트의 처리 방식에 따른 분류는 여러 가지 방법이 있을 수 있으나, 본 교재에서는 간단한 임베디드 시스템에서 사용하고 있는 방식에 대해서만 설명하기로 한다. 외부 인터럽트의 처리 방식에 따라 일반적인 인터럽트($\overline{INT}$)와 차단 불가능 인터럽트($\overline{NMI}$)로 분류할 수 있다.

일반적인 인터럽트($\overline{INT}$)는 프로그래머에 의하여 인터럽트의 요청을 받아들이지 않고 무시할 수 있는 인터럽트(maskable interrupt)를 의미하며, 시간 제약이 있는 프로그램과 같이 우선적으로 처리되어야 하는 경우에 다른 인터럽트의 요청을 허용하지 않을 수 있다. 보통 인터럽트를 허용하는 방법은 인터럽트 마스크 레지스터 또는 인터럽트 허용 레지스터를 사용하여 각각의 인터럽트를 개별적 허용하고 이것들을 다시 전체적으로 허용한다.

차단 불가능 인터럽트($\overline{NMI}$)는 프로그래머에 의해 어떤 방법으로도 인터럽트 요청이 차단될 수 없는 인터럽트(non-maskable interrupt)로서, 전원 이상이나 비상 정지 스위치 등과 같이 시스템에 치명적인 오류를 대비하기 위해 주로 사용된다.

3) 인터럽트 제어 및 처리 절차

인터럽트가 발생하면 마이크로컨트롤러 내부에서는 발생된 인터럽트를 제어하기 위하여 여러 가지 방법을 구현하여 놓고 있다. 본 교재에서는 ATmega128에서 사용되는 인터럽트 제어 방식에 대해서만 간단히 설명하기로 한다.

◉ 벡터형 인터럽트

마이크로컨트롤러에서는 인터럽트가 발생하면 이에 대한 인터럽트 처리 방법으로 벡터형 인터럽트 구조를 사용하고 있으며, 벡터형 인터럽트 처리 방식은 다시 두 가지로 구분할 수 있다.

첫 번째는 인터럽트가 발생할 때마다 인터럽트를 요청한 장치가 인터럽트 벡터를 마이크로컨트롤러에게 전송하는 방식이다. 마이크로컨트롤러는 주변장치에서 전송된 인터럽트 벡터를 이용하여 그 장치에 해당하는 인터럽트 서비스 루틴의 시작 번지를 결정한다. 이러한 처리 방식은 모든 주변 장치가 1개의 인터럽트 신호선을 공유하는 경우에 대응하는 방법으로 ATmega128는 이 방법을 채택하고 있지 않다.

두 번째는 각 주변장치가 각각의 인터럽트 신호선을 가지고 있고, 각 주변장치가 인터럽트를 요청하면 마이크로컨트롤러는 각각의 인터럽트에 따라 미리 지정된 인터럽트 벡터를 가지고 있어 즉시 해당 인터럽트 서비스 루틴을 찾아가는 방식이다. 이 방법을 사용할 경우에는 인터럽트 처리 응답시간이 빠르게 된다. ATmega128는 이 방법을 채택하고 있다.

◉ 인터럽트의 우선순위

인터럽트는 외부 주변 소자에 의해 비동기적으로 발생하므로, 우연히 두 개 이상의 주변 장치가 동시에 마이크로컨트롤러에 인터럽트를 요구하는 경우가 발생할 수 있다. 이러한 경우에 마이크로컨트롤러는 이들 인터럽트를 한꺼번에 처리할 수 없으므로 한 번에 하나의 인터럽트를 선택하여 처리하게 되는데 이를 인터럽트 우선순위라고 한다. 우선순위가 높은 인터럽트가 처리되고 있는 동안에는 우선순위가 낮은 인터럽트는 대기상태가 되며, 높은 우선순위를 갖는 인터럽트의 처리가 끝난 후에 낮은 우선순위를 갖는 인터럽트는 미리 지정된 우선순위에 의해 처리된다.

외부 사건의 중요성에 따라 인터럽트의 우선순위를 변경 지정할 수 있는데, 일반적으로

우선순위는 마이크로컨트롤러 내부에 미리 결정되어 있고, 미리 결정된 인터럽트 우선순위를 변경하기 위해서는 일반적으로 인터럽트 우선순위 지정 레지스터의 내용을 수정함으로써 가능해진다. 그러나, ATmega128의 경우에는 인터럽트의 우선순위를 조정할 수 있는 기능을 내장하고 있지 않다.

⭕ 인터럽트의 처리 절차

인터럽트의 처리 과정은 마이크로컨트롤러의 종류에 따라 상당히 다르고 또한 하나의 마이크로컨트롤러에서도 인터럽트의 종류에 따라 처리 과정이 다양하지만 본 교재에서는 ATmega128와 같이 벡터형의 인터럽트를 사용하고 있는 마이크로컨트롤러에서 수행되는 인터럽트 처리 절차에 대해서만 설명한다.

ATmega128의 프로그램 메모리의 내부를 살펴보면, 일반적으로 그림 7.2에 나타난 것과 같이 프로그램 메모리의 앞부분에는 인터럽트 벡터 테이블(IVT, Interrupt Vector Table)이 배치되어 있고, 그 다음부터 응용 프로그램과 각각의 인터럽트를 수행하기 위한 인터럽트 서비스 루틴(ISR, Interrupt Service Routine)들이 배치되게 된다. 인터럽트 벡터 테이블에는 각각의 인터럽트에 대해서 ISR의 주소로 점프해서 ISR 프로그램을 처리할 수 있도록 점프 명령과 주소가 배치되어 있다.

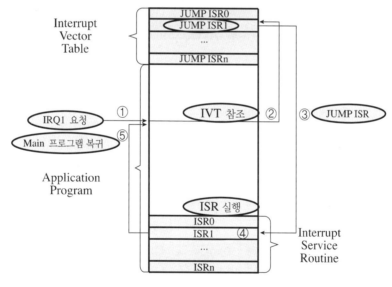

그림 7.2 인터럽트의 처리 절차

이상과 같이 배치된 프로그램에서 응용 프로그램이 수행되고 있는 과정에서 인터럽트가 발생하게 되면 응용 프로그램은 실행을 중지하고 해당하는 인터럽트 벡터 테이블을 참조하게 되고, 참조된 벡터 테이블의 인터럽트 서비스 루틴의 주소로 점프하여 인터럽트 프로그램을 실행한다. 인터럽트 프로그램의 실행이 종료되면 다시 응용 프로그램이 정지되었던 다음 주소로 복귀하여 응용 프로그램을 계속 수행하게 된다.

7.2 ATmega128의 인터럽트 구성

ATmega128에는 리셋을 포함하여 총 35가지의 인터럽트 소스가 있다. 이들 인터럽트들은 인터럽트 마스크 레지스터를 통하여 각각 개별적으로 허용 여부를 설정할 수 있으며, 상태 레지스터 SREG의 글로벌 허가 비트 I를 이용하여 전제척인 허가 여부를 설정할 수 있다.

1) 인터럽트의 종류

ATmega128에는 리셋을 포함하여 총 35가지의 인터럽트 소스가 존재하며, 표 7.1에는 ATmega128에 내장되어 있는 인터럽트 소스와 이에 상응하는 인터럽트 벡터 주소를 요약하여 놓았다. 이들 인터럽트를 다시 구분하여 보면 외부 핀을 통해 입력되는 외부 인터럽트 8개, 타이머/카운터0에 관련된 인터럽트 2개, 타이머/카운터1에 관련된 인터럽트 5개, 타이머/카운터2에 관련된 인터럽트 2개, 타이머/카운터3에 관련된 인터럽트 5개, USART0와 USART1에 관련된 인터럽트 각각 3개와 기타의 인터럽트 6개이다.

표 7.1 ATmega128의 인터럽트의 종류 및 인터럽트 벡터

벡터 번호 (우선 순위)	벡터 주소	인터럽트 소스	인터럽트 발생 조건
0	0x0000	RESET	외부 핀, 전원 투입 리셋, 저전압 검출 리셋, 워치독 리셋, JTAG AVR 리셋
1	0x0002	INT0	외부 인터럽트 0
2	0x0004	INT1	외부 인터럽트 1
3	0x0006	INT2	외부 인터럽트 2
4	0x0008	INT3	외부 인터럽트 3
5	0x000A	INT4	외부 인터럽트 4
6	0x000C	INT5	외부 인터럽트 5
7	0x000E	INT6	외부 인터럽트 6
8	0x0010	INT7	외부 인터럽트 7
9	0x0012	TIMER2 COMP	타이머/카운터2 비교 일치
10	0x0014	TIMER2 OVF	타이머/카운터2 오버플로우
11	0x0016	TIMER1 CAPT	타이머/카운터1 입력 캡처
12	0x0018	TIMER1 COMPA	타이머/카운터1 비교 일치 A
13	0x001A	TIMER1 COMPB	타이머/카운터1 비교 일치 B
14	0x001C	TIMER1 OVF	타이머/카운터1 오버플로우
15	0x001E	TIMER0 COMP	타이머/카운터0 비교 일치
16	0x0020	TIMER0 OVF	타이머/카운터0 오버플로우
17	0x0022	SPI, STC	SPI 시리얼 통신 완료
18	0x0024	USART0, RX	USART0, 수신 완료

표 7.1 ATmega128의 인터럽트의 종류 및 인터럽트 벡터(계속)

벡터 번호 (우선 순위)	벡터 주소	인터럽트 소스	인터럽트 발생 조건
19	0x0026	USART0, UDRE	USART0, 데이터 레지스터 비움
20	0x0028	USART0, TX	USART0, 송신 완료
21	0x002A	ADC	ADC 변환 완료
22	0x002C	EE READY	EEPROM 준비
23	0x002E	ANALOG COMP	아날로그 비교기
24	0x0030	TIMER1 COMPC	타이머/카운터1 비교 일치 C
25	0x0032	TIMER3 CAPT	타이머/카운터3 입력 캡처
26	0x0034	TIMER3 COMPA	타이머/카운터3 비교 일치 A
27	0x0036	TIMER3 COMPB	타이머/카운터3 비교 일치 B
28	0x0038	TIMER3 COMPC	타이머/카운터3 비교 일치 C
29	0x003A	TIMER3 OVF	타이머/카운터3 오버플로우
30	0x003C	USART1, RX	USART1, 수신 완료
31	0x003E	USART1, UDRE	USART1, 데이터 레지스터 비움
32	0x0040	USART1, TX	USART1, 송신 완료
33	0x0042	TWI	I2C 통신 인터페이스
34	0x0044	SPM READY	저장 프로그램 메모리 준비

이들 인터럽트는 크게 두 가지의 형태로 동작한다. 첫 번째 형태는 인터럽트가 발생하면 관련 플래그 비트를 1로 세트하여 트리거시키는 형태이다, 이러한 인터럽트에서는 프로그램 카운터가 실제 인터럽트 벡터로 지정되어 인터럽트 처리 루틴을 수행하면, 해당 플래그는 하드웨어에 의해 자동으로 0으로 클리어된다. 또한, 인터럽트 플래그는 해당 비트에 1을 써 넣음으로써 0으로 클리어할 수 있다. 이들 인터럽트에서는 인터럽트 마스크 레지스터 또는 SREG 레지스터에서 이를 금지 상태로 설정하여 놓았더라도 인터럽트가 발생하면 해당 인터럽트 플래그가 1로 설정되어 인터럽트 대기 상태로 되며, 나중에 인터럽트가 허가 상태로 설정될 때 해당 인터럽트가 처리된다.

두 번째 형태는 인터럽트 조건이 발생한 동안에만 인터럽트를 트리거하는 형태이다. 이러한 인터럽트는 인터럽트 발생조건이 사라지면 인터럽트 요청도 없어지므로 나중에 인터럽트가 다시 허용 상태로 되더라도 인터럽트는 요청되지 않는다.

ATmega128의 인터럽트 소스는 우선순위를 가지고 있으며, 이는 고정되어 있어 사용자가 이를 변경할 수는 없으니 유의하기 바란다.

2) 리셋 및 인터럽트 벡터의 배치

ATmega128에서 리셋 및 인터럽트 벡터는 표 7.2에 나타낸 것과 같이 BOOTRST와 IVSEL 비트의 조합에 의해 가변적으로 배치할 수 있다. 여기서 부트 리셋 주소(Boot Reset Address)는 부트로더 섹션의 크기에 따라 달라지는데, 이는 표 2.21의 부트 섹션의 크기 설정에서 설명한 바와 같이 퓨즈 비트 BOOTSZ1~0 비트에 의해 설정된다. 예를 들어 BOOTSZ1~0 비트들이 모

두 0으로 설정되면 부트 사이즈는 8K 바이트(4096 워드)가 되어 부트 리셋 주소는 0xF000 번지
가 된다.

그러나 일반적인 ATmega128에서는 BOOTRST 비트는 1로 설정되고, IVSEL은 0으로 설정되
어 리셋 및 인터럽트 벡터 주소는 다음과 같이 표 7.2와 같이 된다.

표 7.2 리셋 및 인터럽트 벡터의 배치

BOOTRST	IVSEL	리셋 벡터 주소	인터럽트 벡터의 시작 주소
1	0	0x0000	0x0000
1	1	0x0000	부트 리셋 주소 + 0x0002
0	0	부트 리셋 주소	0x0002
0	1	부트 리셋 주소	부트 리셋 주소 + 0x0002

인터럽트 벡터를 응용 프로그램 섹션과 부트로더 섹션 사이에서 이동하기 위해서는 MCU 컨트
롤 레지스터(MCUCR, MCU Control Register)를 사용한다. MCUCR 레지스터의 비트 구성은 그
림 7.3과 같으며, 여기서 IVSEL과 IVCE 비트가 이상의 목적으로 사용되고, 나머지는 외부 인터럽
트를 개별적으로 허가하는 용도로 사용된다. 이에 대해서는 이 장의 뒷부분에서 자세히 설명한다.

Bit	7	6	5	4	3	2	1	0	
	SRE	SRW10	SE	SM1	SM0	SM2	IVSEL	IVCE	MCUC
Read/Write	R/W	R/W	R/W	R/W	R/W	R	R/W	R/W	
Initial Value	0	0	0	0	0	0	0	0	

그림 7.3 MCUCR 레지스터의 비트 구성

▶ 비트 1 : IVSEL (인터럽트 벡터 선택, Interrupt Vector Select)

IVSEL 비트를 0으로 클리어하면 인터럽트 벡터는 응용 프로그램 섹션인 플래시 메모
리의 시작 부분에 위치하게 되고, 이 비트를 1로 설정하면 인터럽트 벡터는 플래시
메모리에서 부트로더 섹션의 시작 부분에 위치하게 된다. 부트로더 섹션의 정확한 주
소 범위는 퓨즈 비트의 BOOTSZ1 ~ 0 비트에 의해 설정된다.

이 인터럽트 벡터 테이블(IVT)의 주소를 변경하는데 있어서 프로그램에 의한 오류를
최대한 막기 위하여 IVSEL 비트의 설정값을 변경하는 데는 다음과 같은 특별한 절차
를 필요로 한다.

❶ 인터럽트 벡터 변경 허가(IVCE) 비트에 1을 쓴다.
❷ 4 사이클 이내에 IVCE 비트에는 0을, IVSEL 비트에는 원하는 값을 동시에 쓴다.

이러한 동작을 수행하는 동안에는 모든 인터럽트가 자동적으로 금지되고, 만약 ❶단
계가 수행되고 ❷단계가 수행되지 않는다면 4 사이클 후에는 인터럽트는 다시 원상태
로 복구된다.

▶ 비트 0 : IVCE (인터럽트 벡터 변경 허가, Interrupt Vector Change Enable)

IVCE 비트는 IVSEL 비트의 변경을 허가하기 위해서는 1로 설정되어 있어야 한다. IVCE 비트는 IVSEL 비트를 1로 설정한 다음 4 사이클 내에 하드웨어에 의해 0으로 클리어된다. IVCE 비트에 1을 쓴다는 것은 IVSEL 비트의 설명에서 서술한 것과 같이 인터럽트를 불가능하게 하는 것이다.

만약 인터럽트 벡터가 부트로더 섹션에 위치하고 메모리 잠금 비트 BLB02 비트가 0으로 설정되어 있다면 응용 프로그램 섹션이 실행되고 있는 동안에 모든 인터럽트는 금지된다. 반대로 인터럽트 벡터가 응용 프로그램 섹션에 위치하고 메모리 잠금 비트 BLB12 비트가 0으로 설정되어 있다면 부트로더 섹션이 실행되는 동안에 모든 인터럽트는 금지된다. 이에 대해 자세히 알고 싶으면 2장의 메모리 잠금 비트 부분을 참조하기 바란다.

3) 외부 인터럽트

ATmega128에는 8개의 외부 인터럽트 입력(INT7~0) 핀을 가지고 있다. 외부 인터럽트는 이 핀들을 출력으로 설정하더라도 발생하는데, 이러한 기능을 이용하면 소프트웨어 인터럽트를 발생하는 방법으로 사용할 수 있다. 그러나, 인터럽트는 일반적으로 외부 사건의 발생을 감지하는 것인데, 외부 사건 즉, 인터럽트의 발생을 감지하는 방법으로는 입력 펄스의 에지(상승/하강 에지) 또는 레벨 입력이 가능하다.

이러한 인터럽트 트리거 방법은 외부 인터럽트 제어 레지스터 EICRA(INT3~0)와 EICRB(INT7~4)에 의해 설정된다. 만약 인터럽트가 허가되어 있고 레벨 트리거 방식으로 설정되어 있다면 해당 핀에 Low 상태가 입력되는 동안에 인터럽트는 발생한다. 외부 인터럽트 INT7~4가 에지 트리거 방식으로 설정되면, 인터럽트의 발생 여부를 알기 위해 I/O 클럭을 필요로 하기 때문에 휴면 모드를 제외한 슬립모드는 I/O 클럭이 정지되어 있으므로 INT7~4는 슬립 모드 해제의 수단으로 사용될 수 없다. 모든 Low 레벨 인터럽트와 INT3~0이 하강 또는 상승 에지 트리거 방식으로 설정된 경우에는 인터럽트가 클럭에 상관없이 비동기적으로 검출되므로 이러한 형태의 인터럽트는 슬립모드를 해제하는 수단으로 사용할 수 있다.

레벨 변화 방식으로 사용되는 인터럽트가 전원 차단 모드의 해제 수단으로 사용되는 경우에는 좀 더 긴 인터럽트 신호가 요구되는데, 이것은 MCU가 잡음에 대하여 덜 민감하게 해주는 효과가 있다. 레벨 변화 방식의 인터럽트 신호는 워치독 오실레이터에 의하여 두 번 샘플링되는데 Low 상태이면 이는 슬립 모드에서 해제된다. 그러나, 만약 이와 같이 슬립 모드가 해제되고 나서 기동시간이 경과하기 전에 이 인터럽트 신호가 사라지면 슬립 모드는 해제되지만 인터럽트는 발생하지 않는다. 슬립 모드를 해제하고 인터럽트가 발생되려면 충분히 긴 시간동안 인터럽트 신호가 Low 상태로 입력되어야 한다.

지금까지 ATmega128에 내장된 외부 인터럽트의 종류 및 발생 방법에 대해 알아보았다. ATmega128에는 외부 인터럽트를 제어하기 위하여 표 7.3에 제시한 네 개의 레지스터를 가지고 있다.

표 7.3 외부 인터럽트 제어용 레지스터

외부 인터럽트 레지스터	설명
EICRA	외부 인터럽트 제어 레지스터 A
EICRB	외부 인터럽트 제어 레지스터 B
EIMSK	외부 인터럽트 마스크 레지스터
EIFR	외부 인터럽트 플래그 레지스터

ATmega128에서 인터럽트를 제어하기 위한 방법은 우선 인터럽트 제어 레지스터인 EICRA와 EICRB를 사용하여 인터럽트의 트리거 방법을 설정하고, 외부 인터럽트 허가 레지스터(EIMSK, External Interrupt Mask Register)를 사용하여 각 인터럽트를 개별적으로 허가한다. 이렇게 허가한 인터럽트는 SREG 레지스터의 전역적 인터럽트 허가 비트(I)가 1로 설정되어 있어야만 인터럽트 발생이 허가될 수 있다. INT7~0에 대한 트리거 방식과 허가 인터럽트가 결정되면, 외부 인터럽트 핀의 입력에 따라 외부 인터럽트 플래그 레지스터(EIFR, External Interrupt Flag Register)에 인터럽트의 발생 여부가 설정된다.

이제, 이들 외부 인터럽트를 제어하는 레지스터에 대해 살펴보기로 하자.

◎ 외부 인터럽트 제어 레지스터 A : EICRA

외부 인터럽트 제어 레지스터 A(EICRA)는 INT3~0에 대한 인터럽트 트리거 방식을 결정하는 레지스터로, 이 레지스터의 비트 구성은 그림 7.4에 자세히 나타내었다. 이 레지스터는 ATmega103 호환 모드에서는 접근이 불가능하지만, INT3~0의 초기값은 ATmega103에서와 같이 Low 레벨로 정의되어 있다.

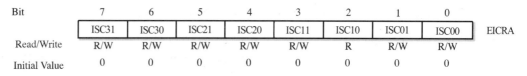

Bit	7	6	5	4	3	2	1	0	
	ISC31	ISC30	ISC21	ISC20	ISC11	ISC10	ISC01	ISC00	EICRA
Read/Write	R/W	R/W	R/W	R/W	R/W	R	R/W	R/W	
Initial Value	0	0	0	0	0	0	0	0	

그림 7.4 외부 인터럽트 제어 레지스터 A의 비트 구성

▶ 비트 7~0 : ISC31, ISC30 ~ ISC01, ISC00 (인터럽트 감지 제어 비트, External Interrupt 3~0 Sense Control Bits)

INT3~0은 EICRA 레지스터의 설정에 의해 표 7.4에 나타낸 것과 같이 Low 레벨 트리거, 상승 또는 하강 에지 트리거 방식의 3가지 방식으로 설정될 수 있다. INT3~0은 비동기적으로 검출되고, 이 인터럽트 신호의 펄스의 폭(t_{INT})은 최소 50ns 이상이어야 한다. 만약 이 보다 짧을 경우에는 인터럽트가 검출되지 않을 수 있다. Low 레벨 인터럽트는 인터럽트를 발생하기 위한 명령을 완료할 때까지 신호 레벨을 유지하여야 하고, 핀의 신호가 Low인 동안 인터럽트 요청을 발생하게 된다. ISCn1~0 비트가 변화할 때, 인터럽트가 발생할 수 있다. 따라서 이 비트를 변경할 때에는 EIMSK 레지스터의 인터럽트 허가 비트를 먼저 클리어하는 것이 바람직하다. 마지막으로 INTn 인

터럽트 플래그는 인터럽트가 다시 허가되기 전에 외부 인터럽트 플래그 레지스터 (EFIR)의 인터럽트 플래그(INTFn)에 1을 기록하여 클리어하여야 한다.

표 7.4 외부 인터럽트 INT3~0의 트리거 방식 설정

ISCn1	ISCn0	인터럽트 트리거 방식
0	0	INTn 핀의 Low 레벨 신호 입력이 인터럽트를 발생한다.
0	1	(reserved)
1	0	INTn 핀의 하강 에지(falling edge)가 인터럽트를 비동기적으로 발생한다.
1	1	INTn 핀의 상승 에지(rising edge)가 인터럽트를 비동기적으로 발생한다.

주) 1. n=3,2,1 또는 0
  2. ISCn1~0 비트가 변화할 때, EIMSK 레지스터의 인터럽트 허가 비트를 클리어하여 인터럽트를 반드시 금지하여야 한다. 그렇지 않으면, 이 비트가 변화할 때 인터럽트가 발생할 수 있다.

○ 외부 인터럽트 제어 레지스터 B : EICRB

외부 인터럽트 컨트롤 레지스터 B(EICRB)는 INT7~4에 대한 인터럽트 트리거 방식을 결정하는 레지스터로, 이 레지스터의 비트 구성은 그림 7.5에 자세히 나타내었다.

Bit	7	6	5	4	3	2	1	0	
	ISC71	ISC70	ISC61	ISC60	ISC51	ISC50	ISC41	ISC40	EICRB
Read/Write	R/W	R/W	R/W	R/W	R/W	R	R/W	R/W	
Initial Value	0	0	0	0	0	0	0	0	

그림 7.5 외부 인터럽트 컨트롤 레지스터 B의 비트 구성

표 7.5 외부 인터럽트 INT7~4의 트리거 방식 설정

ISCn1	ISCn0	인터럽트 트리거 방식
0	0	INTn 핀의 Low 레벨 신호 입력이 인터럽트를 발생한다.
0	1	INTn 핀의 하강 에지 또는 상승 에지가 인터럽트를 발생한다.
1	0	인터럽트의 2개의 샘플 사이의 하강 에지(falling edge)가 인터럽트를 발생한다.
1	1	인터럽트의 2개의 샘플 사이의 상승 에지(rising edge)가 인터럽트를 발생한다.

주) 1. n=3,2,1 또는 0
  2. ISCn1~0 비트가 변화할 때, EIMSK 레지스터의 인터럽트 허가 비트를 클리어하여 인터럽트를 반드시 금지하여야 한다. 그렇지 않으면, 이 비트가 변화할 때 인터럽트가 발생할 수 있다.

▶ 비트 7~0 : ISC71, ISC70 ~ ISC41, ISC40 (인터럽트 감지 제어 비트, External Interrupt 3~0 Sense Control Bits)

INT7~4는 EICRB 레지스터의 설정에 의해 표 7.5에 나타낸 것과 같이 Low 레벨 트리거, 상승 또는 하강 에지 트리거 방식의 네 가지 방식으로 설정될 수 있다. INT7~

4 핀의 값은 에지를 검출하기 전에 샘플링된다. 만약 에지 또는 레벨 인터럽트가 선택되면, 1 클럭 주기보다 긴 시간 동안 펄스가 인가되어야만 인터럽트가 발생한다. Low 레벨 인터럽트가 선택된다면, INT3 ~ 0과 같은 방식으로 핀의 신호를 유지하여야 한다.

◎ **외부 인터럽트 마스크 레지스터 : EIMSK**

외부 인터럽트 마스크 레지스터(EIMSK, Externel Interrupt Mask Register)는 외부 인터럽트 INT7~0을 개별적으로 허가하는 데 사용되는 레지스터로 비트 구성은 그림 7.6에 자세히 나타내었다.

Bit	7	6	5	4	3	2	1	0	
	INT7	INT6	INT5	INT4	INT3	INT2	INT1	INT0	EIMSK
Read/Write	R/W	R/W	R/W	R/W	R/W	R	R/W	R/W	
Initial Value	0	0	0	0	0	0	0	0	

그림 7.6   외부 인터럽트 마스크 레지스터의 비트 구성

▶ **비트 7~0 : INT7 ~ INT0 (외부 인터럽트 요청 7~0 허가 비트, External Interrupt Request 7~0 Enable)**

이 비트를 1로 설정하면 인터럽트가 허가되고, 0으로 설정하면 인터럽트는 금지된다. 이렇게 개별적으로 허가된 인터럽트는 SREG 레지스터의 전역 인터럽트 허가 비트 I가 1로 설정되어 있어야만 인터럽트가 실제 허가 상태로 된다.

◎ **외부 인터럽트 플래그 레지스터 : EIFR**

외부 인터럽트 플래그 레지스터(EIFR, Externel Interrupt Flag Register)는 INT7~0 핀에 인터럽트 신호가 입력되어 해당 인터럽트가 발생하였음을 알려주는 레지스터로 비트 구성은 그림 7.7에 자세히 나타내었다.

Bit	7	6	5	4	3	2	1	0	
	INTF7	INTF6	INTF5	INTF4	INTF3	INTF2	INTF1	INTF0	EIFR
Read/Write	R/W	R/W	R/W	R/W	R/W	R	R/W	R/W	
Initial Value	0	0	0	0	0	0	0	0	

그림 7.7   외부 인터럽트 플래그 레지스터의 비트 구성

▶ **비트 7~0 : INTF7 ~ INTF0 (외부 인터럽트 플래그 7~0, External Interrupt Flag 7~0)**

외부 인터럽트 단자(INT7~0)에 인터럽트를 요청하는 신호가 발생하면, INTF7 ~ 0 비트는 1로 세트된다. 만약 SREG I(글로벌 인터럽트 허용비트)가 1로 설정되어 있고, GICR 레지스터의 해당 INT 비트가 1로 설정되어 있으면, MCU는 해당하는 인터럽트 벡터로 점프하여 인터럽트 서비스 루틴이 수행되고, 이때 이 플래그 비트는 다시 0으로 클리어된다. 또한, 이 인터럽트 플래그는 각각의 해당 비트에 1을 쓰면 0으로 클리어된다. INT7~0의 인터럽트 발생 방법이 레벨 방식으로 설정되어 있으면, 이 플래그

는 항상 클리어된다. INT3~0 인터럽트가 금지되어 있는 상태에서 슬립모드로 들어가면, 이들 핀의 입력 버퍼는 금지되고, 이로 인해 INTF3~0 플래그를 설정하는 내부 신호에 논리 변화를 일으키게 된다는 점에 유의하기 바란다.

7.3   ATmega128의 인터럽트 처리

일반적으로 인터럽트가 발생하여 MCU에 의해서 받아들여졌을 때, 주프로그램은 중단되고, 이때 다음의 동작들이 발생된다.

- 현재 명령어의 수행을 끝마친다.
- 스택에 PC를 저장한다.
- 현재 인터럽트 상태를 내부적으로 저장한다.
- 다른 인터럽트가 받아들여지지는 않는다. 즉, 블록킹된다.
- ISR의 벡터 주소가 PC에 적재된다.
- ISR이 수행된다.

ISR은 RETI(인터럽트로부터 복귀)명령어로 끝나게 된다. 이 명령으로 인해 스택으로부터 PC의 이전 값과 인터럽트 상태의 이전 값을 되찾게 되어, 주프로그램의 수행이 중단되었던 곳부터 다시 계속 수행하게 된다. 이 과정을 그림 7.8에 나타내었다.

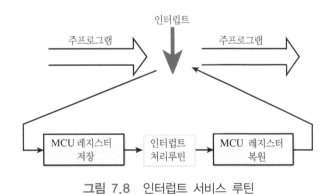

그림 7.8   인터럽트 서비스 루틴

ATmega128에서의 인터럽트 처리는 표 7.1에 나타낸 것과 같이 정해진 우선순위에 의해 처리된다. 우선순위는 인터럽트가 동시에 발생하였을 때 처리되는 순서를 말하는 것으로, ATmega128에서는 여러 인터럽트가 동시에 발생하였을 때 우선순위가 높은 인터럽트가 먼저 처리되고, 이 우선순위는 변경이 불가능하다.

인터럽트가 발생하면 인터럽트에 해당하는 플래그 비트가 세트된다. 이 플래그 비트에 의해 인터럽트가 요청되며, 전체 인터럽트 허가 비트 I와 해당 인터럽트 허가 비트가 모두 1로 설정되어 있으면, 인터럽트가 요청되어 인터럽트 벡터의 주소를 찾아가 인터럽트 서비스 루틴(ISR)을 수행하게 된다.

여기서 발생한 인터럽트 플래그는 해당 ISR이 시작되면 자동으로 클리어되거나 사용자의 프로그램에 의해 클리어될 수 있다.

ISR이 수행되고 있을 때, ATmega128은 자동적으로 전체 인터럽트 허가 비트(SREG의 I 비트)를 클리어하여 모든 인터럽트의 발생을 금지하고 서비스 루틴의 종료와 함께 인터럽트를 허용한다. 따라서 인터럽트가 수행 중에 있으면 우선순위가 더 높은 인터럽트가 발생하더라도 이에 해당하는 인터럽트 처리는 기존에 수행되고 있는 ISR이 종료될 때까지 연기되나, 인터럽트 플래그는 세트된다. 이렇게 인터럽트를 처리하는 동안에 발생한 플래그는 현재 수행 중인 ISR을 종료한 후에 ATmega128에 의해 조사되고, 플래그가 세트된 인터럽트 중에 가장 우선순위가 높은 인터럽트를 처리하게 된다.

이상과 같이 ISR이 시작되면 ATmega128은 자동으로 SREG 레지스터의 전체 인터럽트 허가 비트 I를 0으로 클리어시켜 모든 인터럽트를 금지 상태로 만들고, ISR이 RETI(인터럽트로부터 복귀)명령을 만나 종료되면, 이때 SREG의 I비트는 하드웨어에 의해 자동으로 다시 1로 세트되고, 인터럽트는 허가 상태로 자동 복구된다. 따라서 사용자가 ISR이 실행되는 동안에 다른 인터럽트 발생을 허용하려면 SREG의 I 비트를 1로 세트시켜야 한다.

ATmega128에서 인터럽트 요청이 발생하여 ISR로 들어가는 데에는 최소한 4 클럭 사이클의 시간이 소요된다. 이 시간 동안에 MCU는 인터럽트 종료 시에 복귀할 PC를 스택에 저장하고, 인터럽트 벡터를 인출하여 ISR로 점프한다. 이때 SREG의 내용은 자동으로 스택에 저장되지 않으므로 SREG의 변경을 막기 위해 인터럽트 처리 과정에서 반드시 저장해주어야 한다. 여기서 SREG 레지스터를 저장하고 복구하는 데 주의해야할 것은 SREG 레스터는 I/O 영역에 위치하고 있기 때문에 SREG 레지스터의 내용을 PUSH나 POP 명령을 이용하여 직접 스택에 저장할 수 없다는 것이다. 따라서 SREG 레지스터의 내용은 다른 레지스터나 데이터 메모리를 이용하여 저장하거나 복구하여야 한다.

만약, 여러 사이클에 수행되는 명령어가 실행되고 있는 동안에 인터럽트가 발생된다면 이 명령이 완료된 후에 인터럽트가 처리되므로 인터럽트 응답시간은 4 클럭 사이클보다 더 길어진다. 또한 슬립모드에 있을 때 인터럽트가 발생된다면 인터럽트 응답시간은 4 클럭 사이클 만큼 추가로 더 길어지며, 슬립 모드에 따라 기동시간이 추가된다.

ATmega128이 RETI 명령에 의하여 ISR의 실행을 마치고 주프로그램으로 복귀하는 데에도 4 클럭 사이클이 소요된다. 이 시간 동안에 PC의 값이 스택으로부터 복구된다.

7.4 CodeVision을 이용한 인터럽트 서비스 루틴의 작성

이상에서도 설명한 바와 같이, 인터럽트의 서비스는 벡터 주소라는 고유 번지에서 시작된다.

인터럽트가 하드웨어적으로 발생하면 ATmega128 내부에서 현재 수행하고 있는 명령을 종료하고 자동으로 인터럽트 벡터로 찾아가서 이 어드레스에 있는 명령어를 실행한다. 즉, 인터럽트 벡터에는 인터럽트 기능을 서비스하기 위한 프로그램이 위치해 있어야 한다.

이러한 인터럽트 서비스 루틴이 호출되기 위해서는 C언어에서 인터럽트 서비스 루틴이 올바르게 선언되어 있어야 한다. 인터럽트 서비스 루틴의 선언은

```
interrupt [n] void int_func_name (void)
```

과 같이 한다. 이렇게 선언하면 CodeVision 컴파일러는 인터럽트 벡터와 목록(entry)과 탈출코드(exit code)를 자동으로 생성해준다. 인터럽트 벡터 주소는 선언부의 interrupt [n]에 의해 생성되고, 여기서 n은 인터럽트 벡터 번호로서 2부터 시작하며, 이 벡터 번호에 의해 벡터 주소가 자동 생성된다.

인터럽트가 발생하여 인터럽트 함수가 수행되면 현재 사용 중인 모든 레지스터는 컴파일러에 의해 자동으로 저장되고, 인터럽트 함수가 끝나는 시점(어셈블리 언어의 RETI 명령)에서 다시 복구된다. ISR은 일단 인터럽트 소스가 초기화되고 전체 인터럽트가 허가되어 있는 상황이면, 언제든지 실행된다.

다음은 타이머 0의 오버플로우 인터럽트에 대한 인터럽트 서비스 루틴의 작성 예이다.

```
// Called automatically on TIMER0 overflow
unsigned int interrupt_cnt;
unsigned char second;
interrupt [17] void timer0_overflow(void)
{
    if (++interrupt_cnt == 4000){    // count to 4000
    second++;                        // second counter
    interrupt_cnt = 0;               // clear int counter
    }
}
```

인터럽트 서비스 루틴에서는 어떠한 함수 인자(argument)도 인터럽트 함수에 정의될 수 없고, 리턴 값을 사용할 수도 없다. 즉, 인터럽트 서비스 루틴에서는 어떠한 매개변수도 사용될 수 없다.

또한 마이크로컨트롤러 시스템에서 인터럽트를 사용하려면 7.3절에서 설명한 것처럼 전체 인터럽트 허가 비트(SREG의 I 비트)를 1로 설정하여야 한다. 이는 다음과 같이 직접 SREG의 비트를 1로 설정하거나, 또는 어셈블리 명령어를 사용할 수도 있다. SREG의 I를 이용하여 전체 인터럽트를 허가하는 과정은 다음과 같다.

```
SREG |= 0x80;   // SREG의 7비트를 1로 설정하여 전체 인터럽트를 허가함
```

또한, 어셈블리 명령어를 이용하여 인터럽트를 허가하고 금지하려면, 명령어는 sei와 cli이며, 이를 인라인 어셈블리를 사용하면 다음과 같고,

```
#asm("sei");    // 전체 인터럽트 허가
#asm("cli");    // 전체 인터럽트 금지
```

이를 #define 전처리기를 이용하여 C언어 함수로 구현하면 다음과 같고, 이 부분 역시 <mega128.h>에 포함시키는 것을 권장한다.

```
#define sei() (#asm("sei"))
#define cli() (#asm("cli"))
```

이를 C언어로 인터럽트 서비스 루틴을 작성할 때 주의할 점은, 인터럽트 서비스 루틴에서 처리되는 과정은 아주 단순하여야 한다는 것이다. 즉, 외부 인터럽트가 발생하면 이에 해당하는 가장 필수적인 요소만 인터럽트 처리 함수에서 처리하고 나머지는 주프로그램인 main()함수에서 처리를 하여야 한다는 것이다. 만약 인터럽트 함수에서 for 루프나 if/else 문을 사용하여 모든 처리를 하여 인터럽트 서비스 시간이 길어진다면, main()함수에서 처리하여야 하는 일을 충분히 수행할 수 없게 될 것이다. 최악의 경우에는 모든 프로세서의 프로그램 처리 시간을 인터럽트 서비스 루틴이 소비할 수도 있게 된다. 따라서 인터럽트 서비스 루틴은 최대한 시간을 적게 소모하도록 간결하게 작성하여야 하고, 대부분의 시간을 주 함수를 처리하는 데 소요될 수 있도록 프로그램을 작성하여야 한다는 것을 유념하여야 하며, 이는 인터럽트 서비스 루틴을 효율적으로 활용하는 방법이 될 것이다.

> **참고사항**
>
> CodeVision 컴파일러에서는 인터럽트 처리를 위해 다음과 같이 mega128.h 파일 내에 인터럽트 벡터를 정의하여 놓았다. 따라서 인터럽트 서비스 루틴을 작성하려면 이 파일 내에 있는 함수명을 사용하여야 한다.
>
> ```
> // Interrupt vectors definitions
>
> #define EXT_INT0 2
> #define EXT_INT1 3
> #define EXT_INT2 4
> #define EXT_INT3 5
> #define EXT_INT4 6
> #define EXT_INT5 7
> #define EXT_INT6 8
> #define EXT_INT7 9
> #define TIM2_COMP 10
> #define TIM2_OVF 11
> #define TIM1_CAPT 12
> #define TIM1_COMPA 13
> #define TIM1_COMPB 14
> #define TIM1_OVF 15
> #define TIM0_COMP 16
> ```

```
#define TIM0_OVF 17
#define SPI_STC 18
#define USART0_RXC 19
#define USART0_DRE 20
#define USART0_TXC 21
#define ADC_INT 22
#define EE_RDY 23
#define ANA_COMP 24
#define TIM1_COMPC 25
#define TIM3_CAPT 26
#define TIM3_COMPA 27
#define TIM3_COMPB 28
#define TIM3_COMPC 29
#define TIM3_OVF 30
#define USART1_RXC 31
#define USART1_DRE 32
#define USART1_TXC 33
#define TWI 34
#define SPM_RDY 35
```

따라서 헤더 파일에 정의된 인터럽트 벡터 번호를 이용하여 인터럽트 함수를 선언하면 다음과 같이 된다.

```
interrupt [TIM0_OVF] void timer0_ovf_isr(void)
```

7.5   인터럽트를 이용한 실험

이 장에서는 외부 인터럽트 핀(INT0-INT7)에 인터럽트 요구 신호를 부가하여 이에 대한 외부 인터럽트 서비스 루틴을 작성하는 방법을 학습하도록 하고, 나머지 인터럽트 기능에 대해서는 각각의 내장 I/O를 설명하는 부분에서 다루기로 한다.

외부 인터럽트를 다루기 전에 유념하여야 하는 사항은 인터럽트의 발생 방법과 이를 포함한 초기화 과정이다.

외부 인터럽트를 발생하는 방법은 레벨과 에지에 의한 두 가지 방법이 있다. 따라서 인터럽트를 사용하기 전에 이에 대한 동작 방법은 미리 설정해 놓아야 한다. 일반적으로 인터럽트는 외부 사건에 대한 변화를 감지하여 동작하기 때문에 에지 변화 모드로 설정한다. 그러나 전원이 불안하면 시스템의 동작에 치명적인 영향을 주기 때문에, 전원이 불안한 동안에는 시스템이 아무런 동작도 하지 않도록 하여야 할 필요가 있다. 따라서 이러한 경우에는 레벨 변화 모드로 인터럽트를 설정하여 사용하면 효과적일 것이다.

인터럽트를 초기화하는 과정에서는 인터럽트 제어 레지스터 부분에서 설명한 것과 같이 EICRx 레지스터의 비트 설정을 통한 외부 인터럽트의 트리거 모드 설정, EIMSK 레지스터의 비트 설정을 통한 사용하고자 하는 인터럽트의 허가와 SREG의 I 비트의 설정을 통한 전체 인터럽트를 허가 등의 수행되어야 한다.

예를 들어 외부 INT0 핀의 신호가 하강 에지에 의해 인터럽트를 발생하도록 초기화하면 다음과 같은 절차로 프로그램 된다.

```
void Interrupt_init(void)
{
    EICRA = 0x02;        // ISC01=1, ISC00=0 (외부 인터럽트 0 하강에지 트리거)
    EIMSK = 0x01;        // INT0 비트 설정(외부 인터럽트0 허가)
    sei();               // 전체 인터럽트 허가
}
```

참고사항

MCUCR에는 인터럽트 제어 외에 여러 가지 기능을 포함하고 있다. 따라서 인터럽트의 사용 목적으로 MCUCR = 0x02;로 프로그램을 작성하면 기존에 설정된 다른 비트들의 데이터는 손실된다. 따라서 이상의 과정을 비트 단위로 설정하는 과정으로 하는 것이 바람직하다. 그러나 비트 단위로 설정하는 것이 유리한지 바이트 단위로 설정하는 것이 유리한지는 사용자의 판단에 달려 있다. 비트 단위로 I/O 레지스터의 비트를 제어하는 방법은 다음과 같다.

Bit	7	6	5	4	3	2	1	0	
	SRE	SRW10	SE	SM1	SM0	SM2	IVSEL	IVCE	MCUCR
Read/Write	R/W	R/W	R/W	R/W	R/W	R/W	R/W	R/W	
Initial Value	0	0	0	0	0	0	0	0	

MCUCR 레지스터는 그림과 같은 비트 구성을 가지고 있으므로 각 비트명에 대해서도 다음과 같이 선언할 수 있다.

```
#define IVCE  0
#define IVSEL 1
#define SM2   2
#define SM0   3
    .....
```

이상과 같이 선언된 것을 이용하여 IVSEL 비트만 1로 설정하기 위해서는 다음과 같이 왼쪽 시프트연산자 "<<"를 사용한다.

```
1<<IVSEL
```

여기서 IVSEL은 1이 되므로

```
    1<<1        // 0b00000001을 1비트 시프트 → 0b00000010
```

최종적으로 MCUCR의 IVSEL 비트가 세트됨을 알 수 있다. 따라서 MCUCR 레지스터의 기본 값에 IVSEL을 세트하려면 다음과 같이 프로그램 된다.

```
MCUCR |= 1<<IVSEL;
```

따라서 이상에서 설명한 인터럽트 벡터 영역 선택 함수 Interrupt_init()은 다음과 같이 구현될 수도 있다.

```
void Interrupt_Vector(void)
{
        MCUCR |= 1<<IVCE;       // 인터럽트 벡터 허가
        MCUCR |= 1<<IVSEL;      // 인터럽트 벡터영역을 부트로더 섹션으로 설정
                                // 4 사이클 이내에 IVSEL을 세트 필요

}
```

ATmega128에는 8가지의 외부 인터럽트 INT0~INT7을 가지고 있다. 이러한 인터럽트를 사용하여 프로그램을 작성하는 데에는 레지스터의 사용이 필수적이다. 여기서는 사용자의 학습을 보다 편리하게 도와주기 위해 간단하게 인터럽트 기능과 레지스터에 대해 간단하게 정리하였다.

① 외부 INT0 ~ INT3
  ▶ 외부 인터럽트 0 ~ 3은 비동기로 검출 되고 인터럽트 신호의 펄스폭(t_{INT})은 최소 50ns 이상이어야 한다.
  ▶ 인터럽트 발생 모드는 EICRA 레지스터의 ISCn0 ~ ISCn1비트 값('00', '10', '11')의 세 가지 모드로 설정된다.
  ▶ 인터럽트를 사용하기 위해 SREG I 비트와 EMISK의 해당 비트가 1로 설정되어 있어야 한다.
  ▶ 인터럽트 서비스 루틴이 실행되면 인터럽트 플래그 비트는 0으로 자동으로 클리어 되고, 프로그램으로 해당 플래그 비트에 1을 쓰면 0으로 클리어된다.
  ▶ 인터럽트 모드의 변경 시 EIMSK 레지스터의 인터럽트 허가 비트를 해지하고 변경해야 돌발적인 인터럽트의 발생을 방지할 수 있다.

② 외부 INT4 ~ INT7
  ▶ 외부 인터럽트 4~7은 동기적으로 동작한다.
  ▶ 인터럽트 발생 모드는 EICRB 레지스터의 ISCn0 ~ ISCn1 비트값의 의해 네 가지 모드로 설정된다.
  ▶ 인터럽트를 사용하기 위해 SREG I 비트와 GICR의 해당 비트가 1로 설정되어 있어야 한다.
  ▶ 1 클럭 주기보다 긴 시간 동안 인터럽트 신호가 인가되어야 한다. 본 교재의 실험 보드는 14.7456MHz를 사용하기에 약 $0.0678\mu s$이상의 신호가 필요하다.
  ▶ 인터럽트 서비스 루틴이 실행되면 인터럽트 플래그 비트는 0으로 자동으로 클리어 되고, 프로그램으로 해당 플래그 비트에 1을 쓰면 0으로 클리어 된다.

예제 7.1 폴링 방식의 프로그램과 인터럽트 프로그램과의 차이점

그림 6.6의 회로를 참조하여 PORTB의 스위치의 신호를 계수하여 PORTB의 LED에 카운트된 값을 출력하는 프로그램을 작성하시오.

```c
#include <mega128.h>
#include <delay.h>

Byte count, change;
bit key7;

Byte Exch(void)
{
    while(1)
    {
        key7 = PIND.7;
        if(key7 == 0)
        {
            count++;
            delay_ms(1000);
            return 1;
        }
    }
}

void main(void)
{
    count = 0;     // count 변수의 선언 및 초기화



    DDRB = 0xff;  // 포트 B 출력설정
    PORTB = 0x00; // 포트 B의 LED를 모두 OFF

    DDRD = 0x00;    // 포트 D 입력설정

    while(1)
    {
        key7 = PIND.7;
        if(change == 0 && key7 == 1)
        {
            change = Exch();
        }
        if(change == 1 && key7 == 1)
        {
            change = 0;
        }
        PORTB = count & 0xff;
        if(count >= 255) count = 0;
    }
}
```

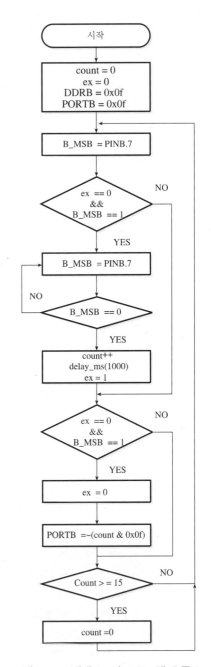

그림 7.9 예제 7.1의 프로그램 흐름도

그림 6.6을 보면 PORTD의 모든 비트는 입력 스위치로, PORTB의 모든 비드는 출력 LED 로 구성되어 있다. 이 문제에 대한 프로그램을 작성하기 위해서는 먼저 PORTD의 7비트에 연결된 스위치를 입력으로 하여 스위치가 1 → 0 → 1로 변화될 때마다 count 변수를 증가 시킨다. count 변수의 최대값은 LED가 8비트로 되어 있기 때문에 255가 된다. 따라서 count 변수가 255가 되면 count 변수를 클리어하고 이를 PORTB에 출력하면 된다. 출력할 때에는 LED가 Low 활성화로 동작하기 때문에 count 변수의 값을 반전시켜 출력한다. 이상의 과정 을 프로그램으로 작성하면 다음과 같고, 프로그램의 흐름도를 그림 7.9에 나타내었다.

이 프로그램에서 key7 변수는 PORTD의 7비트의 값을 읽는 변수이며, change 변수는 key7의 상태가 1에서 0으로 변화가 일어난 다음의 1의 상태가 되는 것을 찾기 위한 변수 이다. 그리고 count 변수는 1->0->1로 변화를 계수하는 변수이다.

END

예제 7.2 외부 인터럽트 0 서비스 루틴의 작성

그림 7.10는 인터럽트를 실험하기 위해 외부 INT0 핀에 스위치를 연결하여 놓은 회로이다. PORTD에 연결된 스위치 대신에 INT0 핀에 연결된 스위치의 입력을 계수하여 PORTB의 LED 에 출력하는 프로그램을 예제 7.1의 과정과 동일하게 작성하시오.

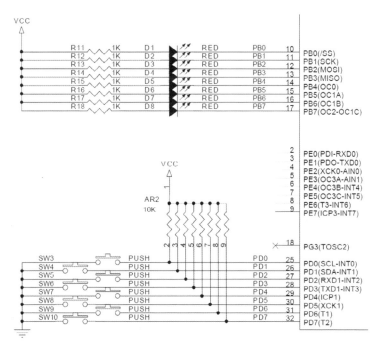

그림 7.10   외부 인터럽트 실험회로

이 예제는 예제 7.1의 과정을 외부 INT0 인터럽트를 사용하여 인터럽트 프로그램의 구조와 편리성을 살펴보기 위한 것이다. 먼저 외부 INT0 인터럽트를 사용하여 프로그램을 작성하는 과정을 살펴보자.

외부 인터럽트를 사용하려면 먼저 SREG의 I 비트와 EIMSK의 INT0 비트를 1로 설정하여야 한다. 그리고 나서 다음과 같은 항목을 설정하면 된다.

> ▸ INT0는 PORTD.0이므로, 이 비트를 입력으로 사용하기 위해 DDRD.0 비트를 입력으로 지정한다.
> ▸ 외부 인터럽트의 발생 모드를 설정한다. (EICRA 레지스터 설정)

외부 인터럽트를 발생시키는 방법에는 스위치 신호의 상태에 따라 그림 7.11과 같이 세 가지 상태가 있을 수 있다. ATmega128에서는 이 세 가지 상태에 따라 각각 다른 동작 모드를 지원하고 있다. 이는 표 7.4와 7.5를 참조하기 바란다.

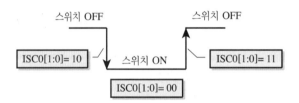

그림 7.11   스위치 조작에 따른 INT0의 신호 변화

이 예제에서는 INT0 핀에 인가되는 하강 에지 신호에 의하여 인터럽트를 발생시키는 것으로 EICRA레지스터의 ISC01과 ISC00 비트를 '10'으로 설정한다.

이상의 초기화 과정을 프로그램으로 작성하면 다음과 같고, 프로그램의 흐름도를 그림 7.11에 나타내었다.

```
void Interrupt_init(void)
{
        ECIRA = 0x02;           // INT0의 하강에지 트리거
        EIMSK = 0x01;           // INT0의 사용
        DDRD = 0x00;
        SREG |= 0x80;           // sei();
}
```

이제 스위치를 읽어 이를 계수하고 계수된 결과를 LED에 출력하면 된다. 이 프로그램은 인터럽트의 동작이므로, 인디럽트 서비스 루틴에서 수행된다. 이 과정과 초기화 과정을 모두 프로그램으로 작성하면 다음과 같다.

```
#include <mega128.h>
#include <delay.h>

Byte count;

interrupt [EXT_INT0] void ext_int0_isr(void)
{
    count++;
}

void Interrupt_init(void)
{
    EICRA = 0x02;          // INT0의 하강에지 트리거
    EIMSK = 0x01;          // INT0의 사용
    DDRD.0 = 0;
    // PORTD의 외부인터럽트0 입력으로 설정

    SREG |= 0x80;          // sei();
}

void main(void)
{
    Interrupt_init();

    DDRB = 0xFF;
    DDRD = 0x00;
    count = 0;

    while(1){
        PORTB = ~count;
        if(count >= 255) count = 0;
    }
}
```

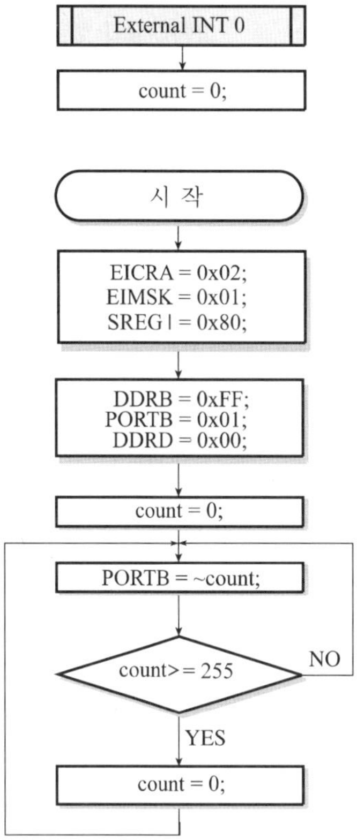

```
┌─────────────────────┐
│   External INT 0     │
└─────────────────────┘
         │
   ┌──────────┐
   │ count = 0; │
   └──────────┘


   (  시  작  )
         │
┌─────────────────┐
│  EICRA = 0x02;   │
│  EIMSK = 0x01;   │
│  SREG |= 0x80;   │
└─────────────────┘
         │
┌─────────────────┐
│  DDRB = 0xFF;    │
│  PORTB = 0x01;   │
│  DDRD = 0x00;    │
└─────────────────┘
         │
   ┌──────────┐
   │ count = 0; │
   └──────────┘
         │
   ┌──────────────┐
   │ PORTB = ~count; │
   └──────────────┘
         │
    < count >= 255 >──── NO
         │ YES
   ┌──────────┐
   │ count = 0; │
   └──────────┘
```

그림 7.12 예제 7.2의 프로그램 흐름도

여기서, 예제 7.1과 예제 7.2와의 차이점을 살펴보면 예제 7.1의 경우는 주프로그램에서 스위치의 입력 상태를 확인하기 위해 대부분의 마이크로컨트롤러의 시간을 소모하고 있고, 예제 7.2의 경우에는 스위치의 입력 상태는 비동기적으로 스위치의 입력이 발생할 때마다 자동적으로 감지되고, 감지된 결과에 대한 처리를 모두 ISR 내에서 수행하여 주프로그램에서는 포트 출력만 하면 된다. 따라서 이 두 개의 프로그램을 살펴볼 때, 예제 7.1과 같이 스위치의 입력을 폴링 방식을 사용하여 지속적으로 감지하는 것을 하게 되면, 주프로그램에서는 스위치의 입력을 받아들이기 위해 모든 컨트롤러의 시간을 소모하게 되어 다른 동작을 하는 데 무리가 있어 보인다. 그러나 예제 7.2와 같이 인터럽트를 사용하면 대부분의 마이크로컨트롤러의 수행 시간을 주프로그램에서 처리하고, 비동기적으로 일어나는 사건에 대해서는 사건이 발생할 때마다 처리할 수 있으므로 인터럽트를 사용하는 것이 효율적인 것을 알 수 있을 것이다.

END

예제 7.3 외부 인터럽트 0 서비스 루틴의 작성 (인터럽트 발생 모드의 변경)

그림 7.9의 회로에서 INT0 핀에 Low 신호가 입력되면 PORTB 포트에 연결되어 있는 모든 LED 를 켜고, 인터럽트가 해제되면 LED는 OFF 상태를 그대로 유지하는 프로그램을 작성하시오.

ATmega128의 인터럽트는 표 7.4와 표 7.5에 나타낸 것과 같이 레벨 변화에 의해 감지되 거나, 에지 변화에 의해 발생할 수 있다. 이 예제는 예제 7.2에서 실험한 에지 변화에 의해 인터럽트가 발생하는 것이 아니라, 레벨 변화에 의해 인터럽트를 발생하는 것이다. 레벨 변 화에 의한 인터럽트의 발생은 ISC01~ISC00 비트를 '00'으로 설정하면 된다.

그리고, 인터럽트 서비스 루틴에서는 인터럽트가 발생할 때마다 LED 출력을 토글시키기 위해 exchange 변수를 토글하고, 주프로그램에서는 이 상태에 따라 LED를 ON 시키거나 OFF 시킨다. 이 과정을 프로그램으로 작성하면 다음과 같다.

```
#include <mega128.h>
#include <delay.h>

bit exchange;

interrupt [EXT_INT0] void ext_int0_isr(void)
{
        exchange = ~exchange;
}

void Interrupt_init(void)
{
        EICRA = 0x00;        // Low 신호 입력 동작
        EIMSK = 0x01;        // INT0 사용
        DDRD.0 = 0;          // PORTD의 외부인터럽트0 입력으로 설정
        SREG = 0x80;
}

void main(void)
{
        Interrupt_init();

        DDRB = 0xFF;
        PORTB = 0x00;
        exchange = 0;
        while(1){
```

```
                    if(exchange) PORTB = 0xFF;
                    else PORTB = 0x00;
            }
    }
```

END

예제 7.4 외부 인터럽트 0의 활용

실험용 보드에 연결된 LED가 처음에는 예제 6.1의 프로그램처럼 시프트 동작을 수행하고 있다. 이 상황에서 외부 INT0 키가 눌릴 때마다 반대의 순서로 LED 점등하도록 하는 프로그램을 작성하시오.

이 문제는 외부 인터럽트가 발생할 때마다 즉, 외부 INT0 키가 눌릴 때마다 PORTB에 연결된 LED의 점등 순서를 바꾸어주는 프로그램을 작성하는 것이다. LED 점등의 진행 방향을 바꾸기 위해 변수 Direction을 정의하고 이 변수의 변화에 따라 순서를 바꾸면 된다. 즉, PORTB.0 → PORTB.1 → PORTB.2 → ⋯ PORTB.7의 순서로 진행하는 방향을 의미하는 값은 Direction = 0이 되고, PORTB.7 → PORTB.6 → PORTB.5 → ⋯ PORTB.0의 순서로 진행하는 방향을 의미하는 값은 Direction = 1이 된다. LED의 표시 방향은 외부 인터럽트가 발생할 때마다 바꾸어 주어야 하므로, 인터럽트 서비스 루틴에서는 Direction의 값이 0이면 1로 바꾸로 주고, 1이면 0으로 바꾸어 주면 된다.

본 프로그램은 예제 7.3과 같은 INT0의 인터럽트 모드를 사용하여 INT0 스위치가 눌릴 때마다 Direction 변수의 값을 바꾸면 된다. 그리고 나서, Direction 변수가 0이면 6장에서 사용한 PB_LShift 함수를 사용하고, Direction 변수가 1이면 PB_RShift 함수를 사용하면 된다. 이 프로그램을 작성하면 다음과 같다.

```
#include <mega128.h>
#include <delay.h>

bit Direction;

interrupt [EXT_INT0] void ext_int0_isr(void)
{
        Direction = ~Direction;
}

void PB_LShift(void)
{
        int i;
```

```
        Byte Temp;
        Temp = 0xFE;
        for(i=0; i<8;i++)
        {
                delay_ms(500);
                PORTB = Temp;
                Temp = (Temp<<1) | 0x01;
        }
}


void PB_RShift(void)
{
        int i;
        Byte Temp;
        Temp = 0xEF;
        for(i = 0; i < 8; i++)
        {
                delay_ms(500);
                Temp = (Temp >> 1);
                PORTB = Temp;


        }
}


void Interrupt_init(void)
{
        EICRA = 0x02;        // INT0의 하강 에지 트리거 "ISC0[1:0] = 10"
        EIMSK = 0x01;        // INT0의 사용
        DDRD.0 = 0;          // PORTD의 외부 인터럽트0 입력으로 설정
        SREG |= 0x80;        // sei();
}


void main(void)
{
        DDRB = 0xFF;
        Interrupt_init();
        PORTB = 0x0f;
        Direction = 0;
        while(1){
                if(Direction) PB_RShift();
                else PB_LShift();
        }
}
```

END

연습문제

01 인터럽트의 종류에는 일반적인 인터럽트인 차단 가능 인터럽트와 차단 불가능 인터럽트로 분류할 수 있다. 이에 대해 간단히 설명하고, ATmega128에는 차단 불가능 인터럽트가 구현되어 있는지 답하시오.

02 ATmega128의 인터럽트 종류와 인터럽트 벡터 주소에 대해 간단히 설명하시오.

03 일반적인 마이크로컨트롤러에서 인터럽트 메커니즘을 처리하기 위한 블록도를 그리고 설명하시오.

04 ATmega128의 인터럽트 처리 과정을 설명하시오.

05 인터럽트 서비스 루틴은 다음과 같은 함수 선언에 의해 가능하다. 여기서 interrupt 와 17의 의미는 무엇인가?

```
interrupt [17] void timer0_ovf_isr(void)
```

06 INT0를 제어하기 위해 사용하여야 하는 ATmega162의 레지스터는 어떤 것들이 있는지 나열하고, 이의 기능에 대해 간단히 설명하시오.

07 그림 7.9의 실험 회로에는 외부 인터럽트 INT0와 INT1에 스위치가 연결되어 있다. INT0의 핀에 변화가 발생하였을 때에는 예제 7.4의 내용과 같이 동작하고, INT1

의 핀에 변화가 발생하였을 때에는 모든 LED를 점멸하는 과정의 프로그램을 작
성하시오.

08 그림 7.9의 회로에서 INT0에 연결된 스위치가 눌리는 횟수에 따라 다음과 같은 동
작을 하는 프로그램을 작성하시오.

첫 번째 눌렀을 때 :　PORTB.0→PORTB.7의 순서로 LED가 하나씩 점멸
두 번째 눌렀을 때 :　PORTB.7→PORTB.0의 순서로 LED가 하나씩 점멸
세 번째 눌렀을 때 :　PORTB의 8비트에 연결된 모든 LED를 점멸
네 번째 눌렀을 때 :　8개의 LED중 아래 4개, 위의 4개의 LED가 교대로
　　　　　　　　　　점멸

단, 스위치의 동작은 무한 반복된다.

CHAPTER 08

타이머/카운터의 동작

A Tmega128에는 두 개의 8비트 타이머/카운터와 두 개의 16비트 타이머/카운터가 내장되어 있어 이것을 이용하여 시간 및 펄스 폭의 계측, 외부 사건(event)의 계수, PWM 펄스의 발생과 주기적인 인터럽트 등을 발생시키는 다양한 용도로 사용되고 있다. 또한 ATmega128에 내장된 타이머/카운터에는 일반 다른 마이크로컨트롤러에 비해 PWM 기능이 강화되어 있고, 기능이 복잡하다.

따라서, 이 장에서는 ATmega128에 내장된 8비트와 16비트 타이머/카운터의 개요와 타이머/카운터의 사용을 위한 기본 지식에 대해 먼저 간단히 살펴보고, 8비트 타이머/카운터인 타이머/카운터0과 타이머/카운터2에 대한 내부 구성과 기능에 대해서 자세히 설명하고, 이를 활용하기 위한 프로그램 작성법을 살펴보고 몇 가지 간단한 실험을 통해 타이머/카운터의 동작방법을 완벽하게 이해할 수 있도록 한다.

이 장에서 설명하지 않는 16비트 타이머/카운터인 타이머/카운터1과 타이머/카운터3에 대해서는 9장에서 자세히 다루기로 한다.

8.1 타이머/카운터의 개요

1) 일반적인 타이머/카운터

그림 8.1은 간단한 3비트 타이머/카운터의 동작을 나타낸 것으로, 일반적인 타이머/카운터는 그림 8.1에서와 같이 클럭이 입력되면 들어오는 클럭을 계수하는 기능을 의미한다. 타이머/카운터

의 각 단계는 입력 클럭을 2분주하여 동작하는 하나의 D 플립플롭 (D-type negative edge-triggered)
으로 되어 있으며, D 플립플롭의 출력은 다음 단의 D 입력에 연결되어 있다. 최종적으로 3-비트
타이머/카운터의 출력은 플래그 플립플롭에 연결되어 카운터의 상태가 '111'에서 '000'으로 변화
할 때 래치된다. 즉, 타이머/카운터에서 오버플로우가 발생하면 그 결과를 플래그 플립플롭에 오
버플로우가 발생했음을 알려 주게 된다. 그림 8.1(b)의 타이밍도에서 첫 번째 단의 출력(Q_0)는 클
럭의 ½에서 반전되고 두 번째 단계는 클럭의 ¼에서 반전되는 것을 볼 수 있다. 카운트 값은 십
진수로 표현되어 있어 세 개의 플립플롭 상태를 쉽게 볼 수가 있다.

일반적인 타이머/카운터는 클럭펄스를 입력신호로 받는 연속적인 2분주의 플립플롭으로 구성
된다. 클럭은 첫 번째 플립플롭에 인가되며 클럭 주파수를 2로 나눈다. 첫 번째 플립플롭의 출력
은 두 번째 플립플롭의 클럭 입력으로 사용되며 또한 2로 나누어진다. 그래서 각 연속적인 단계
는 입력 클럭에 대하여 2로 나누어지고, n단계로 이루어진 하나의 타이머는 대략 2^n의 입력 클럭
으로 나누어진다. 마지막 단계의 출력은 오버플로우가 발생하였음을 나타내는 것으로 오버플로우
플래그라 하고, 이는 마이크로컨트롤러 응용에서 하드웨어적으로 인터럽트를 발생시키는 조건으
로 사용하거나 소프트웨어로 오버플로우 조건을 검사하도록 사용된다. 8비트 타이머는 0x00부터
0xFF까지 계수할 수 있고, 오버플로우 플래그는 카운트의 값이 0xFF에서 0x00으로 바뀔 때 설정
되며, 16비트 타이머는 0x0000부터 0xFFFF까지 계수할 수 있고, 오버플로우 플래그는 카운트의
값이 0xFFFF에서 0x0000으로 바뀔 때 설정된다.

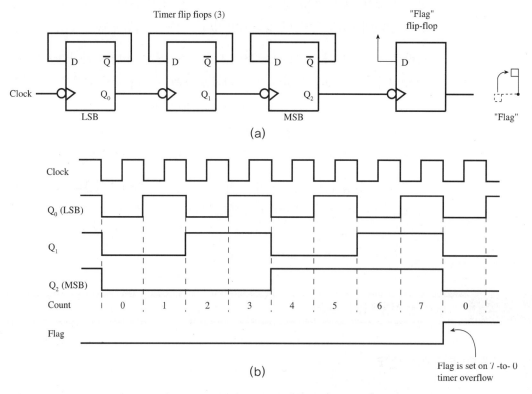

그림 8.1 3비트 타이머/카운터의 동작 예

이상과 같이 카운터 회로를 개념적으로 설명하면 간단하게 클럭이 입력되면 들어오는 클럭을 계수하는 회로라 할 수 있다. 즉 카운터 회로의 입력은 클럭이고, 출력은 클럭의 개수로 이해할 수 있으며, 카운터 회로의 동작에 따라서 클럭이 한 개씩 들어올 때마다 카운터의 값은 1씩 증가한다. 따라서 카운터 회로를 이용하면 클럭의 개수를 계수할 수 있을 뿐 아니라, 입력되는 클럭이 정확하게 일정한 시간에 한 번씩 입력된다면, 시간도 측정할 수 있기 때문에 타이머 회로라고도 하는 것이다.

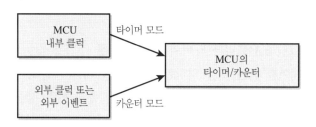

그림 8.2　MCU에서의 타이머/카운터의 구분

일반적으로 MCU에서의 타이머/카운터의 응용에서는 그림 8.2와 같이 타이머/카운터 모듈이 MCU 내부 클럭을 입력으로 사용하여 이를 분주하여 사용하면 타이머 모드라 하고, MCU의 외부에서 클럭 신호를 입력받아서 이를 클럭 소스로 사용하면 카운터 모드라 지칭하여 사용하고 있다.

2) ATmega128의 타이머/카운터

타이머/카운터는 사실상 모든 제어 응용 분야에서 이용되며 AVR의 타이머/카운터도 예외는 아니다. 특히, ATmega128에는 8비트 타이머/카운터와 16비트 타이머/카운터가 각각 두 개씩 내장되어 있으며, 이를 이용하여 (a) 시간 간격을 갖는 펄스의 발생 (b) 외부 사건의 계수하는 기능 (c) 모터를 제어하기 위해 PWM 펄스를 발생하는 등의 기능을 수행할 수 있다.

일정 시간 간격을 갖는 펄스를 발생시키는 응용 분야에서 타이머는 주기적인 시간 간격으로 오버플로우가 발생되도록 프로그램되고 이 오버플로우가 발생할 때마다 오버플로우 플래그가 설정된다. 이 플래그는 펄스의 입력 상태를 확인하여 이 플래그가 발생하였으면 출력 포트에 데이터를 보내고, 또는 주기적으로 일정 시간 간격으로 어떠한 일을 수행하는 등의 동작을 동기화하는데 이용된다. 또한, 타이머는 외부에서 발생되는 펄스의 시간 간격을 계측하기 위해 타이머를 사용하여 외부에서 입력되는 펄스보다 작은 간격을 갖는 주기적인 펄스를 만들어 두 가지 상태 (ON/OFF)의 시간을 측정하는 응용으로도 사용될 수 있다.

사건을 계수(event counting)하는 카운터 기능은 외부 사건의 발생 회수를 계수하기 위해 사용된다. 사건(event)은 어떤 외부적인 자극으로 ATmega128 IC의 핀에서 1 또는 0 상태로 공급되며, 이를 계수하여 사건의 발생 회수 및 사건의 발생 여부를 확인하는 응용 분야에 이용된다.

ATmega128의 타이머/카운터에는 비교 모듈(compare unit)을 내장하고 있으며, 이 모듈을 이용하여 일반적인 파형의 발생과 PWM(Pulse Width Modulation) 신호를 발생할 수 있다.

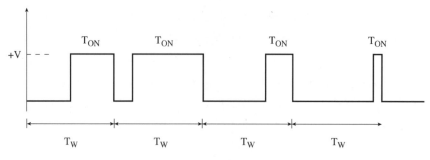

그림 8.3 기본적인 PWM 제어

PWM 신호는 그림 8.3에 나타낸 바와 같이 일정한 주기를 갖는 신호를 T_W 시간 동안 T_{ON}의 폭으로 ON/OFF 제어를 하는 것을 의미한다. 즉, ON 되는 시간의 펄스폭을 넓게 하면 출력되는 평균 전압이 커지게 되고, ON 되는 시간의 펄스폭을 좁게 하면 평균 전압이 작아지게 되어 평균 전압의 크기를 펄스 폭(T_{ON})을 디지털 값으로 제어함으로써 조절하는 방식을 PWM 제어라 하며, 모터의 속도를 변화시키거나, 솔레노이드와 같이 듀티비를 조정하여 구동하는 액츄에이터의 제어 분야에 PWM 제어 신호가 이용된다.

참고사항

PWM 신호는 그림과 같이 삼각파 신호와 제어 신호를 이용하여 구현할 수 있다. 즉, 삼각파 신호와 제어신호를 비교하여 삼각파 신호가 제어 신호보다 작을 경우에는 Low 신호를 출력하고, 제어 신호보다 클 경우에는 High 신호를 출력한다. 물론 출력 신호는 반대로 될 수도 있다. 여기서 T_W는 일정하며, PWM 신호의 반송 주기(carrier period)라 하고, 주파수(carrier frequency)는 $1/T_W$ 이다.

T_{ON}은 펄스가 ON 되는 시간을 말하며, 제어 신호 값의 크기에 비례한다. 여기서 PWM 신호의 주기는 일정하므로 전체 주기 중에 ON되는 시간의 비인 듀티비(duty ratio)를 조절하여 제어 신호로 사용할 수 있게 된다. 즉, 제어 신호의 값에 대한 아날로그 신호를 디지털 신호인 펄스 형태로 바꾸어 디지털 제어 신호로 사용할 수 있다는 것이다.

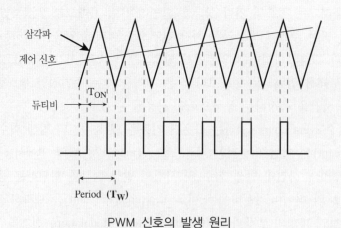

PWM 신호의 발생 원리

듀티비가 100%인 PWM 신호는 DC 신호가 되고, T_{ON}이 50%(듀비티가 50%)이면, 정해진 시간당 인가되는 신호의 평균값은 DC 신호의 50%가 된다. 즉, 50%의 DC 신호가 인가되는 동일한 효과를 얻을 수 있게 된다. 이러한 PWM 신호의 장점은 ON/OFF 신호만으로 신호를 크기를 조절할 수 있어 간단하게 디지털 제어에 활용될 수 있다는 것이고, DC 모터와 솔레노이드와 같은 액츄에이터를 제어하는 분야에 쉽게 활용된다.

ATmega128에서 PWM을 발생하기 위한 기준 신호로 톱니파와 삼각파를 사용할 수 있다. 톱니파를 이용하면 비대칭형의 PWM 신호를 발생할 수 있고 이를 고속 PWM 모드라 부르고, 삼각파를 이용하면 대칭형의 PWM 신호를 발생할 수 있는데 이를 PC PWM 또는 PFC PWM 모드라 부른다.

ATmega128에는 두 개의 8비트의 타이머/카운터와 두 개의 16비트 타이머/카운터가 내장되어 있으며, 이 중에서 타이머/카운터0과 2는 8비트이고, 타이머/카운터1과 3은 16비트로 동작한다. 표 8.1에 ATmega128의 타이머/카운터들의 기능과 특징을 요약하였다.

표 8.1 ATmega128에 내장된 타이머/카운터의 기능 요약

타이머/카운터	타이머/카운터0	타이머/카운터1	타이머/카운터2	타이머/카운터3
비트 수	8비트	16비트	8비트	16비트
카운터 입력	타이머/카운터 OSC 또는 TOSC1	T1	T2	T3
관련 레지스터	TCCR0 TCNT0 OCR0 ASSR SFIOR TIMSK TIFR	TCCR1A, TCCR1B, TCCR1C, TCNT1H, TCNT1L, OCR1AH, OCR1AL, OCR1BH, OCR1BL, OCR1CH, OCR1CL, ICR1H, ICR1L, SFIOR, TIMSK, ETIMSK, TIFR, ETIFR	TCCR2 TCNT2 OCR2 SFIOR TIMSK TIFR	TCCR3A, TCCR3B, TCCR3C, TCNT3H, TCNT3L, OCR3AH, OCR3AL, OCR3BH, OCR3BL, OCR3CH, OCR3CL, ICR3H, ICR3L, SFIOR, TIMSK, ETIMSK, TIFR, ETIFR
동작 모드	일반 모드 CTC, 고속 PWM PC PWM	일반 모드 CTC, 고속 PWM PC PWM PFC PWM	일반 모드 CTC, 고속 PWM PC PWM	일반 모드 CTC, 고속 PWM PC PWM PFC PWM
입력 신호	TOSC1, TOSC2	T1, ICP1	T2	T3, ICP3
출력 신호	OC0	OC1A, OC1B, OC1C	OC2	OC3A, OC3B, OC3C
인터럽트	오버플로우 출력 비교 일치	오버플로우 출력 비교 일치 A/B 입력 캡처	오버플로우 출력 비교 일치	오버플로우 출력 비교 일치 A/B 입력 캡처
기타	RTC 기능 타이머/카운터는 모두 프리스케일러를 사용	캡처 기능	OC2 단자는 OC1C 단자와 동일한 핀을 사용함	캡처 기능

이들 네 개 타이머/카운터 중에 타이머/카운터0과 2는 8비트 타이머/카운터로서 기능이 매우 비슷하고, 타이머/카운터1과 3은 16비트 타이머/카운터로서 기능이 거의 같다. 다만 타이머/카운터0은 32.768kHz의 수정 발진자를 접속하는 TOSC1 및 TOSC2 단자를 가지고 있어서 RTC(Real Time Clock)의 기능을 구현할 수 있으며 외부의 클럭 입력단자 T0가 없는 대신에 TOSC1 단자를 통해 카운터 클럭을 인가할 수도 있다. ATmega128의 모든 타이머/카운터에는 인터럽트 기능을 가지고 있으며, 인터럽트의 종류는 카운터의 값이 오버플로우되는 경우에 발생하는 오버플로우 인터럽트(overflow interrupt), 출력 비교 일치 인터럽트(output compare match interrupt), 입력 캡쳐 인터럽트(input capture interrupt)등의 세 가지가 있다. 타이머/카운터의 출력 신호는 타이머0의 경우에는 OC0, 타이머1의 경우에는 OC1A, OC1B와 OC1C, 타이머2의 경우에는 OC2, 타이머3의 경우에는 OC3A, OC3B와 OC3C의 단자를 통해 출력되고, 타이머/카운터1과 3에는 외부 트리거 신호에 의하여 현재의 카운터 값을 캡쳐(capture)할 수 있는 기능을 가지고 있다.

ATmega128을 포함한 AVR에 내장된 타이머/카운터는 다른 종류의 MCU에 내장된 타이머/카운터보다 동작이 상당히 다르고 특이하여 사용자가 이것들을 제대로 이해하고 응용하기에는 상당히 어렵게 느껴질 수도 있다. 특히, ATmega128을 포함한 AVR의 타이머/카운터는 특별히 PWM 신호 출력 기능에 중점을 두어 설계된 측면이 강하므로, 이에 초점을 맞추어 각각의 타이머/카운터 동작에 대해 자세히 살펴보기 바란다.

8.2   8비트 타이머/카운터2의 동작

ATmega128의 8비트 타이머/카운터에는 타이머/카운터0과 타이머/카운터2가 있다. 타이머/카운터0은 표 8.1에 나타낸 것과 같이 타이머/카운터2에 비해 32.678kHz의 외부 시계 크리스털을 클럭 소스로 사용하여 계수할 수 있는 RTC 기능과 비동기 레지스터(ASSR)를 가지고 있어 비동기 동작이 가능하다는 차이가 있을 뿐, 타이머/카운터0과 타이머/카운터2의 기능은 동일하다. 따라서 이 교재에서는 8비트 타이머/카운터의 기본적인 기능을 가지고 있는 타이머/카운터2를 먼저 설명하고, 타이머/카운터0에 부가되어 있는 기능을 위주로 타이머/카운터0을 설명할 것이다.

1) 타이머/카운터2의 개요

타이머/카운터2는 PWM 출력을 가지고 있는 8비트 타이머/카운터로서 프리스케일러를 통하여 내부 클럭을 입력으로 사용하여 동작하는 타이머 기능과 외부 클럭을 입력으로 사용하는 카운터 기능을 수행한다. ATmega128에 내장된 타이머/카운터2의 내부 구성은 그림 8.4와 같으며, 이의 특징은 다음과 같다.

- ▶ 단일 채널의 카운터
- ▶ 특정 값과 비교하여 일치하면 타이머의 계수 값을 자동으로 클리어하는 CTC(Clear Timer

on Compare match) 모드

▶ 글리치 없는 PC PWM 모드

▶ 주파수 발생기

▶ 외부 사건 카운터

▶ 10비트 클럭 프리스케일러

▶ 오버플로우(TOV2)와 비교 일치 인터럽트(OCF2) 발생

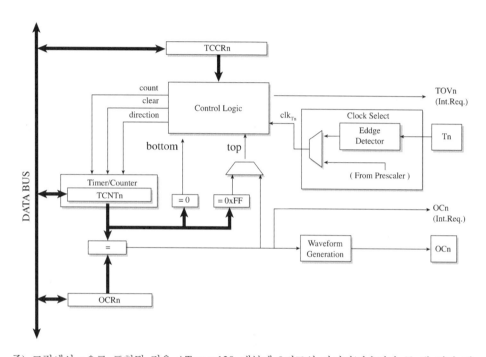

주) 그림에서 n으로 표현된 것은 ATmega128 내부에 8비트의 타이머/카운터가 두 개 있기 때
문으로, 이 부분에서는 타이머/카운터0에 대해서 설명하므로 n은 0임.

그림 8.4 타이머/카운터2의 내부 구성도

타이머/카운터2의 내부 구성은 그림 8.4에 간단하게 표현하였지만, 실제 동작을 이해하기 위해
서는 세부적인 구성을 살펴보아야 한다. 타이머/카운터2는 크게 카운터부, 출력 비교부와 비교 일
치 출력부로 구성되어 있다. 세부 구성에 대해 설명하는 과정에서 다음과 같은 용어가 사용되는
데 의미는 다음과 같다.

▶ bottom : 8비트 타이머/카운터가 가질 수 있는 최소값(0x00)

▶ max : 8비트 타이머/카운터가 가질 수 있는 최대값(0xFF)

▶ top : 동작 모드에 따라 타이머/카운터가 도달할 수 있는 최대값으로 max 또는 OCR2 레
지스터의 설정값

○ **카운터부의 동작**

타이머/카운터2의 클럭 입력과 카운터 부의 구성은 그림 8.5와 같으며, 타이머/카운터2는

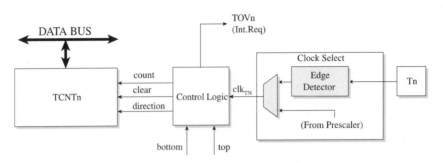

그림 8.5   타이머/카운터2의 카운터부 구성도

T2 핀에 의해 공급되는 외부 클럭과 프리스케일러를 통해 공급되는 시스템 클럭에 의해 구동될 수 있으며, 이 두 개의 클럭 신호는 클럭 선택 논리부에서 선택되어 카운터로 입력된다. 즉, 타이머/카운터2는 클럭 선택 논리부로부터 출력되는 클럭 신호 clk_{T0}를 입력받아 동작하는 8비트 업/다운 카운터(TCNT2)로 동작하고, 이것이 업 카운터로 동작할 때에는 0xFF에서 0x00으로 계수의 값이 천이될 때 오버플로우(TOV2) 인터럽트가 발생한다. 또한, 이 TCNT2 카운터는 사용되는 동작 모드에 따라 클럭 clk_{T0}의 입력에 의해 값이 증가 또는 감소하며, 경우에 따라서는 0x00으로 리셋되기도 한다.

클럭 선택 논리부에서 클럭의 선택은 타이머/카운터2 제어 레지스터(TCCR2)의 클럭 선택 비트(CS22~CS20)에 의해 결정되고, 카운터의 계수 동작과 오버플로우(TOV2) 플래그는 타이머/카운터2 제어 레지스터의 파형 발생 모드 비트(WGM21, WGM20)에 의해 결정되고, 여기서 오버플로우(TOV2) 플래그는 ATmega128의 인터럽트를 발생시키는 데 사용될 수 있다.

◯ 출력 비교부의 동작

출력 비교부의 구성은 그림 8.6과 같으며, 그림에 나타낸 것과 같이 타이머/카운터2 레지스터(TCNT2)의 값과 이중 버퍼의 구조를 가진 출력 비교 레지스터(OCR2)의 값은 계수 동작중에 항상 비교되며, 비교의 결과가 일치(compare match)하면 출력 비교 플래그(Output Compare Flag 2, OCF2)를 세트하고, 이 신호에 의하여 출력 비교 인터럽트를 요청한다. 또한 이 플래그를 이용하여 외부 핀 OC2 단자에 신호가 출력되도록 설정할 수 있다. 이와 같이 타이머/카운터의 동작 모드를 적절히 설정하고 TCNT2 레지스터와 OCR2 레지스터를 활용하면 OC2 단자에 PWM 펄스를 발생하거나 가변 주파수의 펄스를 만들어 출력할 수 있게 된다.

그림에서 파형 발생기는 OC2 단자로 출력되는 파형을 결정하는데, 이는 타이머/카운터2 제어 레지스터(TCCR2)의 비교일치 출력 모드 비트(COM21~20)와 파형 발생 모드 비트(WGM21, WGM20)에 의해 결정되고, 이 출력 파형은 top과 bottom 신호를 결합하여 만들어진다.

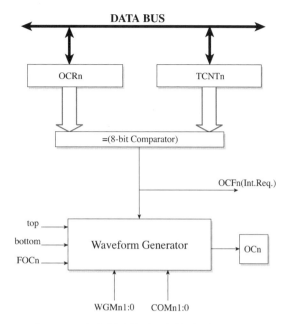

그림 8.6 타이머/카운터2의 출력 비교부 구성도

출력 비교 레지스터 OCR2는 PWM 동작 모드로 동작할 경우에는 이중 버퍼 구조로 동작하고, 일반 모드나 CTC 모드에서는 이중 버퍼 구조가 해제된다. PWM 모드에서는 이중 버퍼 구조에 의해 OCR2 레지스터의 값이 TCNT2가 top 또는 bottom에 도달하였을 때 갱신되므로, 이러한 동기화로 인해 홀수 길이 또는 비대칭의 PWM 펄스가 생성되지 않도록 하여 PWM 펄스에 글리치(glitch)가 발생하는 것을 방지할 수 있게 된다.

OCR2 레지스터를 액세스하는 과정은 약간 복잡해 보이지만, 이는 CPU가 자동으로 처리한다. 즉, 이중 버퍼 구조를 사용하는 모드에서는 OCR2 버퍼 레지스터를 액세스하고 이중 버퍼 구조가 사용되지 않는 모드에서는 OCR2 레지스터를 직접 액세스한다.

파형 발생기로 입력되는 신호를 보면 FOC2가 있는데, 이는 PWM 파형 발생 모드가 아닌 경우에 사용되며, 이 신호는 타이머/카운터2 제어 레지스터(TCCR2)의 강제 출력 비교(FOC2) 비트를 1로 설정하면 발생하며, 비교기의 결과가 일치하였다고 강제로 설정하는 기능을 한다. 이 강제 비교 일치 신호는 OCF2 플래그 세트하거나 타이머를 재적재 또는 클리어 시키지 않고, 단지 진짜 비교일치가 발생한 것처럼 OC2 핀의 신호를 갱신하는 역할을 한다.

◎ 비교 일치 출력부의 동작

타이머/카운터의 비교 일치 출력부의 구성은 그림 8.7과 같이 병렬 I/O 포트와 기능을 겸하고 있다. 그림 8.7의 동작을 이해하기 위해서는 출력 부분에 연결되어 있는 멀티플렉서와 3상태 버퍼의 동작을 살펴보아야 한다. 멀티플렉서는 2:1의 구조를 갖고 있으며, 일반 병렬 I/O 포트 비트와 OC2 레지스터의 출력이 입력으로 연결되어 있다. 또한 이 멀티플렉서의 선택 신호는 비교일치 출력 모드 비트(COM21~COM20)를 OR하여 연결되어 있다. 따라서,

이 멀티플렉서는 선택 신호 COM21~COM20 비트가 '00'이면 병렬 I/O 포트 비트가 선택되어 일반 I/O 모드로 동작하고, 선택 신호 COM21~COM20 비트가 '00'이 아닌 상황이면 OC2 레지스터의 출력이 선택되어 OC2 신호가 출력되는 모드로 동작한다. 또한, 이렇게 멀티플렉서를 통과한 OC2 신호는 3-상태 버퍼를 거쳐 OC2 출력 핀에 연결되어 있으므로, 이 단자를 출력 비교 단자(OC2)로 사용하기 위해서는 DDRx(ATmega128에서는 PORTB임) 레지스터의 해당 비트(ATmega128에서는 비트 7임)를 출력 방향으로 설정하여 놓아야 한다.

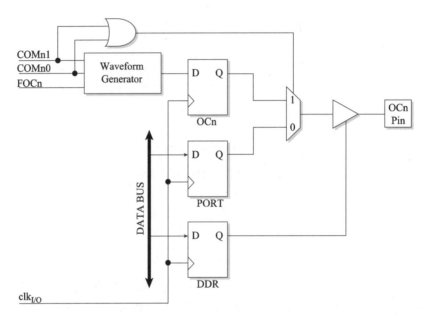

그림 8.7   타이머/카운터2의 비교 일치 출력부 구성도

2) 타이머/카운터2의 레지스터

이상의 타이머/카운터2의 내부 구성의 설명 과정에서 살펴본 바와 같이 타이머/카운터2를 제어하는 데 사용되는 레지스터는 여러 가지가 있다. 이를 표 8.2에 나타내었다.

표 8.2   타이머/카운터2 제어용 레지스터

타이머/카운터0 레지스터	설 명
TCCR2	타이머/카운터 2 제어 레지스터
TCNT2	타이머/카운터 2 레지스터
OCR2	출력 비교 레지스터 2
SFIOR	특수 기능 I/O 레지스터
TIMSK	타이머/카운터 인터럽트 마스크 레지스터
TIFR	타이머/카운터 인터럽트 플래그 레지스터

● 타이머/카운터2 제어 레지스터 : TCCR2

TCCR2 레지스터(Timer/Counter Control Register 2)는 타이머/카운터2의 동작 모드, 프리스케일러의 분주비 설정 등의 기능을 수행하는 레지스터로서 그림 8.8에 이 레지스터의 비트 구성을 나타내었으며, 각 비트의 기능은 다음과 같다.

Bit	7	6	5	4	3	2	1	0	
	FOC2	WGM20	COM21	COM20	WGM21	CS22	CS21	CS20	TCCR2
Read/Write	W	R/W	R/W	R/W	R/W	R/W	R/W	R/W	
Initial Value	0	0	0	0	0	0	0	0	

그림 8.8 TCCR2 레지스터의 비트 구성

▶ 비트 7 : FOC2 (강제 출력 비교, Force Output Compare)

FOC2 비트는 PWM 모드가 아닌 경우에만 유효한 것으로, 이를 1로 설정하면 강제로 즉시 OC2단자에 출력 비교가 일치된 것과 같은 출력을 내보내는 기능을 한다. OC2 출력은 COM21~COM20 비트의 설정에 의해 결정된다. 이렇게 강제로 만들어진 출력 비교 일치 신호는 OC2 단자에 신호만을 출력할 뿐이며, 해당 인터럽트를 발생시키거나, CTC 모드에서 TCNT2 레지스터를 클리어시키지도 않는다. 여기서, 유의할 점은 FOC2 비트는 스트로브 신호로 출력된다는 것과 특별한 경우가 아니라면 이 비트는 0으로 설정하여야 한다는 것이다. 또한, PWM 모드에서 동작할 경우에는 FOC2 비트는 추후 개발되는 소자와의 호환성을 고려하여 반드시 0으로 설정되어야 한다.

▶ 비트 6,3 : WGM21~WGM20 (파형 발생 모드, Waveform Generation Mode)

이 두 비트는 카운터의 계수 순서와 카운터의 최대값, 파형 발생의 형태 등의 카운터의 동작 모드를 설정한다. 카운터/타이머2는 일반 모드, 비교 일치시에 타이머를 클리어하는 CTC 모드, 두 가지의 형태의 PWM 모드 등 네 가지의 동작 모드를 지원한다. 이러한 동작 모드를 표 8.3에 요약하여 표시하였다.

▶ 비트 5,4 : COM21~COM20 (비교 일치 출력 모드, Compare Match Output Mode)

이 두 비트는 OC2 핀의 동작을 설정하는 기능을 담당한다. OC2 단자를 통해 PWM과 같은 출력 신호를 I/O 포트 핀으로 출력하려면 이 두 비트 중에 하나 또는 모든 비트가 1로 세트되어 있어야 한다. 단, 이 경우에는 해당 병렬 I/O 포트를 입출력 방향 제어 레지스터 DDRx에서 출력 방향으로 미리 설정하여 놓아야 한다. OC2 핀의 동작은 표 8.3에 제시된 WGM21~WGM20 비트의 설정에 따라 타이머/카운터2의 동작 모드가 달라지는데 이를 요약하면 표 8.4, 표 8.5, 표 8.6과 같다. 표 8.4는 PWM 모드가 아닌 경우, 표 8.5는 고속 PWM 모드, 그리고 표 8.6은 PC PWM 모드의 경우에서의 OC2 출력의 동작을 나타내고 있다.

표 8.3 WGM21-20 비트에 의한 파형 발생 모드의 설정

모드	WGM21 (CTC)	WGM20 (PWM)	동작 모드	최대값	OCR2 레지스터의 업데이트 시기	TOV2 플래그의 세트 시점
0	0	0	일반	0xFF	설정 즉시	max
1	0	1	PWM, Phase Correct	0xFF	top	bottom
2	1	0	CTC	OCR2	설정 즉시	max
3	1	1	고속 PWM	0xFF	bottom	max

표 8.4 PWM 모드가 아닌 경우의 비교 출력 모드

COM21	COM20	OC2 핀의 기능
0	0	범용 I/O 포트로 동작(OC2 출력을 차단)
0	1	비교 일치에서 OC2 출력을 토글
1	0	비교 일치에서 OC2 출력을 0으로 클리어
1	1	비교 일치에서 OC2 출력을 1로 세트

표 8.5 고속 PWM 모드에서의 비교 출력 모드

COM21	COM20	OC0 핀의 기능
0	0	범용 I/O 포트로 동작(OC2 출력을 차단)
0	1	사용하지 않음(reserved)
1	0	비교 일치에서 OC2를 0으로 클리어하고 bottom에서 OC2를 1로 세트함 (비반전 비교 출력 모드)
1	1	비교 일치에서 OC2를 1로 세트하고 bottom에서 OC2를 0으로 클리어함 (반전 비교 출력 모드)

표 8.6 PC PWM 모드에서의 비교 출력 모드

COM21	COM20	OC0 핀의 기능
0	0	범용 I/O 포트로 동작(OC2 출력을 차단)
0	1	사용하지 않음(reserved)
1	0	상향 카운팅 경우에서는 비교 일치에서 OC2를 0으로 클리어하고 하향 카운팅 경우에서는 비교 일치에서 OC2를 1로 세트함
1	1	상향 카운팅 경우에서는 비교 일치에서 OC2를 1로 세트하고 하향 카운팅 경우에서는 비교 일치에서 OC2를 0으로 클리어함

표 8.7 타이머/카운터2에서의 CS22∼CS20 비트에 의한 클록의 선택

CS22	CS21	CS20	클럭 소스의 기능
0	0	0	클럭 소스 차단(타이머/카운터2의 기능이 정지됨)
0	0	1	$clk_{I/O}$
0	1	0	$clk_{I/O}/8$
0	1	1	$clk_{I/O}/64$
1	0	0	$clk_{I/O}/256$
1	0	1	$clk_{I/O}/1024$
1	1	0	T2 핀에 연결된 외부 클럭 소스, 클럭은 하향 에지에서 동작
1	1	1	T2 핀에 연결된 외부 클럭 소스, 클럭은 상승 에지에서 동작

▶ 비트 2∼0 : CS22∼CS20 (클럭 선택, clock select)

이 3비트들은 타이머/카운터2에서 사용할 클럭을 선택하는 기능을 담당한다. 그림 8.9
에는 클럭 선택부로 입력되는 프리스케일러(prescaler)의 구성을 나타내었으며, 그림을
살펴보면 CS02∼CS00 비트들은 프리스케일러를 통해 출력되는 클럭을 선택하여 최종
적으로 타이머/카운터2의 소스 클럭으로 사용할 수 있도록 선택하는 역할을 담당한다.

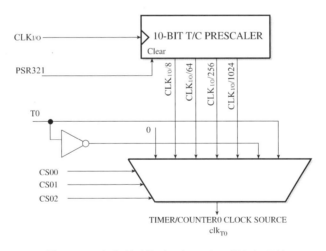

그림 8.9 타이머/카운터2의 프리스케일러 구성도

○ 타이머/카운터2 레지스터 : TCNT2

TCNT2(Timer/Counter Register 2) 레지스터는 그림 8.10에 나타낸 것과 같이 타이머/카운
터2의 8비트 카운터 값을 저장하는 레지스터이다. 이 레지스터는 언제나 읽기 및 쓰기 동작이
가능하지만 카운터가 동작하고 있을 동안에 이 값을 수정하면 TCNT2 값과 OCR2 값을 비교
하여 출력 신호를 발생하는 비교 일치 기능에 문제를 일으킬 수도 있으니 조심하여야 한다.

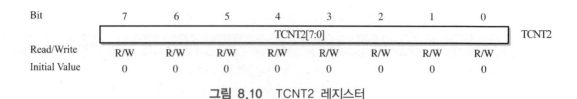

그림 8.10 TCNT2 레지스터

◎ 타이머/카운터2 출력 비교 레지스터 : OCR2

OCR2(Timer/Counter Output Compare Register 2) 레지스터는 타이머/카운터 레지스터 TCNT2 값과 비교하여 OC2 단자에 출력 신호를 발생하기 위해 8비트의 값을 저장하는 레지스터이며, 이를 그림 8.11에 나타내었다. OCR2 레지스터는 모든 PWM 모드에서 이중 버퍼 구조로 동작하여 타이머/카운터 레지스터 TCNT2가 top 또는 bottom에 도달하였을 때 그 값이 갱신되므로, PWM 출력 신호에는 글리치가 발생하지 않는다. 그러나 일반 CTC 모드에서는 OCR2 레지스터가 이중 버퍼 구조로 동작하지 않는다는 것을 유의하여야 한다.

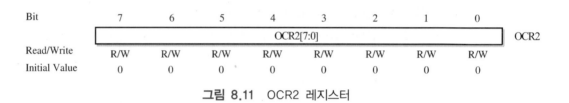

그림 8.11 OCR2 레지스터

◎ 타이머/카운터 인터럽트 마스크 레지스터 : TIMSK

TIMSK(Timer/Counter Interrupt Mask Register) 레지스터는 타이머/카운터0과 타이머/카운터2의 인터럽트의 발생 여부를 개별적으로 허용하는 기능을 담당하는 레지스터로서 이 레지스터의 비트 구성은 그림 8.12와 같으며, 여기서 타이머/카운터2의 인터럽트를 개별적으로 허용하는 기능은 OCIE2와 TOIE2 비트가 담당한다. 나머지 비트 기능은 각각의 타이머/카운터를 설명하는 부분에서 자세히 다루기로 한다.

그림 8.12 TIMSK 레지스터의 비트 구성

▶ 비트 6 : TOIE2 (타이머/카운터 오버플로우 인터럽트 허가 비트)

TOIE2(Timer/Counter2 Overflow Interrupt Enable) 비트가 1로 설정되고 상태 레지스터(SREG)의 I 비트가 1로 설정되면 타이머/카운터2의 오버플로우 인터럽트가 허용 상태로 된다. 이 상태에서 타이머/카운터2의 오버플로우 인터럽트가 발생하면 TIFR 레지스터의 TOV2 비트가 1로 설정되어 인터럽트가 발생하고, 이에 해당하는 인터럽트 벡터를 참조하게 된다.

▶ 비트 7 : OCIE2 (타이머/카운터2 출력 비교 인터럽트 허가 비트)

OCIE2(Timer/Counter2 Output Compare Interrupt Enable) 비트가 1로 설정되고 상태 레지스터(SREG)의 I 비트가 1로 설정되면 타이머/카운터2의 출력 비교 인터럽트가 허용 상태로 된다. 이 상태에서 타이머/카운터2의 출력 비교 인터럽트가 발생하면 TIFR 레지스터의 OCF2 비트가 1로 설정되어 인터럽트가 발생하고, 이에 해당하는 인터럽트 벡터를 참조하게 된다.

○ 타이머/카운터 인터럽트 플래그 레지스터 : TIFR

TIFR(Timer/Counter Interrupt Flag Register) 레지스터는 타이머/카운터2의 인터럽트가 발생하면 인터럽트 플래그를 저장하는 레지스터로서 이 레지스터의 비트 구성은 그림 8.13과 같으며, 여기서 타이머/카운터2의 인터럽트를 개별적으로 허용하는 기능은 TOV2와 OCF2 비트가 담당한다. 나머지 비트 기능은 각각의 타이머/카운터를 설명하는 부분에서 자세히 다루기로 한다.

Bit	7	6	5	4	3	2	1	0	
	OCF2	TOV2	ICF1	OCF1A	OCF1B	TOV1	OCF0	TOV0	TIFR
Read/Write	R/W	R/W	R/W	R/W	R/W	R/W	R/W	R/W	
Initial Value	0	0	0	0	0	0	0	0	

그림 8.13 TIFR 레지스터의 비트 구성

▶ 비트 7 : OCF2 (출력 비교 플래그 2)

OCF2(Output Compare Flag 2) 비트는 타이머/카운터2의 TCNT2 레지스터와 출력 비교 레지스터 OCR2의 값을 비교하여 이것이 같으면 다음 주기에서 이 비트가 1로 세트되면서 인터럽트가 요청되고, 인터럽트 벡터에 의해 인터럽트가 실행되면 이 비트는 하드웨어에 의해 자동적으로 클리어된다. 또한, OCF2 비트는 TOV2 비트와 마찬가지로 소프트웨어에 의해 클리어될 수 있는데, 이는 OCF2 비트에 1을 써줌으로써 가능하다. 타이머/카운터2 출력 비교 인터럽트는 SREG의 I비트, OCIE2 비트와 OCF2 비트가 모두 1로 되어 있을 때에만 실행 가능하다는 것을 유의를 하여야 한다.

▶ 비트 6 : TOV2 (타이머/카운터2 오버플로우 플래그)

TOV2(Timer/Counter2 Overflow Flag) 비트는 타이머/카운터2에서 오버플로우가 발생하면 이 비트가 1로 세트되면서 오버플로우 인터럽트를 요청한다. 인터럽트 벡터에 의해 인터럽트가 실행되면 이 비트는 하드웨어에 의해 자동적으로 클리어된다. 또한, TOV2 비트는 소프트웨어에 의해 클리어될 수 있는데, 이는 TOV2 비트에 1을 써줌으로써 가능하다. 타이머/카운터2 오버플로우 인터럽트는 SREG의 I비트, TOIE2 비트와 TOV2 비트가 모두 1로 되어 있을 때에만 실행 가능하다는 것을 유의를 하여야 한다. PC PWM 모드에서는 타이머/카운터2가 0x00에서 계수 방향을 바꿀 때 이 비트가 세트된다는 것도 주의하여야 할 사항이다.

○ **특수 기능 I/O 레지스터 : SFIOR**

SFIOR(Special Function I/O Register)레지스터는 타이머/카운터들을 동기화 시키는 데 관련된 기능을 수행하는 레지스터로서, 타이머/카운터2의 경우에는 PSR321 비트가 사용되며 이는 타이머/카운터0 부분에서 자세히 설명하기로 하고 여기서는 생략한다.

3) 타이머/카운터2의 동작 모드

타이머/카운터2의 동작 모드에는 표 8.3에 나타낸 것과 같이 일반 모드, CTC 모드, 고속 PWM 모드와 PC PWM 모드 등 네 가지의 동작 모드가 있다. 이러한 동작 모드는 TCCR2 레지스터의 WGM21~WGM20 비트에 의해 결정되고, 출력 파형의 형태는 COM21~COM20 비트에 의해 출력 신호의 동작이 결정되면서 정해진다. 즉, 파형 발생 모드 비트(WGM21~WGM20)는 타이머/카운터의 동작에 영향을 미치는 반면에, 비교 출력 모드 비트(COM21~COM20)는 계수 순서에는 영향을 주지 않고, PWM 출력을 반전시킬 것인지 아니면 그대로 출력할 것인지를 제어하는데 활용된다. PWM 모드가 아닌 경우에는, COM21~20 비트는 비교 일치시에 출력이 세트가 되는지, 클리어되는지 또는 토글되는지를 제어하는 데 사용된다.

○ **일반 모드**

타이머/카운터2의 일반모드(normal mode)는 가장 단순한 동작모드로 WGM21~WGM20 비트를 '00'으로 설정하면 된다. 이 모드에서는 타이머/카운터 레지스터 TCNT2가 항상 상향 카운터로만 동작하고 계수 동작 중에 카운터의 값은 클리어되지 않으며, 클럭 입력에 의하여 항상 8비트 카운터의 계수 범위 0x00~0xFF의 값으로 계수 동작을 반복하여 수행한다.

타이머/카운터2의 값이 0xFF에서 0x00으로 바뀌는 순간에 TIFR 레지스터의 TOV2 비트가 1로 세트되면서 오버플로우 인터럽트가 발생하며, 인터럽트 서비스 루틴을 수행하면 자동으로 TOV2 비트는 0으로 리셋된다. 일반 모드의 동작에서는 항상 TCNT2의 레지스터에 새로운 값을 쓰는 것이 가능하다. 또한, 일반 모드의 동작에서 출력 비교 인터럽트가 사용될 수는 있으나 CPU가 이를 처리하는 데 너무 많은 시간이 필요하므로 이 모드에서는 출력비교 인터럽트를 사용하는 것은 바람직하지 않다. 따라서, 일반 모드는 타이머/카운터를 외부 클럭을 계수하는 목적으로 사용하는 것이 일반적이다.

○ **CTC 모드**

CTC 모드(Clear Timer on Compare Match Mode)는 WGM21~WGM20 비트를 '10'으로 설정하면 된다. 이 모드에서는 타이머/카운터 레지스터 TCNT2의 값이 클럭의 입력에 따라서 증가하여 출력비교 레지스터 OCR2의 값과 같아지면 그 다음 클럭 사이클에서 0으로 클리어된다. 즉 CTC 모드의 동작은 클럭 입력에 의해서 타이머/카운터 레지스터 TCNT2의 값이 항상 0x00~OCR2의 값으로 계수 동작이 반복하여 수행되며, 이러한 동작을 반복할 경우에 주기적인 펄스를 만들 수 있게 된다. 이러한 동작 모드를 일반적으로 자동 재적재(auto reload) 모드라 한다. CTC 동작모드는 일반적으로 주파수 분주의 용도로 사용된다.

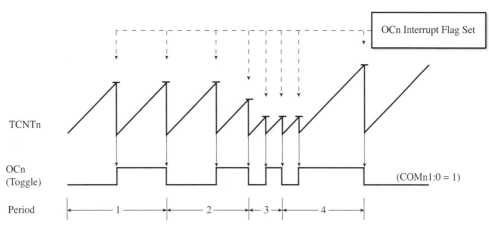

그림 8.14 타이머/카운터2의 CTC 동작 타이밍도

CTC 모드에 대한 동작은 그림 8.14의 타이밍도를 보면 쉽게 이해할 수 있다. 그림을 자세히 살펴보면, TCNT2 값은 펄스의 입력됨에 따라 OCR2의 값과의 비교하여 일치할 때까지 증가하고, TCNT2와 OCR2의 값이 일치하면 TCNT2의 값은 0으로 클리어된다. 또한, 만약 인터럽트가 허가되어 있다면, 카운터의 값이 OCR2의 값과 일치하여 TOP에서 0x00으로 바뀌는 순간에 TIFR 레지스터의 OCF2가 1로 되면서 출력 비교 인터럽트가 발생한다.

인터럽트 서비스 루틴에서는 TOP의 값을 갱신할 수도 있는데, 이 경우에 OCR2 레지스터는 이중 버퍼링 기능이 없으므로 OCR2 레지스터에 현재 계수된 TCNT2의 값보다 작은 값을 쓰게 되면 해당 주기에서는 출력 비교가 일어나기 전에 카운터의 값이 MAX인 0xFF까지 증가하였다가 0x00으로 되는 상황이 발생한다. 따라서 이 경우에는 출력 비교 인터럽트가 발생하기 전에 TIFR 레지스터의 TOV2 비트가 1로 되면서 오버플로우 인터럽트가 발생하게 되므로 조심하여야 한다.

CTC 모드에서는 OC2 단자에 이렇게 만들어진 파형을 출력할 수도 있다. 만약 OC2의 출력을 비교 일치가 발생할 때마다 토글되도록 COM21~COM20 비트를 '01'로 설정하였다고 가정하면, OC2 단자에서 출력되는 파형의 출력 주파수는 다음과 같이 계산된다.

$$f_{OC2} = \frac{f_{clk\_I/O}}{2 \cdot N \cdot (1 + OCR2)}$$

여기서 N은 프리스케일러의 분주비로서 타이머/카운터2에서는 그림 8.9와 같이 1, 8, 64, 256, 1024 중의 하나를 사용할 수 있으며, OC2의 출력 단자에 파형을 출력하기 위해서는 I/O 포트의 입출력 방향 제어 레지스터(DDRx)를 미리 출력 방향으로 지정을 하여야 한다.

CTC 모드에서 파형의 최대 주파수는 OCR2가 0으로 설정될 때 발생하며, 이때의 주파수는 $f_{OC2} = f_{clk\_I/O}/2$으로 된다. 여기서 주의할 사항은 CTC 모드에서는 출력 비교 인터럽트가 두 번 발생하여야만 1주기의 출력 파형을 만들 수 있으므로 인터럽트에 의한 발생 주파수는 이 보다 두 배 높게 된다는 것을 유념하여야 한다.

○ 고속 PWM 모드

고속 PWM 모드(Fast PWM Mode)는 WGM21~WGM20 비트를 '11'로 설정하며, 높은 주파수의 PWM 출력 파형을 발생하는 데 유용하게 사용된다. 이 동작 모드에서는 TCNT2 레지스터의 값이 항상 bottom에서 시작하여 max까지 증가하는 방향으로만 반복하여 수행되며, 이를 단방향 경사 동작(single-slope operation)이라 한다. 고속 PWM 모드에서는 COM21~COM20 비트의 설정에 따라 비반전 비교 출력 모드와 반전 비교 출력 모드로 동작한다.

고속 PWM 모드에 대한 동작은 그림 8.15의 타이밍도를 보면 쉽게 이해할 수 있다. 즉, COM21~ COM20 비트가 '10'으로 설정되어 비반전 출력 비교 모드로 동작할 경우에는 그림에서와 같이 TCNT2 값은 펄스의 입력에 따라 bottom에서 max까지 증가하며, 증가하는 과정에서 OCR2의 값과 비교하여 일치하면 OCF2 인터럽트 플래그가 세트되고 OC2의 출력은 0으로 클리어된다. 또한 TCNT2 값이 max로 되면, TOV2 인터럽트 플래그는 1로 되면서 오버플로우 인터럽트가 요청되고, 이 때 OC2의 출력은 1로 세트된다. 이 때 인터럽트가 허가되어 있으면, 인터럽트 서비스 루틴에서 이 비교값은 변경될 수 있다. COM21~COM20 비트가 '11'로 설정되어 반전 출력 비교 모드로 동작할 경우에는 TCNT2의 값과 OCR2의 값이 일치할 때 $\overline{OC2}$의 출력은 1로 세트되고, TCNT0 값이 max로 될 때 TOV0 플래그는 1로 되면서 오버플로우 인터럽트가 요청되고, 이때 $\overline{OC2}$의 출력은 0으로 클리어된다.

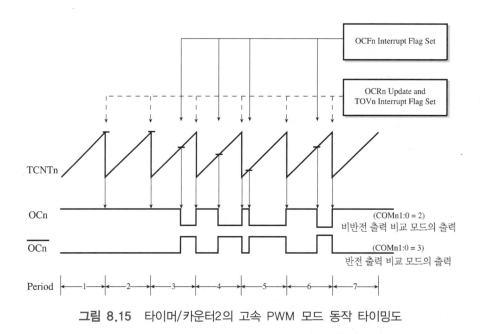

그림 8.15 타이머/카운터2의 고속 PWM 모드 동작 타이밍도

이상과 같이 OC2 단자로 파형을 출력하기 위해서는 표 8.4에 나타난 것과 같이 출력 비교 모드를 COM21~COM20 비트를 미리 설정하여 놓아야 하고, 그림에서와 같이 비반전 출력 비교 모드에서는 정상적인 PWM 신호가 출력되고, 반전 출력 비교 모드에서는 반전된 PWM 신호가 출력된다. 또한 CTC 모드에서 마찬가지로 OC2의 출력 단자에서 파형을 출력하기 위해서는 I/O 포트의 입출력 방향 제어 레지스터를 미리 출력 방향으로 설정하여 놓아야 한다.

이 모드에서 PWM 파형은 TCNT2 레지스터와 OCR2 레지스터가 비교 일치될 때 OC2 레지스터를 세트 또는 클리어하고, TCNT2의 값이 0으로 되는 시점에서 OC2 레지스터를 클리어 또는 세트하는 과정으로 발생된다. 따라서 PWM 출력 신호의 주파수는 다음과 같이 결정되며, 이는 다음에 설명하는 PC PWM 모드에 비해 약 두 배 정도 높은 주파수를 얻을 수 있다. 여기서 N은 프리스케일러의 분주비로서 타이머/카운터2에서는 그림 8.9와 같이 1, 8, 64, 256, 1024 중의 하나를 사용할 수 있다.

$$f_{OC2PWM} = \frac{f_{clk\_I/O}}{N \cdot 256}$$

만약 이 모드가 동작하는 과정에서 PWM 출력의 듀티비를 변경하기 위하여 OCR2 레지스터에 새로운 값을 쓰게 되는 경우에는 OCR2 레지스터에 이중 버퍼링 기능이 있기 때문에 OCR2 레지스터가 즉시 변경되지 않고 이 값은 TCNT2 레지스터가 0xFF에서 0x00으로 오버플로우되어 현재의 주기가 끝나는 순간에 갱신된다. 따라서, 이 동작 모드에서는 CTC 모드에서와는 달리 안정적으로 동작하게 된다.

이 PWM 사이클은 OCR2 레지스터의 값에 의해 결정되는데, OCR2 레지스터의 값을 bottom 값인 0x00으로 설정한 경우에는 출력 파형은 CNT2의 값이 0x00으로 되는 1 타이머 클럭 사이클 동안에만 좁은 스파이크로 나타나며(듀티비 1/256), 반대로 OCR2 레지스터의 값을 max값인 0xFF로 설정한 경우에는 출력 파형 OC2는 계속 1로 출력된다(듀티비 100%).

표 8.5에서는 나타나 있지 않지만, COM21 비트가 1로 설정되고, OCR2가 max 값으로 설정된 경우에는 비교 일치 동작은 무시되고, top에서 OC2의 값을 1 또는 0으로 설정할 수 있다. 따라서 이 기능을 이용하면 50%의 듀티비를 갖는 출력 신호를 얻는 것이 용이해진다. 따라서, COM21 비트를 1로 설정하고, OCR2가 max 값으로 설정한 후에, 비교 일치가 발생할 때마다 OC2의 출력을 토글시키면 50%의 듀티비를 갖는 출력 신호를 발생할 수 있게 된다. 이때의 주파수는 $f_{OC2} = f_{clk\_I/O}/2$이 되고, 이 경우는 CTC 모드에서 OC2를 토글시킨 결과와 동일하지만 고속 PWM 모드에서는 이중 버퍼 기능을 사용하므로 안정적인 출력 신호를 얻을 수 있다는 장점이 있게 된다.

고속 PWM 모드는 높은 주파수 출력을 얻을 수 있으므로, 전력 변환, 정류, DAC(Digital to Analog Conversion)등의 응용에 많이 활용되고 있고, 특히 전력 변환으로의 응용에서는 물리적으로 외부 소자(코일과 커패시터)의 크기를 줄일 수 있어서 시스템 전체의 비용을 낮출 수 있다는 장점을 가지고 있다.

◯ PC PWM 모드

PC PWM 모드(Phase Correct PWM Mode, 위상 교정 PWM 모드)는 WGM21 ~ WGM20 비트를 '01'로 설정하며, 높은 분해능의 PWM 출력 파형을 발생하는 데 유용하게 사용된다. 이 동작 모드에서는 타이머/카운터 레지스터 TCNT2가 상향 카운터로서 bottom(0x00)에서 max(0xFF)까지 증가하였다가 다시 하향 카운터로서 max서 bottom으로 감소를 하는 동작을 반복하여 수행하며, 이를 양방향 동작(dual-slope operation)이라 한다.

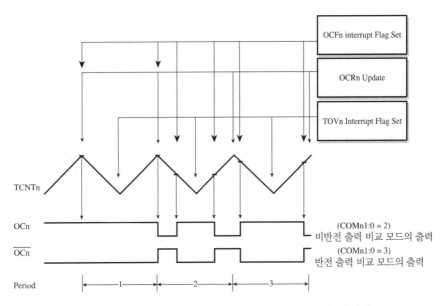

그림 8.16   타이머/카운터2의 PC PWM 모드 동작 타이밍도

PC PWM 모드에 대한 동작은 그림 8.16의 타이밍도를 보면 쉽게 이해할 수 있다. COM21~COM20 비트가 '10'으로 설정되어 비반전 출력 비교 모드로 동작할 경우를 살펴보자. 이 모드에서 타이머/카운터2가 상향 모드로 동작할 경우에는 타이머/카운터 레지스터 TCNT2의 값이 출력 비교 레지스터 OCR2의 값과 일치하면 OCF2 인터럽트 플래그가 세트되고 OC2 출력 신호는 0으로 클리어된다. 반대로 하향 모드로 동작할 경우에는 OCR2의 값과 일치하면 OCF2 인터럽트 플래그가 세트되고 OC2 출력 신호는 1로 세트된다. 이 과정에서 TOV2 인터럽트 플래그는 TCNT2 값이 bottom으로 될 때마다 1로 세트되면서 오버플로우 인터럽트가 요청된다. 그리고, COM21~COM20 비트가 '11'로 설정되어 반전 출력 비교 모드로 동작할 경우를 살펴보자. 이 모드에서 타이머/카운터2가 상향 모드로 동작할 경우에는 TCNT2가 OCR2의 값과 같으면 OC2 출력 신호는 1로 세트되고, 하향모드로 동작할 경우에는 OCR2의 값과 일치하면 OC2는 0으로 리셋된다.

이상과 같이 OC2 단자로 파형을 출력하기 위해서는 표 8.5에 나타난 것과 같이 출력 비교 모드를 COM21~COM20 비트를 미리 설정하여 놓아야 하고, 그림에서와 같이 비반전 출력 비교 모드에서는 정상적인 PWM 신호가 출력되고, 반전 출력 비교 모드에서는 반전된 PWM 신호가 출력된다. 또한 CTC, 고속 PWM 모드에서와 마찬가지로 OC2의 출력 단자에서 파형을 출력하기 위해서는 I/O 포트의 입출력 방향 제어 레지스터를 미리 출력 방향으로 설정하여 놓아야 한다.

이 모드에서 PWM 파형은 카운터가 상향동작을 하고 있는 과정에서 TCNT2 레지스터와 OCR2 레지스터가 비교 일치될 때 OC2 레지스터를 클리어 또는 세트하고, 다시 하향동작을 하면 TCNT2과 OCR2이 비교 일치될 때 OC2 레지스터를 세트 또는 클리어하는 과정으로 발생된다. 이런 과정을 통해 발생하는 PWM 출력 신호의 주파수는 다음과 같이 계산된다.

$$f_{OC2PCPWM} = \frac{f_{clk\_I/O}}{N \cdot 510}$$

여기서 N은 프리스케일러의 분주비로서 1, 8, 64, 256, 1024 중의 하나에 해당한다.

이 모드에서의 PWM 주파수는 고속 PWM 모드의 경우에 비하여 약 1/2로 낮아지게 되는데, 이는 TCNT2의 값이 0x00～0xFF의 범위에서 증가하였다가 다시 0xFF～0x00으로 감소하는 양방향 동작을 수행하기 때문이다.

이상과 같이 PC PWM 모드는 고속 PWM 모드에 비하여 주파수는 1/2로 낮아졌지만 고속 PWM 모드의 듀티비의 분해능이 8 비트인데 비하여 두 배로 높아졌으며, 양방향의 PWM 펄스를 대칭적으로 만들 수 있는 장점으로 가지게 되어 모터 제어의 응용에 유용하게 사용된다.

PC PWM 모드에서는 OCR2 레지스터에 이중 버퍼링 기능이 있으므로, 만약 카운터의 동작 중에 PWM 출력의 듀티비를 변경하기 위해서 OCR2 레지스터에 새로운 값을 쓸 경우에 고속 PWM 모드에서와 마찬가지로 OCR2 레지스터가 바로 바뀌지 않고 TCNT2가 max(0xFF)로 되었다가 다시 감소하는 순간에 갱신된다.

고속 PWM 모드와 마찬가지로 OCR2 레지스터의 값을 0x00으로 설정하면 출력파형은 OC2의 경우는 계속 0으로 출력되고(듀티비 0%), 반대로 OCR2 레지스터의 값을 0xFF로 설정하면 출력 파형은 OC2의 경우는 계속 1상태로 출력된다(듀티비 100%).

그림 8.16을 자세히 살펴보면 이 동작 모드에서 특이한 사항이 하나 발생한 것을 볼 수 있다. 그림 8.16에서 두 번째 주기가 시작되는 부분에서 비교 일치가 발생하지 않았음에도 불구하고 OC2는 1에서 0으로 바뀌었다. 이렇게 OC2가 바뀐 것은 bottom 주변에서 대칭을 보장하기 위한 것으로서, 이러한 목적으로 비교 일치가 일어나지 않은 경우에도 OC2의 값이 바뀌는 경우가 두 가지가 있다.

▶ OCR2 버퍼의 값이 max에서 다른 값으로 바뀌었을 때

OCR2의 값이 max일 때, OC2의 핀 값은 하향 계수시의 비교 일치일 때와 동일하다. 그러나 첫 번째 주기에서 OCR2 버퍼가 갱신된 값이 두 번째 주기의 상향 모드의 값으로 바뀌었다면 두 번째 주기의 시작에서 OCR2가 버퍼의 값으로 갱신되었을 것이고, 따라서 그냥 두면 계속 1을 유지하므로 2번 주기의 bottom 근처에서 대칭성이 보장이 되지 않으므로, 대칭성을 보장하기 위해 max에서의 OC2값은 상향 모드의 결과와 같아야 하므로 OC2가 1에서 0으로 바뀌게 된다.

▶ 타이머가 OCR2 버퍼에 있는 값보다 큰 값에서 계수를 시작했을 때

큰 값에서부터 계수를 시작했다면 이번 주기의 비교 일치를 한 번 놓치게 되고 그 다음 번에서도 대칭을 보장해야 하므로 OC2가 1에서 0으로 바뀌게 된다.

4) 동작 타이밍

그림 8.17에서 그림 8.20은 타이머/카운터2가 동기 모드로 동작할 때의 타이밍도를 나타낸 것으로, 여기서 타이머 클럭(clk_{T2})은 클럭 입력 신호가 아니라 $clk_{I/O}$ 클럭의 입력 허가 신호로 동작한다.

그림 8.17은 프리스케일러의 분주비가 1일 경우에 PC PWM 모드를 제외한 모든 동작 모드의 타이밍도를 나타낸 것이다. 타이머/카운터 레지스터 TCNT2의 값이 0x00에서 max(0xFF)까지의 범위에서 증가하고, max에서 0x00으로 천이되는 순간에 TOV2가 1로 세트되면서 오버플로우 인터럽트가 발생하는 것을 나타낸다.

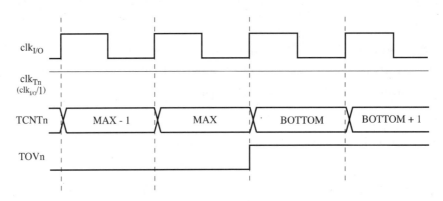

그림 8.17 분주비가 1인 경우, 타이머/카운터가 동작하여 TOV2가 1이 되는 타이밍도

그림 8.18은 프리스케일러의 분주비가 8인 경우에 대한 동작 타이밍도를 나타낸 것이다. 타이머/카운터에 입력되는 $clk_{I/O}$ 클럭을 8분주하여 만들어진 clk_{T2} 신호는 8클럭 주기에 한번씩 클럭 허가 신호로 동작하여 TCNT2의 값이 증가하는 것을 볼 수 있다.

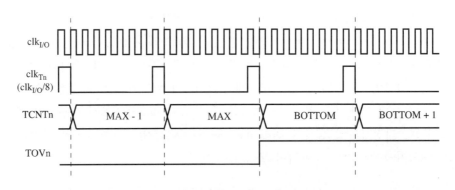

그림 8.18 분주비가 8인 경우, 타이머/카운터가 동작하여 TOV2가 1이 되는 타이밍도

그림 8.19는 CTC 모드를 제외한 모든 동작 모드에서 TCNT2의 값이 증가하여 OCF2가 1이 되어 출력 비교 인터럽트가 발생하는 과정의 타이밍도를 나타내었으며, 그림 8.20은 CTC 모드에서의 출력 비교 인터럽트가 발생하는 과정의 타이밍도를 나타내었다. 차이점을 앞에서 설명한 내용을 참조하여 이해하여 보기 바란다.

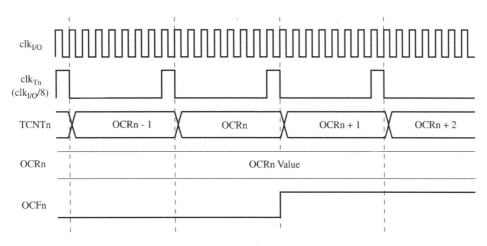

그림 8.19 CTC 모드를 제외한 경우에 대해 출력 비교 인터럽트가 발생하는 타이밍도

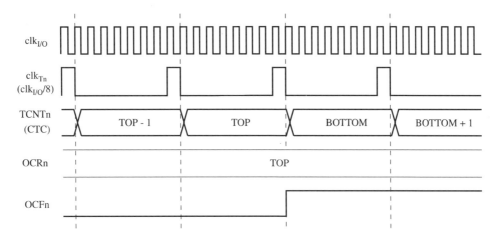

그림 8.20 CTC 모드에서의 출력 비교 인터럽트가 발생하는 타이밍도

8.3 8비트 타이머/카운터0의 동작

타이머/카운터0은 타이머/카운터2와 기능이 비슷하지만, 아래의 개요에서 설명하는 바와 같이 약간의 차이가 있다. 따라서 이 절에서는 타이머/카운터2에 가지고 있는 기능 외에 타이머/카운터0이 가지고 있는 추가 기능에 대해서만 설명하기로 한다.

1) 타이머/카운터0의 개요

타이머/카운터0는 타이머/카운터2의 기능과 동일하며, 단지 차이점은 32.678kHz의 수정 발진자를 사용하여 자체적인 발진에 의하여 비동기적으로 동작하는 RTC(Real Time Clock or Counter)

기능이 추가되어 있다는 점이다. ATmega128에 내장된 타이머/카운터0의 내부 구성은 그림 8.21 과 같으며, 이의 특징은 다음과 같다.

▶ 단일 채널의 카운터
▶ 특정 값과 비교하여 일치하면 타이머의 계수 값을 자동으로 클리어하는 CTC(Clear Timer on Compare match) 모드
▶ 글리치 없는 PC PWM 모드
▶ 주파수 발생기
▶ 10비트의 클럭 프리스케일러
▶ 오버플로우, 비교 일치 인터럽트 (TOV0 and OCF0) 발생
▶ 32.678kHz의 시계 크리스털을 클럭 소스로 사용하여 비동기적으로 계수하는 기능

그림 8.21에 나타난 타이머/카운터0의 내부 구성을 자세히 살펴보면 그림 8.4에 나타낸 타이머 /카운터2와의 차이점을 발견할 수 있다. 즉, 타이머/카운터0에는 구성도의 (1)부분에 표시되어 있

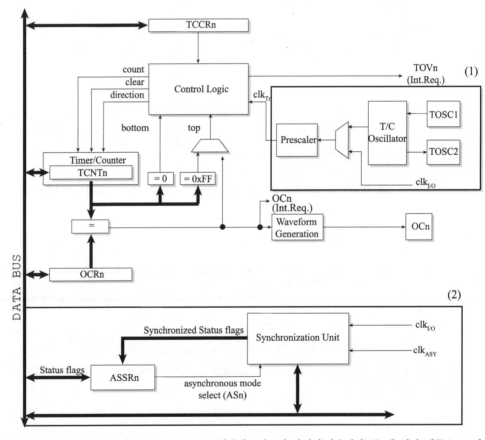

주) 그림에서 n으로 표현된 것은 ATmega128 내부에 8비트의 타이머/카운터가 두 개 있기 때문으로, 이 부분에서는 타이머/카운터0에 대해서 설명하므로 n은 0임.

그림 8.21 타이머/카운터0의 내부 구성도

는 것과 같이 32.678kHz의 수정 발진자를 접속하는 TOSC1 및 TOSC2 단자를 가지고 있어서 자체적인 발진에 의하여 RTC의 기능을 수행할 수 있으며, 외부의 T2 단자가 없는 대신에 TOSC1 단자에 외부 클럭을 인가할 수 있도록 되어 있다. 또한 타이머/카운터2는 내부 클럭을 사용하는 타이머에 대해서만 프리스케일러가 동작하는 데 비하여 타이머/카운터0은 내부 클럭과 외부 클럭을 사용하는 모든 카운터 동작에서 프리스케일러의 적용을 받으며, 사용할 수 있는 분주비의 종류도 더 많다.

모든 타이머/카운터는 시스템 클럭에 의하여 동기적으로 동작하지만, 타이머/카운터0은 외부 크리스털을 사용하여 자체 발진 모드로 사용되면 이는 시스템 클럭과 무관하게 되므로 비동기적으로 동작하게 된다. 따라서, 구성도의 (2)부분에 표시되어 있는 것과 같이 비동기적인 부분을 제어하기 위한 동기 회로부가 별도로 내장되어 있다.

타이머/카운터가 동기적으로 동작하는지 비동기적으로 동작하는지는 시스템 클럭이 사용되는지 여부로 결정되기 때문에 슬립모드와 밀접하게 관련이 되므로 중요하다.

2) 타이머/카운터0와 타이머/카운터2의 차별성

타이머/카운터0은 상기의 과정에서 설명한 바와 같이 타이머/카운터 부분의 구성(그림 8.21의 (1))과 이를 제어하기 위한 동기 회로부(그림 8.21의 (2))에 차별성을 가지고 있다. 따라서 이 부분에 대해서만 설명하기로 한다.

먼저 타이머/카운터 부분의 차이점에 대해 살펴보자. 타이머/카운터2의 클럭 입력과 카운터 부의 구성은 그림 8.5에 표시하였으며, 타이머/카운터0의 클럭 입력과 카운터 부의 구성은 그림 8.22에 나타내었다.

그림 8.5에 나타난 바와 같이 타이머/카운터2는 외부 클럭을 T0 단자로 받아 카운터 동작을 수행하지만, 타이머/카운터0은 그림 8.22에 나타낸 것과 같이 외부 클럭이나 입력 단자 T2가 없는 대신에 TOSC1 및 TOSC2 단자를 가지고 있어서 여기에 수정 발진자를 연결하고 자체적인 발진 회로를 사용할 수 있다.

타이머/카운터2에서 타이머로 동작할 때에는 시스템 클럭 주파수와 같은 내부 클럭 $clk_{I/O}$를 클럭 소스로 사용하며, 이것은 프리스케일러에 의하여 분주비 1, 8, 64, 256, 1024 중의 하나로

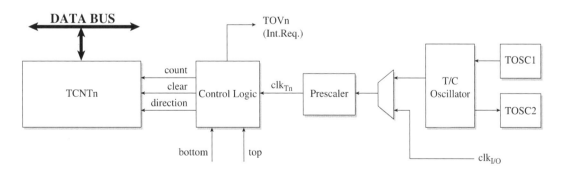

그림 8.22 타이머/카운터0의 카운터 부의 구성도

분주되며, 클럭 입력을 차단하여 타이머/카운터2의 기능을 정지시킬 수도 있다. 그러나 타이머/카운터2가 카운터로 동작할 때에는 외부의 T2 단자에서 입력된 신호를 클럭 소스로 사용하며, 이것은 프리스케일러를 거치지 않고 직접 카운터에 입력된다.

타이머/카운터0은 타이머 동작이나 카운터 동작에서 항상 프리스케일러를 사용하며 카운터로 동작할 때에는 비동기 동작의 특징을 가진다. 즉, 타이머/카운터0은 물론이고 외부 TOSC1과 TOSC2 단자에 32.678kHz의 수정 발진자를 접속하여 사용하는 카운터의 비동기 동작 모드에서도 프리스케일러가 사용되며, 프리스케일러의 분주비도 1, 8, 32, 64, 128, 256, 1024 중의 하나를 사용할 수 있어서 타이머/카운터2와는 약간 차이가 있다.

3) 타이머/카운터0의 레지스터

타이머/카운터0을 제어하기 위한 레지스터는 표 8.8에 나타낸 바와 같이 타이머/카운터2를 제어하기 위한 레지스터에 비동기 동작을 위해 ASSR 레지스터와 SFIOR 레지스터가 추가되어 있다. 따라서 본 절에서는 타이머/카운터0와 타이머/카운터2의 차이점인 프리스케일러에 의한 분주비의 설정 방법과 비동기 동작을 위한 레지스터에 대해 자세히 설명하기로 하고, 나머지 부분은 타이머/카운터2의 내용과 동일하기 때문에 그 부분을 참조하기 바란다.

표 8.8 타이머/카운터0 제어용 레지스터

타이머/카운터0 레지스터	설 명
TCCR0	Timer/Counter 0 제어 레지스터
TCNT0	Timer/Counter 0 레지스터
OCR0	출력 비교 레지스터
ASSR	비동기 상태 레지스터
SFIOR	특수 기능 I/O 레지스터
TIMSK	타이머/카운터 인터럽트 마스크 레지스터
TIFR	타이머/카운터 인터럽트 플래그 레지스터

● TCCR0 레지스터와 TCCR2 차이점

TCCR0 레지스터는 그림 8.23에 나타내었으며, TCCR0 레지스터와 TCCR2 레지스터의 차이점은 프리스케일러의 적용에 있다. 따라서, 비트 2~0의 기능만 약간 차이가 있고 나머지 부분의 내용은 두 타이머/카운터가 동일하다. 타이머/카운터2에서의 CS22~20 비트의 설정에 따른 분주비의 선택은 표 8.6에 설명한 바와 같이 분주비 1, 8, 64, 256, 1024 중의 하나로 결정된다. 그러나 타이머/카운터0에서는 CS02~00 비트의 설정에 따라 표 8.9와 같은 분주비를 갖도록 되어 있다. 그림 8.24에는 타이머/카운터0의 프리스케일러의 구성도를 자세히 나타내었다.

Bit	7	6	5	4	3	2	1	0	
	FOC2	WGM20	COM01	COM00	WGM01	CS02	CS01	CS00	TCCR0
Read/Write	W	R/W	R/W	R/W	R/W	R/W	R/W	R/W	
Initial Value	0	0	0	0	0	0	0	0	

그림 8.23 TCCR0 레지스터의 비트 구성

표 8.9 타이머/카운터0에서의 CS02~00 비트에 의한 클럭의 선택

CS02	CS01	CS00	클럭 소스의 기능
0	0	0	클럭 소스 차단(타이머/카운터0의 기능이 정지됨)
0	0	1	clk$_{TOS}$
0	1	0	clk$_{TOS}$/8 (프리스케일러로부터)
0	1	1	clk$_{TOS}$/32 (프리스케일러로부터)
1	0	0	clk$_{TOS}$/64 (프리스케일러로부터)
1	0	1	clk$_{TOS}$/128 (프리스케일러로부터)
1	1	0	clk$_{TOS}$/256 (프리스케일러로부터)
1	1	1	clk$_{TOS}$/1024 (프리스케일러로부터)

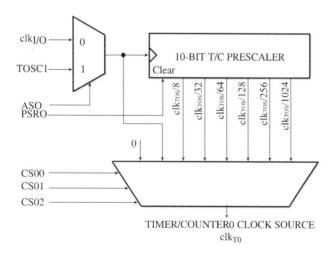

그림 8.24 타이머/카운터0의 프리스케일러 구성도

○ 비동기 상태 레지스터 : ASSR

ASSR(Asynchrnous Status Register) 레지스터는 타이머/카운터0이 외부 클럭에 의해 비동기 모드로 동작하는 경우에 관련된 기능을 수행하는 레지스터로서, 그림 8.25에 이 레지스터의 비트 구성을 나타내었으며, 각 비트의 기능은 다음과 같다.

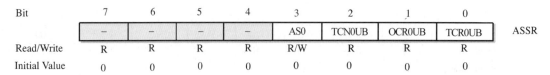

Bit	7	6	5	4	3	2	1	0	
	–	–	–	–	AS0	TCN0UB	OCR0UB	TCR0UB	ASSR
Read/Write	R	R	R	R	R/W	R	R	R	
Initial Value	0	0	0	0	0	0	0	0	

그림 8.25 ASSR(Asynchronous Status Register) 레지스터의 비트 구성

▶ 비트 3 : AS0 (비동기 타이머/카운터 0, Asynchronous Timer/Counter0)

AS0 비트는 타이머/카운터0의 클럭 소스를 선택하는 비트로서 AS0이 0이면, 내부 클럭 $clk_{I/O}$가 선택되어 동기 모드로 동작하고, AS0이 1이면, 외부의 TOSC1단자에 입력되는 수정 발진자의 클럭이 선택되어 비동기 모드인 RTC로 동작한다. AS0의 값을 수정하면 TCNT0, OCR0, TCCR0의 내용에 변화가 일어날 수 있고, 하위 비트인 비지 플래그들이 1인 동안에 TCNT0, OCR0, TCCR0 레지스터들의 값을 변경하게 되면, 이들 레지스터 값에 변화가 일어날 수 있다. 따라서 이상과 같은 변화에 의하여 예상하지 않은 인터럽트가 발생할 수 있으니 사용함에 있어 주의를 요한다. 이들 레지스터의 값을 읽으면 TCNT0 레지스터는 실시간 값이지만 OCR0와 TCCR0의 경우에는 임시 레시스터의 값이 읽혀진다.

▶ 비트 2 : TCN0UB (Timer/Counter0 Update BUSY)

TCN0UB 비트는 타이머/카운터0이 비동기로 동작하고 있을 때 TCNT0 레지스터로 데이터를 쓰는 시점을 알려주기 위한 상태 비트로서, TCNT0 레지스터에 새로운 값을 쓰면 이 비트가 1로 세트된다. 임시 저장 레지스터로부터 TCNT0으로 옮겨져서 TCNT0의 쓰기가 완료되면, 이 비트는 자동적으로 0이 된다. 따라서 TCNT0에 새로운 데이터를 쓰기 위해서는 이 비트가 0인 상태이어야 한다.

▶ 비트 1 : OCR0UB(Output Compare Register 0 Update Busy)

OCR0UB 비트는 타이머/카운터0이 비동기로 동작하고 있을 때 OCR0 레지스터로 데이터를 쓰는 시점을 알려주기 위한 상태 비트로서, OCR0 레지스터에 새로운 값을 쓰면 이 비트가 1로 세트된다. 임시 레지스터로부터 OCR0에 옮겨져서 OCR0의 쓰기가 완료되면, 이 비트는 자동적으로 0이 된다. TCN0UB에서와 마찬가지로 OCR0에 새로운 데이터를 쓰기 위해서는 이 비트가 0인 상태이어야 한다.

▶ 비트 0 : TCR0UB(Timer/Counter Control Register 0 Update Busy)

TCR0UB 비트는 타이머/카운터0가 비동기로 동작하고 있을 때, TCCR0 레지스터로 데이터를 쓰는 시점을 알려주기 위한 상태 비트로서, TCCR0 레지스터에 새로운 값을 쓰면 이 비트가 1로 세트된다. 임시 저장 레지스터로부터 TCCR0에 옮겨져서 TCCR0의 쓰기가 완료되면, 이 비트는 자동적으로 0이 된다.

이상과 같이 타이머/카운터 동작 중에 동기 모드에서 비동기 모드로 전환해야 하는 경우에는 뜻하지 않는 오류가 생길 수 있으므로 다음과 같은 절차로 수행하는 것이 바람직하다.

① TIMSK 레지스터의 OCIE0=0 및 TOIE0=0으로 하여 인터럽트를 금지한다.
② ASSR 레지스터의 AS0 비트 값을 설정하여 클럭 소스를 선택한다.
③ TCNT0, OCR0, TCCR0 레지스터에 새로운 값을 기록한다.
④ 비동기 동작 모드로 전환하기 위해 ASSR 레지스터의 TCN0UB, OCR0UB, TCR0UB 비트가 0이 될 때까지 기다린다.
⑤ TIFR 레지스터의 인터럽트 플래그인 OCF0=0 및 TOV0=0으로 클리어한다.
⑥ 필요하다면, TIMSK 레지스터의 OCIE0=1 및 TOIE0=1로 하여 인터럽트를 허용 상태로 한다.

타이머/카운터0이 비동기 모드로 동작하고 있을 때, 비동기 타이머에 대한 인터럽트 플래그의 동기화를 위해서는 1개의 타이머 사이클과 3개의 프로세서 사이클이 추가로 필요하다. 따라서, 프로세서가 인터럽트 플래그가 세트되어 타이머/카운터0 레지스터 TCNT0의 값을 읽는 경우에는 1 이상의 값이 변해 있을 수 있으므로 이를 고려하는 것이 바람직하다. 출력 비교 핀은 타이머 클럭에서 변화되고 프로세서 클럭에는 동기화되지 않으므로 이도 유의하여야 한다.

그리고, 비동기 모드에서 슬립모드를 사용할 경우에는 고려하여야 할 사항이 많이 있다. 이에 대한 자세한 내용은 이 책의 설명 범위를 벗어나므로 ATmega128 데이터 매뉴얼을 참조하기 바란다.

○ **특수 기능 I/O 레지스터 : SFIOR**

SFIOR(Special Function I/O Register)레지스터는 타이머/카운터들을 동기화 시키는 데 관련된 기능을 수행하는 레지스터로서, 그림 8.26에 이 레지스터의 비트 구성을 나타내었다.

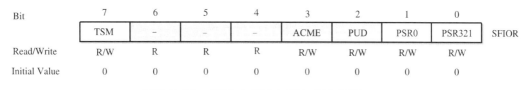

그림 8.26 SFIOR 레지스터의 비트 구성

▶ **비트 7 : TSM(타이머/카운터 동기 모드, Timer/Counter Synchronization Mode)**
TSM 비트는 모든 타이머/카운터들을 동기화시키는 기능을 수행한다. TSM 비트를 1로 설정하면, PSR0 및 PSR321 비트에 쓴 값을 유지하여 이에 대응하는 프리스케일러 리셋 신호를 발생하고, 이는 해당 타이머/카운터의 동작을 정지시켜 모든 타이머/카운터를 똑같은 값으로 설정할 수 있도록 해준다. TSM 비트를 0으로 리셋하면, PSR0 및 PS321 비트는 하드웨어적으로 클리어되며, 타이머/카운터들이 동시에 계수 동작을 시작한다.

▶ 비트 1 : PSR0 (프리스케일러 리셋 타이머/카운터0, Prescaler Reset Timer/Counter0)

PSR0 비트는 타이머/카운터0을 리셋시키는 기능을 하는 비트로서, 이 비트를 1로 설정하면, 타이머/카운터0의 프리스케일러를 리셋시키며 동작 후에 자동적으로 클리어된다. 그러나 타이머/카운터0이 비동기 모드로 동작하고 있을 때에 이 비트를 1로 설정하면 프리스케일러가 리셋될 때까지 1로 유지되며, TSM=1이면 하드웨어에 의하여 자동적으로 클리어되지 않는다.

▶ 비트 0 : PSR321 (프리스케일러 리셋 타이머/카운터3,2과 1, Prescaler Reset Timer/Counter3, 2 and 1)

PSR321 비트는 타이머/카운터3,2,1이 공통적으로 사용하고 있는 프리스케일러를 리셋시키며, TSM이 1로 되어 있지 않으면 동작 후에 자동적으로 클리어된다.

● 나머지 타이머/카운터0 레지스터

타이머/카운터0을 제어하는 데 사용되는 레지스터는 타이머/카운터2와 동일하며, 이 레지스터들은 다음과 같다.

▶ TCNT0 레지스터

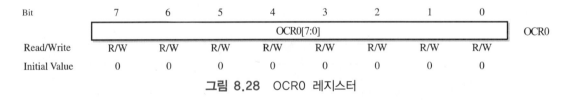

Bit	7	6	5	4	3	2	1	0	
				TCNT0[7:0]					TCNT0
Read/Write	R/W	R/W	R/W	R/W	R/W	R/W	R/W	R/W	
Initial Value	0	0	0	0	0	0	0	0	

그림 8.27 TCNT0 레지스터

▶ OCR0 레지스터

Bit	7	6	5	4	3	2	1	0	
				OCR0[7:0]					OCR0
Read/Write	R/W	R/W	R/W	R/W	R/W	R/W	R/W	R/W	
Initial Value	0	0	0	0	0	0	0	0	

그림 8.28 OCR0 레지스터

타이머/카운터0의 인터럽트를 제어하는 기능은 타이머/카운터2의 인터럽트를 제어하는 레지스터와 동일하며 비트의 위치만 다르다. 즉, 그림 8.12의 TIMSK 레지스터의 비트 7과 비트 6인 OCIE0와 TOIE0가 인터럽트 발생을 개별적으로 허용하는 비트이며, 그림 8.13의 TIFR 레지스터의 비트 7과 비트 6인 OCF0와 TOV0이 인터럽트 발생 여부를 알려주는 인터럽트 플래그 비트이다. 이 비트들의 동작은 타이머/카운터2에서 설명한 것과 동일하므로, 타이머/카운터2 부분을 참조하기 바란다.

8.4   8비트 타이머/카운터 활용 실험

8비트 타이머/카운터의 동작은 위 부분에서 설명한 바와 같이 일반 모드, CTC 모드, 고속 PWM 모드와 PC PWM 모드의 네 가지로 동작하고, 이는 타이머/카운터 제어 레지스터의 WGMn1~WGMn0 비트와 COMn1~COMn0 비트에 의해 결정된다.

타이머/카운터가 이상의 동작 모드로 정확하게 동작을 하기 위해서는 먼저 프로그램 시작과 함께 초기화되어야 한다. 그리고 나서 프로그램에서 타이머/카운터를 원하는 동작 모드로 동작시키기 위해 제어 레지스터, 카운터 레지스터 또는 출력 비교 레지스터를 제어하여야 한다. 이 과정에서 타이머/카운터의 상태는 동작 플래그 비트를 통해 나타나며, 이 플래그를 이용하여 인터럽트를 발생시킬 수 있다. 또한, 타이머/카운터가 계수한 내용을 확인하기 위하여 레지스터를 읽거나 또는 시간 주기를 조정하기 위하여 레지스터의 내용을 수정하는 등의 필요한 동작을 수행하도록 타이머/카운터는 프로그램 내에서 제어되어야 한다.

타이머/카운터를 활용하여 프로그램을 작성하는 과정에서는 다음의 세 가지 방법이 사용될 수 있다.

① 인터럽트 플래그의 발생 여부를 감시하면서 사건이 발생하는 것을 감시하는 경우
② 인터럽트가 발생하면 ISR을 수행하는 경우
③ 출력 핀의 상태를 자동으로 변화시키는 경우

이상의 8비트 타이머/카운터의 제어 개념을 상기하면서 다음의 각각 동작 모드에 대한 예제를 통해 타이머/카운터의 동작 방법을 학습하기로 하자.

예제 8.1   일반 모드의 활용

PORTB.0상에 타이머/카운터2를 사용하여 10kHz 구형파를 만드는 프로그램을 작성하시오.

일반 모드는 단순히 시스템 클럭을 계수하는 모드로서 시스템 클럭은 프리스케일러를 통해 입력된다. 이렇게 입력된 클럭은 타이머/카운터 레지스터 TCNTn(0 또는 2)에 의해 상향 계수되고, 이 과정에서 최대값 0xFF가 되면 오버플로우 플래그인 TOVn이 발생하여 인터럽트를 요청하게 된다. 이렇게 발생된 TOVn 플래그는 인터럽트가 발생하여 ISR 루틴이 수행되면 자동으로 클리어된다.

이상의 모드로 동작하는 일반 모드에서 일정한 시간 간격을 갖는 구형파를 만들기 위해서는 타이머/카운터로 공급되는 클럭을 고려하여야 한다. 이 예제에서는 타이머/카운터2를 사용하는 것이므로, TCNT2에 대해서만 논하기로 한다.

타이머/카운터2로 입력되는 클럭은 그림 8.6과 같은 프리스케일러를 통해 공급된다. 즉, 타

이머/카운터2로 공급되는 클럭은 시스템 클럭이 프리스케일러에 의해 분주되어 입력된다. 이 클럭을 이용하여 8비트의 타이머/카운터2는 0~255까지 계수를 하게 된다.

결국 이러한 과정을 거쳐 8비트의 타이머/카운터2로는 다음과 같이 계산되는 클럭이 입력된다.

$$t_{clk} = \frac{N}{f_{clk\_I/O}}$$

여기서 N은 프리스케일러 분주비이고, $f_{clk\_I/O}$는 시스템의 내부 클럭 주파수이다. 그리고, 8비트인 타이머/카운터2가 가질 수 있는 최대 주기는

$$T_{MAX} = 256 \times t_{clk} = \frac{256 \times N}{f_{clk\_I/O}}$$

이다. 교재에서 사용하는 시스템 클럭은 14.765MHz를 사용하지만 계산의 편리상 16MHz를 사용하는 것으로 가정한다. 따라서 프리스케일러 분주비에 따른 타이머/카운터2의 입력 클럭과 최대 주기는 표 8.10과 같이 설정된다.

표 8.10   분주비에 따른 타이머/카운터2의 최대 주기

분주비	1	8	64	256	1024
입력 클럭 (μsec)	0.0625	0.5	4	16	64
최대 주기 (msec)	16	128	1,024	4,096	16,384

이렇게 공급되는 클럭을 가지고, 예제에서 주어진 파형을 발생하는 프로그램을 작성하여 보도록 하자.

10kHz의 구형파는 1/10kHz=100μs의 주기를 가지고 있으며, 이러한 주기의 구형파를 만들기 위해서는 펄스의 On 시간과 Off 시간이 각각 50μs이어야 한다. 표 8.10에 제시된 자료를 근거로 하면, 프리스케일러의 분주비는 8 이하로 설정하는 것이 바람직한 것을 알 수 있으며, 본 예제에서는 분주비를 8로 설정하기로 한다. 본격적으로 10kHz의 구형파를 만들기 위해서는 매 50μs마다 오버플로우가 발생하여야 하므로, TCNT2에 −100을 로드하고 TCNT2의 값이 0xFF가 되어 오버플로우가 발생하면 다시 −100을 로드한다.

이상의 내용을 기반으로 하여 타이머/카운터2를 초기화하여야 한다. 이 예제는 일반 모드를 활용하는 것으로서 일반 모드의 설정은 TCCR2 레지스터의 WGM20~WGM21 비트를 '00'으로 설정함으로 이루어진다. 또한, 오버플로우(TOV2)가 발생할 때마다 타이머/카운터2의 오버플로우 인터럽트를 사용하여야 하므로 TIFR 레지스터의 TOV2 비트와 TIMSK 레지스터의 TOIE2 비트를 각각 1로 세트하여야 한다. 이 과정의 프로그램은 다음과 같다.

```
void Init_Timer2(void)
{
        TCCR2 = 1<<CS21;          // 0b00000010, 일반 모드, 8 분주비 사용
        TCNT2 = -100;             // 카운터 값 설정(50μs)
        TIFR &= ~(1<<TOV2);       // 오버플로우 플래그 0으로 초기화
        TIMSK = (1<<TOIE2);       // 오버플로우(TOV2) 인터럽트 허가
}
```

이상의 초기화 과정에서 비트제어 코드를 사용하기 위해서는 6장에서 설명한 sfr의 비트필드들이 <mega128.h>에 미리 정의되어 있어야 함을 기억하기 바란다.

그리고 타이머/카운터2의 기능을 이용하여 10kHz의 구형파를 만들기 위해서는 다음에 제시된 방법과 같이 두 가지 방법으로 프로그램의 구현이 가능하다. 다음의 두 가지 방법의 구현 사례를 보면서 어떠한 방법이 유용한지 살펴보기 바라며, 이중에서 방법1의 경우가 일반적으로 사용되는 방법이다.

〈방법 1〉 타이머/카운터2의 TOV2 인터럽트를 사용하는 경우

오버플로우 인터럽트를 사용하는 경우에는 TOV2 플래그가 발생하면 자동으로 인터럽트 서비스 루틴이 수행되고, TOV2 플래그도 자동으로 클리어된다. 모든 프로그램이 인터럽트가 발생하면 이루어지므로 실제 방법 1의 경우보다 마이크로컨트롤러에서 다른 임무를 수행할 수 있는 구조이다.

```
#include <mega128.h>

void Init_Timer2(void)
{
        TCCR2 = 1<<CS21;          // 0b00000010, 일반 모드, 8 분주비 사용
        TCNT2 = -100;             // 카운터 값 설정(50μs)
        TIFR &= ~(1<<TOV2);       // 오버플로우 플래그 0으로 초기화
        TIMSK = (1<<TOIE2);       // 오버플로우(TOV2) 인터럽트 허가
}

interrupt [TIM2_OVF] void timer2_overflow(void)
{
        TCNT2= -100;              // 카운터 값 설정(50μs)
          BPORT.0 = ~ BPORT.0;    // 50μs
}

void main(void)
{
```

```
        Init_Timer2();              // 타이머/카운터2의 초기화
        DDRB = 0x0f;                // PORT B의 하위 니블을 출력 포트로 설정
        SREG |= 0x80;               // 전체 인터럽트 허가 (sei();)
        PORTB.0=0;                  // PORTB.0을 클리어

        while(1);                   // 무한 루프
    }
```

〈방법 2〉 출력 비교 인터럽트를 사용하는 경우

일반 모드에서도 출력 비교 모드를 사용할 수 있다. 출력 비교 인터럽트는 출력 비교 레지스터(OCR2)와 타이머/카운터 레지스터(TCNT2)가 일치할 때 발생한다. 타이머/카운터를 동작시키면 그림 8.29와 같이 8비트 타이머/카운터2는 0에서 255까지 반복하여 계수를 하고, 255에서 0으로 바뀔 때 오버플로우가 발생한다.

본 예제에서는 100μs의 주기를 갖는 구형파를 만드는 것이므로, 〈방법 1〉과 동일하게 프리스케일러의 분주비가 8인 상태에서의 클럭은 1μs마다 발생하므로, 100μs의 주기를 갖는 구형파를 만들기 위해서는 50μs마다 On과 Off를 반복하면 된다. 따라서 첫 번째 인터럽트가 발생하는 TCNT2의 값은 100(0x64)이 되고 두 번째 인터럽트가 발생하는 TCNT2의 값은 200(0xc8)이 되고, 세 번째 인터럽트가 발생하는 TCNT2의 값은 300(0x12c)가 된다. 따라서 OCR2의 값을 0x64, 0xc8, 0x12c,의 순으로 설정하면 50μs마다 출력 비교 인터럽트가 발생한다. 이는 다음과 같이 계산하면 된다.

```
    OCR2 = OCR2 + 100;
```

이상의 과정에서 여섯 번째 인터럽트가 발생할 때 OCR2의 값은 0x12c의 값이 되나 OCR2는 8비트 레지스터이므로 하위 바이트인 0x2c만 OCR2에 저장되고, OCR2의 값은 인터럽트가 발생할 때마다 재설정되어야 한다는 사실에 유념하기 바란다. 이상의 과정을 프로그램으로 작성하면 다음과 같다.

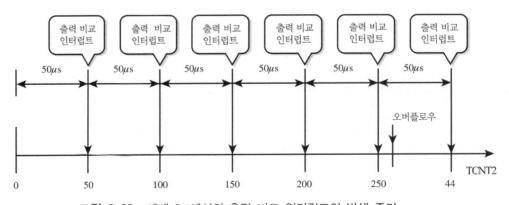

그림 8.29 예제 8.1에서의 출력 비교 인터럽트의 발생 주기

```
#include <mega128.h>
#include <delay.h>

void Init_Timer2(void)
{
    TCCR2 = 0x00;               // 타이머/카운터2 정지
    OCR2 = 100;                 // 출력 비교 레지스터의 초기값 설정
    TCNT2 = -100;               // 50μs 후에 출력 비교 인터럽트 발생을 위해 초기화
    TIMSK = 1 << OCIE2;         // 오버플로우 플래그 0으로 초기화
    TIMSK = (1<<TOIE2);         // 오버플로우(TOV2) 인터럽트 허가
    TCCR2 = 1 << CS21;          // 8분주 프리스케일러, 일반 모드의 설정
}

interrupt [TIM2_COMP] void timer2_out_comp(void)
{
    OCR2 += 100;                // 출력 비교 레지스터값의 갱신
    BPORT.0 = ~ BPORT.0;        // 포트 비트 출력

}

void main(void)
{
    Init_Timer2();              // 타이머/카운터2의 초기화
    DDRB = 0x0f;                // PORT B의 하위 니블을 출력 포트로 설정
    SREG |= 0x80;               // 전체 인터럽트 허가 (sei();)
    PORTB.0=0;                  // PORTB.0을 클리어

    while(1);
}
```

<방법 1>과 <방법 2>를 비교하면, <방법 2>의 경우가 프로그램의 구성 측면에서 <방법 1>에 비해 약간 복잡함을 알 수 있다. 따라서, 일반 모드에서는 출력비교 인터럽트를 사용하는 것보다는 오버플로우 인터럽트를 사용하는 편이 바람직하다.

END

참고사항

타이머/카운터를 초기화하는 경우에 예제 8.1에서 사용한 방법도 가능하지만, 비트 단위 시프트 연산자 '<<'를 사용하여 비트 단위로 설정하고자 하는 비트만 세트하는 것이 유용할 때가 있다. 예를 들어 타이머/카운터2를 분주비가 256이고 CTC 모드에서 동작하도록 초기화하면 다음과 같

이 코드를 작성할 수도 있다.

```
// Set normal mode and CLK/256 prescaler
TCCR2 |= (1<<WGM21) | (4<<CS20);
```

먼저, 이상의 코드를 사용하기 위해서는 TCCR2는 각 비트명에 대해서도 〈mega128.h〉 파일에 다음과 같이 선언되어 있어야 한다.

```
#define FOC2    7
#define WGM20   6
#define COM21   5
#define COM20   4
#define WGM21   3
#define CS22    2
#define CS21    1
#define CS20    0
```

(1<<WGM21)은 WGM21=3이기 때문에 (1<<3)과 같이 되고, 이는 00000001을 세 번 왼쪽으로 시프트하는 것을 의미한다. 따라서 세 번째 비트가 1로 세트되어 00001000이 된다.

(4<<CS20)은 CS20 비트를 4로 설정하는 것으로 보이지만, CS20은 0 또는 1의 값만 가질 수 있으므로 이렇게 될 수는 없다. 이는 TCCR2 레지스터의 하위 3비트는 3비트로 정의된 비트 필드로 생각될 수 있기 때문에 4라는 의미는 이 3비트의 조합의 값이 4라는 것이다. 즉, 이의 결과는 00000100의 값이 된다.

여기서 비트 설정에 의한 초기화 과정의 목적은 다른 비트에 영향을 주지 않고 원하는 비트만 1로 설정하는 것이다. 이 예에서는 두, 세 번째 비트만 1로 설정되고, 나머지 비트에는 영향을 주지 말아야 한다. 따라서 최종 연산된 값은 다음과 같이 되고,

```
TCCR2 |= 0x0C;

TCCR2 = xxxxxxxx    // 임의의 값이 설정됨.
0x0c  = 00001100
_____

   OR = xxxx11xx    // 원하는 비트만 설정되고, 나머지 비트는 변하지 않음
```

연산의 최종 결과는 나머지 비트에는 영향을 주지 않고, 1로 설정하고자 하는 비트만 변하게 된다.

예제 8.2 CTC 모드의 활용

타이머/카운터2의 CTC 모드를 사용하여 10kHz 구형파를 출력 비교(OC2) 핀으로 출력하는 프로그램을 작성하시오.

CTC 모드의 동작은 그림 8.14에서 설명한 것과 같이 타이머/카운터 레지스터 TCNT2의 값이 0x00에서 시작하여 증가하다가 출력 비교 레지스터 OCR2에 설정된 값과 같아지면 리셋되고 출력 비교 인터럽트가 발생한다. 이 동작은 예제 8.1에서 설명한 OVF2 인터럽트를 사용하는 것과는 달리 OCR2의 값이 인터럽트가 발생하면 자동으로 재적재되는 동작을 수행한다. 이상과 같이 TCNT2를 CTC 모드로 동작시키기 위해서는 다음과 같이 타이머/카운터2와 관련된 레지스터를 초기화하여여 한다.

▶ CTC 모드의 설정 : TCCR2 레지스터의 WGM20~WGM21 비트를 '10'으로 설정한다.
▶ OCR2 레지스터 값의 설정
▶ 인터럽트의 설정 : TCNT2 레지스터와 OCR2 레지스터의 값을 비교하여 일치할 때 출력 비교 인터럽트를 사용하기 위해 TIMSK 레지스터의 OCIE2 비트를 1로 세트하여야 한다.
▶ 출력 핀의 설정 : OC2 핀으로 파형을 하기 위해 COM21~COM20 비트를 동작 모드에 따라 설정한다.
▶ 인터럽트의 사용 : 출력 비교 인터럽트가 발생하면 이에 해당하는 동작을 확인하기 위해 TIFR의 OCF2 비트를 사용하거나 TIM2_COMP ISR 루틴을 작성한다.

이제부터 10kHz의 구형파를 만들기 위한 과정을 살펴보자. CTC 모드를 사용하여 10kHz의 구형파를 만들기 위해서 예제 8.1과 같이 펄스의 On 시간과 Off 시간이 각각 50μs이어야 하므로, 클럭의 분주비는 8분주의 프리스케일러를 사용한다. 이 문제에서는 CS22~CS20 비트를 '010'으로 설정한다. 이렇게 설정하면 프리스케일러를 통해 공급되는 클럭은 0.5μs이 되므로, 10kHz의 구형파의 클럭을 만들기 위해서는 이 클럭을 100번 계수하면 된다. 따라서 OCR2의 값은 초기화 과정에서 다음과 같이 100으로 설정한다.

```
OCR2 = 100;
```

그리고 출력 비교 인터럽트를 사용하기 위해 TIFR 레지스터의 OCF2 비트와 TIMSK 레지스터의 OCIE2 비트를 각각 1로 세트하고, 출력 비교 단자 OC2(PORTB.7)에 10kHz의 펄스를 출력하기 위해서 이 포트 핀을 출력으로 설정한다. 이 과정은 다음과 같다.

```
void Init_Timer2(void)
{
        TCCR2 = 0x00;                    // 타이머/카운터 동작 금지
        //TCCR2 레지스터 0x08로 설정 CTC모드
```

```
                    //TCCR2 레지스터 0x10로 설정 비교 일치 시 OC2 출력을 토글
                    TCCR2 |= (1 << WGM21) | (1 << COM20);
                    //출력비교 레지스터로 TCNT0 레지스터와 비교하여 OC2 단자에 출력 신호 발생
                    OCR2 = 100;
                    TIMSK |= 1 << OCIE2;           // 출력 비교 인터럽트 허가 상태
                    DDRB.0 = 1;                    // PORTB의 0번핀을 출력으로 설정
            }
```

이상의 초기화 과정에서는 타이머/카운터가 동작하지 말아야 하므로 CS22~CS20 비트는 '000'으로 설정하고, 초기화가 끝나고 실제 카운터가 동작하도록 하기 위해 CS22~CS20 비트는 나중에 '010'으로 설정값을 변경하여 주어야 한다. 이는 주프로그램에서 동작시킨다. 또한, TCCR2 레지스터를 설정하는 과정은 C-코드의 가독성을 높이기 위해서 각 비트별로 설정하는 과정을 다음과 같이 사용하였다.

```
   TCCR2 |= (1<<WGM21) | (1<<COM20);   // WGM21~WGM20 = '10', COM21~COM20='01'
```

이는 CTC 모드를 사용하도록 WGM21~WGM20 = '10'으로 설정하고, OC2의 출력을 토글 모드로 사용하기 위해 COM21~COM20='01'로 설정한 것이다. 또한, 출력 비교 단자 OC2는 PORTB.7이기 때문에 이 단자를 OC2 출력으로 사용하기 위해 다음과 같이 프로그램을 작성하였다.

```
   DDRB.7 = 1;
```

이상의 내용과 예제 8.1의 프로그램을 참조하여 작성한 전체 프로그램은 다음과 같다.

```
   #include <mega128.h>

   void Init_Timer2(void)
   {
           TCCR2 = 0x00;
           //TCCR2 레지스터 0x08로 설정 CTC모드
           //TCCR2 레지스터 0x10로 설정 비교 일치 시 OC2 출력을 토글
           TCCR2 |= (1 << WGM21) | (1 << COM20);
           //출력 비교 레지스터로 TCNT0 레지스터와 비교하여 OC2 단자에 출력 신호 발생
           OCR2 = 100;
           TIMSK |= 1 << OCIE2;                   //출력 비교 인터럽트 허가 상태
           DDRB.7 = 1;                            //PORTB의 7번 핀을 출력으로 설정
   }

   interrupt [TIM2_COMP] void timer2_out_comp(void)
   {
           #asm("nop");
   }

   void main(void)
```

```
        {
                Init_Timer2();
                SREG |= 0x80;              // sei();
                TCCR2 |= 1<<CS21;          // 타이머/카운터2 동작

                while(1);
        }
```

위의 프로그램에서 인터럽트 서비스 루틴을 보면 #asm("nop"); 명령을 사용하고 있다. 이는 아무 동작도 않고 1 명령어 사이클을 허비하는 것으로 MCU가 아무 동작도 하지 않음을 의미한다.

또한, 이 예제의 프로그램과 예제 8.1의 <방법 2>의 프로그램을 비교하면 일반 모드를 이용하는 것보다 CTC 모드를 이용하여 구형파를 발생시키는 것이 보다 용이한 것을 알 수 있을 것이다.

END

예제 8.3 CTC 모드의 활용 : 소프트웨어 루프의 활용

예제 8.2의 프로그램을 활용하여 1kHz 구형파를 PORTB.0상에 출력하는 프로그램을 작성하시오.

1kHz의 구형파를 만들기 위해서는 펄스의 On 시간과 Off 시간이 각각 500μs이어야 한다. 예제 8.2에서는 프리스케일러를 통해 공급되는 0.5μs의 클럭을 사용하고 있으므로, 이를 8비트 레지스터로 계수를 해도 128μs의 펄스를 만드는 것이 최대이다. 따라서 타이머/카운터 레지스터의 비트 수를 늘려 타이머/카운터의 분해능을 늘리던지, 분주비를 8이상의 값으로 변경하던지 아니면 소프트웨어 루프를 사용하여야 한다.

본 장에서는 8비트 타이머/카운터를 사용하고 있으므로, 본 예제에서는 인터럽트의 발생 회수를 계수하여 정확하게 파형을 만드는 방법을 구현해 보기로 하자.

즉, 예제 8.1에서와 같이 50μs 마다 인터럽트는 발생하고, 이 인터럽트의 발생 회수가 10번이 되었는지 주프로그램에서 확인하여 PORTB의 0 비트를 토글하면 된다. 이상의 내용과 예제 8.2의 프로그램을 참조하여 프로그램을 작성하면 다음과 같다.

```
#include <mega128.h>

Byte c_cnt;

void Init_Timer2(void)
{
        TCCR2 = 0x00;                  // 타이머/카운터 동작 금지
        TCCR2 |= (1<< WGM21);          // TCCR2 레지스터 CTC 모드 설정
        OCR2 = 100;                    // 출력 비교 레지스터의 주기는 50㎲
        TIMSK = (1<<OCIE2);            // 출력 비교 인터럽트 허가 상태
        DDRB.0 = 1;                    // PORTB의 0번 핀을 출력으로 설정
}


// 출력 비교 인터럽트가 발생했을 때 처리하는 인터럽트 함수
interrupt [TIM2_COMP] void timer2_out_comp(void)
{
        c_cnt++;

}

void main(void)
{
        c_cnt = 0;                     // c_cnt 변수 클리어
        Init_Timer2();                 // 타이머2 초기화
        SREG |= 0x80;                  // 전체 인터럽트 허가
        TCCR2 |= 1 << CS21;            // 타이머/카운터2 동작
            while(1){
                if(c_cnt == 10)        // 50㎲ × 10 = 500㎲
                {
                    PORTB.0 = ~PORTB.0;    // 500㎲이면 토글
                    c_cnt = 0;
                }
            }
}
```

END

예제 8.4 고속 PWM 모드

고속 PWM 모드를 이용하여 OC2 단자에 듀티비가 25%, 50%, 75%인 PWM 신호를 만드는 프로그램을 작성하시오. 듀티비의 선택은 PBORT 연결되어 있는 스위치 입력에 의해 결정되는데, PORTD.7이 On되면 75%, PORTD.6이 On되면 50%, PORTD.5가 On되면 25%로 각각 설정되도록 프로그램한다.

다른 마이크로컨트롤러에 비해 AVR에 내장된 타이머/카운터가 주로 활용되는 부분이 PWM 신호를 발생하는 것이다. PWM 신호를 만드는 방법은 기준 신호의 발생에 따라 대칭형의 신호를 사용하는 경우와 비대칭형의 신호를 사용하는 경우의 두 가지가 있을 수 있다. AVR에서는 대칭형의 신호를 사용하는 방법을 고속 PWM 모드라 하고, 비대칭형의 신호를 사용하는 경우를 PC PWM 또는 PFC PWM 모드라 한다.

타이머/카운터0과 2는 8비트의 구조를 가지고 있기 때문에 시스템 클럭을 256 분주하는 것이 최대가 되므로 높은 스위칭 주파수를 갖는 PWM 신호를 발생하는 데 사용되고, 타이머/카운터1과 3은 16비트의 구조를 가지고 있기 때문에 시스템 클럭을 65,536 분주하는 것이 최대가 되므로 비교적 낮은 스위칭 주파수를 갖는 PWM 신호를 발생하는 데 사용된다.

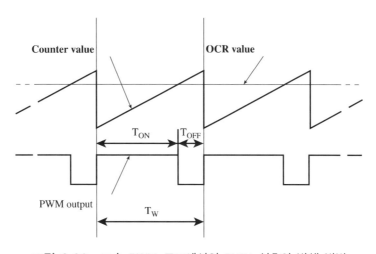

그림 8.30 고속 PWM 모드에서의 PWM 신호의 발생 방법

본 예제에서는 고속 PWM의 동작 모드의 활용에 대해 살펴보기로 한다. 그림 8.30에 고속 PWM 모드에서의 PWM 신호의 발생 원리를 나타내었다.

고속 PWM 모드에서, 타이머/카운터는 상향 카운터로 동작한다. 상향 카운터는 그림에서와 같이 0x00에서 0xFF까지 증가한다. 이 타이머/카운터 레지스터 TCNT의 값이 출력 비교 레지스터(OCRn)의 내용과 같으면 출력 신호를 토글하여 PWM 신호가 발생한다.

PWM 신호의 주기는 그림 8.30에 나타낸 것과 같이 T_W이고, 듀티비는 다음 식으로 결정된다.

$$Dutyratio(\%) = \frac{T_{ON}}{T_W} \times 100(\%)$$

PWM 신호를 다루다 보면, PWM 신호의 주파수와 듀티비의 변경이 자유롭게 이루어져야 한다. 일반적으로 PWM 신호의 기본 주파수를 변경하기 위해서는 타이머/카운터의 클럭 주파수나 카운터의 최대값을 변경한다. 즉, 클럭 주파수를 높이거나 카운터의 최대값을 줄이면 높은 PWM 주파수를 얻을 수 있다.

그러나 ATmega128의 타이머/카운터0과 2에서는 1주기를 결정하는 카운터의 값이 항상 0~255의 범위에서만 동작하므로 시스템 클럭 주파수가 동일한 교육용 보드의 마이크로컨트롤러 환경에서는 PWM 주파수를 변경할 수 있는 방법은 프리스케일러의 분주비를 변경하는 것이 유일한 방법이 된다. 프리스케일러의 분주비가 타이머/카운터0의 경우에는 표 8.9에 나타낸 것과 같이 1, 8, 32, 64, 128, 256, 1024이고, 타이머/카운터2의 경우에는 표 8.7에 나타낸 것과 같이 1, 8, 64, 256, 1024이므로, PWM의 주파수의 변경은 상당히 제한을 받게 된다.

또한, 듀티비를 변경하기 위해서는 출력 비교 레지스터 OCRn의 값을 변경하여야 한다. 즉, 정상 출력이 High인 경우에 대해 OCRn의 값이 커지면 듀티비는 커지게 된다.

간단하게 다시 설명하면, 이상과 같이 주파수가 결정된 상황에서 고속 PWM 모드에서의 PWM 출력은 그림 8.30에 나타낸 것과 같이 TCNTn의 값이 OCRn의 값에 도달할 때 High로 유지되고, 이 점을 지나 TCNTn의 값이 최대값에 도달할 때까지 Low의 값이 유지되므로, OCRn 값의 위치에 따라 듀티비가 변하게 된다.

이상의 내용을 참고하면서, 이제부터 고속 PWM 모드를 이용하여 OC2 단자에 듀티비가 25%, 50%, 75%인 PWM 신호를 만드는 프로그램을 작성하여 보기로 하자.
타이머/카운터2를 고속 PWM 모드로 동작시키기 위해서는 다음과 같이 타이머/카운터2와 관련된 레지스터를 초기화하여야 한다.

▶ 고속 PWM 모드의 설정 : TCCR2 레지스터의 WGM20~WGM21 비트를 '01'로 설정한다.
▶ OCR2 레지스터 값의 설정 : PWM 듀티비의 결정
▶ 인터럽트의 설정 : TCNT2 레지스터와 OCR2 레지스터의 값을 비교하여 일치할 때 출력 비교 인터럽트를 사용하기 위해 TIMSK 레지스터의 OCIE2 비트를 1로 세트하여야 한다.

▶ 출력 핀의 설정 : OC2 핀으로 파형을 출력하기 위해 COM21~COM20 비트를 동작 모드에 따라 설정한다.
▶ 인터럽트의 사용 : 출력 비교 인터럽트가 발생하면 이에 해당하는 동작을 확인하기 위해 TIFR의 OCF2 비트를 사용하거나 TIM2_COMP ISR 루틴을 작성한다.

이상의 초기화 과정에서 앞서 먼저 결정하여야 하는 것이 PWM의 기본 주파수이다. 교육용 보드에서 8MHz의 시스템 클럭을 사용하고 있으므로, 다음 식에 분주비를 대입하여 가변 시킬 수 있는 PWM 주파수를 구해보면 표 8.11과 같이 구할 수 있다. 여기서 N은 분주비를 의미한다.

$$f_{OC0\_FPWM} = \frac{f_{clkI/O}}{N \cdot (1 + 255)} = \frac{16 \times 10^6}{N \cdot 256}$$

표 8.11 분주비에 따른 PWM 신호의 주파수 및 주기

분주비	1	8	32*	64	128*	256	1024
주파수 (KHz)	62.5	7.80	1.95	0.97	0.48	0.24	0.06
주기 (msec)	0.016	0.13	0.51	1.03	2.08	4.17	16.67

주) *는 타이머/카운터2에는 제공되지 않는 분주비임.

본 실험 과정에서는 단순히 PWM 파형의 발생을 확인하는 것이므로, 예제 8.2와 8.3에서와 마찬가지로 PWM 신호의 주파수는 프리스케일러의 분주비 8을 사용하여 3.91kHz을 사용하기로 한다. 이는 TCCR2 레지스터의 CS22~CS20의 비트값에 의해 결정되며, 다음과 같이 설정한다.

```
TCCR2 |= 1 << CS21;
```

그리고, 고속 PWM 모드와 출력 핀 OC2의 모드를 설정하면 되는데 이는 다음과 같으며, 이 모드를 설정할 경우에는 타이머는 동작하지 않는 것으로 하고, 나중에 타이머를 동작시킬 때에 분주비를 결정하도록 한다.

```
// WGM21~WGM20 ='11', COM21~COM20 = '10', CS22~CS20 = '000'
TCCR2 = (1<<WGM20 | 1<<WGM21 | 1<<COM21);  // FAST PWM 모드
```

그리고, PWM 신호의 출력을 OC2 핀을 통해 얻을 수 있도록 DDRB 레지스터의 비트 1을 1로 설정한다.

```
DDRB.1 = 1;
```

이상의 초기화 과정을 거쳐, 이제 듀티비를 변경하여야 한다. 듀티비의 선택은 PBORT에 있는 스위치 입력 SW0~3의 상태에 따라 결정된다. 즉, SW1(PORTD.5)이 ON 되면, 듀티비가 25%로 설정이 되고, SW2(PORTD.6)가 ON 되면, 듀티비가 50%로 설정이 되고, SW3(PORTD.7)이 ON 되면, 듀티비가 75%로 설정되도록 프로그램을 작성한다.

듀티비는 OCR2 레지스터의 값에 의해 결정되므로, 듀티비가 25%일 때에는 OCR2의 값은 64이고, 50%일 때에는 128이고, 75%일 때에는 192가 된다. 이 값은 다음 식에 의해 결정된다.

$$Dutyratio(\%) = \frac{OCR_n}{256} = 100(\%) \text{ or } OCR_n \text{의 값} = \frac{256 \times Dutyratio}{100}$$

물론, 고속 PWM 모드에서의 해상도는 8비트의 최대값인 256이 된다.

따라서, 이상의 초기 과정과 스위치의 입력에 따라 OCR2의 값을 설정하여 주는 과정을 프로그램으로 작성하면 다음과 같으며, 스위치의 입력에 따라 OCR2 값을 설정하여 주는 과정은 switch문을 이용하여 구성하였다.

```c
#include <mega128.h>

Byte Temp;

void Init_Timer2(void)
{
    TCCR2 = 0x00;           // 타이머/카운터 동작 금지
    TCCR2 = (1<<WGM20 | 1<<WGM21 | 1<<COM21);     // FAST PWM 모드
    DDRB.7 = 1;             // PORTB의 7번 비트를 출력으로 설정
    OCR2 = 0x00;            // OCR2 레지스터의 값을 0으로 설정
    TIMSK |= (1<<OCIE2);   // 출력 비교 인터럽트 허가
}

interrupt [TIM2_COMP] void timer2_out_comp(void)
{
    #asm("nop");
}

void main(void)
{
    Byte ch;
```

```
        Temp = 0;
        Init_Timer2();                  // 타이머 2 초기화
        SREG |= 0x80;                   // 전체 인터럽트 허가
        TCCR2 |= 1 << CS21;             // 타이머/카운터2 동작
        while(1)
        {
                ch = (PIND & 0xF0)>>4;  // PORTD의 상위 비트의 DIP스위치 입력이 들어올 경우
                switch(ch)
                {
                case 0x08:              // PORTB.7 스위치가 ON인 경우
                        OCR2 = CxC0;    // OCR2 값을 0x40으로 변경
                        break;
                case 0x04:              // PORTB.6 스위치가 ON인 경우
                        OCR2 = 0x80;    // OCR2 값을 0x80으로 변경
                        break;
                case 0x02:              // PORTB.5 스위치가 ON인 경우
                        OCR2 = 0x40;    // OCR2 값을 0xC0로 변경
                        break;
                default:
                        break;
                }
        }
}
```

END

예제 8.5 PC PWM 모드

PC PWM 모드를 이용하여 OC0 단자에 듀티비가 0%, 20%, 40%, 60%, 80%, 100%로 가변하면서 출력되도록 PWM 신호를 만드는 프로그램을 작성하시오. 단, 듀티비가 변경되는 시간은 2초 간격으로 조정하시오.

본 예제에서는 PC PWM의 동작 모드의 활용에 대해 살펴보기로 한다. PC PWM 모드의 동작은 타이머/카운터의 동작이 고속 PWM 모드의 동작과 차이가 있을 뿐 나머지는 동일하게 동작한다. PC PWM 모드에서의 타이머/카운터는 상향/하강 카운터로 동작한다. 즉, 카운터의 값은 0x00에서 0xFF까지 증가하고, 다시 0xFF에서 0x00으로 감소한다. 이 과정에서 카운터가 상향 카운터로 동작할 경우에는 타이머/카운터 레지스터 TCNT0의 값이 출력 비교 레지스터 OCR0의 값과 일치하면 OC0 출력 신호는 0으로 클리어되고, 반대로 하향 카운터로 동작할 경우에는 OCR0의 값과 일치하면 OC0 출력 신호는 1로 세트된다. 따라서 PC PWM 모드에서의 출력 주파수는 고속 PWM 모드에 비해 1/2로 낮아진다.

또한, 듀티비는 고속 PWM 모드에서와 같이 OCR의 값을 조정하는 것에 따라 달라진다. 이상의 내용을 참고로 하여 PC PWM 모드를 이용하여 OC0 단자에 듀티비가 0%, 20%, 40%, 60%, 80%, 100%인 PWM 신호를 만드는 프로그램을 작성하여 보자.

먼저, 교육용 보드에서 8MHz의 시스템 클럭을 사용하고 있으므로, 다음 식에 분주비를 대입하여 가변시킬 수 있는 PWM 주파수를 구해보면 표 8.12와 같이 구할 수 있다. 여기서 N은 분주비를 의미한다.

$$f_{OC0PCPWM} = \frac{f_{clkI/O}}{N \cdot 510} = \frac{16 \times 10^6}{N \cdot 510}$$

표 8.12 분주비에 따른 PWM 신호의 주파수 및 주기

분주비	1	8	32*	64	128*	256	1024
주파수 (KHz)	31.37	3.92	098	0.49	0.245	0.126	0.03
주기 (msec)	0.03	0.26	0.01	2.04	4.08	7.94	33.33

주) *는 타이머/카운터2에는 제공되지 않는 분주비임.

본 실험 과정에서는 단순히 PWM 파형의 발생을 확인하는 것이므로, 예제 8.4에서와 마찬가지로 PWM 신호의 주파수는 프리스케일러의 분주비 8을 사용하여 1.96kHz을 사용하기로 한다. 이는 TCCR0 레지스터의 CS02~CS00의 비트값에 의해 결정되며, 다음과 같이 설정하기로 하고, 이는 타이머/카운터가 동작할 때 변경하여 준다.

```
TCCR0 |= 0x02;
```

먼저 TCCR0 레지스터를 사용하여 PC PWM 모드, 출력 핀 OC0의 모드를 설정한다. 이 모드를 설정할 경우에는 타이머는 동작하지 않는 것으로 하고, 나중에 타이머를 동작시킬 때에 분주비를 결정하도록 한다.

```
// WGM01~WGM00 ='01', COM01~COM00 = '10', CS02~CS00 = '000'
TCCR0 |= (1<<WGM20) | (1<<COM01);
```

그리고, PWM 신호의 출력을 OC0 핀을 통해 얻을 수 있도록 DDRB 레지스터의 비트 4를 1로 설정한다.

```
DDRB.4 = 1;
```

이상의 초기화 과정이 끝나면, 듀티비를 변경하는 것을 작성하여야 한다. 듀티비의 선택은 2초마다 자동으로 갱신하는 것이므로, 이때마다 OCR0의 값을 변경하면 된다.

PWM 신호의 듀티비는 고속 PWM의 경우와 마찬가지로 결정되고, PWM 주기가
255×2=510개의 계수가 이루어지므로 OCR0 레지스터의 값을 0~255 범위에서 51씩 증가
시키면 펄스폭은 51×2씩 증가하므로 듀티비가 20%씩 증가하게 된다. OCR0 레지스터는
이중 버퍼링 구조로 되어 있으므로 OCR0의 값은 프로그램의 아무데서나 변경을 하여도
실제로 각 PWM 주기가 시작되는 순간(TCNT0의 값이 0xFF로 되는 순간)에 이 값이 갱신
되므로 PWM 출력 파형에는 글리치가 발생하지 않는다.

이 예에서는 듀티비의 변경을 2초마다 자동으로 설정되게 되어 있으므로, 이는 정확한 타
이밍의 계산을 위하여 타이머/카운터2의 CTC 모드를 이용하기로 한다. 8비트 타이머/카운
터를 이용하여 2초를 계수하는 것은 예제 8.3에서 설명한 것처럼 직접 만들 수는 없다. 예
제 8.3에서와 동일한 방법으로 50μs 타이머를 타이머 2를 사용하여 만들고 이를 소프트웨
어적으로 40,000번 계수하면 2초를 만들 수 있다. 따라서 이 프로그램에서 2초를 만들기
위해서 먼저 타이머/카운터0을 CTC 모드에서 50μs마다 출력 비교를 하도록 작성한 다음
타이머/카운터2의 비교 일치 인터럽트가 발생할 때마다 sec 변수로 계수하여 20,000이 되
었을 때 2초를 만든다. 2초가 되었음을 확인하기 위하여 2초마다 PORTB의 하위 4비트를
On하고 다시 2초가 경과되면 Off하는 과정을 추가하여 프로그램을 작성하였으며, 이의 전
과정은 다음과 같다.

```
#include <mega128.h>
#include <delay.h>

Byte count;
unsigned int sec;

void Init_Timer0(void) //타이머/카운터 0
{
        TCCR0 = 0x00;
        TCCR0 |= (1<<WGM20 | 1<<COM01);          // FAST PWM 모드
        OCR0 = 0x00;                             // OCR0 0
        TIMSK |= 1<<OCIE0;                       // 출력 비교 인터럽트 허가
}

void Init_Timer2(void)    //타이머/카운터 2
{
        TCCR2 |= (1 << WGM21);      // CTC 모드
        OCR2 = 100;                 // 50μs
        TIMSK |= (1 << OCIE2);      // 출력 비교 인터럽트 허가
}
interrupt [TIM0_COMP] void timer0_out_comp(void)
{
        #asm("nop");
```

```
        }

interrupt [TIM2_COMP] void timer2_out_comp(void)
{
        sec++;
        if(sec == 40000) // 50㎲ * 20000 = 1sec   40000 = 2sec;
        {
                sec = 0;
                count++;
                if( (count %2)==0) PORTB = 1<< PORTB0;
                else PORTB &= ~(1<<PORTB0);

                switch(count)              // 2초마다 다음을 실행
                {
                        case 1:
                        OCR0 = 0;   //duty비 0%
                        break;
                        case 2:
                        OCR0 = 51; //duty비 20%
                        break;
                        case 3:
                        OCR0 = 102;//duty비 40%
                        break;
                        case 4:
                        OCR0 = 153;//duty비 60%
                        break;
                        case 5:
                        OCR0 = 204;//duty비 80%
                        break;
                        case 6:
                        OCR0 = 255;//duty비 100%
                        break;
                default:
                        count=0;
                        break;
                }
        }
}
void main(void)
{
        sec = 0;
        count=0;
        Init_Timer0();
```

```
        Init_Timer2();
        DDRB = 0x03;            //PORTB의 0,1번 비트를 출력으로 사용
        SREG |= 0x80;
        TCCR0 |= 0x02;          //prescaler 8분주
        TCCR2 |= 0x02;          //prescaler 8분주
        while(1);
    }
```

END

참고사항

타이머/카운터의 PWM 출력 신호를 사용하면 Vcc와 GND 사이의 전압을 디지털 적으로 만들 수 있다. 즉, PWM 출력 펄스를 이용하여 DAC를 구현할 수 있다. 이에 대한 기본적인 원리는 다음 그림을 참조하면 쉽게 이해할 수 있다.

만약 PWM의 출력 파형이 다음과 같을 경우에 평균 출력 전압 V_{AV}는 다음 식과 같이 된다.

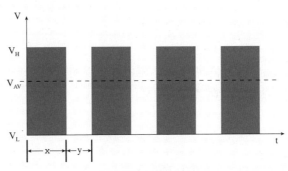

PWM의 출력 파형

$$V_{AV} = \frac{(V_H \cdot x + V_L \cdot y)}{(x + y)}$$

여기서 PC PWM 모드로 동작하는 경우로 가정하면 x와 y는 다음과 같이 된다. MaxVal은 8비트 타이머/카운터이므로 계수의 최대값인 256이 된다.

$$x = OCR \cdot 2$$
$$y = (Max\ Val - OCR) \cdot 2$$

따라서, PC PWM 모드에서의 평균 출력 전압 V_{AV}는 다음 식과 같게 된다.

$$V_{AV} = \frac{(V_H \cdot OCR + V_L \cdot (Max\ Val - OCR)}{Max\ Val}$$

연습문제

01 AVR의 타이머/카운터의 주요 사용 용도를 설명하시오.

02 타이머/카운터 기능에서 타이머와 카운터의 차이점을 설명하시오.

03 타이머/카운터 0과 2의 차이를 설명하시오.

04 타이머/카운터0과 2를 제어하기 위한 레지스터의 종류를 나열하고 이의 기능에 대해 간단히 설명하시오.

05 타이머/카운터0과 2를 사용하여 PWM 신호를 만들려고 한다. PWM 신호를 발생하기 위해 사용되는 모드와 각 모드에서 사용되는 레지스터는 무엇인가?

06 타이머/카운터0과 2에는 동작 모드가 네 개가 있다. 각각의 모드는 어느 응용에 적합한지 한 가지씩 예를 들어 설명하시오.

07 타이머/카운터0과 2에서 고속 PWM 모드와 PC PWM 모드의 차이점을 설명하시오.

08 교육용 보드의 포트 B에는 LED가 달려 있다. 예제 8.5의 프로그램을 실행하여 듀티비의 변화에 따른 LED의 밝기를 관찰하시오.

09 타이머/카운터를 이용하지 않고, 주파수 100kHz 발생하여 PORTB.2로 출력하는 프로그램을 작성하시오.

10 예제 8.4와 예제 8.5의 프로그램을 실행하여 오실로스코프로 파형을 관측하고, 이 출력 포트에 LED를 연결한 후에 LED의 밝기를 비교하시오.

11 PORTB에 연결되어 있는 모든 LED를 1초마다 토글시키는 프로그램을 작성하시오. 단, 타이머/카운터0을 사용하고, 일반모드와 CTC 모드에 대해 각각 프로그램을 작성하시오. 그리고, 일반 모드와 CTC 모드의 차이점에 대해 간단히 설명하시오.

12 타이머/카운터2를 이용하여 0.2ms마다 오버플로우가 발생하게 하여 LED가 다음 그림과 같이 약 1초 간격으로 점등되고, PORTB.3에 연결된 LED가 불이 꺼지면 다시 처음으로 되돌아가서 계속 반복되도록 프로그램을 작성하시오.

	PB.0	PB.1	PB.2	PB.3
1초	●	○	○	○
2초	○	●	○	○
3초	○	○	●	○
4초	○	○	○	●

13 교육용 보드의 PORTB.0-PORTB.3에 연결된 LED0-LED3를 1초에 한 번씩 깜빡이는 프로그램을 작성하시오. LED의 점멸 과정은 다음 그림을 참조하시오.

	PB.0	PB.1	PB.2	PB.3
1초	●	●	●	●
2초	○	○	○	○
3초	●	●	●	●
4초	○	○	○	○

14 타이머/카운터2를 사용하여 1초에서 60초까지 반복하여 계수하는 프로그램을 작성하시오. 단, 외부로의 출력은 1초마다 한 번씩 LED를 점멸하는 것으로 한다.

CHAPTER

09

16비트 타이머/카운터의 동작

8장에서는 8비트 타이머/카운터의 동작에 대해서 살펴 보았다. 이 장에서는 ATmega 128에 내장된 16비트 타이머/카운터인 1과 3에 대해 자세히 살펴보기로 한다. 16비트 타이머/카운터를 사용하면 카운터의 계수 값이 확장될 수 있고, 저주파의 PWM 신호의 발생도 가능하여진다. 또한, 16비트 타이머/카운터에는 8비트 타이머/카운터에 없는 입력 캡쳐 기능이 부가되어 있다. 따라서 본 장에서는 이러한 기능과 차이점에 대해 알아보기로 하고, 이를 활용하기 위한 프로그램 작성법을 살펴보고 몇 가지 간단한 실험을 통해 16비트 타이머/카운터의 동작 방법을 완벽하게 이해할 수 있도록 한다.

9.1 16비트 타이머/카운터 동작

1) 16비트 타이머/카운터1, 3의 개요

ATmega128에는 16비트의 타이머/카운터1과 타이머/카운터3을 내장하고 있다. 타이머/카운터1 과 3은 각각 세 개의 PWM 출력(Fast, Phase and Frequency Correct, Phase Correct PWM) 및 1 개의 캡쳐 기능을 가지는 16비트의 업/다운 카운터로서, 프리스케일러를 통하여 내부 클럭을 입력을 사용하여 동작하는 타이머 기능과 외부 클럭을 입력으로 사용하는 카운터 기능을 수행한다.

ATmega128이 ATmega103 호환 모드로 동작할 때에는 타이머/카운터3이 없으며, 타이머/카운터1에서도 비교 출력 기능이 없고 A와 B만 존재한다. ATmega128에 내장된 타이머/카운터1과 3의 내부 구성은 그림 9.1과 같으며, 이의 특징을 요약하면 다음과 같다.

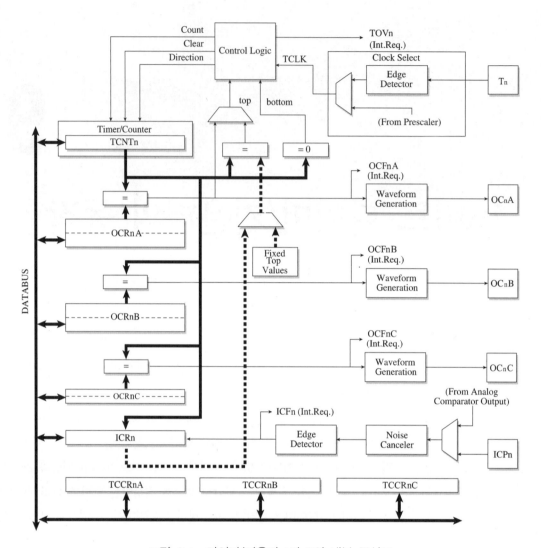

그림 9.1 타이머/카운터 1과 3의 내부 구성도

▶ 16비트 PWM 펄스를 만들 수 있는 두 개의 타이머/카운터

▶ 2개의 독립적인 출력 비교 모드

▶ 잡음에 강인한 잡음 제거 유닛을 내장하고 있는 한 개의 입력 캡쳐 모드

▶ 특정 값과 비교하여 일치하면 타이머의 계수 값을 자동으로 클리어하는 CTC(Clear Timer on Compare match) 모드 (Auto Reload)

▶ 글리치 없는 PC PWM 모드

▶ PWM 주기가 변경 가능함

▶ 주파수 발생기

▶ 외부 사건 계수 카운터

▶ 10 개의 독립석인 인터럽트 소스(TOV1, OCF1A, OCF1B, OCF1C, ICF1, TOV3, OCF3A, OCF3B, OCF3C, ICF3)

16비트 타이머/카운터1과 3은 각각 세 개의 PWM 출력(OCnA, OCnB, OCnC), 캡쳐 기능 (ICPn), 그리고 외부 클럭 입력 단자(Tn)를 가지고 있으며, 또한 이 타이머/카운터 1과 3은 프리 스케일러 통하여 내부 클럭을 입력으로 하는 타이머 기능과 외부 클럭을 입력으로 하는 카운터 기능을 가지고 있다. 내부 레지스터로는 16비트로 구성된 타이머/카운터 레지스터 TCNTn, 출력 비교 레지스터 OCRnA/B/C, 입력 캡쳐 레지스터 ICRn이 있으며, 8비트의 타이머/카운터 제어 레 지스터 TCCRnA/B/C 등이 있다. 여기서 n은 타이머/카운터1과 3에 해당하는 1또는 3을 나타낸다.

타이머/카운터 1과 3은 Tn 핀에 의해 공급되는 외부 클럭과 프리스케일러를 통해 공급되는 시 스템 클럭에 의해 구동될 수 있으며, 이 두 개의 클럭 신호는 클럭 선택 논리부를 통해 카운터에 입력되는 클럭이 선택된다. 즉, 타이머/카운터1과 3은 클럭 선택 논리부로부터 출력되는 클럭 신 호 TCLK를 입력받아 동작하며, 이 클럭 신호는 16비트 업/다운 카운터 TCNTn에 입력되고 카운 터의 값이 0xFFFF에서 0x0000으로 오버플로우될 때 TOVn이 1로 되면서 각각의 해당 타이머 오버플로우 인터럽트가 발생한다. 16비트 카운터 TCNTn은 입력되는 클럭을 계수하기 위한 레지 스터이며, OCRnA/B/C 레지스터는 TCNTn 레지스터의 계수 값과 비교하기 위한 값을 저장하고 있는 레지스터이다. TCNTn의 값은 카운터의 동작 중에 항상 출력 비교 레지스터 OCRnA/B/C와 비교되며, 이 값이 같아지면, 내부적으로 OCnA/B/C 신호에 의하여 출력 비교 인터럽트가 발생되 고, 이 신호는 외부 단자 OCnA/B/C를 통해 출력될 수도 있다. 이와 같은 동작 모드를 적절히 설 정하고 OCRnA/B/C 레지스터를 활용하면 OCnA/B/C 단자에 16비트의 분해능을 갖는 PWM 출 력 신호를 발생시킬 수 있다.

또한 타이머/카운터1과 3에는 입력 캡쳐 기능이라는 것이 있어서, 입력 핀 ICPn에서 트리거 신호가 입력되면 현재의 TCNTn의 값이 각각의 입력 캡쳐 레지스터 ICRn에 저장되므로, 어떠한 외부 이벤트가 발생하더라도 정확한 값을 계수할 수 있다.

16비트 타이머/카운터1과 3의 내부 구성은 그림 9.1에 간단하게 표현하였지만, 실제 동작을 이 해하기 위해서는 세부적인 구성을 살펴보아야 한다. 16비트 타이머/카운터의 내부는 8비트 타이 머/카운터에서 가지고 있는 카운터부, 출력 비교부와 비교 일치 출력부 외에 입력 캡쳐부를 추가 하여 구성되어 있다. 세부 구성에 대해 설명하는 과정에서 다음과 같은 용어가 사용되는데 의미 는 다음과 같다.

▶ bottom : 16비트 타이머/카운터가 가질 수 있는 최소값(0x0000)
▶ max : 16비트 타이머/카운터가 가질 수 있는 최대값(0xFFFF)
▶ top : 동작 모드에 따라 타이머/카운터가 도달할 수 있는 최대값으로 동작모드에 따라 0x00FF, 0x01FF, 0x03FF, OCRnA 또는 ICRn 레지스터에 저장되어 있는 값

또한 레지스터나 신호 이름을 표시할 때 n은 타이머/카운터의 번호를 나타내고, 각 타이머/카 운터에는 각각 세 개의 PWM 출력을 가지고 있기 때문에 출력 비교부의 채널을 나타낼 때 레지 스터나 신호 이름에 x를 첨부하여 표기하며, 이는 A, B 또는 C에 해당한다. 예를 들어 OCRnx 레지스터의 의미는 타이머/카운터의 번호가 대입되어 OCR1x 또는 OCR3x가 될 수 있으며, 또한 각각의 타이머/카운터에는 3 채널의 비교 출력부를 가지고 있기 때문에 최종적으로 타이머/카운

터1의 OCRnx 레지스터는 OCR1A, OCR1B와 OCR1C의 레지스터를 의미하게 된다.

2) 타이머/카운터1과 3의 세부 구성 및 동작

○ 카운터부의 동작

타이머/카운터1과 3에서 가장 중요한 부분은 16비트 업/다운 카운터부로서 이 부분의 내부 구성도를 그림 9.2에 나타내었다. 그림을 자세히 살펴보면, 타이머/카운터1과 3은 내부 시스템 클럭을 분주하여 클럭 소스로 사용하는 타이머 동작과 외부 클럭 Tn 단자로부터 받아 사용하는 카운터 동작을 수행할 수 있도록 구성되어 있다. 타이머/카운터가 타이머로 동작할 경우에는 시스템 클럭 주파수와 같은 내부 클럭 $clk_{I/O}$를 클럭 소스로 사용하며, 이는 프리스케일러에 의하여 분주되어 그림의 clk_{Tn}으로 카운터 제어부로 입력되고, 제어부에서는 동작 모드에 따라 이를 업/다운 방향으로 계수하거나 클리어하여 이의 결과를 16비트의 TCNTn 레지스터로 저장한다. 또한, 타이머/카운터가 카운터로 동작할 경우에는 외부의 Tn 단자에서 입력되는 신호를 클럭 소스로 사용하며, 이 신호는 프리스케일러를 거치지 않고 직접 에지 검출기에 입력되어 동기를 맞춘 후에 카운터 제어부에 입력된다. 나머지 동작은 타이머와 동일하게 작용한다. 여기서, 클럭 소스 clk_{Tn}은 CSn2~0 비트의 설정에 의해 내부 클럭과 외부 클럭 중에서 선택되며, 계수의 순서는 WGMn3~WGMn0 비트의 설정에 의해서 결정된다.

카운터 레지스터는 8비트의 상위 카운터 레지스터(TCNTnH)와 하위 카운터 레지스터(TCNTnL)로 구성되어 있다. CPU가 이 16비트 레지스터를 액세스할 때에는 동일 시점에서 카운터 값을 액세스하여야 한다. 따라서 이를 위해 TCNTnH 레지스터는 CPU에 의해 직접 액세스되는 것이 아니라 그림 9.2에서와 같이 TEMP 레지스터의 내용을 액세스하는 구조로 설계하여 놓았다. 즉, 동일 시점의 TCNTnH의 내용과 TCNTnL의 내용을 읽기 위해 미리 TCNTnH의 내용을 TEMP 레지스터로 이동시켜 놓고 TCNTnL 내용을 읽을 때 이전의 TCNTnH의 내용을 동시에 읽을 수 있도록 고안해 놓았다. 따라서, CPU가 8비트 데이터 버스를 통해 1 클럭 내에 16비트 레지스터인 TCNTn을 액세스하는 것이 가능하다. 카운터가 동작하고 있을 때, TCNTn에 새로운 값을 쓰는 경우에는 의외의 결과를 발생할 수 있으므로 주의하여야 한다.

타이머/카운터 오버플로우 플래그(TOVn)는 WGMn3~WGMn0 비트에 의해 동작 모드가 설정되고, 이 플래그에 의해 CPU 인터럽트가 발생한다.

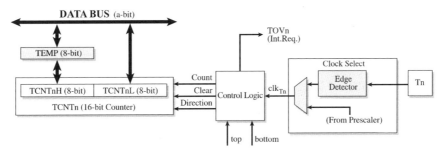

그림 9.2 타이머/카운터1과 3의 카운터부의 내부 구성도

◯ 입력 캡쳐부의 동작

타이머/카운터에는 외부 사건(external event)을 검출할 수 있고, 사건의 발생 시간을 측정할 수 있도록 입력 캡쳐 모듈을 포함하고 있다. 입력 캡쳐 모듈에서는 입력 핀 ICPn에서 입력되는 트리거 신호에 의하여 타이머/카운터 레지스터 TCNTn의 현재 값을 입력 캡쳐 레지스터 ICRn에 저장하는 기능을 수행한다. 하나 또는 여러 개의 사건에 의해 발생된 외부 신호는 ICPn 핀이나 아날로그 비교기부(타이머/카운터1)을 통하여 인가되며, 이 신호들을 이용하여 외부 사건의 발생 시간을 측정함으로써, 외부 신호의 주파수, 주기 및 듀티 사이클 등의 특성을 파악할 수 있을 뿐만 아니라, 발생한 사건의 이력(log)을 만들 수도 있다. 이상과 같이 입력 캡쳐 기능을 수행하는 부분의 구성은 그림 9.3에 나타내었으며, 그림에서 짙게 표현되어 있는 부분은 입력 캡쳐 모듈과 직접적인 관련이 적은 부분이다.

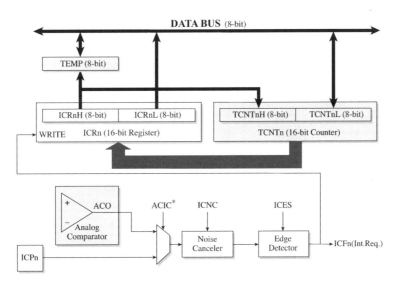

주) 아날로그 비교기 출력(ACO)은 타이머/카운터1 ICP를 트리거 할 수 있으나, 타이머/카운터3은 할 수 없다.

그림 9.3 타이머/카운터 1과 3의 입력 캡쳐부의 내부 구성도

이 입력 캡쳐 모듈의 동작에 대해 자세히 설명하면 다음과 같다. 먼저, 외부 입력 캡쳐 단자 ICPn 단자 또는 타이머/카운터1의 경우에 아날로그 비교기로부터의 출력(ACO, Analog

Comparator Output)으로부터 논리 레벨의 변화가 발생하면 입력 캡쳐 모듈에는 트리거 입력이 인가된다. 이 트리거 신호는 노이즈 제거기와 에지 검출기를 거쳐 신호가 안정화되고, 이 신호에 의해 TCNTn의 16비트 값이 읽혀져서 ICRn로 저장된다. 만약 이 상황에서 TIMSK 레지스터의 TICIEn 플래그가 1로 설정되어 인터럽트가 허가되어 있다면, TIFR 레지스터의 입력 캡쳐 플래그(ICFn)가 1이 되어 입력 캡쳐 인터럽트를 발생하게 된다. 이 ICFn 플래그는 인터럽트가 실행되면 자동으로 0으로 클리어되며, 해당 I/O 비트를 1로 써넣어도 소프트웨어적으로 클리어된다.

ICRn 레지스터도 TCNTn 레지스터와 마찬가지로 16비트로 구성되어 있기 때문에, 이 레지스터를 읽는 순서는 TCNTn 레지스터와 동일하다. ICRn 레지스터는 카운터의 값이 top으로 정의되어 사용되는 파형 발생 모드에서만 쓰기가 허용되며, 이 경우에 파형 발생 모드 비트(WGMn3~WGMn0)는 top 값을 ICRn 레지스터에 쓰기 전에 설정하여야 하며, ICRn 레지스터에 top 값을 쓸 때에는 16비트 타이머/카운터에 관련된 16비트 레지스터와 마찬가지로 상위 바이트(ICRnH)부터 먼저 써야 한다. 이상과 같이 ATmega128에 내장된 16비트 레지스터를 읽고 쓰는 과정은 타이머/카운터에 관련된 레지스터뿐만 아니라 모든 I/O 레지스터 또는 확장 I/O 레지스터에 공통적으로 적용되므로 항상 유념하여야 한다.

타이머/카운터1의 입력 캡쳐 모듈의 입력으로 아날로그 비교기의 출력을 사용하기 위해서는 아날로그 비교기 제어 및 상태 레지스터 ACSR의 ACIC(Analog Comparator Input Capture) 비트를 1로 설정하여야 한다. 이러한 입력 캡쳐 신호는 TCCRnB 레지스터의 TCNCn 비트에 의해 잡음 제거 기능을 가지도록 설정할 수 있으며, ICESn 비트의 설정에 의해 상승 에지나 하강 에지를 선택할 수도 있다.

입력 캡쳐 모듈을 사용할 경우에는 다음과 같은 경우에 특별한 주의를 기울여야 한다. 첫 번째는 매우 빠른 간격으로 들어오는 사건을 입력 캡쳐 모듈에서 처리할 경우이다. 만약 ICRn을 읽는 과정에서 현재 발생한 사건의 시간을 읽기도 전에 다음 사건이 발생한다면, ICRn에 저장되어 있던 이전 사건에 대한 시간 기록은 지워지게 된다. 따라서, 이러한 상황을 최대한 배제하기 위해서, 입력 캡쳐 인터럽트 서비스 루틴에서는 ICRn 레지스터를 가능한 한 빨리 읽어야 한다. 입력 캡쳐 인터럽트가 상대적으로 높은 우선순위를 가진다 할지라도 인터럽트 요청 과정에서는 최대한의 인터럽트 반응 시간이 필요하기 때문에 이러한 상황의 발생을 최대한 배제하기 위해서는 이상의 과정이 필수적으로 수행되어야 한다. 또한, top의 값이 동작 중에 변화되는 동작 모드에서 입력 캡쳐 모듈을 사용하는 것은 바람직하지 않다는 것을 유념하여야 한다. 두 번째는 외부 사건의 듀티 사이클을 측정하는 경우이다. 외부 사건의 듀티 사이클을 측정하기 위해서는 캡쳐 후에 변화되는 트리거 에지의 검출이 필요하다. 에지 변화의 검출은 ICRn 레지스터가 읽혀진 후에 가능한 한 빨리 수행되어야 하므로, 에지의 변화를 감지한 후에 ICFn 플래그는 반드시 해당 비트에 1을 써서 소프트웨어적으로 클리어시켜주어야 한다. 주파수만 측정하는 경우에는 ICFn 플래그는 인터럽트가 실행되면 자동으로 클리어되므로 필요하지 않다.

● 출력 비교부의 동작

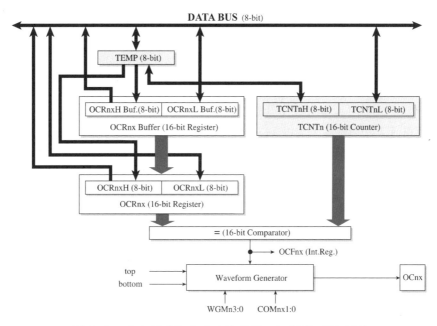

그림 9.4 타이머/카운터1과 3의 출력 비교부의 내부 구성도

그림 9.4는 타이머/카운터1과 3에 내장된 출력 비교부의 구성이다. 16비트 타이머/카운터에는 위에서 설명한 바와 같이 세 개의 PWM을 출력할 수 있는 기능을 가지고 있어서 출력 비교 레지스터 OCRn은 그림에 세 개씩 표현되어 있어야 하나 OCRn의 명칭에 x를 첨부하여 OCRnx로 표기하고 있다. 따라서 OCRnx는 16비트 타이머/카운터의 출력 비교 모듈 A,B 그리고 C 모두 의미함을 유념하기 바란다.

그림 9.4에서와 같이 출력 비교부에서는 16비트 타이머/카운터가 동작하는 동안에 항상 TCNTn과 출력 비교 레지스터(OCRnx)를 비교하고 있으며, 그 값이 일치하면 다음 클럭 사이클에서 출력 비교 플래그(OCFnx)를 1로 세트한다. 여기서, 만약 TIFR 레지스터의 OCIEnx가 1로 설정되어 있으면, 출력 비교 인터럽트가 발생하고, 인터럽트가 수행되면 OCFnx 플래그는 하드웨어에 의해 자동으로 0으로 클리어 된다. 또한, 이 플래그는 해당 I/O 비트를 1로 써넣음으로써 소프트웨어적으로도 클리어되기도 한다.

파형 발생기에서는 WGMn3~WGMn0 비트와 COMnx1~COMnx0 비트에 따라 동작 모드가 결정되고, 동작 모드에 따라 top과 bottom 값과 OCRxn 레지스터의 값들을 이용하여 OCnx 단자로 PWM 출력 신호를 포함한 다양한 출력 신호를 발생한다.

16비트 타이머/카운터의 OCRnx 레지스터는 그림 9.4에 나타낸 것과 같이 이중 버퍼 구조로 되어 있다. 즉, OCRnx 레지스터는 12개의 PWM 모드 중에 하나로 동작할 경우에는 이중 버퍼의 구조를 사용하고, 일반이나 CTC 모드에서는 이중 버퍼 구조를 사용하지 않는다. 모든 PWM 모드에서, 이중 버퍼 구조를 사용함으로써 OCRnx 레지스터의 값은 TCNTn이 top이나 bottom에 도달하였을 때 갱신되므로, 이러한 동기화로 인해 홀수 길이나 비대칭의

PWM 펄스가 발생하는 것을 막을 수 있어 결과적으로 글리치 없는 PWM 출력 신호를 만들 수 있게 된다.

　OCRnx 레지스터를 액세스하는 것은 좀 복잡해 보이지만, 이는 CPU가 자동으로 처리하고 있다. PWM 모드에서는 이중 버퍼 구조를 사용하므로 OCRnx 버퍼 레지스터를 액세스하며, 일반 모드 및 CTC 모드에서는 이중 버퍼 구조를 사용하지 않기 때문에 OCRnx 레지스터를 직접 액세스한다. TCNTn이나 ICRn 레지스터는 타이머/카운터의 동작에 의해 자동으로 갱신되지만, OCRnx(버퍼 또는 실제) 레지스터의 내용은 자동으로 갱신되지 않고, 이 레지스터에 무엇인가를 써야만 바뀌게 된다. OCRnx 레지스터에 데이터를 기록할 경우에는 상위 바이트는 TEMP 레지스터를 통해 기록되며, 읽을 경우에는 직접 레지스터의 상위 바이트를 직접 읽게 된다. 따라서, OCRnx 레지스터에 데이터를 기록할 경우에는 반드시 상위 바이트(OCRnxH)부터 먼저 쓰고, 하위 바이트는 나중에 써야 한다. OCRnx 레지스터도 16비트 레지스터이므로 다른 16비트 레지스터와 동일한 방법으로 읽고 쓰는 과정을 수행하여야 한다.

● 비교 일치 출력부의 동작

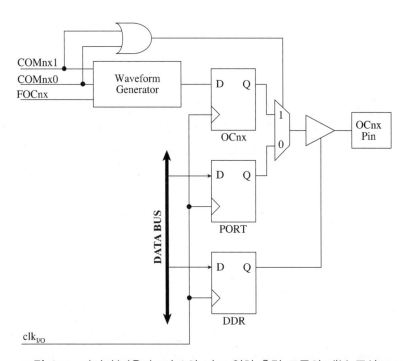

그림 9.5 타이머/카운터 1과 3의 비교 일치 출력 모듈의 내부 구성도

　16비트 타이머/카운터의 비교 일치 출력부의 구성은 그림 9.5와 같이 병렬 I/O 포트와 기능을 겸하고 있다. 그림 9.5의 동작을 이해하기 위해서는 출력 부분에 연결되어 있는 멀티플렉서와 3상태 버퍼의 동작을 살펴보아야 한다. 멀티플렉서는 2:1의 구조를 갖고 있으며, 일반 병렬 I/O 포트 비트와 OCnx 레지스터의 출력이 입력으로 연결되어 있다. 또한 이 멀티플렉서의 선택 신호는 비교 일치 출력 모드 비트(COMnx1~COMnx0)를 OR하여 연결되어 있다. 따라서, 이 멀티플렉서는 선택 신호 COMnx1~COMnx0 비트가 '00'이면 병렬 I/O 포트

비트가 선택되어 일반 I/O 모드로 동작하고, 선택 신호 COMnx1~COMnx0 비트가 '00'이
아닌 상황이면 OCnx 레지스터의 출력이 선택되어 OCnx 신호가 출력되는 모드로 동작한다.
또한, 이렇게 멀티플렉서를 통과한 OCnx 신호는 3-상태 버퍼를 거쳐 OCnx 출력 핀에 연결
되어 있으므로, 이 단자를 출력 비교 단자(OCnx)로 사용하기 위해서는 해당 포트의 DDRx
레지스터의 해당 비트를 출력 방향으로 설정하여 놓아야 한다. 또한, OCnx의 상태를 참조하
는 경우에는 출력 핀의 기능이 두 가지 중에 하나로 사용되고 있기 때문에 핀의 상태가 아
닌 내부의 OCnx 레지스터를 참조하여야 한다.

○ **출력 비교 변조기(OCM1C2)**

그림 9.1에는 나타나 있지 않지만, ATmega128의 17번 단자는 그림 9.6에 나타낸 것과 같
이 PB7/OC1C/OC2 등의 세 가지 기능을 겸하고 있으며, 이를 특별하게 출력 비교 변조기라
하고, 이 기능은 ATmega103 호환 모드에서는 적용되지 않는다.

이 변조기는 16비트 타이머/카운터1에서 COM1C1~0 비트로 OC1C 핀에 출력 비교 신호
를 내보내도록 설정하거나 타이머/카운터2에서 COM21~0비트로 OC2 핀에 비교출력 신호
를 내보내도록 설정하면 병렬 I/O 포트 PB7의 신호 기능은 자동적으로 금지 상태가 되도록
동작한다.

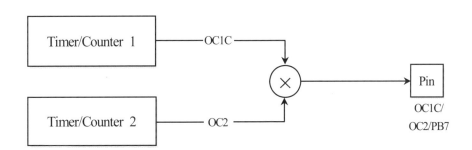

그림 9.6 출력 비교 변조기의 구성도

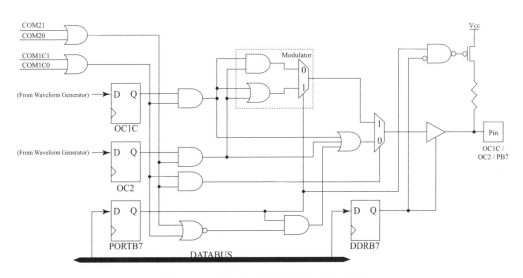

그림 9.7 출력 비교 변조기의 내부 회로도

이제 출력 비교 변조기의 동작을 살펴보도록 하자. 이 출력 비교 변조기단의 구조는 그림 9.7의 회로도와 같다. 이 회로도를 분석하여 보면, 출력 비교 신호 OC1C와 OC2는 배타적으로 하나만 선택하여 사용하는 것이 아니라 좀 더 다양한 기능을 가지고 동작함을 알 수 있다. 즉, OC1C와 OC2 중에 하나만 선택하여 사용할 때에는 단순히 하나의 출력 비교 신호를 출력하지만, 이 두 가지 신호를 모두 설정하여 사용하는 경우에는 PB7의 비트 값에 따라 OC1C와 OC2의 출력 신호를 논리적으로 변조하여 AND하거나 OR 시킨 신호를 출력한다.

그림 9.8은 변조의 동작을 나타내는 타이밍도를 나타낸다. 이 타이밍도에서는 타이머/카운터1은 비반전의 고속 PWM 모드로 동작하고, 타이머/카운터2는 CTC 모드에서 토글 동작을 하고 있다. 이 예에서는 PB7=0이면 OC1C와 OC2의 신호는 AND되어 출력되고, PB7=1이면 OC1C와 OC2의 신호는 OR되어 출력되는 것을 알 수 있다.

이와 같이 17번 핀을 2채널의 타이머/카운터 출력 비교 신호를 합성 또는 변조하는 기능으로 사용하여, 한 개의 채널로는 만들 수 없는 복잡한 구조의 PWM 출력 신호를 만들 수 있다.

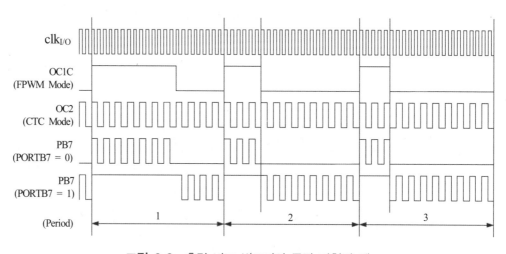

그림 9.8 출력 비교 변조기의 동작 파형의 예

3) 타이머/카운터1과 3의 레지스터

타이머/카운터1과 3에는 다양한 기능과 동작을 제어하기 위하여 여러 가지 제어 레지스터를 가지고 있다. 이들 레지스터를 표 9.1에 나타내었으며, 이들 레지스터는 I/O영역에 위치하는 것도 있고 확장 I/O 영역에 위치하는 것도 있으므로 사용할 때 주의가 필요하다.

◉ 타이머/카운터1과 3의 제어 레지스터 A(TCCR1A, TCCR3A)

TCCR1A 및 TCCR3A(Timer/Counter1 or 3 Control Register A) 레지스터는 타이머/카운터1 또는 3의 동작 모드를 설정하고, 출력 비교 단자의 파형 발생 모드를 지정하는 등의 기능을 수행하며, 그림 9.9에 이 레지스터의 비트 구성을 나타내었으며, 각 비트의 기능은 다음과 같다.

표 9.1 타이머/카운터1과 3에서 사용되는 레지스터

타이머/카운터1과 3 레지스터	설 명
TCCRnA	Timer/Counter1과 3의 제어 레지스터 A
TCCRnB	Timer/Counter1과 3의 제어 레지스터 B
TCCRnC	Timer/Counter1과 3의 제어 레지스터 C
TCNTnH, TCNTnL	Timer/Counter1과 3의 레지스터
OCRnAH, OCRnAL	Timer/Counter1과 3의 비교 출력 레지스터 A
OCRnBH, OCRnBL	Timer/Counter1과 3의 비교 출력 레지스터 B
OCRnCH, OCRnCL	Timer/Counter1과 3의 비교 출력 레지스터 C
ICRnH, ICRnL	Timer/Counter1과 3의 입력 캡쳐 레지스터
SFIOR	특수 기능 I/O 레지스터
TIMSK	타이머/카운터 인터럽트 마스크 레지스터
ETIMSK	타이머/카운터 인터럽트 마스크 확장 레지스터
TIFR	타이머/카운터 인터럽트 플래그 레지스터
ETIFR	타이머/카운터 인터럽트 플래그 확장 레지스터

Bit	7	6	5	4	3	2	1	0	
	COM1A1	COM1A0	COM1B1	COM1B0	COM1C1	COM1C0	WGM11	WGM10	TCCR1A
Read/Write	R/W	R/W	R/W	R/W	W	W	R/W	R/W	
Initial Value	0	0	0	0	0	0	0	0	

(a) TCCR1A

Bit	7	6	5	4	3	2	1	0	
	COM3A1	COM3A0	COM3B1	COM3B0	COM3C1	COM3C0	WGM31	WGM30	TCCR3A
Read/Write	R/W	R/W	R/W	R/W	W	W	R/W	R/W	
Initial Value	0	0	0	0	0	0	0	0	

(b) TCCR3A

그림 9.9 타이머/카운터1과 3의 제어 레지스터 A

▶ 비트 7-6 : COMnA1~COMnA0 (채널 A의 비교 출력 모드)

▶ 비트 5-4 : COMnB1~COMnB0 (채널 B의 비교 출력 모드)

▶ 비트 3-2 : COMnC1~COMnC0 (채널 C의 비교 출력 모드)

COMnA1~COMnA0, COMnB1~COMnB0와 COMnC1~COMnC0 비트들은 타이머/카운터1과 3의 출력 비교 핀 OCnA, OCnB와 OCnC의 동작을 제어하는 기능을 담당한다. OCnA, OCnB와 OCnC 단자를 통해 PWM과 같은 출력 신호를 I/O 포트 핀으로 출력하려면 이 두 비트 중에 하나 또는 모든 비트가 1로 세트되어 있어야 한다. 단, 이 경우에는 해당 병렬 I/O 포트를 입출력 방향 제어 레지스터 DDRx에서 출력 방향으로 미리 설정하여 놓아야 한다. OCnA, OCnB와 OCnC 핀의 동작은 WGMn3~

WGMn0 비트에 따른 타이머/카운터1과 3의 동작 모드에 따라 달라지는데 이를 요약하면 표 9.2, 표 9.3, 표 9.4와 같다. 표 9.2는 PWM 모드가 아닌 경우, 표 9.3은 고속 PWM 모드, 그리고 표 9.4는 비교 출력 모드, PC PWM 모드와 PFC PWM 모드의 경우에서 OCnA, OCnB와 OCnC의 동작을 설명하고 있다.

표 9.2   PWM 모드가 아닌 경우의 비교 출력 모드

COMnA1/ COMnB1 COMnC1	COMnA0/ COMnB0 COMnC0	OCnA/OCnB/OCnC 핀의 기능
0	0	범용 I/O 포트로 동작(OCnA/OCnB/OCnC 출력을 차단)
0	1	비교 일치에서 OCnA/OCnB/OCnC 출력을 토글
1	0	비교 일치에서 OCnA/OCnB/OCnC 출력을 0으로 클리어
1	1	비교 일치에서 OCnA/OCnB/OCnC 출력을 1로 세트

표 9.3   고속 PWM 모드에서의 비교 출력 모드

COMnA1/ COMnB1/ COMnC1/	COMnA0/ COMnB0/ COMnC0/	OCnA/OCnB/OCnC 핀의 기능
0	0	범용 I/O 포트로 동작(OCnA/OCnB/OCnC 출력을 차단)
0	1	모드 15(WGMn3-0:15)의 경우, 비교 일치에서 OCnA 출력을 토글하고 OCnB/OCnC는 출력을 차단함(정상적인 포트 동작) 다른 모드에서는 정상적인 포트로 동작하고, OCnA/OCnB/OCnC는 차단함
1	0	비교 일치에서 OCnA/OCnB/OCnC를 0으로 클리어하고 top에서 OCnA/OCnB/OCnC를 1로 세트함
1	1	비교 일치에서 OCnA/OCnB/OCnC를 1로 세트하고 top에서 OCnA/OCnB/OCnC를 0으로 클리어함

표 9.4   PC PWM과 PFC PWM 모드에서의 비교 출력 모드

COMnA1/ COMnB1/ COMnC1	COMnA0/ COMnB0/ COMnC0	OCnA, OCnB와 OCnC 핀의 기능
0	0	범용 I/O 포트로 동작(OCnA/OCnB/OCnC 출력을 차단)
0	1	모드 9 또는 14(WGMn3-0:9 또는 11)의 경우, 비교 일치에서 OCnA 출력을 토글하고 OCnB/OCnC는 출력을 차단함(정상적인 포트 동작). 다른 모드에서는 정상적인 포트로 동작하고, OCnA/OCnB/OCnC는 차단함.
1	0	상향 계수의 경우에서는 비교 일치에서 OCnA/OCnB/OCnC를 0으로 클리어하고 하향 계수의 경우에서는 비교 일치에서 OCnA/OCnB/OCnC를 1로 세트함.
1	1	상향 계수의 경우에서는 비교 일치에서 OCnA/OCnB/OCnC를 1로 세트하고 하향 계수의 경우에서는 비교 일치에서 OCnA/OCnB/OCnC를 0으로 클리어함.

▶ **비트 1~0 : WGMn1~0 (파형 발생 모드)**

TCCRnB 레지스터의 WGMn3 – 2 비트와 결합하여 타이머/카운터1과 3의 동작 모드 즉, 카운터의 계수 순서, 최대(top) 카운터의 값과 파형 발생의 형태 등을 결정한다. 카운터/타이머1과 3은 일반 모드, CTC 모드, 세 가지의 형태의 PWM 모드 등 다섯 가지의 동작모드를 지원한다. 이러한 동작 모드를 표 9.5에 요약하여 표시하였다.

표 9.5 WGMn3~0 비트에 의한 파형 발생 모드의 설정

모드	WGMn3	WGMn2 (CTCn)	WGMn1 (PWMn1)	WGMn0 (PWMn0)	동작 모드	top	OCRnx 레지스터의 업데이트 시기	TOVn 플래그의 세트 시점
0	0	0	0	0	일반	0xFFFF	설정 즉시	max
1	0	0	0	1	Phase Correct PWM, 8-비트	0x00FF	top	bottom
2	0	0	1	0	Phase Correct PWM, 9-비트	0x01FF	top	bottom
3	0	0	1	1	Phase Correct PWM, 10-비트	0x03FF	top	bottom
4	0	1	0	0	CTC	OCRnA	설정 즉시	max
5	0	1	0	1	고속 PWM, 8-비트	0x00FF	bottom	top
6	0	1	1	0	고속 PWM, 9-비트	0x01FF	bottom	top
7	0	1	1	1	고속 PWM, 10-비트	0x03FF	bottom	top
8	1	0	0	0	PFC PWM	ICRn	bottom	bottom
9	1	0	0	0	PFC PWM	OCRnA	bottom	bottom
10	1	0	1	0	Phase Correct PWM	ICRn	top	bottom
11	1	0	1	1	Phase Correct PWM	OCRnA	top	bottom
12	1	1	0	0	CTC	ICRn	설정 즉시	max
13	1	1	0	1	사용하지 않음(reserved)	–	–	–
14	1	1	1	0	고속 PWM	ICRn	bottom	top
15	1	1	1	1	고속 PWM	OCRnA	bottom	top

⦾ **타이머/카운터1과 3의 제어 레지스터 B(TCCR1B, TCCR3B)**

TCCR1B 및 TCCR3B(Timer/Counter1 or 3 Control Register B) 레지스터는 타이머/카운터1 또는 3의 입력 캡쳐 기능에 관련된 내용을 설정하거나 프리스케일러의 분주비를 설정하는 등의 기능을 수행하며, 그림 9.10에 이 레지스터의 비트 구성을 나타내었으며, 각 비트의 기능은 다음과 같다.

▶ **비트 7 : ICNCn (입력 캡쳐 잡음 제거 회로)**

ICNCn(Input Capture Noise Canceler) 비트는 입력 캡쳐 단자(ICPn : Input Capture Pin)로 입력되는 캡쳐 신호를 위한 잡음 제거 회로(noise canceler)의 동작 여부를 결정한다. ICNCn 비트를 1로 설정하면, 노이즈 제거 회로가 작동하여 신호가 필터링되고,

필터링의 동작에는 네 개의 연속된 ICPn 입력 신호의 샘플이 필요하므로 시스템 클럭의 4주기만큼 지연되어 동작하게 된다.

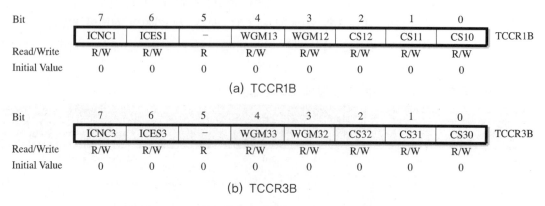

Bit	7	6	5	4	3	2	1	0	
	ICNC1	ICES1	–	WGM13	WGM12	CS12	CS11	CS10	TCCR1B
Read/Write	R/W	R/W	R	R/W	R/W	R/W	R/W	R/W	
Initial Value	0	0	0	0	0	0	0	0	

(a) TCCR1B

Bit	7	6	5	4	3	2	1	0	
	ICNC3	ICES3	–	WGM33	WGM32	CS32	CS31	CS30	TCCR3B
Read/Write	R/W	R/W	R	R/W	R/W	R/W	R/W	R/W	
Initial Value	0	0	0	0	0	0	0	0	

(b) TCCR3B

그림 9.10　타이머/카운터1과 3의 제어 레지스터 B

▶ 비트 6 : ICESn (입력 캡쳐 에지 선택)

ICESn(Input Capture Edge Select) 비트는 입력 캡쳐 단자 ICPn으로 입력되는 신호의 에지를 선택한다. ICESn 비트를 1로 설정하면, 캡쳐 신호가 상승 에지일 때 캡쳐가 수행되며, 0으로 설정하면, 캡쳐 신호가 하강 에지일 때 캡쳐가 수행된다. 이와 같이 캡쳐 신호가 입력되면 현재의 카운터 값이 캡쳐 레지스터 ICRn에 저장되며, 동시에 ICFn이 1로 되면서 입력 캡쳐 인터럽트가 요청된다. ICRn 레지스터의 값이 TOP으로 사용되는 동작 모드에서는 입력 캡쳐 기능이 정지된다.

▶ 비트 5 : 사용하지 않음 (Reserved bit)

이 비트는 향후 생산되는 소자를 위해 사용하지 않는 비트이지만, 이들과의 호환성을 유지하기 위해 TCCRnB 레지스터에 값을 쓸 경우에는 0으로 설정하여야 한다. I

▶ 비트 4~3 : WGMn3~WGMn2 (파형 발생 모드)

이 비트는 앞에서 설명하였듯이 TCCRnA 레지스터의 WGMn1~WGMn0 비트와 결합하여 타이머/카운터1과 3의 동작 모드를 결정하는 기능을 갖고 있으며, 자세한 사항은 표 9.5를 참조하기 바란다.

▶ 비트 2~0 : CSn2~0 (클럭 선택)

이 세 개의 비트는 타이머/카운터1과 3의 클럭 소스 또는 프리스케일러의 분주비를 선택하는 기능을 담당한다. 타이머/카운터1과 3의 프리스케일러의 구성도는 그림 9.11에 나타내었으며, 이 비트들에 의해 표 9.6과 같은 클럭 소스 또는 프리스케일러 분주비 선택된다. 표 9.6에서 clk$_{I/O}$는 CPU 동작 클럭과 동일하다.

표 9.6 CSn2~n0 비트에 의한 클럭 소스 및 분주비의 선택

CS12	CS11	CS10	클럭 소스의 기능
0	0	0	클럭 소스 차단(타이머/카운터의 기능이 정지됨)
0	0	1	$clk_{I/O}$
0	1	0	$clk_{I/O}/8$
0	1	1	$clk_{I/O}/64$
1	0	0	$clk_{I/O}/256$
1	0	1	$clk_{I/O}/1024$
1	1	0	Tn 핀에 연결된 외부 클럭 소스, 클럭은 하향 에지에서 동작
1	1	1	Tn 핀에 연결된 외부 클럭 소스, 클럭은 상승 에지에서 동작

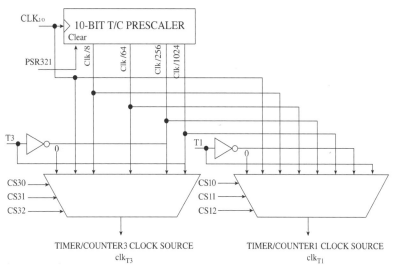

그림 9.11 타이머/카운터1과 3의 프리스케일러 구성도

◎ 타이머/카운터1과 3의 제어 레지스터 C(TCCR1C, TCCR3C)

　　TCCR1C 및 TCCR3C(Timer/Counter1 or 3 Control Register C) 레지스터는 타이머/카운터과 3의 출력 비교 단자와 관련된 기능을 설정하는 기능을 수행하며, 그림 9.12에 이 레지스터의 비트 구성을 나타내었으며, 각 비트의 기능은 다음과 같다.

▶ 비트 7: FOCnA(채널 A의 강제 출력 비교)
▶ 비트 6: FOCnB(채널 B의 강제 출력 비교)
▶ 비트 5: FOCnC(채널 C의 강제 출력 비교)

　　FOCnA/FOCnB/FOCnC 비트는 PWM 모드가 아닌 경우에만 유효하며, 이 비트를 1로 설정하면 즉시 OCnx 단자에 출력 비교가 일치된 것과 같은 신호를 강제로 출력한다. 이 출력 신호는 COMnx1~COMnx0 비트의 설정에 의해 결정된다. 그러나 이렇게

만들어진 출력 비교 일치 신호는 OCnx 단자에 신호만을 출력할 뿐이며, 해당 인터럽트를 발생시키거나, CTC 모드로 동작하는 경우에도 TCNTn 레지스터를 top에서 0으로 클리어시키지도 않는다. 따라서 이 비트는 특별한 경우를 제외하고 반드시 0으로 설정되어야 한다. 또한, FOCnA/FOCnB 비트는 항상 0으로 읽혀진다.

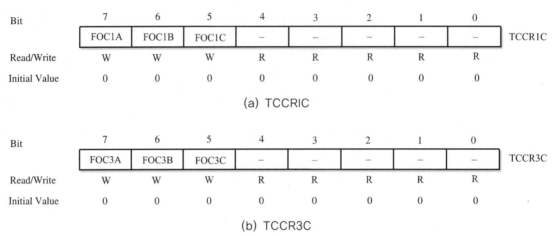

Bit	7	6	5	4	3	2	1	0	
	FOC1A	FOC1B	FOC1C	–	–	–	–	–	TCCR1C
Read/Write	W	W	W	R	R	R	R	R	
Initial Value	0	0	0	0	0	0	0	0	

(a) TCCR1C

Bit	7	6	5	4	3	2	1	0	
	FOC3A	FOC3B	FOC3C	–	–	–	–	–	TCCR3C
Read/Write	W	W	W	R	R	R	R	R	
Initial Value	0	0	0	0	0	0	0	0	

(b) TCCR3C

그림 9.12　타이머/카운터 1과 3의 제어 레지스터 C

▶ 비트 4~0: 사용되지 않음(Reserved bit)

이 비트는 향후 생산되는 소자를 위해 사용하지 않는 비트지만, 이들과의 호환성을 유지하기 위해 TCCRnC 레지스터에 값을 쓸 경우에는 0으로 설정해야 한다.

◉ 타이머/카운터n 레지스터 (TCNT1, TCNT3)

TCNTn(Timer/Counter Register 1, 3) 레지스터는 그림 9.13에 나타낸 것과 같이 타이머/카운터1과 3의 16비트 카운터 값을 저장하고 있는 레지스터이다. 이 레지스터는 16비트 구조이므로 8비트씩 2차례로 나누어 액세스하여야 하는데, 액세스하는 순서에 유념하여야 한다. 즉, 이 레지스터에 데이터를 쓸 경우에는 상위 바이트 TCNTnH를 먼저 액세스하고 하위 바이트 TCNTnL을 나중에 액세스하여야 하고, 이 레지스터를 읽을 경우에는 하위 바이트 TCNTnL을 먼저 읽고 상위 바이트 TCNTnH를 나중에 읽어야 한다.

이 레지스터는 언제나 읽기 및 쓰기 동작이 가능하지만 카운터가 동작하고 있을 때, 이 값을 수정하면 TCNTn 값과 OCRnx 값을 비교하여 출력 신호를 발생하는 비교 일치 기능에 문제를 야기할 수도 있다.

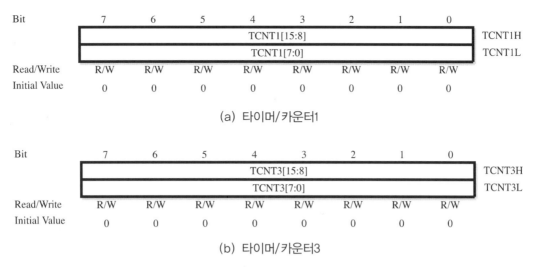

(a) 타이머/카운터1

(b) 타이머/카운터3

그림 9.13 타이머/카운터1, 3 레지스터

⊙ 타이머/카운터n 출력 비교 레지스터 (OCRnx)

OCRnx(Timer/Counter Output Compare Register 1,3) 레지스터는 타이머/카운터 레지스터 TCNTn 값과 비교하여 OCnx 단자에 출력 신호를 발생하기 위한 16 비트의 값을 저장하는 레지스터이다. 이 레지스터를 그림 9.14와 그림 9.15에 나타내었다.

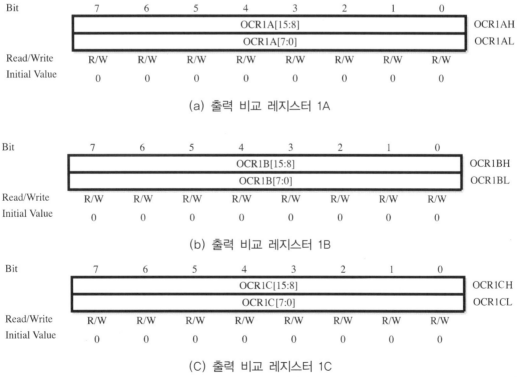

(a) 출력 비교 레지스터 1A

(b) 출력 비교 레지스터 1B

(C) 출력 비교 레지스터 1C

그림 9.14 타이머/카운터1의 출력 비교 레지스터

OCRnx 레지스터는 모든 PWM 모드에서 이중 버퍼링 동작하여 타이머/카운터 레지스터 TCNTn이 top 또는 bottom에 도달하였을 때 그 값이 갱신되므로 PWM 출력 신호에 글리치가 발생하는 것을 방지한다. 그러나 일반 CTC 모드에서는 OCRnx 레지스터가 이중 버퍼링으로 동작하지 않는다는 것을 유의하여야 한다. 이밖에 이 레지스터를 액세스하거나 출력 비교 기능에 대해서는 앞에서 설명한 출력 비교 모듈의 구성 부분을 참조하기 바란다.

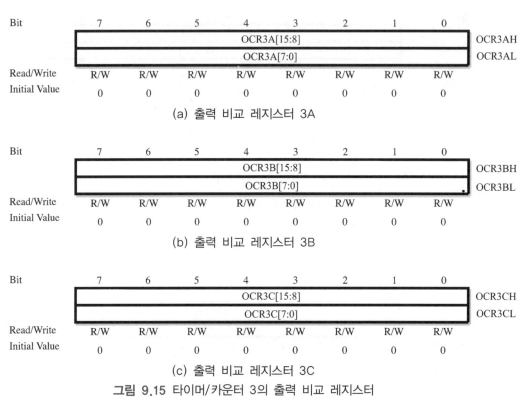

그림 9.15 타이머/카운터 3의 출력 비교 레지스터

◎ 타이머/카운터n 입력 캡쳐 레지스터 (ICRn)

ICRn(Timer/Counter Input Capture Register 1,3) 레지스터는 입력 캡쳐 신호 ICPn 핀(또는 타이머/카운터1의 경우에는 아날로그 비교기로의 출력 신호도 사용 가능)에 외부 사건이 발생될 때마다 타이머/카운터 레지스터 TCNTn 값을 캡쳐하여 저장하는 16비트 레지스터이다. 이 레지스터를 그림 9.16에 나타내었다.

이 ICRn 레지스터는 일부의 동작 모드에서 top으로 사용되기도 한다. 이 레지스터를 액세스하거나 입력 캡쳐 기능에 대해서는 앞에서 설명한 입력 캡쳐 모듈의 구성 부분을 참조하기 바란다.

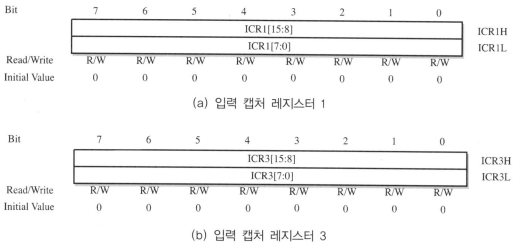

(a) 입력 캡처 레지스터 1

(b) 입력 캡처 레지스터 3

그림 9.16 타이머/카운터 3의 출력 비교 레지스터

◎ 타이머/카운터 인터럽트 마스크 레지스터 : TIMSK

TIMSK(Timer/Counter Interrupt Mask Register) 레지스터는 타이머/카운터 0~2의 인터럽트의 발생 여부를 개별적으로 허가하는 기능을 담당하는 레지스터로서 이 레지스터의 비트 구성은 그림 8.12에 나타내었다. 여기서 타이머/카운터1과 관련된 인터럽트를 개별적으로 허가하는 기능은 TICIE1, OCIE1A, OCIE1B와 TOIE1 비트가 담당한다. 나머지 비트들은 타이머/카운터0과 2에 대한 기능이고, 해당 비트들의 기능은 다음과 같다.

▶ 비트 5: TICIE1(타이머/카운터1의 입력 캡쳐 인터럽트 허가)

TICIE1(Input Capture Interrupt Enable) 비트가 1로 설정되고 상태 레지스터(SREG)의 I 비트가 1로 설정되면 타이머/카운터1의 입력 캡쳐 인터럽트가 허가 상태로 된다. 이 상태에서 타이머/카운터1의 입력 캡쳐 일치 인터럽트가 발생하면, TIFR 레지스터의 ICF1 플래그가 1로 설정되어 인터럽트가 발생하고, 이에 해당하는 인터럽트 벡터를 참조하게 된다.

▶ 비트 4: OCIE1A(타이머/카운터1의 출력 비교 A 일치 인터럽트 허가)

OCIE1A(Output Compare A Match Interrupt Enable) 비트가 1로 설정되고 상태 레지스터(SREG)의 I 비트가 1로 설정되면 타이머/카운터1의 출력 비교 A 일치 인터럽트가 허가 상태로 된다. 이 상태에서 타이머/카운터1의 출력 비교 A 일치 인터럽트가 발생하면, TIFR 레지스터의 OCF1A 플래그가 1로 설정되어 인터럽트가 발생하고, 이에 해당하는 인터럽트 벡터를 참조하게 된다.

▶ 비트 3: OCIE1B(타이머/카운터1의 출력 비교 B 일치 인터럽트 허가)

OCIE1B(Output Compare B Match Interrupt Enable) 비트가 1로 설정되고 상태 레지스터(SREG)의 I 비트가 1로 설정되면 타이머/카운터1의 출력 비교 B 일치 인터럽트가 허가 상태로 된다. 이 상태에서 타이머/카운터1의 출력 비교 B 일치 인터럽트가 발생하면, TIFR 레지스터의 OCF1B 플래그가 1로 설정되어 인터럽트가 발생하고, 이에 해당하는 인터럽트 벡터를 참조하게 된다.

▶ 비트 2: TOIE1(타이머/카운터1의 오버플로우 인터럽트 허가)

TOIE1(Timer/Counter1 Overflow Interrupt Enable) 비트가 1로 설정되고 상태 레지스터(SREG)의 I 비트가 1로 설정되면 타이머/카운터1의 오버플로우 인터럽트가 허가 상태로 된다. 이 상태에서 타이머/카운터1의 오버플로우 인터럽트가 발생하면, TIFR 레지스터의 TOV1 비트가 1로 설정되어 인터럽트가 발생하고, 이에 해당하는 인터럽트 벡터를 참조하게 된다.

◉ 타이머/카운터 인터럽트 마스크 확장 레지스터 : ETIMSK

ETIMSK(Extended Timer/Counter Interrupt Mask Register) 레지스터는 타이머/카운터1의 출력 비교 C 일치 허가 인터럽트와 타이머/카운터3이 발생하는 여러 개의 인터럽트를 개별적으로 허가하는 기능을 담당하는 레지스터로서 이 레지스터의 비트 구성은 그림 9.17에 나타내었으며, 각 비트의 기능은 다음과 같다.

Bit	7	6	5	4	3	2	1	0	
	–	–	TICIE3	OCIE3A	OCIE3B	TOIE3	OCIE3C	OCIE1C	ETIMSK
Read/Write	R	R	R/W	R/W	R/W	R/W	R	R	
Initial Value	0	0	0	0	0	0	0	0	

그림 9.17 ETIMSK 레지스터의 비트 구성

▶ 비트 5: TICIE3(타이머/카운터3의 입력 캡쳐 인터럽트 허가)

TICIE3(Input Capture Interrupt Enable) 비트가 1로 설정되고 상태 레지스터(SREG)의 I 비트가 1로 설정되면 타이머/카운터3의 입력 캡쳐 인터럽트가 허가 상태로 된다. 이 상태에서 타이머/카운터3의 입력 캡쳐 일치 인터럽트가 발생하면, TIFR 레지스터의 ICF3 플래그가 1로 설정되어 인터럽트가 발생하고, 이에 해당하는 인터럽트 벡터를 참조하게 된다.

▶ 비트 4: OCIE3A(타이머/카운터3의 출력 비교 A 일치 인터럽트 허가)

OCIE3A(Output Compare A Match Interrupt Enable) 비트가 1로 설정되고 상태 레지스터(SREG)의 I 비트가 1로 설정되면 타이머/카운터3의 출력 비교 A 일치 인터럽트가 허가 상태로 된다. 이 상태에서 타이머/카운터3의 출력 비교 A 일치 인터럽트가 발생하면, TIFR 레지스터의 OCF3A 플래그가 1로 설정되어 인터럽트가 발생하고, 이에 해당하는 인터럽트 벡터를 참조하게 된다.

▶ 비트 3: OCIE3B(타이머/카운터3의 출력 비교 B 일치 인터럽트 허가)

OCIE3B(Output Compare B Match Interrupt Enable) 비트가 1로 설정되고 상태 레지

스터(SREG)의 I 비트가 1로 설정되면 타이머/카운터3의 출력 비교 B 일치 인터럽트 가 허가 상태로 된다. 이 상태에서 타이머/카운터3의 출력 비교 B 일치 인터럽트가 발생하면, TIFR 레지스터의 OCF3B 플래그가 1로 설정되어 인터럽트가 발생하고, 이에 해당하는 인터럽트 벡터를 참조하게 된다.

▶ **비트 2: TOIE3(타이머/카운터3의 오버플로우 인터럽트 허가)**

TOIE3(Timer/Counter3 Overflow Interrupt Enable) 비트가 1로 설정되고 상태 레지스터(SREG)의 I 비트가 1로 설정되면 타이머/카운터1의 오버플로우 인터럽트가 허가 상태로 된다. 이 상태에서 타이머/카운터3의 오버플로우 인터럽트가 발생하면, TIFR 레지스터의 TOV3 비트가 1로 설정되어 인터럽트가 발생하고, 이에 해당하는 인터럽트 벡터를 참조하게 된다.

▶ **비트 1: OCIE3C(타이머/카운터3의 출력 비교 C 일치 인터럽트 허가)**

OCIE3C(Output Compare C Match Interrupt Enable) 비트가 1로 설정되고 상태 레지스터(SREG)의 I 비트가 1로 설정되면 타이머/카운터3의 출력 비교 C 일치 인터럽트가 허가 상태로 된다. 이 상태에서 타이머/카운터3의 출력 비교 C 일치 인터럽트가 발생하면, TIFR 레지스터의 OCF3C 플래그가 1로 설정되어 인터럽트가 발생하고, 이에 해당하는 인터럽트 벡터를 참조하게 된다.

▶ **비트 0: OCIE1C(타이머/카운터1의 출력 비교 C 일치 인터럽트 허가)**

OCIE1C(Output Compare C Match Interrupt Enable) 비트가 1로 설정되고 상태 레지스터(SREG)의 I 비트가 1로 설정되면 타이머/카운터1의 출력 비교 C 일치 인터럽트가 허가 상태로 된다. 이 상태에서 타이머/카운터3의 출력 비교 C 일치 인터럽트가 발생하면, TIFR 레지스터의 OCF1C 플래그가 1로 설정되어 인터럽트가 발생하고, 이에 해당하는 인터럽트 벡터를 참조하게 된다.

◉ **타이머/카운터 인터럽트 플래그 레지스터 : TIFR**

TIFR(Timer/Counter Interrupt Flag Register) 레지스터는 타이머/카운터 0~2의 인터럽트가 발생하면 인터럽트 플래그를 저장하는 레지스터로서 이 레지스터의 비트 구성은 그림 8.13에 나타내었다. 여기서 타이머/카운터1의 인터럽트를 개별적으로 허가하는 기능은 ICF1, OCF1A, OCF1B와 TOV1 비트가 담당한다. 나머지 비트들은 타이머/카운터0과 2에 대한 기능이며, 해당 비트들의 기능은 다음과 같다.

▶ **비트 5: ICF1(타이머/카운터1 입력 캡쳐 플래그)**

ICF1(Input Capture Flag 1) 비트는 타이머/카운터1의 입력 캡쳐 신호 또는 아날로그 비교기로부터의 신호에 의하여 캡쳐 동작이 수행될 때 이 비트가 1로 세트되고, 입력 캡쳐 인터럽트가 요청된다. 또한, ICR1 레지스터가 top으로 사용되는 동작 모드에서는 TCNT1의 값이 top으로 될 때 인터럽트가 발생한다. 인터럽트 벡터에 의해 인터럽트가 실행되면 이 비트는 하드웨어에 의해 자동적으로 0으로 클리어된다.

▶ **비트 4: OCF1A(타이머/카운터1 출력 비교 A 일치 플래그)**

OCF1A(Output Compare Flag 1) 비트는 타이머/카운터1의 TCNT1 레지스터와 출력
비교 레지스터 OCR1A의 값을 비교하여 이것이 같으면 다음 주기에서 이 비트가 1로
세트되면서 인터럽트가 요청되고, 인터럽트 벡터에 의해 인터럽트가 실행되면 이 비
트는 하드웨어에 의해 자동적으로 클리어된다. 또한, OCF1A 비트는 이 비트에 1을
써줌으로써 소프트웨어에 의해 클리어될 수 있다. OCF1A 플래그는 FOC1A 스트로브
에 의해 1로 설정되지 않으므로, 이를 유념해야 한다.

▶ **비트 3: OCF1B(타이머/카운터1 출력 비교 B 일치 플래그)**

OCF1B(Output Compare Flag 1) 비트는 타이머/카운터1의 TCNT1 레지스터와 출력
비교 레지스터 OCR1B의 값을 비교하여 이것이 같으면 다음 주기에서 이 비트가 1로
세트되면서 인터럽트가 요청되고, 인터럽트 벡터에 의해 인터럽트가 실행되면 이 비
트는 하드웨어에 의해 자동적으로 0으로 클리어된다. 또한, OCF1B 비트는 이 비트에
1을 써줌으로써 소프트웨어에 의해 클리어될 수 있다. OCF1B 플래그는 FOC1B 스트
로브에 의해 1로 설정되지 않으므로, 이를 유념해야 한다.

▶ **비트 2: TOV1(타이머/카운터1 오버플로우 플래그)**

TOV1(Timer/Counter1 Overflow Flag) 비트는 WGMn3~WGMn0의 값에 설정에 따라
다르게 동작한다. 일반 모드와 CTC 모드에서는 타이머/카운터1의 오버플로우가 발생
하면 이 플래그가 1로 설정되고, PC PWM 모드에서는 타이머/카운터1이 0x00에서
계수방향을 바꿀 때 이 비트가 세트된다. 이 인터럽트가 발생되면, 이에 해당하는 인
터럽트 벡터를 참조하게 되고, 이 순간에 자동적으로 0으로 클리어 된다. 이외의 다른
동작 모드에서의 TOV1 플래그의 동작은 표 9.5를 참조하기 바란다.

◉ **타이머/카운터 인터럽트 확장 플래그 레지스터 : ETIFR**

ETIFR(Extended Timer/Counter Interrupt Flag Register) 레지스터는 타이머/카운터1의 출
력 비교 C 일치 허가 인터럽트와 타이머/카운터 3에서 발생하는 여러 개의 인터럽트가 발생
하면 인터럽트 플래그를 저장하는 레지스터로서 이 레지스터의 비트 구성은 그림 9.18에 나
타내었으며, 각 비트의 기능은 다음과 같다.

Bit	7	6	5	4	3	2	1	0	
	–	–	ICF3	OCF3A	OC3FB	TOV3	OCF3C	OCF1C	ETIFR
Read/Write	R/W	R/W	R/W	R/W	R/W	R/W	R/W	R/W	
Initial Value	0	0	0	0	0	0	0	0	

그림 9.18 ETIFR 레지스터의 비트 구성

▶ 비트 5 : ICF3 (타이머/카운터3 입력 캡쳐 플래그)

ICF3(Input Capture Flag 3) 비트는 타이머/카운터3의 입력 캡쳐 신호 또는 아날로그 비교기로부터의 신호에 의하여 캡쳐 동작이 수행될 때 이 비트가 1로 세트되고, 입력 캡쳐 인터럽트가 요청된다. 또한, ICR3 레지스터가 top으로 사용되는 동작 모드에서는 TCNT3의 값이 top으로 될 때 인터럽트가 발생한다. 인터럽트 벡터에 의해 인터럽트가 실행되면 이 비트는 하드웨어에 의해 자동적으로 0으로 클리어된다. 또한, ICF3 비트는 이 비트에 1을 써줌으로써 소프트웨어에 의해 클리어될 수 있다.

▶ 비트 4 : OCF3A (타이머/카운터3 출력 비교 A 일치 플래그)

OCF3A(Output Compare A Match Flag) 비트는 타이머/카운터3의 TCNT3 레지스터와 출력 비교 레지스터 OCR3A의 값을 비교하여 이것이 같으면 다음 주기에서 이 비트가 1로 세트되면서 인터럽트가 요청되고, 인터럽트 벡터에 의해 인터럽트가 실행되면 이 비트는 하드웨어에 의해 자동적으로 클리어된다. 또한, OCF3A 비트는 이 비트에 1을 써줌으로써 소프트웨어에 의해 클리어될 수 있다.

OCF3A 플래그는 FOC3A 스트로브에 의해 1로 설정되지 않으므로, 이를 유념하여야 한다.

▶ 비트 3 : OCF3B (타이머/카운터3 출력 비교 B 일치 플래그)

OCF3B(Output Compare B Match Flag) 비트는 타이머/카운터3의 TCNT3 레지스터와 출력 비교 레지스터 OCR3B의 값을 비교하여 이것이 같으면 다음 주기에서 이 비트가 1로 세트되면서 인터럽트가 요청되고, 인터럽트 벡터에 의해 인터럽트가 실행되면 이 비트는 하드웨어에 의해 자동적으로 클리어된다. 또한, OCF3B 비트는 이 비트에 1을 써줌으로써 소프트웨어에 의해 클리어될 수 있다.

OCF3B 플래그는 FOC3B 스트로브에 의해 1로 설정되지 않으므로, 이를 유념하여야 한다.

▶ 비트 2 : TOV3 (타이머/카운터3 오버플로우 플래그)

TOV3(Timer/Counter3 Overflow Flag) 비트는 WGMn3~0의 값에 설정에 따라 다르게 동작한다. 일반 모드와 CTC 모드에서는 타이머/카운터3의 오버플로우가 발생하면 이 플래그가 1로 설정되고, PC PWM 모드에서는 타이머/카운터1이 0x00에서 계수 방향을 바꿀 때 이 비트가 세트된다. 이 인터럽트가 발생되면, 이에 해당하는 인터럽트 벡터를 참조하게 되고, 이 순간에 자동적으로 0으로 클리어된다. 이 외의 다른 동작 모드에서의 TOV3 플래그의 동작은 표 9.5를 참조하기 바란다.

▶ 비트 1: OCF3C(타이머/카운터3 출력 비교 C 일치 플래그)

OCF3C(Output Compare C Match Flag) 비트는 타이머/카운터3의 TCNT3 레지스터와 출력 비교 레지스터 OCR3C의 값을 비교하여 이것이 같으면 다음 주기에서 이 비트가 1로 세트되면서 인터럽트가 요청되고, 인터럽트 벡터에 의해 인터럽트가 실행되면 이 비트는 하드웨어에 의해 자동적으로 클리어된다. 또한, OCF3C 비트는 이 비트에 1을 써줌으로써 소프트웨어에 의해 클리어될 수 있다. OCF3C 플래그는 FOC3C 스트로브에 의해 1로 설정되지 않으므로, 이를 유념해야 한다.

▶ **비트 0: OCF1C(타이머/카운터1 출력 비교 C 일치 플래그)**

OCF1C(Output Compare C Match Flag) 비트는 타이머/카운터1의 TCNT1 레지스터와 출력 비교 레지스터 OCR1C의 값을 비교하여 이것이 같으면 다음 주기에서 이 비트가 1로 세트되면서 인터럽트가 요청되고, 인터럽트 벡터에 의해 인터럽트가 실행되면 이 비트는 하드웨어에 의해 자동적으로 클리어된다. 또한, OCF1C 비트는 이 비트에 1을 써줌으로써 소프트웨어에 의해 클리어될 수 있다. OCF1C 플래그는 FOC1C 스트로브에 의해 1로 설정되지 않으므로, 이를 유념해야 한다.

◉ **특수 기능 I/O 레지스터 : SFIOR**

SFIOR(Special Function I/O Register)레지스터는 타이머/카운터들을 동기화시키는 데 관련된 기능을 수행하는 레지스터로서, 타이머/카운터1, 3 경우에는 PSR321 비트가 사용되며 이는 타이머/카운터2 부분에서 자세히 설명하였으니 그 부분을 참조하기 바란다.

4) 타이머/카운터1과 3의 동작 모드

타이머/카운터1과 3의 동작 모드에는 표 9.5에 나타낸 것과 같이 일반모드, CTC 모드, 고속 PWM 모드, PC PWM 모드와 PFC PWM 모드 등 다섯 가지의 동작 모드가 있다. 이러한 동작 모드는 TCCRnA와 TCCRnB 레지스터의 WGMn3~WGMn0 비트에 의해 결정되고, 출력 파형의 형태는 COMnx1~COMnx0 비트에 의해 출력 신호의 동작이 결정되어, 각각 두 개씩의 OCnx 출력단자에 어떤 파형을 출력하게 될지를 결정할 수 있다. 즉, 파형 발생 모드 비트(WGM0n3~WGMn0 비트)는 타이머/카운터의 동작에 영향을 미치는 반면에, 비교 출력 모드 비트(COMnx1~COMnx0 비트)는 계수 순서에는 영향을 주지 않고 PWM 출력을 반전시킬 것인지 아니면 그대로 출력할 것인지를 제어하는 데 활용된다. 또한, 비교 출력 모드 비트(COMnx1~COMnx0 비트)는 PWM 모드가 아닌 경우에는 비교 일치 출력에 세트, 클리어 또는 토글시킬지를 결정한다.

타이머/카운터1과 3의 OCRnx 레지스터는 PWM 모드에서는 이중 버퍼로 액세스되어 이 값이 갱신되는 시점을 top 또는 bottom으로 동기화시킬 수 있지만, 일반 모드나 CTC 모드에서는 이중 버퍼 기능이 없으므로 CPU가 이 OCRnx 레지스터를 직접 액세스하므로 예상치 못한 동작이 일어날 가능성이 있으니 주의하여야 한다.

◉ **일반 모드(normal mode)**

타이머/카운터1과 3의 일반 모드는 가장 단순하게 동작하는 모드로서 WGMn3~WGMn0 비트를 '0000'으로 설정하면 된다. 이 모드에서는 타이머/카운터 레지스터 TCNTn이 항상 상향 카운터로만 동작하고 계수 동작 중에 카운터의 값은 클리어 되지 않으며, 클럭 입력에 의하여 항상 8비트 카운터의 계수범위 0x0000~0xFFFF의 값으로 계수 동작을 반복하여 수행한다.

TCNT1과 3의 값이 0xFFFF에서 0x0000으로 바뀌는 순간에 TIFR 레지스터에서 TOVn이 1로 설정되고 오버플로우 인터럽트가 발생하며, 인터럽트 서비스 루틴을 수행하면 자동으로 TOVn은 0으로 리셋된다. 일반 모드의 동작에서는 TCNTn의 레지스터는 카운터가 동작하는 과정에서도 항상 액세스가 가능하여 새로운 값으로 갱신하는 것이 가능하다.

입력 캡쳐 동작은 일반 모드에서 편리하게 사용될 수 있지만, 외부 사건의 시간 간격을 측정할 경우에는 최대 간격이 카운터의 최대 범위를 넘지 않도록 유의하여야 한다. 만약 시간 간격이 타이머의 최대 분해능을 초과하는 경우에는 캡쳐 모듈에 대한 분해능을 늘려서 해결할 수 있는데, 이는 타이머 오버플로우 인터럽트나 프리스케일러 등을 사용함으로써 해결할 수 있다.

또한, 일반 모드의 동작에서 출력 비교 인터럽트가 사용될 수는 있으나 CPU가 이를 처리하는 데 너무 많은 시간이 필요하므로 이 모드에서는 출력비교 인터럽트의 사용은 바람직하지 않다. 따라서 일반 모드는 타이머/카운터를 외부 클럭을 계수하는 목적으로 사용하는 것이 일반적이다.

○ CTC 모드

WGMn3 ~ WGMn0 비트를 '0100(모드 4)' 또는 '1100(모드 12)'으로 설정하면 타이머/카운터n은 CTC 모드(Clear Timer on Compare Match Mode)로 동작하며, OCRnA 레지스터와 ICRn 레지스터는 카운터의 분해능을 결정하기 위해 사용된다. 이 동작 모드에서는 타이머/카운터 레지스터 TCNTn의 값이 항상 0x0000에서 top에 이르는 계수 동작을 반복하며, top의 값은 모드 4에서는 OCRnA가 사용되고, 모드 12에서는 ICRn이 사용된다. 즉 CTC 모드의 동작은 클럭 입력에 의해서 타이머/카운터 레지스터 TCNTn의 값이 항상 0x0000~top의 값으로 계수 동작이 반복하여 수행되며, 계수의 과정에서 OCRnA 또는 ICRn의 레지스터의 값과 같아지면, 그 다음 클럭 사이클에서 0으로 클리어된다. 이러한 동작을 반복할 경우에 주기적인 펄스를 만들 수 있게 된다. 이러한 동작 모드를 일반적으로 자동 재적재(auto reload) 모드라 한다. CTC 동작모드는 일반적으로 주파수 분주의 용도로 사용된다.

CTC 모드에 대한 동작은 그림 9.19의 타이밍도를 보면 쉽게 이해할 수 있다. 즉, 그림에서 TCNTn 값은 펄스의 입력에 따라 OCRnA 또는 ICRn의 값과 비교하여 일치할 때까지 증가하고, TCNTn와 이 값이 일치하면 TCNTn의 값은 0으로 클리어됨을 보여준다. 또한, 만약 인터럽트가 허가되어 있다면, 카운터의 값이 top 값으로 설정되어 있는 OCRnA 또는 ICRn의 값과 일치하면, OCFnA 또는 ICFn 플래그가 1로 되면서 인터럽트가 발생한다.

인터럽트 서비스 루틴에서는 top의 값을 갱신할 수도 있는데, 이 경우에 OCRnA 또는 ICRn 레지스터는 이중 버퍼링 기능이 없으므로 OCRnA 또는 ICRn 레지스터에 현재 계수된 TCNTn의 값보다 작은 값을 쓰게 되면 그 주기에서는 출력 비교가 일어나기 전에 카운터의 값이 max인 0xFFFF까지 증가하였다가 0x0000으로 될 것이다. 따라서 이 경우에는 출력 비교 인터럽트가 발생하기 전에 TIFR 레지스터의 TOV0 비트가 1로 되면서 오버플로우 인터럽트가 발생하게 되므로, 이러한 동작의 경우는 주의를 요하게 된다.

CTC 모드에서는 OCnA 단자에 이렇게 만들어진 파형을 출력할 수 있다. 즉, OCnA에서 출력 파형을 얻기 위해서는 OCnA를 출력 비교 모드에서 일치가 일어날 때마다 토글되도록 COM01-COM00 비트를 '01'로 설정하였다고 가정하면, OCnA 단자에서 출력되는 파형의 출력 주파수는 다음과 같이 계산된다.

$$f_{OCnA} = \frac{f_{clk\_I/O}}{2 \cdot N \cdot (1 + OCRnA)}$$

여기서 N은 프리스케일러의 분주비로서 타이머/카운터1과 타이머/카운터3은 그림 9.8과 같이 1, 8, 64, 256, 1024 중의 하나를 사용할 수 있으며, OCnA의 출력 단자에서 파형을 출력하기 위해서는 I/O 포트의 입출력 방향 제어 레지스터에 출력 방향으로 미리 지정을 해야 한다.

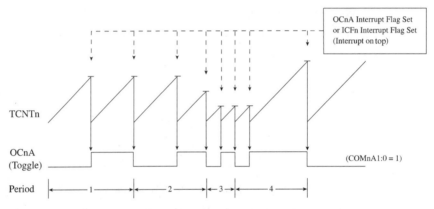

그림 9.19   타이머/카운터1과 3의 CTC 동작 타이밍도

CTC 모드에서 파형의 최대 주파수는 OCRnx가 0으로 설정될 때 발생하며, 이 때의 주파수는 $f_{OCnx} = f_{clk\_I/O}/2$으로 된다. 여기서 주의할 사항은 CTC 모드에서는 출력 비교 인터럽트가 두 번 발생하여야만 1주기의 출력 파형을 만들 수 있으므로 인터럽트에 의한 발생 주파수는 이보다 두 배 높게 된다는 것을 유념하여야 한다.

◉ 고속 PWM 모드

고속 PWM 모드(Fast PWM Mode)는 WGMn3~WGMn0 비트를 '0101(모드 5)', '0110 (모드 6)', '0111(모드 7)', '1110(모드 14)', '1111(모드 15)' 중의 하나로 설정하며, 높은 주파수의 PWM 출력 파형을 발생하는데 유용하게 사용된다. 이 동작 모드에서는 TCNTn 레지스터의 계수 동작이 항상 bottom에서 max의 범위에서 증가하는 방향으로만 반복적으로 수행하는 단방향 경사 동작(single-slope operation)을 수행하는데, 여기서 PWM 주기를 결정하는 top의 값은 표 9.5에 제시한 것과 같이 동작 모드에 따라 0x00FF, 0x01FF, 0x03FF, ICRn과 OCRnA 등으로 지정된다.

고속 PWM 모드에서의 PWM 분해능은 8, 9, 10 비트로 고정되거나 ICRn과 OCRnA 레지스터에 정의된 값에 의해 결정된다. 최소의 분해능은 ICRn과 OCRnA 레지스터에 0x0003

으로 설정함에 따라 2비트가 되고, 최대의 분해능은 ICRn과 OCRnA 레지스터에 0xFFFF로 설정함에 따라 16비트가 된다. 따라서, 비트에 대한 PWM의 분해능은 다음 식과 같이 결정된다.

$$R_{FPWM} = \frac{\log(top + 1)}{\log(2)}$$

고속 PWM 모드에 대한 동작은 그림 9.20의 타이밍도를 보면 쉽게 이해할 수 있다. 고속 PWM 모드에서는 COMnx1~COMnx0 비트의 설정에 따라 비반전 비교 출력 모드와 반전 비교 출력 모드로 동작하고, top 값은 OCRnA 또는 ICNx 레지스터의 값에 의해 결정된다.

COMnx1~COMnx0 비트가 '10'으로 설정되어 비반전 출력 비교 모드로 동작할 경우에는 그림에서와 같이 TCNTn의 값은 펄스가 입력됨에 따라 bottom에서 max까지 증가하며, 증가하는 과정에서 OCRnx의 값과 비교하여 일치하면 OCnx 출력 신호가 0으로 리셋되고, top에서 1로 세트된다. 또한 TCNTn 값이 max로 되면, TOVn 인터럽트 플래그는 1로 되면서 오버플로우 인터럽트가 요청되고, 이때 OCnx의 출력은 1로 세트된다. 이 때 인터럽트가 허가되어 있으면, 인터럽트 서비스 루틴에서 이 비교 값은 변경될 수 있다.

COMnx1~COMnx0 비트가 '11'로 설정되어 반전 출력 비교 모드로 동작할 경우에는 TCNTn의 값과 OCRnx의 값이 일치할 때 OCnx의 출력은 1로 세트되고, TCNTn 값이 max로 될 때 TOVn 플래그는 1로 되면서 오버플로우 인터럽트가 요청되고, 이때 OCnx의 출력은 0으로 클리어된다.

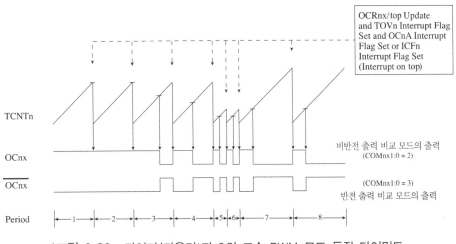

그림 9.20 타이머/카운터1과 3의 고속 PWM 모드 동작 타이밍도

이상과 같이 OCnx 단자로 파형을 출력하기 위해서는 표 9.3에 나타난 것과 같이 COMnx1~COMnx0 비트를 미리 지정하여 놓아야 한다. 이 비트에 '10'을 쓰면 OCnx 단자에는 정상 PWM 신호가 출력되고, '11'을 쓰면 반전된 PWM 신호가 출력된다. 또한 CTC 모드에서 마찬가지로, OCnx의 출력 단자에서 파형을 출력하기 위해서는 I/O 포트의 입출력 방향 제어 레지스터에 출력 방향으로 미리 지정해 놓아야 한다.

고속 PWM 모드에서 top의 값을 변경할 경우에는 새로 설정되는 top의 값은 기존에 비교 레지스터(OCRnx)에 설정되어 있는 값보다 크거나 같아야 한다. 만약, 새로 설정하는 top의 값이 비교 레지스터에 설정된 값보다 작을 경우에는 TCNTn의 값이 비교 레지스터 OCRnx에 설정된 값에 도달하기 전에 top에 도달하는 상황이 발생하게 되므로, 절대로 비교 일치가 일어나지 않게 된다.

ICRn 레지스터의 내용을 top으로 갱신하는 과정은 OCRnA를 갱신하는 과정과 약간의 차이가 있다. 이 ICRn 레지스터는 이중 버퍼링 기능이 없기 때문에 카운터가 프리스케일링 분주비를 사용하지 않거나 작은 분주비를 사용할 경우에는 새로운 ICRn의 값이 TCNTn의 현재 값보다 작은 값으로 갱신되는 위험성이 내재하게 된다. 이러한 결과로 인해 카운터는 비교 일치가 발생하기 전에 0xFFFF에서 0x0000으로 계수를 하게 되어, 카운터의 top에서 비교 일치가 발생하지 않게 되므로 주의하여야 한다.

그러나 OCRnx 레지스터에는 이중 버퍼링 기능이 있으므로 OCRnA I/O 주소에 어느 순간에서라도 값을 갱신하여 쓸 수가 있다. 즉, 계수의 동작 중에 PWM 출력의 듀티비를 변경하기 위해 OCRnA I/O 주소에 임의의 값을 쓰게 되면, 이는 OCRnA 버퍼 레지스터로 쓰여지고, OCRnx 레지스터의 최종적인 값은 TCNTn이 top에서 0x0000으로 되어 현재의 주기가 끝나는 순간에 갱신된다.

top 값이 고정되어 있을 경우에는 top 값의 설정용으로 ICRn 레지스터를 사용하는 것이 편리하다. 이렇게 top 값이 고정되어 있을 경우에 ICRn 레지스터를 top 설정용으로 사용하면, OCRnA 레지스터는 OCnA 핀에 PWM 출력을 발생하는 용도로 자유롭게 사용될 수 있다. 그러나, PWM 주파수가 top의 값을 변경하여 변화하는 경우라면, OCRnA 레지스터는 이중 버퍼 기능을 가지고 있기 때문에 이를 top 값 설정용의 레지스터로 사용하는 것이 유리하다.

이 동작 모드에서는 TCNTn의 값이 항상 0x0000에서 top의 범위에서 증가하는 단방향 경사 동작을 수행하므로 PWM 출력 신호의 주파수는 다음 식과 같이 결정되며, 이는 양방향으로 동작하는 PC PWM 모드와 PFC PWM 모드에 비해 최대 두 배 높은 주파수를 얻을 수 있다.

$$f_{OCnxPWM} = \frac{f_{clk\_I/O}}{N \cdot (1 + top)}$$

여기서 N은 프리스케일러의 분주비로서 타이머/카운터1과 타이머/카운터3에서는 그림 9.8과 같이 1, 8, 64, 256, 1024 중의 하나가 사용 가능하다.

이 동작 모드에서의 PWM 사이클은 OCRnx 레지스터의 값에 의해 결정되는데, 만약 극단적으로 OCRnx 레지스터의 값을 bottom 값인 0x0000으로 설정하면 출력파형은 TCNTn의 값이 0x0000으로 되는 1 타이머 클럭 사이클 동안에만 좁은 스파이크로 나타나며(듀티비 1/(1+top)), 반대로 OCRnx 레지스터의 값을 max값인 0xFFFF으로 설정하면 출력파형 OCnx는 계속 1상태로 출력된다(듀티비 100%). 고속 PWM 모드에서 듀티 사이클이 50%인 PWM 출력을 얻기 위해서는 top으로서 OCRnA 레지스터를 사용하는 모드 15를 사용하고, OCnA의 출력을 토글시키는 모드(COMnx1~COMnx0 = 01)로 설정하면 된다. 이 모드에서의 최대 주파수는 CTC 모드에서와 마찬가지로 OCRnA가 0으로 설정될 때 발생하며, 이 때의 주파수는 $f_{OCnx} = f_{clk\_I/O}/2$으로 되고, 이 경우는 CTC 모드에서 OC0를 토글시킨 결과와 동일하지만 고속 PWM 모드에서는 이중 버퍼 기능을 사용하므로 안정적인 출력 신호를 얻을 수 있다는 장점이 있게 된다.

고속 PWM 모드는 높은 주파수 출력을 얻을 수 있으므로, 전력 변환, 정류, DAC(Digital to Analog Conversion)등의 응용에 많이 활용되고 있고, 특히 전력 변환으로의 응용에서는 물리적으로 외부 소자(코일과 커패시터)의 크기를 줄일 수 있어서 시스템 전체의 비용을 낮출 수 있다는 장점을 가지고 있다.

○ PC PWM 모드

PC PWM 모드(Phase Correct PWM Mode)는 WGMn3~WGMn0 비트를 '0001(모드 1)', '0010(모드 2)', '0011(모드 3)', '1010(모드 10)', '1011(모드 11)' 중의 하나로 설정하며, 높은 분해능의 PWM 출력 파형을 발생하는 데 유용하게 사용된다. 이 동작 모드에서는 타이머/카운터 레지스터 TCNTn이 상향 카운터로서 bottom(0x0000)에서 top까지 증가하였다가 다시 top에서 bottom(0x0000)으로 감소하는 동작을 반복적으로 수행하는 양방향 동작(dual slope operation)을 한다. 여기서 PWM 주기를 결정하는 top의 값은 표 9.5에 제시한 것과 같이 동작 모드에 따라 0x00FF, 0x01FF, 0x03FF, ICRn과 OCRnA 등으로 지정된다.

PC PWM 모드에서의 PWM 분해능은 비트에 따라 고속 PWM 모드에서 제시한 식과 같이 동일하게 결정된다.

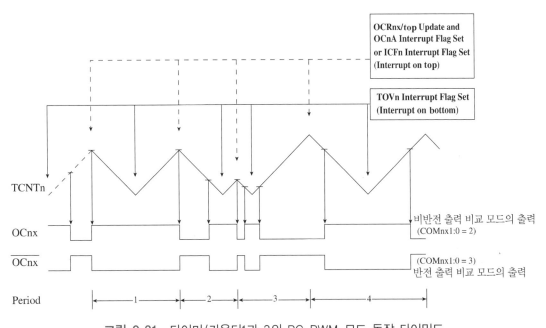

그림 9.21 타이머/카운터1과 3의 PC PWM 모드 동작 타이밍도

PC PWM 모드에 대한 동작은 그림 9.21의 타이밍도를 보면 쉽게 이해할 수 있다. PC

PWM 모드도 고속 PWM 모드와 마찬가지로 COMnx1~COMnx0 비트의 설정에 따라 비반전 비교 출력 모드와 반전 비교 출력 모드로 동작하고, top 값은 OCRnA 또는 ICRx 레지스터의 값에 의해 결정된다. 그러나, 고속 PWM 모드와는 달리 카운터는 상향 모드와 하향 모드로 동작한다.

TCNTn 카운터가 그림과 같이 양방향 동작(dual slope operation)을 하는 과정에서 COMnx1~COMnx0 비트가 '10'으로 설정되어 비반전 출력 비교 모드로 동작할 경우를 살펴보자. 이 동작 모드에서의 상향 모드에서는 TCNTn 값은 펄스의 입력에 따라 bottom에서 top까지 증가하며, 증가하는 과정에서 OCRnx의 값과의 비교하여 일치하면 OCnx 인터럽트 플래그가 세트되고 정상적인 OCnx의 출력은 0으로 클리어되고, TCNTn 값이 top으로 될 때 OCFnA 또는 ICFn 플래그는 1로 세트되면서 인터럽트가 요청되고, 이때 OCnx의 출력은 1로 세트된다. 또한, 하향 모드에서는 top에서 bottom까지 감소하며, 감소하는 과정에서 OCRnx의 값과의 비교하여 일치하면 OCnx 인터럽트 플래그가 세트되고 정상적인 OCnx의 출력은 1로 세트되고, TCNTn 값이 bottom에서 TOVn 플래그는 1로 되면서 인터럽트가 요청된다. 반전 출력 비교 모드로 동작할 경우에는 OCnx의 출력은 비반전 모드의 경우에서와 반대로 동작한다.

이상과 같이 OCnx 단자로 파형을 출력하기 위해서는 고속 PWM 모드와 동일하게 COMnx1~COMnx0 비트를 미리 지정하여 놓아야 한다. 이 비트에 '10'을 쓰면 OCnx 단자에는 정상 PWM 신호가 출력되고, '11'을 쓰면 반전된 PWM 신호가 출력된다. 또한 CTC, 고속 PWM 모드에서와 마찬가지로 OCnx 출력 단자에서 파형을 출력하기 위해서는 I/O 포트의 입출력 방향 제어 레지스터를 미리 출력 방향으로 설정하여 놓아야 한다.

OCRnA 또는 ICRn 레지스터가 top 값으로 설정될 경우에는 OCRnx 레지스터의 값이 이중 버퍼 값으로 갱신되는 순간에 OCFnA 또는 ICFn 플래그가 1로 설정된다. 인터럽트 플래그는 카운터가 top 또는 bottom의 값으로 도달할 때마다 세트되어 인터럽트를 발생시킬 수 있다.

PC PWM 모드에서 top 값을 변경할 경우에는 새롭게 설정되는 top의 값이 기존의 비교 레지스터의 값보다 크거나 같아야 한다. 만약 top의 값이 비교 레지스터(OCRnx)의 값보다 작을 경우에는 TCNTn 값이 비교 레지스터(OCRnx)의 값에 도달하기 전에 top에 도달하여 TCNTn이 0이 되므로, 이 경우에는 절대로 비교 일치가 일어날 수 없게 된다. 따라서 이러한 경우가 발생하지 않도록 유의하여야 한다. 또한 고정된 top 값을 사용할 경우에 비교 레지스터(OCRnx)에 새로운 값을 쓸 때에는 사용하지 않는 비트들은 0으로 마스크하여 써야 한다.

그림 9.19을 자세히 살펴보면, 세 번째 주기에서 비대칭의 PWM 파형이 발생하는 것을 볼 수 있다. 이는 카운터가 동작하고 있는 동안에 top의 값에 변화가 일어났기 때문에 발생한 것이다. 이는 OCRnx 레지스터를 갱신하는 시기 때문에 발생하는 문제이다. PWM의 주기는 OCRnx 레지스터의 갱신이 top에서 일어나기 때문에 top에서 시작해서 끝나는 것이 일반적이다. 이는 하향 경사의 길이는 이전의 top의 값에 의해 결정되고, 상향 경사의 길이는 새로운 top의 값에 의해 결정됨을 의미한다. 그러나 세 번째 주기에서는 이 두 개의 top값이 서로 다르게 되어 PWM의 주기도 서로 달라져 비대칭적인 출력이 나오게 된 것이다. 따라

서 타이머/카운터가 동작하는 상황에서 top 값을 바꾸고자 할 때는 PC PWM 모드를 사용하는 것보다 PFC PWM 모드를 사용하는 것이 바람직하며, top 값을 고정시켜 사용할 경우에는 두 가지 모드에는 차이가 없다.

PC PWM 모드에서의 PWM 파형은 카운터가 상향 동작을 하고 있는 과정에서 TCNTn 레지스터와 OCRnx 레지스터가 비교 일치될 때 OCnx 레지스터를 클리어 또는 세트하고, 다시 하향동작을 하면 TCNT0n OCRnx가 비교 일치될 때 OCnx 레지스터를 세트 또는 클리어하는 과정으로 발생된다. 이상과 같이 PC PWM 동작 모드에서는 양방향 동작(dual slope operation)을 수행하고 있으므로 발생되는 PWM 출력 신호는 고속 PWM 모드에 비해 약 1/2로 낮아지지만, 분해능은 두 배로 되면서 대칭적인 PWM 출력을 얻을 수 있다. PC PWM 모드에서의 PWM 출력 신호의 주파수는 다음 식과 같이 결정된다.

$$f_{OCnxPCPWM} = \frac{f_{clk\_I/O}}{2 \cdot N \cdot top}$$

여기서 N은 프리스케일러의 분주비로서 타이머/카운터1과 타이머/카운터3에서는 그림 9.8과 같이 1, 8, 64, 256, 1024 중의 하나가 사용 가능하다.

이 동작 모드에서의 PWM 사이클은 OCRnx 레지스터의 값에 의해 결정되는데, 만약 극단적으로 OCRnx 레지스터의 값을 0x0000으로 설정하면 출력파형 OCnx는 항상 0으로 출력되고(듀티비 0%), 반대로 OCRnx 레지스터의 값을 top으로 설정하면 출력파형 OCnx는 항상 1로 출력된다(듀티비 100%). 반전 모드로 동작하는 경우에는 이상의 동작과 반대로 된다. top 값을 설정하는 용도로 OCRnA 레지스터가 사용되고(WGMn3~WGMn0='1011'), COMnx1~COMnx0를 '01'로 설정하여 토글 모드를 사용한다면, OCnA 출력 단자에 듀티 사이클이 50%인 PWM 출력을 얻을 수 있다.

이상과 같이 PC PWM 모드는 고속 PWM 모드에 비하여 주파수는 1/2로 낮아졌지만, 양방향의 PWM 펄스를 대칭적으로 만들 수 있는 장점으로 가지게 되어 모터 제어의 응용에 유용하게 사용된다.

○ PFC PWM 모드

PFC PWM 모드(Phase and Frequency Correct PWM Mode)는 WGMn3~WGMn0 비트를 '1000(모드 8)', '1001(모드 9)' 중의 하나로 설정하며, 보다 높은 분해능의 PWM 출력 파형을 발생하는데 유용하게 사용된다. 이 동작 모드에서는 타이머/카운터 레지스터 TCNTn이 상향 카운터로서 0x0000에서 top까지 증가하였다가 다시 top에서 0x0000으로 감소하는 동작을 반복적으로 수행하는 양방향 동작(dual slope operation)을 한다. 여기서 PWM의 주기를 결정하는 top의 값은 표 9.5에 제시한 것과 같이 모드 8에서는 ICRn 레지스터에 의해, 모드 9에서는 OCRnA 레지스터에 의해 설정된다.

PFC PWM 모드에서의 PWM 분해능은 고속 PWM 모드나 PC PWM 모드에서와 마찬가지로 비트에 따라 제시한 식과 같이 동일하게 결정된다.

PFC PWM 모드에 대한 동작은 그림 9.22의 타이밍도를 보면 쉽게 이해할 수 있다. PFC PWM 모드도 PC PWM 모드와 마찬가지로 COMnx1~COMnx0 비트의 설정에 따라 비반전 비교 출력 모드와 반전 비교 출력 모드로 동작하고, top 값은 OCRnA 또는 ICRx 레지스터의 값에 의해 결정된다. 또한, 카운터의 동작 또한 상향 모드와 하향 모드로 동작한다.

TCNTn 카운터가 그림과 같이 양방향 동작(dual slope operation)을 하는 과정에서 COMnx1~COMnx0 비트가 '10'으로 설정되어 비반전 출력 비교 모드로 동작할 경우를 살펴보자. 이 동작 모드에서의 상향 모드에서는 TCNTn 값은 펄스의 입력에 따라 bottom에서 top까지 증가하며, 증가하는 과정에서 OCRnx의 값과의 비교하여 일치하면 OCnx 인터럽트 플래그가 세트되고 정상적인 OCnx의 출력은 0으로 클리어되고, TCNTn 값이 top으로 될 때 OCFnA 또는 ICFn 플래그는 1로 세트되면서 인터럽트가 요청되고, 이때 OCnx의 출력은 1로 세트된다. 또한, 하향 모드에서는 top에서 bottom까지 감소하며, 감소하는 과정에서 OCRnx의 값과의 비교하여 일치하면 OCnx 인터럽트 플래그가 세트되고 정상적인 OCnx의 출력은 1로 세트되고, TCNTn 값이 bottom에서 TOVn 플래그는 1로 되면서 인터럽트가 요청된다. 반전 출력 비교 모드로 동작할 경우에는 OCnx의 출력은 비반전 모드의 경우에서와 반대로 동작한다.

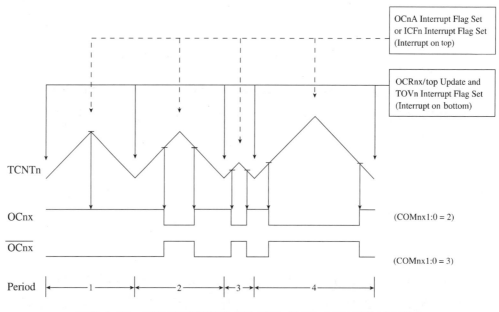

그림 9.22 타이머/카운터1과 3의 PFC PWM 모드 동작 타이밍도

이상과 같이 OCnx 단자로 파형을 출력하기 위해서는 고속 PWM 모드와 동일하게 COMnx1~COMnx0 비트를 미리 지정하여 놓아야 한다. 이 비트에 '10'을 쓰면 OCnx 단자에는 정상 PWM 신호가 출력되고, '11'을 쓰면 반전된 PWM 신호가 출력된다. 또한 CTC, 고속 PWM 모드에서와 마찬가지로 OCnx 출력 단자에서 파형을 출력하기 위해서는 I/O 포트의 입출력 방향 제어 레지스터를 미리 출력 방향으로 설정하여 놓아야 한다.

이상의 동작을 보면 PC PWM 동작 모드와 동일하게 동작하는 것처럼 보인다. 그러나, PFC PWM 동작 모드와 PC PWM 동작 모드의 차이점은 출력 비교 레지스터 OCRnx의 값이 OCRnx 버퍼 레지스터의 값으로 갱신되는 시점으로, PC PWM 모드에서는 OCRnx의 값이 top에서 일어나고 PFC PWM 모드에서는 bottom에서 일어난다. 이러한 차이로 인해 PC PWM 동작 모드에서는 top의 값이 바뀌는 시점에서 비대칭이 일어나지만, PFC PWM 모드에서는 대칭적인 출력을 얻을 수 있게 된다.

그림 9.21과 그림 9.22의 세 번째 주기를 비교하여 보면, PC PWM 모드에서 동작할 경우에는 비대칭적인 PWM 출력이 얻어졌지만, PFC PWM 모드로 동작할 경우에는 OCRnx 레지스터의 값이 bottom에서 갱신되어 PWM 주기는 상향이나 하향 동작에서 동일하게 되었다. 따라서 PFC PWM 모드의 경우에는 확실한 대칭적인 출력 펄스를 얻을 수 있게 되므로 주파수가 교정되는 효과를 볼 수가 있다.

top 값이 고정되어 있을 경우에는 top 값의 설정용으로 ICRn 레지스터를 사용하는 것이 편리하다. 이렇게 top 값이 고정되어 있을 경우에 ICRn 레지스터를 top 설정용으로 사용하면, OCRnA 레지스터는 OCnA 핀에 PWM 출력을 발생하는 용도로 자유롭게 사용될 수 있다. 그러나, PWM 주파수가 top의 값을 변경하여 변화하는 경우라면, OCRnA 레지스터는 이중 버퍼 기능을 가지고 있기 때문에 이를 top 값 설정용의 레지스터로 사용하는 것이 유리하다.

PFC PWM 모드의 동작은 PC PWM 모드와 동일하게 동작하므로, 출력 주파수를 구하는 식도 동일하게 적용되고, 최대 및 최소 주파수 또한 동일하다.

○ PC PWM 모드와 PFC PWM 모드의 비교

앞에서 설명한 PC PWM 동작 모드와 PFC PWM 동작 모드에서의 카운터 동작은 출력 비교 레지스터 OCRnx가 새로운 값으로 갱신되는 시점을 제외하고는 동일한 동작을 수행한다. PC PWM 모드에서는 카운터의 값이 top과 같아졌을 때 OCRnx 레지스터의 값이 갱신되고, PFC PWM 모드에서는 카운터의 값이 bottom과 같아졌을 때 OCRnx 레지스터의 값이 갱신된다. 이러한 차이로 인해 PWM 신호의 출력 파형은 PC PWM 모드인 경우에는 top의 값이 변경되는 시점에서 비대칭이 발생하고, PFC PWM 모드인 경우에는 대칭적인 출력을 얻을 수 있게 된다. 이 두 가지 모드의 차이점을 표 9.7에 간략하게 표현하였다.

표 9.7 PC PWM 모드와 PFC PWM 모드의 비교

	동작 모드 (WGMn3~WGMn0)	top의 값	top의 갱신 시점
PC PWM 모드	WGMn3 ~ 0 = 1	0x00ff	고정된 값
	WGMn3 ~ 0 = 2	0x01ff	고정된 값
	WGMn3 ~ 0 = 3	0x03ff	고정된 값
	WGMn3 ~ 0 = 10	ICRn	TCNTn = top 갱신하지 않는 것이 바람직함.
PFC PWM 모드	WGMn3 ~ 0 = 8	ICRn	TCNTn = bottom 갱신하지 않는 것이 바람직함.
	WGMn3 ~ 0 = 9	OCRnA	TCNTn = bottom

5) 타이머/카운터1과 3의 동작 모드

타이머/카운터 1과 3은 항상 동기 모드로 동작하며, 타이머 클럭 clk_{T1}과 clk_{T3}은 클럭 입력 신호가 아니라 $4m$ $clk_{I/O}$ 클럭의 입력 허가 신호로 동작한다.

그림 9.23은 프리스케일러의 분주비가 1인 경우로서 TCNTn의 값이 증가하여 OCFnx가 1이 되고 출력 비교 인터럽트가 발생하기까지의 과정을 나타내고 있다. 여기서 타이머/카운터 레지스터 TCNTn의 값이 증가하여 출력 비교 레지스터 OCRnx와 같아지면 그 다음 사이클에서 OCFnx가 1이 되면서 출력 비교 인터럽트가 발생하는 것을 볼 수 있다.

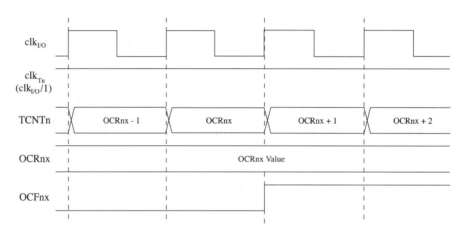

그림 9.23 분주비가 1인 경우, 타이머/카운터1과 3이 동작하여 OCFnx가 1이 되는 타이밍도

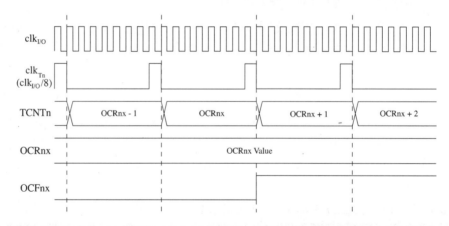

그림 9.24 분주비가 8인 경우, 타이머/카운터1과 3이 동작하여 OCFnx가 1이 되는 타이밍도

그림 9.24는 프리스케일러의 분주비가 8인 경우로서 타이머/카운터에 입력되는 $clk_{I/O}$ 클럭 신호를 8분주하여 만들어진 clk_{Tn} 신호는 8 클럭 주기에 한 번씩 클럭 허가 신호로 동작하여 TCNTn의 값이 증가하는 것을 보여주고 있다.

그림 9.25와 그림 9.26은 TCNTn의 값이 증가하여 top 근처에서 동작하는 타이밍도를 나타내었다. 그림 9.23은 프리스케일러의 분주비가 1인 경우로서, CTC 모드나 고속 PWM 모드에서는 TCNTn의 값이 증가하여 top이 되고 나면 bottom으로 바뀌지만, PC PWM 모드나 PFC PWM

모드에서는 top이 된 이후에는 하향 카운터로 동작하여 TCNTn의 값이 감소한다. 고속 PWM 모드에서는 TOVn이 1이 되면서 오버플로우 인터럽트가 발생하며, OCFnA 또는 ICRn 레지스터를 top으로 사용하는 PWM 모드에서는 이때 OCFnA 또는 ICFn이 1로 되면서 해당 인터럽트가 발생한다.

그림 9.26은 프리스케일러의 분주비가 1인 경우로서, 타이머/카운터에 입력되는 $clk_{I/O}$ 클럭 신호를 8분주하여 만들어진 clk_{Tn} 신호는 8 클럭 주기에 한 번씩 클럭 허가 신호로 동작하여 TCNTn의 값이 증가하는 것을 보여주고 있다.

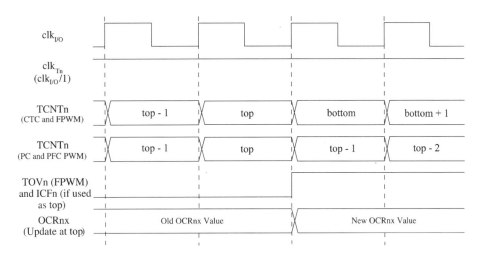

그림 9.25 분주비가 1인 경우, 타이머/카운터1과 3이 top 근처에서 동작하는 타이밍도

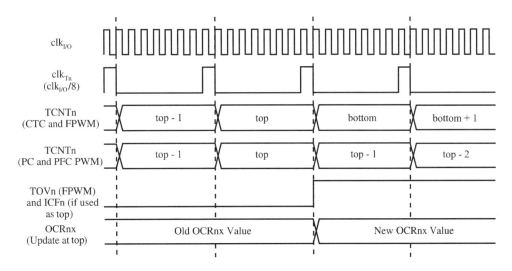

그림 9.26 분주비가 8인 경우, 타이머/카운터1과 3이 top 근처에서 동작하는 타이밍도

9.2   ATmega128 타이머/카운터의 요약

ATmega128에는 8비트 구조의 타이머/카운터 두(타이머/카운터 0, 2)개와 16비트 타이머/카운터 두 개(타이머/카운터1, 3)를 내장하고 있는데 이것들은 각각 여러 가지의 동작 모드를 가지고 있으며, 다른 MCU와의 경우와는 동작이 상당히 다르고 특이하여 사용자가 이것들을 제대로 이해하고 응용하기에는 꽤 어렵게 느껴질 수도 있다.

1) 타이머/카운터의 주요 기능

ATmega128의 각 타이머/카운터의 동작 모드를 세부적으로 나누어보면 이보다 훨씬 복잡하다. 여기에는 일반적인 목적의 계수기능이나 분주기능도 가지고 있지만, AVR의 타이머/카운터는 특별히 PWM 신호 출력 기능에 중점을 두어 설계된 측면이 강하다. 이 PWM 제어 기능은 모터 속도 제어와 같은 응용분야에 매우 유용하게 사용될 수 있다.

AVR에 내장된 타이머/카운터를 이용하여 여러 가지의 사건(event)을 모니터링하는 용도로 사용된다. 이러한 사건의 발생 여부에 대한 상태 정보는 TIMSK 레지스터에 저장되어 있다.

ATmega128의 타이머/카운터에는 외부 사건을 모니터링하기 위한 정보로 오버플로우, 출력 비교 일치, 입력캡처 등의 세 가지 정보를 활용할 수 있다.

타이머/카운터의 오버플로우는 카운터가 최대값이 될 때까지 증가하다가 최대값에서 0으로 리셋될 때 발생한다. 이 최대값은 타이머의 분해능에 의해 결정되며, 8비트 타이머/카운터인 0과 2인 경우에는 최대값이 255가 되고, 16비트 타이머/카운터인 1과 3인 경우에는 최대값이 65535가 된다. 즉, 타이머/카운터의 최대값은 다음 식과 같이 된다.

$$Max\ Val = 2^{Res} - 1$$

타이머에서 오버플로우가 발생하면 인터럽트 플래그 레지스터(TIFR)의 TOVx 플래그가 설정된다. 타이머의 오버플로우만을 모니터링하는 것이 충분하지 않을 경우에는 비교 일치 인터럽트가 사용될 수 있다. 출력 비교 레지스터(OCRx)에 0에서 MaxVal 값이 저장되어 있고, 매 사이클마다 타이머/카운터 레지스터(TCNTx)의 값과 이 레지스터의 값을 비교하여 일치하면 TIFR 레지스터 내의 출력 비교 플래그(OCFx)가 설정된다. 타이머/카운터는 비교 일치가 발생하면 카운터 레지스터를 0으로 클리어하도록 설정될 수 있다. 이 기능에서 출력 핀은 비교 일치가 발생할 때 마다 세트, 리셋 또는 자동으로 토글되도록 설정할 수 있으며, 이러한 기능을 이용하여 다양한 주파수를 갖는 구형파를 발생할 수 있다. 특히, AVR에서는 이 기능을 활용하여 PWM 신호를 발생하는 목적으로 주로 사용되고 있다.

또한, AVR에는 입력 캡쳐 사건을 트리거하는 입력을 가지고 있다. 이 핀에서의 신호의 변화가 발생하면 현재 타이머의 값을 읽어서 입력 캡쳐 레지스터(ICRx)로 자동 저장한다. 이 때 TIFR 레지스터 내의 입력 캡쳐 플래그(ICFx)가 설정된다. 이 기능은 외부 펄스의 폭을 계측하는 데 자주 활용된다.

2) 타이머/카운터의 동작 모드

ATmega128 타이머/카운터의 동작 모드는 8비트와 16비트에 약간의 차이가 있다. 이 동작 모드를 요약하여 표 9.8에 나타내었다.

표 9.8   ATmega128에서 각 타이머/카운터의 동작 모드 비교

	타이머/카운터 0과 2 (8비트)					타이머/카운터 1과 3 (16비트)				
	모드 번호	TCNTn 동작	OCRn 업데이트 시점	TOVn 설정	PWM 출력핀	모드 번호	TCNTn 동작	OCRn 업데이트 시점	TOVn 설정	PWM 출력핀
일반 모드	0	0x00~0xFF	설정 즉시	0xFF→0x00	OCn	0	0x0000~0xFFFF	설정 즉시	0xFFFF→ 0x0000	OCnA OCnB
CTC 모드	2	0x00~OCRn	설정 즉시	0xFF→0x00 (비교 실패)	OCn	4	0x0000~OCRnA	설정 즉시	0xFFFF→ 0x0000 (비교실패)	OCnB
						12	0x0000~ICRn	설정 즉시		OCnA OCnB
고속 PWM 모드	3	0x00~0xFF	0xFF→0x00 (이중 버퍼)	0xFF→0x00	OCn	5	0x0000~0x00FF	0x00FF→ 0x0000 (이중 버퍼)	0x00FF→ 0x0000	OCnA OCnB
						6	0x0000~0x01FF	0x01FF→ 0x0000 (이중 버퍼)	0x01FF→ 0x0000	OCnA OCnB
						7	0x0000~0x03FF	0x03FF→ 0x0000 (이중 버퍼)	0x03FF→ 0x0000	OCnA OCnB
						14	0x0000~ICRn (ICRn은 설정 즉시 변경됨)	ICRn→ 0x0000 (이중 버퍼)	ICRn→ 0x0000	OCnA OCnB
						15	0x0000~OCRnA	OCRnA→ 0x0000 (이중 버퍼)	OCRnA→ 0x0000	OCnB
PC PWM 모드	1	0x00~0xFF ~0x00	0xFF→ 0xFE (이중 버퍼)	0x00→ 0x01	OCn	1	0x0000~0x00FF ~0x0000	0x00FF→ 0x00FE (이중 버퍼)	0x0000→ 0x0001	OCnA OCnB
						2	0x0000~0x01FF ~0x0000	0x01FF→ 0x01FE (이중 버퍼)	0x0000→ 0x0001	OCnA OCnB
						3	0x0000~0x03FF ~0x0000	0x03FF→ 0x03FE (이중 버퍼)	0x0000→ 0x0001	OCnA OCnB
						10	0x0000~ICRn ~0x0000 (ICRn은 설정 즉시 변경됨)	ICRn→ ICRn-1 (이중 버퍼)	0x0000→ 0x0001	OCnA OCnB
						11	0x0000~OCRnA ~0x0000	OCRnA→ OCRnA-1 (이중 버퍼)	0x0000→ 0x0001	OCnB
PFC PWM 모드	–	–	–	–	–	8	0x0000~ICRn ~0x0000 (ICRn은 설정 즉시 변경됨)	ICRn→ ICRn-1 (이중 버퍼)	0x0000→ 0x0001	OCnA OCnB
						9	0x0000~OCRnA ~0x0000	OCRnA→ OCRnA-1 (이중 버퍼)	0x0000→ 0x0001	OCnB
비고	여기서 n은 타이머/카운터0 또는 2를 나타냄.					여기서 n은 타이머/카운터1 또는 3을 나타냄.				

○ 일반 모드

　일반 모드는 카운터가 클럭 입력에 의하여 최소값(8비트 0x00 또는 16비트 0x0000)에서 최대값(8비트 0xFF 또는 16비트 0xFFFF)까지 단순하게 증가하므로 타이머/카운터가 외부에서 입력되는 펄스 수를 계수하는 카운터 동작으로 사용하는 데 적합하다.

○ CTC 모드

　CTC 모드(Clear Timer on Compare Match Mode)는 카운터가 클록 입력에 의하여 최소값(bottom, 8비트의 0x00 및 16비트 0x0000))에서 지정된 설정값(top, 8비트의 OCRn 레지스터 및 16비트의 OCRn 또는 OCRnA 레지스터)까지 동작하므로 타이머 동작이든 카운터 동작이든 관계없이 입력 주파수를 정수로 분주한 출력 주파수를 얻을 수 있는 분주 기능을 가지며, 이를 인터럽트와 연계하면 원하는 시간 간격으로 주기적인 인터럽트를 발생하는 데 적합하다.

○ 고속 PWM 모드

　고속 PWM 모드 (Fast PWM Mode)는 단순한 톱니파와 비교 데이터를 사용한 PWM 기능으로 생각할 수 있다. 톱니파에 해당하는 기능을 만들기 위하여 8비트인 타이머/카운터0과 2에서는 카운터가 무조건 0x00~0xFF로 반복적으로 증가하여 일정한 PWM 주기를 발생하며, 16비트인 타이머/카운터1과 3에서는 카운터가 0x0000~top로 반복적으로 증가하므로 (top은 0x00FF, 0x01FF, 0x03FF, ICRn 또는 OCRnA로 지정) top는 PWM 주기를 결정한다. 따라서, top으로 ICRn 또는 OCRnA 레지스터를 사용하는 모드에서는 PWM 주기를 가변할 수 있다. 이 톱니파와 비교할 데이터로 8비트에서는 OCRn 레지스터를 사용하고, 16비트에서는 OCRnx 레지스터를 사용한다. 고속 PWM 모드는 다른 PWM 모드에 비하여 약 두 배의 PWM 스위칭 주파수를 가지도록 할 수 있으므로, "고속"이라는 이름을 붙였다. 대칭적인 동작이 필요없고 일정한 스위칭 주기에서 듀티비만을 가변하면 되는 단순한 PWM 제어에는 이 모드를 사용하는 것이 적합하다.

○ PC PWM 모드

　PC PWM 모드 (Phase Correct PWM Mode)는 톱니파 비교 형태의 단방향 경사(single slope)를 사용하는 고속 PWM 모드와 달리 삼각파 비교 형태의 양방향 경사(dual slope)를 사용하여 PWM 파형을 발생한다. 이렇게 하면 PWM 출력 파형이 1주기 내에서 대칭적인 동작을 수행하며, 고속 PWM 모드에 비하여 약 1/2로 낮은 스위칭 주파수에서 두 배로 높은 분해능의 PWM 출력 신호를 만들 수 있다. 그러나, 이 동작모드에서는 출력 비교 레지스터(8비트의 OCRn 및 16비트의 OCRnx)가 삼각파의 정점(top)에서 갱신되므로 증가 부분에서 적용되는 출력 비교값과 감소 부분에서 적용되는 출력 비교값이 다를 경우 이 1 주기 동안 비대칭 PWM 출력을 발생하는 단점이 있다. 8비트인 타이머/카운터0과 2에서 이 동작모드는 일정한 주기로만 동작한다. 그러나, 16비트인 타이머/카운터1과 3에서 이 동작모드를 사용할 경우에는 주기를 변화시키는 것이 가능하기는 하지만, 주기를 결정하는 OCRnA 레지스터의 값을 수정하고 나면 1주기 동안 비대칭 PWM 출력 파형을 발생하게 되는 단점이 있다. 따라서, 이 동작모드는 기본적으로 고정된 주파수에서 아주 가끔 듀티비를 가변하는 정도의 PWM 동작에 적합하다.

○ PFC PWM 모드

PFC PWM 모드 (Phase and Frequency Correct PWM Mode)는 16 비트인 타이머/카운터1과 3에서만 사용되는 동작 모드로서, 기본적인 동작이 PC PWM 모드와 매우 유사하다. 그러나, 출력 비교 레지스터 OCRnx가 삼각파의 저점(bottom)에서 갱신되므로 이를 수정하여 듀티비를 가변하거나 PWM의 주기를 변경하더라도 항상 대칭적인 PWM 출력 파형을 발생하게 되는 장점을 가진다. 따라서, 이 동작모드는 PWM 출력의 듀티비와 스위칭 주파수를 모두 변경하여야 하는 응용에 적합하다.

이상의 동작모드에서 항상 출력 비교 레지스터 OCRn, OCRnx나 top으로 사용되는 OCRnA 레지스터는 이중 버퍼링 구조로 되어 있어서 소프트웨어로 이들 값을 변경하더라도 이것이 즉시 적용되지 않고 지정된 시점에서 새로운 값으로 갱신된다. 그러나 ICRn 레지스터는 소프트웨어로 이 값을 지정하는 순간 즉시 새로운 값으로 갱신되므로 이를 top으로 사용하는 동작모드에서는 1주기 동안 PWM 신호가 올바르게 출력되지 않는 글리치 현상이 발생될 수 있으므로 주의하여야 한다.

9.3 16비트 타이머/카운터의 액세스

16비트 타이머/카운터의 레지스터 중에 TCNTn, OCRnA/B과 ICRn은 16비트로 구성되어 있고, 이를 8비트 마이크로컨트롤러인 ATmega128에서 액세스하기 위해서는 바이트 단위로 두 번 액세스하여야 한다. 그러나 16비트 레지스터를 시차를 두고 상위 바이트와 하위 바이트를 액세스할 경우에 하위 바이트의 데이터에서 상위 바이트로 오버플로우가 발생하는 것과 같이 데이터가 변하는 경우가 발생할 수 있기 때문에 ATmega128에는 그림 9.2에서 그림 9.4에 제시한 것과 같이 TCNTn, OCRnA/B과 ICRn에는 상위 바이트에 임시 레지스터(TEMP register)를 두어 임시 레지스터의 값과 하위 바이트가 동시에 처리될 수 있도록 특별히 고안해 놓았다. 이렇게 고안된 16비트 레지스터를 액세스하는 과정은 다음과 같다.

이들 16비트 레지스터를 읽을 때에는 반드시 먼저 하위 바이트를 읽고, 이를 읽는 과정에서 CPU는 상위 바이트를 임시 레지스터에 저장한다. 이어서 상위 바이트를 읽으면 임시 레지스터에 저장되어 있던 값이 읽혀지게 된다. 또한 이들 16비트 레지스터에 데이터를 기록할 때에는 반드시 먼저 상위 바이트를 쓰고, 이때 쓰여진 데이터는 임시 레지스터에 저장되고, 이어서 하위 바이트를 쓰면 이 하위 바이트와 임시 레지스터에 있던 상위 바이트가 동시에 16비트 레지스터에 저장된다.

따라서 프로그램에서 이들 16비트 레지스터를 읽기 위해서는 반드시 하위 바이트를 먼저 액세스하여야 하고, 쓰기 위해서는 반드시 상위 바이트를 먼저 액세스하여야 한다.

이러한 과정은 ATmega128에 있는 16비트 레지스터에 공통으로 적용된다. 이상과 같이 16비트 레지스터를 액세스하기 위해서는 다음과 같이 바이트 단위로 두 번 액세스하는 것이 바람직하다.

```
OCR1AH = 0x00;              // 데이터를 쓸 때에는 상위 바이트를 먼저 액세스하고
OCR1AL = 0x12;              // 하위 바이트를 나중에 액세스한다.

int temp, counter;
temp = (OCR1AL && 0x00ff);  // 데이터를 읽을 때에는 먼저 하위 바이트를 액세스하고
counter1 = OCR1AH<<8;       // 나중에 상위 바이트를 액세스한 후에
counter1 = counter | temp;  // 이 두 변수를 OR하여 16비트 변수로 저장한다.
```

9.4 16비트 타이머/카운터의 활용 실험

16비트 타이머/카운터의 사용 방법은 8비트 타이머/카운터의 사용 방법과 거의 비슷하다. 그러나, 16비트 타이머/카운터는 8비트 타이머/카운터에 비해 본문에서 설명한 것과 같이 타이머/카운터의 분해능이 16비트로 확장된 것, PWM 발생 모드에서 PFC 모드가 추가된 것과 입력 캡쳐 기능이 추가된 것이 커다란 차이점이다.

따라서 본 실험 과정에서는 대부분의 예제를 8장에서 소개한 것을 그대로 16비트로 확장하여 구현하여 보고, 입력 캡쳐 기능에 대해 추가적으로 구현하여 보기로 한다. 따라서 프로그램을 작성하는 과정은 8장의 내용을 많이 참조하여 실험에 임하기 바란다.

예제 9.1 CTC 모드의 활용

타이머/카운터1의 CTC 모드를 사용하여 10kHz 구형파를 출력 비교(OC1A) 핀으로 출력하는 프로그램을 작성하시오.

타이머/카운터1이 CTC 모드로 동작할 때에는 그림 9.17에서 설명한 것과 같이 타이머/카운터 레지스터 TCNT1의 값이 항상 0x0000에서 top(top의 값은 OCR1A 또는 ICR1에 설정된 값)에 이르는 계수 동작을 반복하여 수행되며, 계수의 과정에서 OCR1A 또는 ICRn의 레지스터의 값과 같아지면, 그 다음 클럭 사이클에서 0으로 클리어된다. 만약 이 과정에서 인터럽트가 허가되어 있다면, 카운터의 값이 top 값과 일치할 때 OCF1A 또는 ICF1 플래그가 1로 되면서 인터럽트가 발생하고 동시에 OCR1A 또는 ICRn 레지스터의 값이 자동

으로 재적재되는 동작을 수행한다.

이상과 같이 TCNT1을 CTC 모드로 동작시키기 위해서는 다음과 같이 타이머/카운터1과 관련된 레지스터를 초기화하여야 하고, 동작 모드에 따라 주프로그램에서 설정하여야 한다.

▶ **CTC 모드의 설정** : TCCR1A과 TCCR1B 레지스터의 WGM13~WGM10 비트를 '0100' 또는 '1100'으로 설정한다. 여기서는 top 설정용으로 OCR1A 레지스터를 사용하므로 '0100'으로 설정한다. (표 9.5 참조)

▶ **클럭 설정** : TCCR1B 레지스터의 CS12~CS10 비트 설정에 따라 프리스케일러 값을 설정한다. (표 9.6 참조)

▶ **OCR1A 레지스터 값의 설정** (그림 9.15 참조)

▶ **인터럽트의 설정** : TCNT1 레지스터와 OCR1A 레지스터의 값을 비교하여 일치할 때 출력 비교 인터럽트를 사용하기 위해 TIMSK 레지스터의 OCIE1A 비트를 1로 세트하여야 한다. (그림 9.15 참조)

▶ **출력 핀의 설정** : OC1A 핀으로 파형을 출력하기 위해 COM1A1~COM1A0 비트를 동작 모드에 따라 설정한다. 여기서는 토글 모드를 사용하므로 '01'로 설정한다. (표 9.2 참조)

▶ **인터럽트의 사용** : 출력 비교 인터럽트가 발생하면 이에 해당하는 동작을 확인하기 위해 TIFR의 OCF1A 비트를 사용하거나 TIM1_COMP1 ISR 루틴을 작성한다.

먼저 타이머/카운터1을 CTC 모드, 비교 일치 출력 모드의 토글 모드와 8분주의 프리스케일러를 사용하도록 설정한다. OC1A 핀으로 출력하고 CTC 모드를 설정하기 위해서는 TCCR1B 레지스터의 WGM13, WGM12비트와 TCCR1A 레지스터의 WGM11, WGM10 비트의 값을 '0100'으로 설정하고, COM1A1~COM1A0 비트는 '01'로 설정한다. 또한 8분주의 프리스케일러를 설정하기 위해서는 TCCR1B 레지스터의 CS12~CS10 비트는 '010'으로 설정한다. 이 과정은 다음과 같다.

```
TCCR1A |= 1<<COM1A0;          // COM/A1~COM/A0 = 01, WGM11~WGM10 = 00
TCCR1B |= (1<<WGM12)) | (1<<CS11); // WGM13~WGM12 = 01, CS12~CS10 = '010'
```

10kHz의 구형파를 만들기 위해서는 예제 8.2와 같이 펄스의 On 시간과 Off 시간이 각각 50μs이어야 하고, 이상과 같이 설정되면 프리스케일러를 통해 공급되는 클럭은 1μs이 되므로, 10kHz의 구형파의 클럭을 만들기 위해서는 이 클럭을 50번 계수하면 된다.

또한 OCR1A의 값을 계산하기 위해서는 CTC 모드에서의 OC1A 단자로의 출력 주파수를 구하는 공식을 사용해도 구할 수 있다.

$$F_{OC1A} = \frac{f_{clk\_IO}}{2 \times N \times (1+ OCR1A)} = \frac{16MHz}{2 \times 8 \times (1 + OCR1A)}$$

$$= \frac{16 \times 10^6}{16} \times (1 + OCR1A)$$

이 식에 의해 OCR1A의 값은 99로 구해진다. 따라서, OCR1AH의 값은 00, OCR1AL의 값은 0x5C(99)로 설정한다.

```
OCR1AH = 0x00;
OCR1AL = 0x5C;
```

출력 비교 단자 OC1A(PORTB.5)에 10kHz의 펄스를 출력하기 위해서는 이 포트의 핀을 출력으로 설정하여야 한다.

```
DDRB.5 = 1;            //OC1A 출력
```

이상의 내용으로 프로그램을 작성하면 다음과 같다.

```
void Init_Timer1(void)
{
        TCCR1A |= 1<<COM1A0;              // COM1A1 ~ COM1A0 = 01
                                         // WGM11~WGM10 = 00
        TCCR1B |= (1<<WGM12) | (1<<CS11); // WGM13~WGM12 = 01,
                                         // CS12~CS10 = '010'

        OCR1AH = 0x00;                   // OCR1A 레지스터 값의 설정
        OCR1AL = 0x5C;
        DDRB.5 = 1;                      //OC1A(PORTB.5) 출력으로 설정
}
void main(void)
{
        Init_Timer1();
        while(1);
}
```

예제 8.2에서는 출력비교 인터럽트를 사용하여 프로그램을 작성하였으나 본 예제에서는 출력비교 인터럽트를 사용하지 않고 프로그램을 작성하였다. 그러나 예제 8.2에서는 실제 인터럽트가 발생하면 아무 동작도 하지 않으므로 예제 8.2도 인터럽트 사용하지 않아도 상관이 없을 것이다.

END

예제 9.2 CTC 모드의 활용

예제 9.1의 프로그램을 활용하여 1kHz 구형파를 PORTB.0상에 출력하는 프로그램을 작성하시오.

1kHz의 구형파를 만들기 위해서는 펄스의 On 시간과 Off 시간이 각각 500μs이어야 한다. 예제 8.1에서는 8비트 타이머/카운터를 사용하였기 때문에 인터럽트와 소프트웨어 카운트를 사용하여 500μs를 계수하였지만, 본 예제에서는 16비트 타이머/카운터를 사용하기 때문에 출력 비교 레지스터인 OCR1A에 이 값을 직접 쓰면 간단하게 프로그램을 구현할 수 있다.

500μs의 주기를 만들기 위해서는 예제 9.1에서 사용된 공식에서 F_{OC1A} = 1,000이기 때문에 OCR1A = 0x03E7로 설정하면 되고, 이렇게 설정하여 발생하는 매 인터럽트 주기마다 PORTB.0의 0비트를 토글하도록 하면 된다.

여기서 PORTB.0에 1kHz의 펄스를 출력하기 위해서는 이 포트 핀을 출력으로 사용하기 위해 다음과 같이 미리 설정하여 놓아야 한다.

```
DDRB.1 = 1;
```

이상의 내용과 예제 9.1의 프로그램을 참조하여 프로그램을 작성하면 다음과 같다.

```
#include <mega128.h>
interrupt [TIM1_COMPA] void timer1_compa_isr(void)
{
        PORTB.0 = ~PORTB.0;
}
void Init_Timer1(void)
{
        TIMSK = 1<<OCIE1A;                      // OCR1A의 비교 일치 인터럽트 사용
        TCCR1A |= 1<<COM1A0;                    // WGM11,WGM10 = 00
        TCCR1B |= (1<<WGM12) | (1<<CS11);       // WGM13,WGM12 = 01,
                                                // CS12~CS10 = '010'

        OCR1AH = 0x03;                          // OCR1A 레지스터 값의 설정
        OCR1AL = 0xE7;
        sei();                                  // 전체 인터럽트 허가 #asm("sei")
}
void main(void)
{
        Init_Timer1();
        DDRB.0 = 1;                             // PORTB.0을 출력으로 설정
```

```
            PORTB.1 = 0;

            while(1);
    }
```

이 프로그램의 초기화 과정을 살펴보면 sei( ); 함수가 사용되는 것을 볼 수 있다. 이 함수
는 상태 레지스터 SREG의 I비트를 1로 세트하여 전체 인터럽트를 사용할 수 있도록 하는
함수로 다음과 같이 <mega128.h> 파일에 미리 포함하여 놓았다. 앞으로는 다음의 함수를
사용하여 전체 인터럽트를 허가하거나 금지하도록 한다.

```
#define sei() #asm("sei")      // 앞에서는 SREG |= 0x80;를 사용하였음.
#define cli() #asm("cli")      // 전체 인터럽트 사용 금지
```

END

예제 9.3   고속 PWM 모드

고속 PWM 모드의 10비트 동작 모드를 이용하여 출력 비교(OC1A) 단자에 듀티비가 25%,
50%, 75%, 100%인 PWM 신호를 만드는 프로그램을 작성하시오. 듀티비의 선택은 PORTD에
있는 스위치 입력에 의해 결정된다.

타이머/카운터1의 고속 PWM 모드의 동작은 그림 9.18에서 설명한 것과 같이 TCNT1의 값이
0x0000에서 시작하여 top까지 증가하는 모드이고, 문제에서 주어진 10비트 동작 모드의 경우
에는 top의 값은 0x3FF이 된다. 이 과정에서 타이머/카운터 레지스터 TCNT1의 값이 출력 비
교 레지스터(OCRnA)의 내용과 같으면 출력 신호를 토글하여 PWM 신호가 발생한다.
타이머/카운터1이 이상과 같이 고속 PWM 모드로 동작하기 위해서는 다음과 같이 타이머/
카운터1과 관련된 레지스터를 초기화하여야 하고, 동작 모드에 따라 주프로그램에서 설정
하여야 한다.

▶ 고속 PWM 모드의 설정 : TCCR1A과 TCCR1B 레지스터의 WGM13~WGM10 비트를
  '0111'로 설정한다. (표 9.5 참조)
▶ 클럭 설정 : TCCR1B 레지스터의 CS12~CS10 비트 설정에 따라 프리스케일러 값을 설
  정한다. 여기서는 8분주의 프리스케일러를 사용하므로 '010'으로 설정한다. (표 9.6 참조)
▶ OCR1A 레지스터 값의 설정 (그림 9.18 참조)
▶ 인터럽트의 설정 : OCR1A 레지스터의 값을 갱신하기 위하여 TIMSK 레지스터의
  TOIE1 비트를 1로 세트하여야 한다. (그림 9.18 참조)
▶ 출력 핀의 설정 : OC1A 핀으로 파형을 출력하기 위해 COM1A1~COM1A0 비트를 동작 모
  드에 따라 설정한다. 여기서는 비반전 모드를 사용하므로 '10'으로 설정한다. (표 9.3 참조)

▶ **인터럽트의 사용** : 출력 비교 인터럽트가 발생하면 이에 해당하는 동작을 확인하기 위해 TIFR의 OCF1A 비트를 사용하거나 TIM1_COMP1 ISR 루틴을 작성한다.

이상과 같은 과정을 고려하면 타이머/카운터1의 초기화 과정의 프로그램은 다음과 같이 작성할 수 있다.

```
void Init_Timer1(void)
{
     cli();


     TCCR1A |= (1<<COM1A1) | (1<<WGM11) | (1<<WGM10);
     // 비교 일치시 OC1A= 0, BOTTOM에서 OC1A = 1[PORTB.5],
     //고속 PWM 10비트 top = 0x03FF
     TCCR1B |= (1<<WGM12) | (1<<CS11);
     // 분주비 : 8, 10bit FAST PWM Mode, 입력 캡쳐 사용 하지 않음


     OCR1AH = 0x03;          // OCR1A 레지스터 설정
     OCR1AL = 0xFF;
     TIMSK = 1<<TOIE1;       // 타이머/카운터1 오버플로우 인터럽트 사용 허가
     DDRB.5 = 1;             // OC1A핀을 출력으로 설정


     sei();
}
```

듀티비 설정은 PORTD에 스위치 입력 SW0~3의 상태에 따라 결정되도록 한다. 즉, SW1이 On되면 듀티비가 25%, SW2가 On되면 듀티비가 50%, SW3이 On되면 듀티비가 75%, SW4가 On되면 듀티비가 100%로 설정되도록 프로그램을 작성한다. 듀티비는 OCR1AH와 OCR1AL 레지스터의 값에 의해 결정이 되고 듀비티에 따른 각 레지스터의 값은 다음 표와 같다.

듀티비(%)	OCR1AH	OCR1AL
25	0x00	0xFF
50	0x01	0xFF
75	0x02	0xFF
100	0x03	0xFF

고속 PWM방식에서의 OCR1AH 레지스터와 OCR1AL 레지스터 값의 갱신은 TCNT1이 TOP에서 0x0000으로 되는 순간에 갱신되므로 타이머/카운터 1 오버플로우가 발생하였을 때 OCR1AH, OCR1AL 레지스터를 갱신한다.

마지막으로 PORTD의 상위 4비트는 스위치가 연결되어 있으므로 이를 입력으로 하기 위해서 DDRD 레지스터의 값을 0x0F로 설정하고, OC1A 단자를 출력으로 설정하기 위해

DDRB.5를 1로 설정한다.

이상의 내용을 참조하여 프로그램을 작성하면 다음과 같다.

```c
#include <mega128.h>

void Init_Timer1(void)
{
     cli();

     TCCR1A |= (1<<COM1A1) | (1<<WGM11) | (1<<WGM10);
     // 비교 일치시 OC1A= 0, BOTTOM에서 OC1A = 1[PORTB.5],
     //고속 PWM 10비트 top = 0x03FF
     TCCR1B |= (1<<WGM12) | (1<<CS11);
     // 분주비 : 8, 10bit FAST PWM Mode, 입력 캡쳐 사용 하지 않음

     OCR1AH = 0x03;          // OCR1A 레지스터 설정
     OCR1AL = 0xFF;
     TIMSK = 1<<TOIE1;       // 타이머/카운터1 오버플로우 인터럽트 사용 허가
     DDRB.5 = 1;             // OC1A 출력
     sei();
}

interrupt [TIM1_OVF] void timer1_ovf_isr(void)
{
     unsigned char key;
     key = (PIND >> 4);
     switch(key)
     {
          case 0x0E:     //SW PD.4
               OCR1AH = 0x00; OCR1AL = 0xFF; break;    // 듀티비 25%
          case 0x0D:     //SW PD.5
               OCR1AH = 0x01; OCR1AL = 0xFF; break;    // 듀티비 50%
          case 0x0B:     //SW PD.6
               OCR1AH = 0x02; OCR1AL = 0xFF;break;     // 듀티비 75%
          case 0x07:     //SW PD.7
               OCR1AH = 0x3; OCR1AL = 0xFF; break;     // 듀티비 100%
          default: break;
     }
}

void main(void)
{
```

```
        Init_Timer1();
        DDRD = 0x0F;
        PORTD = 0x00;

        while(1);
}
```

END

예제 9.4 PC PWM 모드

타이머/카운터1의 PC PWM 모드를 이용하여 PORTB.5 단자에 듀티비가 0%, 20%, 40%, 60%, 80%, 100%로 가변하면서 출력되도록 PWM 신호를 만드는 프로그램을 작성하시오. 단, 듀티비가 변경되는 시간은 2초 간격으로 조정하시오.

PC PWM 모드에서의 16비트 타이머/카운터인 TCNT1은 상향/하강 카운터로 동작한다. 즉, 카운터의 값은 0x0000에서 top까지 증가하고, 다시 top에서 0x0000으로 감소한다. 이 과정에서 카운터가 상향 카운터로 동작할 경우에는 타이머/카운터 레지스터 TCNT1의 값이 출력 비교 레지스터 OCRnA의 값과 일치하면 OCnA 출력 신호는 0으로 클리어되고, 반대로 하향 카운터로 동작할 경우에는 OCRnA의 값과 일치하면 OCnA 출력 신호는 1로 세트된다. 따라서 PC PWM 모드에서의 출력 주파수는 고속 PWM 모드에 비해 1/2로 낮아진다. 이상의 내용을 참고로 하여 PC PWM 모드를 이용하여 OC1A 단자에 듀티비가 0%, 20%, 40%, 60%, 80%, 100%인 PWM 신호를 만드는 프로그램을 작성하여 보자. 이 프로그램의 작성 방법은 예제 8.5에서 작성한 것과 같이 PC PWM 모드를 사용하여 PWM 출력을 얻는 과정과 PWM 파형을 가변시키기 위한 과정을 나누어 생각할 수 있다.
먼저 타이머/카운터1을 사용하여 PC PWM 모드로 동작하여 OC1A 단자에 PWM 출력을 만들기 위한 과정은 다음과 같이 타이머/카운터1과 관련된 레지스터를 초기화하여야 하고, 동작 모드에 따라 주프로그램에서 설정하여야 한다.

▶ PC PWM 모드의 설정 : TCCR1A과 TCCR1B 레지스터의 WGM13~WGM10 비트를 동작 모드에 따라 설정한다. 여기서는 예제 9.3과 같이 10비트 모드를 사용하기로 하고, '0011'로 설정한다. (표 9.5 참조)

▶ 클럭 설정 : TCCR1B 레지스터의 CS12~CS10 비트 설정에 따라 프리스케일러 값을 설정한다. 여기서는 8분주의 프리스케일러를 사용하므로 '010'으로 설정한다. (표 9.6 참조)

▶ OCR1A 레지스터 값의 설정 (그림 9.18 참조)

▶ 인터럽트의 설정 : OCR1A 레지스터의 값을 갱신하기 위하여 TIMSK 레지스터의 TOIE1 비트를 1로 세트하여야 한다. (그림 9.18 참조)

▶ **출력 핀의 설정** : OC1A 핀으로 파형을 출력하기 위해 COM1A1~COM1A0 비트를 동작 모드에 따라 설정한다. 여기서는 비반전 모드를 사용하므로 '10'으로 설정한다. (표 9.3 참조)

▶ **인터럽트의 사용** : 출력 비교 인터럽트가 발생하면 이에 해당하는 동작을 확인하기 위해 TIFR의 OCF1A 비트를 사용하거나 TIM1_COMP1 ISR 루틴을 작성한다.

이상과 같은 과정을 고려하면 타이머/카운터1의 초기화 과정의 프로그램은 다음과 같이 작성할 수 있다.

```
void Init_Timer1(void)
{
        cli();
        TIMSK = 1<<OCIE1A;      // 타이머/카운터1 OCR1A의 비교일치 [COMPA] 인터럽트 사용

        TCCR1A |= (1<<COM1A1) | (1<<WGM11) | (1<<WGM10);
        // up-counting OC1A[PORTB.5] = 0, down-counting OC1A[PORTB.5] = 1,
        // 10bit PC PWM Mode top = 0x03FF

        TCCR1B |= (1<<CS11);     // 분주비 : 8, 입력 캡쳐 사용 하지 않음

        TCNT1H = 0x00;           // TCNT1 레스터의 초기화
        TCNT1L = 0x00;

        OCR1AH = 0x03;           // TOP 값 설정
        OCR1AL = 0xFF;

        sei();
}
```

이상의 초기화 과정에서는 다섯 가지의 PC PWM 모드 중에 10비트의 파형 발생 모드로 설정하여 top값은 0x3FF을 사용하였다. 또한, 듀티비를 설정하기 위해서는 OCR1A의 값을 변경하여야 하는데 8분주의 프리스케일러를 사용할 경우에 있어서 OCR1AH와 OCR1AL 레지스터에 설정해야 하는 값은 다음 식에 의하여 결정되며, 이 식을 이용하여 구하면 다음과 표와 같다.

$$f_{OC1APCPWM} = \frac{f_{clk\_I/O}}{2 \cdot N \cdot top} = \frac{16 \times 16^6}{2 \times 8 \times top}$$

듀티비(%)	OCR1AH	OCR1AL
0	0x00	0x00
20	0x00	0xCD
45	0x01	0x99
60	0x02	0x66
80	0x03	0x32
100	0x03	0xFF

PC PWM방식에서의 OCR1A 레지스터 값은 TCNT1이 top에 도달할 때 갱신되기 때문에 정확한 타이밍을 위하여 타이머/카운터1의 오버플로우가 발생하였을 때 OCR1A 값이 갱신되어야 한다. 이는 타이머/카운터1의 오버플로우 인터럽트 서비스 루틴에서 갱신하도록 프로그램을 작성한다.

이제 마지막으로 PWM 파형을 가변시키기 위한 과정을 생각하여 보자. 듀티비의 변경을 매 2초마다 하기 위해서는 2초 주기의 인터럽트를 발생시켜야 한다. 이 예제에서는 2초 주기의 인터럽트를 발생시키기 위하여 타이머/카운터3의 일반 모드를 사용하기로 한다. 타이머/카운터3의 일반 모드를 이용하여 2초 주기의 인터럽트를 발생하는 것은 불가능하므로, 타이머/카운터3의 오버플로우 주기를 10ms로 설정하고, 오버플로우 인터럽트가 200회 발생하면 2초의 시간을 얻을 수 있도록 소프트웨어 카운터를 추가로 사용하기로 한다.

이상과 같이 타이머/카운터3을 일반 모드로 동작시키면서 10ms의 주기적인 인터럽트를 발생시키기 위한 초기화 과정은 다음과 같고, 오버플로우 인터럽트가 발생하면 200회를 계수하여 2초의 플래그를 생성하여야 한다.

▶ 일반 모드의 설정 : TCCR3A과 TCCR3B 레지스터의 WGM33~WGM30 비트를 동작 모드에 따라 설정한다. 여기서는 일반 모드를 사용하므로, '0000'로 설정한다. (표 9.5 참조)
▶ 클럭 설정 : TCCR3B 레지스터의 CS12~CS10 비트 설정에 따라 프리스케일러 값을 설정한다. 여기서는 8분주의 프리스케일러를 사용하므로 '010'으로 설정한다. (표 9.6 참조)
▶ TCNT3 레지스터 값의 설정 : 오버플로우의 주기를 결정한다. 여기서는 10ms의 주기를 가져야 하므로 0xF82F값으로 결정한다.
▶ 인터럽트의 설정 : 오버플로우 인터럽트를 사용하기 위하여 ETIMSK 레지스터의 TOIE3 비트를 1로 세트하여야 한다. (그림 9.18 참조)
▶ 인터럽트의 사용 : 오버플로우 인터럽트가 발생하면 이에 해당하는 동작을 확인하기 위

해 ETIFR의 TOV3 비트를 사용하거나 TIM3_OVF3 ISR 루틴을 작성한다.

이상과 같은 과정을 고려하면 타이머/카운터3의 초기화 과정의 프로그램은 다음과 같이 작성할 수 있다.

```
void Init_Timer3(void)
{
    cli();

    TCCR3A = 0x00;          // 일반모드
    TCCR3B = 0x02;          // 분주비 8의 설정

    TCNT3H = 0xB1;          // 10ms
    TCNT3L = 0xDF;          // (1/16MHz)*8분주*(65535-45535)=0.01[sec]
    ETIMSK = 0x04;          // 타이머/카운터3 오버플로우 인터럽트 설정

    sei();
}
```

이상의 초기화 과정과 예제 8.5의 내용을 참조하여 전체 프로그램을 작성하면 다음과 같다. 이는 독자들이 잘 살펴보기 바란다.

```
#include <mega128.h>

Int sec=0, cnt=0;
interrupt [TIM1_COMPA] void timer1_cmpA_isr(void)
{
    cli();
    PORTB.5 = ~ PORTB.5;
    sei();
}

interrupt [TIM3_OVF] void timer3_ovf_isr(void)
{
    cli();
    sec++;
    TCNT3H = 0xB1;
    TCNT3L = 0xDF;                  // TCNT3의 10ms마다 OVF발생 값

     if(sec == 200 )
     {
            switch(cnt)
            {
```

```
                    case 0: OCR1AH = 0x00; OCR1AL = 0x00; break; // 0
                    case 1: OCR1AH = 0x00; OCR1AL = 0xCD; break; // 20
                    case 2: OCR1AH = 0x01; OCR1AL = 0x99; break; // 40
                    case 3: OCR1AH = 0x02; OCR1AL = 0x66; break; // 60
                    case 4: OCR1AH = 0x03; OCR1AL = 0x32; break; // 80
                    case 5: OCR1AH = 0x03; OCR1AL = 0xFF; break; // 100
                    default: cnt = 0; break;
                }
            cnt++;
            sec=0;
        }
        sei();
}


void Init_Timer1(void)
{
        cli();

        TCCR1A |= (1<<COM1A1) | (1<<COM1B1) | (1<<WGM11) | (1<<WGM10);
        // up-counting OC1A[PORTB.5] = 0, down-counting OC1A[PORTB.5] = 1,
        // 10bit PC PWM Mode top = 0x03FF
        TCCR1B |= (1<<CS11);      // 분주비 : 8, 입력 캡처 사용 하지 않음

        TCNT1H = 0x00;             // TCNT1 레스터의 초기화
        TCNT1L = 0x00;

        OCR1AH = 0x03;             // TOP 값 설정
        OCR1AL = 0xFF;

        TIMSK = 1<<OCIE1A;      // 타이머/카운터1 OCR1A의 비교 일치 [COMPA] 인터럽트 사용
        DDRD.5 = 1;

        sei();
}


void Init_Timer3(void)
{
        cli();
        sec = 0;

        TCCR3A = 0x00;           // 일반 모드
        TCCR3B = 0x02;           // 분주비 8의 설정
```

```
            TCNT3H = 0xB1;          // 10ms
            TCNT3L = 0xDF;          // (1/16MHz)*8분주*(65535-45535)=0.01
            ETIMSK = 0x04;          // 타이머/카운터3 오버플로우 인터럽트 설정

            sei();
    }
    void main(void)
    {
            Init_Timer1();
            Init_Timer3();
            DDRB = 0xFF;
            PORTB = 0x00;

            while(1);
    }
```

END

예제 9.5 PFC PWM 모드에서 파형 만들기

PFC PWM 모드를 이용하여 2초 간격으로 PORT.5 단자에 20→40→60→80→100ms의 주기를 PWM 신호를 만드는 프로그램을 작성하시오.

PFC PWM 모드는 PC PWM 모드와 비교하여 표 9.8에 제시한 것처럼 출력 비교 레지스터 OCRnx가 새로운 값으로 갱신되는 시점만 다르고, 동일한 동작을 수행한다. 따라서 이 예제의 프로그램을 작성하는 과정은 예제 9.4와 동일하다.

이제 타이머/카운터1의 PFC PWM 모드를 이용하여 PORT.5 단자에 듀티비가 20ms→ 40ms→60ms→80ms→100ms로 변경되는 PWM 신호를 만드는 프로그램을 작성하여 보자. 타이머/카운터1의 초기화 과정은 다음과 같다.

▶ PFC PWM 모드의 설정 : TCCR1A과 TCCR1B 레지스터의 WGM13~WGM10 비트를 동작 모드에 따라 설정한다. 여기서는 top의 값을 OCR1A를 사용하는 모드를 사용하기로 하고, '1001'로 설정한다. (표 9.5 참조)

▶ 클럭 설정 : TCCR1B 레지스터의 CS12~CS10 비트 설정에 따라 프리스케일러 값을 설정한다. 여기서는 64분주의 프리스케일러를 사용하므로 '011'으로 설정한다. (표 9.6 참조)

▶ OCR1A 레지스터 값의 설정 (그림 9.18 참조)

▶ **인터럽트의 설정** : OCR1A 레지스터의 값을 갱신하기 위하여 TIMSK 레지스터의 OCIE1A 비트를 1로 세트하여야 한다. (그림 9.18 참조)

▶ **출력 핀의 설정** : OC1A 핀으로 파형을 출력하기 위해 COM1A1~COM1A0 비트를 동작 모드에 따라 설정한다. 여기서는 비반전 모드를 사용하므로 '10'으로 설정한다. (표 9.3 참조)

▶ **인터럽트의 사용** : 출력 비교 인터럽트가 발생하면 이에 해당하는 동작을 확인하기 위해 TIFR의 OCF1A 비트를 사용하거나 TIM1_COMP1A_ISR 루틴을 작성한다.

이상과 같은 과정을 고려하면 타이머/카운터1의 초기화 과정의 프로그램은 다음과 같이 작성할 수 있다.

```
void Init_Timer1(void)
{
    cli();                  // 전체 인터럽트 금지
    TCCR1A = 0x81;          // 비교 일치시 OCR1A는 비반전 모드, PFC PWM 1001
    TCCR1B = 0x13;          // 64 분주비

    TCNT1H = 0x00;          // TCNT1 레스터의 초기화
    TCNT1L = 0x00;

    OCR1AH = 0x09;          // top값의 설정
    OCR1AL = 0xC4;

    TIMSK = 1<<OCIE1A;      // OCR1A의 비교 일치 인터럽트 사용
    DDRD.5 = 1;             // OC1A 출력

    sei();                  // 전체 인터럽트 허가
}
```

PFC PWM방식에서의 OCR1A 레지스터 값은 TCNT1가 bottom에 도달하였을 때 일어나기 때문에 TCNT1의 값이 0x0000이 되었을 때 즉, 인터럽트 서비스 루틴에서 OCR1A 레지스터를 갱신한다.

이때 OCR1A로 설정되어야 하는 값은 다음 식을 적용하면 20, 40, 60, 80, 100ms의 간격에 따라 다음 표와 같이 구해진다.

$$f_{OC1APFCPWM} = \frac{f_{clk\_I/O}}{2 \times N \times top}$$

듀티비의 변경은 매 2초 간격으로 이루어져야 하는데 이는 예제 9.4를 참고하기 바라고, 전체 프로그램 또한 예제 9.4와 동일하므로, 독자들이 직접 프로그램을 작성하여 보기 바란다.

시간(ms)	OCR1AH	OCR1AL
20	0x09	0xC4
40	0x13	0x88
60	0x1D	0x4C
80	0x27	0x10
100	0x30	0xD4

END

예제 9.6 입력 캡처 기능의 확인

ICP1(PE0) 포트에 TTL 레벨의 구형파를 입력할 수 있도록 파형 발생기를 연결하여 놓았다고 가정하자. 이 포트로 입력되는 펄스의 주기를 계산하는 프로그램을 작성하시오.

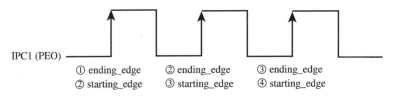

IPC1 (PE0)

① ending_edge   ② ending_edge   ③ ending_edge
② starting_edge   ③ starting_edge   ④ starting_edge

그림 9.27 입력 캡처 주기 계산

일반적으로 펄스신호의 주파수는 단위 시간당 입력되는 펄스의 수를 계수하는 것이다. 그러나 ATmega128에는 펄스 신호의 주파수를 측정하기 용이하도록 입력 캡처 모드를 제공하고 있다. 입력 캡처 모드의 동작은 그림 9.27과 같이 ICP1 입력단자로 입력되는 펄스의 상승 에지를 검출하면 인터럽트가 ICP1 인터럽트가 발생하고 이때 입력 캡처 레지스터 ICR1에는 타이머/카운터의 값이 저장된다.

따라서 이러한 입력 캡처 모드를 사용하여 구형파의 주기를 구하는 방법은 첫 번째 입력 캡처 인터럽트가 발생하면 ICR1H와 ICR1L 레지스터의 값을 읽어서 기억하고, 다음 인터럽트가 발생하였을 때 ICR1H와 ICR1L 레지스터의 값을 읽어 이전의 값과 차이를 이용하여 주파수를 구하는 것이다.

그림 9.27과 같이 펄스 열이 ICP1 단자로 입력되면 ②의 starting_edge에서 입력 캡처 인터럽트가 발생하면 ICR1H와 ICR1L 레지스터의 값을 읽어 저장하고, ②의 eding_edge에서 입력 캡처 인터럽트가 발생하면 ICR1H와 ICR1L 레지스터의 값을 읽어 저장한 후에 이두 값의 차이를 구하면 구형파의 주기를 계산할 수 있다. 만일 구형파의 주기가 65535 클

럭보다 큰 경우에는 주기 측정의 한계를 가지기 때문에 타이머/카운터의 오버플로우를 계수하여 이 오버플로우 발생 횟수에 65536배를 하여 더해주면 주기를 쉽게 구할 수 있다. 이상과 같이 계측된 두 값의 차를 이용하여 주기를 계산하는 과정은 다음과 같다.

```
ending_edge = 256*ICR1H + ICR1L;
starting_edge = 256*ICR1H + ICR1L;

clocks = (unsigned long) ending_edge - (unsigned long) starting_edge
       + ((unsigned long) ov_count * 0x10000 ) ;
```

이상의 clocks을 구하는 과정에서 ov_count * 0x10000을 하는 이유는 주기를 측정하는 과정에서의 오버플로우가 몇 번이나 발생하였는지를 측정하는 것이고, 이 clocks의 변수는 ov_count가 이 연산으로 인해 16비트 이상의 값을 나타내므로 unsigned long 형으로 선언되어 있어야 한다.

만약 타이머/카운터1에 공급되는 클럭이 프리스케일러 8 모드를 사용하고 있다면 타이머/카운터의 클럭은 16MHz를 사용할 경우에 16MHz/8이 되어 주파수는 2MHz가 되고 주기는 2μs이 된다. 따라서 clocks 변수의 값이 500일 경우에는 주기는 1ms이 되고, 1초가 되려면 타이머/카운터의 값은 1000×1000이 된다.

이상의 과정을 참조하여 본 예제의 프로그램을 완성하면 다음과 같이 된다.

```
#include <mega128.h>

unsigned char ov_count;                     // 타이머1의 오버플로우를
                                            // 계수하기 위한 카운터
unsigned int starting_edge, ending_edge;    // 펄스폭 계산을 위한 변수
unsigned long clocks;                        // 계산된 펄스폭을 저장하기 위한 변수

interrupt [TIM1_OVF] void timer1_ovf_isr(void)
{
     ++ov_count;                            // 오버플로우가 발생하면 증가
}



interrupt [TIM1_CAPT] void timer1_capt_isr(void)
{

     ending_edge = 0x100*ICR1H + ICR1L;    // 주기의 끝
     clocks = (unsigned long) ending_edge + ((unsigned long) ov_count * 0x10000 )
            - (unsigned long) starting_edge;
     ov_count = 0;
     starting_edge = ending_edge;           // 시작 에지로 사용하기 위해 저장

}
```

```
void Timer1_Init(void)
{
    TCCR1A=0x00;
    TCCR1B = (1<<ICES1) | (1<<CS10);      // Timer 1 Clock source is
                                          //7.3727MHz
    // Timer Overflow Interrupt Enable, Timer Input Capture Interrupt Enable
    TIMSK = (1<<TOIE1) | (1<<TICIE1);
    sei();
}

void main(void)
{
    Timer1_Init();
    while(1);
}
```

END

연 습 문 제

1 AVR에 내장된 8비트 타이머와 16비트 타이머의 차이점을 다음 항목에 대해 간단하게 답하시오.
1) 분해능
2) PWM 신호의 발생
3) 16비트 타이머/카운터에 부가된 주요 기능

2 타이머/카운터1과 3의 차이를 설명하시오.

3 타이머/카운터1과 3을 제어하기 위한 레지스터의 종류를 나열하고 이의 기능에 대해 간단히 설명하시오.

4 타이머/카운터1과 3을 사용하여 PWM 신호를 만들려고 한다. PWM 신호를 발생하기 위해 사용되는 모드와 각 모드에서 사용되는 레지스터는 무엇인가?

5 타이머/카운터1에는 동작 모드가 네 개가 있다. 각각의 모드는 어느 응용에 적합한지 한 가지씩 예를 들어 설명하시오.

6 타이머/카운터1과 3에서 고속 PWM 모드, PC PWM 모드와 PFC PWM 모드의 차이점을 설명하시오.

07 예제 9.4에서는 2초의 시간 발생을 위해 타이머/카운터3의 일반 모드를 이용하였
다. 이를 타이머/카운터3의 CTC 모드를 사용하여 100ms 주기를 발생할 수 있도록
프로그램을 수정하시오.

08 예제 9.4에서는 PWM 파형을 만들기 위해 top값의 설정 모드를 10비트를 사용하
였다. 이를 OCR1A나 ICR1을 사용하는 방법으로 프로그램을 수정하시오.

09 예제 9.4에서는 10ms의 주기를 얻기 위해서 타이머/카운터의 값을 0xDBEF 사용하
였다. 이렇게 구해진 과정을 설명하시오.

10 2초의 시간 발생을 위해 타이머/카운터3의 일반 모드를 이용하였다. 이를 타이머/
카운터3의 CTC 모드를 사용하여 100ms 주기를 발생할 수 있도록 프로그램을 수
정하시오.

11 예제 9.4의 프로그램을 작성하고, 이때 출력되는 파형을 관측하여 보기 바란다.

12 타이머/카운터1을 사용하여 PORTB에 연결되어 있는 모든 LED를 1초마다 토글시
키는 프로그램을 작성하시오. 이 프로그램을 작성하면서 느끼는 8비트 타이머/카
운터와 16비트 타이머/카운터와의 차이점을 간단하게 설명하시오.

CHAPTER 10

LCD 표시장치의 제어

마이크로컨트롤러를 활용한 시스템에서는 여러 가지의 상태를 표시하기 위하여 LCD(Liquid Crystal Display) 표시 장치를 대부분 사용하고 있다. 이 LCD 표시 장치는 모듈 형태로 시판되고 있는데, 이 모듈은 표시장치부와 제어부가 하나로 되어 있어 일반 사용자가 사용하기에 편리한 구조로 되어 있다.

LCD 표시장치는 일반 문자 표시용과 그래픽 표시용의 두 가지 종류로 구분된다. 일반 문자 표시용 LCD는 제어부 내에 글꼴을 가지고 있어서 영문자나 숫자를 쉽게 표시할 수 있으며, 그래픽 표시용 LCD는 일반 문자 표시용 LCD가 가지고 있는 기능에 그래픽 또는 한글의 구현이 가능하도록 구현하여 놓았으나, 일반 문자 표시용 LCD 보다 사용하기에 어려운 점이 있다.

따라서 본 장에서는 실험의 용이성을 고려하여 문자 표시용 LCD에 대해서 설명하고, 문자 표시의 다양성을 활용하여 향후 AVR의 실험 과정에서 일반 표시장치로서 활용하기로 한다.

10.1 LCD 모듈의 구조

일반적으로 사용되는 문자 표시용 LCD 모듈로는 16문자/2라인, 14문자/4라인, 20문자/4라인 등이 있다. 이 LCD들의 외형을 그림 10.1에 나타내었다. 이 중에서 16문자/2라인 LCD 모듈이 가장 보편적으로 사용된다. 이 표시장치를 구동하기 위한 제어 소자로는 히다찌(HITACH)의 HD44780U가 사용된다. 따라서 본 장에서는 HD44780을 사용하는 캐릭터 타입의 LCD 모듈을 중심으로 설명할 것이다. 이곳에서 설명하는 것은 히다찌에서 제공하는 데이터 시트를 참고해서 설명하는 것이므로 더욱 자세한 내용을 알고자 하는 독자는 웹사이트에서[주] 제공되는 데이터 시트를 참고하기 바란다.

그림 10.1 LCD 모듈의 종류

LCD 모듈은 그림 10.2에 나타낸 바와 같이 LCD 제어기(HD44780)와 LCD에 문자를 표시하기 위해 열, 행을 구동하는 LCD 드라이버(HD44100)으로 구성되어 있다. 이 모듈의 특징은 다음과 같다.

▶ 4비트, 8비트의 마이크로컨트롤러와 인터페이스 가능
▶ 5 × 8 도트, 5 × 10 도트의 디스플레이 가능
▶ 80 × 8 비트의 DDRAM(Display Data RAM : 최대 80 글자까지)
▶ 240 문자 폰트를 내장하고 있는 CGROM(Character Generator ROM)
▶ 64 × 8 비트의 문자를 만들 수 있는 CGRAM(Character Generator RAM)
▶ +5V 단일 전원 사용

LCD를 마이크로컨트롤러를 이용하여 구동할 경우에는 제어기와 드라이버 중에 제어기의 구동 방법만 알면 되므로 본 장에서는 LCD 모듈에서 가장 일반적으로 사용되고 있는 HD44780 컨트롤러에 대한 구동방법을 알아보고자 한다.

그림 10.3에는 LCD 제어기인 HD44780의 내부 구조를 나타내었다. 여기서 명령 레지스터(IR)는 LCD 모듈의 환경을 어떻게 사용할 것인가를 설정하는 데 이용되는 레지스터이고, 데이터 레지스터는(DR)은 LCD모듈에 글자를 나타내기 위한 데이터 값을 기록하는 레지스터이다. 또한 마이크로컨트롤러와 인터페이스를 위해 입출력 버퍼와 특징에서 설명한 세 종류의 메모리를 내장하고 있다.

주) 저자 홈페이지 http://www.roboticslab.co.kr
도서출판 ITC 홈페이지 http://www.itcpub.co.kr

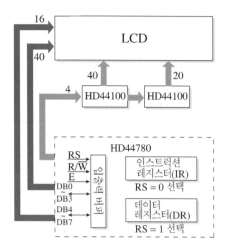

그림 10.2 LCD 모듈의 내부 구조

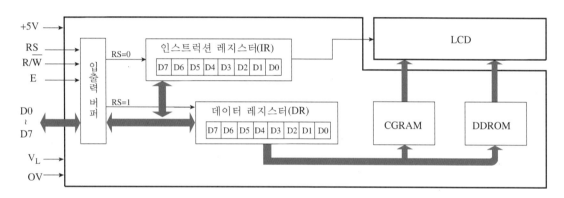

그림 10.3 LCD 제어기의 내부 구조

LCD 모듈은 그림 10.2에서 설명하였듯이 LCD와 LCD 제어기를 포함하고 있는 것으로, 마이크로컨트롤러와의 인터페이스를 위해 LCD 모듈이 총 14핀 또는 16핀으로 구성되어 있으며, 16핀의 경우에는 뒤에서 설명하는 표준 14핀 외에 백라이트 구동을 위한 전원 단자가 2핀 추가되어 있다. 표준 14핀의 LCD 모듈의 단자의 사양을 표 10.1에 자세히 나타내었다.

1번 단자와 2번 단자는 LCD 모듈의 구동 전원을 인가하는 단자이고, 3번 단자는 LCD 표시 장치의 밝기를 조절하기 위한 단자이다. 그리고 나머지 단자들은 마이크로컨트롤러와 인터페이스를 위해 사용되는 단자로서, 4, 5, 6번 단자는 LCD의 제어하기 위한 제어 신호이며, 나머지 7번 단자부터 14번 단자까지는 데이터 버스이다. LCD 모듈은 4비트 또는 8비트로 마이크로컨트롤러와 인터페이스될 수 있는데, 만일 4비트 제어 방식으로 인터페이스될 경우에는 LCD 모듈의 11번 단자부터 14번 단자까지만 데이터 버스로 이용된다. 이제 각각의 핀에 대해서 자세히 알아보자.

◉ RS (Register Select : 4번 단자)

입력 단자로서 LCD 모듈의 명령 또는 데이터 레지스터를 선택하는 신호이다.

▶ '0'이면 명령 레지스터를 선택(IR 선택)하고

▶ '1'이면 데이터 레지스터를 선택(DR 선택)한다.

◉ R/$\overline{W}$ (읽기/쓰기 단자 : 5번 단자)

입력 단자로서 LCD 모듈에 데이터 또는 명령을 읽고, 쓰기를 할 때 사용되는 신호이다.

▶ '0'이면 쓰기 동작으로서 CPU에서 LCD 모듈로 데이터를 쓴다.

▶ '1'이면 읽기 동작으로서 LCD 모듈에서 CPU로 데이터를 읽는다.

◉ E (Enable : 6번 단자)

입력 단자로서 LCD 모듈을 선택하는 신호로서 이 단자의 신호가 활성화(여기서는 High 입력)로 되어 있으면, 마이크로컨트롤러와 LCD 모듈 사이에 데이터 교환이 이루어진다. 즉, 이 단자에 '1'이 입력되는 동안에 데이터 또는 명령 레지스터의 쓰기/읽기가 가능하여진다.

▶ '0'인 상태에서는 LCD 모듈과 데이터 교환이 불가능하다.

▶ '1'인 상태이면 LCD 모듈과 데이터 교환이 가능하다.

표 10.1 LCD 모듈 핀 사양

핀 번호	기호	레벨	기능	
1	V_{SS}	–	0V	
2	V_{DD}	–	+5V	
3	V_L		LCD 밝기 조정(가변 저항)	
4	RS	H/L	L : 명령 입력 (IR 선택) H : 데이터 입력 (DR 선택)	
5	R/$\overline{W}$	H/L	L : 쓰기(CPU → LCD module) H : 읽기(CPU ← LCD module)	
6	E	H	LCD 모듈의 허가 신호	
7	DB0	H/L	4비트 데이터 버스 이용시 사용 불가	8비트 데이터 버스 이용시 모두 사용
8	DB1	H/L		
9	DB2	H/L		
10	DB3	H/L		
11	DB4	H/L	4비트 데이터 버스 이용시 사용 가능	
12	DB5	H/L		
13	DB6	H/L		
14	DB7	H/L		

◉ D0～D7 (Data bus : 7번 – 14번 단자)

마이크로컨트롤러와 LCD 모듈 사이에 데이터를 주고받기 위한 데이터 버스이다. 만약, 4비트로 사용할 경우에는 D4～D7만 이용하여야 한다.

첫 부분에서도 설명을 하였지만, ①～④의 단자를 이용하여 마이크로컨트롤러와의 인터페이스가 가능하고, 마이크로컨트롤러와 인터페이스를 할 경우에는 그림 10.4와 10.5에 제시한 읽기/쓰기 타이밍이 고려되어야 하며, 이때의 시간 특성을 표 10.2에 나타내었다.

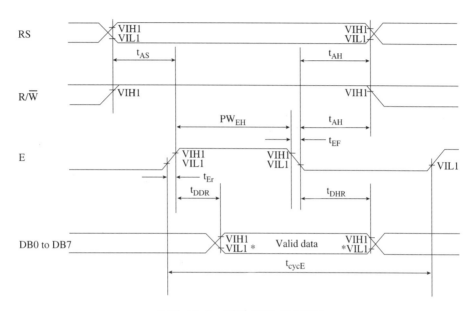

그림 10.4　읽기 동작 타이밍도

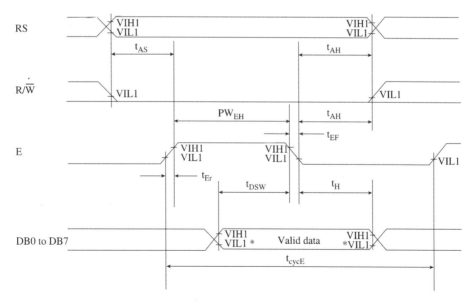

그림 10.5　쓰기 동작 타이밍도

표 10.2 타이밍 특성

항목	기호	Limit		Unit	비고
		min	max		
Enable Cycle Time	t_{cycE}	1000	–	ns	write/read 동작
Enable Pulse Width	P_{WEH}	450	–	ns	write/read 동작
Enable Rise/Fall Time	t_{Er}, t_{Ef}	–	25	ns	write/read 동작
Address Setup Time	t_{AS}	140	–	ns	write/read 동작
Address Hold Time	t_{AH}	10	–	ns	write/read 동작
Data Setup Time	t_{DSW}	195	–	ns	write 동작
Data Hold Time	t_H	10	–	ns	write 동작
Data Delay Time	t_{DDR}	–	320	ns	read 동작
Data Hold Time	t_{DHR}	20	–	ns	read 동작

⊙ V_{DD} (전원 +5V: 2번 단자)

　LCD 모듈을 구동하기 위해 전원을 인가하는 단자로서 +5V가 사용된다.

⊙ V_{SS} (전원 GND: 1번 단자)

　LCD 모듈의 전원을 인가하는 단자로서 GND에 입력이다.

⊙ V_L (화면 밝기 조정용 단자: 3번 단자)

　LCD의 밝기를 조절하는 단자로서 10KΩ의 가변 저항에 연결한다. 이때 가변 저항의 저항 값을 조절하면 LCD의 밝기가 조절된다. 그러나, 밝기를 조절하고 싶지 않는다면 그림 10.6(b)와 같이 GND 단자에 연결한다.

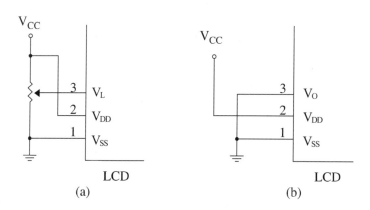

그림 10.6 LCD 모듈의 V_O 단자 접속 방법

LCD 컨트롤러의 기능

LCD 컨트롤러의 내부는 그림 10.3에 나타낸 것과 같이 LCD를 제어하는 데 사용되는 명령/상태 레지스터와 문자를 표시하기 위해 사용되는 DDRAM(Data Display RAM), CGRAM(Character Generator RAM)과 CGROM(Character Generator ROM)으로 구성되어 있다.

1) 레지스터

LCD 컨트롤러(HD44780)에는 8비트의 명령 레지스터(IR)와 데이터 레지스터(DR)가 존재한다. 이들 레지스터는 LCD모듈의 4번 단자인 RS 단자의 신호에 의하여 선택된다.

◯ IR (명령 레지스터)

LCD 모듈을 제어하기 위한 명령을 보관하고 있는 레지스터로서 다음과 같은 기능을 수행한다.

▶ LCD 화면 클리어, 커서 시프트, 문자 표시 ON/OFF 등 LCD의 제어에 필요한 명령을 저장.
▶ 표시 데이터 RAM(DDRAM)의 위치 주소와 문자 발생기 RAM(CGRAM)의 위치를 지정하기 위한 주소 정보를 저장.

◯ DR (데이터 레지스터)

화면에 표시할 데이터 또는 새로운 글꼴에 대한 데이터를 임시로 저장하는 레지스터로서 다음과 같은 기능을 수행한다.

▶ DR 레지스터에 데이터를 쓰면, LCD의 내부적인 동작에 의해서 IR에 의해 지정된 DDRAM 또는 CGRAM의 주소로 데이터가 전달된다.
▶ DR 레지스터의 데이터를 읽으면, IR에 의해 지정된 DDRAM 또는 CGRAM의 주소의 데이터가 마이크로컨트롤러로 전달된다.

표 10.3 레지스터 선택

RS	R/$\overline{W}$	동 작
0	0	IR을 선택하여 제어 명령 쓰기(디스플레이 클리어 등)
0	1	DB7로부터 비지 플래그를 읽기/주소 카운터의 내용을 DB0~DB6으로부터 읽기
1	0	DR을 선택하여 데이터 값을 쓰기(DR 에서 DDRAM 또는 CG RAM로)
1	1	DR을 선택하여 데이터 값을 읽기(DDRAM 또는 CGRAM에서 DR로)

2) 비지 플래그

비지 플래그(Busy Flag : BF)는 연속적으로 LCD 모듈에 제어 명령이 입력될 때 LCD 모듈이 이 명령을 처리할 수 있는가를 나타내는 상태 표시 플래그로서 RS=0, $R/\overline{W}$=1일 때 출력되며, 이 때 BF 플래그는 데이터 버스의 DB7로 출력된다. 다음과 같이 동작한다.

> ▶ BF = 0 : LCD 모듈로 다음 명령을 쓸 수 있다.
> ▶ BF = 1 : LCD 컨트롤러(HD44780U)는 현재 IR로 입력된 명령어를 처리하고 있는 상태로서, 다음 제어 명령을 쓸 수 없는 상태이다.

3) 주소 카운터

주소 카운터(Address Counter : AC)는 DDRAM과 CGRAM의 주소를 지정하는 데 사용된다. 즉, 이 주소는 데이터를 읽기/쓰기 위한 DDRAM과 CGRAM의 주소를 나타낸다. 주소 카운터의 값은 IR 레지스터에 기록되며, 주소 정보는 IR 레지스터에서 내부의 주소 카운터로 자동으로 전송되어 해당 주소 카운터의 값으로 세트된다. 여기서, DDRAM 또는 CGRAM의 선택은 LCD 명령에 의해서 결정되고, DDRAM 또는 CGRAM에 데이터를 써넣으면 주소 카운터는 모드에 따라서 자동으로 1 증가 또는 1 감소한다.

4) 표시 데이터 RAM

DDRAM(Display Data RAM : DDRAM)은 화면에 표시할 8비트의 문자를 저장하는 곳으로 용량은 80×8비트 또는 80 문자의 용량을 가지고 있다. 화면에 표시되지 않는 영역의 RAM은 일반적인 데이터 저장용의 메모리로 사용될 수 있다.

본 교재에서 사용하는 LCD는 16문자 × 2라인을 사용하고 있으므로, 이 DDRAM의 주소와 LCD 표시장치와의 관계는 그림 10.7과 같다.

5) 문자 발생기 ROM

문자 발생기 ROM(Character Generator ROM : CGROM)은 표 10.8에 나타낸 것과 같이 8비트 문자 패턴을 저장하고 있는 메모리로서, 208개의 5 × 8 도트와 32개의 5 × 10 도트의 문자 패턴을 저장하고 있다.

문자 코드 0x20에서 0x7F까지는 ASCII 코드와 일치한다. 따라서 이 CGROM에 있는 문자를 화면에 표시하려면 C언어에서 문자로 표현된 데이터를 LCD에 직접 출력하면 된다. 이 과정은 뒤의 예제를 통해 쉽게 이해할 수 있을 것이다.

0	1	2	3	4	5	6	7	8	9	10	11	12	13	14	15	← 문자 위치
00	01	02	03	04	05	06	07	08	09	0A	0B	0C	0D	0E	0F	←1열 DDRAM 주소
40	41	42	43	44	45	46	47	48	49	4A	4B	4C	4D	4E	4F	←2열 DDRAM 주소

그림 10.7 DDRAM의 주소와 LCD 표시장치와의 관계

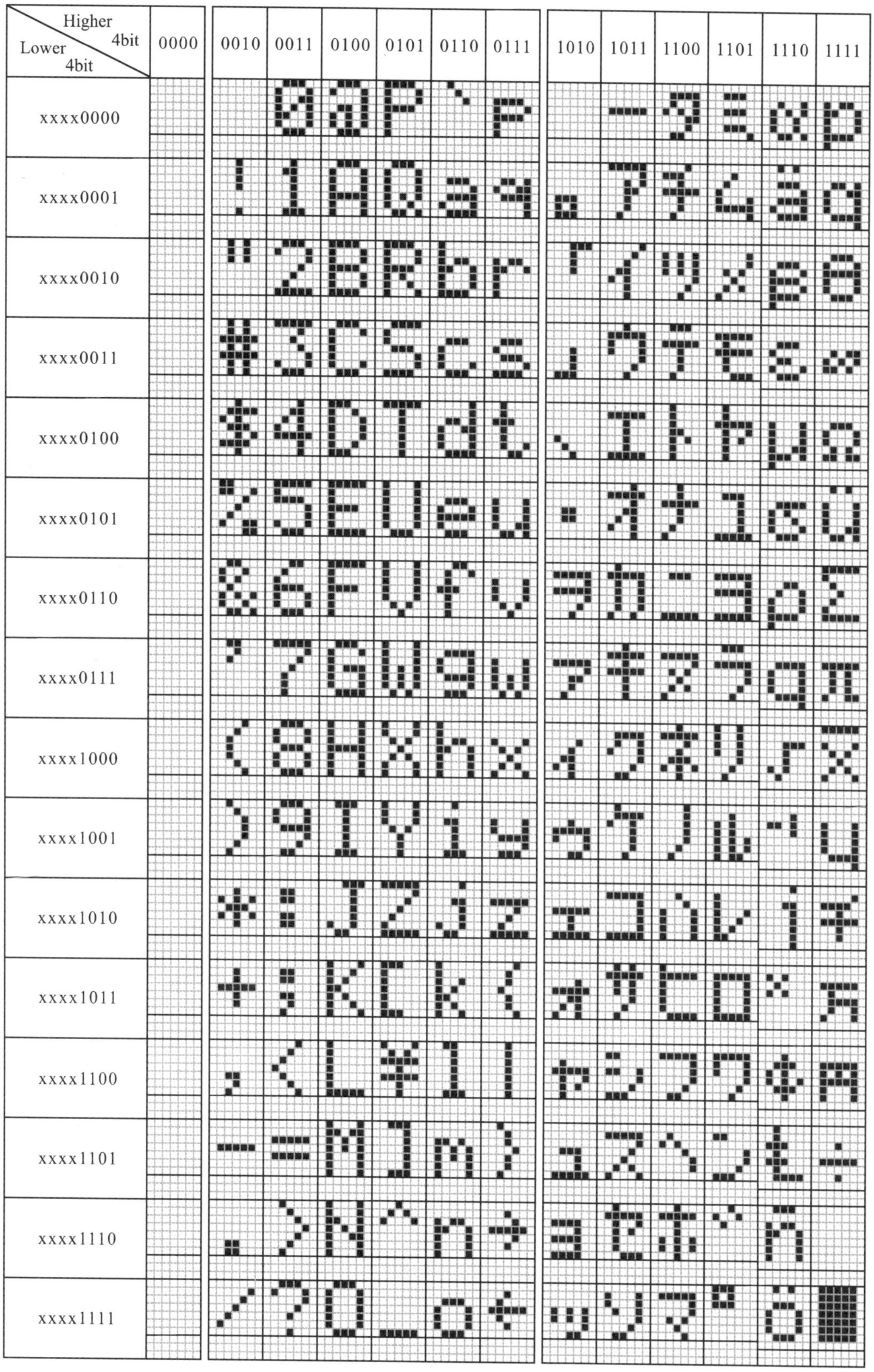

그림 10.8　CG ROM의 내용

6) 문자 발생기 RAM

문자 발생기 RAM(Character Generator RAM : CGRAM)은 사용자가 프로그램에 의해서 원하는 문자 패턴을 만들고자 할 때 사용하는 RAM 영역이다. 5 × 8 도트의 문자 패턴을 만들 경우에는 최대 8 종류의 패턴을 만들 수 있고, 5 × 10 도트의 경우는 4 종류의 문자 패턴을 만들 수 있다.

새로운 문자를 만들기 위해서는 CGRAM에 들어갈 비트 패턴을 설계한다. 설계된 비트 패턴은 CGRAM 주소로 지정되어 저장되는 데 CGRAM 주소는 그림 10.9에서 나타나 있듯이 6비트를 사용하고 있고, 5 × 8 도트인 경우에 한 문자 당 8바이트를 사용하고 있으므로 전체 문자의 개수는 8개로 제한된다. 이렇게 CGRAM에 새롭게 설계되어 저장된 문자는 문자 코드의 비트 4~7이 0일 때 선택된다. 그리고 3번 비트는 무효 비트이다. 예로 그림 10.9에 설계된 'R'은 문자는 CG 패턴내의 주소 '0b000000'~'0b000111'에 저장되며, 이렇게 저장되어 있는 문자 코드는 0x00 또는 0x08에 의해 선택된다. 이는 CGRAM으로의 데이터 쓰기/읽기 명령과 함께 사용된다.

Character Codes (DDRAM data)		CGRAM Address		Character Patterns (DDRAM data)	
7 6 5 4 3 2 1 0		5 4 3 2 1 0		7 6 5 4 3 2 1 0	
High	Low	High	Low	High	Low
0 0 0 0 * 0 0 0		0 0 0	0 0 0 0 0 1 0 1 0 0 1 1 1 0 0 1 0 1 1 1 0 1 1 1	* * * 1 1 1 1 0 1 0 0 0 1 1 0 0 0 1 1 1 1 1 0 1 0 1 0 0 1 0 0 1 0 1 0 0 0 1 * * * 0 0 0 0 0	Character pattern(1) Cursor position
0 0 0 0 * 0 0 0		0 0 1	0 0 0 0 0 1 0 1 0 0 1 1 1 0 0 1 0 1 1 1 0 1 1 1	* * * 1 0 0 0 1 0 1 0 1 0 1 1 1 1 1 0 0 1 0 0 1 1 1 1 1 0 0 1 0 0 0 0 1 0 0 * * * 0 0 0 0 0	Character pattern(2) Cursor position
			0 0 0 0 0 1	* * *	
0 0 0 0 * 1 1 1		1 1 1	1 0 0 1 0 1 1 1 0 1 1 1	 * * *	

그림 10.9 5 × 8 도트 문자를 CGRAM 주소와 문자 코드, 문자 패턴의 관계

10.4 LCD 컨트롤러의 명령

표 10.4 LCD 컨트롤러의 명령어 요약

명 령	코 드										기 능	실행시간
	RS	R/W	DB7	DB6	DB5	DB4	DB3	DB2	DB1	DB0		
화면 지움	0	0	0	0	0	0	0	0	0	1	화면을 클리어하고, 커서가 홈 위치인 0번지로 돌아간다.	1.64ms
커서 홈	0	0	0	0	0	0	0	0	1	*	커서를 홈 위치로 돌아가게 한다. 또한 시프트되어 표시된 것도 되돌아가게 된다. DDRAM의 내용은 변하지 않는다.	1.64ms
엔트리 모드 세트	0	0	0	0	0	0	0	1	I/D	S	데이터를 쓰거나 읽기를 수행할 때의 동작 모드를 결정한다. 즉, 커서의 진행 방향과 화면을 자동으로 시프트시킬 것인지를 결정한다.	40μs
화면 ON/OFF	0	0	0	0	0	0	1	D	C	B	화면 표시 ON/OFF(D), 커서 ON/ OFF(C), 커서 위치에 있는 문자의 블링크 기능(B)을 설정한다.	40μs
커서/표시 시프트	0	0	0	0	0	1	S/C	R/L	*	*	화면 표시 내용은 변경시키지 않고, 커서와 화면의 이동과 시프트 동작을 설정한다.	40μs
기능 설정	0	0	0	0	1	DL	N	F	*	*	LCD의 인터페이스 데이터 길이(DL), 표시 행수(N), 문자 폰트(F) 등을 설정한다.	40μs
CGRAM 주소 설정	0	0	0	1	A_CG						CGRAM의 주소를 설정한다. 이후 전송되는 데이터는 CGRAM의 데이터이다.	40μs
DDRAM 주소 설정	0	0	1	A_DD							DDRAM의 주소를 설정한다. 이후 전송되는 데이터는 DDRAM의 데이터이다.	40μs
BF/ 주소 설정	0	1	BF	AC							LCD 모듈의 동작 여부와 현재 설정된 주소의 내용을 알기 위해서 BF 및 AC의 내용을 읽는다. CGRAM, DDRAM 양쪽 모두 사용할 수 있다.	0μs
CGRAM, DD RAM으로 데이터 써넣기	1	0	써넣을 데이터								DDRAM 또는 CGRAM에 데이터를 써넣는다.	40μs
CGRAM, DDRAM에서 데이터 읽기	1	1	읽을 데이터								DDRAM 또는 CGRAM에서 데이터를 읽는다.	40μs

「약자의 의미」

A_CG: CGRAM 주소	I/D=1: 증가(+1) I/D=0: 감소(-1)	D=1: 화면 ON D=0: 화면 OFF	R/L=1: 우 시프트 R/L=0: 좌 시프트	DL=1: 8비트 DL=0: 4비트
A_DD: DDRAM 주소				
AC: 주소 카운터	S=1: 표시 시프트 ON S=0: 표시 시프트 OFF	C=1: 커서 ON C=0: 커서 OFF B=1: 블링크 ON B=0: 블링크 OFF	S/C=1: 화면 이동 S/C=0: 커서 이동	N=1: 2행 N=0: 1행 F=1: 4*10도트 F=0: 5*7도트

BF=1: 내부 동작 중　　BF=0: 명령 쓰기 가능

이 절에서는 LCD를 제어하는 데 가장 중요한 부분인 명령 레지스터의 제어 방법에 대해 알아보기로 한다. 명령이란 RS 단자에 Low('0') 신호가 인가될 때 선택되는 명령 레지스터(IR)에 들어가는 명령 값으로서 LCD를 어떻게 사용할 것인가? 즉, LCD의 화면을 클리어하거나, 몇 비트로 인터페이스할 것인가? 등등의 모든 제어 부분을 설정하는 데 필요한 명령어이다. 표 10.4에는 LCD 제어에 사용되는 명령어를 요약하여 놓았으며, 각각에 대한 자세한 사용법에 대해 알아보자.

1) 화면 클리어

화면 클리어(clear display) 명령은 LCD의 전체 화면 표시를 클리어한 후, 커서는 홈 위치로 돌아가게 한다. 즉, DDRAM의 모든 내용을 공백 문자인 "20H"로 써서 화면 전체를 클리어하고, 주소 카운터(AC)를 00번지로 하여 커서를 홈 위치로 한다. 화면 클리어 명령을 실행한 후에는 엔트리 모드의 I/D 비트가 1로되어 커서 위치가 자동으로 증가하는 모드로 설정된다. 이 명령은 아래 표와 같이 IR 레지스터의 DB0 비트를 1로 설정하면 된다.

RS	R/$\overline{W}$	DB7	DB6	DB5	DB4	DB3	DB2	DB1	DB0
0	0	0	0	0	0	0	0	0	1

2) 커서 홈

커서 홈(Cursor Home) 명령은 커서의 위치를 홈으로 위치하게 한다. DDRAM의 내용은 변경하지 않고 주소 카운터를 00H로 하여 커서만 홈 위치로 보낸다. 이 명령은 아래 표와 같이 IR 레지스터의 DB1 비트를 1로 설정하면 된다.

RS	R/$\overline{W}$	DB7	DB6	DB5	DB4	DB3	DB2	DB1	DB0
0	0	0	0	0	0	0	0	1	*

3) 엔트리 모드 세트

엔트리 모드 세트(Entry Mode Set) 명령은 마이크로컨트롤러가 LCD 모듈에 데이터를 쓰기/읽기를 수행할 경우에 DDRAM 주소 즉 커서의 위치를 오른쪽으로 증가시킬 것인가 또는 왼쪽으로 감소시킬 것인가를 결정하는 기능을 수행하며, 또한 이때 화면을 시프트할 것인지 아닌지를 결정하는 기능을 수행한다. 이 명령은 아래 표와 같이 IR 레지스터의 DB2 비트를 1로 설정하면 되고, 비트별 상세 동작 설명은 다음과 같다.

RS	R/$\overline{W}$	DB7	DB6	DB5	DB4	DB3	DB2	DB1	DB0
0	0	0	0	0	0	0	1	I/D	S

▶ I/D : 문자 코드를 DDRAM에 쓰거나 또는 읽을 때, DDRAM의 주소를 +1 증가하거나 −1
로 감소한다. CGRAM에 데이터를 쓰거나 읽을 때에도 마찬가지다.

• I/D=1일 때, 주소를 +1시키고, 커서 또는 블링크 위치가 우측으로 이동한다.

• I/D=0일 때, 주소를 −1시키고, 커서 또는 블링크 위치가 좌측으로 이동한다.

▶ S : S=1이면, DDRAM의 내용을 화면에 표시한 후에 화면 전체를 I/D 비트의 설정된 값
에 따라 좌/우로 이동시킨다. 커서 위치는 변하지 않고, 화면만 이동된다.

• S=1, I/D=1일 때, 좌로 시프트한다.

• S=1, I/D=0일 때, 우로 시프트한다.

• S=0, 화면은 시프트되지 않는다.

4) 화면 표시 ON/OFF

화면 표시 ON/OFF(Display ON/OFF Control) 명령은 화면의 ON/OFF, 커서의 ON/OFF, 커서
위치에 있는 문자의 점멸 등의 기능을 설정한다. 커서의 ON/OFF 및 점멸은 AC로 지정되어 있
는 DDRAM의 주소가 가리키는 행이 대상이 된다. 이 명령은 아래 표와 같이 IR 레지스터의
DB3 비트를 1로 설정하면 되고, 비트별 상세 동작 설명은 다음과 같다.

RS	R/W̄		DB7	DB6	DB5	DB4	DB3	DB2	DB1	DB0
0	0		0	0	0	0	1	D	C	B

▶ D : 화면 표시를 할 것인지를 결정한다.

• D=1이면, 화면 표시를 ON한다.

• D=0이면, 화면 표시를 OFF한다.

• D=0으로 해서 표시를 OFF한 경우에는 화면에 표시되는 데이터는 DDRAM에 남아 있
기 때문에, D=1로 변경하면 다시 표시된다.

▶ C : 커서를 화면에 표시할 것인지를 결정한다.

• C=1이면, 커서를 표시한다.

• C=0이면, 커서를 표시하지 않는다.

• 커서는 5 × 8 도트 매트릭스의 문자 폰트의 경우에 8번째 라인에 표시되고, 5 × 10 도트
경우에 11번째 라인에 표시된다.

▶ B : 커서의 위치에 있는 문자를 점멸할지를 결정한다.

• B=1이면, 커서 위치에 상당하는 문자를 점멸한다.

• B=0이면, 점멸하지 않는다.

• 커서와 점멸 기능은 동시에 설정될 수도 있다.

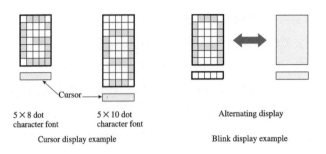

5 × 8 dot
character font

5 × 10 dot
character font

Cursor display example

Alternating display

Blink display example

그림 10.10 커서의 모양

5) 커서 표시 시프트

이 커서 표시 시프트(Cursor Display Shift) 명령은 DDRAM의 내용을 변경하지 않은 상태에서 커서를 움직이게 하고, 글자가 표시되는 부분을 시프트하기 위한 명령이다. 이들 기능은 표 10.5에 제시한 것과 같이 S/C, R/L의 값에 따라 다르게 동작한다. 이 명령은 아래 표와 같이 IR 레지스터의 DB4 비트를 1로 설정하면 되고, 비트별 상세 동작 설명은 표 10.5와 같다.

RS	R/$\overline{W}$	DB7	DB6	DB5	DB4	DB3	DB2	DB1	DB0
0	0	0	0	0	1	S/C	R/L	*	*

표 10.5 커서 시프트 명령의 기능

S/C	R/L	동 작
0	0	커서 위치를 좌로 이동한다(AC를 −1시킨다).
0	1	커서 위치를 우로 이동한다(AC를 +1 시킨다).
1	0	표시 화면 전체를 좌로 이동한다. 커서는 화면의 움직임에 따라 같이 움직인다.
1	1	표시 화면 전체를 우로 이동한다. 커서는 화면의 움직임에 따라 같이 움직인다.

6) 기능 설정

기능 설정(Function Set) 명령은 LCD를 사용하기에 앞서 선행되어야 하는 명령으로 LCD를 어떠한 구성으로 사용할지를 결정하는 기능을 수행한다. 이 명령어가 설정하는 기능은 몇 비트로써 인터페이스할 것인지를 결정하는 데이터 라인(DL), 글자를 표시하는 총 라인의 수(N), 글자 폰트를 나타내기 위한 폰트(F)로 구성되어 있다. 이 명령은 아래 표와 같이 IR 레지스터의 DB5 비트를 1로 설정하면 되고, 비트별 상세 동작 설명은 다음과 같다.

RS	R/W̄		DB7	DB6	DB5	DB4	DB3	DB2	DB1	DB0
0	0		0	0	1	DL	N	FL	*	*

▶ DL : 인터페이스 길이를 설정한다.

- DL=1이면, 데이터 길이는 8비트(DB_7-DB_0사용)로 설정된다.
- DL=0이면, 데이터 길이는 4비트(DB_7-DB_4사용)로 설정된다.

  이 경우에는 두 번에 나누어 데이터를 전송하여야 한다.

  먼저 상위 4비트 전송을 하고 다음에 하위 4비트 전송을 한다.

▶ N과 F는 화면 표시 행수와 문자 폰트를 설정하는 기능을 수행하며, 표 10.6과 같다.

표 10.6 기능 설정 명령의 세부 기능

NF	표시 행수	문자 폰트	듀티비	형 명
00	1	5 × 8 도트	1/8	–
01	1	5 × 8 도트	1/11	M24111, L4041
1*	2	5 × 10 도트	1/16	M1641, M1632, L2012, L2432, M4032, L4042, M4024

7) CGRAM 주소 설정

CGRAM의 주소를 설정하는 데 이용된다. 주소를 설정한 후에 송수신하는 데이터는 CGRAM의 데이터이다. CGRAM의 주소는 DB5~DB0의 6비트까지 설정 가능하다. CGRAM은 사용자 문자를 만드는 데 사용되는 영역으로 CGRAM에 새로운 문자를 만들고자 할 경우에는 먼저 이 명령을 이용하여 번지를 지정하고, 사용자 문자 폰트의 데이터를 CGRAM에 입력하면 된다. 이 명령은 아래 표와 같이 IR 레지스터의 DB6 비트를 1로 설정하면 되고, AAAAAA로 되어 있는 부분은 CGRAM의 주소로서 AC로 전달된다.

RS	R/W̄		DB7	DB6	DB5	DB4	DB3	DB2	DB1	DB0
0	0		0	1	A	A	A	A	A	A

8) DDRAM 주소 설정

DDRAM의 주소를 설정하는 데 이용된다. 주소를 설정한 후에 송수신하는 데이터는 DDRAM의 데이터이다. DDRAM의 주소는 DB6~DB0까지 7비트까지 설정 가능하며 이 번지가 설정되면 표시되는 라인의 주소는 N의 값에 따라 결정된다. 즉, N=0이면 한 개의 라인만을 가지고 있는 LCD를 의미하며, 주소는 0x00~0x4F까지로 설정되고, N=1이면 두 개의 라인을 가지고 있는 LCD를 의미하며, 첫 번째 라인의 주소는 0x00~0x27까지로 설정되고, 두 번째 라인의 주소는

0x40~0x67까지로 설정된다. 이 명령은 아래 표와 같이 IR 레지스터의 DB7 비트를 1로 설정하면 되고, AAAAAAA로 되어 있는 부분은 DDRAM의 주소로서 AC로 전달된다.

RS	R/$\overline{W}$	DB7	DB6	DB5	DB4	DB3	DB2	DB1	DB0
0	0	1	A	A	A	A	A	A	A

9) 비지 플래그 / 어드레스 읽기

이전에 받은 명령에 의해 모듈이 내부 동작 중인지를 알기 위해서 BF 신호를 읽는 명령이다. BF=1이면, 내부 동작 중임을 나타내고, BF=0이 될 때까지 다음 명령을 받을 수 없다. 따라서 BF=0을 확인하고 나서 다음 명령을 쓸 수 있다. 이 명령은 위에서 설명한 것과는 달리 IR 레지스터를 읽는 것으로 이 레지스터를 읽으면, 아래 표와 같이 DB7은 비지 플래그의 상태를 나타내고, DB0~DB6은 현재 주소 카운터의 값을 나타낸다. AC는 CGRAM과 DDRAM에 대해 모두 사용 가능하지만, 어느 RAM을 읽는지는 이 명령 이전에 어느 RAM의 주소가 설정되었는지에 따라 결정된다.

RS	R/$\overline{W}$	DB7	DB6	DB5	DB4	DB3	DB2	DB1	DB0
0	1	BF	A	A	A	A	A	A	A

(1)에서 (9)까지의 명령은 IR 레지스터의 쓰기와 읽기에 관한 것이었기 때문에, RS=0이고 R/$\overline{W}$ 신호에 따라 명령을 쓰는 것인지 아니면 상태를 읽는 것인지가 결정되었다. 다음의 (10)과 (11)의 명령은 LCD 모듈에 문자를 표시하거나 새로운 문자를 만들기 위해 DR 레지스터에 데이터를 쓰고 읽는 것에 관한 명령으로 RS=1이고 R/$\overline{W}$ 신호는 DR 레지스터에 데이터를 쓸 것인지 아니면 레지스터의 데이터를 읽을 것인지를 결정한다.

10) CGRAM과 DDRAM으로 데이터를 쓰기

이 명령은 CGRAM 또는 DDRAM으로 데이터를 기록하기 위한 명령으로 DDDDDDDD의 문자를 AC가 지정하고 있는 주소에 기록한다. CGRAM 또는 DDRAM의 선택은 이전에 수행된 명령 즉 IR 레지스터에 지정된 명령에 따라 이루어진다. 데이터를 데이터 레지스터에 기록한 후에는 주소는 자동으로 엔트리 모드의 설정에 따라 자동으로 1씩 증가하거나 감소한다.

RS	R/$\overline{W}$	DB7	DB6	DB5	DB4	DB3	DB2	DB1	DB0
1	0	D	D	D	D	D	D	D	D

11) CGRAM과 DDRAM으로부터 데이터를 읽기

이 명령은 CGRAM 또는 DDRAM으로 데이터를 읽기 위한 명령으로 AC가 지정하고 있는 주소의 내용을 DDDDDDDD의 내용으로 전달한다. CGRAM 또는 DDRAM의 선택은 이전에 수행된 명령 즉 IR 레지스터에 지정된 명령에 따라 이루어진다. 만약 데이터 레지스터의 내용을 읽기 전에 IR 레지스터에 의해 CGRAM 또는 DDRAM이 선택되어 있지 않은 경우에는 첫 번째 읽기 동작은 무효로 된다.

RS	R/$\overline{\text{W}}$		DB7	DB6	DB5	DB4	DB3	DB2	DB1	DB0
1	1		D	D	D	D	D	D	D	D

10.5 LCD 인터페이스와 구동 프로그램

이 절에서는 LCD의 하드웨어를 어떻게 구성하는가와 구성된 LCD에 어떻게 글자를 나타낼 수 있는지 프로그램을 작성하면서 살펴보도록 한다. 여기서 작성되는 프로그램은 LCD 모듈을 사용하는데 핵심적인 기능을 수행하는 함수들로서 LCD 응용 프로그램을 작성할 때 유용하게 사용될 수 있다.

1) LCD의 인터페이스 및 기본 구동 함수

LCD의 인터페이스는 앞에서 설명을 하였던 것과 같이 LCD의 각각의 핀에 따른 기능에 따라서 하드웨어를 구성할 수 있다. 그림 10.11은 ATmega128와 LCD 모듈과의 인터페이스 회로를 나타내었다.

이 회로를 살펴보면 LCD 모듈의 데이터 신호선(D0~D7)은 ATmega128의 PORTA.0부터 PORTA.7의 데이터 버스에 일대일 대응하도록 연결을 하여 ATmega128의 데이터 버스가 LCD 모듈의 데이터 버스에 연결되도록 한다. 그리고, LCD 모듈의 RS(4번) 단자는 명령 레지스터인지 데이터 레지스터인지를 구분하는 단자로서, 여기에서는 ATmega128의 PORTG.2 핀과 연결되어 있으며, R/$\overline{\text{W}}$ 단자는 PORTG.1 핀에 연결되어 0인 경우는 쓰기 동작이 되고 1인 경우는 읽기 동작이 된다. 마지막으로 LCD의 6번 단자(E)는 LCD 모듈의 사용을 허가하는 단자로서 PORTG.0 핀에 연결되어 있다.

원래 LCD 모듈을 마이크로컨트롤러와 인터페이스할 때에는 일반적으로 주소 버스와 데이터 버스를 사용하여 인터페이스를 하지만, 본 교재에서는 ATmega128의 I/O 포트를 이용하여 LCD 모듈을 인터페이스하였다. 이렇게 인터페이스를 하였을 경우에는 그림 10.4와 10.5에 제시된 타이밍 순서에 의해 LCD 모듈을 읽기/쓰기를 수행하여야 한다.

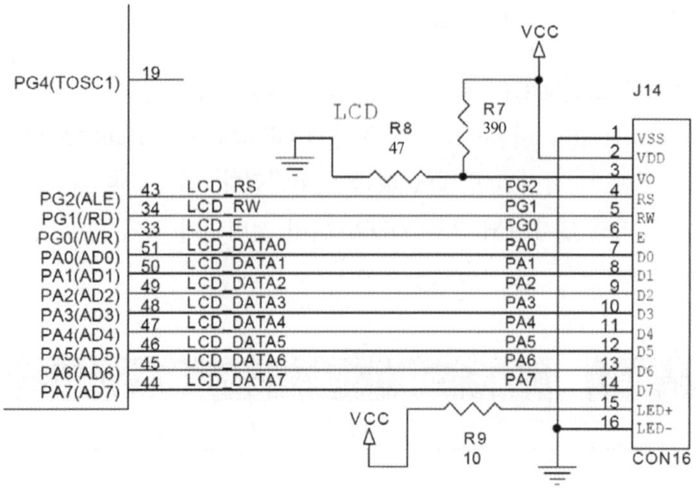

그림 10.11 LCD 인터페이스 회로

LCD에 읽기/쓰기 동작은 IR 레지스터와 DR 레지스터를 통해 이루어질 수 있는데, I/O 포트를 통해 LCD 모듈이 인터페이스되어 있기 때문에 I/O 포트의 입출력을 바꾸어가면서 읽기/쓰기를 수행한다는 것은 무리가 있다. 따라서 본 교재에서는 IR/DR 레지스터에 데이터를 쓰는 과정만을 사용하기로 한다. 그러나, 여기서 문제가 되는 것은 비지 플래그의 처리이다. 비지 플래그는 LCD 모듈에서 명령어의 수행 여부를 나타내는 플래그로서 IR 레지스터에 새로운 명령어를 쓰려면 반드시 검사를 하여야 한다. 하지만 다행스럽게도 명령어를 처리하는 시간이 표 10.4에 나타나 있으므로 이 시간만큼 충분히 지연하여 다음 명령을 쓰면 될 것으로 생각된다.

따라서 LCD 모듈을 제어하는 데 가장 기본적으로 수행되어야 하는 기능은 다음과 같이 세 가지로 분류할 수 있게 된다.

▶ 명령 레지스터(IR)에 명령 쓰기
▶ 데이터 레지스터(DR)에 데이터 쓰기
▶ 명령 처리 시간을 고려한 시간 지연

먼저 그림 10.5의 LCD 모듈 쓰기 타이밍을 고려하여 명령 레지스터(IR)에 명령 쓰기 함수와 데이터 레지스터(DR)에 데이터 쓰기 함수를 구현하도록 하자. 함수의 역할은 함수에 필요한 데이터를 호출 함수로부터 받아 정해진 기능을 수행하고 다시 호출 함수로 전달하는 것이다. 따라서 함수를 작성할 때에는 함수가 수행하여야 하는 기능과 입출력 인자를 잘 정의하여야 한다.

◉ 신호 제어선 정의

LCD 모듈에 명령 레지스터와 데이터 레지스터에 명령을 쓰기 위해서 사용되는 신호 제어선 정의는 다음과 같다.

```
#define LCD_WDATA    PORTA    // LCD 데이터 버스 정의 (데이터 쓰기)
#define LCD_WINST    PORTA    // LCD 데이터 버스 정의 (명령어 쓰기)
```

```
#define LCD_RDATA    PINA        // LCD 데이터 버스 정의 (데이터 읽기)
#define LCD_CTRL     PORTG       // LCD 제어 신호 정의
#define LCD_EN       0           // Enable 신호
#define LCD_RW       1           // 읽기(1)/쓰기(0)
#define LCD_RS       2           // 데이터(1)/명령어(0)
```

○ 명령 레지스터에 명령어 쓰기 함수

표 10.4에는 LCD 모듈에서 사용되는 여러 가지 명령어가 제시되어 있다. 이 기능을 수행할 함수는 전달되는 명령을 입력받아 이 명령을 수행하고, 수행된 결과는 함수를 호출하는 함수에 반환할 필요가 없다. 따라서 함수의 형태를 다음과 같이 선정한다.

    void LCD_Comm(char comm)

명령어를 기록하는 절차는 그림 10.4에 쓰기 타이밍의 순서를 고려하면 다음 표와 같이 된다.

신호 / 순서	RS(PORTG.2)	R/W̄ (PORTG.1)	RS(PORTG.0)	데이터 버스 (PORTA)
①	0	0	1	
②	0	0	1	명령어 쓰기
③	0	0	0	

이상의 순서를 고려하여 LCD_Comm(char comm) 함수를 작성하면 다음과 같다.

```
void LCD_Comm(Byte ch)
{
      LCD_CTRL &= ~(1 << LCD_RS);        // RS=R/W̄=0으로 명령어 쓰기 사이클
      LCD_CTRL &= ~(1 << LCD_RW);
      LCD_CTRL |=  (1 << LCD_EN);        // LCD Enable
      delay_us(50);                      // 시간 지연
      LCD_WINST = ch;                    // 명령어 쓰기
      delay_us(50);                      // 시간 지연
      LCD_CTRL &= ~(1 << LCD_EN);        // LCD Disable
}
```

○ 데이터 레지스터에 데이터 쓰기 함수

이 함수는 바이트 단위로 DDRAM 또는 CGRAM에 데이터를 쓰는 함수로서 사용되는 여러 가지 명령어가 제시되어 있다. 이 기능을 수행할 함수는 전달되는 데이터를 입력받아 이 데이터를 DR 레지스터에 기록하는 과정을 수행하고, 수행된 결과는 함수를 호출하는 함수에 반환할 필요가 없다. 따라서 함수의 형태를 다음과 같이 선정한다.

```
void LCD_Data(char ch)
```

데이터를 기록하는 절차는 그림 10.4에 쓰기 타이밍의 순서를 고려하면 다음 표와 같이 된다.

순서 ＼ 신호	RS(PORTG.2)	R/W̅ (PORTG.1)	RS(PORTG.0)	데이터 버스 (PORTA)
①	1	0	0	
②	1	0	1	
③	1	0	1	명령어 쓰기
④	1	0	0	

이상의 순서를 고려하여 LCD_Data(char ch) 함수를 작성하면 다음과 같다.

```
void LCD_Data(Byte ch)
{
        LCD_CTRL |=  (1 << LCD_RS);       // RS=1, R/W̅=0으로 데이터 쓰기 사이클
        LCD_CTRL &= ~(1 << LCD_RW);
        LCD_CTRL |=  (1 << LCD_EN);       // LCD Enable
        delay_us(50);                     // 시간 지연
        LCD_WDATA = ch;                   // 데이터 출력
        delay_us(50);                     // 시간 지연
        LCD_CTRL &= ~(1 << LCD_EN);       // LCD Disable
}
```

◉ LCD 시간 지연 함수

LCD에 사용되는 시간 지연 함수는 표 10.4에 나타난 것처럼 명령어에 따라 40µs 정도를 기다리는 경우와 1.64ms 정도를 기다려야 하는 경우로 나누어진다. 즉, 명령을 IR 레지스터에 쓰고 나면 40µs 또는 1.64ms를 기다린 후에 다음 명령을 쓸 수 있게 되고, CGRAM 또는 DDRAM에 데이터를 쓰고 나면 40µs를 기다린 후에 다음 명령을 쓸 수 있게 된다. 따라서 LCD 용의 시간 지연 함수는 CodeVidsionAVR에서 제공되는 시간 지연 라이브러리 함수인 µs 단위의 delay_us() 함수나 ms 단위의 delay_ms() 함수를 사용한다. 명령 데이터를 쓰기 위한 지연 시간은 40µs 또는 1.64ms이나 본 예제 프로그램에서는 2ms의 시간 지연을 주는 것으로 통일하였다.

```
void LCD_delay(Byte ms)
{
        delay_ms(ms);
}
```

이와 같은 시간 지연 함수는 명령의 처리 시간에 따라 적절한 시간을 설정하여 호출하여 사용하면 될 것이다.

2) LCD 초기화 과정

LCD에 문자를 표시하기 위해서 선행되어야 하는 것은 LCD를 초기화하는 것이다. LCD를 초기화한 후에 설정된 모드에 따라 문자를 표시할 수 있게 된다.

먼저 LCD에 문자를 표시하기 전에 초기화하는 과정을 살펴보자. LCD 초기화 과정은 그림 10.12에 나타내었다. 각각의 과정을 자세히 설명한다.

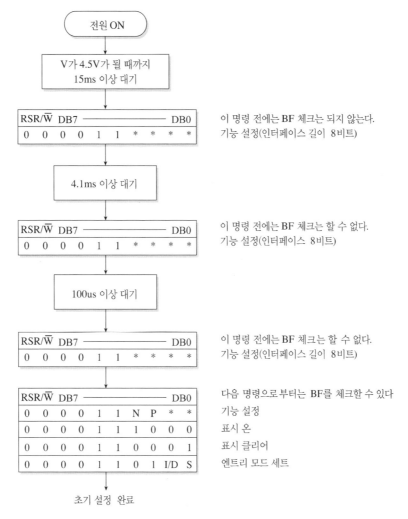

그림 10.12 LCD 초기화를 위한 흐름도

○ 기능 설정

LCD 모듈의 초기화 설정에 관련된 기능으로 사용하려는 LCD의 인터페이스 방식과 도트의 구성을 설정하기 위하여 사용된다. 여기서 사용되는 설정값은 데이터 라인을 8비트로 인터페이스하고, 2라인 디스플레이, 5 × 8 도트 글자 폰트를 사용하도록 값을 지정한다. 이상과 같이 설정된 값(0x38)을 IR 레지스터에 연속하여 3회 정도 쓰고, 명령을 쓰는 과정에서 명령어가 처리되는 시간을 시간 지연 함수를 사용하여 기다린다.

```
        LCD_Comm(0x38) ;            // LCD Mode Define(2line 5*8 Dot)
        LCD_delay(4);               // 4ms 지연
        LCD_Comm(0x38);             // LCD Mode Define(2line 5*8 Dot)
        LCD_delay(4);               // 4ms 지연
        LCD_Comm(0x38);             // LCD Mode Define(2line 5*8 Dot)
        LCD_delay(4);               // 4ms 지연
```

◉ 화면 ON/OFF 제어

문자 표시를 ON/OFF하는 기능(D), 커서를 ON/OFF하는 기능(C), 표시 문자를 깜박거리게 하는 기능(B) 등의 기능을 설정한다. 초기화 과정에서는 다음과 같이 쓴다.

```
        LCD_Comm(0x0e);             // 모든 기능을 ON 한다.
        LCD_delay(2);               // 2ms 지연
```

◉ 화면 클리어

화면을 클리어한다. 이 명령에 의해 커서는 홈 위치로 돌아간다. 초기화 과정에서는 다음과 같이 쓴다.

```
        LCD_Comm(0x01);             // LCD Clear
        LCD_delay(2);               // 2ms 지연
```

◉ 엔트리 모드 세트

커서의 진행 방향을 I/D 비트에 의해 설정하고, 표시된 글자를 시프트할 것인지를 S 비트에 의해 설정한다. 초기화 과정에서는 다음과 같이 쓴다.

```
        LCD_Comm(0x06);             // LCD Clear
        LCD_delay(2);               // 2ms 지연
```

즉, 이 값으로 설정되면 커서는 문자가 쓰여짐에 따라 오른쪽으로 이동하게 된다. 이들 과정을 정리하여 초기화 과정을 프로그램으로 작성하면 다음과 같다. 초기화 과정에서 PORTA와 PORTG의 3비트는 출력으로 사용하여야 하므로 이 포트들을 출력 포트로 지정하였다.

```
void Init_Lcd(void)
{
        DDRA = 0xFF;                // PORTA를 출력으로 지정
        DDRG = 0x0F;                // PORTC의 하위 4비트를 출력으로 지정
        LCD_Comm(0x38)              // LCD Mode Define(2line 5*8 Dot)
        LCD_delay(2);               // 2ms 지연
        LCD_Comm(0x38);             // LCD Mode Define(2line 5*8 Dot)
        LCD_delay(2);               // 2ms 지연
        LCD_Comm(0x38);             // LCD Mode Define(2line 5*8 Dot)
```

```
        LCD_delay(2);              // 2ms 지연
        LCD_Comm(0x0e);            // Display ON/OFF
        LCD_delay(2);              // 2ms 지연
        LCD_Comm(0x01);            // LCD Clear
        LCD_delay(30);             // 30ms 지연
        LCD_Comm(0x06);            // Cursor Entry Mode Set
        LCD_delay(2);              // 2ms 지연
}
```

3) 이외의 LCD 모듈 구동 함수

이외에 LCD 모듈을 제어하기 위해 설명되지 않은 다음의 기능이 있다.

▶ 커서 홈(Cursor Home)
▶ 커서 디스플레이 시프트(Cursor Display Shift)
▶ 표시 위치 설정(Display Position Set)

○ 커서 홈

커서를 화면 처음의 위치로 보내고자 할 때 사용하는 함수로서 cursor_home()이라는 함수를 이용하면 된다.

```
void cursor_home(void)
{
        LCD_Comm(0x02);            // Cursor Home
        LCD_delay(2);              // 2ms 지연
}
```

○ 디스플레이 시프트

LCD에 표시된 글자를 왼쪽으로 1 또는 오른쪽으로 1 시프트하기 위해서 display_shift(char p)함수를 이용한다. 표시된 글자 전체를 오른쪽으로 이동하게 하고자 한다면 display_shift(RIGHT), 왼쪽으로 이동하고 싶으면 display_shift(LEFT)라고 정의하면 된다. 또한 커서만 왼쪽, 오른쪽으로 이동하고자 한다면 cursor_shift(char p) 함수를 이용한다. 사용법은 display_shift(char p) 함수와 같다.

```
#define RIGHT 1
#define LEFT 0

void Display_Shift(char p)        // 디스플레이 시프트 (5)
{
        // 표시 화면 전체를 오른쪽으로 이동
        if(p == RIGHT) {
                LCD_Comm(0x1C);
```

```
            LCD_delay(1);        // 시간 지연
        }
        // 표시 화면 전체를 왼쪽으로 이동
        else if(p == LEFT) {
            LCD_Comm(0x18);
            LCD_delay(1);
        }
    }

void Cursor_shift(Byte p)
{
    if(p == RIGHT) {
        LCD_Comm(0x14);
        LCD_delay(1);
    }
    else if(p == LEFT) {
        LCD_Comm(0x10);
        LCD_delay(1);
    }
}
```

◉ 표시 위치 설정

좌표의 개념으로 원하는 부분에 커서의 위치와 디스플레이의 위치를 설정하여 원하는 부분에 글자를 표현하기 위한 부분이다. 표시 위치와 DDRAM의 어드레스 번지와의 관계를 생각하면 이를 쉽게 구현할 수 있다. 함수는 void LCD_pos(unsigned char row, unsigned char col)이며, 사용 방법은 LCD_pos(0,2)을 선택하면 첫 번째 라인의 세 번째 커서에 위치하게 된다. 이 함수는 다음과 같다.

```
void LCD_pos(unsigned char col, unsigned char row)    // LCD 포지션 설정
{
    LCD_Comm(0x80|(row+col*0x40));                     // col = 문자열, row = 문자행
}
```

4) LCD 구동 프로그램

LCD에 문자를 정해진 위치에 표시하기 위해서는 먼저 명령 레지스터에 DDRAM 주소 설정 명령을 이용하여 위치를 설정하고, 표시하고자 하는 문자를 문자 발생기 ROM 상에 있는 문자를 호출하여 데이터 레지스터에 쓰면 된다. 이 과정을 명심하고, 이상의 정의된 LCD 구동에 관련된 함수들을 이용하여 LCD에 원하는 위치에 문자를 표시하여 보자. 예로, "LCD Test...." 라는 문사를 첫 번째 라인의 첫 번째 위치에서 표시되도록 하여 보자.

먼저 LCD를 초기화 과정에서 설명한 것과 같이 초기화되었다고 가정하자. 초기화 과정에서

커서는 문자를 LCD에 쓰면 오른쪽으로 하나씩 시프트되도록 초기화되어 있다.

본 교재에서는 LCD에 문자를 표시하기 위해서 다음과 같이 하나의 문자를 LCD에 표시하는 함수와 여러 문자로 구성된 문자열을 이용하여 LCD에 표시하는 함수를 정의하여 사용하기로 하자.

```
void LCD_CHAR(Byte c)        // 하나의 문자를 LCD에 표시하는 함수
void LCD_STR(Byte *str)      // 문자열을 LCD에 표시하는 함수
```

⚪ **void LCD_CHAR(Byte c)**

문자를 LCD 화면에 표시하려면 원하는 DDRAM에 데이터를 출력하여야 하는데 이 함수는 데이터 레지스터에 데이터 쓰기 함수인 LCD_Data(char ch)를 사용하여 다음과 같이 함수를 만든다.

```
void LCD_CHAR(Byte c)        // 한 문자 출력
{
    LCD_delay(1);            // 명령어를 쓰기 전에 일정 시간 지연(busy 플래그 확인 대용)
    LCD_Data(c);             // DDRAM으로 데이터 전달

}
```

이 함수를 이용하여 LCD 화면에 문자를 표시할 때에는 그림 10.8의 ASCII 표의 내용으로 그대로 출력된다. 즉, LCD에 'L'을 표시하고자 한다면 LCD_CHAR('L')이나 LCD_CHAR(0x4C)라고 사용하면 된다.

⚪ **void LCD_STR(Byte *str)**

이 함수는 문자열을 str 포인터를 통해 받고, 이 포인터가 가리키는 문자열을 문자열이 끝날 때까지 출력하는 함수로서 다음과 같이 작성된다.

```
void LCD_STR(Byte *str)      // 문자열 출력
{
    while(*str != 0) {
        LCD_CHAR(*str);
        str++;
    }
}
```

이 함수에서 주의할 사항은 C언어에서 문자열은 다음 표와 같이 배열로 처리된다는 것이고, 문자열의 배열의 경우에는 문자열의 마지막 요소는 NULL 문자('\0')으로 끝난다는 것이다. 따라서 문자열을 LCD에 표시하는 함수에서는 문자열의 끝을 확인하여 문자열이 끝날 때까지 출력하는 기능을 구현하여야 한다.

| L | C | D | | T | e | s | t | . | . | '\0' | | | |

이 함수를 이용하여 LCD 화면에 "LCD Test.."와 같은 문자열을 표시하고자 할 경우에는 LCD_STR("LCD Test..")라고 사용하면 된다.

이상의 함수들을 사용하여 문자열을 LCD에 표시하는 프로그램을 완성하면 다음과 같다.

```
PROGRAM CODE
#include <mega128.h>
#include <delay.h>
#define LCD_WDATA    PORTA
#define LCD_WINST    PORTA
#define LCD_CTRL     PORTG        // LCD 제어 포트 정의
#define LCD_EN       0
#define LCD_RW       1
#define LCD_RS       2


#define Byte unsigned char

#define On           1           // 불리언 상수 정의
#define Off          0

void PortInit(void)
{
     DDRA = 0xFF;                // PORTA를 출력으로
     DDRG = 0x0F;                // PORTG의 하위 4비트를 출력으로
}

void LCD_Data(Byte ch)
{
     LCD_CTRL |=  (1 << LCD_RS);        // RS=1, R/W̅=0으로 데이터 쓰기 사이클
     LCD_CTRL &= ~(1 << LCD_RW);
     LCD_CTRL |=  (1 << LCD_EN);        // LCD Enable
     delay_us(50);                       // 시간 지연
     LCD_WDATA = ch;                     // 데이터 출력
     delay_us(50);                       // 시간 지연
     LCD_CTRL &= ~(1 << LCD_EN);        // LCD Disable
}

void LCD_Comm(Byte ch)
{
    LCD_CTRL &= ~(1 << LCD_RS); // RS=R/W̅=0으로 명령어 쓰기 사이클
```

```
        LCD_CTRL &= ~(1 << LCD_RW);
        LCD_CTRL |=   (1 << LCD_EN);        // LCD Enable
        delay_us(50);                       // 시간 지연
        LCD_WINST = ch;                     // 명령어 쓰기
        delay_us(50);                       // 시간 지연
        LCD_CTRL &= ~(1 << LCD_EN);         // LCD Disable
}



void LCD_delay(Byte ms)
{
        delay_ms(ms);
}


void LCD_CHAR(Byte c)           // 한 문자 출력
{
        LCD_Data(c);
        delay_ms(1);
}


void LCD_STR(Byte *str)         // 문자열 출력
{
        while(*str != 0) {
                LCD_CHAR(*str);
                str++;
        }
}


void LCD_pos(unsigned char col, unsigned char row)    // LCD 포지션 설정
{
    LCD_Comm(0x80|(row+col*0x40));               // row = 문자행, col = 문자열
}
void LCD_Clear(void)            // 화면 클리어 (1)
{
        LCD_Comm(0x01);
        LCD_delay(2);
}


void LCD_Init(void)             // LCD 초기화
{
        LCD_Comm(0x38);         // DDRAM, 데이터 8비트 사용, LCD 2열로 사용 (6)
        LCD_delay(2);           // 2ms 지연
        LCD_Comm(0x38);         // DDRAM, 데이터 8비트 사용, LCD 2열로 사용 (6)
        LCD_delay(2);           // 2ms 지연
```

```
            LCD_Comm(0x38);             // DDRAM, 데이터 8비트사용, LCD 2열로 사용 (6)
            LCD_delay(2);               // 2ms 지연
            LCD_Comm(0x0e);             // Display ON/OFF
            LCD_delay(2);               // 2ms 지연
            LCD_Comm(0x06);             // 주소+1 , 커서를 우측 이동 (3)
            LCD_delay(2);               // 2ms 지연
            LCD_Clear();                // LCD 화면 클리어
    }


    void main(void)
    {

            Byte str[] = "LCD Test..";


            PortInit();                 // LCD 출력 포트 설정
            LCD_Init();                 // LCD 초기화


            LCD_pos(0,1);               // LCD 포지션 0열 1행 지정
            LCD_STR(str);               // 문자열 str을 LCD 출력
            while(1);
    }
```

위와 같은 방법에 의해서 LCD Test....의 글자를 표시하고 난 후에 줄을 바꾸어서 2번 라인의 첫 번째부터 "Micom World" 라고 표시하여 보자. 우선 다음 줄로 자리를 바꿔야 하는데 앞에서 설명했던 Disp_pos() 함수를 사용한다. 즉, LCD_pos(1,1)을 사용한다.

이를 사용하면 DDRAM으로 데이터를 0xC0의 값을 쓰게 되고, 이는 DDRAM에 데이터를 쓰는 명령어인 0x80과 DDRAM의 주소를 0x40으로 설정하여 쓰는 것으로, 이렇게 되면 두 번째 라인의 첫 번째 행을 가리키게 되고 이 행에 커서가 나타나게 된다. 이의 관계는 표 10.7과 같다.

표 10.7 LCD 화면의 주소와 Disp_pos() 함수와의 관계

(x=0, y=0) 0x00	(x=1, y=0) 0x01	(x=2, y=0) 0x02	(x=3, y=0) 0x03	(x=4, y=0) 0x04	(x=5, y=0) 0x05	...	(x=15,y=0) 0x0F
(x=0, y=1) 0x40	(x=1, y=1) 0x41	(x=2, y=1) 0x42	(x=3, y=1) 0x43	(x=4, y=1) 0x44	(x=5, y=1) 0x45	...	(x=15,y=1) 0x4F

이상의 문자열을 표시하는 과정을 추가하여 main() 함수를 작성하면 다음과 같으며, 이 프로그램의 수행결과는 LCD에 다음과 같이 표시된다.

```
    void main(void)
    {
```

```
        Byte str[] = "LCD Test..";
        Byte str1[] = "Micom World";

        PortInit();          // LCD 출력 포트 설정
        LCD_Init();          // LCD 초기화

        LCD_pos(0,0);        // 문자열 위치 0열 0행 지정
        LCD_STR(str);        // 문자열 str을 LCD 출력
        LCD_pos(1,0);        // 문자열 위치 1열 0행 지정
        LCD_STR(str1);
        while(1);
    }
```

L	C	D		T	e	s	t	.	.						
M	i	c	o	m		W	o	r	l	d					

참고사항

위의 예에서의 LCD 제어 프로그램을 보면 간단하게 2 라인의 문자열을 표시하기 위해 LCD 제어 함수, 문자 또는 문자열 표시 함수 등의 함수들을 포함하는 과정이 주프로그램보다 훨씬 길게 작성된다. 이러한 과정은 다른 예제 프로그램을 작성하는 데에도 마찬가지로 적용될 것이다. 따라서 LCD에 관련된 헤더 파일과 LCD 제어에 사용되는 함수를 다른 파일에 작성하여 놓고, 헤더 파일의 경우에는 프로그램에 포함시키고 소스 파일의 경우에는 컴파일 과정에서 포함하여 컴파일하면 주프로그램을 작성하는 데 매우 간편해질 것이다.
따라서, 본 예제를 연습하기에 앞서 lcd.h와 lcd.c 파일을 작성하는 방법을 아는 것이 바람직할 것이다. 헤더 파일을 작성할 때에는 다음과 같이 외부에서 호출하는 함수의 선언을 포함시킨다.

```
/*****************************************************************/
/*****************      lcd.h      *****************************/
/*****************************************************************/

#include <mega128.h>
#include <delay.h>

#define LCD_WDATA    PORTA          // LCD 데이터 포트 정의
#define LCD_WINST    PORTA

#define LCD_CTRL     PORTG          // LCD 제어 신호 정의
#define LCD_EN       0              // Enable 신호
#define LCD_RW       1              // 데이터(1)/명령어(0)
#define LCD_RS       2              // 읽기(1)/쓰기(0)

#define Byte unsigned char
```

```
#define On            1              // 불리언 상수 정의
#define Off           0

#define RIGHT         1
#define LEFT          0

void LCD_Data(Byte ch);
void LCD_Comm(Byte ch);
void LCD_delay(Byte ms);
void LCD_CHAR(Byte c);
void LCD_STR(Byte *str);
void LCD_pos(unsigned char col, unsigned char row);
void LCD_Clear(void);
void PortInit(void);
void LCD_Init(void);
void LCD_Shift(char p);
void Cursor_Home(void);
```

소스 프로그램을 작성할 때에는 외부에서 사용되어야 하는 함수가 헤더 파일에 선언되어 있으므로 이를 포함시키고, 함수를 작성할 때에는 함수의 기능 및 입출력 관계를 주석문에 상세히 기록하여 함수의 사용법을 알 수 있도록 한다. 즉, lcd.c 파일에는 위의 예의 설명에서 사용한 lcd 제어 관련 함수를 작성하여 놓으면 된다.

```
/****************************************************************/
/************************  lcd.c  *******************************/
/****************************************************************/
#include "lcd.h"
void PortInit(void)
{
..
}
void LCD_Data(Byte ch)
{
..
}
기타 함수를 모두 작성한다.


/****************************************************************/
/*********************  lcd.c 프로그램의 끝  ********************/
/****************************************************************/
```

이렇게 lcd.h와 lcd.c가 작성되면 컴파일러 환경에서 LCD 제어 프로그램의 소스 파일인 lcd.c를 프로젝트에 포함하여 컴파일하여야 하고, 프로그램에서는 LCD 제어 함수를 사용하기 위해 lcd.h를 포함하여야 한다.

10.6   LCD 제어 실험

예제 10.1   문자의 이동

영문자 "ATMega128", "AVR LCD Test"라는 문자열을 표시한 후 오른쪽으로 다시 처음 자리에 글자를 출력하는 프로그램을 작성하라. 화면의 표시는 그림 10.13을 참조하고, 프로그램은 LCD_STR() 함수를 이용하여 작성하시오.)

A	T	m	e	g	a	1	6	2							
A	V	R		L	C	D		T	e	s	t				

	A	T	m	e	g	a	1	6	2						
	A	V	R		L	C	D		T	e	s	t			

		A	T	m	e	g	a	1	6	2					
		A	V	R		L	C	D		T	e	s	t		

			A	T	m	e	g	a	1	6	2				
			A	V	R		L	C	D		T	e	s	t	

				A	T	m	e	g	a	1	6	2			
				A	V	R		L	C	D		T	e	s	t

반복

그림 10.13   예제 10.1의 출력 화면

먼저 이 프로그램을 작성하기 위해서는 LCD 제어기를 초기화하고, 다음과 같이 LCD에 문자를 출력한다.

A	T	m	e	g	a	1	6	2							
A	V	R		L	C	D		T	e	s	t				

출력된 문자를 우로 시프트하기 위해서 커서 위치를 증가시킨다. 그리고, 이 위치에서 문자열을 출력한다. 여기서 사용하고 있는 LCD는 16×2이므로 16번을 실행하고, 커서의 위치를 홈으로 위치시켜 문자열을 출력한다. 이 과정을 계속하여 수행하면 된다. 이 프로그램의 흐름도를 그림 10.13에 나타내었고, 다음에 프로그램 소스를 나타내었다.

```
#include "lcd.h"

void main(void)
{
```

```
        Byte str[] = "ATmega_128";
        Byte str1[] = "AVR_LCD_Test";

        int i;

        PortInit();              // PORT 초기화
        LCD_Init();              // LCD 초기화

        LCD_pos(0,0);
        LCD_STR(str);
        LCD_pos(1,0);
        LCD_STR(str1);

        while(1){
           for(i=0;i<16;i++)
           {
              LCD_Shift(RIGHT);
              delay_ms(500);
           }
           Cursor_Home();
        }
     }
```

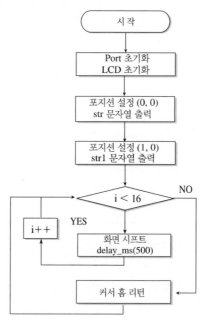

그림 10.14　예제 10.1의 흐름도

예제 10.2 시간 경과에 따른 문자 표시

"Current Time"을 첫 번째 라인에 DISPLAY한 후 두 번째 라인에는 AM/PM 시, 분, 초(초기 시작 12:00:00)를 출력하는 프로그램을 작성하시오.

초기 시작

C	u	r	r	e	n	t		T	i	m	e				
A	M		1	2	:	0	0	:	0	0					

1초 경과

C	u	r	r	e	n	t		T	i	m	e				
A	M		1	2	:	0	0	:	0	1					

2초 경과

C	u	r	r	e	n	t		T	i	m	e				
A	M		1	2	:	0	0	:	0	2					

1분 경과

C	u	r	r	e	n	t		T	i	m	e				
A	M		1	2	:	0	1	:	0	0					

이 프로그램은 타이머/카운터0의 시간 계수 기능을 이용하여 시계 프로그램을 작성하여 이를 LCD 화면에 출력하는 것이다. 시계 프로그램을 구현하는 것의 기본은 1초 단위의 카운터를 만드는 것으로 이는 예제 8.4의 1초 만들기를 사용하도록 한다. 1초 계수를 위한 변수 sec가 만들어지면, 이를 1초가 경과할 때마다 증가시켜 60초가 되면, 분의 변수(min)를 증가시킨다. 분의 변수가 60이 되면, 시의 변수(hour)를 증가시킨다. 시의 출력에서 12시 이내면 "AM hour 데이터"를 출력하고, 13시 이후부터는 "PM (hour-12) 데이터"를 출력하면 된다.

LCD에 두 번째 문자열 출력에서 현재 시각의 변화는 초기 문자열 출력 후 시, 분, 초의 출력 위치만 변경하면 된다. 두 번째 문자열 출력에서 시(hour)에 관련된 위치는 (1, 0)이고, 분(min)에 관련된 위치는 (1, 6)이고, 초(sec)에 관련된 위치는 (1, 9)이다. 이것은 LCD_pos 함수를 사용하여 출력하는 데이터를 출력하면 된다. 그리고, 시의 변수(hour), 분의 변수(min), 초의 변수(sec)의 값을 LCD에 출력하기 위해서는 ASCII Code의 문자로 표현하기 위해 각 변수에 '0'의 값을 더해줘서 출력하면 된다. 이상의 내용을 프로그램으로 작성하면 다음과 같다.

```
#include "lcd.h"     // lcd.h 파일이 있는 위치 지정

#define  WGM01      3
#define  OCIE0      1

#define  CS01       1

Byte Temp;
Word cnt;
```

```
Byte sec, min, hour;

// 50㎲ 간격으로 인터럽트 발생
void Init_Timer0(void)
{
    TCCR0 |= (1 << WGM01);          //TCCR0 레지스터 CTC 모드 설정
    OCR0 = 100;                        //50㎲마다 출력 비교를 한다
    TIMSK = (1<<OCIE0);             //출력 비교 인터럽트 허가
}


// 50㎲마다 인터럽트 비교 일치 인터럽트가 발생
interrupt [TIM0_COMP] void timer0_out_comp(void)
{
    cnt++;                            //인터럽트 횟수 증가
    //50㎲의 인터럽트를 20000번 계수시키면 1초에 가까운 시간이 만들어진다.
    if(cnt == 20000)                  // 50㎲ * 20000 = 1sec
    {
        cnt = 0;
        sec++;
        if(sec >= 60) {
            min++; sec = 0;
        }
        if(min >= 60) {
            hour++; min = 0;
        }
        if(hour>=24) hour = 0;
    }
}

void main(void)
{
    Byte str[] = "Current Time";
    Byte str1[] = "AM 12:00:00";
    Byte AM[] = "AM";
    Byte PM[] = "PM";
    Temp = 0;
    cnt = 0;
    sec = min = 0;
    hour = 12;
    // Timer 초기화
    Init_Timer0();
    SREG |= 0x80;
    TCCR0 |= 1 << CS01;
```

```
                            // LCD 초기화
PortInit();                 // LCD 출력 포트 설정
LCD_Init();                 // LCD 초기화

LCD_pos(0,0);               // LCD 포지션 0행 0열 지정
LCD_STR(str);               // 문자열 str을 LCD 출력
LCD_pos(1,0);               // LCD 포지션 1행 0열 지정
LCD_STR(str1);              // 문자열 str을 LCD 출력
#asm("sei");
while(1) {
     if(hour > 12) {
          LCD_pos(1,0);
          LCD_STR(PM);
          LCD_CHAR(((hour-12)/10)+'0');
          LCD_CHAR(((hour-12)%10)+'0');
     }
     else {
          LCD_pos(1,0);
          LCD_STR(AM);
          LCD_CHAR((hour/10)+'0');
          LCD_CHAR((hour%10)+'0');
     }
     LCD_pos(1,6);
     LCD_CHAR((min/10)+'0');
     LCD_CHAR((min%10)+'0');
     LCD_pos(1,9);
     LCD_CHAR((sec/10)+'0');
     LCD_CHAR((sec%10)+'0');
}
}
```

END

예제 10.3 스위치 상태에 따른 문자 표시

PORTD에 연결되어 있는 네 개의 스위치의 상태에 따라 다음의 네 가지 형태로 LCD에 출력하는 프로그램을 작성하시오.

PORTD.0 ON

P	U	S	H		A	r	r	o	w		K	e	y	
S	t	a	t	e		:		L	E	F	T			

PORTB.1 ON

P	U	S	H		A	r	r	o	w		K	e	y	
S	t	a	t	e		:		R	I	G	H	T		

PORTD.2 ON

P	U	S	H		A	r	r	o	w		K	e	y	
S	t	a	t	e		:		U	P					

PORTD.3 ON

P	U	S	H		A	r	r	o	w		K	e	y	
S	t	a	t	e		:		D	O	W	N			

이 프로그램은 예제 6.3에 있는 Switch_Verify() 함수에서 사용한 switch 구문을 이용하여 스위치의 상태를 읽고, 스위치의 상태에 따라 'LEFT', 'RIGHT', 'UP', 'DOWN'을 주어진 위치에 표시하면 된다. 전체 프로그램은 다음과 같다.

```c
#include "lcd.h"

void Switch_Verify(void)
{

        Byte Left[]    = "LEFT ";
        Byte Right[]   = "RIGHT";
        Byte Up[]      = "UP   ";
        Byte Down[]    = "DOWN ";
        Byte Emt[]     = "         ";

        Byte sw;

        sw = (0x0f & PIND);
        switch(sw){
                case 0x0e : {LCD_STR(Left); break;}
                case 0x0d : {LCD_STR(Right); break;}
                case 0x0b : {LCD_STR(Up); break;}
                case 0x07 : {LCD_STR(Down); break;}
                default :    LCD_STR(Emt); break;
        }
}
```

```
void main(void)
{
    Byte str1[]    = "PUSH Arrow Key";
    Byte str2[]    = "State : Plz key";

    DDRD = 0xF0;    // DIP Switch 입력 설정

    PortInit();            // LCD 출력 포트 설정

    LCD_Init();            // LCD 초기화
    LCD_pos(0,0);          // LCD 포지션 0행 0열 지정
    LCD_STR(str1);         // 문자열 str을 LCD 출력
    LCD_pos(1,0);          // LCD 포지션 1행 0열 지정
    LCD_STR(str2);         // 문자열 str을 LCD 출력

    while(1)
    {
        LCD_pos(1,8);
        Switch_Verify();
    }
}
```

END

예제 10.4　한글 문자 표시

'김치'라는 한글을 LCD에 표시하는 프로그램을 작성하라.

이 문제에서는 CGROM에 없는 문자를 만들어 LCD에 표시하는 문제이다. 내부 CGROM
에 없는 문자를 만들어 표시하기 위해서는 CGRAM을 이용하여야 한다.
CGRAM에 문자를 만들어 저장하는 방법은 그림 10.9에 자세히 설명하였으므로 이를 참조
하기 바란다.

그림 10.15에서 CGRAM의 주소 비트 0-2 비트는 문자 패턴의 라인 위치를 나타낸다. 문
자는 5 × 7을 사용하므로 8번째 라인은 커서 위치를 나타낸다. 본 예제에서는 커서를 사용
하지 않을 것이므로 5 × 8 비트 패턴을 사용한다.

문자 패턴의 열 위치는 CGRAM 데이터 비트 0-4 비트에 해당한다. CG RAM 데이터 비트 5-7 비트는 표시에 사용되지 않기 때문에 일반 데이터 RAM으로 사용될 수 있다.

CG RAM 문자 패턴은 문자 코드 비트 4-7이 0일 때 선택된다. '김'이라는 문자는 문자 코드 0에 해당되고, '치'라는 문자는 문자코드 1에 해당한다.

그럼 예제에서 주어진 문자를 CGRAM에 설계하여 써 넣는 과정을 살펴보자. 먼저 문자를 설계하여 배열에 저장한다. 문자의 설계는 그림 10.15에 나타낸 바와 같이 매 라인마다 CGRAM 데이터 비트 0-4를 사용하여 이루어진다. 이 과정이 끝나면 이 문자를 CGRAM 주소에 세트하고, 첫 번째 '김'은 주소 0에 '치'는 주소 1에 써 넣는다. 이는 다음과 같이 된다.

문자 코드								CGRAM 어드레스						문자 패턴 데이터								비고
7	6	5	4	3	2	1	0	5	4	3	2	1	0	7	6	5	4	3	2	1	0	
0	0	0	0	*	0	0	0	0	0	0	0	0	0	*	*	*	1	1	1		1	
											0	0	1	*	*	*			1		1	
											0	1	0	*	*	*			1		1	문자 패턴의 예 '김'
											0	1	1	*	*	*	1	1			1	
											1	0	0	*	*	*						
											1	0	1	*	*	*	1	1	1	1	1	
											1	1	0	*	*	*	1				1	
											1	1	1	*	*	*	1	1	1	1	1	커서위치
0	0	0	0	*	0	0	1	0	0	1	0	0	0	*	*	*					1	
											0	0	1	*	*	*		1			1	
											0	1	0	*	*	*	1	1	1		1	문자 패턴의 예 '치'
											0	1	1	*	*	*		1			1	
											1	0	0	*	*	*	1		1		1	
											1	0	1	*	*	*	1		1		1	
											1	1	0	*	*	*	1		1		1	
											1	1	1	*	*	*	1		1		1	커서위치

그림 10.15 설계된 문자 패턴과 CGRAM 사용법

```
void CGRAM_Set()
{
    int i;
    Byte kim[] = {0x1d, 0x05, 0x05, 0x00, 0x1f, 0x11, 0x19, 0x1f};
    Byte chi[] = {0x01, 0x09, 0x1d, 0x09, 0x15, 0x15, 0x15, 0x15};

    // CGRAM 사용(DB6 = set)  주소 설정 : CGRAM 0번지(0bx1000xxx)
    LCD_delay(1);
    LCD_Comm(0x40);                 // CGRAM address set
    LCD_delay(1);
```

```
        for(i=0; i<8; i++)
        {
                LCD_Data(kim[i]);           // 한글 김, data set 8 byte
                LCD_delay(1);
        }


        // CGRAM 사용(DB6 = set)   주소 설정 : CGRAM 1번지(0bx1001xxx)
        LCD_Comm(0x48);                     // CCGRAM address set
        LCD_delay(1);

        for(i=0; i<8; i++)
        {
                LCD_Data(chi[i]);           // '치' 문자를 CGRAM에 쓴다
                LCD_delay(1);
        }


}
```

이렇게 CGRAM에 쓰여진 문자는 CG 패턴 상에서 호출되어야 하므로 다음과 같이 호출하면 LCD의 정해진 위치에 표시되게 된다.

```
    LCD_pos(0,0);               // LCD 표시 위치를 0행 0열 지정
    LCD_delay(1)
    // 데이터 레지스터에 CG 패턴 0x00을 써넣는다. 즉, '김'이라는 문자를 표시한다.
    LCD_Data(0x00);
    // 데이터 레지스터에 CG 패턴 0x01을 써넣는다. 즉, '치'라는 문자를 표시한다.
    LCD_Data(0x01);
```

이렇게 문자를 새롭게 설계하여 쓰는 것은 8개의 문자까지 가능하게 된다. 전체 프로그램을 다음에 나타내었다.

```
// LCD English & Hangul Display Program
// Hangul kim chi display program

#include "lcd.h"

void CGRAM_Set()
{
     int i;
     Byte kim[] = {0x1d, 0x05, 0x05, 0x00, 0x1f, 0x11, 0x11, 0x1f};
     Byte chi[] = {0x01, 0x09, 0x1d, 0x09, 0x15, 0x15, 0x15, 0x15};

     // CGRAM 사용(DB6 = set)   주소 설정 : CGRAM 0번지(0bx1000xxx)
```

```
        LCD_delay(1);
        LCD_Comm(0x40);
        LCD_delay(1);

        for(i=0; i<8; i++)
        {
            LCD_Data(kim[i]);
            LCD_delay(1);
        }

        // CGRAM (DB6 = set)  주소 설정 : CGRAM 1번지(0bx1001xxx)
        LCD_Comm(0x48);
        LCD_delay(1);

        for(i=0; i<8; i++)
        {
            LCD_Data(chi[i]);
            LCD_delay(1);
        }

}

void main(void)
{
        PortInit();             // LCD 출력 포트 설정
        LCD_Init();             // LCD 초기화
        CGRAM_Set();
        LCD_pos(0,0);           // LCD 표시 위치0행 0열 지정

        LCD_delay(1);

        LCD_Data(0x00);
        LCD_Data(0x01);
        while(1);
}
```

END

연습문제

01 LCD 모듈 내의 문자 발생기 ROM과 문자 발생기 RAM의 용도를 설명하시오.

2 LCD 모듈에 영문자를 쓰기 위한 제어 과정을 정리 · 요약하시오.

3 LCD 모듈과 LED 표시장치와의 장단점을 비교하시오.

4 CPU가 LCD 모듈에 명령 또는 데이터를 액세스할 때 주의하여야 하는 사항은 무엇이며, 소프트웨어에서는 어떻게 대처하여야 하는지 설명하시오.

5 LCD 모듈의 초기화 과정을 설명하시오.

6 LCD 모듈에 ASCII 코드 0을 전 화면에 표시하고, 다음에 1을 전 화면에 표시하고, 마지막으로 9까지 전 화면에 표시한 다음 다시 이 과정을 반복하는 프로그램을 작성하시오.

7 자신의 영문 이름을 LCD의 첫 번째 줄에 문자열로 표시한 후 왼쪽으로 시프트한 다음 다시 처음 자리에 글자를 출력하는 프로그램을 작성하시오.

08 자신의 영문 이름을 LCD의 두 번째 줄에 문자열로 표시한 후 왼쪽으로 시프트한 다음 다시 처음 자리에 글자를 출력하는 프로그램을 작성하시오.

09 문제 7과 문제 8의 과정을 반복 수행하는 프로그램을 작성하시오.

10 네 자리 수의 일반 정수와 이에 해당하는 16진 값을 LCD에 표시하는 프로그램을 작성하시오.

I	N	T	.	:	3	4	5	6							
H	E	X	.	:	0	D	8	0							

11 ATmega128 교육용 보드에 연결된 스위치(SW1~SW4)를 누르면 각각에 대해 다음과 같이 미리 지정된 메시지를 LCD의 화면에 출력되는 프로그램을 작성하시오.

```
SW1이 눌렸을 경우 : <학번 : xxxxxxx>
SW2가 눌렸을 경우 : <소속 : Electronics Eng.>
SW3이 눌렸을 경우 : <이름 : Lee Eung Hyuk>
SW4가 눌렸을 경우 : <LAB : Robotics LAB>
```

12 한글 "가나다라마바사아"를 LCD에 표시하는 프로그램을 작성하시오.

13 그래픽 LCD 모듈의 사양을 조사하고, 문자 표시용 LCD 모듈과의 차이점을 조사하시오.

CHAPTER 11

직렬 통신 포트의 동작

직렬통신은 컴퓨터와 컴퓨터 또는 컴퓨터와 주변 장치 사이에 하나의 통신선을 이용하여 한 번에 한 개의 비트만을 전송하는 방식을 말하며, 일반적으로 RS232C라고 하고 컴퓨터와 모뎀 간의 전송 등에 사용된다. 또한 RS232C 통신 방식을 이용하여 직렬 통신을 하기 위해 고안된 소자를 USART (Universal Synchronous and Asynchronous serial Receiver and Transmitter)라고 하며 ATmega128에는 두 개의 직렬 통신 채널이 내장되어 있다.

따라서, 본 장에서는 직렬 통신 기법을 이해하기 위해서 RS232C의 규격을 먼저 살펴보고, 이것을 바탕으로 ATmega128에 내장된 직렬 통신 포트(USART)의 구조 및 기능에 대해서 설명한다. 마지막으로 PC와 교육용 보드 간에 직렬 통신 프로그램을 작성하는 방법을 설명하여, 직렬로 인터페이스되는 외부 기기와 통신 방법을 완벽하게 이해할 수 있도록 한다.

11.1   직렬 통신(RS232C)의 개요

직렬 통신에는 전송 방식에 따라 동기식과 비동기식으로 구분된다. 동기식 통신 방식은 기준 클럭에 동기를 맞추어 데이터를 순차적으로 전송하는 방식을 말하며, 이에 비해 비동기식 통신 방식은 동기 클럭없이 데이터의 전송 속도를 서로 정하여 데이터를 순차적으로 전송하는 방식을 말한다. 동기식 전송 방식은 높은 전송 속도를 요하는 곳에서 사용되나, 송수신 기기 간에 동기를 맞추어야 하기 때문에 비동기식에 비해 제어가 어렵고, 비동기식 전송 방식은 송수신 기기 간에 동기를 맞출 필요는 없지만 동기식 전송 방식에 비해 낮은 전송 속도를 갖는다.

비동기 전송 방식은 현재 PC나 주변 기기간의 통신에 많이 사용되고 있으며, 이의 통신 규격을 RS232C라 한다. RS232C 인터페이스는 직렬 통신 방식을 규정하는 권고안으로서 미국의 EIA (Electronic Industries Association)에 의해 규격화되었으며, 정확하게는 EIA-RS232C 규격이라고 불린다. 이 RS232C 인터페이스는 원래 그림 11.1과 같이 DTE(Data Terminal Equipment : 데이터 단말장치)와 DCE(Data Communication Equipment : 데이터 통신 장치) 사이의 인터페이스 조건을 결정하기 위해 고안된 권고 규격이다. 여기서 DTE는 컴퓨터 또는 I/O 기기 등의 제어 장치이고, DCE는 모뎀 등의 회선 단말 장치를 말한다.

RS232C 규격은 전기적인 특성, 기계적인 특성(커넥터 사양), 인터페이스 등으로 규정하고 있어서 현재 모뎀과 컴퓨터 주변 장치와의 입/출력 인터페이스로서 널리 사용되고 있다.

그림 11.1 모뎀을 이용한 컴퓨터와 터미널의 접속

1) RS232C 신호 및 기능

RS232C 규격에서는 DTE와 DCE 간의 데이터 전송을 위해 표 11.1과 같은 신호를 정의하고 있다. 이들 신호선에 대한 정의는 다음과 같다.

표 11.1 RS232C에서 사용되는 신호선

핀 번호	명칭	신호 방향 DTE-DCE	기호
1	보안용 접지 (Frame Ground)	—	FG
2	송신 데이터(Transmitted Data)	→	TxD
3	수신 데이터(Receive Data)	←	RxD
4	송신 요구(Request to Send)	→	$\overline{RTS}$
5	송신 허가(Clear to Send)	←	$\overline{CTS}$
6	통신기기 세트 준비(Data Set Ready)	←	$\overline{DSR}$
7	신호용 접지(Signal Ground)	—	SG
8	캐리어 검출(Data Carrier Detect)	←	$\overline{DCD}$
20	데이터 단말 준비 (Data Terminal Ready)	→	DTR
22	Ring Indicator	←	$\overline{RI}$

❶ FG   기기에 연결되는 접지선

❷ TxD   DTE에서 DCE로의 출력 직렬 데이터의 송신선

❸ RxD   DCE에서 DTE로의 입력 직렬 데이터의 수신선

❹ $\overline{\text{RTS}}$ DCE의 송신 기능을 제어하는 신호
                   이 신호를 ON 상태로 하면 DCE는 캐리어(송신 데이터를 송신 회선으로 보내는 반
                   송파)를 회선으로 출력한다. DCE로 데이터를 송신하고 있는 중에는 이 $\overline{\text{RTS}}$가 반드
                   시 ON 상태로 되어 있어야 한다.

❺ $\overline{\text{CTS}}$ DCE가 데이터를 송신할 수 있는 상태임을 알리는 신호
                   이 신호선은 $\overline{\text{RTS}}$ 신호에 의해서 동작되며, 회선으로 출력된 캐리어가 안정이 되면
                   ON된다.

❻ $\overline{\text{DTR}}$ DTE가 준비 상태로 되어 있다는 것을 DCE에게 알리는 신호
                   이 신호를 ON 상태로 하면 모뎀이 회선과 접속을 하고, OFF 상태로 하면 모뎀은
                   회선과 단절된다.

❼ $\overline{\text{DSR}}$ DCE가 동작 가능 상태로 되어 있다는 것을 알리는 신호
                   $\overline{\text{DTR}}$로 동작시켜서 모뎀이 회선과 접속을 하면 이 신호는 ON 상태로 된다.

❽ $\overline{\text{DCD}}$ 모뎀이 상대편 모뎀과 전화선 등을 통해서 접속이 완료되었을 때, 상대편 모뎀이 캐
                   리어 신호를 보내오며 이 신호를 검출하였음을 DTE에게 알려주는 신호선이다.

❾ $\overline{\text{RI}}$ 상대 편 모뎀이 통신을 하기 위해서 먼저 전화를 걸어오면 전화벨이 울리게 된다.
                   이때 이 신호를 모뎀이 인식하여 DTE에게 알려주는 신호선이다.

2) 전기적 규격 및 사용 커넥터

일반 디지털 논리로 원격에 떨어져 있는 장치로 데이터를 정확하게 전송하기에는 전압 강하와 노이즈로 인하여 어렵다. 따라서 RS232C에서는 어느 정도의 전압 강하가 발생하더라도 어느 정도의 거리는 안전하게 신호를 전송할 수 있도록 각 신호 간의 전압차를 늘려서 규정하였다. "1"의 값을 +12V를 사용하고, "D"의 값을 -12V로 사용하여 신호 간의 전압차를 24V로 만들었다. 이와 같이 신호간의 전압차를 늘렸을 때 약 15m내의 거리에서 약 19.2Kbps까지의 속도로 전송이 가능하다.

RS232C의 전기적인 규격에서는 표 11.2에서와 같이 데이터 선의 신호 레벨을 정의하고 있다. 즉, 데이터 선이 -3V 이하일 때 논리 "1"(마크 상태), +3V 이상일 때 논리 "0"(스페이스 상태)이 된다. 또 데이터를 전송하지 않을 때에는 마크 상태로 되도록 규정되어 있다. 데이터의 전송 신호의 예를 그림 11.2에 나타내었다.

표 11.2 RS232C의 신호 레벨 사양

상 태	"L"	"H"
전압 범위	-25 ~ -3V	+3 ~ +25V
논리	"1"	"0"
명칭	마크	스페이스

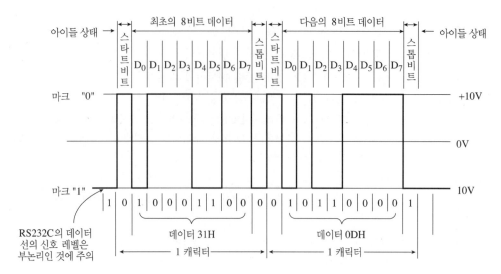

그림 11.2 RS232C의 전송 신호의 예

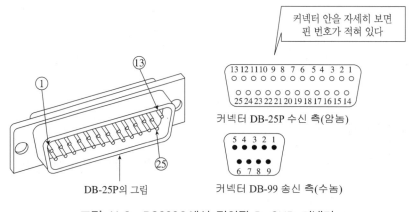

그림 11.3 RS232C에서 정의된 D-SUB 커넥터

그림 11.3에는 RS232C에 사용되는 커넥터인 D-SUB 커넥터를 예시하였다. RS232C에 표준으로 사용되는 D-SUB 커넥터는 DTE 쪽에는 수놈(male)을 사용하고 DCE 쪽에는 암놈(female)을 사용한다. 따라서 통신 케이블에 사용되는 커넥터는 각각 이와 반대의 구성을 갖는다. D-SUB 커넥터는 RS232C 규격이 만들어질 당시에는 25핀의 D-SUB 커넥터를 사용하였으나 사용하지 않는 핀이 많고 부피가 커서 9핀의 D-SUB 커넥터를 표준으로 추가하여 현재에는 9핀의 D-SUB 커넥터가 보편적으로 사용되고 있다. 25핀과 9핀 D-SUB 커넥터의 각 핀의 기능은 표 11.3과 같으며, 9핀과 25핀의 신호 대응은 그림 11.4와 같다.

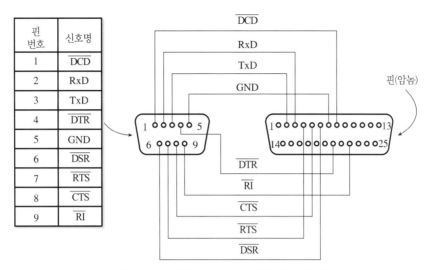

그림 11.4 9핀과 25핀의 신호 대응 관계

표 11.3 25핀, 9핀 D-SUB 커넥터의 신호

명 칭	25핀 커넥터 핀 번호	9핀 커넥터 핀 번호
FG	1	
TxD	2	3
RxD	3	2
$\overline{RTS}$	4	7
$\overline{CTS}$	5	8
$\overline{DSR}$	6	6
SG	7	5
$\overline{DCD}$	8	1
$\overline{DTR}$	20	4
$\overline{RI}$	22	9

3) RS232C의 데이터 전송 방식

RS232C 규격에서는 데이터를 비동기식으로 송수신하는 방법을 규정하고 있다. 전송 데이터의 형식은 그림 11.2에 나타낸 바와 같이 한 바이트의 데이터를 송신하는데, 송신 데이터의 앞뒤에 시작 비트와 정지 비트를 부가하여 한 문자의 동기를 잡는다. 보통 시작 비트와 정지 비트는 1비트를 사용한다. 그러나 정지 비트는 1.5비트와 2비트를 사용하는 경우도 있다.

전송되는 문자의 비트는 7비트 또는 8비트가 사용될 수 있고, RS232에서 사용되는 문자는 ASCII코드로 정의하고 있다. 또한 데이터 전송 시의 오류의 발생을 검사하기 위하여 패리티 (parity)를 부가하는 경우도 있다. 패리티는 데이터 바이트 뒤에 부가된다. 따라서 문자의 송수신을 하기 위해서는 송신과 수신 측에 모두 전송 데이터 비트, 정지 비트, 패리티 비트의 사용 정보를 일치시켜서 사용하여야 한다.

마지막으로 송신 측과 수신 측에서 데이터를 정확하게 송수신하기 위해서는 통신 속도를 맞추어야 한다. 통신 속도는 보오 레이트(baud rate)로 정의된다. 이는 초당 전송 비트를 의미하며, 약어로 bps(bit per sec)라 한다. 데이터의 전송 속도는 송수신에 필요한 프로그램의 실행 속도와 통신 케이블 등의 통신 매체의 특성에 따라 크게 좌우된다. 일반적으로 보오 레이트는 2400, 4800, 9600, 19200, 38400, 57600, 115200 중의 하나를 사용한다.

4) 컴퓨터와의 신호 연결

RS232C를 이용한 컴퓨터 간의 접속 방법에는 널 모뎀 방식, 하드웨어적인 핸드세이크 접속 방식이 있다. 핸드세이크 접속 방식은 원래에는 DTE(터미널 혹은 PC)와 DCE(모뎀) 사이에서 일어나는 상호 제어 방식으로 제안되었지만, DTE와 DTE간에 RS232C 통신 케이블을 직접 접속하여 사용하는 경우에도 사용할 수 있다. 이러한 송수신 장치 간에서 데이터의 안정적인 흐름을 제어하기 위한 핸드세이크 방식으로는 하드웨어와 소프트웨어에 의한 방식이 있다.

하드웨어 핸드세이크 접속 방식에서 사용되는 신호는 $\overline{RTS}$, $\overline{CTS}$, $\overline{DSR}$과 $\overline{DTR}$ 등이 있고, 이들 신호의 상태를 이용하여 컴퓨터 간에 송수신 타이밍을 조절하여 오류없이 데이터를 송수신한다. 그림 11.5와 그림 11.6에는 널 모뎀 방식을 이용한 신호 접속 예를 나타내었고, 그림 11.7에는 핸드세이크 신호를 이용한 신호 접속 예를 나타내었다.

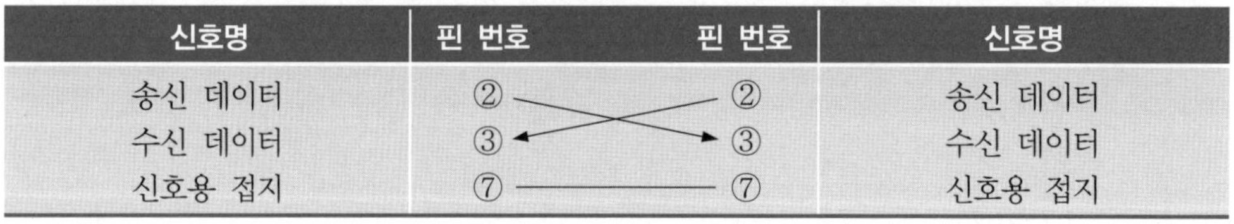

신호명	핀 번호	핀 번호	신호명
송신 데이터	②	②	송신 데이터
수신 데이터	③	③	수신 데이터
신호용 접지	⑦	⑦	신호용 접지

그림 11.5 널 모뎀 방식의 경제적인 접속 방식의 예

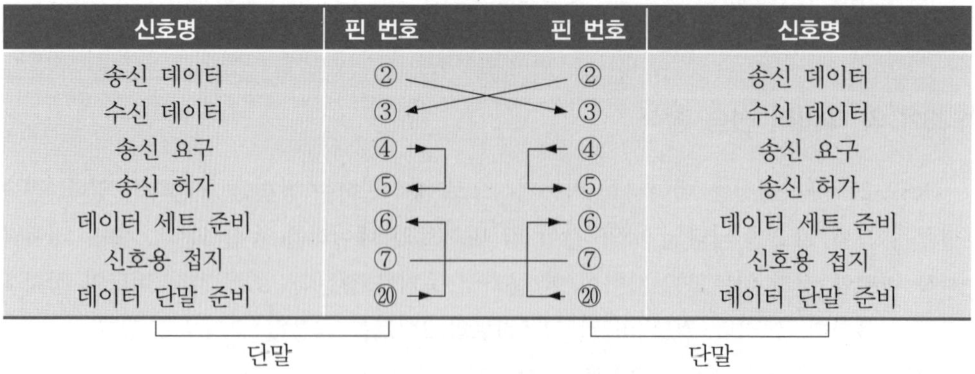

신호명	핀 번호	핀 번호	신호명
송신 데이터	②	②	송신 데이터
수신 데이터	③	③	수신 데이터
송신 요구	④	④	송신 요구
송신 허가	⑤	⑤	송신 허가
데이터 세트 준비	⑥	⑥	데이터 세트 준비
신호용 접지	⑦	⑦	신호용 접지
데이터 단말 준비	⑳	⑳	데이터 단말 준비

단말   단말

그림 11.6 널 모뎀 방식의 전형적인 접속 방식

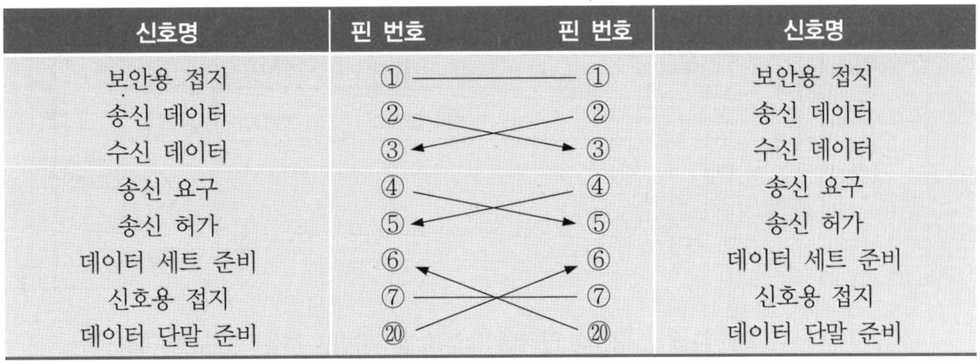

신호명	핀 번호	핀 번호	신호명
보안용 접지	① ——————— ①		보안용 접지
송신 데이터	② ②		송신 데이터
수신 데이터	③ ③		수신 데이터
송신 요구	④ ④		송신 요구
송신 허가	⑤ ⑤		송신 허가
데이터 세트 준비	⑥ ⑥		데이터 세트 준비
신호용 접지	⑦ ⑦		신호용 접지
데이터 단말 준비	⑳ ⑳		데이터 단말 준비

그림 11.7 핸드세이크 방식을 이용한 접속 방식

소프트웨어 핸드세이크 방식은 DTE와 DCE 사이에서 데이터의 흐름을 소프트웨어의 제어 코드를 사용하여 전송 데이터의 흐름을 제어하는 방식으로 보편적으로 XON/XOFF 제어 방식이 사용된다. XON은 전송 시작을 의미하며 <Ctrl> + <S> 또는 ASCII 코드 0x11를 사용하고, XOFF은 전송 정지를 의미하며 <Ctrl> + <Q> 또는 ASCII 코드 0x13을 사용한다. 참고로 데이터 전송에 사용되는 ASCII 코드의 제어 문자는 다음과 같다.

```
SOH (Start Of Header)          : 0x01
STX (Start Of Text)            : 0x02
ETX (End Of Text)              : 0x03
EOT (End Of Transmission)      : 0x04
ENQ (ENQuiry)                  : 0x05
ACK (ACKnowledge)              : 0x06
LF (Line Feed)                 : 0x0A
FF (Form Feed)                 : 0x0C
CR (Carriage Return)           : 0x0D
```

이상의 신호 연결 방법 중에 교육용 키트와 PC와의 연결은 그림 11.5 또는 그림 11.6의 방식을 사용하고 있다.

5) 인터페이스 IC

TTL 신호를 EIA 레벨(RS232C 레벨)로 변환하기 위한 방법으로는 그림 11.8에 제시한 것과 같이 라인 드라이버(SN75188, MC1488)와 라인 리시버(SN75189, MC1489)를 각각 사용하는 경우와 그림 11.9에 제시한 것과 같이 드라이버와 리시버가 하나의 칩으로 구현된 MAX232를 사용하는 경우가 있을 수 있다.

현재 EIA-232용의 신호 변환기로 MAX232가 주로 사용되고 있는데, 75188과 75189를 사용하는 대신에 MAX232를 사용하는 장점은 RS232C 신호를 송수신하는 데 하나의 IC만을 사용한다는 것과 기존의 방식은 ±12V 전원을 별도로 필요로 하였는데 MAX232는 +5V 전원만으로 사용할 수 있다는 것이다.

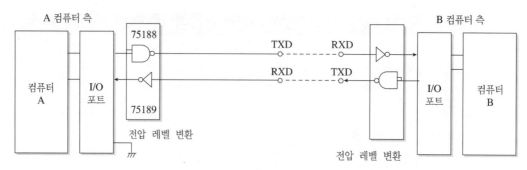

그림 11.8 기존의 인터페이스 IC를 이용한 컴퓨터 인터페이스 예

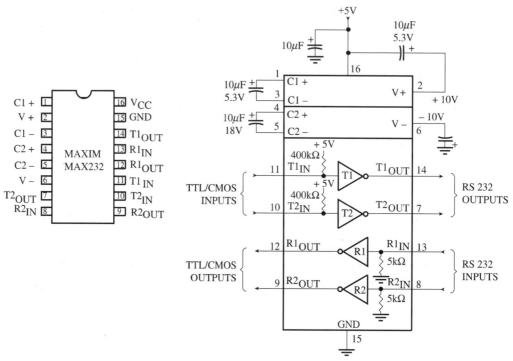

(a) MAX232 외부 구조 및 내부 구조

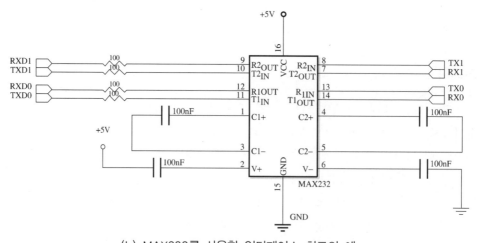

(b) MAX232를 사용한 인터페이스 회로의 예

그림 11.9 MAX232를 사용한 RS232C 인터페이스

그림 11.9(a)에는 MAX232의 핀 배열과 내부 구성을 나타내었으며, 그림 11.9(b)에는 실제 인터페이스 회로를 나타내었다.

이상과 같이 별도의 소자를 이용하여 RS232C 인터페이스 회로를 구현하여 사용할 수 있으나, 간단하게 신호를 5V에서 RS232C 규격에 맞는 수준으로 변환하면 되므로, 다음 그림 11.10에 제시되는 회로와 같이 간단하게 TR을 이용하여 인터페이스 회로를 구현할 수도 있다. 이 방법은 TR을 사용하여 간단하게 구현할 수 있으므로 저가의 보드를 구현할 때 주로 사용된다.

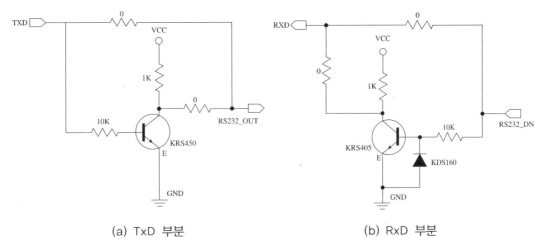

(a) TxD 부분   (b) RxD 부분

그림 11.10   TR을 이용한 RS232C 인터페이스 회로

6) 기타 직렬 통신 방식

RS232C는 신호 전송을 전압에 의존하고 있기 때문에 15M의 전송 거리와 전송 속도가 낮은 (~19,200bps) 문제가 있으므로 장거리 고속 전송시 잡음에 대한 대책이 있어야 한다. 신호선 접

표 11.4   RS232C, RS422, RS485의 특성 비교

특성	RS232C	RS422	RS485
동작 모드	single end	differential	differential
접속 가능 대수	1:1 통신	1:N(N=10) 통신	N:N(N=32) 통신 멀티드롭 통신 방식
최대 선로 길이	15m	1.2km	1.2km
최대 전송 속도	2×10^4bps	10^6bps	10^6bps
드라이버 출력 전압	$\pm5 \sim \pm15$V	$\pm2 \sim \pm6$V	$\pm1.5 \sim \pm6$V
리시버 입력 전압	$\pm3 \sim \pm25$V	$\pm0.2 \sim \pm6$V	$\pm0.2 \sim \pm6$V
데이터 "1" (마크)	$-3\sim-25$V	$V_A-V_B=-0.2\sim-6$V	$V_A-V_B=-0.2\sim-6$V
데이터 "0" (스페이스)	$+3\sim+25$V	$VA-VB=+0.2\sim+V$	$V_A-V_B=+0.2\sim+V$
최소 수신 전압	1.5V(절대값)	100mV(차동값)	100mV(차동값)

지를 사용할지라도 공통 모드 잡음은 피할 수 없기 때문에 전송 거리를 멀리하기 위하여 여러 방법이 고안되었다. RS422와 RS485는 이에 관련된 규격이다. 또한 특히 다중 프로세서 시스템에서는 RS485 버스 방식을 사용하여야 한다. 표 11.4에 RS232C, RS422과 RS485의 특성을 비교하여 놓았다.

11.2   ATmega128 직렬 포트의 개요

1) USART의 특징

ATmega128에는 컴퓨터나 다른 주변 기기와의 데이터 통신을 위해 두 개의 직렬 통신 포트 (USART : Universal Synchronous and Asynchronous Receiver and Transmitter) USART0과 USART1을 가지고 있다. 이것들은 동기 및 비동기 전송 모드에서 모두 전이중 방식의 통신이 가능하고, 하나의 마스터 프로세서가 여러 개의 슬레이브 프로세서를 제어할 수 있는 다중 프로세서 통신 모드를 지원하고 있다. 이 통신 포트의 특징은 다음과 같이 요약할 수 있다.

▶ 송수신을 동시에 할 수 있는 전이중 방식의 통신 모드를 지원한다.
▶ 비동기식 또는 동기식의 통신 모드를 지원한다.
▶ 동기식으로 동작하는 마스터 또는 슬레이브 모드를 지원한다.
▶ 고 분해능의 보레이트 발진기를 내장하고 있다.
▶ 다양한 직렬 통신 프레임을 지원한다(5~9 비트의 데이터 비트와 1~2 비트의 정지 비트 제공).
▶ 오류 정정을 위해 짝수 또는 홀수 패리티 발생/검사 기능을 하드웨어로 지원한다.
▶ 데이터 오버런/프레임 오류 검출 기능을 내장하고 있다.
▶ 데이터의 신뢰성 향상을 위해 시작 비트 검출과 디지털 저대역 필터 등과 같은 잡음 제거 기능을 내장하고 있다.
▶ 송신 완료, 송신 데이터 준비 완료, 수신 완료 등의 세 가지 인터럽트를 지원한다.
▶ 다중 프로세서 통신 모드를 지원한다.
▶ 비동기 2배속 통신 모드를 지원한다.

USART의 동작은 본 장의 1절에서 설명한 것과 같이 크게 동기식과 비동기식으로 구분되는데 이는 어떠한 클럭을 사용할 것인가의 문제이다. ATmega128의 USART는 비동기식으로 동작하는 경우에 송수신 모두 항상 내부의 시스템 클럭에 의해 전송 속도가 결정된다. ATmega128의 USART가 동기식으로 동작하는 경우에는 마스터와 슬레이브 모드로 동작하게 되는데, 마스터로 동작하는 경우에는 전송 속도를 결정하는 데 내부 클럭을 사용하지만, 슬레이브로 동작할 경우에는 SCKn 단자로 입력되는 외부 클럭 신호에 의해 전송 속도가 결정된다.

2) USART의 내부 구조

그림 11.11에는 ATmega128에 내장하고 있는 USART 직렬 통신 포트의 내부 구성도를 나타
내었으며, 여기서 n은 USART의 채널 번호인 0과 1을 의미하고, 굵은 글씨체로 되어 있는 부분
은 MCU가 액세스 가능한 I/O 레지스터와 외부의 포트로 나와 있는 I/O 핀을 의미한다.

ATmega128의 직렬 통신 포트 USART0와 USART1은 그림 11.11에 표시한 것처럼 각각 클럭
발생부(clock generator), 송신부(transmitter)와 수신부(receiver)로 구성되어 있다. 클럭 발생부는
동기식 슬레이브 모드로의 동작을 위해 외부 클럭과 동기를 맞추는 논리부와 비동기식의 통신 속
도를 결정하는 보오 레이트 발생기로 구성되어 있고, 송신부는 하나의 송신 버퍼, 송신 시프트 레
지스터, 패리티 발생기와 여러 종류의 직렬 통신용 프레임을 지원하기 위한 제어부로 구성되어
있다. 또한 수신부는 클럭과 데이터의 복원 등의 기능을 수행해야 하므로 USART의 내부 구조
중에서 가장 복잡한 구조로 되어 있다. 수신부의 구성은 송신부와 마찬가지로 수신 버퍼, 수신 시
프트 레지스터, 패리티 검사기와 수신부를 제어하기 위한 제어부로 구성되어 있으며, 이외에 비

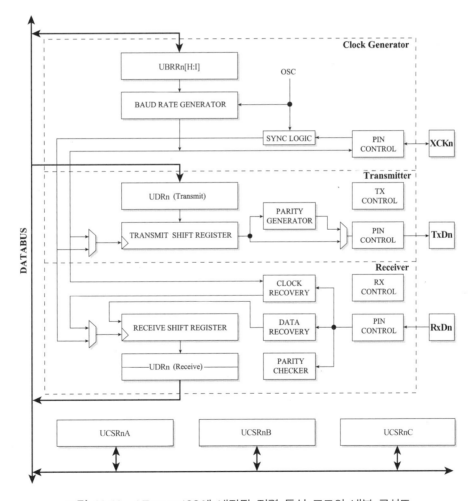

그림 11.11 ATmega128에 내장된 직렬 통신 포트의 내부 구성도

동기 통신을 할 때 사용되는 데이터 복원부가 부가적으로 구성되어 있다. 여기서 수신 버퍼는 송신 버퍼와 달리 데이터의 안전한 수신을 위해 이중 버퍼 구조를 갖고 있다. 또한 수신부에서는 수신되는 프레임에서 데이터 오류를 검사하기 위해서 프레임 오류, 데이터 오버런 오류와 패리티 오류 등의 검사 기능을 포함하고 있다.

3) 클럭 발생부

클럭 발생부는 송신과 수신에 사용되는 클럭을 만드는 회로부로서 그림 11.12와 같은 구조로 되어 있으며, 비동기 일반 모드, 비동기 2배속 모드, 동기 마스터 모드와 동기 슬레이브 모드에서 필요한 클럭을 발생한다.

그림 11.12를 자세히 살펴보면, 그림의 윗부분은 비동기 통신용의 클럭을 발생하는 회로부이고, 아랫부분은 동기 통신용의 클럭을 발생하는 회로부의 역할을 하고 있으며, 이 역할의 선택은 USART 제어 및 상태 레지스터(USCRC)의 UMSEL 비트의 설정에 의해 이루어진다.

UMSEL 비트를 0으로 설정하면 비동기 모드로 동작하며, 비동기 모드에서는 내부 시스템 클럭(그림의 OSC)을 기본으로 하여 보오 레이트 클럭이 발생하며, USCRA 레지스터의 U2X 비트에 의해 2배속 모드의 선택이 결정된다. U2X 비트가 0이면 일반 모드로 동작하고, 1이면 2배속 모드로 동작한다.

UMSEL 비트를 1로 설정하면 동기 모드로 동작하며, 동기 모드에서는 XCK 단자의 클럭을 기본으로 비동기 클럭이 발생한다. 동기 모드는 위에서 설명한 바와 같이 마스터 모드와 슬레이브 모드로 구분되며, 이 모드는 I/O 포트 방향 설정 레지스터(DDRX)의 DDRX_XCK 비트의 선택에 의해 결정된다. 마스터 모드는 이 단자를 통해 동기 클럭을 외부의 슬레이브로 보내야 하므로 DDRX_XCK를 1로 설정하여야 하고, 슬레이브 모드는 이 단자를 통해서 동기 클럭을 외부로부터 받아야 하므로 DDRX_XCK를 0으로 설정한다.

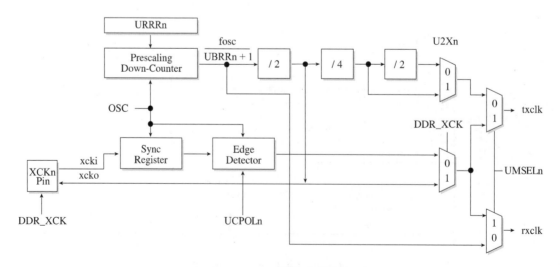

그림 11.12 클럭 발생부의 내부 구조도

4) 전송 데이터 형식

직렬 통신에서 한 문자를 전송하기 위한 전송 형식은 본 장의 1절에서 설명한 것과 같이 문자의 데이터 비트, 문자의 동기를 맞추기 위한 시작과 정지 비트, 그리고 전송 시의 오류를 검사하기 위한 패리티 비트로 구성되어 있다. USART에서는 다음과 같은 비트들을 조합하여 다양한 형식으로 송수신 문자를 결정할 수 있다.

- ▶ 1 시작 비트
- ▶ 5, 6, 7, 8 또는 9 데이터 비트
- ▶ 1 패리티 비트 (no, 짝수, 홀수)
- ▶ 1 또는 2 정지 비트

데이터의 전송 형식은 그림 11.13에 나타낸 것과 같이 시작 비트로 시작하여 데이터 비트는 최소 5비트에서 최대 9비트까지 부가되고 최종적으로 정지 비트로 끝나게 된다. 만약 이 전송 형식에서 패리티 비트가 부가될 경우에는 정지 비트 전에 부가된다.

데이터의 전송 형식에서 패리티 비트는 다음과 같이 모든 데이터 비트의 EX-OR를 취하여 얻어진다.

$$P_{even} = d_{n-1} \oplus \cdots \oplus d_3 \oplus d_2 \oplus d_1 \oplus 0$$

$$P_{odd} = d_{n-1} \oplus \cdots \oplus d_3 \oplus d_2 \oplus d_1 \oplus 1$$

여기서, P_{even} 은 짝수 패리티를 사용할 경우의 패리티 비트이고, P_{odd} 는 홀수 패리티를 사용할 경우의 패리티 비트이다.

St : 시작 비트, L 상태
(n) : 데이터 비트(0~8)
P : 패리티 비트(짝수 또는 홀수 패리티)
SP : 정지 비트, H 상태
IDLE : RxD 또는 TxD의 전송선에서 데이터의 비전송 상태, H 상태

그림 11.13 직렬 데이터의 전송 형식

11.3   직렬 포트 제어용 레지스터

그림 11.11에서 살펴본 바와 같이 USART를 제어하기 위해서는 여러 가지 레지스터가 사용된다. ATmega128에서 USART를 제어하기 위한 레지스터를 표 11.5에 나타내었다.

표 11.5 외부 인터럽트 제어용 레지스터

외부 인터럽트 레지스터	설 명
UDRn	USART 입출력 데이터 레지스터
UCSRnA	USART 제어 및 상태 레지스터 A
UCSRnB	USART 제어 및 상태 레지스터 B
UCSRnC	USART 제어 및 상태 레지스터 C
UBRRnH/L	USART 보오 레이트 레지스터

1) USARTn 입출력 데이터 레지스터

UDRn(USART I/O Data Register) 레지스터는 USARTn의 송수신 데이터 버퍼의 기능을 수행하는 레지스터로서 그림 11.14에 나타내었다. USARTn 송신 버퍼 레지스터와 수신 버퍼 레지스터는 동일한 I/O 번지에 위치하지만, 하드웨어적으로는 서로 별개의 레지스터인 TXBn(Transmit Buffer Register)와 RXBn(Receive Buffer Register) 레지스터로 구현되어 있다. 송신할 데이터를 UDRn 레지스터에 쓰면 TXBn 레지스터에 저장되고, 수신된 데이터를 UDRn로 읽으면 RXBn 레지스터의 내용이 읽혀진다.

전송 데이터 문자는 일반적으로 8비트가 사용되나, 5~7비트로 설정하여 사용하면 송신의 경우에는 사용하지 않는 상위 비트들은 무시되고, 수신의 경우에는 상위 비트들은 수신부에서 0으로 처리된다.

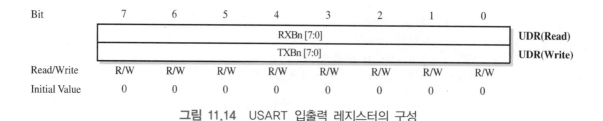

그림 11.14 USART 입출력 레지스터의 구성

송신 버퍼는 USCRnA 레지스터의 UDREn 플래그가 1로 설정되었을 경우에만 쓰기가 가능하며, UDREn 플래그가 0으로 되어 있는 경우에는 UDRn 레지스터에 송신할 데이터를 쓰더라도 무시된다. UDRn 레지스터의 송신 버퍼에 송신 데이터가 쓰기가 정상적으로 이루어지면, 이 데이터는 송신 시프트 레지스터가 비어 있을 때에 자동적으로 시프트 레지스터로 이동되어 TXDn 핀을 통해 직렬로 전송된다. 수신 버퍼는 2단계의 FIFO로 구성(이중 버퍼 구조)되어 있기 때문에, 이 수신 버퍼가 읽혀질 때마다 이 FIFO의 상태는 변화하게 된다. 따라서 수신 버퍼의 데이터를 처리할 때에는 읽기-수정-쓰기(read-modify-write) 명령을 사용하지 않는 것이 바람직하다. 즉, 항상 FIFO를 액세스하여 데이터를 읽고, 이 데이터를 분석하는 과정으로 프로그램을 작성하는 것이 바람직하다.

2) USARTn 제어 및 상태 레지스터 A

UCSRnA(USARTn Control and Status Rsgister A) 레지스터는 USARTn의 송수신 동작을 제어하거나 송수신 상태를 저장하는 기능을 수행하는 레지스터로서 그림 11.15에 레지스터의 비트 구성을 나타내었으며, 비트 별 기능은 다음과 같다.

Bit	7	6	5	4	3	2	1	0	
	RXCn	TXCn	UDREn	FEn	DORn	UPEn	U2Xn	MPCMn	UCSEnA
Read/Write	R	R/W	R	R	R	R	R/W	R/W	
Initial Value	0	0	1	0	0	0	0	0	

그림 11.15　USARTn 제어 및 상태 레지스터 A의 비트 구성

▶ 비트 7 : RXCn (USARTn 수신 완료, USARTn Receive Complete)

RXCn 비트는 데이터의 수신이 완료되어 버퍼에 문자가 들어와 있으면 1로 세트되고, 수신 버퍼에 수신된 문자가 없으면 0으로 클리어된다. 또한 RXCn 플래그는 수신 완료 인터럽트(Receive Complete Interrupt)를 발생하는 데 사용될 수도 있다. 이는 USCSRnB 레지스터의 RXCIEn 비트를 참조하기 바란다.

▶ 비트 6 : TXCn (USARTn 송신 완료, USARTn Transmit Complete)

TXCn 비트는 송신 시프트 레지스터에 있는 문자가 모두 송신되어 UDRn 레지스터의 송신 버퍼가 비어 있는 상태가 되면 1로 세트된다. 이 TXCn 플래그는 송신 완료 인터럽트(Transmit Complete Interrupt)가 실행되거나 이 비트에 1을 쓰게 되면 0으로 클리어된다. 또한 TXCn 플래그는 송신 완료 인터럽트를 발생하는 데 사용될 수도 있다. 이는 USCSRnB 레지스터의 TXCIEn 비트를 참조하기 바란다.

▶ 비트 5 : UDREn (USARTn 데이터 레지스터 준비 완료, USARTn Data Register Empty)

UDREn 비트는 송신 버퍼(UDRn)에 새로운 데이터를 쓸 준비가 되어있음을 알리는 상태 플래그로서 1로 세트되면 송신 버퍼가 비어 있어서 송신 데이터를 송신 버퍼에 쓸 준비가 되어 있음을 나타낸다. UDREn 플래그는 데이터 레지스터 준비 완료 인터럽트를 발생시킬 수 있다. 이는 USCSRnB 레지스터의 UDRIEn 비트를 참조하기 바란다. UDREn 비트는 MCU가 리셋된 후에는 송신기의 준비 상태를 나타내기 위해 1로 세트된다.

▶ 비트 4 : FEn (프레임 오류, Frame Error)

FEn 비트는 UDRn의 수신 버퍼에 현재 수신된 데이터를 수신하는 동안에 프레임 오류가 발생하였음을 나타내는 상태 플래그이다. 프레임 오류는 수신 문자의 첫 번째 정지 비트가 0으로 검출되면 발생한다. 이 플래그는 수신 버퍼 UDRn을 읽을 때까지 유효하며, USCRnA 레지스터에 쓰기를 실행하면 항상 0으로 클리어된다.

▶ 비트 3 : DORn (데이터 오버런 오류, Data OverRun Error)

DORn 비트는 데이터를 수신할 경우에 오버런 오류가 발생하였음을 나타내는 상태 플래그이다. 오버런 오류는 수신 버퍼에 현재 읽지 않은 두 개의 수신 문자가 들어와 있는 상태에서 수신 시프트 레지스터에 새로운 문자가 들어와 세 번째 문자의 시작 비트가 검출되면 발생한다. 이 플래그는 수신 버퍼 UDR을 읽을 때까지 유효하며, USCRnA 레지스터에 쓰기를 실행하면 항상 0으로 클리어된다.

▶ 비트 2 : UPEn (USARTn 패리티 오류, USARTn Parity Error)

UPEn 비트는 수신 버퍼에 현재 수신된 데이터를 수신하는 동안에 패리티 오류가 발생하였음을 나타내는 상태 플래그이다. 패리티 오류는 USCSRnC 레지스터의 UPM1n 비트를 1로 설정하여 패리티를 검사하도록 설정한 경우에만 발생한다. 이 플래그는 수신 버퍼 UDRn을 읽을 때까지 유효하며, USCRnA 레지스터에 쓰기를 실행하면 항상 0으로 클리어된다.

▶ 비트 1 : U2Xn (2배속 전송 속도 설정, Double the USARTn Transmission Speed)

U2Xn 비트는 비동기 모드에서만 유효하며, USARTn의 클럭 분주비를 16에서 8로 낮추어 전송 속도를 두 배로 높이는 기능을 담당한다.

▶ 비트 0 : MPCMn (다중 프로세서 통신 모드, Multiprocessor Communication Mode)

MPCMn 비트는 USARTn의 동작 모드를 다중 프로세서 모드로 설정하는 기능을 담당한다. MPCMn 비트가 1로 설정되어 있으면, USARTn 수신부를 통해 들어온 수신 데이터가 주소 정보를 포함하지 않은 경우에는 모두 무시되고, 송신부는 이 비트의 설정값에 따라 영향을 받지 않는다.

다중 프로세서 통신 모드에 대한 자세한 설명은 11.5절을 참조하기 바란다.

3) USARTn 제어 및 상태 레지스터 B

UCSRnB(USARTn Control and Status Rsgister B) 레지스터는 USARTn의 송수신 동작을 제어하거나, 전송 데이터를 9비트로 설정한 경우에 전송 데이터의 9번째 비트를 저장하는 기능을 수행하는 레지스터로서 그림 11.16에 레지스터의 비트 구성을 나타내었으며, 비트 별 기능은 다음과 같다.

Bit	7	6	5	4	3	2	1	0	
	RXCIEn	TXCIEn	UDRIEn	RXENn	TXENn	UCSZn2	RXBn8	TXBn8	UCSRnB
Read/Write	R/W	R/W	R/W	R/W	R/W	R/W	R	R/W	
Initial Value	0	0	0	0	0	0	0	0	

그림 11.16 USARTn 제어 및 상태 레지스터 B의 비트 구성

▶ 비트 7 : RXCIEn (USARTn 수신 완료 인터럽트 허가, USARTn RX Complete Interrupt Enable)

RXCIEn 비트는 수신 완료 인터럽트를 개별적으로 허가하는 비트이다. 이 비트와 SREG 레지스터의 I 비트를 1로 설정된 경우에, 하나의 문자가 수신되어 UCSRnA 레지스터의 RXCn 비트가 1로 설정되면 수신 완료 인터럽트가 발생한다.

▶ 비트 6 : TXCIEn (USARTn 송신 완료 인터럽트 허가, USARTn TX Complete Interrupt Enable)

TXCIEn 비트는 송신 완료 인터럽트를 개별적으로 허가하는 비트이다. 이 비트와 SREG 레지스터의 I 비트를 1로 설정된 경우에, 송신 시프트 레지스터가 비어 UCSRnA 레지스터의 TXCn 비트가 1로 설정되면 송신 완료 인터럽트가 발생한다.

▶ 비트 5 : UDRIEn (USARTn 데이터 레지스터 준비 완료 인터럽트 허가, USARTn TX Complete Interrupt Enable)

UDRIEn 비트는 송신 데이터 레지스터 준비 완료 인터럽트를 개별적으로 허가하는 비트이다. 이 비트와 SREG 레지스터의 I 비트를 1로 설정된 경우에, 송신 버퍼가 비어 UCSRnA 레지스터의 UDREn 비트가 1로 설정되면 데이터 레지스터 준비 완료 인터럽트가 발생한다.

▶ 비트 4 : RXENn (수신 허가, Receiver Enable)

RXENn 비트는 USARTn의 수신부의 사용을 허가하도록 설정하는 기능을 한다. 이 비트를 1로 설정함으로써 RxDn 핀이 병렬 I/O 포트가 아니라 직렬 데이터 수신 단자로서 동작하게 되며, 오류 플래그 FEn, DORn, UPEn의 동작이 유효하게 된다.

▶ 비트 3 : TXENn (송신 허가, Transmitter Enable)

TXENn 비트는 USARTn의 송신부의 사용을 허가하도록 설정하는 기능을 한다. 이 비트를 1로 설정함으로써 TxDn 핀이 병렬 I/O 포트가 아니라 직렬 데이터 송신 단자로서 동작하게 되며, 이 비트를 0으로 설정하더라도 송신 시프트 레지스터에 전송 중인 데이터의 전송이 완료될 때까지는 유효하지 않게 된다.

▶ 비트 2 : UCSZn2 (문자 길이, Character Size)

UCSZn2 비트는 UCSRnC 레지스터의 UCSZn1-0 비트와 함께 전송 문자의 데이터 비트수를 설정하는 데 사용된다.

▶ 비트 1 : RXBn8 (수신 데이터 비트 8, Receive Data Bit 8)

RXB8n 비트는 전송 문자가 9비트로 설정된 경우에 수신된 문자의 9번째 비트를 저장하는 데 사용되며, 반드시 UDRn 레지스터보다 먼저 읽혀져야 한다.

▶ 비트 0 : TXBn8 (송신 데이터 비트 8, Transmit Data Bit 8)

TXB8n 비트는 전송 문자가 9비트로 설정된 경우에 송신할 문자의 9번째 비트를 저장하는 데 사용되며, 반드시 UDRn 레지스터보다 먼저 씌여져야 한다.

4) USARTn 제어 및 상태 레지스터 C

UCSRnC(USARTn Control and Status Rsgister C) 레지스터는 USARTn의 동작 모드 및 전송 제어 기능을 설정하는 레지스터로서 그림 11.17에 레지스터의 비트 구성을 나타내었으며, 비트별 기능은 다음과 같다.

Bit	7	6	5	4	3	2	1	0	
	-	UMSELn	UPMn1	UPMn0	USBSn	UCSZn1	UCSZn0	UCPOLn	UCSRnC
Read/Write	R/W	R/W	R/W	R/W	R/W	R/W	R/W	R/W	
Initial Value	0	0	0	0	0	1	1	0	

그림 11.17 USARTn 제어 및 상태 레지스터 C의 비트 구성

▶ 비트 7 : 사용하지 않음

이 비트는 장래에 다른 용도로 사용하기 위해 예약되어 있는 비트로서, 다른 소자와의 호환성을 유지하기 위해 UCSRnC 레지스터에 데이터를 쓸 때 0으로 기록하여야 한다.

▶ 비트 6 : UMSELn (모드 선택, Mode Select)

이 비트는 USARTn의 동작 모드를 비동기 모드와 동기 모드 중의 하나로 설정하는 기능을 담당한다. 모드의 선택은 표 11.6과 같다.

표 11.6 USART의 모드 선택

UMSELn	모드
0	비동기 모드
1	동기 모드

▶ 비트 5-4 : UPMn1-0 (패리티 모드, Parity Mode)

이 비트들은 패리티 발생과 검사 형태를 설정하는 기능을 담당하고, 패리티 모드의 설정 방법은 표 11.7과 같다. 패리티 사용이 설정되면, 송신부에서는 하드웨어에 의해 자동으로 패리티를 계산하여 전송하고 수신부에서는 수신된 패리티 비트와 계산한 패

리티 비트를 비교하여 일치하지 않으면 UCSRnA 레지스터의 UPEn 비트를 1로 설정하여 패리티 오류를 알려주게 된다.

표 11.7 USARTn의 패리티 모드 선택

UPMn1	UPMn0	모드
0	0	패리티 기능을 사용하지 않음
0	1	사용하지 않음(reserved)
1	0	짝수 패리티 모드
1	1	홀수 패리티 모드

▶ **비트 3 : USBSn (정지 비트 선택, Stop Bit Select)**

이 비트는 데이터 프레임에서 정지 비트의 수를 결정하는 기능을 담당하고, 비트의 설정값에 따른 정지 비트의 수는 표 11.8과 같다.

표 11.8 USARTn의 정지 비트 선택

USBSn	정지 비트 수
0	1비트
1	2비트

▶ **비트 2-1 : UCSZn1-0 (문자 길이, Character Size)**

이 비트들은 UCSZn2 비트와 함께 전송 문자의 데이터 비트 수를 설정하는 데 사용된다. 이 비트들의 설정값에 따른 문자의 비트 수는 표 11.9와 같다.

표 11.9 USARTn의 전송 문자 비트수 설정

UCSZn2	UCSZn1	UCSZn0	전송 문자의 길이
0	0	0	5비트
0	0	1	6비트
0	1	0	7비트
0	1	1	8비트
1	0	0	사용하지 않음(reserved)
1	0	1	사용하지 않음(reserved)
1	1	0	사용하지 않음(reserved)
1	1	1	9비트

▶ 비트 0 : UCPOLn (클럭 극성, Clock Polarity)

이 비트는 동기 전송 모드에서만 유효한 것으로 비동기 모드로 사용할 경우에는 0으로 설정한다. 동기 모드에서 이 비트는 동기 클럭에 대해 데이터 출력의 변화 시점과 데이터 입력의 샘플링 시점을 결정하는 기능을 담당하고, 이는 표 11.10에 동작 비트 설정에 따른 클럭의 극성 선택 방법을 나타내었다. 이 비트의 설정에 따른 동작 타이밍도는 그림 11.18에 자세히 나타내었다.

표 11.10 UCPOLn 비트의 설정에 따른 클럭의 극성 선택

UCPOLn	전송 데이터의 출력 변화 시점 (TxDn 핀의 출력)	수신 데이터의 샘플링 시점 (RxDn 핀의 출력)
0	XCKn의 상승 에지	XCKn의 하강 에지
1	XCKn의 하강 에지	XCKn의 상승 에지

그림을 자세히 살펴보면, UCPOLn 비트를 1로 설정하면 XCKn 클럭의 하강 에지에서 송신 데이터를 출력하고 상승 에지에서 수신 데이터를 샘플링한다. 또한 UCPOLn 비트를 0으로 설정하면 XCKn 클럭의 상승 에지에서 송신 데이터를 출력하고 하강 에지에서 수신 데이터를 샘플링한다.

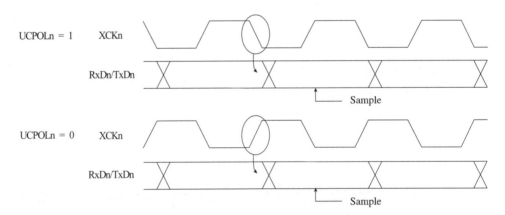

그림 11.18 동기 모드에서 XCKn 클럭의 동작 타이밍도

5) USARTn 보오 레이트 레지스터

UBRRnL/H(USARTn Baud Rate Register L/H) 레지스터는 16비트 중에서 12비트만 보오 레이트 발생용으로 사용되고, USARTn 포트의 송수신 속도를 설정하는 기능을 수행한다. 이 레지스터의 구성을 11.19에 나타내었으며, UBRRnH 레지스터는 ATmega103 호환 모드에서는 사용이 가능하지 않다.

Bit	15	14	13	12	11	10	9	8	
	-	-	-	-	UBRRn[11:8]				UBRRnH
	UBRRn[7:0]								UBRRnL
Bit	7	6	5	4	3	2	1	0	
Read/Write	R	R	R	R	R/W	R/W	R/W	R/W	
	R/W	R/W	R/W	R/W	R/W	R/W	R/W	R/W	
Initial Value	0	0	0	0	0	0	0	0	
	0	0	0	0	0	0	0	0	

그림 11.19 USARTn 보오 레이트 레지스터의 비트 구성

▶ **비트 15-12 : 사용하지 않음**

이 비트들은 사용되지 않으나, 다른 소자들과의 호환성을 유지하기 위해 UBRRnH 레지스터에 값을 쓸 때 0으로 써야 한다.

▶ **비트 11-0 : UBRRn11~0 (보오 레이트 선택 레지스터, Baud Rate Select Register)**

이들 12비트는 클럭의 분주비로 작용하여 USARTn의 보오 레이트를 결정한다. 이 레지스터는 16비트이기 때문에 값을 쓸 경우에는 상위 바이트인 UBRRnH를 먼저 쓰고, 하위 바이트인 UBRRnL을 나중에 써야 한다.

USARTn의 전송 속도를 결정하기 위하여 보오 레이트를 계산하는 공식과 원하는 보오 레이트를 설정하기 위하여 UBBRn 레지스터의 값을 구하는 방법은 각 동작 모드별로 표 11.11과 같이 요약할 수 있다. 여기서 전송 속도를 나타내는 BAUD의 단위는 bps(bits per second)이며, UBBRn은 12비트만 사용하므로 0~4095 범위의 값을 가질 수 있다.

ATmega128를 구동할 수 있는 최대 시스템 클럭은 16MHz이다. 이 시스템 클럭을 사용하여 각 동작 모드 별로 보오 레이트를 발생하기 위해 사용하는 UBBRn 레지스터의 설정값은 표 11.12에 나타내었다. 이 표에서는 UBBRn 레지스터의 값을 설정함에 따라 표준 보오 레이트와 실제로 동작하는 전송 속도와의 오차를 다음 식에 의해 계산한 결과를 제시하였는데, 230.4Kbps인 경우를 제외한 모든 전송 속도에서 모두 5% 이내의 오차 범위를 가지고 있다. 일반적으로 이러한 5%의 전송 오차는 비동기식 통신의 경우에 허용된다. 8MHz의 경우도, 마찬가지로 57.6~115.2Kbps의 전송 속도에서 이 오차 범위를 넘고 있는 것을 알 수 있다. 반면에 14.7456MHz의 시스템 클럭을 사용할 경우에는 모든 전송 속도에서 오차가 발생하지 않음을 알 수 있다. 따라서 정확한 데이터의 전송을 보장하기 위해서는 보오 레이트 발생을 위한 클럭을 16MHz 또는 8MHz 클럭을 사용하는 대신에 14.7456MHz의 클럭을 사용하는 것이 바람직하다. 따라서 교육용 보드에서는 직렬 통신에서 속도에 따른 오차를 줄이기 위하여 14.7456MHz의 시스템 클럭을 사용하고 있다.

$$ERROR[\%] = \left(\frac{BaudeRate_{ClosetMatch}}{BaudRate} - 1 \right) \times 100\%$$

표 11.11 USARTn의 보오 레이트 설정을 위한 공식

동작 모드	보오 레이트를 결정하는 공식	UBBRn 레지스터의 값을 결정하는 공식
비동기 일반 모드 (U2Xn=0)	$BAUD = \dfrac{f_{osc}}{16(UBRR+1)}$	$UBRR = \dfrac{f_{osc}}{16 \times BAUD} - 1$
비동기 2배속 모드 (U2Xn=1)	$BAUD = \dfrac{f_{osc}}{8(UBRR+1)}$	$UBRR = \dfrac{f_{osc}}{8 \times BAUD} - 1$
동기 마스터 모드	$BAUD = \dfrac{f_{osc}}{2(UBRR+1)}$	$UBRR = \dfrac{f_{osc}}{2 \times BAUD} - 1$

표 11.12 보오 레이트에 따른 UBBR 레지스터의 설정 예

전송 속도 (bps)	$f_{osc} = 16MHz$				$f_{osc} = 8MHz$				$f_{osc} = 14.756MHz$			
	비동기 일반 모드 (U2X=0)		비동기 2배속 모드 (U2X=1)		비동기 일반 모드 (U2X=0)		비동기 2배속 모드 (U2X=1)		비동기 일반 모드 (U2X=0)		비동기 2배속 모드 (U2X=1)	
	UBBR	오차(%)	UBBR	오차(%)	UBBR	오차(%)	UBBR	오차(%)	UBBR	오차(%)	UBBR	오차(%)
2,400	416	−0.1	832	0.4	207	0.2	416	−0.1	383	0.0	767	0.0
4,800	207	0.2	416	−0.1	102	0.2	207	0.2	191	0.0	383	0.0
9,600	103	0.2	207	0.2	51	0.2	103	0.2	95	0.0	191	0.0
14,400	68	0.2	138	−0.1	34	−0.8	68	0.6	63	0.0	127	0.0
19,200	51	0.2	103	0.2	25	0.2	51	0.2	47	0.0	95	0.0
28,800	34	−0.8	68	0.6	16	2.1	34	−0.8	31	0.0	63	0.0
38,400	25	0.2	51	0.2	12	0.2	25	0.2	23	0.0	47	0.0
57,600	16	2.1	34	−0.8	8	−3.5	16	2.1	15	0.0	31	0.0
76,800	12	0.2	25	0.2	6	−7.0	12	0.2	11	0.0	23	0.0
115,200	8	−3.5	16	2.1	3	8.5	8	−3.5	7	0.0	15	0.0
230,400	3	8.5	8	−3.5	1	8.5	3	8.5	3	0.0	7	0.0
250,000	3	0.0	7	0.0	1	0.0	3	0.0	3	−7.8	6	5.3
500,000	1	0.0	3	0.0	0	0.0	1	0.0	0	−7.8	3	−7.8
1M	0	0.0	1	0.0	-	-	0	0.0	1	−7.8	1	−7.8
최대값	1Mbps		2Mbps		0.5Mbps		1Mbps		921.6kbps		1.8432kbps	

11.4 USARTn의 동작

ATmega128에서 USARTn의 동작 모드는 앞에서도 설명한 바와 같이 비동기 모드와 동기 모

드로 구분되고, 비동기 모드는 일반 모드와 2배속 모드로 구분된다. 이상의 동작 모드 이외에 다중 프로세서 간의 통신을 지원하기 위한 다중 프로세서 통신 모드가 별도로 존재한다. 따라서 본 절에서는 USARTn의 동기 모드와 비동기 모드의 동작에 대해 살펴보고, 다음 절에서는 다중 프로세서 통신 모드에 대해 살펴보기로 한다.

동기 모드와 비동기 모드는 UCSRnA 레지스터의 UMSELn 비트의 설정에 의해 구분되며, 이는 이를 구동하는 클럭 소스에만 차이가 있고 나머지 동작은 동일하게 작용한다. 따라서 USRATn의 동작은 데이터 송신부와 데이터 수신부에 대해서 자세히 알면 모든 것을 이해할 수 있다.

1) 데이터 송신부

USARTn에서 데이터의 전송은 UCSRnB 레지스터의 전송 허가 비트(TXENn)가 1로 설정이 되어 있을 때 가능하여진다. 이 비트의 설정에 의해 송신부의 동작이 가능해지면, I/O 포트는 USARTn의 송신 포트인 TxDn 핀으로 동작하게 된다. 데이터를 송신하기 위해서는 USARTn의 동작 모드, 보오 레이트, 전송 데이터의 프레임 형식 등이 미리 설정되어 있어야 한다. 동기식 모드인 경우에는 XCKn 핀의 클럭은 송신 클럭으로 사용된다.

◯ 8비트 데이터의 전송

데이터의 전송은 전송되는 문자 데이터를 UDRn 레지스터에 기록하면 되고, 이 레지스터에 쓰여진 데이터는 송신 버퍼로 전달되고, 이 버퍼의 내용은 시프트 레지스터가 새로운 프레임의 데이터를 전송할 준비가 되어 있을 때, 시프트 레지스터로 전달된다. 시프트 레지스터에는 이 레지스터에 아무런 데이터가 없거나 이전 프레임의 정지 비트가 송신된 이후에 새로운 데이터가 기록된다. 이렇게 시프트 레지스터로 전달된 새로운 데이터는 전송 모드의 설정에 따라 직렬 포트를 통해 외부로 전송되게 된다. 동기 모드의 경우에는 XCKn의 클럭에 동기를 맞추어 전송되고, 비동기 모드의 경우에는 U2Xn 비트와 보오 레이트 레지스터에 의해 미리 설정된 통신 속도에 맞추어 전송된다.

◯ 9비트 데이터의 전송

UCSZn2~0의 설정이 7로 되어 있어, 9비트의 문자를 전송하는 경우에는 다음과 같은 순서로 데이터를 해당 레지스터에 써야 한다.

❶ 9번째의 문자를 UCSRnB 레지스터의 TXB8n 비트에 기록
❷ 전송 문자의 하위 바이트를 UDRn 레지스터에 기록

이상과 같은 순서로 데이터가 전송 버퍼에 기록되면, 하위 8비트의 데이터와 9번째 비트가 순서대로 직렬 포트를 통해 외부로 전송된다.

9번째 데이터 비트는 주로 다중 프로세서 통신 모드에서 주소 프레임을 알리기 위해서 사용되고, 동기 전송 모드에서 또 다른 동기화 프로토콜을 위해 사용된다.

◉ 송신 플래그와 인터럽트

USARTn 송신부에서는 데이터 전송을 위해서 USARTn 데이터 레지스터 준비 완료 (UDREn) 플래그와 송신 완료(TXCn) 플래그가 사용된다. 이 두 개의 플래그는 인터럽트를 발생하는 데 사용될 수 있다.

USARTn 데이터 레지스터 준비 완료(UDREn) 플래그는 송신 버퍼가 새로운 데이터를 받아들일 준비가 되어 있는지를 나타내는 플래그이다. 이 비트가 1이면 송신 버퍼가 비어 있음을 나타내고, 0이면 송신 데이터의 내용이 아직 시프트 레지스터로 전달되지 않아 버퍼에 송신할 데이터가 남아 있는 상태를 나타낸다.

전체 인터럽트가 허가되어 있는 상황에서 UCSRnB 레지스터의 UDRIEn(데이터 레지스터 준비 완료 인터럽트 허가) 비트가 1로 설정되어 있으면, 송신 버퍼가 비어서 UDREn 비트가 1로 설정되어 있는 동안에는 데이터 레지스터 준비 완료 인터럽트가 발생되어 인터럽트가 실행된다. 이 UDREn 비트는 UDRn 레지스터에 송신 데이터를 쓰면 클리어된다.

만약 인터럽트를 사용하여 데이터를 전송하고 할 때에는, 데이터 레지스터 준비 완료 인터럽트 루틴에서는 반드시 UDREn 플래그를 클리어하기 위해 새로운 데이터를 쓰거나, 데이터 레지스터 준비 완료 인터럽트를 금지시켜야 한다. 그렇지 않으면 새로운 인터럽트는 한번만 발생하게 되고, 더 이상의 인터럽트는 발생하지 않게 된다.

송신 완료(TXCn) 플래그는 송신 시프트 레지스터에 있는 데이터가 모두 전송되어 송신 버퍼에 아무 데이터도 남아있지 않은 상태일 때 1로 세트된다. TXCn 플래그는 송신 완료 인터럽트가 실행되면 자동으로 0으로 클리어되거나 또는 이 플래그 비트에 1을 쓰면 클리어된다.

전체 인터럽트가 허가되어 있고 UCSRnB 레지스터의 UDRIEn(송신 완료 인터럽트 허가) 비트가 1로 설정되어 있으면, TXCn 플래그가 1로 설정되면 송신 완료 인터럽트가 발생되어 인터럽트가 수행된다. 인터럽트 루틴이 수행되면 TXCn 플래그는 자동으로 클리어되므로 이 비트를 클리어할 필요가 없다.

◉ 패리티 발생기

UPMn1 비트가 1로 설정되어 있으면, USARTn 송신부에서는 문자를 송신할 때 패리티 비트를 자동으로 계산하여 문자 데이터의 마지막 비트와 정지 비트사이에 패리티 비트를 부가한다.

◉ 송신부의 금지

TXENn 비트를 0으로 설정하면, 현재 전송 중인 데이터를 제외하고 더 이상 송신부를 통해 데이터를 TxDn 핀을 통해 송신할 수 없게 된다.

2) 데이터 수신부

USARTn에서 데이터의 수신은 UCSRnB 레지스터의 수신 허가 비트(RXENn)비트가 1로 설정이 되어 있을 때 가능하여진다. 이 비트의 설정에 의해 수신부의 동작이 가능하여지면, I/O 포트는 USARTn의 수신포트인 RxDn 핀으로 동작하게 된다. 데이터를 수신하기 위해서는 송신부의 설정에서 설명한 바와 같은 내용들을 미리 설정하여야 한다. 동기식 모드인 경우에서 XCKn 핀의 클럭은 송신 클럭으로 사용된다.

◎ 8비트 데이터의 수신

수신부에서는 유효한 시작 비트를 검출하면 데이터를 수신하기 시작한다. 시작 비트 이후의 모든 데이터는 보오 레이트 클럭 또는 XCKn 클럭에 의해 샘플링되고, 프레임의 정지 비트가 수신될 때까지 수신 시프트 레지스터로 자동으로 이동된다. 이 과정에서 두 번째 정지 비트는 수신부에 의해 무시된다. 첫 번째 정지 비트가 수신되었을 때, 수신 시프트 레지스터에 수신된 데이터는 수신 버퍼로 이동된다. 이때 수신 버퍼의 내용은 UDRn I/O 를 통해 읽을 수가 있게 된다.

◎ 9비트 데이터의 수신

UCSZn2~0의 설정이 7로 되어 있어, 9비트의 문자를 수신하는 경우에는 다음과 같은 순서로 해당 레지스터로부터 데이터를 읽어야 한다.

❶ 9번째의 문자인 UCSRnB 레지스터의 RXB8n 비트를 읽음
❷ 전송 문자의 하위 바이트를 UDRn 레지스터로부터 읽음

이 규칙은 FEn, DORn, UPEn 상태 플래그를 읽는 과정에서도 마찬가지로 적용된다. 일단 UCSRnA 레지스터로부터 상태 플래그를 읽고 UDRn 레지스터를 읽는다.

◎ 수신 완료 플래그와 인터럽트

USARTn 수신부에서는 데이터 수신의 상태를 알려 주기 위해 오로지 RXCn 플래그만을 사용한다. 이 플래그는 수신 버퍼에 현재 읽혀지지 않은 데이터가 있는지를 알려 주는 기능을 하며, 수신 버퍼에 읽혀지지 않은 데이터가 있으면 1로 세트되고, 수신 버퍼가 비어 있으면 0으로 된다. 만약 RXENn 비트가 0으로 설정되어 있는 경우에는 수신 버퍼는 동작하지 않고 RXCn 플래그는 0으로 된다.

전체 인터럽트가 허가되어 있는 상황에서 UCSRnB 레지스터의 RXCIEn(수신 완료 인터럽트 허가) 비트가 1로 설정되어 있으면, 수신 버퍼에 데이터가 들어와 있어서 RXCn 비트가 1로 설정되어 있는 동안에는 수신 완료 인터럽트가 발생되어 인터럽트가 수행된다. 인터럽트를 사용하여 데이터를 수신할 때에는, 수신 완료 인터럽트 루틴에서는 RXCn 플래그를 클리어하기 위해 반드시 UDRn 레지스터로부터 데이터를 읽어야 한다. 그렇지 않으면 새로운 인터럽트는 한 번만 발생하게 되고, 더 이상의 인터럽트는 발생하지 않게 된다.

◎ 수신 오류 플래그

USARTn 수신부에서는 데이터를 수신하면 프레임 오류(FEn), 데이터 오버런(DORn)과 패리티 오류(PEn)의 세 가지 오류를 검출하고, 이 오류의 상태를 USCRnA 레지스터에 저장한다. 이 오류 플래그들은 현재 수신 버퍼에 들어온 데이터 프레임에 대해 유효한 것이기 때문

에, 수신 버퍼(UDRn)를 읽기 전에 반드시 USCRnA 레지스터의 내용을 읽어 오류를 검사하여야 하며, 이 오류 플래그들은 단순히 데이터를 수신할 때의 상태 정보일 뿐 인터럽트를 발생하지 않으며, 소프트웨어에 의해 변경도 불가능하다.

프레임 오류(FEn) 플래그는 수신 버퍼에 있는 데이터의 첫 번째 정지 비트의 상태를 나타내는 것으로, 정지 비트가 정확하게 수신되어 1이 되면 FEn 플래그는 0이 되고, 정지 비트에 오류가 있어 0으로 수신되면 FEn 플래그는 1로 된다. 이 상태 플래그는 동기화 오류나 통신 프로토콜에서의 규칙 위반 등의 오류를 검출하는 데 사용된다. 이 프레임 오류는 첫 번째 정지 비트를 제외한 모든 정지 비트를 무시하여 검출되기 때문에 UCSRnC 레지스터의 정지 비트 선택 비트(USBSn)의 설정값에 영향을 받지 않는다.

데이터 오버런(DORn) 플래그는 수신 버퍼가 가득찬 상태에서 새로운 데이터가 또 들어와 데이터에 손실이 일어났을 때 발생하는 오류로서, 수신 버퍼에 2문자의 데이터가 들어와서 버퍼가 가득 차 있고, 새로운 문자 데이터가 수신 시프트 레지스터에서 기다리고 있는 상황에서 새로운 시작 비트가 검출되었을 때 이 플래그는 발생한다. 이 플래그는 최종적으로 읽은 데이터 프레임과 다음에 읽을 데이터 프레임 사이에서 직렬 데이터의 손실이 하나 또는 두 개 이상 발생하였을 때 1로 세트되며, 수신된 프레임의 데이터가 직렬 레지스터에서 수신 버퍼로 정상적으로 전송되면 0으로 클리어된다.

패리티 오류(UPEn) 플래그는 수신부에서 데이터를 수신하였을 때, 수신 버퍼의 다음 프레임에 패리티 오류에 오류가 있는 경우에 발생하는 플래그로서, 패리티 발생의 원리는 11장 1절의 내용을 참조하기 바란다. 이 UPEn 플래그는 UPMn1 비트가 1로 설정되어 패티리 검사가 허가되어 있는 경우에만 하드웨어에 의해 자동으로 생성되며, UPMn1 비트가 0으로 설정되어 패리티 검사가 금지되어 있는 경우에는 항상 0으로 읽혀진다.

◉ 패리티 검사기

패리티 검사기는 UPMn1 비트가 1로 설정되어 있을 때 동작하며, 홀수 패리티인지 짝수 패리티인지의 결정은 UPMn0 비트에 의해 결정된다. UPMn1 비트가 1로 설정되어 있으면, 패리티 검사기에서는 현재 입력되는 데이터 비트들의 패리티를 계산하고, 직렬 프레임으로부터 입력된 패리티 비트와 비교한다. 이렇게 비교된 결과는 수신된 데이터, 정지비트와 함께 수신 버퍼에 저장된다. 패리티 비트(UPEn) 플래그는 프레임에 패리티 오류가 있는지 검사할 수 있도록 프로그램에 의해 읽혀질 수 있다. 또한 이 비트는 수신 버퍼로부터 읽혀지는 다음 문자가 패리티 오류를 가지고 있을 때 생성되며, 수신 버퍼를 읽을 때까지 유효하게 된다.

◉ 수신부의 금지

RXENn 비트를 0으로 설정하면, 송신 수와는 달리 현재 수신 중인 데이터를 포함하여 RxDn 핀을 통해 들어오는 모든 수신 데이터는 손실된다. 즉, 수신부가 금지가 되어 있으면 RxDn 포트는 직렬 통신의 수신부로 동작하지 않는다.

11.5   다중 프로세서 통신

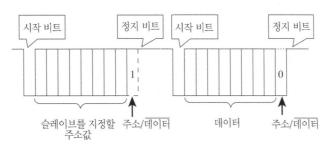

그림 11.20   다중 프로세서 통신 제어 프로토콜

다중 프로세서 통신 모드는 한 개의 마스터 프로세서가 여러 개의 슬레이브 프로세서에게 특정한 주소를 전송함으로써 한 개의 슬레이브만을 지정하여 데이터를 전송하는 동작모드이다. 이를 위해 송신 측에서는 하나의 문자를 9비트로 구성하는 프레임으로 설정하여야 하며, 슬레이브로 동작하는 수신 측 또한 9비트의 프레임을 사용하도록 설정하여야 한다.

다중 프로세서 통신 모드의 통신은 UCSRnA 레지스터의 MPCMn 비트를 1로 설정함으로써 동작이 가능해지고, 마스터는 8개의 데이터 비트와 TXB8 비트를 조합하여 9비트의 데이터를 송신하고, 슬레이브에서는 8개의 데이터 비트와 RXB8n 비트를 조합하여 9비트의 데이터를 수신한다. 데이터를 송수신할 때에 사용하는 9번째 비트는 TXB8n과 RXB8n을 이용한다.

따라서, 다중 프로세서 통신 모드로 동작하는 경우의 데이터는 그림 11.20에 나타낸 것과 같이 주소 프레임과 데이터 프레임으로 구분하여 전송되며, 주소 프레임의 경우에는 9번째 비트를 1로 설정하고, 데이터 프레임의 경우에는 9번째 비트를 0으로 설정한다.

그림 11.21과 같이 한 개의 마스터 프로세서와 여러 개의 슬레이브 프로세서가 다중 프로세서 통신을 하는 경우의 통신 프로토콜은 다음과 같은 절차로 이루어지며 표 11.13에 요약하여 제시하였다.

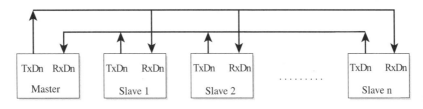

그림 11.21   다중 프로세서 통신 제어 시스템 구성

❶ 모든 슬레이브 프로세서는 MPCMn=1로 하고, 마스터 프로세서가 주소 프레임을 송신하는 것을 기다린다.

❷ 마스터 프로세서는 TXB8n=1로 해서 9번째 비트가 1인 주소 프레임을 송신한다.

❸ 모든 슬레이브 프로세서는 주소 프레임을 수신하면 인터럽트를 발생시켜 수신된 데이터가

자신을 지정한 주소 프레임인지를 판별한다.

❹ 지정된 슬레이브 프로세서는 MPCMn=0으로 하고, 마스터 프로세서에서 송신되는 데이터를 기다린다. 지정되지 않은 슬레이브 프로세서는 MPCMn=1로 그대로 유지한다.

❺ 마스터 프로세서는 TXB8n=0으로 해서 9번째 비트가 0인 데이터 프레임을 송신한다.

❻ 지정된 슬레이브 프로세서는 MPCMn=0으로 되어 있기 때문에 마스터 프로세서에서 송신된 데이터로 전부 수신할 수 있다. 그러나 지정되지 않은 슬레이브 프로세서는 MPCMn=1로 되어 있기 때문에 주소 프레임 정보의 이하 데이터는 모두 무시하고, 다음의 주소 프레임을 기다린다

❼ 지정된 슬레이브 프로세서에서는 통신이 전부 완료되는 시점에서 MPCMn=1로 해서 다음의 주소 프레임을 기다린다.

표 11.13 그림 11.20의 다중 프로세서 통신 제어 시스템 구성에서의 통신 절차의 예

	Master	Slave 1	Slave 2	Slave n
1	TXBn8=1로 세트한다.	MPCMn=1로 세트한다.	MPCMn=1로 세트한다.	MPCMn=1로 세트한다.
2	주소 발생(TXBn8=1)	인터럽트 발생	인터럽트 발생	인터럽트 발생
3		주소 프레임 판정="NO"	주소 프레임 판정="YES"	주소프레임 판정="NO"
4	TXBn8=0으로 리세트한다.		MPCMn=0으로 세트한다.	
5	데이터 송신(TXBn8=0)	무시	데이터 수신	무시
6	데이터 통신 완료		MPCMn=1로 세트한다.	
7		주소 발생에 따른 인터럽트 대기	주소 발생에 따른 인터럽트 대기	주소 발생에 따른 인터럽트 대기
8	필요에 따라 주소 발생 (TXBn8=1)	인터럽트 발생	인터럽트 발생	인터럽트 발생

11.6 USART의 초기화 및 액세스

ATmega128와 외부 시스템과의 직렬 통신을 하기 위해서는 먼저 RS232C 통신 규격에서 정의하고 있는 통신 속도, 패리티 사용 여부, 통신 비트 수, 정지 비트 등의 통신 프로토콜을 쌍방에서 맞추어야 하고, 송수신이 가능하도록 초기화 과정을 수행하여야 한다. 또한, 초기화 과정이 완료되면 송수신 플래그나 인터럽트 플래그 등을 사용하여 문자를 하나씩 송수신하는 방법을 사용하여야 한다. 따라서 본 절에서는 이와 같은 과정을 수행하기 위한 프로그램 작성법을 간단하게 학습하도록 한다.

1) 보오 레이트를 비롯한 통신 모드의 설정

외부 시스템과 직렬 통신을 사용할 경우에는 일반적으로 비동기 모드를 사용한다. 따라서 비동기 통신 모드를 사용한다는 가정 하에 통신의 속도를 설정하여 보자. ATmega128에는 앞서 설명한 바와 같이 2채널의 USART를 내장하고 있으며, 전 절까지의 내용에서는 두 개의 채널에 대해 공통적으로 설명을 하기 위해 레지스터를 설명할 때 채널을 구분하지 않았다. 지금부터는 각 채널을 설정하여 실제 실험할 수 있도록 설명을 하여야 하므로, 레지스터 이름에 채널 번호를 넣어 설명을 하니 주의 깊게 살펴보면서 학습하기 바란다. 본 절에서는 USART1에 대해서만 설명을 하고 USART0을 사용하고자 할 경우에는 1로 표기되어 있는 부분을 0으로 바꾸어 사용하면 된다.

비동기 모드에서의 통신 속도는 표 11.12에 제시한 것과 같이 UCSR1A 레지스터의 U2X1 비트와 보오 레이트 레지스터 UBRR1H/L를 설정함으로써 결정된다. 먼저 비동기 모드에서 115,200bps의 통신 속도를 갖도록 하기 위해서는 다음과 같은 과정을 수행하면 된다.

```
// UCSR1C 레지스터를 사용하기 위해 URSEL 비트를 1로 설정
UCSR0C |= (1 << URSEL1);
UCSR1C &= ~(1 << UMSEL1);  // 비동기 모드의 선택
UCSR1A &= ~(1 << U2X1);    // U2X1 비트를 0으로 설정

// UBBR1 레지스터를 사용하기 위해 URSEL1 비트를 0으로 설정
UCSR1C &= ~(1 << URSEL1);

UBBR1H = 0x00;             // 115,200 보오 레이트 설정
UBBR1L = 0x08;             // UBBR1H/L 레지스터에 3을 기록
```

이상의 초기화 과정에서 유의하여야 하는 것은 16비트 레지스터에 데이터를 기록하기 위해서는 먼저 상위 바이트를 먼저 쓰고 하위 바이트를 나중에 쓰는 것이고, 또한 UBBR0H 레지스터의 경우 UCSR0C 레지스터의 I/O 주소와 동일하므로 UBBR0H 레지스터에 데이터를 쓰기 위해서는 반드시 UCSR0C 레지스터의 최상위 비트인 URSEL0이 0으로 설정되어야 한다는 것이다.

또한, 초기화 과정에서는 통신 속도 외에 문자의 전송 형식을 미리 결정하여야 한다. 문자의 전송 형식은 문자의 길이, 패리티 사용 여부, 오류의 검출 여부이다. 이는 UCSR0C 레지스터와 USCR0B 레지스터의 UCSZ02~UCSZ00 비트를 사용하면 된다. 여기서 문자의 전송 형식은 8비트의 문자, NO-패리티, 1비트의 정지 비트를 사용하기로 한다.

```
UCSR0B &= ~(1<< UCSZ02);           // UCSZ02=0 (8 비트 문자열 선택)
UCSR0C |= (3<<UCSZ00);
// UPM01~UPM00=00, USBS0=0, UCSZ01~UCSZ00=11,
// 이 명령은 URSEL 비트가 1인 경우에 사용함.
```

참고사항

ATmega128는 8비트 마이크로컨트롤러이기 때문에 16비트 레지스터를 액세스할 때에는 특별한 절차가 필요하다. 즉, 읽기 과정과 쓰기 과정은 아래의 설명과 같이 상위/하위 레지스터를 읽는 순서에 유의하여야 한다.

16비트 레지스터를 읽을 때에는 반드시 먼저 하위 바이트를 읽고, 이를 읽는 과정에서 MCU는 상위 바이트를 임시 레지스터에 저장한다. 이어서 상위 바이트를 읽으면 임시 레지스터에 저장되어 있던 값이 읽혀지게 된다. 또한 이들 16비트 레지스터에 데이터를 기록할 때에는 반드시 먼저 상위 바이트를 쓰고, 이때 쓰여진 데이터는 임시 레지스터에 저장되고, 이어서 하위 바이트를 쓰면 이 하위 바이트와 임시 레지스터에 있던 상위 바이트가 동시에 16비트 레지스터에 저장된다.

따라서 프로그램에서 이들 16비트 레지스터를 읽기 위해서는 반드시 하위 바이트를 먼저 액세스하여야 하고, 쓰기 위해서는 반드시 상위 바이트를 먼저 액세스하여야 한다.

C언어에서 16비트 레지스터를 액세스하기 위한 과정은 9.3절에 설명한 것과 같이 8비트 단위와 16비트 단위로 액세스하는 것이 모두 가능하다.

그러나, 보오 레이트 설정에서 사용하는 USART0의 16비트 레지스터인 UBRR0H와 UBRR0L 레지스터는 반드시 바이트 단위로 처리하여야 한다.

또한 UBRR0H 레지스터와 UCSR0C 레지스터는 동일한 I/O 주소를 사용하기 때문에 이 레지스터를 액세스하기 위해서는 특별한 절차가 필요하다.

▶ 쓰기 과정

이들 레지스터의 선택은 URSEL0 비트에 의해 결정된다. URSEL0이 1이면 UCSR0C 레지스터가 선택되고, URSEL0이 0이면 UBRR0H 레지스터가 선택된다. 다음 코드는 두 레지스터에 데이터를 쓰는 방법을 나타낸다.

```
UBRR0H = 0x02;          // UBRR0H 레지스터의 선택

UCSR0C = (1<<URSEL0) | (1<<USBS0) | (1<<UCSZ01);
// UCSR0C 레지스터의 USBS0 비트와 UCSZ01 비트를 1로 세트하기 위하여
// URSEL0 비트를 동시에 1로 세트함.
```

▶ 읽기 과정

이 두 레지스터는 거의 읽을 필요가 없는 레지스터지만, 그래도 레지스터의 설정 정보를 읽어서 확인할 필요가 있을 경우에는 좀 복잡하지만 다음과 같은 과정을 거쳐 두 레지스터의 정보를 읽을 수 있다.

두 레지스터를 읽는 과정은 순서에 의해 제어된다. 즉, 이 I/O 주소를 처음 읽으면 UBRR0H 레지스터의 정보가 읽히고, 두 번째로 읽게 되면 UCSR0C 레지스터의 정보가 읽힌다. 이는 자동으로 수행되기 때문에 이들 레지스터를 읽을 때에는 전체 인터럽트를 금지시켜 읽는 것이 바람직하다.

따라서, UBRR0H 레지스터를 읽을 때에는 그냥 이 레지스터를 읽으면 되고, UCSR0C 레지스터를 읽을 때에는 다음과 같은 과정을 통해 읽을 수 있다.

```
unsigned char USART0_ReadUCSRC(void);
{
        unsigned char ucsrc;
```

```
            ucsrc = UBRR0H;
            ucsrc = UCSR0C;
            return uscrc;
        }
```

2) 송수신 가능

USART0을 이용하여 송수신을 하기 위해서는 UCSR0B 레지스터의 TXEN0 비트와 RXEN0 비트가 1로 설정되어 있어야 한다. 즉, 문자를 수신하고자 할 경우에는 소프트웨어에 의해 RXEN0 비트를 1로 설정하고, 문자를 송신하고자 할 경우에는 TXEN0 비트를 1로 설정하여야 한다. 보통 USART0을 초기화할 경우에는 대부분 RXEN0과 TXEN0 비트를 1로 설정하여 데이터를 송수신할 수 있도록 설정하여 놓는다. 이는 다음과 같다.

```
UCSR0B = (1<<RXEN0) | (1<<TXEN0);
// RXEN0=1 (수신 허가), TXEN0=1 (송신 허가)
```

그러나, 일반적으로 초기화 과정에서는 데이터 송수신을 위해 송수신을 허가하고, 수신 준비와 송신 준비용의 인터럽트를 허가하여 놓는다. 이 명령은 다음과 같고, 이는 수신 인터럽트 (RXCIE0) 비트를 1, 데이터 레지스터 준비 인터럽트(UDRIE0) 비트를 1, 수신 허가(RXEN0) 비트를 1, 송신 허가(TXEN0) 비트를 1로 설정한 것이다.

```
        UCSR0B = 0xb8;                    // 10111000로 설정
또는    UCSR0B = (1<<RXCIE0) | (1<<UDRIE0) | (1<<RXEN0) | (1<<TXEN0);
```

3) 데이터의 송수신

USART0에서 데이터를 송수신하기 위해서는 USCR0A 레지스터의 데이터 레지스터 준비 완료(UDRE0) 플래그와 수신 완료(RXC0) 플래그를 이용하여 폴링 방법으로 데이터를 송수신하는 방법이 있고, USCR0B 레지스터의 송수신 인터럽트(RXCIE0, UDRIE0)를 허가하여 인터럽트가 발생하면 인터럽트 서비스 루틴에서 데이터를 송수신 하는 방법이 있다.

먼저 폴링 방법으로 데이터를 송수신하는 방법은 다음과 같이 UDRE0 비트와 RXC0 비트를 검사하여 이 비트가 1이 되면 데이터를 송수신하는 것이다.

```
unsigned char ch;
while( !(UCSR0A & (1<<UDRIE0)));  // USART0의 RDRE 비트가 1이 될 때까지 기다림
UDR0 = ch;                        // 문자를 전송, 문자를 전송한 후에는
                                  // 자동으로 UDRE0 비트는 클리어됨.

while(! (UCSR0A & (1 << RXC0)));  // USART0의 RXC0 비트가 1이 될 때까지 기다림
```

```
        ch = UDR0;                              // 문자를 수신, 문자를 수신한 후에는
                                                // 자동으로 RXC0 비트는 클리어됨.
```

이제 인터럽트를 이용하여 데이터를 송수신하는 방법에 대해 알아보기로 한다. 인터럽트를 사용하여 데이터를 송수신하기 위해서는 먼저 초기화 과정에서 USCR0B 레지스터의 인터럽트 허가 비트를 설정하여 놓아야 한다. 즉, 다음과 같이 초기화 과정에서 인터럽트를 허가하여 놓고, 전체 인터럽트를 허가한다.

```
        UCSR0B=(1<<RXCIE0) | (1<<UDRIE0) | (1<<RXEN0) | (1 <<TXEN0);
        // RXCIE0=1 (수신 인터럽트 설정), UDRIE0=1 (데이터 인터럽트 설정), RXEN0=1 (수신 허가),
        // TXEN0=1 (송신 허가)
        sei();                                  // 전체 인터럽트 허가
```

이렇게 설정하여 놓으면 UCSR0A 레지스터의 RXC0 비트가 1로 설정되면 수신 완료 인터럽트가 발생하고, UCSR0A 레지스터의 UDRE0 비트가 1로 설정되면 데이터 레지스터 준비 완료 인터럽트가 발생한다. 인터럽트가 발생하면 자동으로 인터럽트 벡터에 의해 인터럽트 서비스 루틴으로 찾아가므로 인터럽트 서비스 루틴에서 폴링 방법에서 설명한 대로 프로그램을 실행하면 된다. 인터럽트 서비스 루틴의 작성 방법은 다음과 같다.

```
        // 인터럽트 루틴에서의 데이터 수신 방법
        interrupt [USART0_RXC] void usart0_receive(void)
        {
                ch = UDR0;
        }

        // 인터럽트 루틴에서의 데이터 송신 방법
        interrupt [USART0_TXC] void usart0_transmit(void)
        {
                UDR0 = ch;
        }
```

4) 9번째 데이터 비트의 처리

만약 USCR0B 레지스터의 UCSZ20 비트가 1로 설정되어 9비트의 데이터를 전송하여야 하는 경우에는 수신의 경우에는 RXB80 비트와 송신의 경우에는 TXB80 비트가 9번째 비트로 사용된다. 9번째 비트는 다중 프로세서 통신을 할 경우에 중요한 역할을 하므로 이에 관련된 사항은 11.5절의 내용을 자세히 살펴보기 바란다. 여기서는 9번째 비트를 이용하여 송수신하는 경우에 프로그램을 작성하는 방법에 대해서만 알아보기로 한다.

9번째 데이터 비트를 사용하여 문자를 전송할 때에는 데이터를 UDR0로 쓰기 전에 USCR0B 레지스터의 TXB80 비트를 먼저 설정하여야 한다. 이 과정은 다음과 같다.

```
// USART0의 RDRE 비트가 1이 될 때까지 기다림
while(!(UCSR0A & (1<<UDRE0)));

// copy 9th bit to TXB08
UCSR0B &= ~(1<<TXB08);
if (ch & 0x0100) UCSR0B |= (1<<TXB08);

// put data into buffer, send the data
UDR0 = ch;
```

9번째 데이터 비트를 사용하여 문자를 수신할 때에는 데이터를 UDR0을 읽기 전에 USCR0B 레지스터의 RXB80 비트를 먼저 읽어야 한다. 이러한 과정은 USCR0A 레지스터에 있는 FE0, DOR0 또는 UPE0 수신 상태 플래그를 읽을 때에도 마찬가지로 적용된다. 이는 UDR0을 읽을 때 수신 버퍼 FIFO의 내용이 변경될 가능성이 있기 때문이다. 이 과정은 다음과 같다.

```
// USART0의 RXC 비트가 1이 될 때까지 기다림
while(!(UCSR0A & (1<<RXC0)));

// get status and 9th bit then read data
status = UCSR0A;
resh = USCR0B;
resl = UDR;
// if error, error process
if (status & (1<<FE0) | (1<<DOR0) | (1<<UPE0))
{
        ...
}
// Filter the 9th bit then write data(9 bit)
resh = (resh >> 1) & 0x01;
ch_rec9 = (resh<<8) | resl; // ch_rec9 변수는 unsigned int로
                            //    미리 선언되어 있어야 함.
```

11.7 USART 활용 실험

예제 11.1 시리얼 포트의 초기화

115200 보오 레이트의 동작 속도를 갖고, 1-비트 짝수 패리티, 8-비트 문자, 1-정지 비트의 문자 전송 형식을 갖고, 비동기식으로 동작하도록 USART0을 초기화하는 프로그램을 작성하시오.

USART0의 초기화를 위해서는 본문에서 설명한 것과 같이 통신 모드를 설정하기 위해 UCSR0A, UCSR0B, UCS0C의 상태 및 제어 레지스터와 통신 속도를 결정하기 위해 UBRR0H, UBRR0L 레지스터를 초기화하여야 한다. 본 예제의 방식으로 초기화하기 위한 이들 레지스터의 값을 다음 표에 요약하였다.

UCSR0A	RXC0	TXC0	UDRE0	FE0	DOR0	UPE0	U2X0	MPCM0
설정값	0	0	0	0	0	0	0	0
UCSR0B	RXCIE0	TXCIE0	UDRIE0	RXEN0	TXEN0	UCSZ20	RXB80	TXB80
설정값	1	0	1	1	1	0	0	0
UCSR0C	URSEL0	UMSEL0	UPM01	UPM00	USBS0	UCSZ10	UCSZ00	UCPOL0
설정값	0	0	1	0	0	1	1	0
UBRR0H	URSEL0	–	–	–	UBRR0[11:8]			
설정값	0	0	0	0	0	0	0	0
UBRR0L	UBRR0[7:0]							
설정값	0	0	0	0	0	1	1	1

UCSR0A 레지스터는 USART0의 클럭 분주비를 1배수로 설정하기 위해 0x00의 값으로 지정하고, UCSR0B 레지스터는 수신 인터럽트(RXCIE0) 비트를 1, 데이터 레지스터 준비 인터럽트(UDRIE0) 비트를 1, 수신허가(RXEN0) 비트를 1, 송신 허가(TXEN0) 비트를 1로 설정하고, UCSR0C 레지스터는 비동기통신(UMSEL0=0), 짝수 Parity (UPM01, UPM00 = '10'). 1 Stop Bit(USBS0=0), 8 데이터 비트(UCSZ10, UCSZ00='11')로 선택을 한다. 그리고 115200bps의 Baud Rate를 설정하기 위해서 UBRR0H와 UBRR0L 레지스터를 각각 0x00, 0x03으로 설정한다. 초기화 순서는 아래와 같다.

또한, 인터럽트 구동 방식으로 직렬 통신을 할 경우에는 초기화 과정에서 인터럽트를 허가하고 금지시키는 함수인 sei() 함수를 사용하면 되고, 폴링 방식으로 직렬 통신을 할 경우에는 sei() 함수를 사용하지 않으면 된다. 본 예제에서는 폴링 방식으로 프로그램을 작성하였으니, 인터럽트를 사용할 경우에는 주석 처리된 sei() 함수 부분의 주석을 해제하면 될 것이다.

```
void Init_USART0(void)
{
        UCSR0B = (1<<RXCIE0) | (1<<UDRIE0) | (1<<RXEN0) | (1<<TXEN0);
        // 수신 인터럽트 허가, 데이터 레지스터 준비 인터럽트, 수신 허가, 송신 허가
        // UCSR0B = 0xB8; 또는 UCSR0B = 0b10111000; 좌측과 같이 써넣어도 된다.
        UCSR0A = 0x00;
        // 1배속 전송 모드
        UCSR0C = (1<<UPM01) | (1<<UCSZ01) | (1<<UCSZ00);
        // 비동기 통신, 짝수 Parity, 1 Stop Bit, 8 데이터 비트 설정
```

```
    // UCSR0C = 0x26; 또는 UCSR0C = 0b00100110; 좌측과 같이 써넣어도 된다.
    UBRR0H = 0x00;
    UBRR0L = 0x07;   // 115200bps
    //sei();
}
```

END

예제 11.2 출력 문자 서브루틴

USART0을 포트를 통해 8-비트의 ASCII 문자를 송수신하기 위한 putch_USART0()와
getch_USART0() 함수를 작성하시오.

예제 11.2를 통해 USART0을 초기화하였다. 본 예제는 USART0 통신 포트를 통해 외부에 연
결된 마이크로컨트롤러 시스템이나 PC와의 데이터 송수신 과정의 함수를 작성하는 것이다.
문자를 외부의 시스템에 출력하는 함수는 putch_USART0()이며, 이 함수는 다음과 같다.

```
void putch_USART0(char data)
{
    while(!(UCSR0A & (1<<UDRE0)));    // 전송 인터럽트가 걸릴 때까지 while문 반복
    UDR0 = data;                       // 데이터 값을 UDR0에 넣는다. ⇒ 전송
}
```

putch_USART0() 함수는 USART0 통신 포트를 통해 단순히 한 문자를 보내기 위한 함수
이고, 그 자체로서는 아무 의미가 없다. 한 문자나 문자의 스트링을 전송하기 위한 방법은
다음과 같다.

```
putch_USART0('a');              // 문자 'a'를 출력하는 방법
```

이 함수를 이용하여 문자열을 송신하기 위한 과정을 살펴보자. 문자열을 송신하기 위해서
는 송신하고자 하는 문자열이 메모리 내에 지정되어 있어야 한다. 이 문자열을 차례대로
송신하는 절차는 다음과 같이 구현된다.

```
char array[] = "Serial Comm Test\r\n";
char i;
for(i = 0; array[i] != 0x00; i++) putch_USART0(array[i]);
```

이 문자열에 \r\n이 포함되어 있는데 \r은 <CR>을 의미하고, \n은 <LF>를 의미한다. for 루
프 문에 != 0x00은 문자열 마지막에 "NULL" 문자 즉, ASCII 문자 0이 들어 있기 때문에
이를 검사하여 문자열의 끝을 찾기 위함이다.
문자를 외부의 시스템으로부터 입력하는 함수는 getch_USART0()이며, 한 문자를 수신하

여 이 함수를 호출한 부분으로 수신한 문자를 전송하여 준다. 이 함수는 다음과 같다.

```
Byte getch_USART0(void)
{
        while(! (UCSR0A & (1 << RXC0)));
        return UDR0;
}
```

END

예제 11.3 문자열을 출력하는 프로그램

putch_USART0() 함수를 이용하여 USART0 통신 포트로 정해진 문자열을 송신하는 프로그램을 작성하시오.

예제 11.2에서 구현한 putch_USART0()는 한 문자를 외부 시스템으로 송신하는 함수이다. 본 예제는 이를 이용하여 정해진 문자열을 송신하는 프로그램을 작성하는 것이다.

```
void puts_USART0(char *str)          // 문자열 출력 루틴
{
        while( *str != 0) {          // 문자의 마지막에는 '\0'이 들어가 있으므로
            putch_USART0(*str);      // '\0'이 나올 때까지 출력한다.
            str++;
        }
}
```

이 함수를 이용하여 "Serial Comm Test" 라는 문자열을 전송하는 프로그램은 다음과 같이 간단하게 구현할 수 있다.

```
void main(void)
{
        char array[] = "Serial Comm Test\r\n";
        Init_USART0();
        while(1)
        {
                puts_USART0(array);
                delay_ms(300);
        }
}
```

END

예제 11.4 입력 문자 에코 백 시험

교육용 보드와 PC를 USART0 통신 포트를 사용하여 연결한 후에 다음과 같은 과정을 수행하는 프로그램을 작성하시오. 단, 전송 모드는 8비트 문자, No-패리티, 1정지 비트를 사용한다.

▶ PC에서 키보드로 입력된 영문자를 교육용 보드로 전송하고
▶ 교육용 보드에서는 수신된 문자를 다시 PC로 재전송하여
▶ PC에서 수신된 문자는 CRT 화면에 표시된다.
▶ 이 프로그램을 작성할 때, 전송 모드는 8비트 문자, No-패리티, 1정지 비트를 사용하고, 눌려진 문자와 에코 백되는 문자를 처리하는 과정은 폴링 방식을 사용하시오.

이 프로그램은 예제 11.1, 11.2, 11.3에서 설명한 내용을 종합하면 쉽게 구현할 수 있으니 독자들이 분석하여 보기 바란다. 작성된 프로그램은 다음과 같다.

```
#include <mega128.h>

void putch_USART0(char data)
{
    while( !(UCSR0A & (1<<UDRE0)));
    UDR0 = data;
}


Byte getch_USART0(void)
{
    while(! (UCSR0A & (1<<RXC0)));
    return UDR0;
}


void Init_USART0(void)
{
    UCSR0B = (1<<RXEN0) | (1<<TXEN0);
    // 수신 허가, 송신 허가
    // UCSR0B = 0x18; 또는 UCSR0B = 0b00011000; 좌측과 같이 써넣어도 된다.
    UCSR0A = 0x00;
    // 1배속 전송 모드
    UCSR0C = (1<<UCSZ01) | (1<<UCSZ00);
    // 비동기 통신, No Parity, 1 Stop Bit, 8 데이터 비트 설정
    // UCSR0C = 0x06; 또는 UCSR0C = 0b00000110; 좌측과 같이 써넣어도 된다.
    UBRR0H = 0x00;
    UBRR0L = 0x07;  // 115200bps
}
```

```
void main(void)
{
    Init_USART0();

    while(1)
    {
        putch_USART0(getch_USART0());        // 입력된 문자를 그대로 출력함.
    }
}
```

END

예제 11.5 문자열 전송 프로그램

"Welcome to AVR Worlds" 라는 문자열과 "AVR 세계로 환영합니다" 라는 문자열을 PC로
전송하여 PC의 화면에 표시하는 프로그램을 작성하시오. 단, 문자열의 송신 방법은 USART0
송신 인터럽트를 사용한다.

이 예제는 USART0의 송신 인터럽트를 사용하여 문자열을 전송하는 프로그램을 작성하는
것이다. 따라서 USART0을 초기화하는 과정에서는 인터럽트를 사용하기 위해 sei() 함수를
사용하여 SREG 레지스터의 I 비트를 허가한다.

인터럽트 서비스 루틴에서는 이렇게 하면, 인터럽트가 발생할 때마다 지정된 문자열을 증
가시켜가면서 1바이트씩 송신하고, 문자열의 끝(0x00)을 만나면 현재 진행 중인 문자열의
전송을 끝내고 다음 문자열의 전송을 시작한다.

이 프로그램과 예제 11.3을 비교하여 보면, 인터럽트 방식의 프로그램을 사용할 경우에는
RXC1 플래그가 세트될 때까지 MCU가 기다려야 하는 과정이 필요없어지므로, 주프로그
램에서는 다른 작업을 수행할 수 있음을 알 수 있다.

따라서 USART 포트를 통해 문자를 송수신하는 과정의 프로그램을 작성할 때에는 인터럽
트 방식을 사용하는 것이 효율적이다. 작성된 프로그램은 다음과 같다.

```
#include <mega128.h>

bit count;
Byte *ptr;
char E_Welcom[]="Welcome to AVR Worlds\r\n";
//char H_Welcom[]="1234567890\r\n";
```

```
char H_Welcom[]="AVR 세계에 오신 것을 환영합니다.\r\n";

// 인터럽트 루틴에서의 데이터 송신 방법
interrupt [USART0_DRE] void usart0_transmit(void)
{
        UDR0 = *ptr;
        ptr++;
        if(*ptr== 0) {
                if(count == 0) ptr= E_Welcom;
                else ptr= H_Welcom;
                count = ~count;
        }
}

void Init_USART0(void)
{
    UCSR0B = (1<<RXCIE0) | (1<<UDRIE0) | (1<<RXEN0) | (1<<TXEN0);
    UCSR0A = 0x00;                    // 1배속 전송 모드
    // URSEL0 : UCSR 레지스터 선택, 8비트 데이터 전송
    UCSR0C = 0x06;
    // 비동기 통신, No Parity, 1 Stop Bit, 8 데이터 비트 설정
    // UCSR0C = 0x06; 또는 UCSR0C = 0b00000110; 좌측과 같이 써넣어도 된다.
    UBRR0H = 0x00;
    UBRR0L = 0x07;
    sei();
}

void main(void)
{
    Init_USART0();
    ptr = E_Welcom;
    count = 1;
    while(1);
}
```

END

예제 11.6

교육용 보드에서 USART0 송신 인터럽트를 사용하여 ASCII 코드값을(0x20~0x7F까지의 코드값) 전송하여 PC의 모니터에 ASCII 코드값을 표시하는 프로그램을 작성하시오. 통신 속도는 115200bps로 한다.

이 예제는 예제 11.4를 이용하면 쉽게 작성할 수 있다. 즉, 송신 인터럽트 루틴에서 ASCII 문자를 출력하는 과정을 작성하면 된다. 이 과정은 다음과 같다.
나머지 프로그램은 독자들이 11.5의 예제를 참조하여 작성하기 바란다.

```
 // 인터럽트 루틴에서의 데이터 송신 방법
interrupt [USART0_DRE] void usart0_transmit(void)
{
        UDR0 = ch;
        ch++;
        if(ch>=0x80) ch=0x20;
}
```

END

예제 11.7

PC에서 키보드로 입력되는 영문자를 USART0 수신 인터럽트로 받아 교육용 보드의 LCD에 표시하는 프로그램을 작성하시오. 한 문장의 끝은 "Enter"키로 구분하고, 통신 속도는 115200bps 로 한다.

이 예제는 예제 11.3과 LCD 부분의 예제 프로그램을 이용하면 쉽게 작성할 수 있으니, 독자들이 직접 분석하여 보기 바란다. 작성된 프로그램은 다음과 같다.

```
#include <mega128.h>
#include "lcd.h"                    // LCD 사용을 위해 lcd 헤더 파일을 포함

#define ENTER   '\r'                // ENTER 키의 ASCII Code
#define MAXLEN  16


Byte key, ch;                       // key : ENTER 키 입력 여부 확인.
```

```
                            // ch : 수신된 문자를 str 배열에 저장하기 위한 포인터
bit pos;                    // LCD의 위치 지정( 0 : 첫 번째 열, 1 : 두 번째 열)


Byte str[MAXLEN];           // 수신된 문자를 저장하기 위한 공간


// 인터럽트 루틴에서의 데이터 수신 방법
interrupt [USART0_RXC] void usart0_receive(void)
{
        str[ch] = UDR0;
        if(str[ch] == ENTER) {    // ENTER 키가 입력 되면
                ch = 0;           // 수신된 문자 배열을 처음으로 지정
                key = 1;          // ENTER 키가 입력되었음을 지정
                pos = ~pos;       // LCD 위치 지정
        }
        else ch++;                // ENTER 키가 아닌 다른 문자키이면
}


void Init_USART0(void)
{
        UCSR0B = (1<<RXCIE0) | (1<<UDRIE0) | (1<<RXEN0) | (1<<TXEN0);
        // 수신 인터럽트 허가, 데이터 레지스터 준비 인터럽트, 수신 허가, 송신 허가
        // UCSR0B = 0xB8; 또는 UCSR0B = 0b10111000; 좌측과 같이 써넣어도 된다.
        UCSR0A = 0x00;
        // 1배속 전송 모드
        UCSR0C = (1<<UPM01) | (1<<UCSZ01) | (1<<UCSZ00);
        // 비동기 통신, 짝수 Parity, 1 Stop Bit, 8 데이터 비트 설정
        // UCSR0C = 0x26; 또는 UCSR0C = 0b00100110; 좌측과 같이 써넣어도 된다.
        UBRR0H = 0x00;
        UBRR0L = 0x07;  // 115200bps
        sei();
}


void main(void)
{
        Byte i;
        Init_USART0();
        PortInit();                 // LCD 제어를 위한 Port 초기화
        LCD_Init();                 // LCD 초기화

        pos = 1;                    // LCD 출력 문자 초기화
        ch = 0x00;
        key = 0;                    // 초기 ENTER 키 입력되지 않음.
```

```
while(1){
        if(key == 1) {              // ENTER 키가 입력되면
        if(pos == 0) LCD_Clear();// LCD 화면 클리어
        LCD_pos(pos, 0);            // LCD에 위치 지정
        LCD_STR(str);               // 입력된 문자열 출력
        key = 0;
        // ENTER키가 입력되었음으로 문자열 초기화
        for(i = 0; i < MAXLEN; i++) str[i] = 0;
        }
    }
}
```

END

연습문제

1 교육용 보드와 PC와 직렬 통신을 하기 위한 케이블의 구성도를 그리시오.

2 직렬 통신에서 H/W와 S/W적인 핸드세이크 프로토콜에 대해 기술하시오.

3 RS232 통신 방식과 RS422 통신 방식을 비교 설명하시오.

4 직렬 통신 방식을 이용하여 문자를 송수신할 때 프로그램 작성 과정에서는 인터 럽트를 사용하는 방식과 폴링 방식을 사용할 수 있다. 이들 방식의 장단점을 비 교하시오.

5 교육용 보드에서 PC로부터 문자들을 입력받아, 소문자를 대문자로 변환한 후에 다시 이를 PC로 전송하여 이를 PC 모니터로 표시하는 프로그램을 작성하시오.

6 교육용 보드에서 PC로부터 문자들을 입력받아, ASCII 코드의 제어 문자(0x00에서 0x1F, 0x07F)를 점(.)으로 치환하여 PC 모니터에 표시하는 제어 소문자를 대문자 로 변환한 후에 다시 이를 PC로 전송하여 이를 PC 모니터로 표시하는 프로그램 을 작성하시오.

7 ATmega128 교육용 보드에 연결된 스위치(SW1~SW4)를 누르면 각각에 대해 미 리 지정된 메시지가 전송되어 PC의 화면에 출력되는 프로그램을 작성하시오.

Mseeage 1 : 학번
Measge 2 : 소속
Measge 3 : 이름
Measge 4 : 로보틱스 연구실

08 PC의 화면에 ASCII 문자(20H에서 7EH)를 계속해서 전송하는 프로그램을 작성하시오.

09 키보드에서 입력되는 XOFF, XON 코드를 이용하여 스크린 출력을 잠시 중단시키거나 재개할 수 있도록 위의 문제의 프로그램을 수정하시오. 입력되는 모든 다른 코드는 모두 무시하시오. (▶ 힌트 : XOFF＝CONTROL-S=13H, XON＝CONTROL-Q＝11H)

CHAPTER 12

SPI 및 TWI 직렬 통신 포트의 활용

A Tmega128에는 직렬 통신 포트 외에 직렬 통신 방식으로 SPI 직렬 통신과 TWI 직렬 통신 모드를 지원한다. SPI는 Motorola사에서 개발한 근거리용 통신 규격으로 MCU와 A/D 변환기 또는 EEPROM 등과 같은 주변 소자와의 직렬 데이터 통신을 위해 사용되고 있으며, TWI는 필립스사의 I2C 프로토콜과 호환되도록 만들어진 통신 규격으로 MCU와 EEPROM, 온도 센서 등과 같은 주변 소자와의 직렬 데이터 통신을 위해 사용된다.

이 장에서는 SPI 및 TWI 통신 규격을 이해하고, 실제 활용을 위해 SPI 통신 모드를 적용하여 출시되고 있는 EEPROM과 자이로 등의 적용 방법과 TWI 통신 모드를 적용하여 출시되고 있는 EEPROM과 I/O 확장용 소자의 적용 방법에 대해 자세히 설명하고, 이 두 가지 통신 모드에서의 마스터-슬레이브 통신 방법에 대해 자세히 알아보기로 한다.

12.1 　 SPI 직렬 통신

　　SPI(Serial Peripheral Interface)는 MCU와 A/D 변환기 또는 EEPROM 등과 같은 주변 소자와의 직렬 데이터 통신을 위해 Motorola사에서 개발한 근거리용 통신 규격으로서, 그림 12.1과 같이 CS(Chip Select), CLK, Data_In, Data_Out의 네 개의 신호선을 이용하여 고속의 동기식 직렬 통신이 가능하도록 구현해 놓은 통신 방식이다. 이 방식의 전송 속도는 주변 소자의 성능에 따라 다르지만, 20Mbps 이상의 고속의 전송 속도를 가질 수 있다. 따라서 높은 주파수 샘플링이 요구되는 ADC나 DAC와 같은 응용 분야에 많이 활용되고 있다.

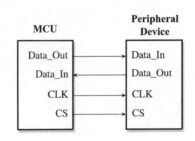

그림 12.1 SPI 직렬 통신 개념도

1) ATmega128의 SPI 직렬 통신 포트의 개요

ATmega128에는 주변 소자 또는 다른 AVR과의 근거리 통신을 위해 그림 12.2와 같은 구조를 갖는 고속의 직렬 데이터 전송 기능인 SPI 직렬 통신 포트를 내장하고 있으며, 이의 특징은 다음과 같다.

- ▶ 3개(CS 신호는 제외)의 신호선을 사용하는 직렬 동기식 통신 모드를 지원하며, 전이중 방식의 통신이 가능하다
- ▶ 마스터 또는 슬레이브로 동작이 가능하다.
- ▶ 마스터가 데이터를 송신 또는 수신을 하더라도 클럭은 항상 마스터에서 발생한다.
- ▶ 하나의 문자를 전송할 때, LSB 우선 또는 MSB 우선으로 선택적 전송이 가능하다.
- ▶ 7가지의 전송 속도를 선택할 수 있다.
- ▶ 전송 완료를 알리는 인터럽트 플래그와 쓰기 충돌 방지를 위한 플래그가 내장되어 있다.
- ▶ 휴면 모드로부터의 해제(wake-up)기능이 있다.
- ▶ 마스터 SPI 모드에서는 클럭 속도를 두 배로 설정이 가능하다.

그림 12.2를 살펴보면 SPI 모듈은 SPCR(SPI Control Register), SPSR(SPI Status Register), SPDR(SPI Data Register), 송수신 버퍼와 클럭 발생기로 구성되어 있다. 이 모듈의 송수신 버퍼는 송신 시에는 단일 버퍼로 동작하고 수신 시에는 이중 버퍼로 동작한다. 따라서, 송신의 경우에는 시프트 동작이 완료되기 전까지는 송신할 데이터를 SPI 데이터 레지스터로 쓸 수가 없으며, 이와는 달리 수신의 경우에는 다음 데이터가 시프트 레지스터를 통해 입력이 되고 있는 동안에 반드시 SPI 데이터 레지스터로부터 데이터를 읽어야 한다. 그렇지 않으면 첫 번째 수신 데이터는 잃어버리게 된다.

SPI는 클럭 신호 SCK를 이용한 동기식 통신 방식이므로 항상 마스터 측에서 클럭을 공급한다. SPI 직렬 통신 모듈의 입출력 신호는 그림 12.2의 핀 제어 논리부에 제시된 것과 같이 MOSI, MISO, SCK, $\overline{SS}$의 네 개의 신호선이 사용되고, 이는 모두 PORTB에 포함된 부가적인 I/O 기능으로 되어 있으며, 이를 핀의 입출력 방향을 정리하여 표 12.1에 나타내었다.

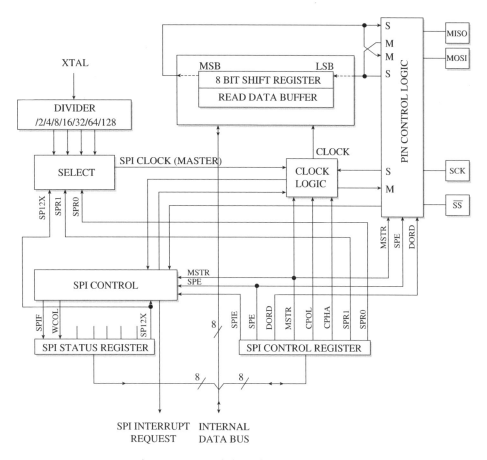

그림 12.2 SPI 직렬 통신 모듈의 내부 구성도

표 12.1 SPI 핀의 입출력 방향

SPI 핀	마스터 모드 경우의 방향	슬레이브 모드 경우의 방향
SCK(PB1)	출력(사용자 설정)	입력
MISO(PB3)	입력	출력(사용자 설정)
MOSI(PB2)	출력(사용자 설정)	입력
$\overline{SS}$(PB0)	출력(사용자 설정)	입력

2) ATmega128의 SPI 직렬 통신 포트의 동작

SPI 모듈의 구성은 그림 12.3에 제시된 것과 같이 두 개의 시프트 레지스터와 마스터 클럭으로 구성된다. 마스터가 슬레이브에게 데이터를 송신하려면 먼저 마스터가 지정하려는 슬레이브에게 $\overline{SS}$(Select Signal)를 'Low'로 출력하여 통신할 슬레이브를 선택한다. 그리고 나서 마스터는 클럭 신호를 발생하여 SCK(Serial Clock)단자로 출력하며, 마스터는 시프트 레지스터에 데이터를 준비하여 MOSI(Master Output Slave Input) 단자로 출력하고 동시에 슬레이브에서는 MISO(Master Input Slave Output) 단자를 통해서 데이터를 입력받는다. 데이터 패킷의 전송이 완료되면 마스터

는 다시 $\overline{SS}$ 신호를 H로 출력하여 슬레이브의 동작을 정지시킨다.

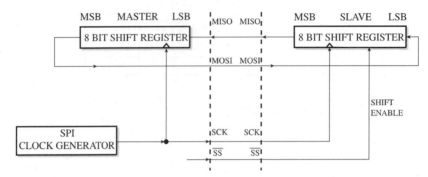

그림 12.3 SPI 통신 방식에서의 마스터와 슬레이브의 연결

◎ 마스터 모드

　SPCR 레지스터의 MSTR 비트를 1로 설정하면, SPI는 마스터 모드로 동작한다. 이 모드로 동작할 경우에는 $\overline{SS}$ 신호는 자동으로 처리되지 않고 단순한 병렬 I/O 비트로 동작하므로, 이 비트를 I/O 비트로 동작시키기 위해 방향 설정 레지스터의 DDRB0 비트를 사용하여 이 신호의 방향을 출력으로 미리 설정해 주어야 한다.

　이상과 같은 절차에 의해 일단 SPI가 마스터 모드로 설정되면, 마스터는 $\overline{SS}$ 신호를 'Low' 상태로 출력하여 통신할 슬레이브를 지정한 후에, 전송할 1바이트의 데이터를 SPDR 레지스터에 기록하면 데이터 송신이 시작된다. 이때 SPI는 클럭을 자동으로 발생하고 하드웨어적으로 이 데이터를 8비트만큼 시프트하여 슬레이브로 전송한다. 1바이트의 전송이 끝나면 클럭이 정지되고 전송 종료 플래그(SPIF)는 1로 되고, 만약 SPCR 레지스터의 인터럽트 허가(SPIE) 비트가 1로 설정되어 있으면 인터럽트가 요청된다. 이후 다음 전송할 데이터가 SPDR 레지스터에 쓰여지면 계속 데이터의 전송이 이루어지고, $\overline{SS}$ 신호에 'High'를 출력하면 패킷 전송이 종료된다. 이 상황에서 마지막으로 들어온 데이터는 버퍼 레지스터에 그냥 남아있게 된다.

◎ 슬레이브 모드

　SPCR 레지스터의 MSTR 비트를 0으로 설정하면, SPI는 슬레이브 모드로 동작한다. 슬레이브 모드에서 $\overline{SS}$ 단자는 자동으로 동작하며, 마스터에서 $\overline{SS}$ 신호가 'Low'상태로 입력될 때에만 SPI가 슬레이브로 동작하게 되고 MISO 단자는 출력 단자로 동작하게 된다.

　이 동작 모드에서는 $\overline{SS}$ 단자에 'High'인 상태가 유지되는 동안에는 MISO 단자는 3-상태로 되어 휴면(sleeping) 상태를 유지한다. 이 상태에서 SPDR 레지스터에 데이터를 쓰게 되면, SPDR로 전송된 데이터는 대기 상태로 버퍼에 남아 있다가 $\overline{SS}$ 신호가 'Low'상태로 되면 입력 클럭(SCK)과 동기를 맞추어 시프트 동작을 시작하여 마스터로 전송되게 된다.

　이상과 같이 슬레이브는 스스로 데이터를 보낼 수가 없고, 마스터 자신이 원할 때에만 데이터를 마스터로 보낼 수 있게 된다. 1바이트의 진송이 끝나면 클럭이 정지되고 전송 종료 플래그(SPIF)는 1로 된다. 만약 SPCR 레지스터의 인터럽트 허가(SPIE) 비트가 1로 설정되어 있으면 인터럽트가 요청된다. 슬레이브는 새로 입력되는 데이터를 읽기 전까지 SPDR로 보내져야 하는 데 이터를 유지하게 된다. 이 상황에서 마지막으로 들어온 데이터는 버퍼 레지스터에 그냥 남아있게 된다. 또한, 슬레이브 모드에서 $\overline{SS}$ 신호가 'High' 상태로 입력되면 모든 SPI 신호는 3-상태 또는 입력 상태로 되면서 데이터 송수신은 정지된다.

3) SPI 제어 레지스터

ATmega128의 SPI 통신 모듈을 제어하는 데에는 SPCR(SPI Control Register), SPSR(SPI Status Register), SPDR(SPI Data Register)의 세 개의 레지스터들이 사용된다.

◉ SPI 제어 레지스터 : SPCR

SPCR(SPI Control Register) 레지스터는 SPI의 전반적인 동작을 제어하는 레지스터로서 그림 12.4에 비트 구성을 나타내었으며, 비트별 기능은 다음과 같다.

Bit	7	6	5	4	3	2	1	0	
	SPIE	SPE	DORD	MSTR	CPOL	CPHA	SPR1	SPR0	SPCR
Read/Write	R/W	R/W	R/W	R/W	R/W	R/W	R/W	R/W	
Initial Value	0	0	0	0	0	0	0	0	

그림 12.4 SPI 제어 레지스터의 비트 구성

▶ 비트 7 : SPIE (SPI 인터럽트 허가, SPI Interrupt Enable)

SPIE 비트는 상태 레지스터(SREG)의 I 비트가 1로 설정되어 있는 상황에서 SPIF 비 트가 1이 되면서 인터럽트가 발생하는 것을 개별적으로 허가하는 데 사용된다.

▶ 비트 6 : SPE (SPI 허가, SPI Enable)

SPE 비트는 SPI가 동작하도록 허가하는 데 사용되며, SPI 직렬 통신 모듈을 사용하 려면 반드시 이 비트는 1로 설정되어야 한다.

▶ 비트 5 : DORD (데이터 순서, Data Order)

DORD 비트는 SPI가 데이터를 직렬로 전송하는 순서를 결정하는 용도로 사용되며, 이 비트를 1로 설정하면 LSB부터 데이터를 전송하고, 0으로 설정하면 MSB부터 데이 터를 전송한다.

▶ 비트 4 : MSTR (마스터/슬레이브 선택, Master/Slave Select)

MSTR 비트는 SPI 모듈의 동작을 마스터 또는 슬레이브로 선택하는 용도로 사용되며, 이 비트를 1로 설정하면 마스터 모드로 동작하고, 0으로 설정하면 슬레이브 모드로 동작한다. 만약 MSTR을 1로 설정하여 SPI가 마스터로 설정되어 있더라도, $\overline{SS}$ 단자가 입력으로 설정되어 L상태로 구동된다면 MSTR 비트는 자동으로 클리어되면서 슬레이

브 모드로 되고 SPSR 레지스터의 SPIF가 1로 되어 인터럽트가 발생한다. 따라서 마
스터 모드로 다시 사용하기 위해서는 MSTR 비트를 1로 재설정하여 주어야 한다.

▶ 비트 3 : CPOL (클럭 극성, Clock Polarity)

CPOL 비트는 대기상태일 때 클럭 SCK의 극성을 설정해주는 비트로서, 이 비트를 1
로 설정하면 데이터 전송이 되지 않을 때에는 SCK 신호는 H상태로 있으며, 0으로 설
정하면 데이터 전송이 되지 않을 때에는 SCK 신호는 'Low' 상태로 유지된다. 이 비
트의 설정에 따른 SCK 클럭 신호의 극성은 표 12.2와 같이 설정된다.

표 12.2   CPOL에 의한 SCK의 신호 극성

CPOL	Leading 에지의 경우	Trailing 에지의 경우
0	상승 에지	하강 에지
1	하강 에지	상승 에지

표 12.3   CPHA에 의한 SCK의 데이터 샘플링 시점의 결정

CPHA	Leading 에지의 경우	Trailing 에지의 경우
0	샘플링	(데이터 준비)
1	(데이터 준비)	샘플링

표 12.4   SCK 클럭 신호의 주파수 설정

SPI2X	SPR1	SPR0	SCK 클럭 신호의 주파수
0	0	0	$f_{osc} / 4$
0	0	1	$f_{osc} / 16$
0	1	0	$f_{osc} / 64$
0	1	1	$f_{osc} / 128$
1	0	0	$f_{osc} / 2$
1	0	1	$f_{osc} / 8$
1	1	0	$f_{osc} / 32$
1	1	1	$f_{osc} / 64$

▶ 비트 2 : CPHA (클럭 위상, Clock Phase)

CPHA 비트는 표 12.3과 같이 데이터 샘플링 동작이 수행되는 SCK의 위상을 결정하
는 비트로서, 이 비트를 0으로 설정하면 SCK 클럭 신호에 의한 데이터 샘플링이
leading 에지 수행되고, 1로 설정하면 trailing 에지에서 동작한다.

▶ 비트 1~0 : SPR1, SPR0 (SPI 클럭 속도 선택, SPI Clock Rate Select 1 or 0)

SPR1~0 비트는 SPI가 마스터로 동작할 때의 클럭 속도를 결정하는 비트로서, 이 비트들의 설정에 의해 표 12.4와 같이 클럭 속도가 결정된다. 이 비트는 슬레이브에는 아무런 영향도 미치지 않으며, SPSR 레지스터의 SP2X 비트가 1로 된 경우에는 주파수가 두 배로 증가되어 2배속 모드가 된다.

○ SPI 상태 레지스터 : SPSR

SPSR(SPI Status Register) 레지스터는 SPI의 동작 상태를 나타내거나 SCK 클럭 신호의 주파수를 설정하는 기능을 수행하는 레지스터로서 그림 12.5에 비트 구성을 나타내었으며, 비트별 기능은 다음과 같다.

Bit	7	6	5	4	3	2	1	0	
	SPIF	WCOL	—	—	—	—	—	SPI2X	SPSR
Read/Write	R	R	R	R	R	R	R	R/W	
Initial Value	0	0	0	0	0	0	0	0	

그림 12.5 SPI 상태 레지스터의 비트 구성

▶ 비트 7 : SPIF (SPI 인터럽트 플래그, SPI Interrupt Flag)

SPIF 비트는 SPI 전송이 완료되면 1로 세트된다. 만약 이 상황에서 상태 레지스터(SREG)의 I 비트와 SPCR 레지스터의 SPIE 비트가 1로 설정되어 있으면 인터럽트가 발생한다. 또한 만약 SPI를 마스터로 설정하고, $\overline{SS}$ 단자가 입력으로 설정되어 L상태로 구동된다면 MSTR 비트는 자동으로 클리어되면서 슬레이브 모드로 되고 SPSR 레지스터의 SPIF가 1로 되어 인터럽트가 발생한다. 인터럽트가 실행되면 이 비트는 자동으로 클리어되고, 사용자 프로그램에서 SPSR 레지스터를 읽고 나서 SPDR 레지스터를 액세스하는 경우에도 이 비트는 클리어된다.

▶ 비트 6 : WCOL (쓰기 충돌 플래그, Write Collision Flag)

WCOL 비트는 SPI가 데이터를 전송하는 동안에 SPDR 레지스터에 데이터를 쓰려고 하면 이 비트는 1로 셋트된다. 사용자 프로그램에서 SPSR을 읽고 나서 SPDR을 액세스하면 SPIF와 WCOL 비트는 클리어된다.

▶ 비트 0 : SPI2X (SPI 2배속 비트, SPI Double Speed Bit)

SPI2X 비트는 SPI가 마스터 모드에서 동작할 때 SCK 클럭의 주파수를 두 배로 설정하는 기능을 담당하며, 마스터 모드에서 이 비트가 1로 설정되어 있으면 SCK의 클럭 주파수가 최소 $f_{osc}/2$ 까지 사용될 수 있다. 그러나 슬레이브로 사용될 경우에는 안정된 동작을 위해서 $f_{osc}/4$ 이하로 사용하는 것이 바람직하다.

◉ SPI 데이터 레지스터 : SPDR

SPDR(SPI Data Register) 레지스터는 SPI가 송신할 데이터를 저장하거나 수신 데이터를 저장하는 레지스터로서 그림 12.6에 레지스터의 구성을 나타내었다. 이 레지스터에 데이터를 쓰면 바로 데이터의 전송이 시작되고, 이 레지스터를 읽으면 시프트 레지스터 수신 버퍼의 데이터가 SPDR로 들어오게 된다.

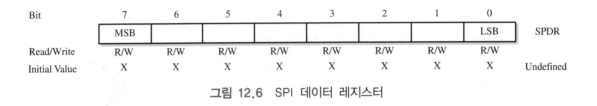

Bit	7	6	5	4	3	2	1	0	
	MSB							LSB	SPDR
Read/Write	R/W	R/W	R/W	R/W	R/W	R/W	R/W	R/W	
Initial Value	X	X	X	X	X	X	X	X	Undefined

그림 12.6 SPI 데이터 레지스터

4) 데이터 모드 및 송수신 동작

전송되는 직렬 데이터는 위에서 살펴본 바와 같이 SCK의 극성과 위상의 조합에 따라 네 가지의 경우가 발생할 수 있다. 이는 CPHA와 CPOL 비트에 의해 결정된다. SPI 모듈에서 데이터의 송수신 동작은 그림 12.7에 표시하였으며, 간단하게 데이터의 샘플링 시점과 클럭과의 관계를 그림 12.7에 나타내었다.

표 12.5 CPOL과 CPHA 비트에 의한 SCK 클럭의 동작 모드

CPOL	CPHA	leading 에지에서	trailing 에지에서	SPI 모드
0	0	샘플링(상승)	데이터 준비(하강)	0
0	1	데이터 준비(상승)	샘플링(하강)	1
1	0	샘플링(하강)	데이터 준비(상승)	2
1	1	데이터 준비(하강)	샘플링(상승)	3

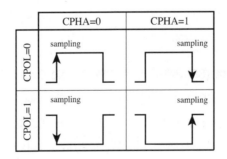

그림 12.7 SCK 클럭에 따른 동작 모드

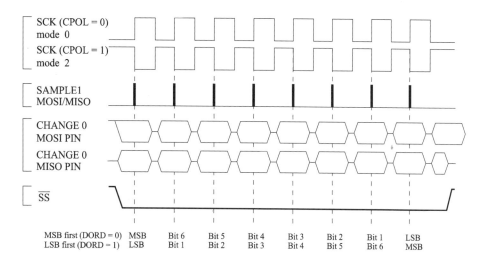

(a) CPHA=0인 경우

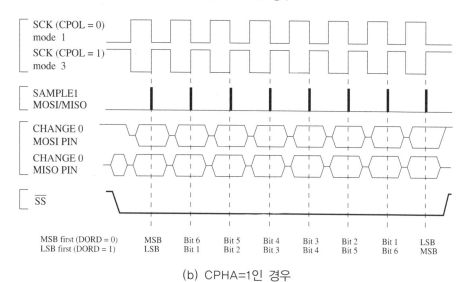

(b) CPHA=1인 경우

그림 12.8 SPI 모듈의 송수신 동작 타이밍도

그림 12.8에서 주의 깊게 살펴보아야 하는 사항은 데이터 비트가 시프트되어 출력되는 동안에 데이터 신호를 안정적으로 샘플링하기 위하여 SCK 클럭의 어떠한 에지 신호에 동기를 취하는가 이다. 그림 12.8을 보면 데이터의 전송과 샘플링은 서로 반대의 에지에서 이루어지고 있는 것을 알 수 있다. 예를 들면, 하강 에지에 동기를 맞추어 데이터의 샘플링이 이루어지면 상승 에지에 동기를 맞추어 데이터가 출력되고, 반대로 상승 에지에 동기를 맞추어 샘플링이 이루어지면 하강 에지에 동기를 맞추어 데이터가 출력된다.

5) 다중 슬레이브 시스템

슬레이브 선택($\overline{SS}$) 핀은 SPI 구성에서 중요한 역할을 한다. 이 핀의 구성과 동작 상태에 따라 주변 소자의 동작 모드가 결정된다. 즉, $\overline{SS}$ 핀은 마치 몇 가지 특징을 갖는 소자 선택 신호로 생각할 수 있다.

⬤ 마스터 모드

마스터 모드에서, 이 핀이 입력 핀으로 구성되어 있으면, 마스터 모드로 동작하기 위해서 $\overline{SS}$ 핀의 신호는 반드시 'High'를 유지하여야 한다. 이 핀이 주변 소자에 의해 'Low'상태로 변하게 되면 마스터로 동작하던 SPI는 슬레이브로 전환되고, SPI의 하드웨어는 다음과 같은 동작을 수행하게 된다.

① SPCR 레지스터의 MSTR 비트는 클리어되고, SPI는 슬레이브로 된다. 따라서 SPI 신호의 핀의 방향은 표 12.1과 같이 변경된다, 즉 MOSI와 SCK 핀은 출력에서 입력으로 변경된다.

② SPSR 레지스터의 SPIF 플래그는 1로 세트된다. 만약 상태 레지스터(SREG)의 I 비트와 SPI 인터럽트 허가 비트가 1로 설정되어 인터럽트가 허가되어 있다면, 인터럽트가 발생되어 인터럽트 루틴이 수행된다.

이상과 같은 동작에 의해 마스터가 하나 이상인 시스템에서 두 개의 마스터가 동시에 SPI 버스를 액세스하는 것을 피할 수 있게 된다. 만약 $\overline{SS}$ 핀이 출력을 구성되어 있다면, 이 핀은 SPI 시스템에 영향을 주지 않는 일반 목적의 출력 핀으로 사용될 수 있다.

만약 ATmega128가 마스터 모드로 구성되어 있고, $\overline{SS}$ 핀이 데이터를 전송하는 동안에 'High'로 되는 것을 보증할 수 없는 경우에는 새로운 데이터를 버퍼에 쓰기 전에 반드시 MSTR 비트가 항상 1로 되어 있는지를 확인하여야 한다. 만약 $\overline{SS}$ 핀의 신호가 'Low'로 되어 MSTR 비트가 클리어가 되었다면, 이 MSTR 비트를 1로 하여 SPI는 마스터 모드로 재설정되어야 한다.

⬤ 슬레이브 모드

슬레이브 모드에서, $\overline{SS}$ 핀은 항상 입력으로 동작한다. $\overline{SS}$ 신호가 'Low' 상태이면 SPI는 활성화되며, 이때 MISO는 출력으로 동작하게 되고, 다른 핀들은 모두 입력으로 동작하게 된다. 슬레이브 모드에서 $\overline{SS}$ 신호가 'High' 상태이면 모든 핀들은 입력으로 동작하고, SPI는 활성화되지 않게 되어 입력되는 모든 데이터는 무시된다. 또한, 일단 $\overline{SS}$ 신호가 'High'상태로 되면 SPI는 리셋된다는 점을 유의하여야 한다. 표 12.6에 $\overline{SS}$ 핀의 동작 기능에 대해 간략하게 나타내었다.

표 12.6에 나타낸 것과 같이 슬레이브 모드에서 $\overline{SS}$ 핀은 항상 입력핀으로 작용한다. 이 핀이 'Low' 상태로 되면 소자의 SPI는 활성화되고, 이 핀이 'High'상태로 되면 SPI는 슬레이브 동작이 해제된다. $\overline{SS}$ 핀이 'High'가 되면 SPI 슬레이브는 즉시 송수신 회로부를 리셋하여 시프트 레지스터에 있는 데이터까지도 버리게 되므로, 이 핀은 패킷/바이트 단위의 동기를 마스터 클럭 발생기와 슬레이브 비트 카운티 사이에서 동기를 맞추기 위한 방법으로 유용하게 사용될 수 있다.

표 12.6 $\overline{SS}$ 핀의 동작 기능

모드	$\overline{SS}$ 구성	핀 상태	동작 설명
슬레이브	항상 입력	High	슬레이브 해제
		Low	슬레이브 활성화
마스터	입력	High	마스터 활성화
		Low	마스터 해제, 슬레이브 모드로 전환
	출력	High	마스터 활성화
		Low	

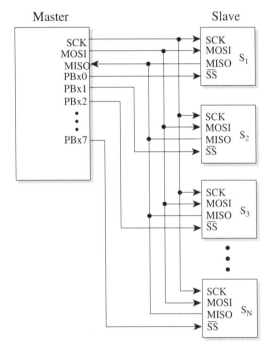

그림 12.9 SPI 직렬 통신의 다중 슬레이브 시스템의 구성도

　일반적으로 SPI 통신을 사용하는 시스템은 그림 12.9에 나타낸 것과 같이 하나의 마스터와 여러 개의 슬레이브로 구성되고, 마스터 모드로 사용되는 시스템은 일반 I/O 핀을 사용하여 각 슬레이브의 선택 신호로 사용한다. 이렇게 $\overline{SS}$ 핀을 이용하여 각각의 슬레이브가 선택된 후에는 마스터와 슬레이브는 1:1로 통신을 수행하게 된다. ATmega128에 연결되는 SPI의 슬레이브는 슬레이브 선택 신호로 사용할 수 있는 I/O 핀의 숫자에 의해 제한되고, 슬레이브의 수가 증가하면 그의 슬레이브 선택 신호도 증가하게 되므로 회로의 복잡도도 증가하게 되어, 슬레이브의 수가 많은 시스템에서는 SPI 통신 방식이 적합하지 않을 수도 있다.

6) SPI 모드의 초기화

　SPI 모드로 사용하기 위해서는 폴링 모드와 인터럽트 모드로 사용할 수 있으며, 여기서 SPI는

각각 마스터와 슬레이브로 동작할 수 있다. 따라서 여기서는 폴링 모드에서의 마스터와 슬레이브 모드로 동작할 수 있도록 초기화하는 과정과 인터럽트 모드에서의 마스터와 슬레이브 모드로 동작할 수 있도록 초기화하는 과정을 설명한다.

본 교재에서는 SPI 동작 모드를 MSB 비트를 먼저 송신하는 모드 0으로 동작한다고 가정하여 설명을 진행할 것이고, 따라서 본 교재에서 사용하는 SPI 동작 모드는 SPCR 레지스터의 CPOL 비트 및 CPHA 비트(표 12.5 참조)와 DORD 비트를 0으로 설정하면 동작시키도록 설정한다.

또한 SPI 동작 모드는 폴링 모드와 인터럽트 모드로 동작할 수 있는데, 폴링 모드는 인터럽트 모드에 비해 고속으로 동작하는 데 적합하므로 폴링 모드에서는 클럭을 $f_{osc}/4$으로 사용하고 인터럽트 모드에서는 클럭을 $f_{osc}/128$로 사용하기로 할 것이다.

따라서 폴링 모드에서는 SPCR 레지스터와 SPSR 레지스터의 SPI2X=SPR1=SPR0=0으로 설정하고, 최종적으로 SPI 모드로 동작시키기 위해 SPCR 레지스터의 SPE 비트를 1로 세트한다. 폴링 모드에서의 초기화 과정은 다음과 같다.

```
SPCR = (1<<SPE) | (1<<CPOL) | (1<<CPHA);    // fosc/4 클럭 모드
SPSR = 0x00;
```

인터럽트 모드에서는 클럭의 속도만 $f_{osc}/128$로 설정하면 되므로 다음과 같이 초기화할 수 있다.

```
SPCR = (1<<SPE) | (1<<CPOL) | (1<<CPHA) | (3<<SPR0); // fosc/16 클럭 모드
SPSR = 0x00;
```

이상의 초기화 과정에서는 SPI가 마스터와 슬레이브로 동작할 것인지에 대해서는 결정되어 있지 않았다. 마스터와 슬레이브 모드의 동작은 MSTR 비트에 의해 결정되므로 이 MSTR 비트를 1로 설정하면 마스터 모드로 동작되므로 이를 이상의 초기화 과정에서 OR 시키면 될 것이다.

◉ 폴링 모드에서의 초기화 및 데이터 송수신 과정

마스터 모드로 동작하기 위해서는 그림 12.10에 나타낸 것과 같이 반드시 모든 핀을 마스터 모드로 허가하기 이전에 $\overline{SS}$ 핀을 비롯한 모든 핀들을 출력으로 지정하여야 한다. 이는 만약 이 핀에 'Low'가 인가되어 있다면, $\overline{SS}$ 핀이 입력으로 설정되어 있는 상태에서 SPI 모드를 허가하게 되면 슬레이브 모드로 전환되기 때문이다. 이 핀은 슬레이브 모드로 동작할 때에는 반드시 'Low'로 설정하여야 한다. SPI의 폴링 모드는 일반적으로 마스터와 슬레이브 간의 통신을 가장 빠르게 할 수 있는 방법으로 사용된다.

그림 12.10에는 폴링 모드를 사용한 마스터 초기화 과정을 나타내었으며, 그림 12.11에는 마스터 모드에서 포인터로 지시되는 문자 스트링을 한 바이트씩 전송하는 과정을 나타내었다.

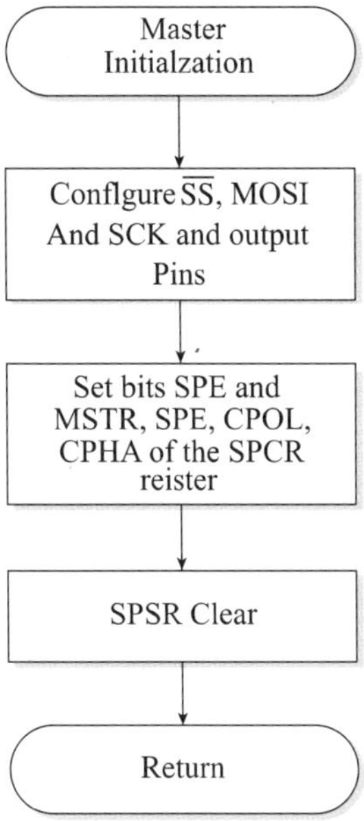

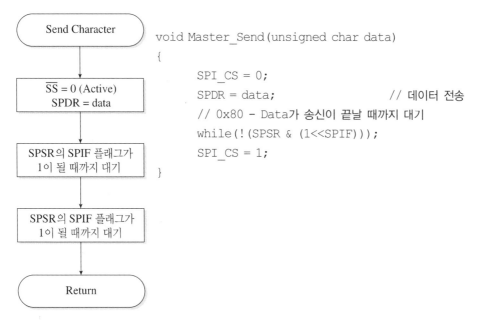

```
// 폴링 모드를 사용한 마스터 초기화 과정
void Init_Master(void)
{
    // PB4(SS) : Out PB5(MOSI) : Out PB6(MISO) : In  PB7(SCK) : Out
    DDRB =0xBF;
    // Master Mode
    // Data Order : MSB First
    // Leading(데이터 준비,하강) Trailing(샘플링,상승) 3.6864Mhz

    SPCR=(1<<SPE)|(1<<MSTR)|(1<<CPOL)|(1<<CPHA);    //0x5C;
    SPSR=0x00;
}
```

그림 12.10 폴링 모드에서의 마스터 초기화 과정

```
void Master_Send(unsigned char data)
{
    SPI_CS = 0;
    SPDR = data;                    // 데이터 전송
    // 0x80 - Data가 송신이 끝날 때까지 대기
    while(!(SPSR & (1<<SPIF)));
    SPI_CS = 1;
}
```

그림 12.11 폴링 모드에서의 마스터 데이터 송신 과정

그림 12.10의 초기화 과정에서 마지막 부분은 SPI 인터럽트 플래그(SPIF)를 클리어하는 부분으로 초기화 과정에 반드시 포함되어야 한다. SPIF는 인터럽트가 실행되면 자동으로 클리어되지만, 초기화 과정에서 클리어하기 위해서는 SPSR 레지스터를 읽고 나서 SPDR 레지스터를 액세스하면 된다.

그림 12.11의 마스터 모드에서의 문자 전송 과정을 보면 한 문자를 전송하기 위해 SPSR의

SPIF 플래그를 검사하여 이 플래그가 설정될 때까지 기다리는 것을 알 수 있다. 이는 한 문자의 전송 과정은 SPDR에 데이터를 쓰면 이 레지스터의 데이터가 시프트 레지스터를 통해 전송이 완료되면 SPIF 인터럽트 플래그 세트되기 때문이다.

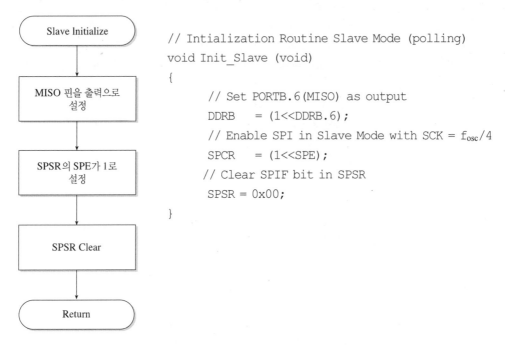

```
// Intialization Routine Slave Mode (polling)
void Init_Slave (void)
{
        // Set PORTB.6(MISO) as output
        DDRB    = (1<<DDRB.6);
        // Enable SPI in Slave Mode with SCK = f_osc/4
        SPCR    = (1<<SPE);
        // Clear SPIF bit in SPSR
        SPSR = 0x00;
}
```

그림 12.12 폴링 모드에서의 슬레이브 초기화 과정

ATmega128를 슬레이브 모드로 동작시키기 위해서는 레지스터의 초기화 과정은 그리 중요하지 않고, 그림 12.12에 나타낸 것과 같이 SPI 모드로 설정하여 놓고 MISO 핀만을 출력으로 설정하면 된다. 이렇게 설정하면 나머지 핀은 자동으로 입력으로 설정된다. 또한, 슬레이브 모드의 설정을 위해 MSTR 비트를 0으로 설정한다. 슬레이브 모드로 동작할 경우에는 마스터 클럭에 의해 동기 전송이 이루어지기 때문에 클럭 선택 비트 SPR0와 SPR1의 상태와는 무관하게 된다. 나머지 과정은 마스터 모드와 동일하다.

그림 12.12에는 폴링 모드를 사용한 슬레이브 초기화 과정을 나타내었다.

폴링 모드에서 데이터를 수신하는 과정은 다음과 같이 SPSR 레지스터의 SPIF 플래그가 설정될 때까지 기다렸다가 이 플래그가 세트되면 SPDR 레지스터를 읽으면 된다.

```
// Wait until Char is received
while (!(SPSR & (1<<SPIF)));
SPI_Rec_Char = SPDR;
```

◉ 인터럽트 모드에서의 초기화 및 데이터 송수신 과정

마스터 모드에서 만약 SCK 클럭이 64 또는 128과 같이 큰 분주비로 사용이 될 경우에, 인터럽트 구동 방식을 이용하여 통신하는 것이 보편적이다. 이 경우에 프로세서는 데이터를 송수신하는데, 기다리는 대신에 다른 작업을 할 수 있다는 장점을 가지게 된다. 그러나, 슬레이브 모드에서는 언제 통신이 시작되는지 알 수 없기 때문에 인터럽트 모드를 사용할 경우 데이터가 입력되면 이를 바로 처리하여 쓰기 충돌 오류를 방지할 수 있어서 매우 유용하게 사용된다.

마스터 모드에서의 초기화 과정은 폴링 모드와 비슷하며, SPI 인터럽트를 사용하기 위해서 SPCR 레지스터의 SPIE 비트가 1로 미리 설정하여야 한다. 이 프로그램은 다음과 같다.

```
// Intialization Routine Master Mode (interrupt controlled)
void Init_Master_IntContr (void)
{
        // set PORTB.4(/SS), PORTB.5(MOSI), PORTB.7(SCK) as output
        DDRB = 0xBF;
        // enable SPI Interrupt and SPI in Master Mode with SCK = f_osc/128
        SPCR  = (1<<SPIE)|(1<<SPE)|(1<<MSTR)|(3<<SPR0);
        // clear SPIF bit in SPSR
        SPSR = 0x00;
        sei();          // Enable Global Interrupt
}
```

인터럽트 방식을 이용하여 데이터를 송신할 경우에는 일반적으로 인터럽트가 발생할 때마다 하나의 문자를 전송하고, 주 프로그램에서는 아무 동작도 하지 않는다. 여기서 주의할 사항은 SPI 모드에서 인터럽트는 SPDR 레지스터에 있는 문자가 전송 완료되어 데이터 버퍼가 비었을 때 인터럽트가 발생한다는 것이다. 따라서 SPI 인터럽트를 발생시키기 위해서는 먼저 주 프로그램에서 문자를 SPDR 레지스터에 기록하여야 하며, 이 문자가 전송 완료된 후에 비로소 SPI 인터럽트가 발생한다.

이러한 점을 고려하여 특정 문자열("AVR communicating via the SPI")의 데이터를 인터럽트 구동 방식에 의해 송신하는 과정의 프로그램을 작성하여 보자. 특정의 문자열을 전송하기 위해서는 먼저 문자열의 주소를 포인터로 지정하고, 이 포인터의 첫 번째 문자를 먼저 주 프로그램에서 SPDR 레지스터에 기록한다. SDPR로 기록된 문자는 SPI 포트를 통해 송신되고, 송신이 완료되면 SPIF 인터럽트가 발생하여 두 번째 문자부터는 인터럽트 서비스 루틴에서 송신할 수 있게 된다. 이렇게 SPIF 인터럽트가 발생할 때마다 데이터를 전송하고, 문자열의 전송이 끝나면 이를 주 프로그램에 알려줄 수 있도록 플래그를 세트하여 주면, 주 프로그램에서는 이를 검사하여 전송이 완료되면 문자 전송 작업을 중지하도록 한다. 이상과 같이 특정 문자열을 전송하는 과정의 흐름도와 프로그램을 그림 12.13에 나타내었으며, 이 프로그램에서 ClearToSend 비트는 전송 중인 문자열이 종료된 것을 나타내기 위해 사용하였으며, 이 플래그가 1이면 문자열의 종료를 나타낸다.

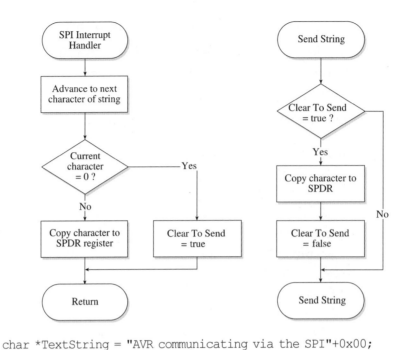

```
char *TextString = "AVR communicating via the SPI"+0x00;
char *PtrToStrChar;                // Pointer to certain Character in String
char ClearToSend = 1;              // String send complete bit


// Interrupt Routine Master Mode (interrupt controlled)
interrupt [SPI_STC] void spi_isr(void)
{
        PtrToStrChar++;            // Point to next Char in String
        if (*PtrToStrChar != 0)    // if end not reached
        {
            SPDR  = *PtrToStrChar;// send Character
        }
        else ClearToSend = 1;      // if end reached enable
                                   //transmission of next String

}


// Sending Routine Master Mode (interrupt controlled)
void Master_Send_IntContr (void)
{
        if (ClearToSend == 1){       // if no transmission is in progress
          PtrToStrChar  = TextString;// Set Pointer to beginning of String
                                     // initiate new transmission by
          SPDR = *PtrToStrChar;      // sending first Char of new String
          ClearToSend = 0;           // block initiation of new transmissions
        }
}
```

그림 12.13 인터럽트 모드에서의 마스터 데이터 송신 과정

슬레이브 모드에서는 마스터가 언제 새로운 데이터를 전송하게 될지 전혀 알 수 없기 때문에 인터럽트를 사용하는 것이 매우 유용하다. 이에 대한 초기화 과정은 폴링 모드와 비슷하며, SPI 인터럽트를 사용하기 위해서 SPCR 레지스터의 SPIE 비트가 1로 미리 설정하여야 한다. 이 프로그램은 다음과 같다.

```
// Intialization Routine Slave Mode (polling)
void Init_Slave (void)
{
      char IOReg;
      // Set PORTB.6(MISO) as output
      DDRB   = (1<<DDRB.6);
      // Enable SPI in Slave Mode with SCK = f_osc/128
      SPCR   = (1<<SPE) | (3<<SPR0);
      SPSR = 0x00;
      sei();           // Enable Global Interrupt
}
```

인터럽트를 사용하여 문자를 수신하는 과정은 폴링 모드에서 설명한 과정을 그대로 사용하면 되고, 폴링 모드에서 마찬가지로 오류가 발생하면 주 프로그램에서 이에 상응하는 프로그램을 작성하면 된다. 본 예에서는 인터럽트 서비스 루틴의 내용만 작성하였다.

```
interrupt [SPI_STC] void spi_isr(void)
{
      SPI_Rec_Char = SPDR;
}
```

7) SPI 모듈의 활용 실험

ATmega128의 SPI 직렬 통신 포트의 기능은 본 장의 앞부분에서도 언급한 바와 같이 SPI 통신 방식을 이용하는 EEPROM이나 고속의 ADC 또는 DAC 응용에서 많이 활용되고 있다.

본 실험 부분에서는 SPI 직렬 통신 포트의 활용을 위해 먼저 두 개의 AVR 간의 마스터-슬레이브 통신 방식을 간단하게 구현하여 보고, 심화 과정으로 Atmel사에서 출시되는 AT93C 계열의 EEPROM과 Analog Device사에서 출시되는 AD 변환기가 내장된 자이로(Gyro) 등의 인터페이스를 통해 SPI 직렬 통신 기법의 활용 방법에 대해 자세히 알아보기로 한다.

예제 12.1　두 개의 ATmega128간의 마스터 슬레이브 통신

그림 12.14와 같이 SPI 직렬 통신 시험을 위해 실험 환경을 구축하고, PC에서 입력한 ASCII 문자를 교육용 보드에 연결된 LCD에 표시하는 프로그램을 작성하시오.

본 예제는 두 개의 ATmega128 교육용 보드를 사용하여 마스터-슬레이브 통신을 실험하기 위한 과정으로 그림 12.14와 같이 마스터는 PC와 연결되어 PC로부터 전송되어 오는 키보드 문자 데이터를 수신하고, 이를 그대로 슬레이브로 전송한다. 또한 슬레이브는 마스터로 전송되어 온 문자 데이터를 수신하여 LCD의 정해진 위치에 표시한다. 따라서 본 예제에서는 마스터 부분의 프로그램과 슬레이브 부분의 프로그램을 각각 작성하여야 한다.

그림 12.14　SPI 직렬 통신 시험을 위한 마스터-슬레이브 실험 환경

[마스터]
마스터부에서는 PC와의 통신을 위해 직렬 통신 포트를 이용하고, 슬레이브와의 통신을 위해 SPI 직렬 통신 모드를 사용한다. 이의 통신 규격은 각각 다음과 같다.
- PC와의 통신 프로토콜은 19200 보오 레이트, No-패리티, 8 문자, 1 정지 비트 모드로 설정하고, 수신되는 문자는 주 프로그램에서 폴링을 하면서 수신한다.
- SPI 직렬 통신을 위해 표 12.5의 모드 0과 통신 속도를 $f_{osc}/4$ 모드로 설정하고, 문자의 전송은 폴링 모드로 문자를 전송한다.

[슬레이브]
슬레이브부에서는 SPI 직렬 통신을 위해 마스터와 동일한 통신 규격을 사용할 수 있도록 설정하고, 마스터에서 송신되어 오는 문자를 폴링 모드를 이용하여 수신한다. 이렇게 수신된 문자를 LCD의 정해진 위치에 표시하고 이때, 수신되는 문자가 <CR>이면 라인을 바꾸어 첫 번째 행에 표시하도록 한다.

이상의 마스터부와 슬레이브부의 기능을 프로그램으로 작성하면 각각 다음과 같다.

```
/******************************************************************/
/**** Master부의 프로그램                                  ****/
/******************************************************************/
#include<mega128.h>
```

```
#define   SPI_CS   PORTB.0

void Init_Serial(void)
{
      UCSR0A=0x00;
      UCSR0B=(1<<RXEN0);                    // 0x10 - RX Enable
      UCSR0C=(1<<UCSZ01)|(1<<UCSZ00);       // 0x06 - Asynchronous, Parity
                                            //Disable, 8-bit mode
      UBRR0H=0x00;
      UBRR0L=0x17;                          // Baudrate 19200bps
}

void Init_Master(void)
{
      PORTB=0x00;
      DDRB =0xBF;   // PB4(SS) : Out PB5(MOSI) : Out PB6(MISO) : In  PB7(SCK) : Out
      // Master Mode
      // Data Order : MSB First
      // Leading(데이터 준비, 하강)  Trailing(샘플링, 상승), 3.6864MHz

      SPCR=(1<<SPE)|(1<<MSTR)|(1<<CPOL)|(1<<CPHA);                //0x5C;
      SPSR=0x00;
}

Byte getch_USART0(void)
{
      while(!(UCSR0A & (1 << RXC0)));
      return UDR0;
}

void Master_Send(unsigned char data)
{
      SPI_CS = 0;
      SPDR = data;                   // 데이터 전송
      // 0x80 - Data가 송신이 끝날 때까지 대기
      while(!(SPSR & (1<<SPIF)));
      SPI_CS = 1;
}

void main(void)
{
      unsigned char data;
      Init_Master();
```

```
        Init_Serial();
        while(1)
        {
            data = getch_USART0();
            PORTB.1 = ~PORTB.1;
            Master_Send(data);
        }
}


/******************************************************************/
/**** Slave부의 프로그램                                    ****/
/******************************************************************/
#include "lcd.h"

Byte SPI_Str[16];
Byte count, SPI_flag;

interrupt [SPI_STC] void spi_isr(void)
{
    //    SPI_Rec_Char = SPDR;
    if(count > 15) count = 0;

    if(SPDR == 0x0D)
    {
        SPI_flag = 1;
        SPI_Str[count]=0;
        count = 0;
    }
    else {
        SPI_Str[count] = SPDR;
        count++;
    }
}

void Init_Slave (void)
{
    // Set PORTB.6(MISO) as output
    DDRB    = (1<<DDRB.6);
    // Enable SPI in Slave Mode with SCK = fosc/4
    SPCR    = (1<<SPIE)|(1<<SPE)|(1<<CPOL)|(1<<CPHA);
    SPSR    = 0x00;
    sei();                    // Enable Global Interrupt
}
```

```
void Init_Port(void)
{
    PORTB=0x00;              // SPI
    DDRB.4 = 1;              // PB4(SS)    : Out
    DDRB.5 = 1;              // PB5(MOSI)  : Out
    DDRB.6 = 0;              // PB6(MISO)  :  In
    DDRB.7 = 1;              // PB7(SCK)   : Out
    PORTA=0x00;              // LCD Control
    DDRA=0xFF;
    PORTC=0x00;
    DDRC=0xFF;
}


Byte getch_SPI(void)
{
    while(!(SPSR &(1<<SPIF)));
    return SPDR;
}


void main(void)
{
    Byte line = 1, i = 0;          // LCD 라인 선택 변수(line)
    count = 0;
    SPI_flag = 0;
    Init_Port();                    // 포트 초기화
    Init_Slave();                   // SPI를 슬레이브로 초기화
    LCD_Init();                     // LCD 초기화
    while(1)
    {
        if(SPI_flag)
        {
            if(line == 1) { line = 0; LCD_Clear(); }
            else line = 1;
            LCD_pos(line,0);
            LCD_STR(SPI_Str);
            for(i =0; i< 30; i++) SPI_Str[i] = 0;
            SPI_flag = 0;
        }
    }
}
```

예제 12.2 AT93C46의 인터페이스

ATmega128 보드에 직렬 EEPROM인 AT93C46을 그림 12.15에 제시된 회로도와 같이 연결하고 읽기/쓰기를 검증하는 프로그램을 작성하시오. 이를 위해 다음과 같은 과정을 수행하시오.

(1) AT93C46의 핀에 대해 기능을 조사하시오.
(2) AT93C46을 사용하기 위한 명령어를 조사하시오
(3) (2)에 제시된 명령어를 실제 활용하기 위한 프로그램을 작성하시오. 이 프로그램 작성을 위해 AT93C46의 동작 타이밍도의 이해가 필요하므로 이와 관련하여 설명을 부가하시오.
(4) (3)에서 작성한 명령어를 사용하여 AT93C46의 모든 번지에 0x55와 0xAA를 읽기/쓰기를 수행하여 EEPROM의 모든 번지가 정상적으로 동작하는지 확인하시오.

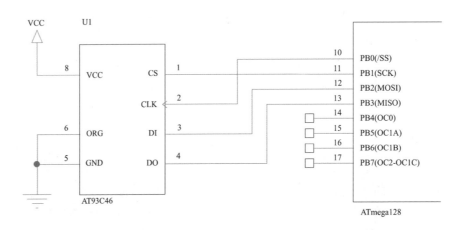

그림 12.15 ATmega128과 AT93C46의 인터페이스 회로도

(1) AT93C46의 핀의 기능
AT93C46은 전기적으로 지우고 쓸 수 있는 EEPROM으로, SPI 직렬 통신 방식으로 액세스되는 256 × 8 비트 또는 128 × 16 비트 구조를 갖고 있고, 그림 12.16에 나타낸 것과 같이 8핀으로 구성되어 있다. 4개의 신호 CS, SK, DI, DO는 SPI 통신을 위한 것이며, ORG=0이면 256 × 8 비트 구조로 동작하고 ORG=1이면 128 × 16 비트 구조로 동작한다. 본 실험에서 사용하는 회로는 그림 12.15에 나타낸 바와 같이 ORG=0으로 설정하여 256 × 8 비트 방식을 사용하기로 하며, 표 12.7에는 AT93C46 EEPROM의 핀 구성을 간략하게 나타내었다.

(2) AT93C46의 명령어
AT93C46을 8비트 워드 방식으로 사용할 때의 명령은 표 12.8에 나타낸 것과 같이 7개의 명령으로 구성되어 있다.

▶ ERASE
   ERASE 명령은 특정 번지의 모든 비트를 논리 1로 프로그램하는 명령어이다. 일단

ERASE 명령과 주소가 해독되면 self-timed 삭제 사이클이 시작된다. 이 명령의 타이밍은 그림 12.17과 같다.

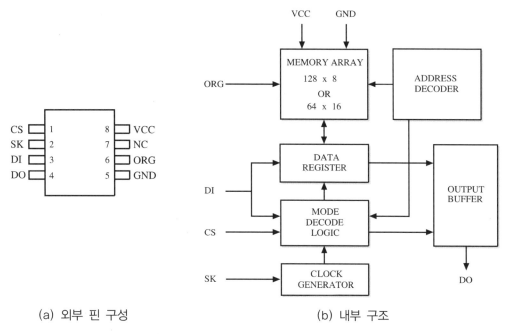

(a) 외부 핀 구성   (b) 내부 구조

그림 12.16 AT93C46의 외부 및 내부 구성

표 12.7 AT93C46의 핀 기능

핀 이름	기 능
CS	칩 선택 신호
SK	직렬 데이터 클럭
DI	직렬 데이터 입력
DO	직렬 데이터 출력
GND	접지 단자
VCC	전원 단자
NC	사용하지 않음
ORG	내부 구성 선택 신호

▶ READ

READ 명령은 읽고자 하는 메모리의 주소를 포함하고 있으며, 명령 코드와 주소가 해독된 후에 선택된 메모리 위치의 데이터가 DO 핀으로 출력된다. 출력 데이터는 직렬 클럭 SK의 상승 에지에 동기를 맞추어 출력된다. 여기서 8비트 또는 16비트의 데이터를 출력하기에 앞서 더미 비트가 출력됨에 유의하여야 한다. 이 명령의 타이밍은 그림 12.18과 같다.

표 12.8   AT93C46을 256×8비트로 사용할 경우의 명령어

명령	시작 비트	명령 코드	주소	데이터	설명
ERASE	1	11	A6−A0		메모리 번지 A6~A0의 내용을 삭제
READ	1	10	A6−A0		메모리 번지 A6~A0의 내용을 읽기
WRITE	1	01	A6−A0	D7~D0	메모리 번지 A6~A0에 지정된 값을 기록
EWEN	1	00	11XXXXX		메모리 쓰기 동작으로 허용 상태로 설정
ERAL	1	00	10XXXXX		모든 번지의 내용을 한번에 삭제
WRAL	1	00	01XXXXX	D7~D0	모든 번지에 동일하게 지정된 내용을 기록
EWDS	1	00	00XXXXX		메모리 쓰기 동작을 금지 상태로 설정

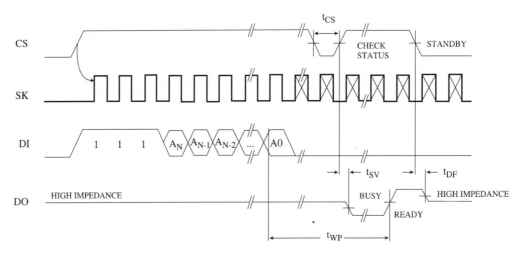

그림 12.17   ERASE 명령의 타이밍도

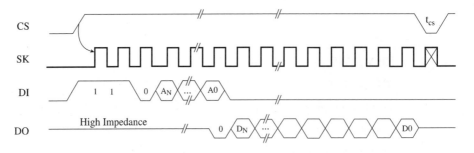

그림 12.18   READ 명령의 타이밍도

▶ WRITE

WRITE 명령은 특정 번지에 기록할 8비트 또는 16비트의 데이터를 포함하고 있으며, 직렬 입력 DI 핀으로 마지막 비트가 도착한 후에 self-timed 쓰기 사이클(t_{wp}= typ 3ms)이 시작된다. 만약 CS 핀이 최소 250ns(t_{cs}) 동안 Low로 유지한 후에 High로 되면, DO 핀에는 이 부분에서 Ready/Busy 상태를 출력하게 된다. DO 핀에서 논리 0은 프로그램이 진행되고 있다는 것을 나타내고, 논리 1은 주어진 주소에 명령에 포함된 데이터가 기록이 되어 다음 명령을 받아들일 수 있다는 것을 나타낸다. Ready/Busy 상태는 self-timed 쓰기 사이클이 종료된 후에 CS 신호가 High로 된다면 유효하지 않게 된다. 이 명령의 타이밍은 그림 12.19와 같다.

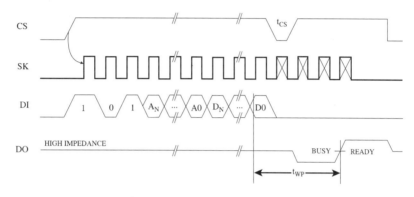

그림 12.19 WRITE 명령의 타이밍도

▶ EWEN

EWEN(Erase/Write Enable) 명령은 프로그래밍 명령이 수행되기 전에 반드시 수행되어야 한다. 일단 EWEN 상태가 되면 EWDS 명령이 실행되거나 전원이 제거되기 까지 프로그래밍 가능 상태로 유진된다. 이 명령의 타이밍은 그림 12.20과 같다.

▶ ERAL

ERAL(Erase All) 명령은 메모리의 모든 비트를 논리 1로 프로그램하는 명령으로 주로 테스트 목적으로 사용된다. 또한 ERAL 명령은 Vcc가 5V인 경우에만 가능하다.

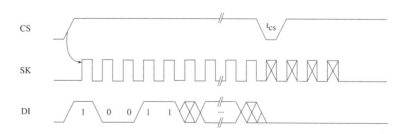

그림 12.20 EWEN 명령의 타이밍도

▶ WRAL

WRAL(Write All) 명령은 메모리 전체를 명령에서 지정한 데이터로 프로그램하는 명령으로 ERAL과 같이 Vcc가 5V인 경우에만 가능하다.

▶ EWDS

EWDS(Erase/Write Disable) 명령은 모든 프로그래밍 명령을 불가능하게 하는 명령으로 프로그래밍 명령이 끝난 후에는 반드시 실행되어야 한다. 이 명령의 타이밍은 그림 12.21과 같다.

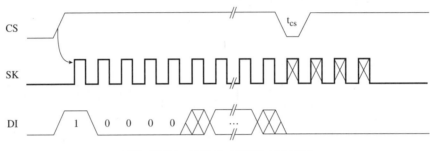

그림 12.21 EWDS 명령의 타이밍도

이상의 명령에서 READ 명령은 EWEN와 EWDS 명령에 상관없이 아무 때나 실행할 수 있다는 것도 유의하여야 한다.

(3) EEPROM 활용을 위한 명령어 함수의 구현

실제 (4)번의 문제를 구현하기 위해서는 EWEN, EWDS, WRITE, READ 명령에 대한 함수를 구현하는 방법을 알아야 한다.

직렬 EEPROM인 AT93C46을 액세스하기 위한 명령은 그림 12.17에서 그림 12.21에 나타낸 것과 같이 CS 신호를 먼저 Low에서 High로 변화시키고, DI 핀에 스타트 비트인 1과 명령 코드 2비트를 연속하여 입력시킨 후에, 이 명령에 관련된 주소와 데이터를 연속하여 입력시킨다. 이는 EEPROM에 번지 별로 쓰기 동작이 가능하며, WRITE 명령을 사용하기 전에 특별히 ERASE 명령을 사용할 필요가 없다는 것을 의미한다.

이 EEPROM을 액세스하는 동작 타이밍은 그림 12.22에 나타내었으며, 표 12.9에는 AC 특성을 나타내었다. AT93C46을 5V 전원에서 사용할 때 클럭 신호 SK의 최대 사용 가능 주파수는 2MHz이며, EEPROM의 하나의 주소에 데이터를 기록하는 데 소요되는 시간(t_{wp})은 전형적으로 3ms임을 알 수 있다.

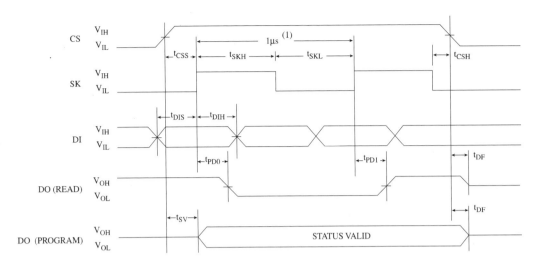

그림 12.22 AT93C46의 동작 타이밍도

표 12.9 AT93C46의 AC 특성

Symbol	Parameter	Test Condition		Min	Typ	Max	Units
f_{SK}	SK Clock Frequency	$4.5V \leq V_{CC} \leq 5.5V$		0		2	MHz
		$2.7V \leq V_{CC} \leq 5.5V$		0		1	
		$1.8V \leq V_{CC} \leq 5.5V$		0		0.25	
t_{SKH}	SK High Time	$4.5V \leq V_{CC} \leq 5.5V$		250			ns
		$2.7V \leq V_{CC} \leq 5.5V$		250			
		$1.8V \leq V_{CC} \leq 5.5V$		1000			
t_{SKL}	SK Low Time	$4.5V \leq V_{CC} \leq 5.5V$		250			ns
		$2.7V \leq V_{CC} \leq 5.5V$		250			
		$1.8V \leq V_{CC} \leq 5.5V$		1000			
t_{CS}	Minimum CS Low Time	$4.5V \leq V_{CC} \leq 5.5V$		250			ns
		$2.7V \leq V_{CC} \leq 5.5V$		250			
		$1.8V \leq V_{CC} \leq 5.5V$		1000			
t_{CSS}	CS Setup Time	Relative to SK	$4.5V \leq V_{CC} \leq 5.5V$	50			ns
			$2.7V \leq V_{CC} \leq 5.5V$	50			
			$1.8V \leq V_{CC} \leq 5.5V$	200			
t_{DIS}	DI Setup Time	Relative to SK	$4.5V \leq V_{CC} \leq 5.5V$	100			ns
			$2.7V \leq V_{CC} \leq 5.5V$	100			
			$1.8V \leq V_{CC} \leq 5.5V$	400			
t_{CSH}	CS Hold Time			0			
t_{DIH}	DI Hold Time	Relative to SK	$4.5V \leq V_{CC} \leq 5.5V$				ns
			$2.7V \leq V_{CC} \leq 5.5V$				
			$1.8V \leq V_{CC} \leq 5.5V$				
t_{PD1}	Output Delay to "1"	AC test	$4.5V \leq V_{CC} \leq 5.5V$			250	ns
			$2.7V \leq V_{CC} \leq 5.5V$			250	
			$1.8V \leq V_{CC} \leq 5.5V$			1000	
t_{PD0}	Output Delay to "0"	AC Test	$4.5V \leq V_{CC} \leq 5.5V$			250	ns
			$2.7V \leq V_{CC} \leq 5.5V$			250	
			$1.8V \leq V_{CC} \leq 5.5V$			1000	
t_{SV}	CS to Status Valild	AC Test	$4.5V \leq V_{CC} \leq 5.5V$			250	ns
			$2.7V \leq V_{CC} \leq 5.5V$			250	
			$1.8V \leq V_{CC} \leq 5.5V$			1000	
t_{DF}	CS to DO in High Impedance	AC Test CS $=V_{IL}$	$4.5V \leq V_{CC} \leq 5.5V$			100	ns
			$2.7V \leq V_{CC} \leq 5.5V$			150	
			$1.8V \leq V_{CC} \leq 5.5V$			400	
t_{WP}	Write Cycle Time	$1.8V \leq V_{CC} \leq 5.5V$		0.1	3	5	ms ms
Endurance[1]	$5.0V$, $25°C$			1M			Write Cylce

Note: 1. This parameter is ensured by characterization

ATmega128에서 SPI 통신으로 AT93C46에 데이터를 액세스하기 위한 명령을 전송할 때에는 다음과 같은 주의가 필요하다.

- SPI 통신 모드를 이용하는 경우는 8비트의 단위로만 데이터를 전송하여야 한다. 그러나 실제 AT93C46에 관련된 명령은 8비트 단위로 구성되어 있지 않기 때문에 AT93C46에 명령을 올바르게 전송하기 위해서는 그림 12.23과 같은 2바이트의 명령어 프레임을 준비하여야 한다. 여기서 주의할 사항은 AT93C46에서 전송되는 명령은 항상 첫 번째 비트가 스타트 비트인 1로 되어야 하므로 일정 명령어 프레임을 형성하기 위해 스타트 비트 앞에 필요한 수만큼 0으로 비트를 채워놓는다는 것이다. 여기서 X로 표시된 비트들은 Don ｊt care로서 실제는 0으로 처리한다.

- AT93C46은 1K 비트의 영역, 즉 0x00~0x7F 영역을 가지므로 주소는 7비트가 사용된다. 그러나 7비트 크기의 데이터 형은 없으므로 1바이트 크기의 데이터 형을 사용하고 남는 1비트는 주의하여 처리하여야 한다.

- AT93C46의 번지를 지정하여 데이터를 읽으려면 그 데이터는 그림 12.24와 같이 0을 선두로 하여 8비트가 읽혀진다. 따라서 이 데이터를 처리하려면 두 바이트를 읽어서 비트 시프트 동작을 통해 실제 8비트 데이터를 추출하여야 한다.

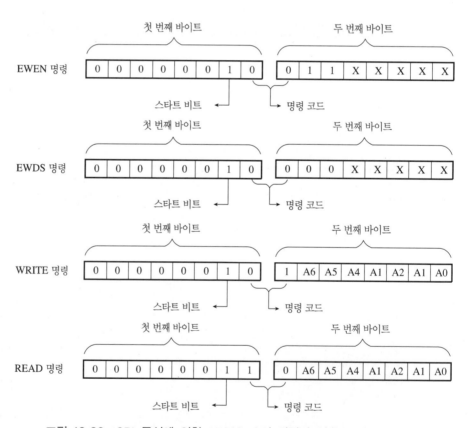

그림 12.23 SPI 통신에 의한 AT93C46의 명령어 전송 프레임

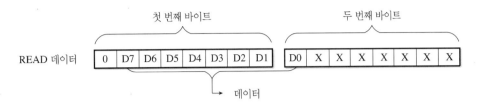

그림 12.24 SPI 통신에 의한 AT93C46 데이터의 읽기 프레임

이상의 과정을 유의하면서 실제 네 가지 명령에 대해 함수를 구현하여 보도록 하자.

▶ AT93C46_EWEN() 함수

이 함수는 AT93C46에 데이터를 쓰거나 지울 수 있도록 하는 명령으로 전송할 명령어는 그림 12.23에 나타난 것처럼 10011XXXXX이다. 이 명령을 쓰는 과정은 그림 12.21의 AT93C46의 동작 타이밍도의 순서에 준해 작성하면 된다. 즉, 이 과정은 CS(PORTB.4)에 1을 먼저 쓰고, 전송할 데이터를 SPIF 플래그가 세트될 때까지 기다렸다가 SPDR 레지스터에 쓴다. 여기서 2바이트의 데이터는 그림 12.22에 제시된 순서대로 데이터를 쓰면 된다. 데이터 쓰기가 종료되면 다시 CS(PORTB.4)에 0을 쓰면 함수의 작성은 완성된다. 작성된 AT93C46_EWEN() 함수는 다음과 같다.

```
#define SPI_PORT    PORTB
#define SPI_CS      PORTB.0
/*********************************************************************/
/*** AT93C46_EWEN() : Write Enable                              ****/
/*** 10011XXXXX(10bit)의 신호를 출력해주는 명령                   ****/
/*** 명령이 10bit이므로 상위 6bit는 0으로 채워서 신호를 보낸다    ****/
/*********************************************************************/
void AT93C46_EWEN(void)
{
    SPI_CS=1;                           // Enable AT93C46
    SPDR = 0x02;                        // 00000010
    while(!(SPSR & (1<<SPIF)));         // Data 송신이 끝날 때까지 대기
    SPDR = 0x60;                        // 01100000
    while(!(SPSR & (1<<SPIF)));         // Data 송신이 끝날 때까지 대기
    SPI_CS=0;                           // Disable AT93C46
}
```

▶ AT93C46_EWDS() 함수

이 함수는 AT93C46에 데이터를 쓰는 것을 금지하는 명령으로 전송할 명령어는 그림 12.22에 나타난 것처럼 10000XXXXX이다. 이 명령을 쓰는 과정은 AT93C46_EWEN 함수를 작성하는 과정과 동일하다.

```
/************************************************************/
/**** AT93C46_EWDS() : Write Disable                    ****/
/**** 10000XXXXX(10bit)의 신호를 출력해주는 명령           ****/
/**** 명령이 10bit이므로 상위 6bit는 0으로 채워서 신호를 보낸다 ****/
/************************************************************/
void AT93C46_EWDS(void)
{
        SPI_CS=1;                              // Enable AT93C46
        SPDR = 0x02;                           // 00000010
        while(!(SPSR & (1<<SPIF)));            // Data 송신이 끝날 때까지 대기
        SPDR = 0x00;                           // 00000000
        while(!(SPSR & (1<<SPIF)));            // Data 송신이 끝날 때까지 대기
        SPI_CS=0;                              // Disable AT93C46
}
```

▶ **AT93C46_WRITE() 함수**

이 함수는 AT93C46 내에 지정된 주소에 데이터를 쓰는 명령으로 전송할 명령어는 그림 12.22에 나타난 것처럼 101AAAAAAA이다. 이렇게 주소가 지정되면 다음 바이트는 지정된 주소에 저장될 데이터를 전송하면 된다. 즉, AT93C46에 데이터를 쓰기 위해서 전송할 명령어는 101 + Address(7bit) + Data(8bit)이다. 따라서, 첫 번째 바이트는 0x02를 전송하고 두 번째 바이트는 '1' + Address(7bit)를 전송한다. 마지막으로 세 번째 바이트는 기록할 데이터 0xXX를 전송하면 된다. 이 함수를 호출하기 위해서는 AT93C46의 주소와 이 주소에 저장할 데이터를 인수로 사용하여야 한다. 이 명령을 쓰는 과정은 AT93C46_EWEN(), AT93C46_EWDS() 함수를 작성하는 과정과 동일하다.

```
/************************************************************/
/**** AT93C46_WRITE() : Write Data                      ****/
/**** 101AAAAAAA(10bit) + Data(8bit)의 신호를 출력해주는 명령 ****/
/************************************************************/
void AT93C46_WRITE(unsigned char addr, unsigned char data)
{
        SPI_CS=1;                       // Enable AT93C46
        // 명령 및 주소(101 + A6~A0)
        SPDR = 0x02;                    // 00000010
        while(!(SPSR & (1<<SPIF)));     // Data 송신이 끝날 때까지 대기
        SPDR = addr | 0x80;             // '1' + address(7bit)
        while(!(SPSR & (1<<SPIF)));     // Data 송신이 끝날 때까지 대기
        SPDR = data;                    //  Data Write
        while(!(SPSR & (1<<SPIF)));
        SPI_CS=0;                       // Disable AT93C46
```

```
        delay_ms(3);
}
```

▶ AT93C46_READ() 함수

이 함수는 AT93C46 내에 지정된 주소의 데이터를 읽는 명령으로 전송할 명령어는 그림 12.22에 나타난 것처럼 110AAAAAAA이고, 이 명령과 함께 더미 데이터 1바이트를 전송하면 주소가 지정되고, 지정된 주소의 데이터는 그림 12.23에 나타낸 형식으로 AT93C46의 DO 핀을 통해 출력된다. 즉, AT93C46에서 데이터를 읽기 위해서 전송할 명령어는 110 + Address(7bit) + Data(8bit)이다. 따라서, 첫 번째 바이트는 0x03을 전송하고 두 번째 바이트는 '0' + Address(7bit)를 전송한다. 마지막으로 세 번째 바이트에는 더미 데이터인 0x00을 전송하면 된다. 이 함수를 호출할 때에는 읽고자 하는 AT93C46의 주소가 필요하고, 함수의 처리 결과는 AT93C46의 저장되어 있는 데이터이다. 따라서 함수의 입출력 인수가 모두 필요한 것이다. 이 명령을 쓰는 과정은 AT93C46_ EWEN(), AT93C46_EWDS(), AT93C46_WRITE() 함수를 작성하는 과정과 동일하다.

```
/********************************************************************/
/**** AT93C46_READ() : Reade Data                            ****/
/**** 110AAAAAAA(10bit) + 0x00(더미 데이터)의 신호를 출력해 주는 명령   ****/
/********************************************************************/
unsigned char AT93C46_READ(unsigned char addr)
{
    unsigned char high_data, low_data;
        SPI_CS=1;                       // Enable AT93C46
    // 명령 및 주소(110 + A6~A0)
    SPDR = 0x03;                        // 00000011
    while(!(SPSR & (1<<SPIF)));
    SPDR = addr & 0x7F ;                // '0' + address(7bit)
    while(!(SPSR & (1<<SPIF)));
    SPDR = 0x00;                        // Dummy
    while(!(SPSR & (1<<SPIF)));

    // 데이터의 수신 과정으로 데이터는 2바이트로 읽혀지며 그 데이터는 그림 12.27과 같다.
    // 읽는 과정은 먼저 상위 바이트를 읽어 high_data로 저장하고, SPDR에 Dummy를 출력한다.
    // 하위 바이트를 읽어 low_data로 저장한다.
    // 이렇게 수신된 high_data에서 상위 7비트를 취하고 low_data에서 하위 1비트를 취하여
    // 1바이트의 변수로 정리하여 함수 인자로 반환한다.

    high_data=SPDR;                     // 상위 7bit Read
    SPDR=0x00;                          // Dummy
    while(!(SPSR & (1<<SPIF)));
    low_data=SPDR;                      // 하위 1bit Read
```

```
        SPI_CS=0;                           // Disable AT93C46
        return ( high_data<<1 ) + ( low_data>>7);
}
```

(4) 0x55와 0xAA를 읽기/쓰기를 수행하여 LCD로 확인하는 main 함수의 구현

일반적으로 메모리 내부의 모든 비트를 검사하기 위해서는 모든 비트에 0 또는 1을 쓰고
읽어 보는 것이다. 이를 위해 본 예제에서는 메모리 검사 문자로 0x55와 0xAA를 설정하였
다. 이 메모리 검사 문자를 AT93C46에 쓰고 읽어서 오류를 판정하는 프로그램의 흐름도
는 그림 12.24에 나타내었으며, 이를 프로그램으로 작성하면 다음과 같다.

```
#include <mega128.h>
#include "lcd.h"
#include <delay.h>
#include <stdio.h>
#include <string.h>
// #include "lcd.c"

#define    SPI_PORT  PORTB
#define    SPI_CS    PORTB.0         // AT93C46 ChipSelect

bit     ClearToSend;
char    *TextString;
char    *PtrToStrChar;

Byte count = 0, spi_data;

void AT93C46_EWEN(void)            // 10011XXXXX
{
        SPI_CS=1;                  // Enable AT93C46
        SPDR = 0x02;               // 00000010
        while(!(SPSR & (1<<SPIF))); // Data 송신이 끝날 때까지 대기
        SPDR = 0x60;               // 01100000
        while(!(SPSR & (1<<SPIF))); // Data 송신이 끝날 때까지 대기
        SPI_CS=0;                  // Disable AT93C46
}

void AT93C46_EWDS(void)            // 10000XXXXX
{
        SPI_CS=1;                  // Enable AT93C46
        SPDR = 0x02;               // 00000010
        while(!(SPSR & (1<<SPIF))); // Data 송신이 끝날 때까지 대기
        SPDR = 0x00;               // 00000000
```

```
        while(!(SPSR & (1<<SPIF)));   // Data  송신이 끝날 때까지 대기
        SPI_CS=0;                     // Disable AT93C46
}


unsigned char AT93C46_READ(unsigned char addr)
{
        unsigned char high_data,low_data;

        SPI_CS=1;                     // Enable AT93C46
        // 명령 및 주소(110 + A6~A0)
        SPDR = 0x03;                  // 00000011
        while(!(SPSR & (1<<SPIF)));   // Data  송신이 끝날 때까지 대기
        SPDR = addr & 0x7F ;          // '0' + address(7bit)
        while(!(SPSR & (1<<SPIF)));   // Data  송신이 끝날 때까지 대기
        SPDR = 0x00;                  // Dummy
        while(!(SPSR & (1<<SPIF)));   // Data  송신이 끝날 때까지 대기
        high_data=SPDR;               // 상위 7bit Read
        SPDR=0x00;                    // Dummy
        while(!(SPSR & (1<<SPIF)));
        low_data=SPDR;                // 하위 1bit Read
        SPI_CS=0;                     // Disable AT93C46
        return ( high_data<<1 ) + ( low_data>>7);
}


void AT93C46_WRITE(unsigned char addr, unsigned char data)
{
        SPI_CS = 1;                          // Enable AT93C46
        // 명령 및 주소(101 + A6~A0)
        SPDR = 0x02;                         // 00000010
        while(!(SPSR & (1<<SPIF)));          // Data  송신이 끝날 때까지 대기
        SPDR = addr | 0x80;                  // '1' + address(7bit)
        while(!(SPSR & (1<<SPIF)));          // Data  송신이 끝날 때까지 대기
        SPDR = data;                         //  Data Write
        while(!(SPSR & (1<<SPIF)));          // Data  송신이 끝날 때까지 대기
        SPI_CS = 0;                          // Disable AT93C46
        delay_ms(3);
}


void Init_Port(void)
{
        DDRB.3 = 0;                          // PB3(MISO)   :  In
        DDRB.2 = 1;                          // PB2(MOSI)   : Out
        DDRB.1 = 1;                          // PB1(SCK)    : Out
```

```
        DDRB.0 = 1;                              // PB0(SS)     : Out
        PORTG=0xFF;
        DDRG=0xFF;                               // LCD Control I/O
        PORTA=0xFF;
        DDRA=0xFF;                               // LCD 데이터 버스
}

void Init_Master(void)
{
        PORTB=0x00;
        DDRB =0xF7;   // PB4(SS) : Out PB2(MOSI) : Out PB3(MISO) : In  PB1(SCK) : Out
        // Master Mode
        // Data Order : MSB First
        // Leading(데이터 준비,하강)  Trailing(샘플링,상승), 3.6864Mhz
        SPCR=(1<<SPE)|(1<<MSTR)|(1<<CPOL)|(1<<CPHA);                    //0x5C;
        SPSR=0x00;
}

void main(void)
{
        unsigned char i=0;
        unsigned char lcd_buffer[16];        // LCD에 출력할 내용을 저장하기 위한 버퍼
        unsigned char data;                  // 읽어올 데이터
        unsigned char wr_data;               // 저장할 데이터
        unsigned char wr_cnt=0;              // 데이터 저장 횟수 카운트
        unsigned char success=1;             // 데이터 비교 부정확 시 0으로 클리어
        Init_Port();                         // I/O Port 초기화
        Init_LCD();                          // LCD 초기화
        Init_Master();                       // SPI 마스터 모드 설정
        while(wr_cnt<2)
        {
            if(wr_cnt==0)    wr_data = 0x55;
            else             wr_data = 0xAA;
            sprintf(lcd_buffer,"Data Write 0x%x",wr_data);
            LCD_pos(0,0);
            LCD_STR(lcd_buffer);
            AT93C46_EWEN();            //Write Enable 후에 0X00-0x7F의 영역에
            //0x55 또는 0xAA를 저장
            for(i=0 ; i<0x80 ; i++) AT93C46_WRITE(i,wr_data);
            AT93C46_EWDS();            // Write Disable
            LCD_Clear();               // LCD Clear
            sprintf(lcd_buffer,"DataCompare 0x%x",wr_data);
            LCD_pos(0,0);
```

```
                LCD_STR(lcd_buffer);
                for(i=0 ; i<0x80 ; i++)
                {
                    data = AT93C46_READ(i);          // i번지에 저장되어 있는 데이터를 읽는다
                    LCD_pos(1,0);
                    // 쓰기에 사용된 데이터와 AT93C46에 저장되어 있는 데이터를 비교한다
                    if(data==wr_data)
                    {
                     sprintf(lcd_buffer,"0x%x=0x%x OK",i,data);
                     LCD_STR(lcd_buffer);
                     success=1;
                    }
                    else
                    {
                     sprintf(lcd_buffer,"0x%x=0x%x Fail",i,data);
                     LCD_STR(lcd_buffer);
                     success=0;     // 데이터가 일치하지 않으면 success를 클리어하여
                                    //실패를 나타낸다
                    }
                    delay_ms(30);
                }
                LCD_Clear();                     // LCD Clear
                if(wr_cnt==2)
                {
                    if(success)
                    {
                         sprintf(lcd_buffer,"AT93C46 Test OK");
                         LCD_STR(lcd_buffer);
                    }
                    else
                    {
                         sprintf(lcd_buffer,"AT93C46 TestFail");
                         LCD_STR(lcd_buffer);
                    }
                }
                wr_cnt++;
        }
    }
```

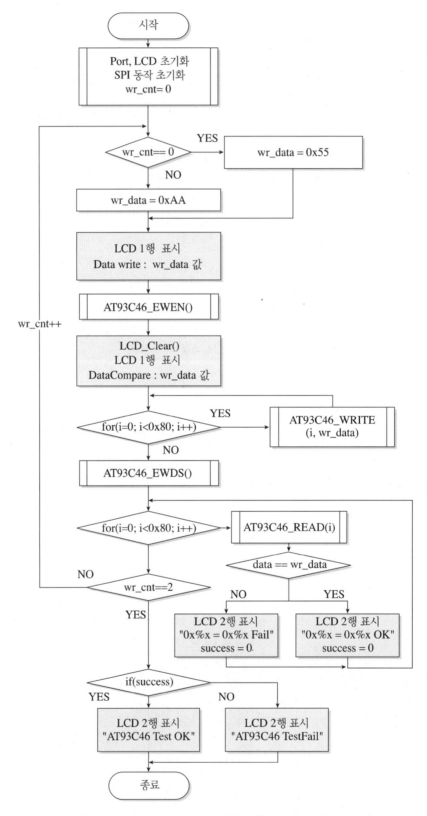

그림 12.25 AT93C46 비트 패턴 시험의 프로그램 흐름도

예제 12.3 SPI 직렬 통신의 응용(GYRO 인터페이스)

ATmega128 보드에 자이로 센서인 ADIS16100을 그림 12.26에 제시된 회로도와 같이 연결하고 읽기/쓰기를 검증하는 프로그램을 작성하시오. 이를 위해 다음과 같은 과정을 수행하시오.

(1) ADIS16100의 핀에 대해 기능을 조사하시오.
(2) ADIS16100의 기본 동작 및 사용 방법(명령어)를 조사하시오.
(3) (2)에 제시된 명령어를 실제 활용하기 위한 프로그램을 작성하시오. 이 프로그램 작성을 위해 ADIS16100의 동작 타이밍도의 이해가 필요하므로 이와 관련하여 설명을 부가하시오.
(4) (3)에서 작성한 명령어를 사용하여 ADIS16100의 자이로 센서의 출력 데이터를 LCD 화면에 표시하여 정상 동작하는지 확인하는 프로그램을 작성하시오.

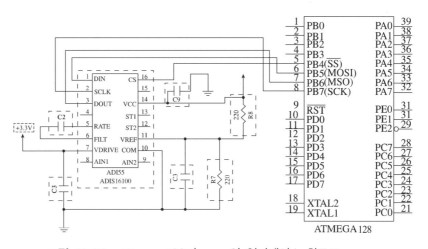

그림 12.26   ATmega128과 gyro의 인터페이스 회로도

자이로 센서는 관성 측정 센서의 하나로서 이동 물체의 각속도(1초에 동안에 움직인 각도)를 검출하는 센서이다. 운동하고 있는 물체가 회전을 하면 그 속도 방향에 수직으로 "코리오리스" 힘이 작용하는데 이러한 물리현상을 이용하여 각속도를 검출한다. 이러한 원리에 의해 검출된 각속도 또는 가속도는 한 번 적분하면 속도, 두 번 적분하면 위치가 계산되므로 현재 이동 로봇의 위치 제어 시스템과 모션 센싱을 이용한 게임, 리모콘, 에어마우스, 디지탈 카메라(3M 이상에서 사용), 휴대폰 등에서 매우 광범위하게 응용되고 있다.

일반적으로 자이로 센서의 출력 신호는 아날로그 신호이며, 이 아날로그 신호를 A/D 변환기로 통해 디지털 신호로 변환하여 제어부에서 처리한다. 그러나 요즘에는 SPI 모드를 이용한 자이로 센서도 출시되어 간편하게 이동 로봇 등의 자세 제어 분야에 사용되고 있다. 현재 SPI 모드는 자이로뿐만 아니라 가속도계, A/D 변환기 등의 다양한 분야에서 간단하게 인터페이스할 수 있는 방법으로 채택되고 있기 때문에 본 예제에서는 SPI 모드의 활용을 위해 Analog Devices사에서 출시되는 SPI 모드의 자이로 센서를 인터페이스하고, 이 센서로부터의 출력을 받아 단순히 LCD에 표시하는 과정을 학습하도록 하겠다. 원래 자이로 센서를 사용하는 이유는 이동 물체의 위치를 알고자 하는 것인데 본 예제에서는 단순히 센서로부터의 데이터를 획득하는 과정에 대해서만 논하기로 한다.

(1) ADIS16100의 핀의 기능

ADIS16100은 Analog Devices사에서 개발한 Yaw 방향의 1축에 대한 회전량을 감지하는 자이로 센서로, 각속도에 비례하는 12비트의 디지털 출력값을 SPI 직렬 통신 방식으로 출력하는 기능을 갖고 있다. 이 자이로 센서의 내부 구조와 외형은 그림 12.27과 같으며, 이 핀의 기능을 표 12.10에 간단히 제시하였다.

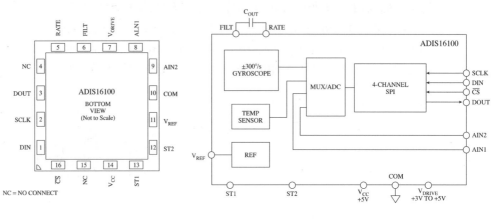

(a) 외부 핀 구성   (b) 내부 구조

그림 12.27 ADIS16100의 외부 및 내부 구성

표 12.10 ADIS16100의 핀 기능

핀 이름	기능
DIN	직렬 데이터 입력
SCLK	직렬 데이터 클럭
DOUT	직렬 데이터 출력
NC	사용하지 않음
RATE	회전량 출력을 위한 아날로그 신호 핀
FILT	외부 캐패시터 연결 핀
V_{DRIVE}	직렬 통신 운용을 위한 전압
AIN1	외부 아날로그 입력 채널 1
AIN2	외부 아날로그 입력 채널 2
COM	ADIS16100의 기준점(접지 단자)
V_{REF}	아날로그 운용 기준 전압 2.5V
ST2	자가진단 핀 2
ST1	자가진단 핀 1
V_{CC}	아날로그 전원 단자
NC	사용하지 않음
$\overline{CS}$	칩 선택 신호

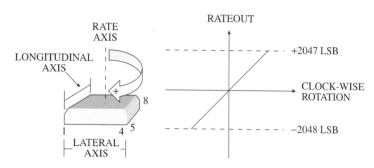

그림 12.28   회전에 따른 각도의 출력값의 변화

그림 12.27을 자세히 살펴보면 ADIS16100에는 자이로 센서 기능 외에 온도 센서, 2채널의 A/D 변환기가 내장되어 있어 이의 기능을 별도로 사용할 수도 있다. 그러나 본 예제에서는 자이로 센서의 기능만을 확인하는 것을 목표로 하기 때문에 이 기능에 대해서는 논하지 않기로 한다.

이 자이로 센서를 이용하여 ATmega128에 인터페이스하기 위해서는 SPI 모드를 사용하면 되지만, ADIS16100의 동작을 위해서는 그림 12.26에 표시한 저항, 캐패시터 등의 값을 정확하게 구해서 인터페이스 회로를 구현해야 한다. 그러나, 여기서는 이에 대해 다루지는 않을 것이니 이에 대해 궁금한 사항은 ADIS16100의 데이터 시트를 참조하기 바란다. 또한 ADIS16100의 출력값은 그림 12.28에 나타낸 것과 같이 시계방향으로 회전할 때 선형적인 값을 갖도록 고안되어 있다.

(2) ADIS16100의 기본 동작 및 사용 방법(명령어)

자이로 센서 ADIS16100은 그림 12.28과 같이 Z-축 방향으로의 각속도를 검출하여 SPI 직렬 통신 포트로 각속도의 값을 디지털 값으로 출력하는 센서이다. 따라서 ADIS16100에는 SPI 통신을 위해 네 개의 단자($\overline{CS}$, SCLK, DIN, DOUT)를 제공한다. $\overline{CS}$ 핀은 ADIS16100 센서의 SPI 포트 동작을 가능하게 하고, 이 신호가 'High'이면, DOUT 신호는 3-상태가 되고 DIN과 SCLK 신호도 SPI 동작 모드로 동작하지 않는다. 마스터와 통신할 수 있는 전체 데이터 프레임은 16 클럭 사이클로 구성된다. SPI 포트는 전이중 방식(full-duplex)으로 동작하기 때문에 DIN과 DOUT을 통해 동시에 16비트의 데이터를 입출력할 수 있다. ADIS16100의 제어는 그림 12.29에 제시한 것과 같이 DIN으로 입력되는 16비트 열 중에 12비트를 통해 이루어지며, 비트 별 의미는 표 12.11에 나타내었다.

MSB(15)															LSB(0)
WRITE	0	D/C	D/C	ADD1	ADD0	1	1	D/C	D/C	0	CODE	D/C	D/C	D/C	D/C

그림 12.29   DIN 핀의 비트 열 구성

표 12.11 DIN 비트 별 의미

비트 번호	이름	설명
15	WRITE	1: 제어 레지스터에 명령 쓰기(1인 경우에만 동작)
14	0	정상 동작의 경우 0 상태 유지
13, 12	D/C	Don't care
11, 10	ADD1, ADD0	내부 기능 설정(표 12.13 참조)
9, 8	1	정상 동작의 경우 1 상태 유지
7, 6	D/C	Don't care
5	0	정상 동작의 경우 0 상태 유지
4	CODE	출력 형태 설정 (0: 2의 보수, 1: 옵세트 2진수)
3, 2 ,1, 0	D/C	Don't care

표 12.11에서 주의 깊게 살펴보아야 할 사항은 비트 11과 10(ADD1~ADD0)에 의한 내부 기능 설정과 비트 4(CODE)의 출력 형태 설정 부분이다. ADIS16100에는 그림 12.26(b)에 나타낸 것처럼 자이로 센서외에 온도 센서, 아날로그 입력 채널 두 개가 있어 이들 기능의 선택은 비트 11과 10(ADD1~ADD0)에 의해 표 12.12와 같이 결정되며, 이렇게 설정된 내부 기능은 비트 4(CODE)의 설정에 따라 출력 형태가 2의 보수나 옵셋 이진수 형태로 결정된다. 이들 출력 데이터에 대한 예를 표 12.13과 표 12.14에 나타내었다.

표 12.12 내부 기능의 설정

ADD1	ADD0	동작 명령
0	0	자이로스코프
0	1	온도 센서
1	0	AIN1 입력
1	1	AIN2 입력

표 12.13 자이로 센서에서 출력되는 2의 보수 형태

각속도($^\circ$/sec)	코드	비트 패턴
300	1230	000001001100110
...	...	...
0.4878	2	0000000000000010
0.2439	1	0000000000000001
0	0	0000000000000000
−0.2439	−1	0000111111111111
−0.4878	−2	0000111111111110
...	...	...
−300	−1230	0000101100110010

표 12.14 자이로 센서에서 출력되는 옵세트 2진수 형태

각속도(°/sec)	Code	비트 패턴
300	3278	000001001100110
...	...	...
0.4878	2050	0000100000000010
0.2439	2049	0000100000000001
0	2048	0000100000000000
−0.2439	2047	0000011111111111
−0.4878	2046	0000011111111110
...	...	...
−300	818	0000001100110010

이 명령 비트 열의 데이터는 SCLK의 하강 에지에 동기를 맞추어 DIN 핀으로 입력되고, 16개의 비트 열의 입력이 완료되면 제어 레지스터는 갱신되고 다음 읽기 순서를 준비한다. 만약 16개의 SCLK 클럭이 입력되지 않으면 제어 레지스터는 갱신되지 않고 그전의 데이터를 그대로 유지한다.

DOUT으로부터 출력되는 데이터는 두 개의 0을 선두로 하여 시작되는데, 하나는 $\overline{CS}$의 하강 에지가 발생하면 클럭에 동기를 맞추어 출력되고, 또 다른 하나는 SCLK의 첫 번째 하강 에지에 동기를 맞추어 출력된다. 그 다음에 14비트 열의 데이터가 SCLK의 하강 에지에 동기를 맞추어 출력되는데 이는 ADD0, ADD1과 12비트의 데이터 비트 순서로 출력된다. 이렇게 16개의 SCLK 클럭이 출력되면 DOUT 단자는 3-상태가 된다.

(3) ADIS16100 자이로 센서 활용을 위한 명령어 함수의 구현

ADIS16100 자이로 센서의 데이터를 읽기 위해서는 먼저 그림 12.29에 나타난 16비트 열의 명령어를 DIN 단자를 통해 입력하면, 그림 12.30의 타이밍도와 같이 16비트 열의 데이터가 DOUT 단자를 통해 출력된다.

그림 12.30(a)는 현재 명령을 DIN을 통해 주면 이 명령에 대한 응답은 다음 명령을 줄 때 DOUT을 통해 출력됨을 나타내고 있으며, 그림 12.30(b)는 이 과정에서의 데이터 입출력 상태를 나타내고 있다. 따라서 첫 번째 명령을 줄 때에 읽는 데이터는 이전에 있던 의미없는 데이터로서 무의미하다는 것을 유의하여야 한다.

이상의 명령어 및 데이터 입출력을 고려하여 ADIS16000의 데이터를 읽는 함수를 구현하여 보자. 이에 앞서 ADIS16000를 읽기 위한 초기화 과정이 필요하다. 초기화 과정에서는 다음과 같이 SPI 모드를 설정한다. 여기서 인터럽트는 사용하지 않기로 한다.

• MSTR = 1 : SPI 모드를 마스터로 설정
• CPOL = 1, CPHA = 1 : 데이터 클럭은 그림 12.30을 참고하여 하강 에지로 설정
    Leading 에지(샘플링), Trailing 에지(데이터 준비)

- DORD = 0 : MSB 먼저 전송
- SPI2X=0, SPR1=SPR2=0 : SCLK=f_{osc}/4(57.6kHz)

직렬 통신을 위해 사용하는 주파수는 최소 10kHz에서 최대 20MHz이므로 이 범위에서 선택.

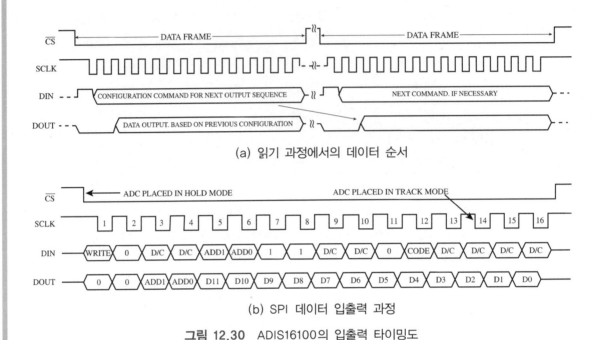

(a) 읽기 과정에서의 데이터 순서

(b) SPI 데이터 입출력 과정

그림 12.30   ADIS16100의 입출력 타이밍도

```
void Init_ADIS16000(void)        // Intialization ADIS16000 in Master Mode
{
    DDRB = 0xBF;
    // enable SPI Interrupt and SPI in Master Mode with SCK = fosc/4
    SPCR = (1<<SPE)|(1<<MSTR)|(1<<CPOL);
    SPSR = 0x00;
}
```

이제 그림 12.29와 그림 12.30의 명령어 비트 열과 타이밍도를 고려하여 ADIS16100의 데이터를 읽는 함수를 구현하여 보자. 프로그램 작성 과정은 다음과 같이 요약할 수 있으며, C언어로 작성하면 다음과 같이 구현된다.

- 먼저 명령어 레지스터에 데이터를 읽기 위해 모듈 및 출력 형태를 결정하여 출력한다. 여기서는 읽을 모듈을 자이로 센서로 하고, 데이터 출력 형태는 2의 보수로 한다. 따라서 비트 열의 데이터는 1000001100000000 이 된다.(WRITE=1, ADD1=ADD0=0, CODE=0)
- 이렇게 명령어 레지스터를 세트하면 DOUT을 통해 그림 12.29(b)와 같이 16비트 데이터가 출력된다.
- ATmega128의 SPDR 레지스터는 8비트이므로 16비트의 비트 열을 읽기 위해서는 8비트씩 두 번 읽어야 하므로 상위 바이트를 먼저 읽고, 하위 바이트를 나중에 읽는다.

- 이 과정에서 유의하여야 하는 것은 현재 출력되는 데이터는 이전의 읽기 사이클에 의해 설정된 명령에 의해 처리되어 출력되는 데이터라는 것을 유의하여야 한다.

```
Word Spi_GyroADIS16100_READ(void)
{
    Word gyro_read_data;
    unsigned char ADIS_DataH, ADIS_DataL;  // 16비트의 데이터 저장 변수 선언
    ADIS16100_CS = 0;                       // ADIS_CS Enable
    delay_us(10);
    // 16비트를 읽어야 하므로 8비트 읽기를 두 번 한다.
    SPDR = 0x83;                            // 명령 레지스터에 첫 번째 바이트를 출력
    while(!(SPSR & (1<<SPIF)));             // 첫 번째 바이트의 전송 완료 검사
    ADIS_DataH = SPDR;                      // DOUT 핀으로 출력되는 첫 번째
                                            //바이트를 읽음

    SPDR = 0x10;                            // 명령 레지스터에 두 번째 바이트를 출력
    while(!(SPSR & (1<<SPIF)));             // 두 번째 바이트의 전송 완료 검사
    ADIS_DataL = SPDR;                      // DOUT 핀으로 출력되는 두 번째
                                            //바이트를 읽음

    delay_us(10);

    ADIS16100_CS = 1;                       // ADIS_CS Disable
    // 데이터 저장
    ADIS_DataH= (ADIS_DataH&0x0f);          // 12비트의 데이터 중 상위 4비트 추출 후
                                            // 12비트의 데이터로 변환한다.
    gyro_read_data = (256*((unsigned int)ADIS_DataH))+((unsigned int)ADIS_
                DataL);
    return gyro_read_data;
}
```

(4) ADIS16100의 자이로 센서의 출력 데이터를 LCD 화면에 표시하는 프로그램의 구현
(3)의 ADIS16100의 자이로 센서 초기화 과정과 데이터 읽기 함수를 이용하여 ADIS16100
의 자이로 센서의 데이터를 읽어 LCD에 출력하는 프로그램은 다음과 같다.

```
#include "lcd.h"

#define ADIS16100_CS      PORTB.4

void Init_Port(void)
{
    DDRB.3 = 0;                   // PB3(MISO)  : In
    DDRB.2 = 1;                   // PB2(MOSI)  : Out
    DDRB.1 = 1;                   // PB1(SCK)   : Out
```

```
        DDRB.0 = 1;                        // PB0(SS)     : Out
        PORTG=0xFF;
        DDRG=0xFF;                         // LCD Control I/O
        PORTA=0xFF;
        DDRA=0xFF;                         // LCD 데이터 버스
}

void Init_ADIS16000(void)        // Intialization ADIS16000 in Master Mode
{
        DDRB =0xF7;   // PB4(SS) : Out PB2(MOSI) : Out PB3(MISO) : In  PB1(SCK) : Out
        // enable SPI Interrupt and SPI in Master Mode with SCK = fosc/4
        SPCR  = (1<<SPE)|(1<<MSTR)|(1<<CPOL);
        SPSR = 0x00;
}

Word Spi_GyroADIS16100_READ(void)
{
        Word gyro_read_data;
        unsigned char ADIS_DataH, ADIS_DataL; // 16비트의 데이터 저장 변수 선언
        ADIS16100_CS = 0;              // ADIS_CS Enable
        delay_us(10);
        // 16비트를 읽어야 하므로 8비트 읽기를 두 번 한다.
        SPDR = 0x83;                       // 명령 레지스터에 첫 번째 바이트를 출력
        while(!(SPSR & (1<<SPIF)));   // 첫 번째 바이트의 전송 완료 검사
        ADIS_DataH = SPDR;             // DOUT 핀으로 출력되는 첫 번째 바이트를 읽음
        SPDR = 0x10;                       // 명령 레지스터에 두 번째 바이트를 출력
        while(!(SPSR & (1<<SPIF)));   // 두 번째 바이트의 전송 완료 검사
        ADIS_DataL = SPDR;             // DOUT 핀으로 출력되는 두 번째 바이트를 읽음
        delay_us(10);
        ADIS16100_CS = 1;              // ADIS_CS Disable
        // 데이터 저장
        ADIS_DataH= (ADIS_DataH&0x0f); // 12비트의 데이터 중 상위 4비트 추출 후
        // 12비트의 데이터로 변환한다.
        gyro_read_data = (256*((unsigned int)ADIS_DataH))+((unsigned int)ADIS_DataL);
        return gyro_read_data;
}

void main(void)
{
        unsigned int Gyro_Read_Data;
        Byte str[] = "ADIS16100 ";
        Byte str1[] = "GyroData ";
        Init_Port();
```

```
          LCD_Init();
          Init_ADIS16000();
          while(1)
          {
                Gyro_Read_Data = Spi_GyroADIS16100_READ();
                LCD_pos(0,0);
                LCD_STR(str);
                LCD_CHAR((Byte)((Gyro_Read_Data/1000)%10)+'0');  // 1000단위 표기
                LCD_CHAR((Byte)((Gyro_Read_Data/100)%10)+'0');   // 100단위 표기
                LCD_CHAR((Byte)((Gyro_Read_Data/10)%10)+'0');    // 10단위 표기
                LCD_CHAR((Byte)((Gyro_Read_Data)%10)+'0');       // 1단위 표기

                LCD_pos(1,0);
                LCD_STR(str1);
                LCD_CHAR((Byte)((Gyro_Read_Data/1000)%10)+'0');  // 1000단위 표기
                LCD_CHAR((Byte)((Gyro_Read_Data/100)%10)+'0');   // 100단위 표기
                LCD_CHAR((Byte)((Gyro_Read_Data/10)%10)+'0');    // 10단위 표기
                LCD_CHAR((Byte)((Gyro_Read_Data)%10)+'0');       // 1단위 표기
          }
    }
```

END

12.2   TWI 직렬 통신

ATmega128의 TWI(Two-wire Serial Interface) 직렬 통신 포트는 필립스사에서 제안한 근거리용 표준 직렬 통신 방식인 I²C 버스로 통신하는 방식으로, MCU와 EEPROM, 온도 센서 등과 같은 IC 소자들을 인터페이스하기 위해 고안된 2선식 직렬 통신 방식이다. TWI 직렬 통신 방식은 단지 두 개의 양방향 신호선(클럭(SCL), 데이터(SDA))을 사용하는데, 외부에 풀업 저항을 연결하여 128개의 주변 소자 또는 서로 다른 시스템을 연결할 수 있기 때문에 단순하고, 강건할 뿐만 아니라 저가로 통신 시스템을 구현할 수 있는 장점을 가지고 있다.

1) ATmega128의 TWI 직렬 통신 포트의 개요

ATmega128에는 주변 소자 또는 다른 시스템과의 통신을 위해 그림 12.30과 같은 구조를 갖는 직렬 데이터 전송 기능인 TWI 직렬 통신 포트를 내장하고 있으며, 이의 특징은 다음과 같다.

▶ SDA, SCL 두 개의 신호선으로 양방향 직렬 통신을 저가로 구현할 수 있다.

▶ 마스터 또는 슬레이브로 동작이 가능하다.

▶ 소자는 송신기 또는 수신기로 동작이 가능하다.

▶ 7개 비트 영역으로 128개의 서로 다른 슬레이브와 인터페이스할 수 있다.

▶ 멀티 마스터 중재(Arbitration)가 가능하다.

▶ 최대 400MHz 데이터 전송 속도를 지원한다.

▶ 슬루-레이트(slew-rate)는 드라이버의 출력을 제한한다.

▶ TWI 버스에서 발생하는 스파이크를 제거하기 위해 노이즈 제거 회로가 내장되어 있다.

▶ 일반 호출 기능을 사용하여 모든 영역의 슬레이브 주소를 프로그램할 수 있다.

▶ ATmega128이 슬립모드에 빠져있을 때 TWI 신호선의 주소 인식으로 깨어난다.

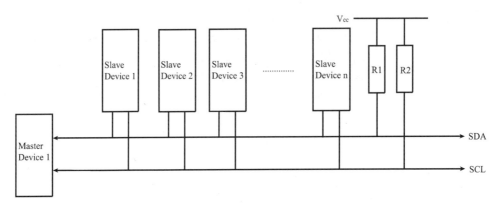

그림 12.31 TWI 직렬 통신 개념도

TWI의 특징은 그림 12.31과 같이 TWI 신호선(SCL과 SDA)이 양방향성을 가지기 때문에, 각 신호선을 출력으로 사용하기 위해서는 오픈 드레인 또는 오픈 컬렉터로 구성되어 있는 단자의 신호선에 R1, R2와 같은 풀업 저항(일반적으로 4.7kΩ을 사용함)을 연결시켜 사용한다. 클럭(SCL) 신호선은 단방향 신호이며, 마스터에 의해 발생되고, 데이터(SDA) 신호선은 양방향으로 데이터를 송수신하는 데 사용된다. TWI 마스터는 데이터 전송을 시작하고 종료하기 기능을 담당하는 소자로서 SCL 클럭을 발생하고, 슬레이브는 마스터에 의해 주소가 할당되는 소자를 의미한다. 그리고 송신기는 TWI 버스에서 데이터를 전달하는 소자를 의미하고, 수신기는 TWI 버스에서 데이터를 수신하는 소자를 의미한다. 각 소자 별 동작은 마스터가 데이터를 송신할 때는 마스터 송신기(MT: Master Transmitter)로 동작하고, 마스터가 데이터를 수신할 때는 마스터 수신기(MR: Master Receiver)로 동작한다. 그리고 슬레이브가 데이터를 송신할 때는 슬레이브 송신기(ST: Slave Transmitter)로 동작하고, 슬레이브가 데이터를 수신할 때는 슬레이브 수신기(SR: Slave Receiver)로 동작한다.

● 데이터 전송의 기본 형식

그림 12.32는 TWI 버스에서의 1비트 데이터 전송 형식을 나타낸 것으로, 데이터(SDA) 신호

선은 클럭(SCL) 신호선의 펄스에 동기화되어 전달된다. 여기서 SDA 신호는 SCL 신호가 Low에서 High로 전이될 때(하나의 펄스가 발생될 때) 전송된다. 따라서 데이터 신호선의 값은 클럭의 Low 상태를 유지하고 있는 상태에서 변경이 가능하다. 이러한 데이터 전송은 데이터 전송의 시작과 끝날 때를 제외하고 모두 동일하다.

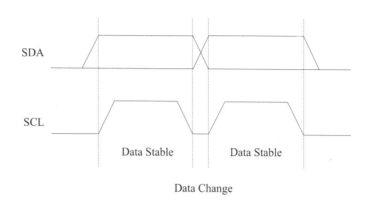

그림 12.32 1비트의 데이터 전송 형식

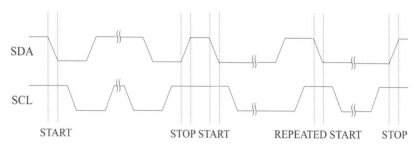

그림 12.33 START, REPEATED START, STOP 조건

마스터는 데이터 전송을 시작하고 종료하는 기능을 수행한다. 마스터가 데이터 전송의 시작을 표시하는 START 조건은 그림 12.33과 같이 SCL 클럭 신호가 High를 유지하는 상태에서 SDA 데이터 신호가 하강 에지로 변화해야 한다. 또한 마스터가 데이터 전송의 표시하는 STOP 조건은 SCL 클럭 신호가 High를 유지하는 상태에서 SDA 데이터 신호가 상승 에지로 변화해야 한다.

마스터가 TWI 버스에서 START 상태일 때 데이터 전송이 초기화되고, STOP 상태일 때 종료된다. START 상태와 STOP 상태 사이에 데이터는 전송되며, 이 때를 TWI 버스의 BUSY 상태라고 한다. 데이터 전송을 시작하는 START 상태는 그림 12.33에서와 같이 SCL 신호가 High를 유지하는 상태에서 SDA 신호가 하강 에지로 변할 때이고, 데이터 전송을 끝마치는 STOP 상태는 SCL 신호가 High를 유지하는 상태에서 SDA 신호가 상승 에지로 변할 때이다.

START 조건과 STOP 조건의 사이에서는 항상 TWI 버스는 동작(busy) 상태이므로, 이 기간 동안에는 어느 마스터도 버스 제어권을 가지려고 시도하여서는 안된다.

START 이후에 STOP 조건이 발생되지 않고 다시 START 조건을 출력할 수 있는데, 이를 REPEATED START 조건이라 한다. REPEATED START는 마스터가 버스 제어권을 포기하지 않고 새로운 데이터 전송을 시작한다는 의미이며 다른 모든 사항은 START와 동일하다.

◉ 데이터 송신 및 수신 형식

TWI 직렬 통신에서 마스터가 슬레이브에게 데이터를 송신하거나 반대로 마스터가 슬레이브로부터 데이터를 수신하는 형식은 그림 12.34에 나타낸 것과 같이 규칙을 따른다.

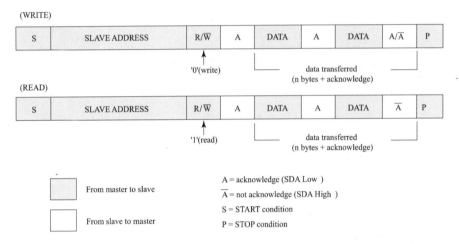

그림 12.34 송신 및 수신 데이터 형식

마스터가 슬레이브에게 데이터를 송신할 때는 먼저 마스터가 7비트의 슬레이브 주소를 보내고 이어서 송신(write)을 의미하는 Low 상태의 1비트를 보내며, 이에 대해 지정된 주소를 가지고 있는 슬레이브는 1비트의 Low 상태인 확인 비트(ACK)로 응답한다. 이렇게 마스터와 슬레이브가 연결되면 마스터는 n 바이트의 데이터를 연속으로 송신할 수 있으며, 각각의 바이트를 송신할 때마다 해당 슬레이브로부터 확인 비트로 응답을 받는다.

마스터가 슬레이브로부터 데이터를 수신할 때에는 먼저 마스터가 7비트의 슬레이브 주소를 보내고 이어서 수신(read)을 의미하는 High 상태의 1비트를 보내며, 이에 대해 지정된 주소를 가지고 있는 슬레이브는 1비트의 Low 상태인 확인 비트(ACK)로 응답한다. 이렇게 마스터와 슬레이브가 연결되면 마스터는 n 바이트의 데이터를 연속으로 수신할 수 있으며, 각각의 바이트를 수신할 때마다 해당 슬레이브에게 확인 비트로 응답한다.

이와 같이 마스터가 슬레이브에게 데이터를 송신할 때에는 마스터가 송신 측, 슬레이브는 수신 측이 되고, 반대로 마스터가 슬레이브로부터 데이터를 수신할 때에는 마스터가 수신 측, 슬레이브가 송신 측이 되지만, 클럭 신호 SCL이나 START, STOP 조건은 항상 마스터가 발생한다. 이러한 과정의 동작 파형은 그림 12.35에 나타내었다.

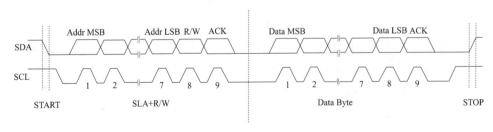

그림 12.35 TWI 버스에서의 송수신 동작 파형

그림 12.35를 살펴보면 TWI 버스에서의 데이터 송수신 동작은 주소 패킷(address packet)과 데이터 패킷(data packet)으로 나누어진다. 주소 패킷은 9비트로 구성되는데, 마스터가 슬레이브에게 데이터를 송신하는 경우에는 슬레이브 주소, 송신(write) 신호, 확인 신호(ACK) 신호로 이루어지고, 이를 SLA+W 패킷이라 한다. 마스터가 슬레이브로부터 데이터를 수신하는 경우에는 슬레이브 주소, 수신(read) 신호, 확인 신호(ACK) 신호로 이루어지고, 이를 SLA+R 패킷이라 한다. 또한 송수신 패킷을 통칭하여 SLA+R/W 패킷이라 부른다. 여기서 슬레이브 주소는 반드시 MSB부터 전송하여야 한다.

데이터 패킷의 형식은 8비트의 데이터와 1비트의 확인 신호를 합하여 9비트로 구성되고, 8비트의 데이터는 주소 전송과 마찬가지로 MSB 비트부터 전송되어야 한다.

주소 패킷이나 데이터 패킷을 송수신할 때, 슬레이브의 응답 상태 비트인 확인 비트는 위에서 설명한 대로 정상적인 경우에는 Low로 되지만, 슬레이브가 동작(busy) 상태이거나, 다른 이유로 마스터 요청에 서비스할 수 없는 상태라면 High(NACK) 상태를 나타낸다. 이러한 경우에는 마스터는 STOP 조건을 전송하거나, REPEATED START로 초기화하여 새로운 데이터 전송을 보내야 한다.

슬레이브 주소 설정은 사용자가 임의로 설정할 수 있지만, 0000 000b의 주소는 전체 슬레이브 호출(General Call)을 의미하고, 1111 xxxb는 향후 사용될 목적으로 예약되어 있는 주소이다. 전체 슬레이브 호출은 시스템에서 슬레이브들에게 동일한 데이터를 전달할 때 사용된다. 이것이 호출되면, 모든 슬레이브는 ACK 사이클에서 SDA 신호선은 Low로 응답한다.

◉ 멀티마스터 버스 시스템에서 중재와 동기화

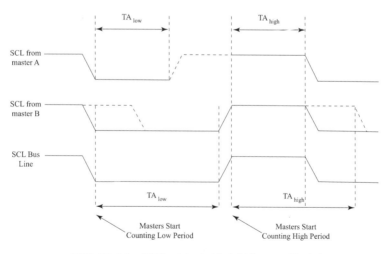

그림 12.36 멀티 마스터 사이에서 SCL 동기화

TWI 프로토콜은 버스 시스템에서 여러 개의 마스터를 허용한다. 다음은 멀티 마스터 시스템에서 발생하는 두 가지 문제점이다.

▶ 데이터 패킷 전송은 매 순간에 하나의 마스터만 전송해야 한다. 다른 마스터들은 버스 권한(selection process)을 잃었을 때 데이터 전송을 하지 말아야 한다. 여기서 버스 권한을

중재(Arbitration)라고 한다. 버스 권한을 잃은 마스터는 슬레이브 모드로 전환하여 자신에게 주소가 할당되었는지를 검사해야 한다. 만일 여러 개의 마스터들이 동시에 데이터 전송을 시작하면, 슬레이브들이 데이터를 수신할 수 없다. 즉, 버스 상에서의 데이터 전송에서의 충돌은 일어나지 않아야 한다.

▶ 마스터들은 서로 다른 SCL 클럭 주파수를 사용한다. 이 방법은 모든 마스터로부터 전송 진행을 엄격히 진행하기 위해 여러 클럭을 동기화키는 방법이다. 이것은 중재 과정을 용이하게 한다.

버스 라인의 wired-AND는 이 두 문제를 해결하는 데 사용된다. 모든 마스터들로부터 SCL 신호는 wired-AND되고, 결합된 SCL 신호는 가장 짧은 High 신호 시간을 가지는 마스터가 되고, 가장 긴 Low 신호 시간을 가지는 마스터가 된다.

중재(Arbitration)는 SDA 신호선이 데이터 출력 후, 모든 마스터의 모니터링에 의해서 실행된다. SDA 신호선을 읽은 값이 마스터가 출력으로 보낸 값과 일치하지 않았을 때를 중재권 상실(Lose Arbitration)이라고 한다. 그림 12.37에서와 같이 마스터 A는 SDA 신호를 High로 출력했을 때 중재권 상실이 된다. 중재권을 상실한 마스터는 바로 슬레이브 모드로 전환되어야 하고 중재권을 가진 마스터로부터 주소 설정이 되었는지를 확인해야 한다. 그러나 중재권을 상실한 마스터는 전송 중인 데이터 또는 주소 패킷을 모두 전송할 때까지 클럭 신호를 만들 수 있다. 중재는 하나의 마스터가 남을 때까지 계속된다.

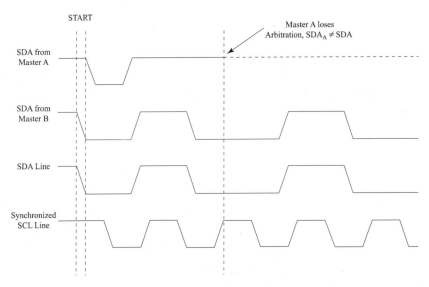

그림 12.37 두 개의 마스터 사이에서의 중재

다음의 경우에는 중재를 허용하지 않는다.

▶ REPEADTED START 조건과 데이터 비트
▶ STOP 조건과 데이터 비트
▶ REPEATED START와 STOP 조건

따라서 프로그램을 작성할 때에는 이러한 허용되지 않는 중재 조건이 발생하지 않도록 주의하여야 하고, 이는 멀티 마스터 시스템에서 모든 데이터 전송은 주소 패킷(SLA+R/W)과 데이터 패킷으로 구성된 것을 사용한다는 것을 의미한다. 모든 데이터 전송 과정에서는 동일한 데이터 패킷의 수를 포함하여야 하고, 그렇지 않으면 중재의 결과는 미정의 상태로 빠지게 된다.

◯ TWI 모듈의 구조

TWI 모듈은 그림 12.38과 같이 외부에 클럭(SCL)과 데이터(SDA)로 구성된 두 개의 신호선과 버스 인터페이스 유닛(Bus Interface Unit), 주소 일치 유닛(Address Match Unit), 제어 유닛(Control Unit)과 비트 레이트 생성기(Bit Rate Generator)로 구성되어 있다. 또한 두 개의 신호선(SCL과 SDA)에는 출력 신호선에 TWI 사양을 만족시키기 위한 슬루-레이트 제어기(slew-rate control)와 입력 신호선에 50ns 이하의 스파이크를 제거하기 위한 스파이크 필터(spike filter)가 내장되어 있다.

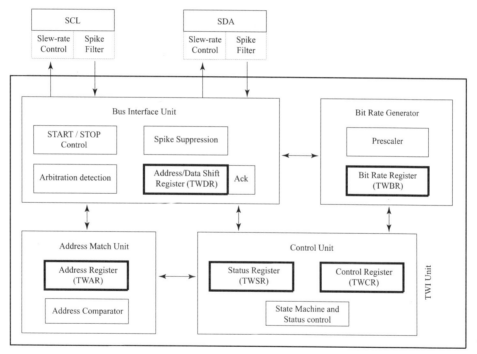

그림 12.38 TWI 직렬 통신 모듈의 내부 구성도

버스 인터페이스 유닛은 TWDR(TWI Data and Address Shift Register) 레지스터, (N)ACK 레지스터, 시작/정지 제어기(START/STOP Control)와 중재 검출기(Arbitration detection) 등의 하드웨어로 구성된다. TWDR 레지스터는 주소나 데이터를 바이트 단위로 전송하거나 수신하는 기능을 수행한다. (N)ACK 레지스터는 응용 소프트웨어에서 직접 접근할 수 없지만, 수신 모드일 때 TWCR 레지스터 중재에 의해서 설정되거나 클리어될 수 있고, 송신 모드일 때 (N)ACK 비트의 값은 TWSR 레지스터의 값에 의해 결정된다. 시작/정지 제어기는 START, REPEATED START 그리고 STOP 조건의 감지와 생성에 응답하는 기능을 수행한다. 이 기능에 의해 슬레이브 MCU

가 슬립모드에 빠져있다고 하더라도 START와 STOP 조건을 감지할 수 있게 된다. TWI가 마스터에 의해 초기화되면 중재 검출기 하드웨어는 여러 개의 마스터가 하나의 슬레이브에 동시에 접근하는 것과 같은 충돌을 방지하고 버스의 제어권 중재를 결정하기 위해 모니터링한다. TWI가 중재에 실패할 경우, 제어 유닛에게 알려지고, 적절한 상태 코드가 생성되어 다음에 올바른 동작이 수행할 수 있도록 한다.

주소 일치 유닛은 수신된 주소 바이트가 TWAR 레지스터에 설정된 7비트 주소와 일치하는지 검사한다. TWAR 레지스터에서 TWGCE 비트가 1로 세트되면, 수신된 주소와 TWAR 레지스터에 설정된 레지스터를 비교한다. 주소가 일치하면 적절한 동작을 수행하기 위해 제어 유닛에게 알린다.

제어 유닛은 TWI 버스와 TWCR 레지스터에서 설정된 값에 따라 동작한다. 이것은 TWI 버스에 어떠한 사건(event)가 발생하면, TWCR 레지스터의 TWINT 플래그를 설정하여 사건의 발생을 알린 후, 다음 클럭 사이클에서 TWSR 레지스터의 상태 코드는 갱신된다. TWSR은 단지 TWI 인터럽트 플래그가 세트되었을 때에만 의미있는 상태 정보만을 나타낸다.

TWINT 플래그가 세트되면, SCL 신호선은 Low를 유지한다. TWI 플래그는 다음 상황에서 설정된다.

▶ TWI가 START/REPEATED START 조건 전송을 완료한 경우
▶ TWI가 주소 패킷(SLA+R 또는 SLA+W) 전송을 완료한 경우
▶ TWI가 주소 바이트를 전송한 후
▶ TWI가 중재 실패 후
▶ TWI가 슬레이브로서 주소 비교 일치 또는 전체 슬레이브 호출(general call) 수신 후
▶ TWI가 하나의 데이터 바이트를 수신한 후
▶ TWI가 슬레이브로서 STOP 또는 REPEATED START를 수신한 후
▶ 잘못된 START 또는 STOP 조건으로 버스 오류가 발생하였을 때

비트 레이트 생성 유닛은 마스터 모드에서 SCL의 주기를 조절한다. 이것은 TWBR 레지스터와 TWSR 레지스터의 프리스케일러 비트(TWPS1, TWPS0)로 설정할 수 있다. 슬레이브 동작은 비트 레이트 또는 프리스케일러 설정에 의존하지 않지만, 슬레이브의 시스템 클럭(CPU 클럭)이 SCL 주파수보다 16배 이하로 설정되어야 한다. SCL 주기는 다음과 같이 설정할 수 있다.

$$SCL\ frequency = \frac{CPU\ Clock\ frequency}{16 + 2(TWBR) \times 4^{TWPS}}$$

▶ TWBR = TWBR 레지스터의 값
▶ TWPS = TWSR 레지스터에서 프리스케일러 비트(TWPS1, TWPS0)의 값

마스터 모드에서 TWBR 레지스터의 값은 반드시 10 이상이어야 한다. 10 이하의 값이면, SDA, SCL 신호선은 올바르게 동작하지 않는다. 시스템 클럭과 TWBR 레지스터 설정 값에 따른 SCL

주파수는 표 12.15에 나타나있다.

표 12.15 시스템 클럭과 TWBR 레지스터 설정값에 따른 SCL 주파수

시스템 클럭[MHz]	TWBR	TWPS	SCL 주파수[kHz]
16	12	0	400
16	72	0	100
14.4	10	0	400
14.4	64	0	100
12	10	0	~333
12	52	0	100
8	10	0	~222
8	32	0	100
4	12	0	100
3.6	10	0	100
2	10	0	~55
1	10	0	~28

2) ATmega128의 TWI 제어용 레지스터

ATmega128에는 TWI 통신 모듈을 제어하기 위하여 표 12.16에 나타낸 바와 같이 TWBR(TWI Bit Rate Register), TWCR(TWI Control Register), TWSR(TWI Status Register), TWDR(TWI Data Register), TWAR(TWI(Slave) Address Register) 등의 레지스터들이 있다.

표 12.16 TWI 제어용 레지스터

외부 인터럽트 레지스터	설 명
TWBR	TWI 비트 레이트 레지스터
TWCR	TWI 제어 레지스터
TWSR	TWI 상태 레지스터
TWDR	TWI 데이터 레지스터
TWAR	TWI 주소 레지스터

◉ TWI 비트 레이트 레지스터 : TWBR

TWBR(TWI Bit Rate Register)은 클럭의 주기를 나타내기 위해 사용되는 레지스터로서 그림 12.39에 비트 구성을 나타내었으며, 비트 별 기능은 다음과 같다.

Bit	7	6	5	4	3	2	1	0	
	TWBR7	TWBR6	TWBR5	TWBR4	TWBR3	TWBR2	TWBR1	TWBR0	TWBR
Read/Write	R/W	R/W	R/W	R/W	R/W	R/W	R/W	R/W	
Initial Value	0	0	0	0	0	0	0	0	

그림 12.39 TWI 비트 레이트 레지스터의 구성

▶ **비트 7-0 : TWBR7∼0(TWI 비트 레이트 레지스터, TWI Bit Rate Register)**

TWBR은 비트 레이트 생성기에서 클럭의 주기를 설정한다. 이것은 마스터 모드에서 SCL 신호선의 사이클 주기를 생성하기 위한 주파수를 분주한다. 자세한 설명은 위의 비트 레이트 생성 유닛 설명을 참고하기 바란다.

◉ **TWI 제어 레지스터 : TWCR**

TWCR 레지스터(TWI Control Register)는 TWI 직렬 통신의 전반적인 동작을 제어하는 레지스터로서 그림 12.40에 비트 구성을 나타내었으며, 비트 별 기능은 다음과 같다.

Bit	7	6	5	4	3	2	1	0	
	TWINT	TWEA	TWSTA	TWSTO	TWWC	TWEN	–	TWIE	TWCR
Read/Write	R/W	R/W	R/W	R/W	R	R/W	R	R/W	
Initial Value	0	0	0	0	0	0	0	0	

그림 12.40 TWI 제어 레지스터의 비트 구성

▶ **비트 7 : TWINT (인터럽트 플래그, TWI Interrupt Flag)**

TWINT 비트는 TWI 전송이 완료되면 이 비트는 하드웨어에 의해 1로 세트된다. 즉, 현재 작업을 마치면 MCU의 응용 프로그램에게 TWI 인터럽트가 발생하였음을 알려준다. SREG 레지스터에 I 비트와 TWCR 레지스터의 TWINT 비트가 설정되었으면, MCU는 TWI 인터럽트 벡터로 점프한다. TWINT 플래그가 설정되어 있는 동안, SCL 클럭 신호는 Low를 계속 유지한다. TWINT 인터럽트 플래그는 하드웨어에 의해 1로 설정된 후에 소프트웨어에 의해 클리어되어야만 한다. 그래서 이 플래그를 클리어하기 전에 모든 TWI 레지스터(TWAR, TWSR, TWDR 레지스터)를 읽고/쓰는 것을 완료해야 한다.

▶ **비트 6 : TWEA (TWI 허가 확인 비트, TWI Enable Acknowledge Bit)**

TWEA 비트는 ACK 신호의 생성을 제어하는 기능을 수행한다. TWEA 비트가 1로 세트되면, TWI 버스에서 다음의 조건을 만난다면 ACK를 생성한다.

　　▶ 디바이스에서 자기의 슬레이브 주소가 수신될 경우
　　▶ TWAR의 TWGCE 비트가 세트일 동안 전체 슬레이브 호출이 수신될 경우
　　▶ 데이터 바이트가 마스터 수신기 또는 슬레이브 수신기 모드로 수신될 경우

TWEA 비트가 0으로 클리어되면, 디바이스는 TWI 직렬 버스에서 연결이 종료된 것으로 판단한다. 주소 인식을 하기 위해서는 TWEA 비트가 다시 1로 써야 한다.

▶ 비트 5 : TWSTA (TWI START 상태 비트, TWI START Condition Bit)

    TWSTA 비트를 1로 설정하면 TWI 직렬 버스에서 마스터로서 동작한다. 이 비트가 1로 설정되면 TWI 버스가 마스터로서 동작하여 TWI는 버스가 사용 가능한 상태인지 체크하고, 가능한 상태이면 START 조건을 출력한다. 그러나 버스가 가능한 상태가 아니면 STOP 조건이 검출될 때까지 기다렸다가, 버스를 사용 가능하면 START 조건을 출력한다. START 조건이 전송되면 이 비트는 응용 프로그램에 의하여 클리어되어야 한다.

▶ 비트 4 : TWSTO (TWI STOP 상태 비트, TWI STOP Condition Bit)

    TWSTO 비트는 마스터 모드에서 1로 설정하면 TWI 직렬 버스에서 STOP 상태를 나타낸다. STOP 상태가 버스에서 실행될 때, TWSTO 비트는 자동으로 클리어된다. 슬레이브 모드에서 TWSTO 비트 설정은 에러 상태를 해제하기 위해 사용하는 것이고, STOP 상태를 나타내는 것은 아니지만 TWI에서 SCL과 SDA 신호선을 High 임피던트 상태로 만들어 초기 상태로 만든다.

▶ 비트 3 : TWWC(TWI 쓰기 충돌 클래그, TWI Write Collision Flag)

    TWWC 비트는 TWINT비트가 0일 때, TWDR 레지스터에 데이터 쓰기를 시도하면 1로 세트된다. 이 플래그는 TWINT 비트가 1일 때, TWDR 레지스터에 데이터 쓰기를 하면 클리어된다.

▶ 비트 2 : TWEN(TWI 허가 비트, TWI Enable Bit)

    TWEN 비트는 TWI 직렬 통신을 가능하게 해주는 비트이다. TWEN 비트가 1로 설정되면, TWI는 I/O 핀에 있는 신호선을 SCL, SDA 신호선으로 사용하게 해주고, 슬루-레이트 제어기와 스파이크 필터가 동작한다. 이 비트가 0으로 클리어되면, TWI를 사용하지 못하고, 모든 TWI 전송은 끝난다.

▶ 비트 0 : TWIE(TWI 인터럽트 인에이블, TWI Interrupt Enable)

    TWIE 비트가 1로 세트되고, SREG 레지스터의 I 비트가 1로 세트된 후에, TWINT 플래그가 1로 되면 TWI 인터럽트 요청이 일어난다.

◎ TWI 상태 레지스터 : TWSR

TWSR 레지스터는 TWI의 동작 상태를 내거나, 전송 속도를 결정하는 레지스터로서 그림 12.41 비트 구성을 나타내었으며 비트별 기능은 다음과 같다.

Bit	7	6	5	4	3	2	1	0	
	TWS7	TWS6	TWS5	TWS4	TWS3	–	TWPS1	TWPS0	TWSR
Read/Write	R	R	R	R	R	R	R/W	R/W	
Initial Value	1	1	1	1	1	0	0	0	

그림 12.41 TWI 상태 레지스터의 비트 구성

▶ 비트 7-3 : TWS7~3 (TWI 상태, TWI Status)

TWS 비트는 TWI 논리 태와 TWI 직렬 버스의 상태를 나타낸다. 이 비트들은 TWI 동작 모드에 따라 상태 코드 값이 다른 값을 가진다. 따라서 다음에 나오는 TWI 동작 모드에 따른 상태 코드 값을 참고하기 바란다.

▶ 비트 1-0 : TWPS0~1 (TWI 프리스케일러 비트, TWI Prescaler Bits)

TWPS 비트는 읽고 쓰기가 가능하고, 이 비트의 설정에 따라 표 12.17과 같은 프리스케일러의 값이 설정된다. 이 비트의 설정에 따라 비트 전송 속도가 계산되는데, 이는 비트 레이트 생성 유닛의 설명 부분을 참조하기 바란다.

표 12.17 TWI 비트 레이트 프리스케일러

TWPS1	TWPS0	프리스케일러 값
0	0	1
0	1	4
1	0	16
1	1	64

◉ TWI 데이터 레지스터 : TWDR(TWI Data Register)

송신 모드에서 TWI 데이터 레지스터는 다음에 전송할 데이터를 나타낸다. 수신 모드에서 TWI 데이터 레지스터는 마지막에 수신된 데이터를 나타낸다. 데이터는 TWI 버스의 SDA 신호선에 의해 MSB를 우선으로 한 비트씩 시프트되어 전송되고, TWI 인터럽트 플래그(TWINT)가 하드웨어에 의해 설정되었을 때 발생한다. TWDR 레지스터는 처음 인터럽트가 발생하기 전에 사용자에 의해 초기화되지는 않는다. TWDR 레지스터에서 데이터의 값은 TWINT가 세트되는 동안 유지된다. 데이터가 시프트되어 출력되는 동안, 데이터는 버스를 통해 연속적으로 시프트 입력된다. TWDR 레지스터는 TWI 인터럽트에 의해 슬립모드로부터 깨어나는 것을 제외하고 버스에서 마지막 바이트를 항상 유지한다. 이 경우에 TWDR 레지스터의 값은 미정의 상태이다. ACK 비트의 처리는 TWI 로직에 의해 자동으로 제어되며, CPU는 직접 ACK 비트를 액세스하지 않는다.

Bit	7	6	5	4	3	2	1	0	
	TWD7	TWD6	TWD5	TWD4	TWD3	TWD2	TWD1	TWD0	TWDR
Read/Write	R/W	R/W	R/W	R/W	R/W	R/W	R/W	R/W	
Initial Value	1	1	1	1	1	1	1	1	

그림 12.42 TWI 데이터 레지스터의 비트 구성

▶ 비트 7-0 : TWD7~0 (TWI 데이터 레지스터, TWI Data Register)

TWD7-0비트는 다음에 전송할 데이터를 나타내고, TWI 직렬 통신 버스에서 마지막에 수신된 데이터 바이트를 나타낸다.

TWI (슬레이브) 주소 레지스터: TWAR(TWI (Slave) Address Register)

TWAR 레지스터는 슬레이브 모드에서 동작하는 것으로 마스터에 의해서 지정된 7비트 슬레이브 주소(MSB로부터 7비트)를 나타내고, 나머지 1비트(LSB)는 전체 슬레이브 호출(Generall Call)을 하기 위해 사용된다. 멀티 마스터 시스템에서, TWAR 레지스터는 다른 마스터에 의해 주소가 설정된 슬레이브와 같이 마스터에서 설정되어야만 한다.

Bit	7	6	5	4	3	2	1	0	
	TWA6	TWA5	TWA4	TWA3	TWA2	TWA1	TWA0	TWGCE	TWAR
Read/Write	R/W	R/W	R/W	R/W	R/W	R/W	R/W	R/W	
Initial Value	1	1	1	1	1	1	1	0	

그림 12.43 TWI (슬레이브) 주소 레지스터의 비트 구성

▶ **비트 7-1 : TWA6~0 (TWI (슬레이브) 주소 레지스터, TWA (Slave) Address Register)**

TWA6-0 비트는 TWI 유닛의 슬레이브 주소를 나타낸다.

▶ **비트 0 : TWGCE (TWI 전체 슬레이브 호출 인식 가능 비트, TWI General Call Recognition Enable Bit)**

TWGCE 비트는 TWI 직렬 버스에서 전체 슬레이브 호출의 인식을 가능하기 위한 비트이다.

3) ATmega128 TWI 직렬 통신 포트의 동작

AVR에서 TWI 직렬 통신은 인터럽트 기반으로 하는 바이트 단위의 데이터 전송 방식을 따르고 있다. TWI 통신에서는 기본적인 한 단계의 동작 즉, START 조건의 송신 또는 바이트의 수신과 같은 하나의 동작이 끝날 때마다 인터럽트가 발생하며, 인터럽트 서비스 루틴에서는 다음의 동작을 지정하여 동작한다. TWI는 이러한 인터럽트 기반으로 동작하기 때문에 응용 프로그램에서는 TWI 포트를 통해 바이트 전송을 하는 과정에도 다른 동작을 수행할 수 있게 된다. TWCR 레지스터의 TWI 인터럽트 가능(TWIE) 비트와 전역 인터럽트 허가 비트(SREG의 I 비트)를 이용해서 TWINT 플래그가 인터럽트 요청을 할 것인지를 결정해야 한다. TWIE 비트가 0으로 클리어되면, 응용 프로그램은 TWI 버스에서의 동작을 감지하기 위해 TWINT 플래그를 폴링 방식으로 처리해야 한다.

TWINT 플래그가 1로 설정되면, TWI는 동작을 끝내고, 응용 프로그램의 응답을 기다린다. 이 경우, TWI 상태 레지스터(TWSR)에는 TWI 버스의 현재 상태를 나타낸다. 따라서 응용 프로그램에서는 이 상태 레지스터의 내용에 따라 TWCR과 TWDR 레지스터를 조작함으로써 다음 TWI 버스 사이클의 동작을 결정하여야 한다. 그림 12.44에는 마스터가 슬레이브에게 1 바이트의 데이터를 전송할 때 응용 프로그램이 단계 별로 어떻게 TWI 하드웨어와 연계되어 동작하는지를 나타내고 있다.

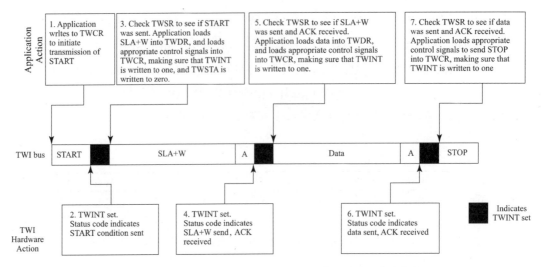

그림 12.44 TWI 데이터 전송을 위한 기본 동작 인터페이스

① TWI 전송에서 첫 번째 과정은 START 조건을 전송하는 것이다. 이것은 TWI 하드웨어가 START 조건을 전송하도록 TWCR 레지스터를 초기화하는 것으로 수행된다. 그러나, TWINT 플래그가 1로 설정되어 있으면 어떤 동작도 시작되지 않으므로, START 조건이 전송되려면 반드시 TWINT 플래그 비트에 1을 써서 이를 0으로 클리어하여야 한다.

② START 조건이 전송되면, TWCR 레지스터의 TWINT 플래그를 세트되면서 TWSR 레지스터에 START 조건이 성공적으로 전송되었다는 상태가 표시된다.

③ 응용 프로그램의 인터럽트 서비스 루틴에서는 START 조건이 성공적으로 전송되었다는 것을 확인하기 위해 TWSR 레지스터의 값을 확인하여야 한다. 만약 TWSR 레지스터가 다른 상태의 값을 나타낸다면, 응용 프로그램에서는 오류 처리 루틴을 호출하는 등의 조치를 하여야 한다. 만약 정상적인 상태의 값이 설정된다면, 응용 프로그램에서는 TWDR 레지스터에 SLA+W를 기록한다. TWDR 레지스터는 주소와 데이터에 모두 사용한다는 점을 상기하라. TWDR 레지스터에 원하는 SLA+W를 기록한 후에, 현재의 TWDR 레지스터에 SLA+W 데이터를 전송한다는 것을 TWI 하드웨어에게 지시하도록 특정한 값이 TWCR 레지스터에 기록되어야 한다. 여기서 기록되어야 하는 값은 뒷부분에서 논한다. 그렇지만, TWINT 비트는 기록된 값으로 유지되고 있다는 점이 중요하다. TWINT에 1을 쓰면 플래그는 클리어된다. TWCR의 TWINT 비트가 설정되어 있는 동안 TWI는 아무 동작도 시작하지 않게 된다. 응용 프로그램에서 TWINT 비트가 클리어됨과 동시에, TWI는 주소 패킷의 전송을 시작하게 된다.

④ 주소 패킷(SLA+W)의 전송이 완료되면, TWCR 레지스터의 TWINT 플래그는 1로 설정되고, TWSR 레지스터는 주소 패킷이 성공적으로 전송되었다는 상태 코드로 갱신된다. 또한 상태 코드는 슬레이브가 이 주소 패킷에 대하여 확인 신호로 응답했는지 여부를 나타낸다.

⑤ 응용 프로그램에서는 주소 패킷이 성공적으로 전송되었는지와 ACK 비트의 값이 예상한 것과 같은지를 확인하기 위해 TWSR 레지스터를 확인하여야 한다. 만약 TWSR 레지스터가 다른 상태의 값을 나타내면, 응용 프로그램에서는 오류 처리 루틴을 호출하는 등의 조치를 하여야 한다. 만약 성공적으로 전송되었으면, 응용 프로그램에서는 TWDR 레지스터에 데이터 패킷을 기록하고, 현재 전송할 데이터 패킷이 TWDR 레지스터에 있다는 것을 나타내기 위해 특정 값을 TWCR 레지스터에 기록해야 한다. 여기서 기록되는 값은 뒷부분에서 논한다. 그렇지만, TWINT 비트는 기록된 값으로 유지되고 있다는 점이 중요하다. TWINT에 1을 쓰면 플래그는 클리어된다. TWCR의 TWINT 비트가 설정되어 있는 동안 TWI는 아무 동작도 시작하지 않게 된다. 응용 프로그램에서 TWINT 비트가 클리어됨과 동시에, TWI는 데이터 패킷의 전송을 시작하게 된다.

⑥ 데이터 패킷의 전송이 완료되면, TWCR 레지스터의 TWINT 플래그는 1로 설정되고, TWSR 레지스터는 주소 패킷이 성공적으로 전송되었다는 상태 코드로 갱신된다. 또한 상태 코드는 슬레이브가 이 주소 패킷에 대하여 확인 신호로 응답했는지 여부를 나타낸다.

⑦ 응용 프로그램에서는 주소 패킷이 성공적으로 전송되었는지와 ACK 비트의 값이 예상한 것과 같은지를 확인하기 위해 TWSR 레지스터를 확인하여야 한다. TWSR 레지스터가 다른 상태의 값을 나타내면, 응용 프로그램에서는 오류 처리 루틴을 호출하는 등의 조치를 하여야 한다. 만약 성공적으로 전송되었으면, 응용 프로그램에서는 STOP 조건을 전송하기 위해 TWCR 레지스터에 TWI 하드웨어에게 지시하는 특정한 값을 기록하여야 한다. 여기서 기록되어야 하는 값은 뒷부분에서 논한다. 그렇지만, TWNT 비트는 기록된 값으로 유지되고 있다는 점이 중요하다. TWINT에 1을 쓰면 플래그는 클리어된다. TWCR의 TWINT 비트가 설정되어 있는 동안 TWI는 아무 동작도 시작하지 않게 된다. 응용 프로그램에서 TWINT 비트가 클리어됨과 동시에, TWI는 STOP 조건을 시작한다. TWINT는 STOP 조건이 전송된 후에도 1로 설정되지 않는다는 점에 유의하기 바란다.

이상의 과정을 통해 TWI 직렬 통신의 기본적인 동작 원리를 설명하였지만, 이를 간단하게 요약하면 다음과 같다.

• TWI의 동작이 완료되고 예상되는 응답이 완료되면, TWINT 플래그는 1로 설정된다. SCL 신호선은 TWINT가 클리어될 때까지 Low를 유지한다.

• TWINT 플래그가 1로 설정될 때, 사용자는 다음 TWI 버스 사이클에 대한 동작을 할 수 있도록 모든 TWI 레지스터를 갱신하여야 한다. 예를 들어, TWDR 레지스터에는 다음 버스 사이클에 데이터를 전송하기 위한 데이터로 기록되어야 한다.

• TWI 레지스터가 갱신되고 다른 응용 프로그램이 완료된 후에, TWCR 레지스터에 새로운 설정 데이터를 쓴다. TWCR 레지스터에 설정 데이터를 쓸 때, TWINT 비트는 1로 설정되어야 한다. TWINT 플래그에 1을 기록하여 플래그를 0으로 클리어한다. TWI는 TWCR에 설정된 값에 따라 다시 동작한다.

표 12.18에는 이상의 과정을 C언어로 구현한 것이다. 소스 코드에서 사용되고 있는 여러 가지의 선언문은 미리 include 파일에 정의하여 놓았다고 가정한다.

표 12.18 TWI 데이터 전송을 위한 기본 동작에 대한 프로그램

	C언어 소스	설명
1	TWCR = (1<<TWINT)|(1<<TWSTA)|(1<<TWEN);	START 조건 전송
2	while((TWCR&(1<<TWINT)));	TWINT 플래그가 설정될 동안 대기. START 조건이 전송되었음.
3	if((TWSR&0xF8) != START) ERROR();	TWI 상태 레지스터의 값을 검사. 프리스케일러 비트를 마스크함. START 조건이 아니면 오류 처리.
	TWDA = SLA_W; TWCR = (1<<TWINT) | (1<<TWEN);	TWDR 레지스터에 SLA_W를 기록. 주소 전송을 위해 TWCR 레지스터의 TWINT 비트 클리어함.
4	while((TWCR & (1<<TWINT)));	TWINT 플래그가 설정될 동안 대기. SLA+W가 전송되었음을 나타내고, ACK/NACK를 수신함.
5	if((TWSR & 0xF8) != MT_SLA_ACK) ERROR();	TWI 상태 레지스터의 값을 검사. 프리스케일러 비트를 마스크함. MT_SLA_ACK 상태 값이 아니면 오류 처리
6	while(!(TWCR & (1<<TWINT)));	TWINT 플래그가 설정될 동안 대기, 데이터가 전송되었음을 나타내고, ACK/NACK를 수신함.
7	if((TWSR & 0xF8) != MT_DATA_ACK) ERROR();	TWI 상태 레지스터 값을 검사. 프리스케일러 비트를 마스크. MT_DATA_ACK 상태 값이 아니면 오류 처리
	TWCR = (1 << TWINT) | (1<<TWEN) | (1<<TWSTO);	STOP 조건을 전송.

4) 전송 모드

ATmega128의 TWI 직렬 통신 동작에는 마스터 송신(MT), 마스터 수신(MR), 슬레이브 송신(ST)와 슬레이브 수신(SR) 등의 네 가지의 종류가 있다. 각 동작 모드의 설명에서 사용되는 약어를 요약하면 다음과 같다.

S : START 상태

Rs : REPEATED START 상태

R : 읽기 비트(SDA 신호선이 High)

W : 쓰기 비트(SDA 신호선이 Low)

A	: ACK 응답 비트(SDA 신호선이 Low)
$\overline{A}$	: NACK 응답 비트(SDA 신호 선이 High)
Data	: 8비트 데이터 바이트
P	: STOP 상태
SLA	: 슬레이브 주소

또한 동작 모드를 설명하는 그림 12.46, 그림 12.48, 그림 12.50 그리고 그림 12.52에서 원으로 표현되어 있는 부분은 TWINT의 플래그가 설정되었다는 것을 나타내고, 원 안의 값은 이 상태에서 TWSR 레지스터의 프리스케일러 비트가 0으로 마스크된 상태 코드 값을 의미한다. 응용 프로그램에서는 이 상태의 조건에 따라 프로그램 동작을 계속하거나 TWI 전송을 완료하여야 한다. TWI 전송은 TWINT 플래그가 소프트웨어에 의해 클리어될 때까지 유지된다.

TWINT 플래그가 1로 설정되면, TWSR의 상태 코드에 따라 적절한 동작을 수행하여야 하는데, 이에 대한 응용 프로그램에서의 요구 사항과 여러 동작은 표 12.19에서 표 12.22에 자세히 설명한다.

○ 마스터 송신 모드

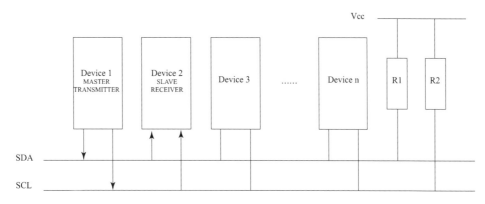

그림 12.45 마스터 송신 모드에서 데이터 전송

마스터 송신 보드(MT Mode)는 그림 12.45에 나타낸 구조와 같이 마스터가 송신 측으로 동작하고 슬레이브가 수신 측으로 동작하여 1바이트 또는 여러 바이트의 데이터를 마스터로부터 슬레이브로 송신하는 모드이다. 마스터 모드를 실행하기 위해서는 먼저 START 조건이 전송되어야 하고, 이어서 전송되는 주소 패킷의 형식에 의해 마스터 송신 모드 또는 마스터 수신 모드가 결정된다. 만약, SLA+W가 전송되면 마스터 송신(MT) 모드가 실행되고, SLA+R이 전송되면, 마스터 수신(MR) 모드가 실행된다. 여기서 설명하는 모든 상태 코드의 값은 프리스케일러 비트를 0으로 마스크한 상태를 나타냄을 주의하기 바란다. 마스터 송신 모드의 동작 과정은 그림 12.46과 같으며, 이를 설명하면 다음과 같다.

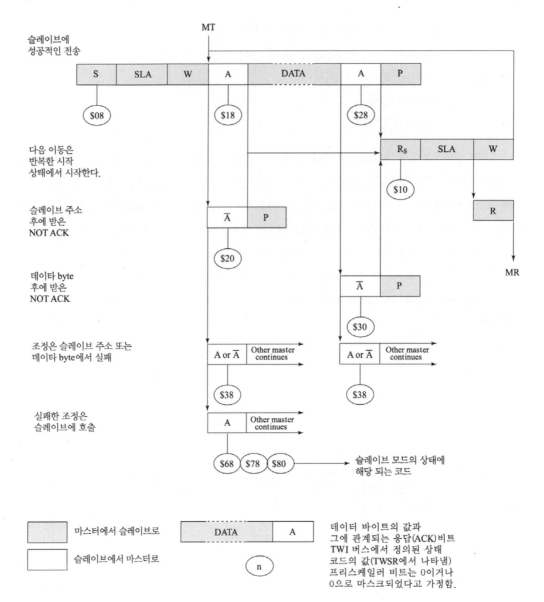

그림 12.46 마스터 송신 모드의 단계별 동작

① TWCR 레지스터에 다음과 같은 값을 설정하여 START 조건을 전송한다. (TWCR=0xa4)

TWCR	TWINT	TWEA	TWSTA	TWSTO	TWWC	TWEN	–	TWIE
값	1	x	1	0	x	1	0	x

여기서, TWEN 비트는 2선 직렬 통신 인터페이스를 위해 반드시 1로 설정되어야 하고, TWSTA는 START 조건을 전송하기 위해, TWINT는 TWINT 플래그를 클리어하기 위해 1로 설정되어야 한다. 이렇게 설정한 후 마스터는 버스를 사용할 수 있는 상태가 되면 START 조건을 전송한다. START 조건이 전송되면, TWINT 플래그는 하드웨어에 의해 1로 세트되고, TWSR 레지스터의 상태 코드는 0x08로 된다. 상태 코드에 대한 자세한 설명은

표 12.19를 참고하기 바란다.

② 마스터 송신 모드로 동작하기 위해서, TWDR 레지스터에 SLA+W를 저장하고, 전송을 위해 TWINT 비트를 클리어하여야 한다. 이 동작은 TWCR 레지스터에 다음과 같은 값을 설정하여 전송하면 된다. (TWCR = 0x84)

TWCR 값	TWINT	TWEA	TWSTA	TWSTO	TWWC	TWEN	-	TWIE
	1	x	0	0	x	1	0	x

이 SLA+W의 전송이 완료되면, 슬레이브로부터 확인 비트가 수신된다. 이 때, TWCR 레지스터의 TWINT는 다시 1로 설정되면서 TWSR 레지스터의 상태 코드는 0x18, 0x20, 또는 0x38 중에 하나로 된다. 만약 확인 비트가 수신되면 상태 코드는 0x18이 되고, 확인 비트가 수신되지 않으면 상태 코드는 0x20이 된다. 각 상태 코드에 대한 적절한 동작에 대해서는 표 12.19에 자세히 설명하였다.

③ SLA+W의 전송이 완료되면 데이터 패킷을 전송하여 한다. 데이터 패킷의 전송은 TWDR 레지스터에 전송할 데이터 바이트를 저장하고 TWCR 레지스터에 다음과 같은 값을 설정하여 전송하면 된다. (TWCR = 0x84)

TWCR 값	TWINT	TWEA	TWSTA	TWSTO	TWWC	TWEN	-	TWIE
	1	x	0	0	x	1	0	x

TWDR 레지스터는 TWINT가 High일 때 쓸 수 있다. 만약 High가 아닌 경우에는 TWDR 레지스터의 액세스는 무시되어 TWCR 레지스터의 쓰기 충돌(TWWC) 비트는 1로 설정된다. TWDR 레지스터가 갱신된 후에, 데이터 전송을 연속으로 하기 위해 TWINT 비트를 1로 설정하여 클리어하면 된다. 이 데이터 바이트의 전송이 완료되고 슬레이브로부터 확인 비트가 수신되면 TWCR 레지스터의 TWINT는 다시 1로 설정되면서 TWSR 레지스터의 상태 코드는 0x28로 되고, 확인 비트가 수신되지 않으면 상태 코드는 0x30으로 된다.

④ 송신할 바이트가 여러 개인 경우에는 ③의 과정을 반복하여 수행한다. 단, 슬레이브를 변경하려면 START 조건 대신에 REPEATED START 조건을 사용하여 ①~③의 과정을 반복하며, 이때의 상태 코드는 0x08이 아니라 0x10이 된다. REPEATED START 조건을 송신하기 위해서는 TWCR 레지스터에 다음과 같은 값을 설정하여 전송하면 된다. (TWCR = 0xa4)

TWCR 값	TWINT	TWEA	TWSTA	TWSTO	TWWC	TWEN	-	TWIE
	1	x	1	0	x	1	0	x

⑤ 모든 데이터의 전송이 완료되면 STOP 조건을 송신하여야 하는데, 이는 TWCR 레지스터에 다음과 같은 값을 설정하여 전송하면 된다. (TWCR = 0x94)

TWCR	TWINT	TWEA	TWSTA	TWSTO	TWWC	TWEN	–	TWIE
값	1	x	0	1	x	1	0	x

표 12.19 마스터 송신 모드에서의 상태 코드

상태 코드 (TWSR) 프리스케일러 비트 0	TWI 직렬 버스와 하드웨어 상태	응용 프로그램 응답					TWI 하드웨어에 의해 취해지는 다음 동작
		To/From TWDR	To TWCR				
			STA	STO	TWINT	TWEA	
0x08	START 조건 전송	SLA+W 저장	0	0	1	X	SLA+W가 전송된다. ACK 또는 NACK가 수신된다.
0x18	REPEATED START 조건 전송	SLA+W 저장 또는 SLA+R 저장	0 0	0 0	1	X X	SLA+W가 전송된다. ACK 또는 NACK가 수신된다. SLA+R가 전송된다. ACK 또는 NACK가 수신된다.
0x20	SLA+W 전송; ACK 수신	데이터 바이트 기록 또는 아무런 TWDR 동작이 없음 또는 아무런 TWDR 동작이 없음 또는 아무런 TWDR 동작이 없음	0 1 0 1	0 0 1 1	1 1 1 1	X X X X	데이터 바이트가 전송되고 ACK 또는 NACK가 수신된다. REPEATED START가 전송된다 STOP 조건이 전송되고, TWSTO 플래그는 리셋된다. START 조건 뒤에 STOP 조건이 전송되고, TWSTO 플래그는 리셋된다.
0x28	SLA+W 전송; NACK 수신	데이터 바이트 기록 또는 아무런 TWDR 동작이 없음 또는 아무런 TWDR 동작이 없음 또는 아무런 TWDR 동작이 없음	0 1 0 1	0 0 1 1	1 1 1 1	X X X X	데이터 바이트가 전송되고 ACK 또는 NACK가 수신된다. REPEATED START가 전송된다 STOP 조건이 전송되고, TWSTO 플래그는 리셋된다. START 조건 뒤에 STOP 조건이 전송되고, TWSTO 플래그는 리셋된다.
0x30	데이터 바이트 전송; NACK 수신	데이터 바이트 기록 또는 아무런 TWDR 동작이 없음 또는 아무런 TWDR 동작이 없음 또는 아무런 TWDR 동작이 없음	0 1 0 1	0 0 1 1	1 1 1 1	X X X X	데이터 바이트가 전송되고 ACK 또는 NACK가 수신된다. REPEATED START가 전송된다 STOP 조건이 전송되고, TWSTO 플래그는 리셋된다. START 조건 뒤에 STOP 조건이 전송되고, TWSTO 플래그는 리셋된다.
0x38	SLA+W 또는 데이터 바이트 전송에서 중재 실패	아무런 TWDR 동작이 없음 또는 아무런 TWDR 동작이 없음	0 1	0 0	1 1	X X	TWI 직렬 버스가 연결되지 않고, 지정된 슬레이브 모드로 들어가지 않는다. 버스가 프리 상태일 때, START 조건이 전송된다.

○ 마스터 수신 모드(MR Mode)

마스터 수신 모드(MR Mode)는 그림 12.47과 같이 마스터가 수신 측으로 동작하고 슬레이브가 송신 측으로 동작하여 1바이트 또는 여러 바이트의 데이터를 슬레이브로부터 수신하는 동작을 하는 모드이다. 마스터 수신 모드는 START 조건에 이어서 출려되는 SLA+R 주소 패킷에 의해 결정된다. 마스터 수신 모드의 동작 과정은 그림 12.48과 같으며, 이를 설명하면 다음과 같다.

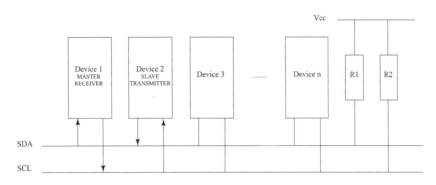

그림 12.47 마스터 수신 모드에서 데이터 전송

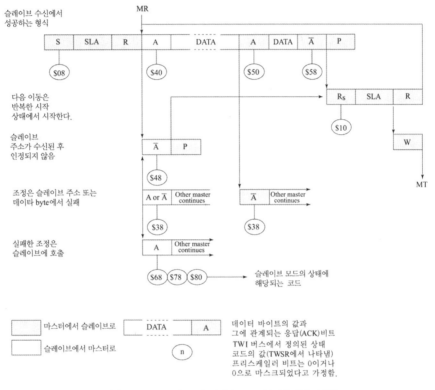

그림 12.48 마스터 수신 모드의 단계별 동작

① TWCR 레지스터에 다음과 같은 값을 설정하여 START 조건을 전송한다. 이 부분의 동작에 대한 설명은 MT 모드와 동일하다. (TWCR = 0xa4)

TWCR	TWINT	TWEA	TWSTA	TWSTO	TWWC	TWEN	–	TWIE
값	1	x	1	0	x	1	0	x

② 마스터 수신 모드로 동작하기 위해서, TWDR 레지스터에 SLA+R을 저장하고, 전송을 위해 TWINT 비트를 클리어하여야 한다. 이 동작은 TWCR 레지스터에 다음과 같은 값을 설정하여 전송하면 된다. (TWCR = 0x84)

TWCR	TWINT	TWEA	TWSTA	TWSTO	TWWC	TWEN	–	TWIE
값	1	x	0	0	x	1	0	x

SLA+R의 전송이 완료되면, 슬레이브로부터 확인 비트가 수신된다. 이때, TWCR 레지스터의 TWINT는 다시 1로 설정되면서 TWSR 레지스터의 상태 코드는 0x38, 0x40, 또는 0x48 중에 하나로 된다. 만약 확인 비트가 수신되면 상태 코드는 0x40으로 되고, 확인 비트가 수신되지 않으면 상태 코드는 0x48로 된다. 각 상태 코드에 대한 적절한 동작에 대해서는 표 12.20에 자세히 설명하였다.

③ SLA+R의 전송이 완료된 경우에 마스터는 다시 TWCR 레지스터에 다음과 같은 값을 설정하여 전송하고 데이터 수신 대시 상태에 들어간다. (TWCR = 0x84)

TWCR	TWINT	TWEA	TWSTA	TWSTO	TWWC	TWEN	–	TWIE
값	1	x	0	0	x	1	0	x

이 때 만약 TWCR 레지스터의 TWEA 비트를 0으로 설정하여 놓은 상태라면, 마스터가 데이터를 수신하고 나서 확인 비트를 출력하지 않으므로 TWCR 레지스터의 TWINT 비트가 1로 설정되면서 상태 코드가 0x58로 되며, TWEA 비트가를 1로 설정하여 놓은 상태라면 마스터가 데이터를 수신하고 나서 확인 비트를 출력하므로 TWINT 비트가 1로 설정되면서 상태 코드가 0x50으로 된다. 데이터의 수신은 TWINT 플래그가 하드웨어에 의해 1로 설정되었을 때, TWDR 레지스터를 읽으면 된다.

④ 수신할 바이트가 여러 개인 경우에는 ③의 과정을 반복하여 수행한다. 단, 슬레이브 주소를 변경하려면 START 조건 대신에 REPEATED START 조건을 사용하여 ①～③의 과정을 반복하며, 이때의 상태 코드는 0x08이 아니라 0x10이 된다. REPEATED START 조건을 송신하기 위해서는 TWCR 레지스터에 다음과 같은 값을 설정하여 전송하면 된다. (TWCR = 0xa4)

TWCR	TWINT	TWEA	TWSTA	TWSTO	TWWC	TWEN	–	TWIE
값	1	x	1	0	x	1	0	x

모든 데이터 수신 동작이 완료되고 STOP 조건을 전송하여야 하는데, 이는 TWCR 레지스터에 다음과 같은 값을 설정하여 전송하면 된다. (TWCR = 0x94)

TWCR	TWINT	TWEA	TWSTA	TWSTO	TWWC	TWEN	–	TWIE
값	1	x	0	1	x	1	0	x

표 12.20   마스터 수신 모드에서 상태 코드

상태 코드 (TWSR) 프리스케일러 비트 0	TWI 직렬 버스와 하드웨어 상태	응용 프로그램 응답					TWI 하드웨어에 의해 취해지는 다음 동작
		To/From TWDR	To TWCR				
			STA	STO	TWINT	TWEA	
0x08	START 조건 전송	SLA+R 저장	0	0	1	X	SLA+W가 전송된다. ACK 또는 NACK가 수신된다.
0x10	REPEATED START 조건 전송	SLA+R 저장 또는 SLA+W 저장	0 0	0 0	1 1	X X	SLA+W가 전송되고, ACK 또는 NACK가 수신된다. SLA+R이 전송되고, ACK 또는 NACK가 수신된다.
0x38	SLA+R 또는 NACK 비트에서 중재 실패	아무런 TWDR 동작이 없음 또는 아무런 TWDR 동작이 없음	0 1	0 0	1 1	X X	TWI 직렬 버스가 연결되지 않고, 지정된 슬레이브 모드로 들어가지 않는다. 버스가 프리 상태일 때, START 조건이 전송된다.
0x40	SLA+W 전송; ACK 수신	아무런 TWDR 동작이 없음 또는 아무런 TWDR 동작이 없음	0 0	0 0	1 1	0 1	데이터 바이트가 수신되고 NACK가 리턴된다. 데이터 바이트가 수신되고 ACK가 리턴된다.
0x48	SLA+W 전송; NACK 수신	아무런 TWDR 동작이 없음 또는 아무런 TWDR 동작이 없음 또는 아무런 TWDR 동작이 없음	1 0 1	0 1 1	1 1 1	X X X	REPEATED START가 전송된다. STOP 조건이 전송되고 TWSTO 플래그는 리셋된다. START 조건 뒤에 STOP 조건이 전송되고, TWSTO 플래그는 리셋된다.
0x50	데이터 바이트 수신; NACK 리턴	데이터 바이트 읽음 또는 데이터 바이트 읽음	0 0	0 0	1 1	0 1	데이터 바이트가 수신되고 NACK가 리턴된다. 데이터 바이트가 수신되고 ACK가 리턴된다.
0x58	데이터 바이스 수신; ACK 리턴	데이터 바이트 읽음 또는 데이터 바이트 읽음 또는 데이터 바이트 읽음	1 0 1	0 1 1	1 1 1	X X X	REPEATED START가 전송된다. STOP 조건이 전송되고 TWSTO 플래그는 리셋된다. START 조건 뒤에 STOP 조건이 전송되고, TWSTO 플래그는 리셋된다.

○ 슬레이브 수신 모드

그림 12.49와 같이 슬레이브 수신 모드(SR Mode)에서는 여러 데이터가 송신기로부터 수신되는 경우를 의미한다. 마스터 수신 모드의 동작 과정은 그림 12.50과 같으며, 이를 설명하면 다음과 같다.

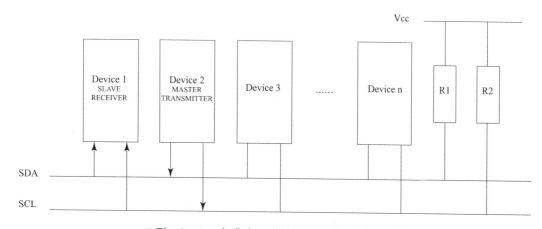

그림 12.49   슬레이브 수신 모드에서 데이터 전송

슬레이스 수신 모드로 초기화하기 위해 TWAR과 TWCR 레지스터를 다음과 같은 내용으로 초기화한다. (TWAR = Adds)

TWAR	TWA6	TWA5	TWA4	TWA3	TWA2	TWA1	TWA0	TWGCE
값			디바이스의 고유 슬레이브 주소					

TWAR 레지스터의 내용은 슬레이브의 주소를 지정하는 7비트의 주소 정보와 마스터가 7비트의 주소를 0000000으로 전송하여 전체 호출을 수행할 경우에 슬레이브가 이를 검출하여 인식하도록 허용하는 TWGCE 비트로 구성되어 있다. 만약 최하위 비트(LSB)가 1로 설정된 경우에는, TWI는 전체 슬레이브 호출(0x00)에 응답하게 되고, 그렇지 않다면 전체 슬레이브 호출을 무시한다.

TWCR	TWINT	TWEA	TWSTA	TWSTO	TWWC	TWEN	–	TWIE
값	0	1	0	0	0	1	0	x

TWCR 레지스터는 TWEN과 TWEA 비트는 1로 설정하고, TWSTA와 TWSTO 비트는 반드시 0으로 설정한다. TWEN 비트를 1로 설정하는 이유는 TWI 직렬 통신을 사용하기 위함이고, TWEA 비트를 1로 설정하는 이유는 디바이스 자신의 슬레이브 주소 또는 전체 슬레이브 호출에 응답하기 위함이다. (TWCR = 0x44)

TWAR과 TWCR 레지스터가 초기화되면, 슬레이브는 자신의 주소가 호출되고, 데이터 방향 비트가 설정될 때까지 기다린다. 데이터 방향 비트가 쓰기(0)이면, TWI는 SR 모드로 동작할 것이고, 데이터 방향 비트가 읽기(1)이면 ST 모드로 동작할 것이다. 자신의 주소와 쓰기가 수신되면, TWINT 플래그는 세트되고 TWSR 레지스터를 통해 유효한 상태 코드를 읽을 수 있게 된다. 여기서 상태 코드는 적절한 응용 프로그램의 동작을 위해 사용되는데, 각 상태 코드에 대한 TWI 동작은 표 12.21에 자세히 설명하였다. 슬레이브 수신 모드는 마스터 모드에서 TWI가 중재에 실행했을 때에도 실행된다. 이때의 상태 코드는 0x68, 0x78이다.

TWEA 비트가 전송 중에 리셋된다면, TWI는 데이터 수신 후에 SDA 신호선에 NACK를 보내준다. 이는 슬레이브가 더 이상 데이터를 수신하지 못하는 것을 의미한다. TWEA 비트가 0으로 되어 있는 동안에 TWI는 슬레이브 자신의 주소를 인식하지 못하지만, TWI 직렬 버스에 의해 이 주소는 계속 감시되고 있으며, TWEA 비트를 설정하여 임의의 시간에 다시 주소 인식 과정을 수행할 수 있다. 이는 TWEA 비트가 TWI 직렬 버스로부터 임시로 TWI를 분리하는 데 사용될 수 있음을 의미한다.

휴면 모드와 달리 모든 슬립모드에서, TWI로 연결되는 클럭 시스템은 꺼지게 된다. 만약 TWEA 비트가 1로 설정되어 있다면, 인터페이스는 자신의 슬레이브 주소를 여전히 인식할 수 있거나, 다른 클럭 소스와 같이 TWI 직렬 버스 클럭을 사용함으로써 전체 호출 주소를 인식할 수 있다. 이러한 동작으로 인해 슬립모드로부터 깨어날 수 있으며, 슬립모드로부터 깨어나는 동안이나 TWINT 플래그가 0으로 클리어될 때까지 TWI는 SCL 클럭 신호선을 Low로 유지한다. 이러한 상황에서 데이터 수신은 AVR 클럭이 정상적으로 동작할 때와 마찬가지로 이루어진다. AVR의 초기화 시간이 길다면, SCL 신호선은 다른 데이터 전송을 차단하여 오랜 시간동안 Low로 유지된다는 점에 유의하기 바란다. TWDR 레지스터는 이러한 슬립모드로부터 깨어날 때 TWI 버스 상에 있는 마지막 바이트는 반영하지 않는다. 따라서 이 점을 유의하여야 한다.

표 12.21 슬레이브 수신 모드에서 상태 코드

상태 코드 (TWSR) 프리스케일러 비트 0	TWI 직렬 버스와 하드웨어 상태	응용 소프트웨어 응답					TWI 하드웨어에 의해 취해지는 다음 동작
		To/From TWDR	STA	STO	TWINT	TWEA	
$60	자신의 SLA+W 수신, ACK 리턴	아무런 TWDR 동작이 없음 또는	X	0	1	0	데이터 바이트는 수신되고 NACK는 리턴
		아무런 TWDR 동작이 없음	X	0	1	1	데이터 바이트는 수신되고 ACK는 리턴
$68	마스터로서 SLA+R/W중재 실패, 자신의 SLA+W는 수신 ACK 리턴	아무런 TWDR 동작이 없음 또는	X	0	1	0	데이터 바이트는 수신되고 NACK는 리턴
		아무런 TWDR 동작이 없음	X	0	1	1	데이터 바이트는 수신되고 ACK는 리턴
$70	전체 슬레이브 주소 호출, ACK는 리턴	아무런 TWDR 동작이 없음 또는	X	0	1	0	데이터 바이트는 수신되고 NACK는 리턴
		아무런 TWDR 동작이 없음	X	0	1	1	데이터 바이트는 수신되고 ACK는 리턴
$78	마스터로서 SLA+R/W 중재 실패, 전체 슬레이브 호출 주소 수신, ACK는 리턴	아무런 TWDR 동작이 없음 또는	X	0	1	0	데이터 바이트는 수신되고 NACK 리턴
		아무런 TWDR 동작이 없음	X	0	1	1	데이터 바이트는 수신되고 ACK는 리턴
$80	자신의 SLA+W로 이전 수소를 호출, 데이터 수신 ACK는 리턴	데이터 바이트 읽음 또는	1	0	1	X	데이터 바이트는 수신되고 NACK 리턴
		데이터 바이트 읽음	1	1	1	X	데이터 바이트는 수신되고 ACK는 리턴
$88	자신의 SLA+W로 이전 수소를 호출, 데이터 수신, NACK 리턴	데이터 바이트 읽음 또는	0	0	1	0	주소가 할당되지 않은 슬레이브 모드로 전환 SLA 또는 전체 슬레이브 호출이 인식되지 않음.
		데이터 바이트 읽음 또는	0	0	1	1	주소가 할당되지 않은 슬레이브 모드로 전환 자신의 SLA 인식. TWGCE = "1" 인 경우 전체 슬레이브 호출인식
		데이터 바이트 읽음 또는	1	0	1	0	주소가 할당 되지 않은 슬레이브 모드로 전환; SLA 또는 GCA가 인식되지 않음. 버스 제어권이 자유로울 때 START 조건 선송
		데이터 바이트 읽음	1	0	1	1	주소가 할당 되지 않은 슬레이브 모드로 전환; 자신의 SLA 인식. TWGCE = "1" 인 경우 전체 슬레이브 호출인식 버스 제어권이 자유로울 때 START 조건 전송
$90	전체 호출로 이전 주소 호출, 데이터 수신, ACK 리턴	데이터 바이트 읽음 또는	X	0	1	0	데이터 바이트는 수신되고 NACK 리턴
		데이터 바이트 읽음	X	0	1	1	데이터 바이트는 수신되고 ACK는 리턴

표 12.21 슬레이브 수신 모드에서 상태 코드(계속)

상태 코드 (TWSR) 프리스케일러 비트 0	TWI 직렬 버스와 하드웨어 상태	응용 소프트웨어 응답					TWI 하드웨어에 의해 취해지는 다음 동작
		To/From TWDR	To TWCR				
			STA	STO	TWINT	TWEA	
$98	전체 호출로 이전 주소 호출, 데이터 수신 ACK는 리턴	데이터 바이트 읽음 또는	0	0	1	0	주소가 할당되지 않은 슬레이브 모드로 전환 SLA 또는 전체 슬레이브 호출이 인식되지 않음.
		데이터 바이트 읽음 또는	0	0	1	1	주소가 할당되지 않은 슬레이브 모드로 전환 자신의 SLA 인식. TWGCE = "1" 인 경우 전체 슬레이브 호출인식
		데이터 바이트 읽음 또는	1	0	1	0	주소가 할당 되지 않은 슬레이브 모드로 전환; SLA 또는 GCA가 인식되지 않음. 버스 제어권이 자유로울 때 START 조건 전송
		데이터 바이트 읽음	1	0	1	1	주소가 할당 되지 않은 슬레이브 모드로 전환; 자신의 SLA 인식. TWGCE = "1" 인 경우 전체 슬레이브 호출인식 버스 제어권이 자유로울 때 START 조건 전송
$A0	슬레이브로 지정되어 있는 동안 STOP 조건 또 REPEATED START 조건 수신	동작 없음	0	0	1	0	주소가 할당되지 않은 슬레이브 모드로 전환 SLA 또는 전체 슬레이브 호출이 인식되지 않음.
			0	0	1	1	주소가 할당되지 않은 슬레이브 모드로 전환 자신의 SLA 인식. TWGCE = "1" 인 경우 전체 슬레이브 호출인식
			1	0	1	0	주소가 할당 되지 않은 슬레이브 모드로 전환; SLA 또는 GCA가 인식되지 않음. 버스 제어권이 자유로울 때 START 조건 전송
			1	0	1	1	주소가 할당 되지 않은 슬레이브 모드로 전환; 자신의 SLA 인식. TWGCE = "1" 인 경우 전체 슬레이브 호출인식 버스 제어권이 자유로울 때 START 조건 전송

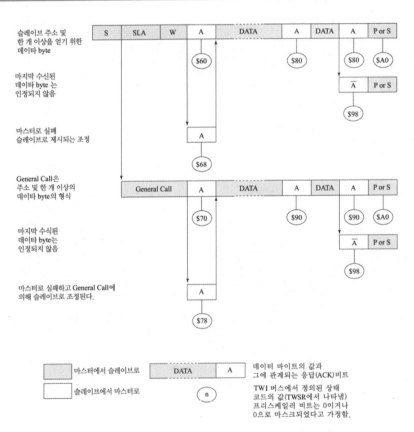

그림 12.50 슬레이브 수신 모드의 단계별 동작

○ 슬레이브 송신 모드(ST Mode)

그림 12.51과 같이 슬레이브 송신 모드(ST Mode)에서는 여러 데이터가 마스터 수신기로부터 전송되는 경우를 의미한다. 마스터 수신 모드의 동작 과정은 그림 12.52와 같으며, 이를 설명하면 다음과 같다.

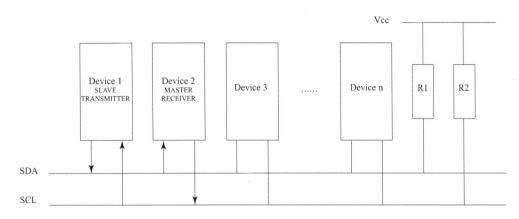

그림 12.51 슬레이브 송신 모드에서 데이터 전송

슬레이스 송신 모드로 초기화하기 위해 TWAR과 TWCR 레지스터를 다음과 같은 내용으로 초기화한다. (TWAR = Adds)

TWAR	TWA6	TWA5	TWA4	TWA3	TWA2	TWA1	TWA0	TWGCE
값			디바이스의 고유 슬레이브 주소					

TWI 직렬 통신 인터페이스에서는 마스터에 의해 설정된 주소가 슬레이브의 주소와 확인하기 위해 TWAR 레지스터의 상위 7비트를 사용한다. 최하위 비트(LSB)가 1로 설정되면, TWI는 전체 슬레이브 호출(0x00)로 응답하게 되고, 그렇지 않으면 전체 슬레이브 호출은 무시된다.

TWCR	TWINT	TWEA	TWSTA	TWSTO	TWWC	TWEN	-	TWIE
값	0	1	0	0	0	1	0	x

TWCR 레지스터는 TWEN과 TWEA 비트는 1로 설정하고, TWSTA와 TWSTO 비트는 반드시 0으로 설정한다. TWEN 비트를 1로 설정하는 이유는 TWI 직렬 통신을 사용하기 위함이고, TWEA 비트를 1로 설정하는 이유는 디바이스 자신의 슬레이브 주소 또는 전체 슬레이브 호출에 응답하기 위함이다. (TWCR = 0x44)

TWAR과 TWCR 레지스터가 초기화 되면, 슬레이브는 자신의 어드레스 주소가 호출되고, 데이터 방향 비트가 설정될 때까지 기다린다. 데이터 방향 비트가 읽기(1) 비트이면, TWI는 ST 모드로 동작할 것이고, 데이터 방향 비트가 쓰기(0) 비트이면 SR 모드로 동작할 것이다. 자신의 주소와 쓰기 비트가 수신되면, TWINT 플래그는 세트되고 TWSR 레지스터를 통해 유효한 상태 코드를 읽을 수 있게 된다. 여기서 상태 코드는 적절한 응용 프로그램의 동작을 위해 사용되는데, 각 상태 코드에 대한 TWI 동작은 표 12.22에 자세히 설명하였다. 슬레이브 송신 모드는 마스터 모드에서 TWI가 중재에 실패했을 때에도 실행된다. 이때의 상태 코드는 0xB0이다.

TWEA 비트가 전송 중에 0으로 리셋되면, TWI는 전송의 마지막 바이트를 전송한다. 마스터 수신기가 마지막 바이트를 전송한 후에 NACK 또는 ACK 전송하는 것에 따라 상태 코드는 0xC0 또는 0xC8를 나타낸다. 마스터가 추가적인 데이터 바이트를 요구하면, 슬레이브가 마지막 바이트를 전송한다 하더라도 상태 코드는 0xC8을 나타낸다(TWEA 비트는 0이고, 마스터로부터 NACK 신호가 예상된다).

TWEA 비트가 0으로 되어 있는 동안에 TWI는 슬레이브 자신을 인식하지 못하지만, 그러나 TWI 직렬 버스에 의해 이 주소는 계속 감시되고 있으며, TWEA 비트를 설정하여 임의의 시간에 다시 주소 인식 과정을 수행할 수 있다. 이는 TWEA 비트가 TWI 직렬 버스로부터 임시로 TWI 를 분리하는 데 사용될 수 있음을 의미한다.

휴면 모드와 달리 모든 슬립모드에서, TWI로 연결되는 클럭 시스템은 꺼지게 된다. 만약 TWEA 비트가 1로 설정되어 있다면, 인터페이스는 자신의 슬레이브 주소를 여전히 인식할 수 있거나, 다른 클럭 소스와 같이 TWI 직렬 버스 클럭을 사용함으로써 전체 호출 주소를 인식할 수 있다. 이러한 동작으로 인해 슬립모드로부터 깨어날 수 있으며, 슬립모드로부터 깨어나는 동안이나 TWINT 플래그가 0으로 클리어될 때까지 TWI는 SCL 클럭 신호선을 Low로 유지한다. 이러한 상황에서 데이터 송신은 AVR 클럭이 정상적으로 동작할 때와 마찬가지로 이루어진다. AVR 의 초기화시간이 길다면, SCL 신호선은 다른 데이터 전송을 차단하여 오랜 시간동안 Low로 유지된다는 점에 유의하기 바란다. TWDR 레지스터는 이러한 슬립모드로부터 깨어날 때 TWI 버스 상에 있는 마지막 바이트는 반영하지 않는다. 따라서 이 점을 유의하여야 한다.

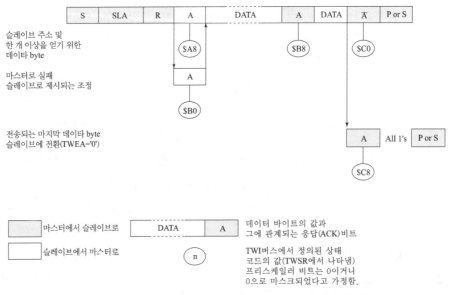

그림 12.52 슬레이브 송신 모드의 단계별 동작

표 12.22 슬레이브 송신 모드에서 상태 코드

상태 코드 (TWSR) 프리스케일러 비트 0	TWI 직렬 버스와 하드웨어 상태	응용 소프트웨어 응답					TWI 하드웨어에 의해 취해지는 다음 동작
		To/From TWDR	To TWCR				
			STA	STO	TWINT	TWEA	
$A8	SLA+R 수신 ACK 리턴	데이터 바이트 적재 또는 데이터 바이트 적재	X X	0 0	1 1	0 1	마지막 데이터 바이트는 전송되고 NACK 수신 데이터 바이트는 전송되고 ACK 수신
$B0	마스터로서 SLA+R/W 중재 실패, 자신의 SLA+W 수신 ACK는 리턴	데이터 바이트 적재 또는 데이터 바이트 적재	X X	0 0	1 1	0 1	마지막 데이터 바이트는 전송되고 NACK 수신 데이터 바이트는 전송되고 ACK 수신
$B8	TWDR에서 데이터 바이트 전송 ACK 수신	데이터 바이트 적재 또는 데이터 바이트 적재	X X	0 0	1 1	0 1	마지막 데이터 바이트는 전송되고 NACK 수신 데이터 바이트는 전송되고 ACK 수신
$C0	TWDR에서 데이터 바이트 전송, NACK 수신	아무런 TWDR 동작이 없음 또는	0	0	1	0	주소가 할당되지 않은 슬레이브 모드로 전환 SLA 또는 전체 슬레이브 호출이 인식되지 않음.
		아무런 TWDR 동작이 없음 또는	0	0	1	1	주소가 할당 되지 않은 슬레이브 모드로 전환; 자신의 SLA 인식. TWGCE = "1" 인 경우 전체 슬레이브 호출인식
		아무런 TWDR 동작이 없음 또는	0	0	1	0	주소가 할당 되지 않은 슬레이브 모드로 전환; SLA 또는 GCA가 인식되지 않음. 버스 제어권이 자유로울 때 START 조건 전송
		아무런 TWDR 동작이 없음	1	0	1	1	주소가 할당 되지 않은 슬레이브 모드로 전환; 자신의 SLA 인식. TWGCE = "1" 인 경우 전체 슬레이브 호출인식 버스 제어권이 자유로울 때 START 조건 전송
$C8	TWDR에서 마지막 데이터 바이트 전송(TWEN=0), ACK 수신	아무런 TWDR 동작이 없음 또는	0	0	1	0	주소가 할당되지 않은 슬레이브 모드로 전환 SLA 또는 전체 슬레이브 호출이 인식되지 않음.
		아무런 TWDR 동작이 없음 또는	0	0	1	1	주소가 할당 되지 않은 슬레이브 모드로 전환; 자신의 SLA 인식. TWGCE = "1" 인 경우 전체 슬레이브 호출인식
		아무런 TWDR 동작이 없음 또는	0	0	1	0	주소가 할당 되지 않은 슬레이브 모드로 전환; SLA 또는 GCA가 인식되지 않음. 버스 제어권이 자유로울 때 START 조건 전송
		아무런 TWDR 동작이 없음	1	0	1	1	주소가 할당 되지 않은 슬레이브 모드로 전환; 자신의 SLA 인식. TWGCE = "1" 인 경우 전체 슬레이브 호출인식 버스 제어권이 자유로울 때 START 조건 전송

○ **기타 상태 코드**

표 12.23에 나타낸 두 개의 상태 코드는 정의된 TWI 상태에 대응하지 않는다. 상태 코드 0xF8은 TWINT 플래그가 세트되지 않았기 때문에 유효한 정보가 아닌 것을 의미하고, 이것은 다른 상태 사이임을 나타내고, TWI 버스가 직렬 전송에서 필요하지 않을 때를 나타낸다. 상태 코드 0x00은 TWI 직렬 버스를 통해 데이터를 전송하는 동안에 발생하는 버스 오류를 의미하고, 이것은 START 또는 STOP 조건이 데이터 프레임에서 잘못된 위치에서 발생하는 것을 나타낸다. 여기서 잘못된 위치라는 것은 주소 바이트, 데이터 바이트 또는 ACK 비트의 직렬 전송하는 동안을 의미한다. 버스 오류가 발생하면, TWINT는 세트된다. 버스 오류를 복구하기 위해서, TWSTO 플래그는 세트되어야 하고 TWINT 플래그에 1을 써서 클리어되어야 한다. 이것은 TWI가 설정되지 않은 슬레이브 주소를 실행하고, TWSTO 플래그를 클리어하기 위해 발생한다(TWCR 레지스터에서 다른 비트 충돌은 없다.). SDA와 SCL 신호선의 상태는 해제되고, STOP 조건은 전송되지 않는다.

표 12.23 기타 상태 코드

상태 코드 (TWSR) 프리스케일러 비트 0	TWI 직렬 버스와 하드웨어 상태	응용 소프트웨어 응답					TWI 하드웨어에 의해 취해지는 다음 동작
		To/From TWDR	To TWCR				
			STA	STO	TWINT	TWEA	
0xF8	유효한 상태 정보가 없고, TWINT=0	아무런 TWDR 동작이 없음	아무런 TWDR 동작이 없음				대기 또는 현재 전송 진행
0x00	무효한 START 또는 STOP 조건 때문에 버스 오류	아무런 TWDR 동작이 없음	0	1	1	X	단지 내부 하드웨어에 영향을 받음. STOP 조건이 버스에 전송되지 않음. 이러한 모든 경우에 버스의 제어권은 해제되고, TWSTO 비트는 클리어됨.

◉ **여러 TWI 모드의 혼합**

경우에 따라서 여러 TWI 모드는 특정의 요구 동작을 수행하기 위해 혼합되어야만 한다. 직렬 EEPROM으로부터 데이터를 읽는 것을 예로 들면, 다음과 같은 과정을 통해 데이터 전송이 이루어진다.

1. 전송 초기화를 한다.
2. EEPROM은 어느 위치의 데이터를 읽을지를 결정해야 한다.
3. 읽기 동작을 수행한다.
4. 전송을 끝마친다.

데이터는 마스터로부터 슬레이브 또는 슬레이브로부터 마스터로 전송될 수 있다. 마스터는 MT 모드를 요구하면서 어느 위치의 데이터를 읽을지를 슬레이브에게 지시해야 한다. 그 후에, 데이터는 MR 모드를 사용해서 슬레이브로부터 읽혀진다. 따라서 전송 방향은 반드시 변화되어야 한다. 마스터는 이러한 과정을 수행하면서 버스의 제어권을 유지하여야 하며, 이는 자동적으로 수행되어야 한다. 만약 멀티 마스터 시스템에서 이 원리가 위반된다면, 다른 마스터가 2와 3의 과정을 수행하는 동안에, EEPROM의 데이터 포인터가 변경되어 잘못된 위치의 데이터를 읽을 수 있다. 따라서 이상과 같이 전송 방향의 변환은 주소 바이트를 전송하고 데이터를 수신하는 사이에 REPEATED START 조건을 전송함으로써 이루어진다. REPEATED START 후에, 마스터는 버스의 소유권을 유지하여야 한다. 이 과정은 그림 12.53에 자세히 나타내었다.

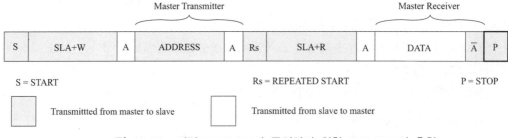

그림 12.53 직렬 EFPROM과 통신하기 위한 TWI 모드의 혼합

5) TWI 활용 실험

예제 12.4   TWI 통신을 이용하여 두 개의 ATmega128간의 마스터-슬레이브 통신

그림 12.44에 제시된 마스터 송신 모드의 경우와 같이 TWI 직렬 통신 시험을 위해 실험 환경을 구축하고, 마스터에서 1의 주소를 가지는 슬레이브에게 약 100ms간격 0x55값을 전송하는 프로그램을 작성하여라. 데이터 확인은 슬레이브 보드에 연결된 시리얼 통신을 이용한다.

[마스터]
마스터에서는 슬레이브와의 TWI 직렬 통신을 위하여 슬레이브 주소를 1로 설정하고, 슬레이브에게 약 100ms 시간 간격으로 0x55 값을 전달한다. TWI 직렬 통신을 위해서는 SCL의 주기를 설정해야 한다. SCL의 주기는 설정하기 위해서는 수식 12.1에서와 같이 TWBR 레지스터와 TWSR 레지스터의 TWPS 비트를 설정해주어야 한다. 본 교재의 시스템 클럭은 14.7456MHz를 사용하고. TWPS의 값이 0의 값을 설정하여 약 400kHz의 클럭 주기를 생성한다. 이러한 파라미터를 이용하여 수식 12.1에 대입한 후 TWBR 레지스터의 값을 구하면 10.432를 구할 수 있다. 하지만 TWBR는 상수의 값을 가지므로 TWBR 레지스터의 값은 10으로 설정한다. 만일 시스템 클럭을 16MHz를 사용하면 TWBR 레지스터는 12로 정확한 400kHz의 클럭 주기를 만들 수 있다.

[슬레이브]
슬레이브에서는 마스터와의 TWI 직렬 통신을 위하여 슬레이브 주소를 설정하고, 마스터에게서 전송 받은 데이터를 PC로 전달한다. PC와의 통신 프로토콜은 115200 보오 레이트, No-패리티, 8 문자, 1 정지 비트 모드로 설정하고, 송신되는 문자는 주 프로그램에서 폴링을 하면서 송신한다.

```
/********************************************************************/
/**** Master 프로그램                                          ****/
/********************************************************************/
#include <mega128.h>
#include <delay.h>

void TWI_Init(void)                    // TWI 초기화
{
  TWBR = 10;                           // TWI SCL 주기 : 약 400kHz 설정
  TWSR = 0x00;
}

void TWI_Master_Write(unsigned char Data, unsigned char Add)
{
```

```c
    TWCR = ((1<<TWINT) | (1<<TWSTA) | (1<<TWEN));     // TWI 시작
    while( (TWCR & (1<<TWINT));                        // TWINT 클리어될 동안
    TWDR = Add<<1;                                     // 슬레이브 주소
    TWCR = ( (1<<TWINT) | (1<<TWEN));
    while( (TWCR & (1<<TWINT));                        // TWINT 클리어될 동안
    TWDR = Data;                                       // 데이터 송신
    TWCR = ( (1<<TWINT) | (1<< TWEN));
    while( (TWCR & (1<<TWINT));                        // TWINT 클리어될 동안
    TWCR = ((1<<TWINT) | (1<<TWSTO) | (1<<TWEN));      // 정지
}

unsigned char TWI_Master_Read(unsigned char Add)
{
    unsigned char Data;

    TWCR = ((1<<TWINT) | (1<<TWSTA) | (1<<TWEN));     // TWI 시작
    while( (TWCR & (1<<TWINT));                        // TWINT 클리어될 동안
    TWDR = Add<<1;                                     // 슬레이브 주소
    TWCR = ( (1<<TWINT) | (1<<TWEN));
    while( (TWCR & (1<<TWINT));                        // TWINT 클리어될 동안
    TWCR = ( (1<<TWINT) | (1<<TWEN));
    while( (TWCR & (1<<TWINT));                        // TWINT 클리어될 동안
    Data = TWDR;                                       // 데이터 읽기
    TWCR = ((1<<TWINT) | (1<<TWSTO) | (1<<TWEN));      // 정지
    return Data;                    // 읽은 데이터 반환
}
void main(void)
{
    TWI_Init();                                   // 통신 속도 400k
    while(1)
    {
        TWI_Master_Write(0x55,0x01);  //  1번지 주소에 55값 쓰기
        delay_ms(100);
    }
}

/*****************************************************************/
/**** Slave 프로그램                                       ****/
/*****************************************************************/

#include <mega128..h>
#include <delay.h>
```

```
    // UART0 initialize
    // desired baud rate: 115200
    void Init_USART0(void)
    {
        UCSR0B = 0x00; //disable while setting baud rate
        UCSR0A = 0x00;
        UCSR0C = 0x06;
        UBRR0L = 0x03; //set baud rate lo
        UBRR0H = 0x00; //set baud rate hi
        UCSR0B = 0x98;
    }


    void puts_USART0(char data)
    {
        while (!(UCSR0A & 0x20));
        UDR0 = data;
    }


    void TWI_Init(void)   // TWI 초기화
    {
        TWSR = 0x00;
    }


    void TWI_Slave_Write(unsigned char Data, unsigned char Add)
    {
        TWAR = Add;                              // 마스터 주소
        TWCR = ( (1<<TWEA) | (1<<TWEN));
        while( (TWCR & (1<<TWINT));               // TWINT 클리어될 동안
        TWDR = Data;                             // 데이터 쓰기
        TWCR = ( (1<<TWINT)|(1<<TWEA)|(TWEN));
        while( (TWCR & (1<<TWINT));               // TWINT 클리어될 동안
        TWCR = ( (1<<TWINT)|(1<<TWEA)|(TWEN));
    }


    unsigned char TWI_Slave_Read(unsigned char Add)
    {
        unsigned char Data;

        TWAR = Add;                              // 스레이브 주소
        TWCR = ( (1<<TWEA) | (TWEN));
        while( (TWCR & (1<<TWINT));               // TWINT 클리어될 동안
        TWCR = ( (1<<TWEA) | (TWEN));
        while( (TWCR & (1<<TWINT));               // TWINT 클리어될 동안
```

```
            Data = TWDR;                               // 데이터 읽기
            TWCR = ( (1<<TWINT)|(1<<TWEA)|(TWEN));
             while( (TWCR & (1<<TWINT));               // TWINT 클리어될 동안
            TWCR = ( (1<<TWINT)|(1<<TWEA)|(TWEN));
            return Data;                               // 읽은 데이터 반환
    }

    void main(void)
    {

        unsigned char Temp=0;
        Init_USART0();
        TWI_Init();                                    // 통신 속도 400k

        while(1)
        {
                Temp = TWI_Slave_Read(0x01);   // 마스터에서 보내는 데이터 읽어 오기
                puts_USART0(Temp);             // 읽은 데이터 PC로 전송
                delay_ms(100);
        }
    }
```

END

예제 12.5 ATmega128 마스터와 다중 슬레이브 통신

ATmega128보드를 마스터로 설정하고, 2-wire EEPROM인 24C02와 TWI 버스를 이용하여 I/O를 확장할 수 있는 PCF8574를 슬레이브로 하는 다중 슬레이브 시스템을 구현하라. 이를 위해 다음과 같은 과정을 수행하시오.

(1) AT24C02의 핀에 대한 기능을 조사하라.
(2) AT24C02를 사용하기 위한 읽기/쓰기 동작에 대해 설명하여라.
(3) PCF8574의 핀에 대한 기능을 조사하라.
(4) PCF8574를 사용하기 위한 읽기/쓰기 동작에 대해 설명하여라
(5) PCF8574의 I/O 단자의 하위 4비트에는 LED, 상위 4비트에는 버튼 스위치를 연결하여 다음의 표에 제시된 동작을 수행하는 프로그램을 작성하라.

버튼 입력	LED 출력	24C02 쓰기		24C02 읽기
		주소	데이터	주소
버튼 0	24C02 읽은 데이터 출력	0x00	0x01	0x00
버튼 1	24C02 읽은 데이터 출력	0x01	0x02	0x01
버튼 2	24C02 읽은 데이터 출력	0x02	0x04	0x02
버튼 3	24C02 읽은 데이터 출력	0x03	0x08	0x03

END

1) AT24C02의 핀의 기능

AT24C01B/02B/04B/08B는 1024/2048/4098/8192비트의 크기(바이트 단위는 128/256/512/1024이다)를 가지는 직렬 EEPROM이다. 이것은 8핀의 PDIP, SOIC, TSSOP 패키지로 되어 있으며 2선 직렬 인터페이스(TWI)를 사용하여 인터페이스 할 수 있다. 이것의 각 핀의 구성과 기능에 대해 간략하게 나타내면 그림 12.54와 같으며, 각 핀에 대한 기능은 표 12.2에 나타내었다.

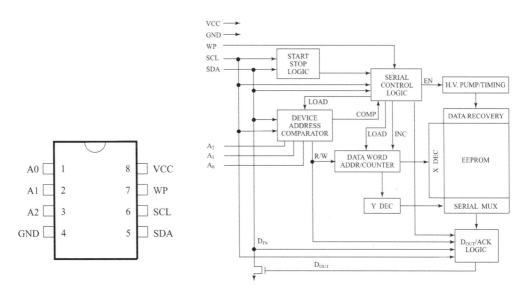

(a) 외부 핀 구성   (b) 내부 구조

그림 12.54 AT24C02의 외부 및 내부 구성

표 12.24   AT24C02의 핀 기능

핀 이름	기 능
A0-A2	주소 입력
SDA	직렬 데이터
SCL	직렬 클럭 입력
WP	쓰기 방지
NC	연결 안함.

2) AT24C02의 동작

○ 디바이스 어드레싱

1K, 2K, 4K, 8K EEPROM은 그림 12.55와 같이 START 신호 후에 슬레이브의 소자 주소를 읽고 쓰기 위해 8비트 주소가 필요하다. 이 소자는 일반적인 직렬 EEPROM을 나타내기 위해 상위 4비트에 1010으로 구성되고, 하위 4비트에서 상위 3비트는 1K/2K EEPROM에서 A2, A1, A0 단자의 값으로 전체 소자 주소를 구성한다. 4K EEPROM은 A2, A1 단자의 값으로 전체 소자의 주소를 나타내고, 다음 1비트는 메모리 페이지 어드레스 비트(P0)로 사용되고, A0 핀은 사용하지 않는다. 8K EEPROM은 A2 단자의 값으로 전체 소자의 주소를 나타내고, 다음 2비트를 메모리 페이지 어드레스(P1, P2)들로 사용되고, A1, A0 핀은 사용하지 않는다.

8비트 중 최하위 비트(LSB)는 슬레이브 소자의 동작(읽기/쓰기)을 선택한다. 읽기 동작이면 1의 값을 가지고 쓰기 동작이면 0의 값을 가진다. EEPROM은 수신된 소자의 주소와 비교하여 일치하면 0을 출력한다. 하지만 주소가 일치하지 않으면 EEPROM은 대기 상태(standby state)가 된다.

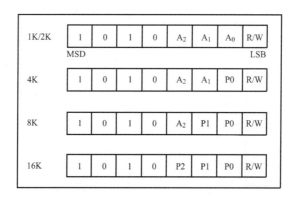

그림 12.55   디바이스 소자의 주소 표기

○ 쓰기 동작(Write Operation)

바이트 쓰기 동작은 그림 12.56과 같이 슬레이브 주소(DEVICE ADDRESS) 다음에 8비트 메모리 주소(WORD ADDRESS)와 응답 신호(ACK)를 필요로 한다. 슬레이브 주소를 받은 후에 EEPROM은 확인 신호로 0을 출력한 다음 8비트를 가지는 메모리 주소가 입력된다. 마이크로 컨트롤러와 같은 슬레이브 주소를 가진 소자 EEPROM은 확인 신호로 0을 출력한 후 다음 8비트 데이터(DATA)가 수신된다. 8비트 데이터는 STOP 조건을 보내서 쓰기 과정을 마쳐야 한다. 이와 같은 시간에 EEPROM은 내부적으로 비휘발성 메모리에 대한 쓰기 사이클(t_{WR})이 시작된다. 쓰기 시간 동안 모든 입력은 불가능하고, EEPROM은 쓰기가 끝날 때까지 응답하지 않는다.

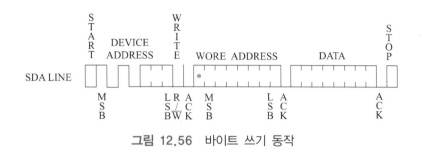

그림 12.56 바이트 쓰기 동작

1K/2K 크기를 가지는 EEPROM은 8바이트 페이지 쓰기를 할 수 있고, 4K/8K/16K를 가지는 EEPROM은 16바이트 페이지 쓰기(PAGE WRITE)를 할 수 있다. 그림 12.57은 페이지 쓰기 동작에 대한 동작 순서도를 나타낸 것이다. 페이지 쓰기는 초기에는 바이트 쓰기와 같다. 그러나 마이크로컨트롤러는 처음 데이터(DATA)를 쓴 후에 STOP 조건을 전송하지 않는다. 대신에, EERPOM은 처음 데이터를 수신에 대한 ACK 신호를 보낸 후에, 마이크로 컨트롤러는 7개(1K/2K) 또는 15개(1K/2K)의 데이터를 추가로 전송한다. EEPROM은 하나의 데이터를 수신한 후에는 0(ACK)을 응답한다. 모든 데이터가 수신한 마이크로 컨트롤러는 STOP 조건을 보내 페이지 쓰기 과정을 끝낸다. 데이터 워드 주소 하위 3비트(1K/2K) 또는 4비트(4K/8K/16K)는 각 데이터를 수신한 다음에 내부적으로 증가한다. 내부적으로 증가한 워드 주소가 페이지 끝에 도달하면, 다음 바이트는 같은 페이지의 시작 위치에 놓인다. 8개(1K/2K) 또는 16개(4K/8K/16K)의 데이터가 EERPOM에 전송되면 데이터 워드는 내부 순환(Roll Over)되어 이전 데이터 주소에 덮어 쓰기가 된다. 즉, 데이터 쓰기가 페이지 끝에 도달하면, 상위 주소를 증가시켜 다음 데이터를 써야 한다.

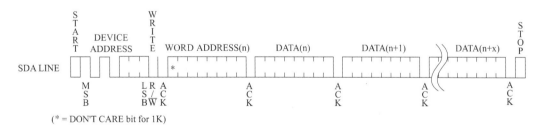

(* = DON'T CARE bit for 1K)

그림 12.57 페이지 쓰기 동작

○ 읽기 동작(Read Operation)

이것은 슬레이브 주소 전송에서 읽기/쓰기 비트를 1로 하는 것을 제외하면 쓰기 동작과 동일하게 초기화한다. 읽기 동작은 현재 주소 읽기(CURRENT ADDRESS READ), 임의의 주소 읽기

(RANDOM ADDRESS READ), 순차적 읽기(SEQUENTIAL READ)와 같이 세 가지가 있다.

◉ 현재 주소 읽기 동작(Current Address Read)

그림 12.58은 현재 주소 읽기 동작에 대한 동작 순서도를 나타낸 것이다. 내부 데이터 워드 어드레스 카운터는 마지막 읽기 또는 쓰기 동작 동안 액세스한 주소를 하나 증가한 상태로 유지한다. 이 주소는 전원이 유지되는 동안 유효하다. 일기는 마지막 메모리 페이지의 마지막 바이트로부터 첫 페이지의 첫 바이트까지 읽는 동안 주소는 내부 순환된다. 주소 내부 순환은 현재 페이지의 마지막 바이트로부터 첫 번째 바이트까지 써지는 동안 내부 순환된다. 슬레이브 주소에서 읽기/쓰기 비트가 1로 선택되고 EEPROM에 의해 0의 응답 신호를 받으면, 현재 주소 데이터 워드가 시리얼로 보내진다. 마이크로컨트롤러는 0을 출력하지 않고 STOP 신호를 출력한다.

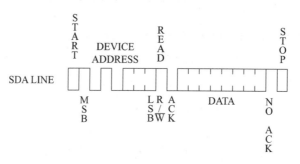

그림 12.58 현재 주소 읽기 동작

◉ 임의의 주소 읽기(Random Read)

그림 12.59는 임의의 주소에 대한 읽기 동작에 대한 동작 순서도를 나타낸 것이다. 임의의 주소 읽기는 데이터 워드 주소를 쓰기 위해 더미(dummy) 쓰기가 필요하다. 슬레이브 주소와 메모리 주소가 보내지고 EEPROM이 응답 신호를 보내면, 마이크로 컨트롤러는 또 다른 START 조건을 보낸다. 마이크로 컨트롤러는 읽기/쓰기 비트를 1로 하는 슬레이브 주소 바이트를 보내서 현재 주소를 읽는다. EEPROM은 슬레이브 주소에 대한 확인 신호를 보내고 데이터 워드를 출력하고, 마이크로컨트롤러는 응답 신호로 0을 출력하지 않고 STOP 조건을 출력한다.

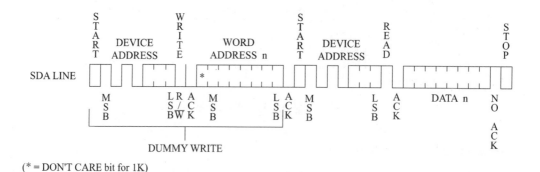

(* = DON'T CARE bit for 1K)

그림 12.59 임의의 주소 읽기

○ 연속 주소 읽기(Sequential Read)

　그림 12.60은 연속 주소 읽기 동작에 대한 동작 순서도를 나타낸 것이다. 연속 주소 읽기는 현재 주소 읽기 또는 임의의 주소 읽기로 시작한다. 마이크로 컨트롤러가 슬레이브 주소를 수신한 다음에 응답 신호를 보낸다. EEPROM이 응답 신호를 받으면 메모리 주소는 연속해서 메모리 주소를 증가시키고 연속적인 데이터를 시리얼로 출력한다. 메모리 어드레스가 페이지의 끝에 도달하면, 메모리 주소는 내부 순환(roll over)되고, 연속 읽기는 계속된다. 연속 주소 읽기는 마이크로 컨트롤러가 응답 신호를 0으로 출력하지 않고 STOP 조건을 출력하면 종료된다.

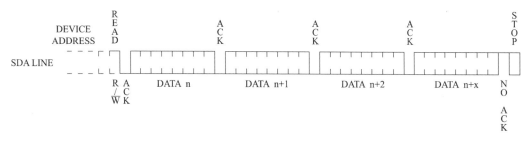

그림 12.60　연속 주소 읽기

3) PCF8574의 핀의 기능

　PCF8574A IC는 TWI 기능을 이용하여 8개의 I/O 포트로 확장할 수 있는 I/O 확장 소자이다. 이것은 16핀의 DIP, SO 패키지와 20핀의 SSOP 패키지로 되어 있으며 2선 직렬 인터페이스(TWI)를 사용하여 인터페이스할 수 있다. 이것의 각 핀의 구성과 기능에 대해 간략하게 나타내면 다음과 같다. 이것의 각 핀의 구성과 기능에 대해 간략하게 나타내면 그림 12.61과 같으며, 내부 구성은 그림 12.62에 간단하게 나타내었다.

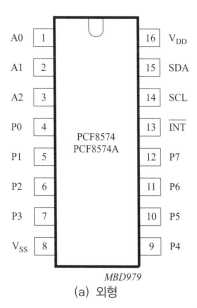

SYMBOL	PIN DIP16; SO16	DESCRIPTION
A0	1	주소 입력 0
A1	2	주소 입력 1
A2	3	주소 입력 2
P0	4	양방향 I/O 0
P1	5	양방향 I/O 1
P2	6	양방향 I/O 2
P3	7	양방향 I/O 3
Vss	8	GND
P4	9	양방향 I/O 4
P5	10	양방향 I/O 5
P6	11	양방향 I/O 6
P7	12	양방향 I/O 7
$\overline{INT}$	13	인터럽트 출력
SCL	14	TWI 클럭 신호선
SDA	15	TWI 데이터 신호선
V_{DD}	16	VCC

(a) 외형　　　　　　　　　　(b) 핀구성

그림 12.61　PCF8574A의 외형과 핀구성

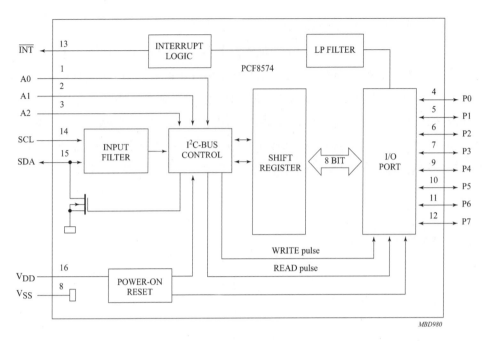

그림 12.62   PCF8574A의 내부 구성

4) PCF8574의 동작

⦿ 주소 설정

PCF8574의 슬레이브 주소를 설정하기 위해서는 그림 12.63에 나타낸 것과 같이 START 조건 다음에 1바이트의 슬레이브 주소를 설정한다. 1바이트에서 상위 7비트는 슬레이브 주소이고, 마지막 1비트는 읽기/쓰기를 나타낸다. 슬레이브 주소 7비트에서 PCF8574 소자는 상위 4비트를 0100으로 설정해야 하고 나머지 3비트는 하드웨어에 연결된 주소와 일치하는 값을 넣어주어야 한다. PCF8574A 소자는 상위 4비트를 0111로 설정해야 하고 나머지 3비트는 하드웨어에 연결된 주소와 일치하는 값을 넣어 주어야 한다. 마지막 비트(읽기/쓰기)가 0이면 쓰기 동작을 의미하고, 1이면 읽기 동작을 나타낸다.

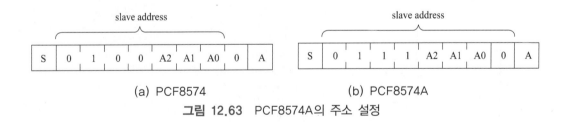

(a) PCF8574   (b) PCF8574A
그림 12.63   PCF8574A의 주소 설정

⦿ 읽기/쓰기 모드(Read Write Mode)

PCF8574(A)를 이용한 읽기 동작은 PCF8574(A)에서 읽은 데이터를 마이크로 컨트롤러로 전송하는 과정이고 쓰기 동작은 마이크로컨트롤러에서 수신한 데이터를 PCF8574(A)의 I/O 포트로 출력하는 과정이다. 이것은 그림 12.64에서와 같이 TWI 버스에서 마이크로컨트롤러에서 START

조건 다음에 1 바이트에서 슬레이브 주소와 읽기/쓰기 비트를 설정하고, 응답 신호를 수신한다. 읽기 상태이면 마스터에서 슬레이브의 1 바이트 데이터를 읽으면 되고, 쓰기 상태이면 마스터에서 슬레이브로 1 바이트의 데이터를 쓰면 된다. 마이크로컨트롤러는 데이터 바이트를 읽거나 쓰고 난 다음에 STOP 조건을 전송한다.

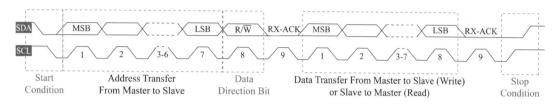

그림 12.63 PCF8574의 읽기/쓰기 동작

5) 응용 프로그램

응용 프로그램을 실행하기 위해 그림 12.65와 같이 ATmega128과 PCF8574는 TWI 버스 인터페이스로 연결하고, 슬레이브 주소(A2, A1, A0)는 GND로 연결하여 슬레이브 주소가 쓰기 모드에서는 0x70이고, 읽기 모드에서는 0x71로 설정한다. PCF의 상위 4비트는 버튼 스위치를 연결하고, 하위 4비트는 LED 연결하여 회로를 구성할 수 있다.

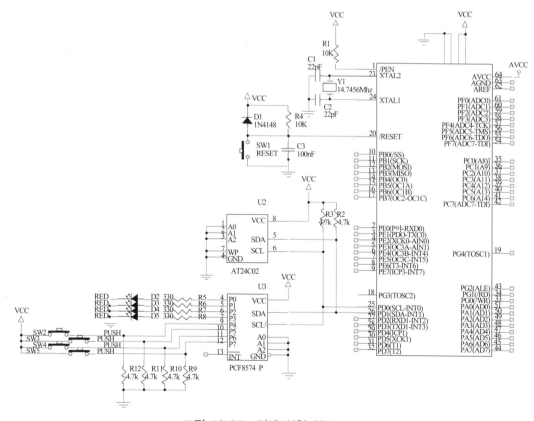

그림 12.65 전체 실험 회로도

응용 프로그램의 동작은 먼저 24C02의 0번지 주소에 0x01의 데이터를 쓴 후에 다시 0번지를 읽는다. 여기서 읽은 데이터를 PCF8574의 I/O에 출력하는 방식으로 구성된다. 작성된 프로그램은 다음과 같다.

```c
#include <mega128.h>
#include <delay.h>

void TWI_Init(void)                             // TWI 초기화
{
  TWBR = 10;                                    // TWI SCL 주기 : 약 400kHz 설정
  TWSR = 0x00;
}

void PCF8574_Write(unsigned char Add, unsigned char Data)
{
  TWCR = ( (1<<TWINT)| (1<<TWSTA)|(1<<TWEN) );
  while( (TWCR & (1<<TWINT));                   // TWINT 클리어될 동안
  TWDR = (Add);
  TWCR = ( (1<<TWINT) | (1<<TWEN) );
  while( (TWCR & (1<<TWINT));                   // TWINT 클리어될 동안
  TWDR = Data;
  TWCR = ( (1<<TWINT) | (1<<TWEN) );
  while( (TWCR & (1<<TWINT));                   // TWINT 클리어될 동안
  TWCR = ( (1<<TWINT) | (1<<TWSTO) | (1<<TWEN) );
}

unsigned char PCF8574_Read(unsigned char Add)
{
  unsigned char Data;

  TWCR = ( (1<<TWINT)| (1<<TWSTA)|(1<<TWEN) );
  while( (TWCR & (1<<TWINT));                   // TWINT 클리어될 동안
  TWDR = (Add);
  TWCR = ( (1<<TWINT) | (1<<TWEN) );
  while( (TWCR & (1<<TWINT));                   // TWINT 클리어될 동안
  TWCR = ( (1<<TWINT) | (1<<TWEN) );
  while( (TWCR & (1<<TWINT));                   // TWINT 클리어될 동안
  Data = TWDR;
  TWCR = ( (1<<TWINT) | (1<<TWSTO) | (1<<TWEN) );

  return Data;
}
```

```
void at24_Write(unsigned char Data,unsigned char wo_Add) // 바이트 쓰기
{
    TWCR = ( (1<<TWINT)| (1<<TWSTA)|(1<<TWEN) );          // Start
    while( (TWCR & (1<<TWINT));                           // TWINT 클리어될 동안
    TWDR = 0xa0;                                          // 디바이스 어드레스(쓰기)
    TWCR = ( (1<<TWINT) | (1<<TWEN) );
    while( (TWCR & (1<<TWINT));                           // TWINT 클리어될 동안
    TWDR = (wo_Add);                                      // 워드 어드레스
    TWCR = ( (1<<TWINT) | (1<<TWEN) );
    while( (TWCR & (1<<TWINT));                           // TWINT 클리어될 동안
    TWDR = Data;                                          // 데이타 쓰기
    TWCR = ( (1<<TWINT) | (1<<TWEN) );
    while( (TWCR & (1<<TWINT));                           // TWINT 클리어될 동안
    TWCR = ( (1<<TWINT) | (1<<TWSTO) | (1<<TWEN) );       //  Stop
}


unsigned char at24_Read(unsigned char wo_Add)            // 임의 주소 읽기
{
    unsigned char Data;

    TWCR = ( (1<<TWINT)| (1<<TWSTA)|(1<<TWEN) );          // Start
    while( (TWCR & (1<<TWINT));                           // TWINT 클리어될 동안
    TWDR = 0xa0;                                          // 디바이스 어드레스(쓰기)
    TWCR = ( (1<<TWINT) | (1<<TWEN) );
    while( (TWCR & (1<<TWINT));                           // TWINT 클리어될 동안
    TWDR = (wo_Add);                                      // 워드 어드레스
    TWCR = ( (1<<TWINT) | (1<<TWEN) );
    while( (TWCR & (1<<TWINT));                           // TWINT 클리어될 동안
    TWCR = ( (1<<TWINT)| (1<<TWSTA)|(1<<TWEN) );          // Start
    while( (TWCR & (1<<TWINT));                           // TWINT 클리어될 동안
    TWDR = 0xa1;                                          // 디바이스 어드레스(읽기)
    TWCR = ( (1<<TWINT) | (1<<TWEN) );
    while( (TWCR & (1<<TWINT));                           // TWINT 클리어 될 동안
    TWCR = ( (1<<TWINT) | (1<<TWEN) );
    while( (TWCR & (1<<TWINT));                           // TWINT 클리어될 동안
    Data = TWDR;                                          // 데이타 읽기
    TWCR = ( (1<<TWINT) | (1<<TWSTO) | (1<<TWEN) );       //  Stop
    return Data;
}

void main(void)
{
    unsigned char at24_Data = 0;                          // EEPROM 저장 변수
```

```
        unsigned char IO_Data = 0;                        // IO 저장 변수
        unsigned char i = 0;                              // EEPROM 쓰기 변수

        TWI_Init();                              // TWI 초기화

        PCF8574_Write(0x70,0xf0);                         // IO 초기화

        for(i=0; i<4; i++)
        {
           at24_Write(0x01<<i, i);                        // EEPROM에 데이터 쓰기
           delay_ms(10);
        }
        while(1)
        {
              IO_Data = PCF8574_Read(0x71);               // IO 입력 데이터 저장
              switch(IO_Data&0xf0)
              {
              case 0x10: at24_Data = at24_Read(0x00);     // EEPROM 0x00 번지
                                                          //데이터 읽기
                      PCF8574_Write(0x70, at24_Data,); // 데이터 출력
                      delay_ms(10);
                      break;
              case 0x20: at24_Data = at24_Read(0x01);      // EEPROM 0x01
                                                          //번지 데이터 읽기
                      PCF8574_Write(0x70, at24_Data,);   // 데이터 출력
                      delay_ms(10);
                      break;
              case 0x40: at24_Data = at24_Read(0x02);      // EEPROM 0x02
                                                          //번지 데이터 읽기
                      PCF8574_Write(0x70, at24_Data,);   // 데이터 출력
                      delay_ms(10);
                      break;
              case 0x80: at24_Data = at24_Read(0x03);      // EEPROM 0x03
                                                          //번지 데이터 읽기
                      PCF8574_Write(0x70, at24_Data,);   // 데이터 출력
                      delay_ms(10);
              default: break;
              }
        }
}
```

연 습 문 제

01 AVR에는 SPI 통신 포트 외에 TWI 통신 포트가 있다. 이 두 개의 통신 방식에 대해 차이점과 장단점을 비교하시오.

02 일반적으로 마이크로컨트롤러에 주변 소자를 인터페이스하는 방법으로 데이터 버스를 이용한다. 이 방식과 SPI 모드를 이용하는 경우에 대해 장점을 논하시오. 또한 SPI 통신 모드를 이용하는 주변 소자를 5가지 정도만 조사하시오(아날로그 디바이스사 또는 필립스 등).

03 SPI 통신 모드에 사용되는 신호선을 정의하고 간단하게 설명하시오.

04 SPI 통신 모드를 활용하여 프로그램을 작성하는 방법으로 인터럽트 구동 방식과 폴링 방식이 있다. 20MHz의 고속 통신을 할 경우에는 어떤 방식을 이용하는 것이 바람직한가? 또 이에 대한 이유를 설명하시오.

05 예제 12.1의 프로그램은 인터럽트 구동 방식을 사용하지 않고 작성되어 있다. 예제 12.1의 마스터 프로그램을 SPI 인터럽트 구동 방식으로 작성하여 동작을 확인하시오.

06 예제 12.2의 프로그램은 인터럽트 구동 방식을 사용하지 않고 작성되어 있다. 예제 12.2의 프로그램을 SPI 인터럽트 구동 방식으로 작성하여 동작을 확인하시오.

07 예제 12.3에서 사용한 ADIS16100에는 내부에 두 개 채널의 A/D 변환기가 내장되어 있는 1번 채널에 0~5V의 전압이 가변되도록 가변저항 회로를 구성하고 이를 읽어 LCD에 표시하는 프로그램을 작성하시오. 단, 인터럽트 구동 방식에 의해 프로그램을 작성하시오.

08 그림 12.25의 회로를 보면 저항과 캐패시터가 ADIS16100에 연결되어 있다. 이 저항과 캐패시터의 용도를 조사하고, 이 값을 구하는 원리를 찾아 설명하시오.

09 TWI 통신 모드에 사용되는 신호선을 정의하고 간단하게 설명하시오.

10 본 교재에서 시스템 클럭은 14.7456MHz를 사용하고 있다. TWI SCA 신호선의 정확한 주파수를 계산 과정을 설명하고, TWBR를 10, TWPS를 0으로 설정하는 이유를 설명하시오.

11 그림 12.64를 확인한 후 다음의 프로그램을 작성하시오
1) PCF8574의 P4에 연결된 버튼 스위치를 1초 동안 눌러진 횟수를 LED에 출력하는 프로그램을 작성하시오.
2) 1)에서 눌러진 횟수를 AT24C02의 0x00번지에 저장하는 프로그램을 작성하시오.
3) 2)에서 저장된 AT24C02의 0x00번지를 읽어 USART 통신 포트를 통해 PC에서 확인하는 프로그램을 작성하시오.

12 그림 12.64를 확인한 후 다음의 프로그램을 작성하시오.
1) PCF8574에 연결된 버튼 스위치를 입력 받아 AT24C02의 0x00번지에 저장하는 프로그램을 작성하시오. (P4 버튼 = 0, P5 버튼 = 1, P6 버튼 = 2, P7 버튼 = 3)
2) 교육용 보드의 전원을 Off 하고 나서 다시 전원을 인가한 후 AT24C02의 0x00번지를 읽어 다음을 실행하는 프로그램을 작성하시오.

AT24C02의 0x00번지	교육용 보드의 실행
0x00	교육용 보드의 ATmega128 Port B에 연결된 LED를 1초 간격으로 전체 On/Off
0x01	교육용 보드의 ATmega128 Port B에 연결된 LED를 2초 간격으로 전체 On/Off
0x02	교육용 보드의 ATmega128 Port B에 연결된 LED를 3초 간격으로 전체 On/Off
0x03	교육용 보드의 ATmega128 Port B에 연결된 LED를 4초 간격으로 전체 On/Off
이외의 값	교육용 보드의 ATmega128 Port B에 연결된 LED를 0.5초 간격으로 전체 On/Off

CHAPTER 13

ATmega128의 기타 내장 기능의 활용

6 장부터 12장까지는 ATmega128에 내장되어 있는 주요 핵심 기능인 I/O 포트, 인터럽트, 타이머/카운터, 직렬 통신 등의 기능을 제어 및 활용하는 방법을 예제를 통해 자세히 알아보았다. 13장에서는 이 기능 외에 ATmega128에 내장되어 있는 A/D 변환기, 아날로그 비교기와 EEPROM을 활용하는 방법과 워치독 타이머와 휴면 모드를 제어하는 방법을 예제를 통해 자세히 설명하여 ATmega128에 내장된 모든 기능을 완벽하게 이해할 수 있도록 할 것이다.

13.1   아날로그-디지털 변환기의 활용

1) 아날로그-디지털 변환의 개요

아날로그-디지털 변환기(Analog-Digital Converter, ADC)는 아날로그 신호를 디지털 신호로 변환하는 소자이다. 전압, 전류, 온도, 습도, 유량 등의 각종 센서들로부터 입력되는 연속적인 아날로그 신호를 마이크로컨트롤러에서 처리하기 위해서는 먼저 이 신호를 디지털 신호로 변환하여야 한다. 그림 13.1은 아날로그 신호를 A/D 변환기를 사용하여 디지털 신호로 변환한 결과를 나타낸다. 변환된 디지털 신호는 계단 모양으로 근사화되고, 2진 코드로 양자화(quantization)된다고 한다.

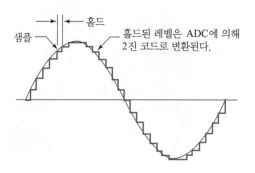

그림 13.1   A/D 변환의 개념

● A/D 변환 과정

A/D 변환 과정은 샘플-앤-홀드(sample-and-hold) 동작을 기본으로 한다. 여기서 아날로그 신호의 샘플링은 일정한 주기로 아날로그 신호를 순간순간의 입력 파형 크기를 나타내는 연속적인 임펄스 신호 즉, 순간적인 이산 값으로 받아들이는 동작으로 그림 13.2에 이를 나타내었다. 이 과정에서 파형을 보다 정교하게 처리하기 위해서는 더 많은 샘플링이 요구된다.

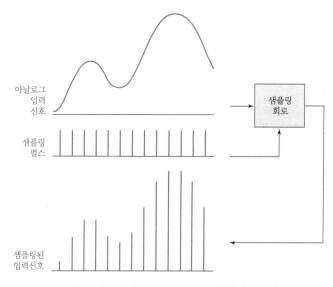

그림 13.2   아날로그 신호의 샘플링 과정

샘플링한 값은 다음 샘플링이 일어날 때까지 일정하게 유지되어야 한다. 이는 AD 변환기가 샘플 값을 처리할 시간을 갖도록 하기 위함이다. 아날로그 신호가 샘플-앤-홀드 동작을 수행하고 나면 그림 13.3과 같이 아날로그 입력 파형을 근사화하는 계단 형태의 파형이 만들어진다.

이렇게 샘플-앤-홀드의 동작을 거친 신호는 A/D 변환기로 입력되어 A/D 변환 과정을 거친다. 아날로그-디지털 변환은 샘플-앤-홀드 회로의 출력을 일련의 2진 코드로 변환하는 과정이다. 샘플-앤-홀드는 샘플 값을 다음 샘플링이 일어날 때까지 일정하게 유지시킴으로써 아날로그-디지털 변환기가 신호를 변환하는 동안 일정한 입력 값을 얻을 수 있게 한다. 그림 13.4는 이러한 ADC의 기본 기능을 나타낸다. 샘플링 간격은 점선으로 표시되어 있다.

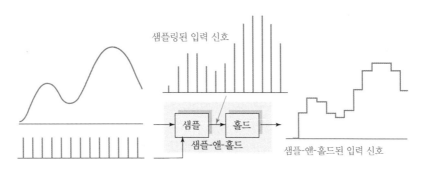

그림 13.3 샘플-앤-홀드의 동작

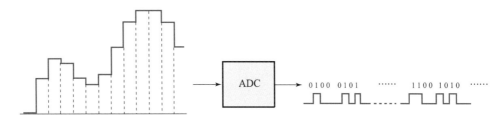

그림 13.4 ADC의 기본 기능(2진 코드와 비트수는 임의로 정한 것이다.)
2진 코드로 표현된 것을 ADC 출력 파형으로 표시하고 있다.

아날로그 값을 2진 코드로 변환하는 과정을 양자화(quantization)라 한다. ADC는 양자화 과정을 통하여 아날로그 신호의 샘플 값들을 2진 코드로 변환한다. 코드의 비트 수를 증가시키면 샘플 값을 보다 정밀하게 나타낼 수 있다.

그림 13.5는 4 단계의 레벨(0 − 3)로, 즉 2비트로 아날로그 신호를 양자하는 과정을 나타낸다. 그림에서 각 양자화 레벨은 수직축 상에 2비트 코드에 의해 표현되고, 각 샘플 간격은 수직축 상에 숫자로 표현되어 있다. 또한 샘플링된 값은 샘플 간격 동안 유지되는 것을 볼 수 있다. 이 데이터는 표 13.1에 나타낸 것과 같이 다음의 더 낮은 레벨로 양자화된다.(예를 들어, 샘플 3과 4를 비교하여 보면 다른 레벨로 할당된 것을 알 수 있다.)

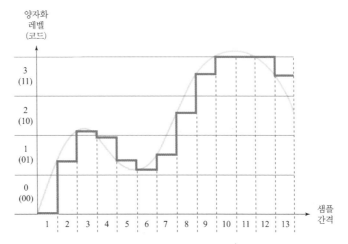

그림 13.5 4 레벨로 양자화하기 위한 샘플-앤-홀드의 출력.

표 13.1 그림 13.5의 파형에 대한 2비트 양자화 결과

샘플 간격	양자화 레벨	코드
1	0	00
2	1	01
3	2	10
4	1	01
5	1	01
6	1	01
7	1	01
8	2	10
9	3	11
10	3	11
11	3	11
12	3	11
13	3	11

표 13.1은 그림 13.5의 파형에 대한 2비트 양자화 결과이다.

이렇게 2비트로 양자화하면 정확성이 많이 떨어짐을 알 수 있다. 그림 13.6은 디지털-아날로그 변환기(DAC)를 이용하여 양자화된 2비트 디지털 코드를 원래의 신호로 복원한 것이다. 2비트로 샘플된 값을 양자화하면 정확성이 많이 떨어짐을 볼 수 있다.

이제 비트 수를 늘려서 보다 정확하게 신호를 나타내는 과정을 살펴보자. 그림 13.7은 같은 파형을 16개 양자화 레벨(4비트)로 표현한 것이고, 이러한 양자화 결과를 표 13.2에 나타내었다.

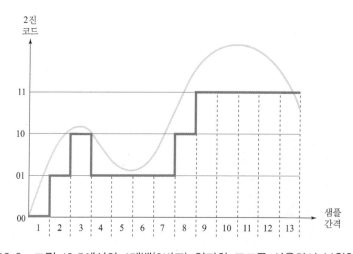

그림 13.6   그림 13.5에서의 4레벨(2비트) 양자화 코드를 사용하여 복원한 신호.

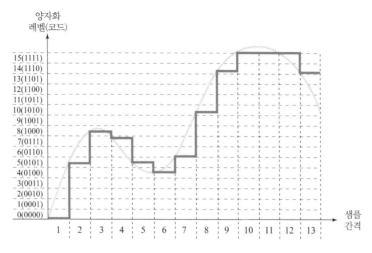

그림 13.7   16-레벨로 양자화한 샘플-앤-홀드의 출력.

표 13.2   그림 13.7의 파형에 대한 4비트 양자화 결과

SAMPLE INTERVAL	QUANTIZATION LEVER	CODE
1	0	0000
2	5	0101
3	8	1000
4	7	0111
5	5	0101
6	4	0100
7	6	0110
8	10	1010
9	14	1110
10	15	1111
11	15	1111
12	15	1111
13	14	1110

그림 13.8은 이 결과를 DAC를 이용하여 복원한 것이다. 네 개의 양자화 레벨을 이용한 그림 13.6에 비해 원래의 신호와 매우 유사한 결과를 얻는 것을 볼 수 있다. 대부분의 집적회로로 구현된 ADC에서는 8~24 비트를 사용하여 양자화하고 있으며, 샘플-앤-홀드 회로도 내장되어 있다.

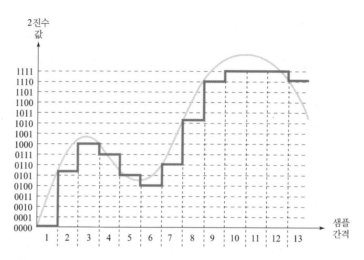

그림 13.8 그림 13.7에서의 16레벨(4비트) 양자화 코드를 사용하여 복원한 신호

◉ A/D 변환 방법

현재 A/D 변환기를 구현하는 방식으로는 플래시(동시성) A/D 변환기, 이중 경사 A/D 변환기, 연속 근사 A/D 변환기와 시그마-델타 A/D 변환기 등이 있으나, 일반적으로 연속 근사 A/D 변환기가 많이 사용되며, ATmega128도 이 방식으로 구현되어 있다.

① 플래시 A/D 변환기

플래시(flash) 방식은 고속의 비교기들을 사용하여 기준 전압과 아날로그 입력 전압을 비교한다. 아날로그 입력 전압이 기준 전압보다 클 경우 해당 비교기의 출력은 HIGH가 된다. 그림 13.9는 7개의 비교기 회로를 사용한 3비트 A/D 변환기 회로를 나타낸다. 모든 값이 0인 조건에 대한 비교기는 필요하지 않다. 4비트 변환기의 경우에는 15개의 비교기가 요구된다. 일반적으로 n-비트 2진 코드로 변환하기 위해서는 $2^n - 1$개의 비교기가 필요하다. ADC에 사용되는 비트의 수를 분해능(resolution)이라 한다. 플래시 변환기는 큰 2진수를 나타내기 위해 많은 비교기가 필요하다는 단점이 있으나 변환 시간이 매우 빠르다는 장점을 가지고 있다. 변환 시간이 빠르면 시간당 샘플수(sps)로 나타내는 데이터 처리량(throughput)이 높게 된다. 각 비교기에 대한 기준 전압은 저항을 이용한 전압 분배 회로에 의해 결정된다. 각 비교기의 출력은 우선 순위 인코더의 입력에 연결된다. 인코더는 EN 입력 펄스에 의해 허가되어, 아날로그 입력값에 해당하는 3비트 2진 코드가 인코더의 출력으로 나타난다. 2진 코드는 HIGH 레벨을 갖는 최상위 입력에 의해 결정된다.

② 이중 경사 A/D 변환기

이중 경사(dual-slope) ADC는 디지털 전압계와 같은 측정 장비들에서 많이 사용된다. 이중 경사 특성은 램프 발생기(적분기)로부터 만들어진다. 그림 13.10은 이중 경사 ADC의 구성도를 나타낸다.

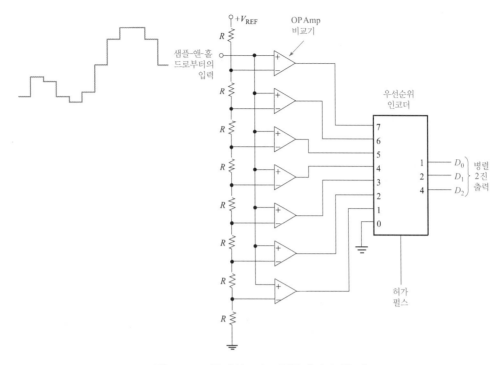

그림 13.9 플래시 A/D 변환기의 구성 예

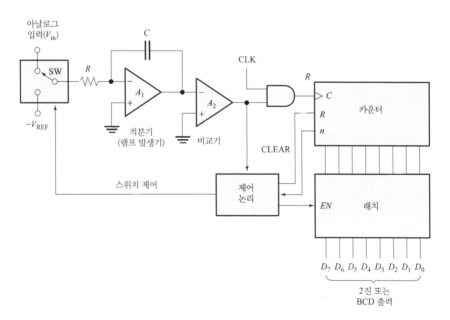

그림 13.10 이중 경사 ADC

　　그림 13.11은 이중 경사 변환 과정을 보여준다. 초기에 카운터는 리셋 상태에 있고 적분기의
출력은 0이다. 제어 논리에 의해 스위치의 상태가 양의 입력 전압(V_{in})으로 선택되어 OP Amp의
입력에 인가되었다고 가정하자. A_1의 반전 입력은 가상 접지 상태에 있으므로 V_{in}이 1주기 동안
일정하다고 가정하면, 입력 저항 R과 캐패시터 C를 통해 일정한 전류가 흐르게 된다. 전류가 일
정하기 때문에 캐패시터 C는 선형적으로 충전되어, 그 결과 그림 13.11(a)와 같이 A1의 출력 전

압은 음의 선형 램프 신호로 나타난다.

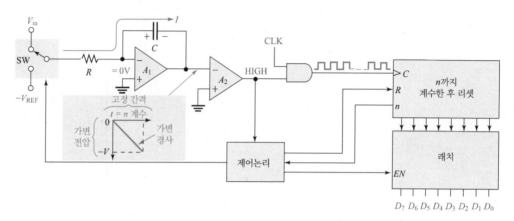

(a) 고정 간격과 음의 방향을 갖는 램프 신호(카운터는 n까지 계수하고 있다.)

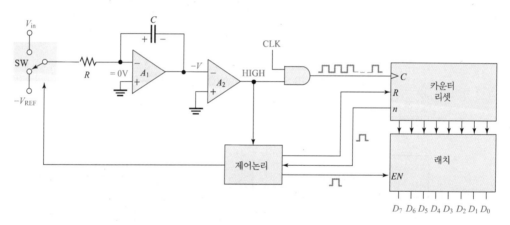

(b) 카운터가 제어 논리에 펄스를 보내면 고정 간격은 끝나고 스위치 SW가 $-V_{REF}$ 입력에 연결됨

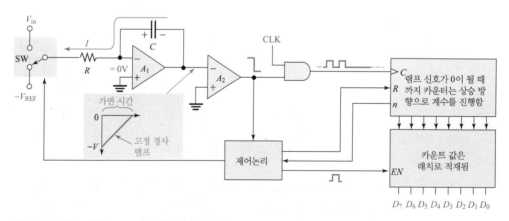

(c) 카운터가 상승 방향으로 계수하는 과정에서의 고정 간격과 양의 방향의 램프 신호. 램프 신호가
   0V가 되면 카운터는 정지하고 카운터 출력은 래치로 적재된다.

그림 13.11   이중 경사 ADC의 변환 과정

카운터가 지정된 계수 상태에 도달하면 카운터는 리셋되고, 제어 논리 신호에 의해 스위치의 상태는 음의 기준 전압($-V_{REF}$)으로 변경되어 A_1의 입력단에 연결된다. 이때 캐패시터는 입력 아날로그 전압에 비례하여 음의 전압 $-V$로 충전되어 있는 상태이다.

이제 캐패시터는 그림 13.11(c)에서와 같이 $-V_{REF}$로부터의 일정한 전류 때문에 선형적으로 방전되기 시작한다. 이로 인해 A_1의 출력단에는 $-V$에서 시작하는 양의 램프 신호가 나타나게 된다. 이 신호는 충전 전압에 관계없이 일정한 경사를 갖는다. 캐패시터가 방전하는 동안, 카운터는 리셋 상태에서 계수를 시작한다. 캐패시터가 완전히 방전되는 데 걸리는 시간은 방전율(경사)이 일정하기 때문에 초기 전압 $-V$에 의해 결정된다. 적분기(A_1)의 출력 전압이 0에 도달하는 순간 비교기(A_2)의 출력은 LOW가 되어 클럭이 더 이상 카운터에 공급되지 않게 된다. 카운터의 2진수가 래치에 저장됨으로써 하나의 변환 사이클이 완료된다. 캐패시터가 방전되는 데 걸리는 시간이 $-V$에 의해서만 결정되므로 카운터의 2진수는 V_{IN}에 비례하며, 캐패시터의 방전 시간을 표시하게 된다.

③ 연속 근사 A/D 변환기

연속 근사(successive-approximation) 방식은 A/D 변환 방식 중에 가장 널리 사용된다. 플래시 방식보다는 느리나 이중 경사 방법보다는 변환 시간이 훨씬 짧다. 이 방법은 아날로그 입력값에 관계없이 변환 시간이 항상 일정하다는 특징을 가지고 있다. 그림 13.12는 4비트 연속 근사 ADC의 기본적인 구성도로서 DAC(D/A 변환기), 연속 근사 레지스터(SAR)과 비교기로 구성되어 있다. 기본적인 동작은 다음과 같다. DAC의 입력 비트를 최상위 비트(MSB)부터 하나씩 허가시킨다(즉, 1로 만든다). 각 비트가 허가될 때마다 비교기는 아날로그 입력 전압과 DAC의 출력 전압을 비교한다. DAC의 출력이 아날로그 입력보다 크면, 비교기의 출력이 LOW가 되어 레지스터 내의 비트를 리셋시킨다. DAC의 출력이 아날로그 입력보다 작으면, 비트 1은 레지스터에 남게 된다. 이러한 과정이 MSB부터 시작하여 LSB까지 수행되면 변환 사이클이 완료된다.

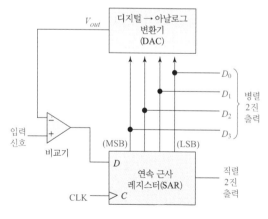

그림 13.12 연속 근사 ADC

연속 근사 ADC의 동작을 좀 더 명확히 이해하기 위하여 4비트 변환의 예를 들어 설명하여 보자. 그림 13.13은 일정한 아날로그 입력 전압(이 경우 5.1V)에 대한 변환 과정을 단계적으로 보여주고 있다. DAC는 다음과 같은 출력 특성을 가지고 있다고 가정하자: 2^3 비트(MSB)에 대하여 V_{out}=8V, 2^2비트에 대하여 V_{out}=4V, 2^1 비트에 대하여 V_{out}= 2V, 2^0 비트(LSB)에 대하여 V_{out}=1.

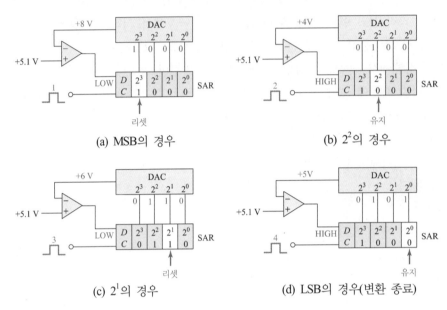

(a) MSB의 경우   (b) 2^2의 경우

(c) 2^1의 경우   (d) LSB의 경우(변환 종료)

그림 13.13   연속 근사 변환 과정의 예

그림 13.13(a)는 변환 사이클의 첫 번째 단계로서 MSB=1인 경우이다. DAC의 출력은 8V이며, 아날로그 입력 5.1V보다 크기 때문에 비교기 출력은 LOW가 된다. 따라서 SAR의 MSB는 0으로 리셋된다. 그림 13.13(b)는 변환 사이클의 두 번째 단계로 2^2 비트가 1인 경우이다. DAC의 출력은 4V이며, 아날로그 입력 5.1V보다 작기 때문에 비교기 출력이 HIGH가 된다. 따라서 이 비트는 SAR에 그대로 유지된다. 그림 13.13(c)는 변환 사이클의 세 번째 단계로 2^1 비트가 1인 경우이다. 2^2 비트 입력과 2^1비트 입력이 모두 1이므로 DAC의 출력은 4V+2V=6V이다. 이 값은 아날로그 입력값보다 크므로 비교기 출력이 LOW가 되고 SAR의 세 번째 비트는 0으로 리셋된다. 그림 13.13(d)는 변환 사이클의 네 번째, 즉 마지막 단계로서 2^0 비트가 1인 경우이다. 변환 사이클의 네 번째, 즉 마지막 단계이다. 2^2 비트 입력과 2^0 비트 입력이 모두 1이므로 DAC의 출력은 4V+1V=5V이며 이 비트는 SAR에 그대로 유지된다. 이 시점에서 4비트 변환 사이클은 종료되며 레지스터의 2진 코드는 5.1V 아날로그 입력의 2진 근사값인 0101_2가 된다. 또 다른 변환 사이클이 시작되면 같은 과정이 반복된다. SAR은 각 사이클의 시작 단계에서 클리어된다.

④ 시그마-델타 A/D 변환기

시그마-델타 방식은 오디오 신호를 사용하는 통신 분야에서 널리 사용되는 A/D 변환 방식이다. 샘플 값의 크기를 이용하는 다른 방식과 달리, 이 방식은 증가 또는 감소하는 두 개의 연속한 샘플 값들의 차이를 양자화하는 델타 변조(delta modulation)를 기반으로 하고 있다. 델타 변조는 1비트 양자화 방식이다.

델타 변조기의 출력은 1과 0의 상대적인 회수가 입력 신호의 레벨 또는 크기를 나타내는 단일 비트 데이터 열(stream)이다. 주어진 클럭 사이클 동안에 나타나는 1의 수가 해당 구간에서의 샘플 신호의 크기이다. 발생할 수 있는 1의 최대 회수는 양의 최대 입력 전압에 대응된다. 1의 회수가 최대 회수의 반인 경우는 0V 입력을 나타낸다. 1이 전혀 없다면 음의 최대 입력 전압을 의미한다. 그림 13.14는 이를 간단하게 나타낸 것이다. 입력 신호가 최대가 될 때 1이 4096번 나타난다고 가정하자. 입력 신호가 0이면 1이 2048번 나타난다. 입력이 최소, 즉 음으로 최대일 경우 이 구간에서 1은 전혀 발생하지 않는다. 1들의 회수는 입력 신호 레벨에 비례한다.

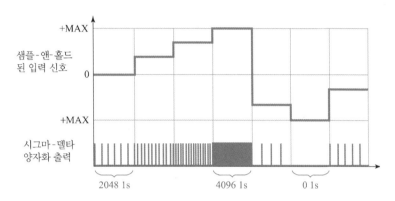

그림 13.14 시그마-델타 A/D 변환 과정의 예

그림 13.15는 그림 13.14에 소개한 변환 과정을 논리 구성도로 나타낸 것이다. 아날로그 입력 신호와 궤환 루프에 있는 DAC로부터의 아날로그 신호는 가산점(summing point) Σ에 인가된다. 가산점으로 인가되는 아날로그 신호는 이전 단계에서 양자화된 비트열인 디지털 값을 DAC에 의해 변환된 값이다. 이 가산점에서의 두 값의 차이 신호(difference signal) Δ는 적분되고 1비트 ADC는 차이 신호에 따라 1의 수를 증가 혹은 감소시킨다. 이러한 동작은 궤환되는 양자화된 신호가 입력되는 아날로그 신호와 같도록 한다. 기본적으로 1비트 양자화기(quantizer)는 래치와 연결된 비교기이다.

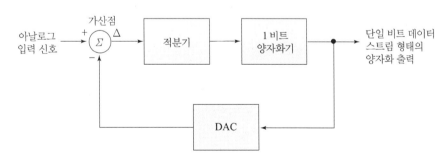

그림 13.15 시그마-델타 ADC의 부분 기능 구성도

그림 13.16은 시그마-델타 변환 과정을 완성하기 위한 한 가지 방법을 보여주는 것으로 단일 비트 데이터 스트림은 일련의 2진 코드로 변환된다. 카운터는 연속하는 구간의 양자화된 데이터

스트림에서 1을 계수한다. 카운터가 나타내는 코드는 각 구간의 아날로그 입력 신호 크기를 나타 낸다. 이 코드는 임시 저장을 위해 래치로 시프트 된다. 래치로부터 나오는 일련의 n비트 코드는 아날로그 신호를 나타낸다.

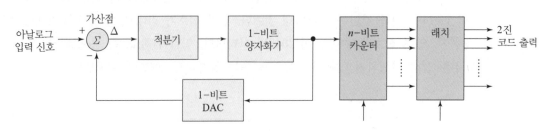

그림 13.16 시그마-델타 ADC의 한 가지 예

2) ATmega128의 A/D 변환 포트의 개요

ATmega128에는 8채널(ADC0~ADC7)의 아날로그 신호의 입력이 가능한 10비트 A/D변환기를 가지고 있으며, 특징은 다음과 같으며 내부 구성은 그림 13.17에 나타내었다.

▶ 10비트 분해능
▶ 0.5 LSB의 적분형 비선형성
▶ ±2 LSB의 절대 정밀도
▶ 13~260μs의 변환 시간
▶ 초당 76,900 샘플링까지 가능(최대 분해능에서는 15ksps 가능)
▶ 8개의 멀티플렉스된 단극성 입력 채널
▶ 7개의 차동 입력 채널
▶ 10배와 200배의 선택적 이득을 갖는 두 개의 차동 입력 채널
▶ ADC의 결과 값에 대한 좌우측 보정 기능
▶ 0~VCC까지의 ADC 입력 전압 범위
▶ 기준 전압으로 내부의 2.56V와 외부의 2.0V~AVCC를 선택할 수 있음.
▶ 프리 런닝 또는 단일 변환 모드
▶ ADC 변환 완료 시에 인터럽트 발생
▶ 슬립모드 잡음 제거기

그림을 살펴보면, 8 채널의 아날로그 입력은 포트 F를 통해서 입력되며, 아날로그 멀티플렉서 에 의해 선택된다. A/D 변환기의 앞단에는 샘플-앤-홀드(sample-and-hold) 회로를 내장하고 있어 서 A/D 변환이 수행되고 있는 동안 ADC에 입력되는 전압이 일정하게 유지될 수 있도록 한다.

각 채널은 8개의 단극성(single ended) 입력으로 사용가능하다. 이중에서 두 개의 차동 입력 (ADC1, ADC0와 ADC3, ADC2)은 A/D 변환기 전에 내부 증폭기가 연결되어 있어서 0dB, 20dB(10배), 46dB(200배)의 이득을 선택할 수 있다. 또한, 7개의 차동(differential) 입력 채널은 1 개의 음의 단자(ADC1)을 기준으로 하여 차동 입력으로 사용가능하다. 증폭을 하지 않거나 10배

증폭을 할 경우에는 A/D 변환의 값은 8비트의 해상도를 가지며, 200배 증폭을 할 경우에는 7비트의 해상도를 갖는다.

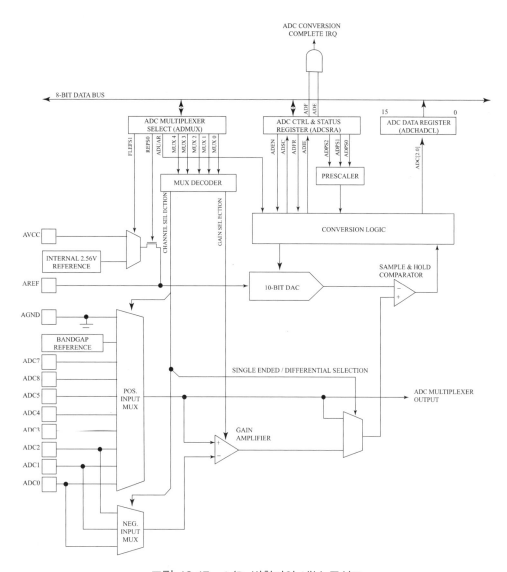

그림 13.17 A/D 변환기의 내부 구성도

A/D 변환기에는 보다 안정된 동작을 위하여 마이크로컨트롤러의 디지털 전원과 별도로 아날로그 회로의 전원 단자 AVCC를 가지고 있으며, 이 전압은 전원 전압에 비해 VCC±0.3V 이내로 유지되어야 한다. 또한 A/D 변환에 필요한 기준 전압 단자 AREF 단자를 가지고 있어 외부에서 A/D 변환시의 기준 전압을 공급할 수 있도록 되어 있다. A/D 변환기의 기준 전압(V_{REF})으로는 AREF 단자로 공급되는 외부 전압을 사용할 수 있고, 마이크로컨트롤러 내부의 기준 전압 2.56V를 선택하여 사용할 수도 있다. 외부에서 인가하는 기준 전압 AREF는 아날로그 전원 전압 AVCC 및 VCC를 초과할 수 없다.

A/D 변환 모드에는 단일 변환 모드(single conversion mode)와 프리 런닝 모드(free running

mode)가 있으며, 변환이 완료되면 변환 결과가 저장되는 데이터 레지스터가 업데이트되면서 A/D
변환 완료 인터럽트(ADC Conversion Complete Interrupt)가 요청되며, ADCSRA 레지스터의
ADIF 플래그가 1로 설정된다.

3) A/D 변환기 제어용 레지스터

그림 13.17의 A/D 변환기의 내부 구성도를 살펴보면 A/D 변환기의 동작을 위해 A/D 변환기
멀티플렉서 선택 레지스터(ADMUX), A/D 변환기 제어 및 상태 레지스터(ADCSRA)와 A/D 변
환기 데이터 레지스터(ADCH, ADCL)가 존재한다. 이에 대해 자세히 살펴보기로 하자.

◉ ADMUX 레지스터 : ADMUX

ADMUX(Multipilexer selection Register) 레지스터는 A/D 변환기의 아날로그 입력 채널을 선
택하는 기능, 기준 전압의 선택과 변환 결과 레지스터의 데이터 저장 형식을 지정하는 기능을 수
행하며, 이의 비트 구성은 그림 13.18과 같으며, 각 비트의 기능의 다음과 같다.

Bit	7	6	5	4	3	2	1	0	
	REFS1	REFS0	ADLAR	MUX4	MUX3	MUX2	MUX1	MUX0	ADMUX
Read/Write	R/W	R/W	R/W	R/W	R/W	R/W	R/W	R/W	
Initial Value	0	0	0	0	0	0	0	0	

그림 13.18 A/D 변환기 멀티플렉서 선택 레지스터의 비트 구성

▶ **비트 7~6 : REFS0~1(기준 전압 선택 비트, Reference Selection Bits)**

이 두 비트는 표 13.3과 같이 A/D 변환에 사용되는 기준 전압을 선택한다.

표 13.3 A/D 변환기 기준 전압의 선택

REFS1	REFS0	기준 전압
0	0	외부의 AREF 단자로 입력된 전압을 사용
0	1	외부의 AVCC 단자로 입력된 전압을 사용
1	0	(reserved)
1	1	내부의 기준 전압 2.56V를 사용

▶ **비트 5 : ADLAR(ADC 좌측 보정 결과, ADC Left Adjust Result)**

이 비트는 A/D 변환의 결과를 16비트 ADC 데이터 레지스터에 저장할 때의 형식
을 지정한다.

ADLAR－1 : 변환된 10비트 데이터가 좌측부터 저장된다.(그림 13.22 참조)
ADLAR＝0 : 변환된 10비트 데이터가 우측부터 저장된다.

▶ 비트 4~0 : MUX0~4(Analog Channel and Gain Selection Bit)

이 비트들은 ADC의 아날로그 입력 채널을 설정하는 기능을 수행하는 비트로, 비트의 설정에 따라 표 13.4와 같이 아날로그 입력 채널이 선택된다. 표 13.4를 살펴보면, 아날로그 입력은 크게 8가지의 단극성 입력과 22가지의 차동 입력으로 구분되고, 차동입력은 다시 네 가지 경우로 다음과 같이 구분된다.

① ADC0~ADC1 단자 사이의 차동 입력(이득 10 또는 200)
② ADC3~ADC2 단자 사이의 차동 입력(이득 10 또는 200)
③ ADC1 단자를 기준으로 한 8가지의 차동 입력
④ ADC2 단자를 기준으로 한 6가지의 차동 입력

표 13.4 A/D 변환기 입력 채널 및 이득의 선택

MUX4~0	단극성 입력	차동 입력		
		+ 단자	− 단자	이득
00000	ADC0			
00001	ADC1			
00010	ADC2			
00011	ADC3		−	
00100	ADC4			
00101	ADC5			
00110	ADC6			
00111	ADC7			
01000		ADC0	ADC0	10×
01001		ADC1	ADC0	10×
01010		ADC0	ADC0	200×
01011		ADC1	ADC0	200×
01100		ADC2	ADC2	10×
01101		ADC3	ADC2	10×
01110		ADC2	ADC2	200×
01111		ADC3	ADC2	200×
10000		ADC0	ADC1	1×
10001		ADC1	ADC1	1×
10010		ADC2	ADC1	1×
10011		ADC3	ADC1	1×
10100		ADC4	ADC1	1×
10101		ADC5	ADC1	1×
10110		ADC6	ADC1	1×
10111		ADC7	ADC1	1×
11000		ADC0	ADC2	1×
11001		ADC1	ADC2	1×
11010		ADC2	ADC2	1×
11011		ADC3	ADC2	1×
11100		ADC4	ADC2	1×
11101		ADC5	ADC2	1×
11110	1.23V(V_{BG})		−	
11111	0V(GND)			

○ A/D 제어 및 상태 레지스터 A : ADCSRA

ADCSRA(ADC Control and status Register A)레지스터는 A/D 변환기의 여러 가지 동작들을 설정하거나 동작 상태를 표시하는 기능을 수행하며, 이의 비트 구성은 그림 13.19와 같으며, 각 비트의 기능의 다음과 같다.

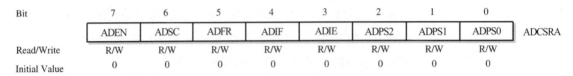

Bit	7	6	5	4	3	2	1	0	
	ADEN	ADSC	ADFR	ADIF	ADIE	ADPS2	ADPS1	ADPS0	ADCSRA
Read/Write	R/W	R/W	R/W	R/W	R/W	R/W	R/W	R/W	
Initial Value	0	0	0	0	0	0	0	0	

그림 13.19 A/D 변환기의 제어 및 상태 레지스터 A의 비트 구성

▶ **비트 7 : ADEN(ADC 허가, ADC Enable)**

이 비트는 ADC의 동작을 허가하거나 금지하는 기능을 수행한다. ADEN를 1로 설정하면, A/D 변환기의 모든 동작이 허가되고, 0으로 설정하면 A/D 변환기의 모든 동작이 금지된다. 변환 중에 A/D 변환기의 동작이 금지되면 현재 수행 중인 변환을 종료한 후 동작이 중지된다.

▶ **비트 6 : ADSC(ADC 변환 시작, ADC Start Conversion)**

단일 변환 모드에서는 이 비트를 1로 설정하면 A/D 변환기의 변환이 시작되며, 프리 러닝 모드에서는 이 비트를 1로 설정하면 첫 번째 변환이 개시되며 그 다음부터는 자동으로 변환이 반복된다. ADSC 비트가 1로 설정된 후 첫 번째 변환에는 A/D 변환기의 초기화로 인하여 25주기의 clk$_{ADC}$ 클럭 주기가 소요되고, 그 다음부터는 13주기의 클럭이 소요된다. 사이클이 걸린다. ADSC비트는 A/D 변환 중에는 1로 읽히고, 변환이 완료되면 자동으로 0으로 클리어된다.

▶ **비트 5 : ADFR(ADC 프리 러닝 선택, Free Running Select)**

이 비트를 1로 설정하면 A/D 변환기는 프리 러닝 모드에서 동작한다. 이 모드에서는 A/D 변환기는 데이터의 샘플링, 변환, 그리고 데이터 레지스터의 갱신 등을 반복하여 수행한다. 이 비트를 0을 클리어하면 프리 러닝 모드는 종료된다.

▶ **비트 4 : ADIF(ADC 인터럽트 플래그, ADC Interrupt Flag)**

이 비트는 A/D 변환의 종료를 알려주는 비트로서, A/D 변환이 종료되고 데이터 레지스터가 갱신되면 이 비트가 1로 세트된다. 이때 ADIE=1이고 SREG의 I=1로 설정되어 있으면, A/D 변환 완료 인터럽트(ADC Conversion Complete Interrupt)가 발생되고, 인터럽트 벡터에 의해 인터럽트가 실행되면 ADIF 비트는 자동으로 0으로 클리어된다. 또한, ADIF 비트는 소프트웨어에 의해 클리어될 수 있는데, 이는 ADIF 비트에 1을 써줌으로써 가능하다.

▶ 비트 3 : ADIE(ADC 인터럽트 허가, ADC Interrupt Enable)

ADIE 비트가 1로 설정되고, 상태 레지스터(SREG)의 I 비트가 1로 설정되면 A/D 변환 완료 인터럽트(ADC Conversion Complete Interrupt)가 허용상태로 된다.

▶ 비트 2~0 : ADPS(ADC 프리스케일러 선택 비트, ADC Perscaler Select Bits)

이 비트들은 A/D 변환기로 입력되는 클럭의 분주비를 선택하는 기능을 수행하며, 비트의 설정에 따라 표 13.5와 같이 클럭의 분주비가 선택된다. A/D 변환을 수행하는 데는 일정한 수의 클럭 주기가 소요되므로 시스템 클럭을 분주하는 비의 선택에 따라 A/D 변환 시간은 달라진다.

표 13.5　A/D 변환기 클럭의 분주비 선택

ADPS2	ADPS1	ADPS0	분주비
0	0	0	2
0	0	1	2
0	1	0	4
0	1	1	8
1	0	0	16
1	0	1	32
1	1	0	64
1	1	1	128

Bit	15	14	13	12	11	10	9	8	
	-	-	-	-	-	-	ADC9	ADC8	ADCH
	ADC7	ADC6	ADC5	ADC4	ADC3	ADC2	ADC1	ADC0	ADCL
	7	6	5	4	3	2	1	0	
Read/Write	R	R	R	R	R	R	R	R	
	R	R	R	R	R	R	R	R	
Initial Value	0	0	0	0	0	0	0	0	
	0	0	0	0	0	0	0	0	

(a) ADLAR=0인 경우

Bit	15	14	13	12	11	10	9	8	
	ADC9	ADC8	ADC7	ADC6	ADC5	ADC4	ADC3	ADC2	ADCH
	ADC1	ADC0	-	-	-	-	-	-	ADCL
	7	6	5	4	3	2	1	0	
Read/Write	R	R	R	R	R	R	R	R	
	R	R	R	R	R	R	R	R	
Initial Value	0	0	0	0	0	0	0	0	
	0	0	0	0	0	0	0	0	

(b) ADLAR=1인 경우

그림 13.20　ADLAR 비트에 따른 A/D 변환기 데이터 레지스터에서의 데이터 정렬

○ ADC 데이터 레지스터 : ADCH, ADCL

ADCH 및 ADCL(ADC Data Register) 레지스터는 A/D 변환기의 변환된 결과를 저장하는 레

지스터로서, 단극성 입력을 사용할 경우에는 A/D 변환의 결과가 10비트의 양의 정수로 표현되어 0 ~ 1023의 범위를 가지지만, 차동 입력을 사용할 경우에는 A/D 변환의 결과가 10비트 2의 보수로 표현되어 − 512 ~ + 511의 범위를 갖는다.

이 16비트 레지스터에서 A/D 변환의 결과를 읽을 때에는 AVR의 16비트 레지스터를 액세스하는 방법에 따라 반드시 하위 바이트 ADCL을 먼저 읽고 나서 상위 바이트인 ADCH를 읽어야 한다.

A/D 변환이 수행되고 나면, 10비트의 변환 결과가 이 레지스터에 저장되는데, 그림 13.20과 같이 ADMUX 레지스터의 ADLAR 비트의 설정에 따라 두 가지 다른 형태로 저장된다. 즉, ADMUX 비트가 1로 설정되어 있으면, 그림 13.20(a)와 같이 데이터가 우측으로 정렬되어 저장되고, ADMUX 비트가 0으로 설정되어 있으면, 그림 13.20(b)와 같이 데이터가 좌측으로 정렬되어 저장된다. 여기서 ADC9 ~ 0의 10개 비트는 A/D 변환의 결과를 나타낸다.

4) A/D 변환기의 동작

ATmega128의 A/D 변환기의 동작은 A/D 변환기에 내장된 레지스터의 기능을 살펴보면 개략적으로 알 수 있다. 여기서는 A/D 변환에서 가장 중요한 클럭의 선택과 이에 따른 동작 타이밍도를 살펴보고, A/D 변환의 결과값을 해석하는 방법, 발생 오차와 잡음 제거 방법에 대해 간략하게 소개하고자 한다.

◉ 클럭의 선택 및 동작 타이밍

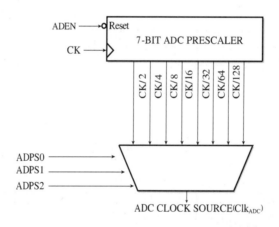

그림 13.21 A/D 변환기로 공급되는 클럭 프리스케일러의 구성

ATmega128에 내장된 A/D 변환기에는 클럭이 공급되어야 한다. 단극성 입력에서는 50 ~ 1000MHz 범위의 클럭을 사용하고, 차동입력에서는 50 ~ 200MHz 범위의 클럭을 사용하여야 한다. 이 A/D 변환기의 클럭(clkADC)은 그림 13.21에 나타낸 것과 같이 시스템 클럭을 프리스케일러로 분주하여 공급되는데, 이 프리스케일러의 분주비는 ADCSRA 레지스터의 ADSP2~0 비트에 의하여 2, 4, 8, 16, 32, 64, 128 중의 한 가지로 선택된다. 이 프리스케일러는 ADCSRA 레지스터의 ADEN 비트가 1로 설정되어 있을 때에만 동작한다.

ATmega128이 A/D 변환을 수행하는 데에는 각각 일정한 클럭 주기의 시간의 소요되는데 이를 요약하면 표 13.6과 같다. 즉, ADEN 비트를 1로 설정하고 나서 최초의 변환에는 아날로그 회로를 초기화하기 위해 25 클럭(clk_{ADC}) 주기가 소요된다. 이 시간에는 각각 13.5 클럭 주기의 변환 시간과 1.5 클럭 주기의 샘플-앤-홀드 시간을 포함되어 있다. 그 이후에는 단극성의 경우 13사이클(1.5 클럭 주기의 샘플-앤-홀드 시간 포함)이 소요되고, 차동 변환의 경우는 내부 동기를 취하는 과정이 필요하기 때문에, 상황에 따라서 단극성 변환의 경우보다 1클럭이 더 걸릴 수도 있다.

표 13.6　A/D 컨버터의 동작 시간

조　건	샘플-앤-홀드 시간(사이클)	A/D 변환 시간(사이클)
ADEN=1 설정후 최초 변환	13.5	25
그 이후의 일반적인 A/D 변환(단극성)	1.5	13
그 이후의 일반적인 A/D 변환(차동)	1.5 ~ 2.5	13~14

A/D 변환기의 동작은 위에서 설명한 바와 같이 단일 변환 모드와 프리 런닝 모드로 동작한다. 단일 변환 모드에서는 A/D 변환기는 ADCSRA 레지스터의 ADEN 비트를 1로 설정하거나 또는 ADEN 비트와 ADSC 비트를 동시에 1로 설정하면 A/D 변환을 시작한다. 이때의 A/D 변환의 타이밍도는 그림 13.22과 같다. 그림 13.22(a)는 첫 번째 A/D 변환 과정의 타이밍도를 나타낸 것으로 첫 번째 clk_{ADC} 클럭의 상승 에지에서 A/D 변환이 시작되어, 위에서 설명한 바와 같이 총 25 클럭 주기가 소요됨을 나타내고 있다. 이런 과정이 지나면 변환 결과가 A/D 변환기 데이터 레지스터에 저장되면서 ADIF가 1로 설정되어 A/D 변환 완료 인터럽트가 요청되고, ADSC 비트는 자동으로 클리어된다. 마이크로컨트롤러가 이 A/D 변환의 결과를 읽어들인 후에 다시 A/D 변환을 수행하려면 ADSC 비트를 1로 설정하면 된다. 그 이후에는 그림 13.22(b)와 같이 A/D 변환 과정은 1.5 클럭 주기의 샘플-앤-홀드 시간을 포함하여 총 13개의 클럭 주기가 소요된다.

프리 런닝 모드에서는 최초에 ADSC 비트를 1로 설정하면 자동적으로 반복하여 A/D 변환을 수행하며, 이는 그림 13.23에 나타내었다. 이 모드에서는 그림에 나타낸 것과 같이 13 클럭 주기에 A/D 변환이 완료되며, 변환된 값은 A/D 변환기 데이터 레지스터에 저장되면서 즉시 자동으로 다음의 A/D 변환을 수행한다. 따라서, 이 동작 모드를 사용하는 경우에는 마이크로컨트롤러는 A/D 변환기 데이터 레지스터로부터 가장 최근에 A/D 변환한 값을 읽어 들이게 된다.

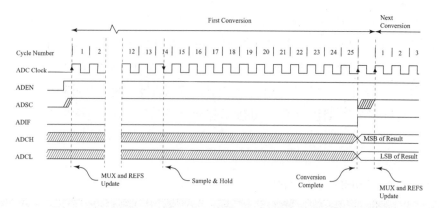

(a) ADEN=1 설정 후 최초의 변환 과정의 타이밍도

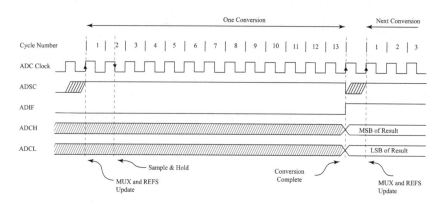

(b) 그 이후의 일반적인 변환 과정의 타이밍도
그림 13.22 단일 변환 모드에서 A/D 변환 과정의 타이밍도

◎ 채널의 변경 및 기준 전압의 선택 방법

A/D 변환기는 모든 동작 모드에서 A/D 변환을 시작할 때마다 ADMUX 레지스터에 설정되어 있는 기준 전압 선택 비트(REFS1~0)와 아날로그 채널 선택 비트(MUX4~0)를 갱신하여 가장 최근에 설정된 기준 전압과 아날로그 입력 채널에 의해 동작한다. 따라서 사용자가 이들 값을 새로 변경하려면 A/D 변환을 시작하기 전에 수행하는 것이 원칙이며, 기준 전압을 변경한 후에는 A/D 변환을 시작하기 전에 적어도 125µs 이상 기다려야 한다. 또한 차동 입력에서는 아날로그 신호의 이득을 처리하는 부분의 동작이 안정되는데 좀 더 많은 시간이 필요하므로 125µs 동안 A/D 변환을 시작해서는 안된다. 즉, 사용자가 이들 값을 새로 변경한 후에는 A/D 변환을 시작하기 전에 충분한 시간을 기다리는 것이 바람직하다.

◎ A/D 변환의 결과

A/D 변환의 결과는 ADC 데이터 레지스터(ADCH와 ADCL)에 저장된다. 단극성 입력의 경우에 A/D 변환 결과는 다음과 같이 표현된다.

$$\text{ADCH} : \text{ADCL} = \frac{V_{IN}}{V_{REF}} \times 1024$$

여기서, V_{IN}은 멀티플렉서로 선택된 단극성 아날로그 입력 전압이고, V_{REF}는 선택된 기준 전압이다. 이 A/D 변환의 결과는 10비트 양의 정수로 표현되어 0(0x0000)~1023(0x03FF) 범위를 갖으며, 0x0000은 아날로그 입력 전압이 0V임을 나타내고, 0x03FF는 V_{REF}의 값을 의미한다.

또한, 차동 채널의 경우에 A/D 변환 결과는 다음과 같이 표현된다.

$$ADCH : ADCL = \frac{V_{pos}-V_{NEG}}{V_{REF}} \times GAIN \times 1024$$

여기서, V_{pos}는 멀티플렉서로 선택된 자동 아날로그 입력의 양의 단자 전압이고, V_{NEG}는 음의 전압 전압이다. 또한 GAIN은 아날로그 전압의 이득으로서, 1, 10, 200 중의 하나이다. 이 A/D 변환의 결과는 10비트 2의 보수로 표현되어 −512(0x200) ~ 512(0x01FF) 범위를 가지며, 0x0000은 차동 입력 전압이 0V임을 나타내고, 0x01FF는 V_{REF}보다 1 LSB 만큼 낮은 값을 의미하며, 0x0200은 차동 입력 전압이 −V_{REF} 임을 의미한다. 이 변환 값의 관계를 그림 13.23에 나타내었다.

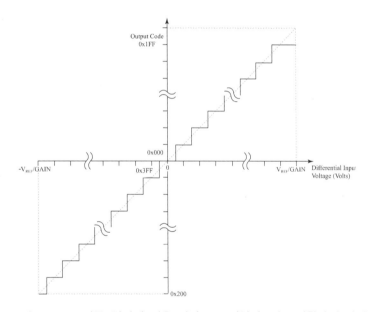

그림 13.23 차동 입력의 경우 아날로그 전압과 A/D 변환값의 관계

⚪ A/D 변환 오차

n비트 분해능을 갖는 A/D 변환기가 GND~V_{REF} 범위의 단극성 아날로그 입력 신호를 변환한다면 디지털 값은 $0 \sim 2^{n-1}$ 범위로 나타난다. 이 때 A/D 변환기에서는 여러 가지 원인에 의해 오차가 발생할 수 있다. 이 때 발생하는 오차는 그림 13.24에 나타낸 것과 같이 5종류가 대표적이다. 이를 요약하면 다음과 같다.

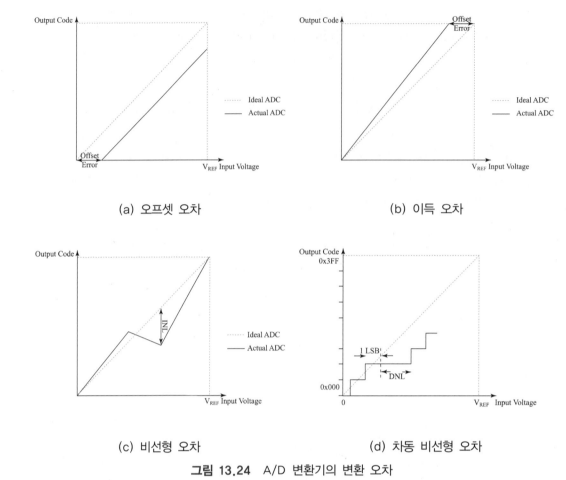

(a) 오프셋 오차
(b) 이득 오차

(c) 비선형 오차
(d) 차동 비선형 오차

그림 13.24 A/D 변환기의 변환 오차

① 오프셋 오차는 그림 13.24(a)에 나타낸 것처럼 A/D 변환 결과가 이상적인 디지털 값에서 일정한 양만큼 벗어나 있는 양을 의미하며, 이는 디지털 값이 최소값인 0일 때의 아날로그 값으로 표현한다. 이는 변환된 디지털 값에서 일정값을 빼거나 더함으로써 소프트웨어에 의해 쉽게 보정될 수 있다.

② 이득 오차는 그림 13.24(b)에 나타낸 것처럼 A/D 변환 결과가 이상적인 값에서 일정한 비율만큼 벗어나 있는 양을 의미하며, 이는 디지털 값이 최대인 경우의 아날로그 입력과 최대 아날로그 입력인 V_{REF} 값의 차이로 표현한다. 이는 변환된 디지털 값에서 일정값을 곱하거나 나눔으로써 소프트웨어에 의해 쉽게 보정될 수 있다.

③ 비선형 오차는 그림 13.24(c)에 나타낸 것처럼 오프셋 오차나 이득 오차를 보상한 후에 디지털 값이 이상적인 값에서 가장 크게 벗어나는 양으로 정의한다. 이러한 오차는 A/D 변환기의 사용자는 보정하기 어렵다.

④ 자동 비선형 오차는 그림 13.24(d)에 나타낸 것처럼 1비트의 변화를 발생하는 아날로그 값이 이상적인 경우에서 가장 크게 벗어나는 양으로 정의한다. 이러한 오차는 A/D 변환기의 사용자는 보정하기 어렵다.

◉ **잡음 제거 방법**

ATmega128의 A/D 변환기는 디지털 회로의 영향을 받지 않고 잡음에 대하여 보다 안정적인 동작을 수행할 수 있도록 디지털 전원과 별도로 아날로그 회로 전원 입력 단자(AVCC)와 기준 전원 입력 단자(AREF)를 가지고 있다. 그럼에도 불구하고 A/D 변환기는 잡음에 영향을 많이 받기 때문에 다음과 같이 여러 가지 주의가 필요하다.

① A/D 변환기의 아날로그 입력 신호선은 가능한 짧게 연결하고, 가능하면 GND 패턴을 신호선의 양쪽에 배선하는 것이 바람직하다.

② AVCC 단자에는 디지털 전원 VCC를 그림 13.25와 같이 LC 전원 필터로 안정화시켜 인가하는 것이 바람직하다.

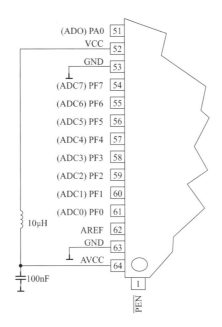

그림 13.25 A/D변환기의 아날로그 전원 처리

③ 잡음에 대해 극도의 안정적인 A/D 변환이 필요한 경우에는 휴면 모드 또는 ADC 잡음 감소 모드에서 A/D 변환기를 동작시키는 것이 바람직하다.

④ 만약 A/D 포트가 I/O 포트로 사용되고 있다면, A/D 변환이 수행되고 있는 동안에는 논리 상태를 스위칭하지 않는 편이 좋다.

5) 아날로그-디지털 변환기의 활용 실험

예제 13.1 전압 변화의 측정

그림 13.26과 같이 ADC0 채널에 20kΩ의 가변 저항을 연결하여, 가변 저항으로부터 측정되는 저항의 값을 LCD에 그림 13.27과 같은 형식으로 표시하라.

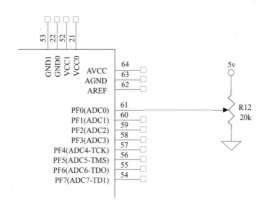

그림 13.26 실험 회로도

V	o	l	t	a	g	e	:								
R	.	V	a	l	u	e	:								

그림 13.27 LCD 표시 형식

ATmega128에 내장된 A/D 변환기를 사용하기 위해서는 먼저 아날로그 입력에 대한 전압 값의 범위와 기준 전압의 인가 방법에 대해 결정하여야 한다. 그 다음으로는 이렇게 설정된 입력 전압 범위에 대해 AD 변환기를 사용하기 위한 레지스터를 설정하면 된다.

먼저 아날로그 입력 전압에 대해 알아보기로 하자. 그림 13.26과 같이 ADC0 채널에 20kΩ의 가변저항을 연결하고, 기준 전압(V_{REF})을 내부 기준 전압인 2.56V로 설정하게 되면, ADC0로는 0(GND) ~ 2.5V(V_{REF})의 전압이 인가되게 된다. 이 값은 A/D 변환된 후에, ADCH와 ADLC 레지스터에 0(0x0000) ~ 1023(0x03FF)의 값의 범위로 저장되게 된다.

이제 이러한 범위로 입력되는 아날로그 입력 전압을 A/D 변환기로 변환하여 ADC 데이터 레지스터로 저장하는 과정의 프로그램 작성과정을 살펴보도록 하자. 먼저 A/D 변환기를 사용하기 위해서는 ADMUX 레지스터와 ADCSRA 레지스터를 이용하여 ADC의 사용 방법에 대해 설정하여야 한다. ADMUX 레지스터는 그림 13.18에서 설명한 바와 같이 아날로그 입력 채널을 선택하는 기능, 기준 전압의 선택과 변환 결과 레지스터의 데이터 저장 형식을 지정하는 기능을 수행한다.

예제에서는 ADC 채널 0과 내부 기준 전압, ADC 데이터 레지스터의 정렬을 오른쪽으로 사용할 것이므로, ADMUX 레지스터는 다음과 같이 설정한다.

```
ADMUX |= (1<<REFS1) | (1<<REFS0|;// REFS1~0='11', ADLAR=0, MUX0~4='00000'
```

ADCSRA 레지스터는 그림 13.19에서 설명한 바와 같이 A/D 변환기의 동작 모드를 설정하는 용도로 사용된다. 예제에서는 프리 런닝 모드를 사용하므로, 다음과 같이 설정한다.

```
ADCSRA |= (1<<ADEN) | (1<<ADSC) | (1<<ADFR);
// ADFR 비트를 설정하고, 곧 바로 프리 런닝 모드로 동작시키기 위해 동시에 ADEN과 ADSC
// 비트를 1로 설정한다.
```

이상의 초기화 과정을 거치면 언제든지 ADC 데이터 레지스터를 읽을 수 있게 된다. ADC 데이터 레지스터에는 가변 저항의 값에 따라 A/D 변환 결과에서 설명한 바와 같은 값이 저장된다. 이렇게 읽혀진 디지털 값을 LCD에 전압 값을 표시하기 위해서는 다음과 같은 식을 이용하여 전압 값으로 변환하여야 한다.

$$Voltage = (short)((0.0025*ADCW)*10000);$$

여기서, Voltage는 2바이트 변수이고 ADCW에 입력된 A/D 변환 값을 10진수의 값으로 변환하여 저장되는 변수이다. 디지털 값은 1 단계마다 0.0025V의 값을 갖는다.
예를 들어 ADC0 입력 채널에 2.5V의 전압이 입력되고 변환된 디지털 값이 1023이라면 Voltage에 저장 되는 값은 25575의 값이 저장이 된다.

이 Voltage 변수의 값을 LCD로 표시하는 함수는 void LCD_Decimal(unsigned char num, short AD_dat)로 정의하였으며, 이 함수에서 num 변수는 A/D 변환기 데이터 레지스터 값을 표시할 것인가 아니면 Voltage 값을 표시할 것인가를 결정하는 변수로 num=0이면 실제 A/D 데이터를 표시하고, num=1이면 전압 값을 표시한다.

이상의 과정을 프로그램으로 작성하면 다음과 같으며, 이 프로그램의 전체 흐름도와 LCD에 A/D 결과를 표시하기 위한 흐름도를 그림 13.28에 나타내었다.

```
#include <mega128.h>
#include "lcd.h"

void LCD_Decimal(unsigned char num, short AD_dat)
{
    unsigned char Decimal[5];
    Decimal[4]='0'+AD_dat/10000;     // 10000의 자리 아스키 값으로 저장
    AD_dat=AD_dat%10000;             // Data 변수의 나머지 값 저장
    Decimal[3]='0'+AD_dat/1000;      // 1000의 자리 아스키 값으로 저장
    AD_dat=AD_dat%1000;              // Data 변수의 나머지 값 저장
    Decimal[2]='0'+AD_dat/100;       // 100의 자리 아스키 값으로 저장
    AD_dat=AD_dat%100;               // Data 변수의 나머지 값 저장
    Decimal[1]='0'+AD_dat/10;        // 10의 자리 아스키 값으로 저장
    AD_dat=AD_dat%10;                // Data 변수의 나머지 값 저장
    Decimal[0]='0'+AD_dat/1;         // 1의 자리 아스키 값으로 저장
```

```c
        if(num == 0)                                    // A/D 데이터 표시
        {
                LCD_pos(10,0);
                LCD_data(Decimal[3]);
                // LCD에 10번째 행, 0번째 열에 1000의자리가 표시된다.
                LCD_pos(11,0);
                LCD_data(Decimal[2]);                   // 100의 자리 출력
                LCD_pos(12,0);
                LCD_data(Decimal[1]);                   // 10의 자리 출력
                LCD_pos(13,0);
                LCD_data(Decimal[0]);                   // 1의 자리 출력
        }
        else if(num == 1)                               // 전압 표시
        {
                LCD_pos(10,1);
                LCD_data(Decimal[4]);                   // 10000의 자리 출력
                LCD_pos(11,1);
                LCD_data('.');                          //  . 출력
                LCD_pos(12,1);
                LCD_data(Decimal[3]);                   //  1000의 자리 출력
                LCD_pos(13,1);
                LCD_data(Decimal[2]);                   // 100의 자리 출력
                LCD_pos(14,1);
                LCD_data(Decimal[1]);                   // 10 의 자리 출력
                LCD_pos(15,1);
                LCD_data(Decimal[0]);                   // 1의 자리 출력
                LCD_pos(16,1);
                LCD_data('v');                          //  v 문자 출력
        }
}

void AD_Init(void)
{
    ADMUX |= (1<<REFS1) | (1<<REFS0);        // REFS1~0='11',
                                             //ADLAR=0, MUX0~4='00000'
    ADCSRA |= (1<<ADEN) | (1<<ADSC) | (1<<ADFR);
    // ADFR 비트를 설정하고, 곧 바로 프리 런닝 모드로 동작시키기 위해 동시에 ADEN과 ADSC
    // 비트를 1로 설정한다.
}

void main(void)
{
```

```
        AD_Init();                                  // A/D 초기화
        port_init();                                // 포트 초기화
        LCD_init();                                 // LCD 초기화

        // A/D 데이터를 전압으로 변환한 데이터를 저장하기 위한 변수
        컴파일 오류 / 메인 함수 첫줄로 이동
        //16x2 LCD의 0번째 행, 0번째 열부터 Voltage가 표시된다.
        LCD_pos(0,0);
        LCD_str("Voltage:");

        //16x2 LCD의 0번째 행, 0번째 열부터 R.Value가 표시된다.
        LCD_pos(0,1);
        LCD_str("R.Value:");

        while(1)
        {
                Voltage = (short)((0.0025*ADCW)*10000);     // A/D 데이터
                                                            // 전압으로 변환

                LCD_Decimal(0,ADCW);                        // A/D 데이터 표시
                LCD_Decimal(1,Voltage);                     // 전압 표시
                Delay_1ms(100);
        }
}
```

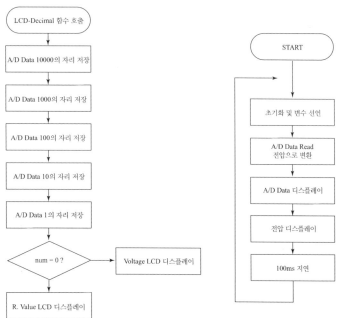

그림 13.28 예제 13.1의 전체 프로그램 및 LCD 표시 함수의 흐름도

아날로그 비교기는 직류에서부터 저주파 신호의 크기를 비교하여 그에 따른 신호를 디지탈 회로에 전달하기 위해 사용되는 회로를 비교기(comparator)라 한다. 비교기는 두 개의 입력 신호를 서로 비교하여 출력 신호를 결정하는 회로이다. 비교기에는 그림 13.29에 나타낸 것과 같이 (a)비반전 비교기와 (b)반전 비교기로 구성되는데 동작은 다음과 같다.

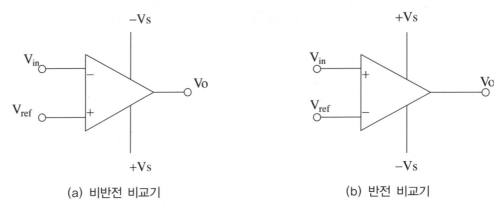

(a) 비반전 비교기   (b) 반전 비교기

그림 13.29   아날로그 비교기의 동작 원리

그림 13.29(a)는 비반전 비교기를 나타낸 것으로 입력 신호는 (–)입력 단자로 입력되고, 입력 전압을 비교하기 위한 기준 전압은 (+)단자로 입력된다. 이렇게 입력된 신호는 기준 전압과 비교하여 기준 전압보다 크게 되면 Vo는 +Vs가 되고, 기준 전압보다 작게 되면 Vo는 –Vs가 된다. 즉, 출력 전압은 다음과 같이 간단하게 설명된다.

$V_{in} > V_{ref}$ 이면, 출력 전압(Vo)는 양(+)의 전압인 +Vs와 같아지고,
$V_{in} > V_{ref}$ 이면, 출력 전압(Vo)는 음(–)의 전압인 –Vs와 같아진다.

그림 13.29(b)는 반전 비교기를 나타낸 것으로 입력 신호는 (+)입력 단자로 입력되고, 입력 전압을 비교하기 위한 기준 전압은 (–)단자로 입력된다. 출력 전압은 비반전 비교기와 반대로 동작한다.

그러나, 비교기는 마이크로프로세서에서 활용될 경우에는 일반적으로 그림 13.30에서와 같이 단일 전원으로 구동되며 출력 전압은 $V_{in} > V_{ref}$ 이면, 출력 전압(Vo)는 Vcc와 같아지고, $V_{in} > V_{ref}$ 이면, 출력 전압(Vo)는 0V로 된다.

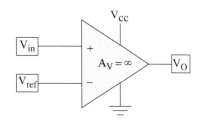

그림 13.30　단일 전원 구동에 의한 비교기 구성

1) ATmega128의 아날로그 비교기의 구조

ATmega128에 내장된 아날로그 비교기의 내부 구성은 그림 13.31에 나타낸 바와 같이 아날로그 비교기 입력부와 비교의 결과를 처리하는 인터럽트 인터페이스부로 구성되어 있다. 그림에서와 같이 아날로그 비교기는 (+)극성의 입력 단자 AIN0과 (-)극성 단자 AIN1의 입력 전압을 비교하여 만약 AIN0 단자의 전압이 높으면 ACO가 1로 되고, AIN1 단자의 전압이 높으면 ACO가 0으로 되도록 동작하는 회로로 구성되어 있다. 또한, 아날로그 비교기의 (+)극성 입력에는 AIN1과 비교되는 전압을 AIN0 단자로 입력되는 전압과 내부의 기준 전압 V_{BG}의(bandgap reference voltage, 1.23V) 두 가지 중에 하나로 선택할 수 있도록 구성하여 놓았다.

이상과 같이 아날로그 비교 입력부에서 출력되는 ACO 신호는 인터럽트 관련 동작 회로부에 연결되어 아날로그 비교기 인터럽트를 발생시킬 수도 있고 타이머/카운터1의 입력 캡쳐 트리거 신호로 사용될 수 있도록 구성되어 있으며. 이 인터럽트를 발생하는 방법은 비교기의 출력인 ACO의 변화에 따라 다양하게 선택될 수 있다.

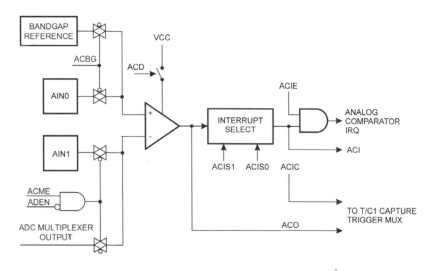

그림 13.31　아날로그 비교기의 내부 구성도

2) 아날로그 비교기의 제어 레지스터

아날로그 비교기의 동작시키기 위한 레지스터로는 아날로그 비교기 제어 및 상태 레지스터

(ACSR, Analog Comparator Control and Status Resister)와 특수 기능 I/O 레지스터의 일부 기능이 사용된다. 아날로그 비교기 제어 및 상태 레지스터(ACSR, Analog Comparator Control and Status Resister)는 아날로그 비교기의 기능을 설정하거나 동작 상태를 나타내는 레지스터로서 비트 구성을 그림 13.32에 나타내었으며, 비트 별 의미는 다음과 같다.

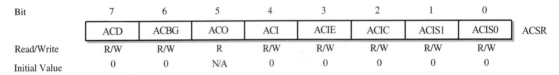

Bit	7	6	5	4	3	2	1	0	
	ACD	ACBG	ACO	ACI	ACIE	ACIC	ACIS1	ACIS0	ACSR
Read/Write	R/W	R/W	R	R/W	R/W	R/W	R/W	R/W	
Initial Value	0	0	N/A	0	0	0	0	0	

그림 13.32 아날로그 비교기 제어 및 상태 레지스터의 비트 구성

▶ 비트 7 : ACD (아날로그 비교기 금지, Analog Comparator Disable)

ACD 비트는 아날로그 비교기의 동작을 금지시키는 용도로 사용된다. 이 비트를 1로 설정하면 아날로그 비교기로 공급되는 전원이 차단되어 소비 전력을 감소시킬 수 있다. 이 비트는 휴면 모드 또는 전원 차단 모드로 동작시켜 전력 소모를 줄이고자 할 때 아무 때라도 1로 설정될 수 있다. ACD 비트를 변경하면 아날로그 비교기 인터럽트가 발생될 수 있으므로 이를 방지하려면 이 비트값을 변경하기 전에 미리 ACIE 비트를 반드시 클리어시켜두어야 한다.

▶ 비트 6 : ACBG (아날로그 비교기 밴드갭 선택, Analog Comparator Bandgap Select)

ACBG 비트는 아날로그 비교기의 (+)입력 단자에 입력되는 전압을 선택하는 용도로 사용된다. 이 비트를 1로 설정하면 비교기의 (+)입력 단자에는 내부 기준 전압 1.23V가 인가되고, 0으로 설정하면 외부의 AIN0 단자로 입력되는 전압이 인가된다.

▶ 비트 5 : ACO (아날로그 비교기 출력, Analog Comparator Output)

ACO 비트는 아날로그 비교기의 출력값으로서 클럭과 동기되어 발생한다. 클럭과 동기되기 위하여 1~2 클럭의 지연 시간이 발생하며, 이 값은 내부의 인터럽트 인터페이스부로 전달되어 인터럽트를 발생하거나 타이머/카운터1의 입력 캡쳐 트리거 신호로 사용된다.

▶ 비트 4 : ACI (아날로그 비교기 인터럽트 플래그, Analog Comparator Interrupt Flag)

ACI 비트는 비교기의 인터럽트 발생에 대한 상태를 나타내는 비트이다. 이 비트는 비교기 출력이 ACIS1과 ACIS0 비트에 의해 설정된 인터럽트 모드를 트리거할 때에 자동으로 하드웨어에 의해 발생한다. ACIE 비트와 SREG 상태 레지스터의 I 비트가 모두 1로 설정되어 있는 경우에는 인터럽트 루틴이 실행되고, 인터럽트의 실행에 의해 이 비트는 자동으로 클리어된다. 또한 이 ACI 비트에 1을 쓰면 0으로 클리어된다.

▶ 비트 3 : ACIE (아날로그 비교기 인터럽트 허가, Analog Comparator Interrupt Enable)

ACIE 비트는 아날로그 비교기의 인터럽트의 발생을 개별적으로 허가하는 비트이다. 이 비트가 1로 설정되면 인터럽트가 발생되며, 이 비트를 0으로 설정하면 인터럽 트는 금지된다.

▶ **비트 2 : ACIC (아날로그 비교기 입력 캡쳐 허가, Analog Comparator Input Capture Enable)**

ACIC 비트는 아날로그 비교기의 출력이 타이머/카운터1의 입력 캡쳐 트리거 신호 로 사용되도록 설정하는 비트이다. 이 비트가 1로 설정되면 ACO 신호는 타이머/카운 터1의 입력 캡쳐 신호로 이용되며, 0으로 설정되면 ACO 신호는 원래의 목적으로 사 용된다. ACO 신호가 타이머/카운터1의 입력 캡쳐 인터럽트를 발생시키기 위해서는 TIMSK 레지스터의 TICIE1 비트가 1로 설정되어 있어야 한다.

▶ **비트 1~0: ACIS1, ACIS0 (아날로그 비교기 인터럽트 모드 선택, Analog Comparator Interrupt Mode Select)**

ACIS1~0 비트들은 아날로그 비교기의 출력이 인터럽트를 발생하는 방법을 결정 하는 용도도 사용되는 비트로서 표 13.7에 나타낸 것과 같은 동작모드로 인터럽트가 발생한다. ACIS1-0 비트의 설정을 변경하는 경우에는 아날로그 비교기의 인터럽트가 발생할 수 있으니 이 비트들을 변경하기 전에 미리 ACIE 비트를 0으로 설정하여 인 터럽트를 금지시켜야 한다.

표 13.7 아날로그 비교기의 인터럽트 모드의 설정

ACIS1	ACIS0	인터럽트 발생 모드
0	0	출력이 토클될 때 비교기 인터럽트 발생
0	1	사용하지 않음
1	0	ACO 출력의 하강에지에서 비교기 인터럽트 발생
1	1	ACO 출력의 상승에지에서 비교기 인터럽트 발생

또한, SFIOR 레지스터의 세 번째 비트인 ACME(아날로그 비교기 멀티플렉스 허가) 비트는 아날로그 비교기의 입력 신호를 설정하는 데 사용된다. 즉, 이 비트는 아날로그 비교기 음의 입력 에 A/D 변환기의 입력 신호가 사용될 수 있도록 허가하는 데 사용된다.

· ACME = 0 : 음의 입력에는 무조건 AIN1로 입력된 전압이 사용된다.
· ACME = 1 : 이 상태에서 A/D 변환기의 동작을 정지시키면 ADC0~ADC7의 입력 신호가 아날로그 비교기의 음의 입력으로 사용된다. 이때 ADC0~ADC7 중의 하나를 선택하는 것 은 ADMUX 레지스터의 MUX2~0 비트에 의해 결정된다. 이를 요약하면 표 13.8과 같다.

표 13.8 아날로그 비교기의 음의 극성 선택 입력

ACME	ADEN	MUX2~0	아날로그 비교기의 음의 입력
0	x	xxx	AIN1
1	1	xxx	AIN1
1	0	000	ADC0
1	0	001	ADC1
1	0	010	ADC2
1	0	011	ADC3
1	0	100	ADC4
1	0	101	ADC5
1	0	110	ADC6
1	0	111	ADC7

3) 아날로그 비교기의 활용 실험

예제 13.2 아날로그 비교기 활용(폴링 방식)

AIN1의 입력 전압과 내부 비교 전압을 비교하여 AIN1이 내부 비교 전압보다 크면 PORTB에 연결된 LED를 켜고 작으면 LED를 끄는 프로그램을 폴링 방식에 의해 작성하시오.

아날로그 비교기의 출력은 ACO 비트와 ACI 비트를 통해 검사가 가능하다. 먼저 ACO의 변화를 상승 에지에서 폴링 방식으로 검사하는 프로그램을 작성하여 보자. 여기서 ACO의 변화를 검사하기 위해서는 AIN1로 입력되는 전압의 변화가 최소한 5 사이클 이상 지속되어야 함을 주의하여야 한다.
ACO의 변화를 검출하는 과정은 그림 13.33과 같으며 이를 요약하면 다음과 같다.

· 출력이 High이면 출력이 Low로 될 때까지 기다린다.
· 출력이 High로 되돌아갈 때까지 기다린다.

두 번째 방법으로 ACI 변화를 상승 에지에서 폴링 방식으로 검사하는 프로그램을 작성하여 보자. ACI 비트는 아날로그 비교기 인터럽트 허가 비트이지만, 인터럽트가 허가되어 있지 않은 상황이라도 ACSR 레지스터의 ACIS1과 ACIS0 비트의 설정에 따라 인터럽트 플래그는 변화를 나타낸다. 따라서 ACIS1과 ACIS0 비트를 각각 1로 실징한 하면 ACI의 상승 에지에서 플래그 비트가 변화를 나타나게 된다.

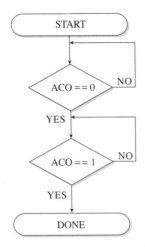

그림 13.33 폴링 방식에 의한 ACO의 검출 흐름도

```c
#include <mega128.h>

void Compare_Init(void)
{
    ACSR=(1<<ACBG);                    // 0X40 비교기 +단자에 1.23V인가
}

void Init_Ports(void)
{
  DDRE = 0x0f;          // 상위 니블을 입력, 하위 니블을 출력으로 설정
  PORTE = 0x00;
  DDRB = 0xff;          // LED 초기화
  PORTB = 0xff;         // LED OFF
}

void main(void)
{
    Init_Ports();
    Compare_Init();                    // 초기화

    while(1)
    {
      while(!(ACSR&(1<<ACO)));// ACO = 0 ( AIN1 > 1.23V )
                                  //이 될 때까지 대기
      PORTB =0x00;                  // LED ON
      while(!(ACSR&(1<<ACO)));// ACO = 1 ( AIN1 < 1.23V )
                                  //이 될 때까지 대기
      PORTB = 0x0F                 // LED OFF
    }
}
```

ACI의 변화를 검출하기 위해서는 먼저 ACIS1과 ACIS0 비트를 1로 설정한다. 그리고 나서 ACI를 검출하는 과정은 그림 13.34와 같으며 이를 요약하면 다음과 같다.

· ACI 비트에 1을 기록함으로써 ACI를 클리어한다.
· ACI가 High가 될 때까지 기다린다.

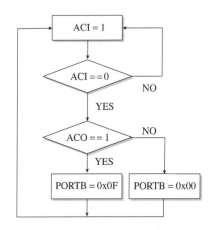

그림 13.34 폴링 방식에 의한 ACI의 검출 흐름도

```
#include <mega128.h>

void Compare_Init(void)
{
    // 비교기 +단자에 1.23V인가
    // ACO의 출력이 토글될 때 비교기 인터럽트 플래그 발생
    ACSR=(1<<ACBG);        // 0X40 비교기 +단자에 //1.23V인가
}

void Init_Ports(void)
{
    DDRE = 0x0f;                        // 상위 니블을 입력,
    //하위 니블을 출력으로 설정
    PORTE = 0x00;
    DDRB = 0xff;                        // LED 초기화
    PORTB = 0xff;                       // LED OFF
}

void main(void)
{
    Init_Ports();
    Compare_Init();

    while(1)
```

```
      {
          ACSR |= (1<<ACI);
                        // ACI에 1을 써서 클리어시킨다

          while(!(ACSR&(1<<ACI)));
                        // ACI의 출력이 토글될 때까지 대기

          if(ACSR&0x20)
              // AIN1의 입력이 내부 전압보다 작으면 LED OFF
                PORTB = 0x0f;
          else
              // AIN1의 입력이 내부 전압보다 크면 LED ON
                PORTB = 0x00;
      }
  }
```

END

예제 13.3 아날로그 비교기 활용(인터럽트 방식)

AIN1의 입력 전압과 내부 비교 전압을 비교하여 AIN1이 내부 비교 전압보다 크면 PORTB에 연결된 LED를 켜고 작으면 LED를 끄는 프로그램을 인터럽트 방식에 의해 작성하시오.

ACI 인터럽트가 발생하는 조건은 ACIS1과 ACIS0 비트의 설정에 따라 결정되므로 여기서는 인터럽트 토글 모드를 활용하여 사용하기로 한다. 이를 구현하기 위한 절차는 다음과 같다.

· ACIS1과 ACIS0 비트를 클리어한다. 인터럽트 플래그는 클리어되어 있어야 한다. 만약 어떠한 이유에 의해 이 비트들이 클리어되어 있지 않다면, MCU는 인터럽트가 허가되어 있을 때 인터럽트 루틴을 즉시 수행을 하게 될 것이다. 따라서 ACIS1과 ACIS0 비트를 클리어하여야 한다.
· 전체 인터럽트 허가 비트를 설정한다.
· ACSR 레지스터의 ACIE 비트를 1로 설정하여 아날로그 비교기 인터럽트를 허가한다.

이상의 과정을 프로그램으로 작성하면 다음과 같다.

```
#include <mega128.h>
```

```
//아날로그 비교기 인터럽트 서비스 루틴
interrupt [ANA_COMP] void ana_comp_isr(void)
{
    if(ACSR&0x20)              // AIN1의 입력이 내부 전압보다 작으면 LED OFF
        PORTB.1=1;
    else                       // AIN1의 입력이 내부 전압보다 크면 LED ON
        PORTB.1=0;
}

void Compare_Init(void)
{
    ACSR=(1<<ACBG)|(1<<ACIE);   //비교기 +단자에 1.23V인가,
                                //Analog Interrupt Flag Clear
    ACSR |= (1<<ACIC);          // 아날로그 비교기 인터럽트 허가
    sei();                      // 전체 인터럽트 허가
}

void Init_Ports(void)
{
    DDRE = 0x0f;                // 상위 니블을 입력, 하위 니블을 출력으로 설정
    PORTE = 0x00;
    DDRB = 0xff;                // LED 초기화
    PORTB = 0xff;               // LED OFF
}

void main(void)
{
    Init_Ports();
    Compare_Init();
    while(1);
}
```

END

13.3 EEPROM의 활용

EEPROM은 전원이 제거되어도 저장된 데이터가 보존되는 비휘발성 메모리로 시스템에 반드시 필요한 상수나 변수들의 현재 값을 기록하기 위해서 사용되며, ATmega128에는 512 바이트의 EEPROM 메모리를 제공하고 있다. 이 EEPROM의 영역은 프로그램 메모리, 데이터 메모리와는 별도의 주소 공간을 사용하고 있으며, 이 EEPROM에 데이터를 쓰고 읽기 위해서는 I/O 레지스

터의 주소를 이용한다. EEPROM을 액세스하는 과정은 매우 번거로운 부분이지만, 제어 전용의 시스템을 구축할 경우에 유용하게 활용되고 있다. ATmega128의 EEPROM은 내용을 읽을 때에는 회수에 제한이 없으나 쓰기는 100,000번까지 보장된다.

ATmega128의 EEPROM의 개요에 대해서는 2장에서 간단히 설명을 하였지만 본 장에서는 이의 활용을 위해 레지스터의 구성에 대해 자세히 설명하고, 이를 이용하여 EEPROM을 액세스하는 과정을 자세히 살펴보기로 한다.

1) ATmega128의 EEPROM 액세스

EEPROM을 액세스하는 과정은 읽기와 쓰기 과정으로, EEPROM에 데이터를 쓰는 경우에는 표 13.16에 제시한 것과 같이 충분한 시간이 필요하다. 즉, EEPROM에 1 바이트의 데이터를 쓰기 위해서는 표 13.16에 제시된 시간 동안 충분히 쓰기 과정을 진행하여야 한다. 이와 같이 충분히 데이터 쓰기 시간을 제공하기 위해서는 프로그램에서 자기 시간 조정(selftiming) 함수를 작성하여 현재 데이터의 쓰기 과정이 종료되었는지 검사하여야 한다. 또한, EEPROM에 데이터가 쓰여지면 MCU는 다음 명령을 실행하기 전에 2 클럭 사이클 동안 정지 상태로 된다. 따라서, EEPROM에 데이터를 쓰는 프로그램을 작성할 경우에는 이상의 이유로 인해 특별한 프로그래밍 과정이 필요하다. 이는 EEPROM의 제어 레지스터의 EEWE 비트 부분에서 자세히 설명할 것이다.

EEPROM의 데이터를 읽을 경우에는 시간적인 제약을 받지 않지만, EEPROM의 데이터를 읽으면 MCU는 다음 명령을 실행하기 전에 4 클럭 사이클 동안 정지된다. EEPROM의 자세한 읽는 과정은 EEPROM의 제어 레지스터의 EERE 비트 부분에서 설명할 것이다.

또한, EEPROM을 액세스하는 과정에는 몇 가지 주의해야 할 사항이 있다. 첫 번째는 MCU에 공급되는 전원 전압이 낮아지게 되면 클럭 주파수에 약간의 변동이 발생하여 액세스 시간에 약간의 변화가 일어날 수 있다는 것이고, 두 번째는 EEPROM에 데이터를 쓰는 과정에서 MCU가 슬립모드로 들어갈 경우에는 슬립모드가 완벽하게 동작하지 않을 가능성이 있다.

첫 번째의 경우는 다음과 같이 설명될 수 있다. 즉, MCU와 EEPROM으로 공급되는 전원이 외부 요인에 의해 MCU나 EEPROM이 동작하기에 낮은 전압으로 되면, EEPROM의 데이터가 보존이 되지 않거나 변화가 일어날 수 있다. 이러한 상황은 EEPROM에 데이터를 쓰기 위한 전압이 쓰기가 보장되는 최소 전압보다 작은 경우와 공급 전압이 너무 낮아서 MCU가 명령을 제대로 수행할 수 없는 경우이다. 이상과 같이 EEPROM의 데이터 오류를 막기 위하여 다음과 같은 과정이 설계에 반영되어야 한다.

즉, 전원이 충분히 공급되지 않는 경우에는 내부의 저전압 검출 기능인 BOD 기능을 사용함으로써 MCU의 리셋이 동작할 수 있도록 조치한다. 만약 이 BOD 전압이 필요한 검출 전압과 일치하지 않는다면, 외부에 리셋 회로에 이에 대응하는 보호 회로를 추가 설계하여야 한다.

두 번째의 경우는 EEPROM에 데이터 쓰기를 수행하고 있는 동안에 전원 차단(power-down) 슬립모드로 들어가는 경우로, 이와 같은 상황이 발생하면, EEPROM의 쓰기 동작은 계속 진행되어 메모리 액세스 시간이 경과하기 전에 완료된다. 그렇지만, 쓰기 동작이 완료되고 난 후에도 오실레이터는 계속 동작하여 MCU는 전원 차단 모드로 완전하게 들어가지 못하게 된다. 따라서 전원 차단 모드로 들어가기 전에는 반드시 EEPROM의 쓰기 동작이 완료가 되었는지 확인하는 것이 바람직하다.

2) EEPROM 제어 레지스터

EEPROM의 데이터를 1 바이트씩 액세스하기 위해서는 EEPROM 주소 레지스터(EEAR), EEPROM 데이터 레지스터(EEDR) 및 EEPROM 제어 레지스터(EECR)가 사용된다.

◉ EEPROM 주소 레지스터 : EEAR

EEAR(EEPROM Address Register H/L) 레지스터는 그림 13.35에 나타낸 바와 같이 4K 바이트의 EEPROM의 주소를 가리키기 위해 12비트의 공간(EEARH + EEARL)을 사용한다.

Bit	15	14	13	12	11	10	9	8	
	-	-	-	-	EEAR11	EEAR10	EEAR9	EEAR8	EEARH
	EEAR7	EEAR6	EEAR5	EEAR4	EEAR3	EEAR2	EEAR1	EEAR0	EEARL
	7	6	5	4	3	2	1	0	
Read/Write	R	R	R	R	RW	RW	RW	RW	
	RW	RW	RW	RW	RW	RW	RW	RW	
Initial Value	0	0	0	0	X	X	X	X	
	X	X	X	X	X	X	X	X	

그림 13.35 EEPROM의 주소 레지스터(EEAR)

◉ EEPROM 데이터 레지스터 : EEDR

EEDR(EEPROM Data Register) 레지스터는 EEPROM에 데이터를 액세스하기 위한 레지스터로 그림 13.36에 이 레지스터를 나타내었다. EEPROM에 데이터를 쓰기 위해서는 EEAR에 먼저 주소를 지정하고 이 EEDR에 데이터를 쓰면 되고, EEPROM으로부터 데이터를 읽기 위해서는 EEAR에 주소를 지정하여 이 EEDR을 읽으면 된다.

Bit	7	6	5	4	3	2	1	0	
	MSB							LSB	EE
Read/Write	R/W	R/W	R/W	R/W	R/W	R/W	R/W	R/W	
Initial Value	0	0	0	0	0	0	0	0	

그림 13.36 EEPROM의 데이터 레지스터(EEDR)

◉ EEPROM 제어 레지스터 : EECR

EECR(EEPROM Control Register) 레지스터는 EEPROM의 쓰기/읽기를 제어하기 위한 레지스터로 이를 그림 13.37에 나타내었으며, 비트 별 기능은 다음과 같다.

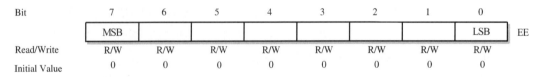

Bit	7	6	5	4	3	2	1	0	
	-	-	-	-	EERIE	EEMWE	EEWE	EERE	EECR
Read/Write	R	R	R	R	R/W	R/W	R/W	R/W	
Initial Value	0	0	0	0	0	0	X	0	

▶ 비트 3 : EERIE (EEPROM 준비 인터럽트 허가, EEPROM Ready Interrupt Enable)

SREG 레지스터의 I비트가 1로 설정되어 있는 상황에서 EERIE 비트가 1이면, EEPROM 준비 인터럽트가 허가되고 인터럽트가 발생하고, EERIE 비트가 0이면 인터럽트는 발생하지 않는다. EEPROM 준비 인터럽트는 EEWE가 0일 때 요구된다.

▶ 비트 2 : EEMWE (EEPROM 마스터 쓰기 허가, EEPROM Master Write Enable)

EEMWE 비트는 EEWE 비트를 1로 설정하여 EEPROM에 데이터를 쓸 것인지를 결정하는 비트이다. EEMWE가 1로 설정된 후 4 사이클 내에 EEWE가 1이 되면 선택된 EEPROM 주소에 데이터를 쓰고, EEMWE가 0인 경우에는 EEWE의 설정에 상관없이 데이터의 쓰기는 이루어지지 않는다. EEMWE 비트가 소프트웨어에 의해서 1로 설정된 후에 4 사이클이 지나면 EEMWE 비트는 하드웨어에 의해 자동으로 0으로 클리어된다.

▶ 비트 1 : EEWE (EEPROM 쓰기 허가, EEPROM Write Enable)

EEWE 신호인 EEWE 비트는 EEPROM에 데이터를 쓰기 위한 스트로브 신호이다. EEPROM에 데이터를 쓰기 위해 주소와 데이터가 미리 레지스터에 준비되어 있다면, 이 비트에 1을 씀으로써 EEPROM에 데이터를 쓰게 되고, 그렇지 않으면 데이터는 EEPROM에 써지지 않게 된다. EEPROM에 데이터를 쓰기 위해서는 다음과 같은 절차를 준수하여야 한다. 여기서 단계 ③과 ④는 쓰기 절차에서 필수적이지는 않다.)

① EEWE가 0이 될 때까지 기다린다.
② SPMCR 레지스터의 SPMEN 비트가 0이 될 때까지 기다린다.
③ EEPROM의 주소를 EEAR에 쓴다(선택적임).
④ EEPROM 데이터를 EEDR에 쓴다(선택적임).
⑤ EECR의 EEWE 비트에 1을 쓰고, 1이 되어 있는 동안에 EEMWE 비트를 1로 쓴다.
⑥ EEMWE 비트를 1로 설정하고 나서 4 사이클 이내에 다시 EEWE 비트를 0으로 쓴다.

EEPROM은 플래시 메모리에 데이터를 쓰고 있는 동안에는 프로그램될 수 없다. 따라서 EEPROM에 새로운 데이터를 쓰기 위해서는 사용자 프로그램에 의해 플래시 메모리의 프로그래밍의 종료 여부를 반드시 검사되어야 한다. 단계 ②의 경우는 EEPROM의 쓰기가 부트로더에 의해 수행될 때만 의미가 있다. 따라서, 플래시 메모리가 MCU에 의해 갱신되지 않는다면, 단계 ②의 과정은 프로그래밍 절차에서 삭제될 수 있다.

단계 ⑤와 ⑥을 수행하고 있는 동안에 인터럽트가 발생하면 EEPROM 마스터 쓰기 허가(EEMWE) 비트가 시간 초과 상황이 발생할 것이므로, EEPROM에 데이터를 쓰는 것은 실패로 된다. 만약 EEPROM을 액세스하는 과정의 인터럽트 루틴이 수행되고 있는 동안에 다른 EEPROM을 액세스하는 인터럽트가 요구된다면, EEAR과 EEDR 레지스터의 내용은 수정이 될 것이기 때문에 EEPROM을 액세스 과정에서 실패가 발생하게 될 것이다. 따라서, 이상의 문제를 피하기 위하여 EEPROM을 액세스하는 동안에는 SREG의 I 비트를 0으로 하여 전체 인터럽트를 금지하여 놓는 것이 바람직하다.

EEPROM에 데이터를 쓰는 과정에서 시간 초과의 상황이 발생하면, EEWE 비트는 하드웨어에 의해 자동으로 클리어된다. 따라서 사용자 프로그램에서는 다음 바이트를 EEPROM에 쓰기 위해서 이 비트가 1인지 0인지를 검사하여야 하고, 0이 될 때까지 기다려야 한다. EEWE가 1이 되어버리면, MCU는 다음 명령이 수행되기 전에 2 사이클 동안 정지 상태로 된다.

▶ 비트 0 : EERE (EEPROM 읽기 허가, EEPROM Read Enable)

EERE 비트는 EEPROM의 데이터를 읽기 위한 스트로브 신호이다. EEAR 레지스터에 읽고자 하는 데이터의 주소를 미리 준비시켜 놓고, EERE 비트를 1로 설정하여 EEPROM의 읽기를 시작한다. EEPROM을 읽는 과정은 한 사이클 동안에 일어나며, 데이터는 즉시 읽혀진다. EEPROM의 데이터가 읽혀지면, 다음 명령이 수행되기 전에 MCU는 4 사이클 동안 정지 상태로 된다. 만약 EEPROM에 데이터를 쓰고 있는 중이라면, EEPROM을 읽거나 EEAR 레지스터를 변경하는 것은 불가능하다. 따라서, 사용자 프로그램에서는 EEPROM의 데이터를 읽기 전에 EEWE 비트가 1인지 0인지를 검사하여야 한다.

보정된 오실레이터는 EEPROM을 액세스하는 시간을 조정하기 위해 사용된다. 표 13.9 에는 MCU가 EEPROM을 프로그래밍하는 데 필요한 시간을 정리하여 놓았다. 이 표의 데이터는 1MHz의 클럭을 사용하였을 때의 데이터이고, CKSEL 퓨즈의 설정과는 무관하다.

표 13.9 EEPROM 프로그래밍 시간

기호	보정된 RC 오실레이터 사이클의 수	전형적인 프로그래밍 시간
EEPROM 쓰기(CPU로부터)	8848	8.5ms

3) EEPROM의 액세스 함수의 작성

EEPROM을 액세스하는 과정은 EEPROM의 지정된 주소에 1 바이트의 데이터를 쓰는 과정과 EEPROM의 지정된 주소에서 1 바이트의 데이터를 읽는 과정으로 나누어 생각할 수 있다. EEPROM에 데이터를 쓰는 함수를 EEPROM_Write()라 정의하고, EEPROM의 데이터를 읽는 함수를 EEPROM_Read()라고 정의하여 이의 작성법에 대해 알아보기로 하자.

▶ EEPROM_Write : EEPROM에 데이터를 쓰는 함수

이 함수의 기능은 EEPROM에 데이터를 저장할 주소를 선택하고, 선택된 주소에 1 바이트의 데이터를 쓰는 것이다. 따라서 이 함수는 2 바이트의 주소 변수와 1 바이트의 데이터 변수를 입력받아 처리를 하여야 한다. 이들 변수명은 다음과 같다.

· EE_Data : EEPROM에 쓸 데이터(1 바이트)
· EE_Addr : EEPROM의 주소(16 비트)

이렇게 EEPROM의 주소와 데이터가 결정되면, 그림 13.38에 제시한 순서대로 주소
와 데이터를 EEPROM에 쓰면 된다. 이 과정에서 유의하여야 하는 것은 EEPROM에
데이터를 기록할 때에는 전체 인터럽트를 금지시키고, 쓰기 과정이 끝나면 전체 인터
럽트를 허가한다는 것이다.

```
/*********************************************************************/
/**** EEPROM_Write() : EEPROM에 데이터를 쓰는 함수                  ****/
/*********************************************************************/
void EEPROM_Write(unsigned int EE_Addr, unsigned char EE_Data)
{
    while(EECR&(1<<EEWE));
    EEAR = EE_addr;
    EEDR = EE_data;                    // EEDR <- EE_Data
    cli();                             // Global Interrupt Disable
    EECR |= (1 << EEMWE);              // SET EEMWE
    EECR |= (1 << EEWE);               // SET EEWE
    sei();                             // Global Interrupt Enable
}
```

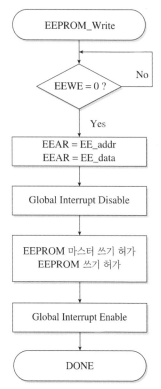

그림 13.38 EEPROM_Write 함수의 흐름도

▶ EEPROM_Read : EEPROM의 데이터를 읽는 함수

이 함수의 기능은 EEPROM에 데이터를 저장할 주소를 선택하고, 선택된 주소에 1

바이트의 데이터를 읽는 것이다. 따라서 이 함수는 2 바이트의 주소 변수를 함수의
입력 인수로 사용하고, 읽혀진 1 바이트의 데이터를 출력 인수로 사용한다. 이들 변수
명은 다음과 같다.

- EE_Addr : EEPROM의 주소(입력 인수)
- EE_Data : EEPROM에 쓸 데이터(출력 인수)

이 함수의 흐름도는 그림 13.39와 같으며, 함수를 구현하면 다음과 같다.

```
/****************************************************************/
/**** EEPROM_Read() : EEPROM의 데이터를 읽는 함수                ****/
/****************************************************************/
unsigned char EEPROM_Read(unsigned int EE_addr)
{
    while(EECR&(1<<EEWE));
    EEAR = EE_addr;
    EECR |= (1 <<EERE);            // SET EERE
    return EEDR;                   // Return Read Value
}
```

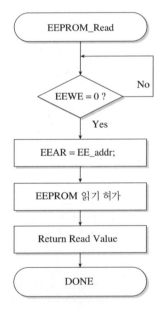

그림 13.39 EEPROM_Read 함수의 흐름도

EEPROM_Read()함수는 EEPROM_Write()함수와는 달리 1바이트의 데이터를 읽는 과정에서
인터럽트를 금지시키지 않는다. 이는 EEPROM에 데이터를 쓰는 과정에서는 쓰기 시간이 오래
소요되지만, EEPROM의 데이터를 읽는 과정에서는 즉시 읽을 수 있기 때문이다.

4) EEPROM의 활용 실험

예제 13.4 문자열 쓰기

EEPROM의 특정 주소에 문자열 "HELLO AVR!!!" 문자를 쓰고, 이를 읽어 LCD로 표시하는 프로그램을 작성하시오.

이제까지 EEPROM에 한 바이트씩 데이터를 쓰고 읽는 과정을 살펴보았다. 이상의 함수를 이용하여 이제 EEPROM 문자열을 쓰고/읽는 과정을 예제를 통해 살펴보도록 하자. EEPROM의 연속적인 데이터 액세스를 위해 EEPROM의 특정 주소에 데이터를 연속적으로 쓰는 함수는 EEPROM_Write_Seq()으로 정의하고, EEPROM의 특정 주소의 데이터를 연속적으로 읽는 함수는 EEPROM_Read_Seq()으로 정의하여 사용하기로 한다.

▶ EEPROM_Write_Seq : EEPROM에 연속적으로 데이터를 쓰는 루틴

EEPROM의 특정 주소에 데이터를 연속적으로 쓰기 위해서는 함수의 입력 인자로 EEPROM의 주소와 기록하여야 할 문자열의 주소가 필요하다. 따라서 이 함수는 16 비트의 EEPROM의 주소인 EE_addr 변수와 문자열을 지정하고 있는 *EE_data 포인터 변수를 입력 인자로 사용하고, EEPROM에 1 바이트의 데이터를 기록하는 EEPROM_Write()함수를 사용하여 문자열이 끝날 때까지 쓰는 과정을 구현하면 되므로 이 함수는 다음과 같이 구현될 수 있다.

```
#include <string.h>
unsigned char EE_data[]="HELLO AVR!!!";          // 특정 주소에 쓰여지는 문자열
void EEPROM_Write_Seq(unsigned int EE_addr, unsigned char *EE_data)
{
    unsigned char i=0;
    for(i=0 ; *EE_data != 0; i++)                // *EE_data가 문자열
                                                 //끝을 만날 때까지
    {
        EEPROM_Write(EE_addr+i,*EE_data);
        // EE_addr+i 번째 주소에 i번째 문자를  EEPROM_Write()함수를 이용하여
        //EEPROM에 쓴다.
        EE_data++;
    }
    // 문자열이 끝났음을 나타내기 위해 EEPROM의 다음 주소에 '\0'을 쓴다.
    EEPROM_Write(EE_addr+i,'\0');
}
```

이 함수를 살펴보면 문자열의 길이를 알아내기 위해 strlen 함수를 사용하고 있다. 이 strlen 함수는 string.h 파일에 함수가 정의 되어있기 때문에 string.h 헤더 파일을 프로그램에 반드시 추가하여야 한다. 이 함수의 흐름도는 그림 13.40에 나타내었다.

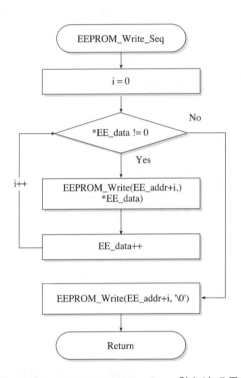

그림 13.40 EEPROM_Write_Seq 함수의 흐름도

▶ EEPROM_Read_Seq : EEPROM의 데이터를 연속적으로 읽는 루틴

EEPROM의 특정 주소에 있는 데이터를 연속적으로 읽기 위해서는 함수의 입력 인자로 EEPROM의 주소가 필요하고, 출력 인자로는 EEPROM에서 읽혀진 데이터 열을 반환하기 위한 포인터가 필요하다. 따라서 이 함수는 16비트의 EEPROM의 주소인 EE_addr를 입력 인자로 사용하고, 읽혀진 문자열을 저장하고 있는 EE_data 배열의 첫 번째 주소를 출력 인자로 사용한다. 또한 이 함수는 EEPROM에 1바이트의 데이터를 읽는 EEPROM_Read()함수를 사용하여 읽혀진 문자가 NULL일 때까지 읽는 과정을 반복하면 된다.

이 함수의 작성에서 유의하여야 하는 것은 읽고자 하는 문자열의 끝을 알아내는 것이다. 이를 위해 EEPROM_Write_Seq()에서는 연속된 데이터를 쓰고 나서 다음 번 주소에 미리 '\0'을 기록하여 놓았다. 따라서 EEPROM에 있는 문자열을 읽기 위해서는 배열의 끝인 '\0'을 확인하여 이것이 확인될 때까지 문자를 읽어 배열 변수(data[])에 저장하면 된다. 이 EEPROM_Read_Seq() 함수에서 주목할 것은 이 함수의 반환값은 연속된 데이터들이 저장되어 있는 배열 변수인 EE_data[]의 주소라는 것이다.

EEPROM_Read_Seq()함수의 흐름도는 그림 13.41과 같으며, 함수를 구현하면 다음과 같다.

```
unsigned char *EEPROM_Read_Seq(unsigned int EE_addr)
{
        unsigned char EE_data[16];
        unsigned char i=0;
        do
        {
            data[i]=EEPROM_Read(EE_addr+i);
            i++;
        }while(data[i-1]!='\0');
        EE_data[i]='\0';
        return EE_data;
}
```

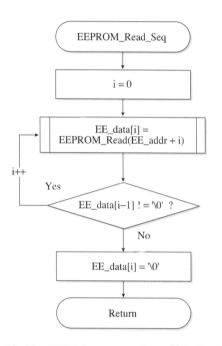

그림 13.41 EEPROM_Read_Seq 함수의 흐름도

이제 두 함수를 사용하여 EEPROM의 특정 주소에 문자열을 쓰고, 이를 다시 읽어 LCD에
표시하는 프로그램을 작성하도록 하자.

먼저 특정 주소에 정해진 문자열을 쓰기 위해서는 EEPROM_Write_Seq 함수를 EEPROM
의 주소와 문자열의 주소를 지정하여 호출한다. 이 예제에서는 EEPROM의 0x00 번지에
"HELLO AVR!!!"이라는 문자열을 쓰도록 구현하였다. 이렇게 쓰여진 문자열을 다시
EEPROM으로부터 읽기 위해서는 EEPROM_Read_Seq 함수를 EEPROM의 주소 0x00을
지정하여 호출하여 반환되는 값을 buf라는 배열에 저장하고, 저장된 문자를 LCD에 출력하
도록 한다. 이상의 과정을 프로그램으로 작성하면 다음과 같다.

```
#include <mega128.h>
```

```
#include <string.h>
#include "lcd.h"

unsigned char EEPROM_Read(unsigned int EE_addr)
{
    while(EECR&(1<<EEWE));
    EEAR = EE_addr;
    EECR |= (1 <<EERE);                      // SET EERE
    return EEDR;                             // Return Read Value
}

void EEPROM_Write(unsigned int EE_Addr, unsigned char EE_Data)
{
    while(EECR&(1<<EEWE));
    EEAR = EE_addr;
    EEDR = EE_data;                          // EEDR <- EE_Data
    cli();                                   // Global Interrupt Disable
    EECR |= (1 << EEMWE);                    // SET EEMWE
    EECR |= (1 << EEWE);                     // SET EEWE
    sei();                                   // Global Interrupt Enable
}

void EEPROM_Write_Seq(unsigned int EE_addr, unsigned char *EE_data)
{
    unsigned char i=0;
    for(i=0 ; *EE_data != 0; i++)            // *EE_data가 문자열 끝을 만날 때까지
    {
            EEPROM_Write(EE_addr+i,*EE_data);
            // EE_addr+i 번째 주소에 i번째 문자를 EEPROM_Write()함수를 이용하여
            //EEPROM에 쓴다.
            EE_data++;
    }
    // 문자열이 끝났음을 나타내기 위해 EEPROM의 다음 주소에 '\0'을 쓴다.
    EEPROM_Write(EE_addr+i,'\0');
}

unsigned char *EEPROM_Read_Seq(unsigned int EE_addr)
{
    unsigned char EE_data[16];
    unsigned char i=0;
    do
    {
        data[i]=EEPROM_Read(EE_addr+i);
```

```
                    i++;
            }while(data[i-1]!='\0');
            EE_data[i]='\0';
            return EE_data;
    }


    void Init_Port(void)
    {
            DDRG=0xFF;                              // LCD Control I/O
            PORTG=0xFF;
            DDRA=0xFF;                              // LCD 데이터 버스
            PORTA=0xFF;
    }


    void main(void)
    {
            unsigned char wt[]="WT: ";
            unsigned char rd[] = "RD: ";
            unsigned char EE_data[]="HELLO AVR!!!";
            unsigned char *buf;
            Init_Port();
            LCD_Init();
            EEPROM_Write_Seq(0x00,EE_data);     // EEPROM에 데이터 쓰기
            LCD_pos(0,0);
            LCD_STR(wt);                         // 안내 메시지
            LCD_STR(EE_data);                    // 안내 메시지
            buf = EEPROM_Read_Seq(0x00);         // EEPROM에서 데이터 읽기
            LCD_pos(1,0);
            LCD_STR(rd);
            LCD_STR(buf);                        // EEPROM에서 읽어온 데이터 LCD에 출력
            while(1);
    }
```

END

예제 13.5 문자열 쓰기

EEPROM의 특정 주소에 문자열 "HELLO KPU!!!" 문자를 쓰고, 이를 USART 포트를 이용하여 PC로 전송하여 확인하는 프로그램을 작성하시오.

예제 13.4에서 EEPROM에 문자열 "HELLO AVR"을 쓰고, 캐릭터 LCD를 통하여 확인하였다. 예제 13.5는 캐릭터 LCD가 아닌 시리얼 통신으로 PC에서 확인하는 프로그램을 작성하는 것이므로, 이는 예제 13.4와 11.6절의 USART 활용 실험 부분을 참조하면 쉽게 작성할 수 있을 것이다. 이 프로그램은 독자들이 완성하여 보기 바라며, 예제의 구현을 위한 주 프로그램은 다음과 같다.

```
void main(void)
{
        Byte data[]="HELLO AVR!!!";
        Byte *buf;
        Init_Port();
        Init_Serial();
        EEPROM_Write_Seq(0x00,data); // EEPROM에 데이터 쓰기
        buf = EEPROM_Read_Seq(0x00); // EEPROM에서 데이터 읽기

        // EEPROM으로부터 읽어온 데이터 시리얼로 전송
        while(*buf != 0)
        {
                putch_USART0(*buf);
                buf++;
        }
}
```

END

13.4   워치독 타이머 및 슬립모드

ATmega128에는 2장에서 설명한 바와 같이 MCU의 이상 감지와 전원 관리 등의 특별한 기능을 내장하고 있다.

ATmega128에 내장된 워치독 타이머는 MCU를 사용하는 시스템이 어떠한 원인에 의해 무한 루프에 빠지거나 비정상적인 동작을 하면 자동으로 시스템을 리셋시켜 다시 정상적인 MCU 동작이 이루어지도록 동작한다. 또한 ATmega128에 내장되어 있는 슬립모드(sleep mode)는 마이크로 컨트롤러의 내부에 사용하지 않는 내장 모듈의 동작을 정지시켜 전력 소모를 줄이기 위해 사용되며, 휴면(idle), 전원 차단(Power-down), 전원 절감(Power-save), 대기, 확장 대기 등의 5가지 모드가 있다.

이상의 MCU의 이상 감지와 전원 관리의 기능에 대해서는 2장에서 자세히 설명하였으므로 이

부분을 참조하고, 여기서는 이 기능을 구현하는 방법에 대해 살펴보기로 한다.

1) 워치독 타이머

워치독 타이머는 설정된 타임아웃 주기 이전에 소프트웨어 명령으로 그 값을 주기적으로 클리어시켜 주지 않으면 MCU를 강제로 리셋시켜 시스템이 정상적인 동작으로 동작하고 있는지를 감시하고 지속적인 오동작을 방지하기 위해 마이크로컨트롤러에서 자주 사용되는 신뢰성 향상 기법이다. 이러한 워치독 타이머(WatchDog Timer, WDT) 기능을 사용하면 소프트웨어 오작동을 막을 수 있기 때문에 자동차 분야와 자동화 시스템 분야에서 안정성 및 보안 확보를 위해 많이 사용된다.

ATmega128에서의 워치독 타이머는 내부에서 독립적으로 만들어지는 1MHz의 오실레이터의 클럭을 받아 동작하며 사용자에 의해 8가지로 클럭 주기를 변경하여 사용할 수 있다(그림 2.39 참조).

ATmega128에서는 워치독 타이머 기능을 사용하기 위해 WDTCR 레지스터를 제공한다. 이 레지스터는 2장의 그림 2.40에서 설명한 것과 같이 워치독 동작 실행하게 하는 WDE(비트 3)와 워치독 타임아웃 시간을 설정하는 WDP2 ~ 0(비트2 ~ 0) 그리고, 워치독 동작을 해제하거나 또는 워치독의 타임아웃 시간을 변경하고자 할 때 필요한 WDCE(비트 4)로 구성되어 있다. 워치독 동작을 사용하고자 한다면, 다음의 워치독 설정 과정은 메인 프로그램이 시작되기 전에 프로그램되어야 한다.

```
//WDTCR = (1<<WDCE)|(1<<WDE); 워치독 타이머 인에이블
  WDTCR = 0x18;
//WDTCR =  (1<<WDE)|(1<<WDP2)|(1<<WDP1)|(1<<WDP0); 타임아웃 설정-2sec
  WDTCR = 0x0f;
```

이상의 워치독 타이머 허가 방법을 사용하여 다음 예제를 작성하여 보자.

예제 13.6 워치독 타이머

가상의 고장 진단 시스템에서 고장 진단 확인을 PORTB.4의 입력 스위치로 하고, 고장 진단 프로그램이 완료되면 시스템을 리셋되도록 하는 프로그램을 작성하시오. 단, 일반적인 동작은 PORTB의 하위 4비트의 ON/OFF로 확인을 하고, 고장 진단 동작은 PORTB의 하위 4비트의 상위/하위 2비트씩 ON/OFF로 확인하도록 하시오.

이상의 과정을 플로우 차트로 표현하면 그림 13.42와 같다. 여기에서 일반 프로그램 동작은 PORTB의 하위 4비트를 ON/OFF하고, 고장 진단 판단을 하기 위해 PORTB.4의 핀을 읽어 1이면 고장 진단 프로그램을 작동시킨다. 고장 진단 프로그램은 PORTB의 하위 4비트 중 상위/하위 2비트씩 ON/OFF 하도록 동작하고, 고장 진단이 완료됨을 판단하기 위해

PORTB.4의 핀을 읽어 0이면 시스템을 RESET하여 일반 프로그램이 동작하도록 한다.

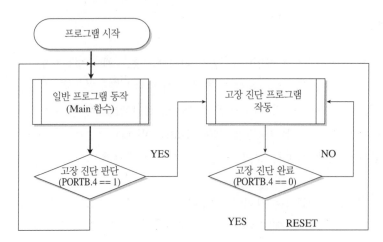

그림 13.42 예제 13.8의 프로그램 흐름도

본 예제는 PORTB의 LED를 ON/OFF 할 뿐만 아니라 상태를 LCD로 출력하도록 하였다. 일반 프로그램 동작은 main 함수에서 동작하며, 고장 진단 프로그램 작동은 SystemCheck 함수에서 동작을 한다. 각 함수에서 고장 진단 판단과 고장 진단 완료를 확인하기 위해 PORTB.4의 핀을 check 변수로 입력받아 처리하도록 한다.

고장 진단 프로그램이 작동을 한 후, 고장 진단 완료가 판단이 되면 워치독 타이머를 구동을 하여 시스템을 리셋하도록 하였다. 이상의 과정을 프로그램으로 작성하면 다음과 같다.

```c
#include <mega128.h>
#include <delay.h>

bit check;

void Init_Ports(void)
{
    DDRG=0xFF;              // LCD Control I/O
    PORTG=0xFF;
    DDRA=0xFF;              // LCD 데이터 버스
    PORTA=0xFF;
    DDRB = 0x0f;            // 상위 니블을 입력, 하위 니블 포트를 출력으로 설정
    PORTB = 0x0f;           // 하위 니블에 1을 출력
}

void WDC_Enable(void)
{
    WDTCR |= (1<<WDCE) | (1<<WDE);  // 워치독 타이머 인에이블
}
```

```
void WDC_Init(void)
{
    // 타임아웃 설정- 2sec
    WDTCR = (1 << WDCE)|(1<<WDP2)|(1<<WDP1)|(1<<WDP0);
}
void SystemCheck()
{
    char str[] = "System Checking";
    char reset[] = "System Reset";
    while(1)
    {
        LCD_pos(0,0);            LCD_STR(str);    //LCD에
                                                  //System Check 출력

        check = PINB.4;
        if(check) {                                // 고장 진단이 완료되었으면
                LCD_Clear();
                LCD_pos(0,0);   LCD_STR(reset); // LCD에 System Reset 출력
                delay_ms(1000);
                WDC_Enable();                      // 워치독 구동
                while(1);
                return;
        }
        PORTB = 0x03;            delay_ms(100);    //PORTB의 하위 4비트 중 상위/하위
        PORTB = 0x0C;            delay_ms(100); // 2비트 ON/OFF
    }
}


void main(void)
{
    char str[] = "Normal OP...";
    Init_Ports();
    LCD_Init();
    WDC_Init();

    while(1)
    {
        LCD_pos(0,0);            LCD_STR(str);   // LCD에 Normal OP 출력
        PORTB = 0x0F;            delay_ms(500); // PORTB의 하위 포트 ON/OFF
        PORTB = 0x00;            delay_ms(500);
        check = PINB.4;
        if(!check)        SystemCheck();
    }
}
```

END

2) 슬립모드의 제어

ATmega128에는 앞에서 설명한 것과 같이 5가지의 전원 절약 모드를 내장하고 있다. 5가지의 슬립모드 중에서 하나를 사용하기 위해서는 MCUCR 레지스터의 SM2, SM1, SM0 비트들의 설정에 의해 가능해진다. 다음 예제를 통해 슬립모드의 활용에 대해 살펴보기로 하자.

예제 13.7 SLEEP 휴면(idle)모드

전원이 인가되는 동시에 SLEEP의 휴면 모드로 들어가게 한 다음 외부 인터럽트 0가 발생하면 휴면 모드가 해제되어 PORTB에 연결된 LED를 ON/OFF하는 프로그램을 작성하시오.

이 예제는 휴면 모드로 설정하고 외부 인터럽트 신호에 의해 슬립모드를 해제하기 위한 프로그램이다.

이 예제의 완성을 위해 먼저 외부 인터럽트0를 활성화하는 인터럽트 초기화 함수를 작성한다. 프로그램의 순서는 슬립모드를 활성화하고, 슬립모드를 깨우기 위한 방법으로 외부 인터럽트의 신호가 low 레벨에서 동작되도록 한다. 마지막으로 외부 인터럽트를 활성화한다.

```
void Init_Interrupt(void)        // 외부 인터럽트 0가 레벨 인터럽트일 경우
                                 //슬립모드 해제 가능
{
    MCUCR = (1<<SE)|(1 << ISC01);
    // 0x22  SE-1슬립모드 활성,  low 레벨 외부 인터럽트
    GICR = (1<<INT0);                //외부 인터럽트 0 활성   0x40
    sei();                           // 전체 인터럽트 활성화 sei()
}
```

휴면 모드를 동작하기 위한 방법은 두 가지가 있다. 하나는 MCU의 각 레지스터를 설정하는 방법이고, 이는 아래 idle_2 함수와 같다. 다른 방법은 CodeVision에서 제공해주는 함수를 사용하는 방법이 있는데, 이것은 sleep.h 파일의 idle 함수를 실행하는 것이다. 본 교재에서는 idle 함수를 사용하지 않고 MCU의 레지스터를 직접 제어하는 방법을 사용하도록 한다.
idle_2 함수에서 MCU의 레지스터 설정은 SLEEP의 휴면 모드로 지정한 후 sleep 명령어를 사용하여 휴면 모드로 들어가게 한다.

```
void idle_2(void)
{
    // SE를 set한 이후에 SLEEP instruction을 수행해야만 한다
    MCUCR |= (1 <<SE);
```

```
                    // SM2-SM0 비트가 "000"으로 설정되어 있고, SLEEP 명령이 수행되면 idle 모드의 sleep
        EMCUCR &= ~(1 << SM2);          // SN2 = 0;
        MCUCR &= ~(1 << SM1);           // SM1=0;
        MCUCSR &= ~(1 << SM0);          // SM0=0;
        #asm("sleep");                  // SLEEP instruction
}
```

메인 프로그램이 실행되기 전에 위에서 설명한 두 함수를 실행한다면, 전원이 인가되고 바로 휴면 모드로 들어가게 될 것이다. 그러면, 휴면 모드를 깨우기 위해 외부 인터럽트 신호가 발생되기를 기다리게 된다. 휴면 모드에서 외부 인터럽트 신호가 발생한다면 MCUCR의 SE를 0으로 써서 슬립모드를 해제시키면 된다. 외부 인터럽트0 서비스루틴 함수를 다음과 같이 작성한다.

```
interrupt [EXT_INT0] void ext_int0_isr(void)
{
    MCUCR &= ~(1 << SE); //0xdf;    // MCUCR_SE disable(mark)
                                    //SE-슬립모드를 해제한다.
}
```

여기서 메인 프로그램은 포트 B에 연결된 LED를 ON/OFF 한다. 이상의 과정을 정리하여 예제의 프로그램을 완성하면 다음과 같으며, 이 프로그램을 수행하게 되면, 아무 동작도 일어나지 않다가 외부 인터럽트 신호가 발생하면 그 때 휴면모드에서 해제되어 LED는 ON/OFF를 반복한다. 프로그램에서 휴면 모드 동작을 위해 사용하는 idle_2 함수를 사용하지 않고 주석으로 처리해 놓은 idle 함수를 사용해도 같은 동작을 하는 것을 확인 할 수 있을 것이다.

```
#include <mega128.h>
#include <delay.h>
#include <sleep.h>

interrupt [EXT_INT0] void ext_int0_isr(void)
{
    MCUCR &= ~(1 << SE); //0xdf;    // MCUCR_SE disable(mark)
                                    //SE-슬립모드를 해제한다.
}

void Init_Interrupt(void)           // 외부 인터럽트 0 가 레벨 인터럽트일 경우
                                    //슬립모드 해제 가능
{
    MCUCR = (1<<SE)|(1 << ISC01);
    // 0x22  SE-1슬립모드 활성,  low레벨 외부 인터럽트
```

```
            GICR = (1<<INT0);                    //외부 인터럽트 0 활성    0x40
            sei();                               // 전체 인터럽트 활성화 sei()
      }

void Init_Ports(void)
{
            DDRG=0xFF;                           // LCD Control I/O
            PORTG=0xFF;
            DDRA=0xFF;                           // LCD 데이터 버스
            PORTA=0xFF;
            DDRB = 0xFF;
            PORTB = 0xFF;                        // B 포트 초기화
}

void idle_2(void)
{
            // SE를 set한 이후에 SLEEP instruction을 수행해야만 한다
            MCUCR |= (1 <<SE);
            // SM2-SM0 비트가 "000"으로 설정되어 있고, SLEEP 명령이 수행되면 idle 모드의 sleep
            EMCUCR &= ~(1 << SM2);        // SN2 = 0;
            MCUCR &= ~(1 << SM1);         // SM1=0;
            MCUCSR &= ~(1 << SM0);        // SM0=0;
            #asm("sleep");                // SLEEP instruction
}

void main(void)
{
            char str[]  = "Normal Op";
            char str1[] = "Sleep OP.";

            Init_Ports();
            LCD_Init();
            Init_Interrupt();
            delay_ms(500);
            LCD_Clear();
            LCD_pos(0,0); LCD_STR(str1);
            idle_2();
        // idle();

            while(1){
                  LCD_pos(0,0); LCD_STR(str);
                  PORTB=0x00; delay_ms(500);
                  PORTB=0x0F; delay_ms(500);
```

```
        }
    }
```

END

13.5 RTC(Real-Time Clock) 기능

ATmega128의 타이머/카운트0은 타이머/카운트2와는 달리 32.768kHz의 시계 발진기를 접속할 수 있는 TOSC1 및 TOSC2 단자를 가지고 있어서 간단하게 실시간 RTC의 기능을 구현할 수 있다. 외부 단자에 연결하는 주파수 32.768kHz는 주기가 약 0.01초로 분주비 64, 128, 256을 사용하면 쉽게 정확한 1초의 타이머를 만들 수 있다는 장점이 있다. 타이머/카운터0의 외부 단자에 32.768kHz 오실레이터를 연결하여 사용하면 타이머/카운터0은 비동기로 동작하고, 이 RTC 기능을 동작시키기 위해서는 ASSR 레지스터의 AS0 비트를 1로 설정시켜주게 되면 TOSC1 단자에 연결된 클럭이 선택된다.

RTC 기능을 사용하기 위한 회로는 그림 13.43과 같다.

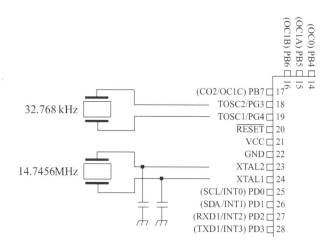

그림 13.43 RTC 기능을 사용하기 위한 회로도

예제 13.8   RTC를 사용하여 1초 타이머 만들기

RTC 기능을 이용하여 1초의 타이머를 만들고, 이를 계수하여 1초 간격으로 계수되는 과정을 LCD에 다음과 같이 표시하는 프로그램을 작성하라. 단, 9999초까지 가능하다.

| C | o | u | n | t | e | r | : | | | 1 | 2 | 8 | s | e | c |
| R | . | V | a | l | u | e | : | | | | | | | | |

이 예제에 대한 프로그램은 다음과 같다. 이는 그리 어렵지 않으니 독자들이 분석하여 이해하기 바란다.

```
#include <mega128.h>
#include "lcd.h"

void LCD_Decimal(short Data)
{
    unsigned char Decimal[4];
    Decimal[3]='0'+Data/1000;      // 1000의 자리 아스키 값으로 저장
    Data=Data%1000;                // Data 변수의 나머지 값 저장
    Decimal[2]='0'+Data/100;       // 100의 자리 아스키 값으로 저장
    Data=Data%100;                 // Data 변수의 나머지 값 저장
    Decimal[1]='0'+Data/10;        // 10의 자리 아스키 값으로 저장
    Data=Data%10;                  // Data 변수의 나머지 값 저장
    Decimal[0]='0'+Data/1;         // 1의 자리 아스키 값으로 저장

    LCD_pos(11,0);
    LCD_data(Decimal[3]);          //  1000의 자리 출력
    LCD_pos(12,0);
    LCD_data(Decimal[2]);          //  100의 자리 출력
    LCD_pos(13,0);
    LCD_data(Decimal[1]);          // 10의 자리 출력
    LCD_pos(14,0);
    LCD_data(Decimal[0]);          // 1의 자리 출력
}

void timer0_init(void)
{
    // CS02 = 1, CS01 = 1, CS00 = 0, 프리스케일러 256
    TCCR0=0x06;
    TCNT0=0x80;  // 128
    // TOIE0 = 1, 타이머/카운터0 인에이블
```

```
        TIMSK=0x01;
        // AS0 = 1, 외부 클럭 사용
        ASSR=0x08;
}


interrupt [TIM0_OVF] void timer0_ovf_isr(void)
{
        Count++;    // 1sec 마다 Count 증가
        TCNT0=0x80;
}


void main(void)
{

        timer0_init();                          // 타이머/카운트0 초기화
        port_init();                            // 포트 초기화
        LCD_init();                             // LCD 초기화

        LCD_pos(0,0);
        LCD_str("Counter:    sec");

        LCD_pos(0,1);
        LCD_str("R.Value");

        SEI();                                  // 전체 인터럽트 허용

        Count=0;

        while(1)
        {
            LCD_Decimal(Count);                 // Count 값 디스플레이
        }
}
```

END

예제 13.9 RTC를 사용하여 정해진 시간에 알람 발생하기

예제 13.8과 같이 RTC 기능을 이용하여 1초의 타이머를 만들고, 이를 계수하여 정해진 시간에 부저로 알람을 발생하는 프로그램을 작성하라. 시간의 설정과 시작 스위치는 PORTD에 연결된 SW0, SW1, SW2를 사용한다. 즉, 스위치 SW0(PORTD.0)과 SW1(PORTD.1)은 시간 증가와 감소를 설정하며, SW2(PORTD.2)는 시작하는 스위치로 한다.

T	i	m	e	S	e	t	:				1		m	i	n	
C	o	u	n	t	e	r	:			6	0		s	e	c	

이 예제는 I/O 부분의 스위치 입력 부분과 예제 13.8을 이해하면 쉽게 작성할 수 있으므로 독자들이 분석하여 이해하기 바란다.

```c
#include <mega128.h>
#include <delay.h>
#include "lcd.h"

#define SEI()        #asm("sei")          // 전체 인터럽트 허용
#define CLI()        #asm("cli")          // 전체 인터럽트 금지

void LCD_Decimal(short Data)
{
    unsigned char Decimal[3];
    Decimal[2]='0'+Data/100;              // 100의 자리 아스키 값으로 저장
    Data=Data%100;                        // Data 변수의 나머지 값 저장
    Decimal[1]='0'+Data/10;               // 10의 자리 아스키 값으로 저장
    Data=Data%10;                         // Data 변수의 나머지 값 저장
    Decimal[0]='0'+Data/1;                // 1의 자리 아스키 값으로 저장

    LCD_pos(10,1);
    LCD_data(Decimal[2]);                 //  100의 자리 출력
    LCD_pos(11,1);
    LCD_data(Decimal[1]);                 // 10의 자리 출력
    LCD_pos(12,1);
    LCD_data(Decimal[0]);                 // 1의 자리 출력
}

void port_init(void)
{
    DDRD=0x07;
```

```
    // 알람 스위치 설정 SW0(PORTD.0),SW1(PORTD.1) = 시간 설정, SW2(PORTD.2) = 시작
    DDRG=0x10; // 버저 출력 설정 PORTG.4
}

void timer0_init(void)
{
    TCCR0=0x06;  // CS02 = 1, CS01 = 1, CS00 = 0, 프리스케일러 256
    TCNT0=0x80;  // 128
    TIMSK=0x01;  // TOIE0 = 1, 타이머/카운터0 인에이블
    ASSR=0x08;   // AS0 = 1, 외부 클럭 사용
}

interrupt [TIM0_OVF] void timer0_ovf_isr(void)
{
    Count++;        // 1sec 마다 Count 증가
    TCNT0=0x80;
}
```

END

연습문제

01 A/D 변환기의 구현 방법에 대해 네 가지를 나열하고 이를 간단하게 설명하라.

02 ATmega128에 내장된 A/D 변환기는 10비트의 분해능을 가지고 있다. 만약 이보다 더 정밀한 분해능으로 A/D 변환을 해야 할 경우를 대비하여 고분해능의 A/D 변환기를 직렬 및 병렬 통신 인터페이스 방식으로 구분하여 세 가지 정도를 조사하라.

03 MCU를 사용하여 아날로그 신호를 처리할 경우에는 외부 잡음과 내부 잡음에 취약한 단점이 있다. 따라서 그러한 잡음을 해결할 수 있는 H/W 및 S/W 필터를 설명하라.

04 아날로그 비교기의 사용 용도를 설명하라.

05 EEPROM의 주요 레지스터 EEAR, EEDR, EECR에 대해 설명하라.

06 ATmega128에는 내부 4K 바이트 EEPROM과 128K 바이트 플래시 메모리를 내장되어 있다. 플래시 메모리는 프로그램을 다운로드하여 사용자가 원하는 동작을 수행하는 목적 외에 EEPROM처럼 사용하지 않는 부분에 데이터를 저장 또는 읽어 들일 수 있다. 이때 EEPROM과 플래시 메모리의 가장 큰 특징 한 가지를 설명하라.

07 워치독 및 슬립모드의 레지스터인 WDTCH에 대하여 설명하라.

08 RTC를 사용하기 위한 ASSR 레지스터의 기능을 설명하라. 또한 0.05초를 계수하기 위해 다음과 같이 타이머/카운터0을 초기화하였다. 이의 기능에 대해 설명하라.

```
TCCR0 = 0x      ;        // TCCR0 비트 :
TCNT0 = 0x      ;        // TCNT0 비트 :
TIMSK = 0x      ;        // TIMSK 비트 :
ASSR  = 0x      ;        // ASSR 비트 :
```

용어 정리

▶ ADC(Analog to Digital Converter, AD 변환기): 연속적인 신호인 아날로그 신호인 전압과 전류를 부호화된 디지털 신호로 변환하는 장치. 실생활에서 연속적으로 측정되는 온도, 압력, 음성, 영상 신호, 전압 등의 신호를 컴퓨터로 입력하기 위해 디지털화하는 장치

▶ Adress bus(주소 버스): 중앙처리장치 CPU가 메모리나 입출력 기기의 주소를 지정할 때 사용되는 전송 신호군으로, 주소 버스가 n개의 선으로 구성되어 있다면 2^n개의 주소를 지정할 수 있고, 이 버스는 CPU에서만 주소를 지정할 수 있기 때문에 단방향 버스라고 함.

▶ ASCII 코드(American Standard Code for Information Interchange Code): 정보 교환용 미국 표준 부호. 아스키는 문자, 숫자, 구두점 및 기타 일부 특수 문자에 수치(numeric value)를 부여하는 부호 체계로서 1962년 미국표준협회(ANSI)가 제정함.

▶ assembler: 기호 형식의 언어로 작성한 프로그램을 기계 명령어로 변환하는 컴퓨터 프로그램으로 어셈블리 프로그램이라고도 함.

▶ BCD 코드(Binary-to Digital Code): 십진법의 각 십진 숫자를 이진 숫자로 나타내는 코드

▶ bit: 2진 기수법 표기의 기본 단위 2진 숫자

▶ BOD(Brown out Detector): 공급 전압이 일정 수준 이하로 내려가는 것을 감시하여 일정 수준 이하로 내려가면 다시 일정 수준으로 돌아올 때까지 마이크로프로세서에게 리셋 신호를 발생시켜주는 전자 소자

▶ **boot loader**: 마이크로컨트롤러 자신이 프로그램을 다운로드 또는 업로드하기 위한 Read-while-Write 방식의 자기 프로그래밍 기능을 의미함.

▶ **bluetooth**: 무선 통신 기기 간에 근거리(short range)에서 저전력으로 무선 통신을 하기 위한 표준. 예를 들면 이동 컴퓨터(mobile computer), 휴대폰, 헤드셋, 개인 휴대 정보 단말기(PDA), 개인용 컴퓨터(PC), 인쇄기 등의 기기 간에 정보 전송을 목적으로 하고 있음.

▶ **bps(bits per second)**: 데이터 전송 속도를 나타내는 척도로 1초 동안에 얼마만큼의 비트 수를 전송할 수 있는가를 나타냄.

▶ **byte**: 8비트를 1바이트로 구성하므로, 십진수로 0에서 255까지의 값을 가짐. 또한, 바이트는 마이크로프로세서에 의한 데이터 처리, 저장, 전송의 기본적인 단위로 많이 사용됨.

▶ **CAN(Controller Area Network)**: 자동차의 각종 계측 제어 장비들 간에 디지털 직렬 통신을 제공하기 위한 차량용 네트워크 시스템. 차량 내 전자 부품의 복잡한 전기 배선과 릴레이를 직렬 통신선으로 대체하여 지능화함으로써 중량감과 복잡성을 줄이고, 차량에서의 실시간 요구를 만족시키기 위해 개발된 네트워크 시스템. ISO 표준 규격(ISO 11898)으로서 첨단 자동차 전장 시스템에 적용되며 엔진 관리, ABS(Anti-lock Braking Systems), 공조장치, 문 잠금장치, 거울 조정 등의 시스템 통합이 가능함.

▶ **CISC(Complex Instruction Set Computer)**: 복잡한 명령어 세트를 갖는 CPU 구조로서, 명령어 길이가 가변적이고, 레지스터의 수가 제한적이며, 다양한 주소 모드를 가지고 있기 때문에 명령어를 해석하는 데 시간이 오래 걸리며 명령어 해석에 필요한 회로도 복잡함.

▶ **chattering**: 전자 회로 내의 스위치나 계전기의 접점이 붙거나 떨어질 때 기계적인 진동에 의해 실제로는 매우 짧은 시간 동안에 접점이 붙었다가 떨어지는 것을 반복하는 현상. 이는 회로에 나쁜 영향을 주므로 제거해야 하며, 이를 위해 사용되는 회로를 디바운스(debounce) 회로 또는 채터링 방지 회로라 함.

▶ **compiler**: C언어와 같은 high-level 언어로 작성한 프로그램을 프로세서가 이해할 수 있는 기계어로 번역하는 소프트웨어

▶ **counter**: 어떤 값을 기억하고 있다가 카운터의 입력 핀에 다음의 입력 펄스가 하나 들어오면 먼저의 값이 1만큼 증가하거나 감소하여 새로운 값으로 기억되는 레지스터. 보통 이벤트의 발생 횟수를 나타내기 위해 사용되는 레지스터나 기억 장소 등의 소자를 말함.

▶ **CPLD(Complex Programmable Logic Device)**: 수십 개의 단순 PLD로 구성된 프로그램 가능한 논리 소자(PLD)

▶ **CPU(Central Processing Unit, 중앙처리장치)**: 프로세서의 가장 중요한 부분으로 명령을 해독하고 산술논리연산이나 데이터 처리를 실행하는 장치

▶ DAC(Digital-to-Analog Converter, DA **변환기**): 이산적인 디지털 신호를 연속적인 아날로그 신호인 전류나 전압으로 변환시켜주는 장치

▶ **data bus**: CPU에서 기억장치나 입출력 기기에 데이터를 전송하거나 반대로 기억장치나 입출력 기기에서 CPU에 데이터를 읽어 들일 때 필요한 신호군으로, 이 버스는 CPU와 기억장치 또는 입출력 기기 간에 어떤 곳으로도 데이터를 전송할 수 있으므로 양방향 버스라고 함.

▶ **debug**: 프로그램에서 잘못된 부분을 찾아내거나 이를 바로잡는 것

▶ **debugger**: 프로그램의 오류를 검출하기 위해 사용되는 소프트웨어 프로그램

▶ **dongle**: 컴퓨터의 입출력장치에 연결되는 메커니즘으로 특정 프로그램의 복사나 실행 시 인가된 사용자만이 사용할 수 있도록 보안 키나 ID를 저장한 장치. 최근에는 USB나 블루투스 기능을 지원하기 위해 USB 접속 장치에 연결되는 외장형 주변 장치를 '동글'이라 하고, 이 명칭은 1992년 이 장치를 발명한 Don Gall의 이름에서 비롯됨.

▶ **dot matrix**: 가로 세로로 평행하게 배열된 여러 개의 점으로 글자를 만드는 방식. 대부분의 화면이나 프린터에서는 글자를 나타내는 데 사용함. 행렬의 가로 세로 크기가 클수록 글자가 정밀해지는데, 대부분의 경우 영문은 7×5, 16×8 등이고 한글 및 한자는 16×16, 24×24 등이 사용됨.

▶ **duplex**: 데이터 통신에서 사용되는 용어로서, 쌍방향 송/수신이 가능한 통신 방식을 말함. 쌍방향 통신에 대해 심플렉스(단방향 통신)는 반대의 의미로 사용됨.

▶ **embedded controller**: 출력(I/O) 제어 회로와 이를 제어하는 프로그램 등을 하나의 칩에 모두 내장하여 간단하게 구성한 프로세서

▶ **emulator**: 다른 프로세서의 기능 및 동작을 모방하여 수행하는 하드웨어 장치 및 소프트웨어를 말함. 즉, 모방 시스템이 피모방 시스템과 같은 데이터를 받아들여 같은 컴퓨터 프로그램을 실행하고 같은 결과를 얻을 수 있도록 어떤 시스템이 다른 시스템을 모방하는 장치 또는 컴퓨터 프로그램

▶ **EMI(EelectroMagnetic Interference, 전자파 장애**): 전자 기기로부터 부수적으로 발생된 전자파가 그 자체의 기기 또는 타 기기의 동작에 영향을 미치는 현상. 대부분의 전자 기기는 정도의 차이는 있지만 전자파 잡음을 발생하며, 발생된 전자 에너지는 어떠한 매질의 경로를 통해 타 기기에 장해를 주게 되며, 이와 같이 타 기기에 전자파 장해를 끼치는 것을 능동적 장해라고 하고, 이에 반해 대부분의 전자 기기는 외부로부터 침입한 전자파 잡음에 의해 장해를 받는데, 이러한 장해를 수동적 장해라고 함.

▶ **EMC(EelectroMagnetic Compatibility)**: 주변 환경에 대한 전자파 간섭의 허용 범위를 준수하면서도 기능은 완벽하게 수행하는 능력을 말함.

▶ **EEPROM(Electrically Erasable and Programmable Read Only Memory)**: 전원

없이도 장기간 안정적으로 기억하는 비휘발성 기억장치로서 전기적 소거 및 프로그램이 가능한 읽기 전용의 기억장치

▶ EPROM(Erasable and Programmable Read Only Memory): 소거 및 프로그램이 가능한 읽기 전용의 기억장치

▶ flag: 어떤 조건의 발생을 암시하거나 여러 복합적인 구성요소를 확인하기 위해서 프로그램에서 사용하는 비트

▶ flash memory: 블럭으로 불리는 메모리의 단위로 프로그램되거나 지울 수 있는 비휘발성 기억장치로, 디지털 카메라나 MP3, 휴대폰, USB 드라이브 등 휴대형 기기에서 대용량 정보를 저장하는 용도로 사용됨. 반도체 IC 내부의 전자 회로 형태에 따라 데이터 저장형인 NAND 형과 코드 저장형인 NOR 형으로 구분되며, NAND 형은 저장 단위인 셀을 수직으로 배열해 좁은 면적에 많은 셀을 만들 수 있도록 되어 있어 대용량이 가능한 반면, NOR 형은 수평으로 배열되어 있어 용량은 작으나 읽기 속도가 빨라 휴대폰처럼 동작 중심의 핵심 데이터를 저장하는 데 주로 사용됨.

▶ FPGA(Field-Programmable Gate Array): 보다 복잡한 조합 논리 회로를 프로그램할 수 있는 논리 소자로 프로그램 가능한 논리 블럭에 간단한 플립플롭이나 더 완벽한 메모리 블럭의 메모리 요소를 포함하고 있음.

▶ full-duplex(전이중 통신): duplex와 동일함.

▶ GAL(Genetic Array Logic): Lattice 반도체 회사에서 PAL(Programmable Array Logic)을 개선하여 만든 프로그램 가능한 논리 소자로서 PAL에 비해 지울 수 있고, 재프로그램이 가능하다는 장점이 있음.

▶ glitch: 현재 레벨의 신호보다 큰 신호 레벨로 변화를 일으켰다가 다시 원래 레벨의 신호로 돌아오는 원치 않는 과도기적 신호로서 이 신호에 의해 컴퓨터와 같은 시스템에 일시적인 오동작을 일으킬 수 있음.

▶ gyro: 자이로 센서는 관성 측정 센서의 하나로서 이동 물체의 각속도(1초에 동안에 각도가 얼마나 움직이는가?)를 검출하는 센서임. 운동하고 있는 물체가 회전을 하면 그 속도 방향에 수직으로 '코리오리스' 힘이 작용하는데 이러한 물리 현상을 이용하여 각속도를 검출함.

▶ half-duplex(반이중 통신): 데이터 통신에서 사용되는 용어로서, 접속된 두 장치 간에 교대로 데이터를 교환하는 통신 방식을 말함. 양방향 전송이 가능하지만 동시 송수신은 불가능하고 어떤 시점에서는 한 방향으로만 전송됨.

▶ handshake signal: 두 장치 또는 그 이상의 장치 간에 데이터 교환을 원활하게 하기 위하여 사용하는 하드웨어 또는 소프트웨어 제어 신호. 하드웨어 핸드세이크 신호의 경우에는 송신하는 데이터 스트림에 송신 시작 비트와 종료 펄스를 인가하여 사용

하고, 소프트웨어 핸드셰이크 신호의 경우에는 데이터 스트림에 특수 문자를 삽입하여 데이터의 송신 시작과 끝을 나타내는 바이트를 부가하여 사용함.

▶ hexadecimal: 기수가 16인 수체계. 16진 기수법에서 사용되는 문자는 0~9까지의 10개 숫자와 A, B, C, D, E, F의 6개 영문자로 구성됨.

▶ host: 다른 기기 또는 시스템에 연결되어 서비스를 제공할 수 있도록 마스터로 동작하는 컴퓨터 시스템

▶ ICE(In-Circuit Emulator): 마이크로프로세서 시스템 또는 기기를 개발하는 데 사용하는 개발 도구로서, 마이크로프로세서 시스템의 하드웨어 모방이 가능하여 실시간 입출력의 오류 정정이 가능한 하드웨어 및 소프트웨어 기능을 가지고 있어 실시간으로 디버깅이 가능함.

▶ IDE(Intergrated Development Environment): 마이크로컨트롤러를 활용하여 시스템을 개발하는 데 사용되는 통합 환경으로, AVR을 개발하는 데 사용되는 IDE로는 Code-VsionAVR, IAR, WinAVR 등이 있음.

▶ IIC 또는 I2C(Inter-IC Communication): 두 개의 신호선을 이용하여 소자 또는 기기 간에 데이터를 송수신하는 버스. 필립스에 의해 개발된 다중 마스터 직렬 컴퓨터 버스(multi-master serial computer bus)로서 마더보드, 임베디드 시스템 또는 휴대전화기 등에 저속의 주변 장치를 인터페이스하는 데 사용하는 버스임.

▶ IrDA(Infrared Data Association, **적외선 통신 규격**): 적외선 데이터 통신의 규격을 제정하기 위해 1993년에 설립된 민간 표준 단체. 일반적으로 IrDA는 PAN(Personal Area Network)과 같은 비교적 짧은 범위의 데이터 교환에 사용되는 물리적 통신 프로토콜을 말하기도 함.

▶ instruction(**명령어**): 마이크로프로세서가 직접 실행할 수 있는 프로그램의 최소 단위로서, 보통 명령어는 프로그램 작성자가 어셈블리 언어나 고수준 언어로 프로그램을 작성할 때 문장(statement) 형식으로 기술한 것을 나중에 컴파일러나 어셈블러에 의해 컴퓨터가 실행할 수 있는 기계어 명령으로 번역한 것임.

▶ interrupt: 마이크로프로세서 시스템에서 주변 장치에서 마이크로프로세서에게 비동기적으로 서비스를 요구하는 신호로서, 이 신호를 받으면 프로세서는 현재 진행 중인 프로그램의 실행을 중단하고 ISR(Interrupt Service Program)이라 불리는 서비스 프로그램을 실행함.

▶ I/O(Input/Output): 마이크로프로세서 시스템에서 외부와의 연결을 위해 사용되는 물리적인 주변장치

▶ I/O map: 마이크로프로세서 시스템에 연결된 입출력장치에 대한 I/O 공간 주소를 포함하고 있는 주소 테이블

▶ I/O space : 마이크로프로세서가 I/O 소자를 연결하기 위해 사용하는 주소 공간의 형태. 일반적으로 마이크로프로세서가 사용하는 주소 공간으로는 I/O 공간과 메모리 공간이 있고, I/O 공간의 경우에는 저속의 소자를 인터페이스하는 용도로 사용되고, 메모리 공간의 경우에는 메모리와 같은 고속의 소자를 인터페이스하는 용도로 사용됨.

▶ instruction register(명령어 레지스터): 현재 실행 중인 명령어를 기억하고 있는 CPU 내의 레지스터

▶ Intel Hex Format: PROM 또는 에뮬레이터에서 사용되는 코드 형식으로 메모리의 주소정보와 기계어 코드로 되어 있음.

▶ ISA(Industry Standard Architecture): IBM PC 내의 표준 확장 슬롯에 플러그 인 카드(보드)를 삽입하는 방법으로 중앙처리장치(CPU)와 각종 주변 장치를 연결하여 정보를 전달할 수 있게 하는 버스 설계 규격

▶ ISR(Interrupt Service Routine): 컴퓨터 시스템에서 인터럽트가 발생하면 프로세서에 의해서 수행되는 프로그램

▶ interrupt vector: ISR의 시작 주소를 기억하고 있는 기억 장소 또는 ISR의 주소

▶ ISP(In-System-Programming): 마이크로컨트롤러를 타겟 보드에 장착하고 온라인 상태에서 외부의 컴퓨터와 통신을 통하여 사용자가 작성한 프로그램을 마이크로컨트롤러 내부의 메모리, 즉 내부 플래시와 EEPROM에 기록하는 기능. 이 기능을 사용하면 타겟 보드에 장착된 마이크로프로세서의 칩에 PC에서 개발된 사용자 프로그램을 기록하기 위해 칩을 분리하지 않고 보드에 실장된 상태로 바로 기록이 가능하여 프로그램을 개발할 때 편리하다는 장점이 있음.

▶ JEDEC(Joint Electron Device Engineering Council): 국제전기전자표준협회의 약자

▶ JTAG(Joint Test Action Group): boundary-scan이라는 데이터 전송 형식으로 컴퓨터와 반도체 소자를 연결하여 온 칩 디버깅(OCD: On-Chip Debugging), 불휘발성 메모리의 프로그래밍(ISP), PCB 시험 등을 수행하는 인터페이스 기술로서 IEEE 표준 1149.1로 표준화되어 있음. AVR은 이를 위하여 소자의 내부에 JTAG 인터페이스 지원 기능을 포함하고 있음.

▶ Kbps: Kilobits per second의 약자. Kilo는 1000을 의미함.

▶ Kbyte: Kilobyte. Kilo는 1000을 의미함.

▶ latency(지연시간): 일반적으로 인터럽트에 관련되어 사용되며, 인터럽트가 요구되어 ISR 프로그램이 수행되기까지의 시간

▶ LCD(Liquid Crystal Display): 액정 디스플레이 또는 액정 표시장치라 하며, 액정이 가진 여러 가지 성질 가운데 전압을 가하면 분자의 배열이 변하는 성질을 이용하여

표시하는 장치임. 전력이 적게 소모되기 때문에 휴대용 장치에 많이 쓰임.

▶ LED(Light Emitting Diode): 전류가 흐르면 빛을 방출하는 다이오드의 한 종류로서 LED 양단에 순방향 전압이 인가되면 이 소자 사이로 전류가 흐르게 되어 빛을 방출하는 발광 다이오드

▶ linker : 컴파일러를 통해 만들어진 여러 개의 목적 파일을 결합하여 컴퓨터에서 실행될 수 있는 코드로 변환하는 장치

▶ LIN(Local Interconnect Network): 컴퓨터 통신에서 사용되는 버스 프로토콜로서 현재 자동차에서 많이 사용되고 있음. LIN 버스는 주로 CAN 통신에 비해 저렴하고 소형 및 저속의 네트워크를 구성하는 데 사용됨.

▶ load-store architecture: load와 store 명령만으로 메모리를 액세스하는 프로세서 구조

▶ logic analyzer(논리 분석기): 디지털 시스템의 논리 신호를 포착하여 기록, 표시하는 다수의 채널을 가지는 계측 장비로서 다수 신호를 측정, 관측하는 마이크로컴퓨터 시스템 개발에 유용하게 활용됨.

▶ maskable interrupt(차단 가능 인터럽트): 인터럽트의 한 종류로서 프로그래머에 의해 인터럽트 요청을 받아들이지 않고 무시할 수 있는 인터럽트

▶ microcomputer: 마이크로프로세서를 사용하는 컴퓨터 시스템으로 하나의 마이크로프로세서 유닛과 관련 회로, 주변 I/O 장치, 메모리 등이 하나의 PCB 보드에 장착되어 있어 단일 보드 컴퓨터(SBC: Single Borad Computer)라고도 함.

▶ microcontroller: 하나의 칩으로 구현된 마이크로컴퓨터

▶ microprocessor: 기억장치 이외의 모든 중앙처리장치(CPU)의 기능을 대규모 집적회로(LSI) 칩에 탑재한 소자로, 여기에는 산술·논리·제어 회로(ALU), 명령어 해석 기능, 레지스터 등이 포함되어 있음.

▶ mnemonic: 명령 부호의 일종으로, 수행하는 연산의 성질이나 사용하는 데이터의 형태 또는 그 연산을 실행하는 명령의 형식 등을 간략하게 암기하기 쉬운 형태로 구성한 부호

▶ non-maskable interrupt(차단 불가능 인터럽트): 인터럽트의 한 종류로서 프로그래머에 의해 인터럽트 요청이 차단될 수 없는 인터럽트. 보통 전원 이상, 비상 정지 등의 돌발 사태를 대비하기 위해 사용됨.

▶ NVRAM(Non-Volatile RAM, 비휘발성 RAM): 전원이 제거되어도 기억시킨 데이터가 지워지지 않으며, 전원이 연결되면 다시 판독할 수 있는 기억장치(RAM). 대부분 전원이 제거되었을 때 배터리에 의해 데이터가 보전됨.

▶ oscilloscope: 전압이나 전류의 파형을 CRT 또는 LCD 화면을 통해 시간의 함수로 시각적으로 보여 주는 계측 장비

▶ object code(목적 코드): 컴파일러 또는 어셈블러에 의해 생성되어 컴퓨터가 직접 실행할 수 있는 프로그램 또는 기계어 코드

▶ pipeline: CPU의 처리 속도를 빠르게 하기 위해서 1개의 명령 실행을 복수의 처리 단위로 나누어 병렬 처리하는 방법. 예를 들면 명령 실행을 인출(fetch), 해독, 연산 실행, 결과 출력 등의 처리로 분할하여 첫 번째의 명령(인출)이 종료되면 두 번째의 명령(해독)과 동시에 두 번째 명령 실행에 들어감. 이와 같이 계속되는 명령과 각 단계별 처리를 중첩해서 복수의 명령을 동시에 실행함에 따라 처리의 고속화를 도모하는 방법임. 다만, 명령의 길이나 처리 시간이 일정하지 않은 경우에는 이 방법을 적용할 수 없음.

▶ PLD(Programmable Logic Device): 사용자가 내부 논리 회로를 정의 변경할 수 있는 집적회로로서, 기본 소자가 어레이 형태로 배열되고 어레이의 각 격자점에 있는 퓨즈를 접속 단절함으로써 목적하는 논리 회로를 실현하는 소자

▶ photocoupler: 발광 소자와 수광 소자를 조합하여 광을 매체로 신호를 전송하는 소자로서 입출력 사이가 전기적으로 절연되어 있기 때문에 전기적인 잡음 제거에 널리 사용됨.

▶ program counter: 마이크로프로세서에 의해 다음 차례에 실행할 명령어의 주소가 저장되어 있는 레지스터로 다른 말로는 명령어 주소 레지스터라고도 함.

▶ PWM(Pulse Width Modulation, 펄스 폭 변조): 펄스 변조 방식의 하나로, 변조 신호의 크기에 따라서 펄스의 폭을 변화시켜 변조하는 방식

▶ RISC(Reduced Instruction Set Computer): 비교적 적은 수의 명령 집합을 신속하고 효율적으로 처리하도록 설계된 마이크로프로세서 또는 이러한 마이크로프로세서의 설계 기법. 명령의 수를 줄임으로써 제어 기능을 단순화하여 하드웨어의 설계를 쉽게 하고, 처리 속도의 고속화를 실현하는 것을 주안점으로 함. 명령 집합을 사용 빈도가 높은 기본 명령으로 한정하고 명령어의 길이를 통일하여 각각의 명령이 단일 클럭 사이클 내에 신속하게 처리되도록 함. CISC과 대조됨.

▶ relay(계전기): 전자석과 기계 접점으로 이루어져 있는 전기적인 스위치

▶ reset: 마이크로프로세서에서의 리셋은 프로세서의 동작을 초기화하는 것으로 리셋 신호가 입력되면 내부 레지스터와 제어 회로를 기본 상태로 초기화하고 프로그램의 실행은 리셋 벡터로부터 시작됨.

▶ reset vector: 리셋이 발생하면 참조하는 주소로서 일반적으로 프로그램 메모리의 선두 번지로 지정되어 있음.

▶ **reset address**: 리셋 신호가 인가되면 프로세서에서 처음 명령이 실행되는 주소로 리셋 벡터와 같은 의미를 갖음.

▶ **RS-232**: 직렬 비동기 통신 프로토콜로서, 미국의 전자공업협회 EIA(Electronic Industries Association)에 의해 규정됨. 데이터 단말기(DTE: Data Terminal Equipment) 와 데이터 통신기(DCE: Data Communication Equipment) 사이의 직렬 인터페이스 규격.

▶ **simplex**: 데이터 통신에서 사용되는 용어로서, 한쪽 방향으로만 데이터 전송이 가능한 통신 방식. 일반적인 데이터 전송 방법으로는 잘 사용되지 않음.

▶ **simulator**: 프로그램의 실행을 모니터링하는 소프트웨어로서 프로그램 명령어를 단계별로 수행시켜 레지스터, 메모리와 I/O 포트의 내용을 검사하여 프로그램 개발 시에 오류를 수정할 수 있는 프로그램

▶ **sleep mode**: 마이크로컨트롤러의 내부에서 사용하지 않는 구성 모듈의 동작을 정지시켜 전력 소비를 줄이기 위해 고안된 동작 모드로서, ATmega128에는 휴면, 전원 차단, 전원 절감, 대기, 확장 대기 모드, ADC 잡음 절감 기능이 제공됨.

▶ **solenoid**: 전기 에너지에 의해 자력을 발생시켜 자력의 흡인력으로 액추에이터를 움직이는 일종의 에너지 변환 장치

▶ **SPI(Serial Peripheral Interface)**: 두 개의 주변장치 또는 IC 간에 동기식 직렬 통신으로 데이터를 교환하도록 고안된 4선을 사용한 인터페이스 방식으로 마스터와 슬레이브로 동작함.

▶ **stack**: 프로그램의 실행 과정에서 호출된 프로그램의 복귀를 위해 주소를 저장하는 데 사용되는 읽기/쓰기가 가능한 메모리 공간으로 일반적으로 RAM의 일부를 특별한 저장 영역으로 설정하고 LIFO(Last-In First-Out) 방식으로만 액세스됨.

▶ **stack pointer**: 스택의 현재 '최상위' 위치를 가리키는 데 사용되는 CPU 내부 레지스터

▶ **startup code**: 시스템의 초기화 과정에서 수행되는 프로그램의 일부분으로 내부 메모리를 0으로 클리어하고, 스택을 위한 공간을 할당하고, 프로세서의 스택 포인터를 지정한 후에 프로그램의 시작 번지로 점프하여 프로그램이 기동되도록 하는 기능을 가지고 있음.

▶ **timer**: 클럭 신호에 의해 증가되는 카운터

▶ **TWI(Two-wire Serial Interface)**: 필립스사에서 제안한 근거리용 표준 직렬 통신 방식인 I2C 버스로 통신하는 방식으로, MCU와 EEPROM, 온도 센서 등과 같은 IC 소자들을 인터페이스하기 위해 고안된 2선식 직렬 통신 방식임.

▶ **UART(Universal Asynchronous Receiver/Transmitter)**: 바이트 단위의 데이터를 직렬 비트로 변환하여 일정한 속도로 전송하거나 직렬 비트로 입력되는 데이터를 바

이트 단위의 병렬 데이터로 변환하는 비동기식의 통신 소자 또는 IC를 말함. 즉, 병렬 데이터를 직렬 비트 스트림으로 변환 또는 복원하고, 패리티 비트를 추가하거나 패리티를 검출, 제거하며, 비동기 통신을 위해 시작 비트와 정지 비트를 추가하고 삭제하는 기능들을 수행하는 소자

▶ USB(Universal Serial Bus): 컴퓨터와 주변 기기를 연결하는 데 사용되는 입출력 표준 가운데 하나로서 직렬 버스로 구현되어 있고, 현재 USB 1.1, 2.0으로 표준화되어 있음.

▶ vectored interrupt(벡터형 인터럽트): 인터럽트의 한 종류로서 인터럽트가 발생할 때마다 인터럽트를 요청한 장치가 인터럽트 서비스 루틴의 시작 번지를 CPU에게 전송하거나 또는 CPU가 각 인터럽트의 종류에 따라 미리 지정된 메모리 번지에서 인터럽트 벡터를 읽어서 이를 인터럽트 서비스 루틴의 시작 번지로 사용하는 방식의 인터럽트. 이는 인터럽트의 처리 시간이 빠르고 주변 장치의 많고 적음에 영향이 없으므로 일반적인 마이크로컨트롤러에서 채택하는 방식임.

▶ watchdog timer: 시스템에 오버플로우가 발생하면 시스템을 리셋시킬 목적으로 고안된 특수 목적의 타이머로서, 프로그램의 오류나 장비의 고장 등으로 시스템이 무제한의 반복 상태이거나 아이들 상태로 되는 것을 방지하기 위해 사용됨. AVR에서의 워치독 타이머(Watchdog Timer)는 타임아웃이 되기 전에 주기마다 소프트웨어적으로 워치독 리셋(WDR) 명령을 이용하여 그 값을 클리어시켜 주지 않으면 MCU를 리셋시킴으로써 시스템이 정상적으로 동작하고 있는지를 항상 감시하는 마이크로프로세서의 신뢰성 향상 기술로서 사용되고 있음.

▶ ZigBee: IEEE 802.15.4 기반으로 저전력과 저가격을 목표하는 저속 근거리 개인 무선 통신의 국제 표준 스펙임. ZigBee는 IEEE 802.15.4 표준의 물리 PHY와 매체 접근 제어 MAC 계층 위에 그 상위 계층으로 네트워크(NWK) 계층, 응용 지원(APS) 계층과 보안(Security) 및 응용(APL)을 규격화하고 있으며, 원격 제어, 원격 관리, 원격 모니터링에 적합하고 가정 자동화, 공장 자동화, 산업 자동화에 활발하게 적용될 전망있는 기술임.

▶ 7-segment display: 표시장치의 일종으로, 7개의 획으로 구성되어 숫자나 문자를 나타내는 데 사용됨.

AVR에 관한 인터넷 정보

AVR 마이크로컨트롤러를 이용하여 시스템을 개발하는 데 필요한 하드웨어 및 소프트웨어에 관한 기본 자료를 포함한 기타 개발 툴, 개발 참고 자료와 학습 관련 자료 등에 대해 유용한 정보를 제공하여 주는 웹사이트 정보는 다음과 같다. 본 웹사이트는 교재에서 소개하는 내용에 대해 보다 자세한 설명을 필요로 하는 경우와 AVR을 이용하여 보다 복잡한 시스템을 개발하는 경우에 많은 도움이 될 것이다.

▶ Atmel AVR Homepage: www.atmel.com/products/AVR/

▶ Atmel AVR data sheets:
http://www.atmel.com/dyn/products/datasheets.asp?family_id=607

▶ Atmel AVR application notes:
http://www.atmel.com/dyn/products/app_notes.asp?family_id=607

▶ Atmel AVR Development Tools and Software:
http://www.atmel.com/dyn/products/tools.asp?family_id=607

▶ AVR Third Party Vendors: http://www.atmel.com/products/AVR/thirdparty.asp

▶ Atmel AVR free encyclopedia: http://en.wikipedia.org/wiki/Atmel_AVR

▶ AVR Open Directory Project:
http://www.dmoz.org/Computers/Hardware/Components/Processors/AVR//

▶ AVR Microcontroller Projects: http://www.avrprojects.net/

▶ AVR Projects & Information: http://www.attiny.com/

▶ AVR Embedded Microcontroller Resources:
http://www.ipass.net/hammill/newavr.htm

▶ AVR Verksted's AVR Resource Page for projects and links:
http://www.omegav.ntnu.no/avr/
http://www.come.to/Stelios_Cellar

▶ AVR Resources and Information Center:
http://www.avrfreaks.net or http://www.kanda.com/
www.avr-forum.com
http://r.webring.com/hub?ring=avr
http://www.dontronics.com
http://www.ezlab.com
http://micro.new21.org/

▶ A GNU Development Environment for the AVR Microcontroller:
http://users.rcn.com/rneswold/avr/

▶ AVR Libc Home Page: http://www.nongnu.org/avr-libc/

▶ WinAVRTM project on Sourceforge: http://sourceforge.net/projects/winavr/

▶ AVR GCC Programming Guide:
http://electrons.psychogenic.com/modules/arms/art/3/AVRGCCProgrammingGuide.php

▶ AVR in education: A microcontroller design lab using the AVR
Cornell Univ.: http://instruct1.cit.cornell.edu/courses/ee476
Santa Clara Univ.: http://hubbard.engr.scu.edu/embedded/
Stanford Univ.: http://www.stanford.edu/class/ee281/lectures.html

▶ Wisconsin Univ.:
http://mechatronics.me.wisc.edu/labresources/SoftwareLibrary.htm

▶ AVR Intergrated Development Environment Development Company
IAR: http://www.iar.com

▶ CodeVision: http://www.hpinfotech.com
ImageCraft: http://www.imagecraft.com
PonyProg: http://www.lancos.com
Prochild: http://www.prochild.co.kr

▶ AVR USB Firmware : http://www.obdev.at/products/avrusb/index.html

▶ Atmel AVR 참고 서적
"Embedded C Programming And The Atmel AVR", Richard H. Barnett etc., Thomson Delmar Learning
"Programming and Customizing the AVR Microcontroller", Dhananjay Gadre, McGraw-Hill
"AVR ATmega128 마스터", 윤덕용, OHM사

ATmega128 I/O 레지스터

○ 상태 레지스터 - SREG (자세한 설명은 2장을 참조하기 바람)

비트	7	6	5	4	3	2	1	0	
$3F($5F)	I	T	H	S	V	N	Z	C	SREG
읽기/쓰기	R/W	R/W	R/W	R/W	R/W	R/W	R/W	R/W	
초기값	0	0	0	0	0	0	0	0	

- ▶ Bit 7 (I) : 전체 인터럽트 허가 (Global Interrupt Enable)
- ▶ Bit 6 (T) : 비트 복사 저장 (Bit Copy Storage)
- ▶ Bit 5 (H) : 보조 캐리 플래그 (Half Carry Flag)
- ▶ Bit 4 (S) : 부호 비트 (Sign Bit)
- ▶ Bit 3 (V) : 2의 보수 오버플로우 비트 (Two's Complement Overflow Bit)
- ▶ Bit 2 (N) : 음의 플래그(Negative Flag)
- ▶ Bit 1 (Z) : 영 플래그 (Zero Flag)
- ▶ Bit 0 (C) : 캐리 플래그 (Carry Flag)

○ 스택 포인터 - SPH/SPL (자세한 설명은 2장을 참조하기 바람)

비트	7	6	5	4	3	2	1	0	
$3E($5E)	SP15	SP14	SP13	SP12	SP11	SP10	SP9	SP8	SPH
$3D($5D)	SP7	SP6	SP5	SP4	SP3	SP2	SP1	SP0	SPL
읽기/쓰기	R/W	R/W	R/W	R/W	R/W	R/W	R/W	R/W	
	R/W	R/W	R/W	R/W	R/W	R/W	R/W	R/W	
초기값	0	0	0	0	0	0	0	0	
	0	0	0	0	0	0	0	0	

▶ 스택 포인터는 항상 스택의 상단을 가리키는 16비트 레지스터로서, 이는 데이터 저장이 가능한 스택의 번지를 의미한다.

▶ AVR ATmega128에서 SP 레지스터의 초기값은 적어도 $60번지 이상의 값으로 설정하여 야 한다.

◉ XTAL 분주 제어 레지스터 – XDIV (자세한 설명은 2장을 참조하기 바람)

비트	7	6	5	4	3	2	1	0	
$3C($5C)	XDIVEN	XDIV6	XDIV5	XDIV4	XDIV3	XDIV2	XDIV1	XDIV0	XDIV
읽기/쓰기	R/W	R/W	R/W	R/W	R/W	R/W	R/W	R/W	
초기값	0	0	0	0	0	0	0	0	

▶ 비트 7 : XDIVEN (XTAL Divide Enable) 비트

▶ 비트 6~0 : XDIV6 ~ XDIV0 (XTAL Divide Select) 비트

◉ RAM 페이지 Z 선택 레지스터 – RAMPZ (자세한 설명은 2장을 참조하기 바람)

비트	7	6	5	4	3	2	1	0	
$3B($5B)	–	–	–	–	–	–	–	RAMPZ0	RAMPZ
읽기/쓰기	R	R	R	R	R	R	R	R/W	
초기값	0	0	0	0	0	0	0	0	

▶ 비트 0: RAMPZ0 (RAM Page Z Select Register)

◉ 외부 인터럽트 제어 레지스터 B – EICRB (자세한 설명은 7장을 참조하기 바람)

비트	7	6	5	4	3	2	1	0	
$3A($5A)	ISC71	ISC70	ISC61	ISC60	ISC51	ISC50	ISC41	ISC40	EICRB
읽기/쓰기	R/W	R/W	R/W	R/W	R/W	R/W	R/W	R/W	
초기값	0	0	0	0	0	0	0	0	

▶ 비트 7~0 : ISC71, ISC70~ISC41, ISC40 (인터럽트 감지 제어 비트, External Interrupt 3~0 Sense Control Bits)

◉ 외부 인터럽트 마스크 레지스터 – EIMSK (자세한 설명은 7장을 참조하기 바람)

비트	7	6	5	4	3	2	1	0	
$39($59)	INT7	INT6	INT5	INT4	INT3	INT2	INT1	INT0	EIMSK
읽기/쓰기	R/W	R/W	R/W	R/W	R/W	R/W	R/W	R/W	
초기값	0	0	0	0	0	0	0	0	

▶ 비트 7~0 : INT7~INT0 (외부 인터럽트 요청 7~0 허가 비트, External Interrupt Request 7~0 Enable)

⊙ 외부 인터럽트 플래그 레지스터 – EIFR (자세한 설명은 7장을 참조하기 바람)

비트	7	6	5	4	3	2	1	0	
$38($58)	INTF7	INTF6	INTF5	INTF4	INTF3	INTF2	INTF1	INTF0	EIFR
읽기/쓰기	R/W	R/W	R/W	R/W	R/W	R/W	R/W	R/W	
초기값	0	0	0	0	0	0	0	0	

▶ 비트 7~0 : INTF7~INTF0 (외부 인터럽트 플래그 7~0, External Interrupt Flag 7~0)

⊙ 타이머/카운터 인터럽트 마스크 레지스터 : TIMSK (자세한 설명은 8, 9장을 참조하기 바람)

비트	7	6	5	4	3	2	1	0	
$37($57)	OCIE2	TOIE2	TICIE1	OCIE1A	OCIE1B	TOIE2	OIIE0	TOIE0	TIMSK
읽기/쓰기	R/W	R/W	R/W	R/W	R/W	R/W	R/W	R/W	
초기값	0	0	0	0	0	0	0	0	

▶ 비트 7 : TOIE2 (타이머/카운터2 오버플로우 인터럽트 허가 비트)
▶ 비트 6 : OCIE2 (타이머/카운터2 출력 비교 인터럽트 허가 비트)
▶ 비트 5 : TICIE5 (타이머/카운터1의 입력 캡쳐 인터럽트 허가)
▶ 비트 4 : OCIE1A (타이머/카운터1의 출력 비교 A 일치 인터럽트 허가)
▶ 비트 3 : OCIE1B (타이머/카운터1의 출력 비교 B 일치 인터럽트 허가)
▶ 비트 2 : TOIE2 (타이머/카운터2의 오버플로우 인터럽트 허가)
▶ 비트 1 : OCIE0 (타이머/카운터0 출력 비교 인터럽트 허가 비트)
▶ 비트 0 : TOIE0 (타이머/카운터0 오버플로우 인터럽트 허가 비트)

⊙ 타이머/카운터 인터럽트 플래그 레지스터 : TIFR (자세한 설명은 8, 9장을 참조하기 바람)

비트	7	6	5	4	3	2	1	0	
$36($56)	OCF2	TOV2	ICF1	OCF1A	OCF1B	TOV1	OCF0	TOV0	TIFR
읽기/쓰기	R/W	R/W	R/W	R/W	R/W	R/W	R/W	R/W	
초기값	0	0	0	0	0	0	0	0	

▶ 비트 7 : OCF2 (출력 비교 플래그 2)
▶ 비트 6 : TOV2 (타이머/카운터2 오버플로우 플래그)
▶ 비트 5 : ICF1 (타이머/카운터1 입력 캡쳐 플래그)
▶ 비트 4 : OCF1A (타이머/카운터1 출력 비교 A 일치 플래그)
▶ 비트 3 : OCF1B (타이머/카운터1 출력 비교 B 일치 플래그)
▶ 비트 2 : TOV1 (타이머/카운터1 오버플로우 플래그)
▶ 비트 1 : OCF0 (출력 비교 플래그 0)

▶ 비트 0 : TOV0 (타이머/카운터0 오버플로우 플래그)

◉ **MCU 제어 레지스터 : MCUCR (자세한 설명은 2, 7장을 참조하기 바람)**

비트	7	6	5	4	3	2	1	0	
$35($55)	SRE	SRW10	SE	SM1	SM0	SM2	IVSEL	IVCE	MCUCR
읽기/쓰기	R/W	R/W	R/W	R/W	R/W	R/W	R/W	R/W	
초기값	0	0	0	0	0	0	0	0	

▶ 비트 7 : SRE (External SRAM /XMEM Enable) 비트

▶ 비트 6 : SRW10 (Wait State Select) 비트

▶ 비트 5 : SE(슬립 허가 비트)

▶ 비트 4 : SM1(슬립모드 선택 비트 1)

▶ 비트 3 : SM0(슬립모드 선택 비트 0)

▶ 비트 2 : SM2(슬립모드 선택 비트 2)

▶ 비트 1 : IVSEL (인터럽트 벡터 선택)

▶ 비트 0 : IVCE (인터럽트 벡터 변경 허가)

◉ **MCU 제어 및 상태 레지스터: MCUCSR (자세한 설명은 2장을 참조하기 바람)**

비트	7	6	5	4	3	2	1	0	
$34($54)	JTD	–	–	JTRF	WDRF	BORF	EXTRF	PORF	MCUCSR
읽기/쓰기	R/W	R	R	R/W	R/W	R/W	R/W	R/W	
초기값	0	0	0	0	0	0	0	0	

▶ 비트 7 : JTD(JTAG 인터페이스 금지)

▶ 비트 6~5 : 사용하지 않음

▶ 비트 4: JTRF(JTAG 리셋 플래그)

▶ 비트 3: WDRF(워치독 리셋 플래그)

▶ 비트 2: BORF(저전압 리셋 플래그)

▶ 비트 1: EXTRF(외부 리셋 플래그)

▶ 비트 0: PORF(전원 투입 리셋 플래그)

◉ **타이머/카운터0 제어 레지스터 : TCCR0 (자세한 설명은 8장을 참조하기 바람)**

비트	7	6	5	4	3	2	1	0	
$33($53)	FOC0	WGM00	COM01	COM00	WGM01	CS02	CS01	CS00	TCCR0
읽기/쓰기	R/W	R/W	R/W	R/W	R/W	R/W	R/W	R/W	
초기값	0	0	0	0	0	0	0	0	

▶ 비트 7 : FOC0 (강제 출력 비교, Force Output Compare)

▶ 비트 6,3 : WGM01-00 (파형 발생 모드, Waveform Generation Mode)

▶ 비트 5-4 : COM01-00 (비교 일치 출력 모드, Compare Match Output Mode)

▶ 비트 2-0 : CS02-00 (클럭 선택)

◎ **타이머/카운터0 레지스터 : TCNT0 (자세한 설명은 8장을 참조하기 바람)**

비트	7	6	5	4	3	2	1	0	
$32($52)				TCNT0[7:0]					TCNT0
읽기/쓰기	R/W	R/W	R/W	R/W	R/W	R/W	R/W	R/W	
초기값	0	0	0	0	0	0	0	0	

◎ **타이머/카운터0 출력 비교 레지스터 : OCR0 (자세한 설명은 8장을 참조하기 바람)**

비트	7	6	5	4	3	2	1	0	
$31($51)				OCR0[7:0]					OCR0
읽기/쓰기	R/W	R/W	R/W	R/W	R/W	R/W	R/W	R/W	
초기값	0	0	0	0	0	0	0	0	

◎ **비동기 상태 레지스터 : ASSR (자세한 설명은 8장을 참조하기 바람)**

비트	7	6	5	4	3	2	1	0	
$30($50)	-	-	-	-	AS0	TCN0UB	OCR0UB	TCR0UB	ASSR
읽기/쓰기	R	R	R	R	R/W	R	R	R	
초기값	0	0	0	0	0	0	0	0	

▶ 비트 3 : AS2 (비동기 타이머/카운터0, Asynchronous Timer/Counter2)

▶ 비트 2 : TCN0UB (타이머/카운터0 동작)

▶ 비트 1 : OCR0UB(출력 비교 레지스터2 갱신 동작)

▶ 비트 0 : TCR0UB(타이머/카운터 제어 레지스터2 갱신 동작)

◎ **타이머/카운터1 제어 레지스터 A : TCCR1A (자세한 설명은 9장을 참조하기 바람)**

비트	7	6	5	4	3	2	1	0	
$2F($4F)	COM1A1	COM1A0	COM1B1	COM1B0	COM1C1	COM1C0	WGM11	WGM10	TCCR1A
읽기/쓰기	R/W	R/W	R/W	R/W	R/W	R/W	R/W	R/W	
초기값	0	0	0	0	0	0	0	0	

▶ 비트 7-6 : COM1A1, COM1A0 (채널 A의 비교 출력 모드)

▶ 비트 5-4 : COM1B1, COM1B0 (채널 B의 비교 출력 모드)

▶ 비트 3-2: COM1C1, COM1C0(채널 C의 비교 출력 모드)

▶ 비트 1-0: WGM11~10(파형 발생 모드)

○ 타이머/카운터1 제어 레지스터 B : TCCR1B (자세한 설명은 9장을 참조하기 바람)

비트	7	6	5	4	3	2	1	0	
$2E($4E)	ICNC1	ICES1	–	WGM13	WGM12	CS12	CS11	CS10	TCCR1B
읽기/쓰기	R/W	R/W	R	R/W	R/W	R/W	R/W	R/W	
초기값	0	0	0	0	0	0	0	0	

▶ 비트 7 : ICNC1 (입력 캡쳐 잡음 제거 회로, Input Capture Noise Canceler)
▶ 비트 6 : ICES1 (입력 캡쳐 에지 선택, (Input Capture Edge Select)
▶ 비트 5 : 사용하지 않음 (Reserved bit)
▶ 비트 4-3 : WGM13~12 (파형 발생 모드)
▶ 비트 2-0 : CS12~10 (클럭 선택)

○ 타이머/카운터1 레지스터 : TCNT1 (자세한 설명은 9장을 참조하기 바람)

비트	7	6	5	4	3	2	1	0	
$2D($4D)				TCNT1[15:8]					TCNT1H
$2C($4C)				TCNT1[7:0]					TCNT1L
읽기/쓰기	R/W	R/W	R/W	R/W	R/W	R/W	R/W	R/W	
	R/W	R/W	R/W	R/W	R/W	R/W	R/W	R/W	
초기값	0	0	0	0	0	0	0	0	
	0	0	0	0	0	0	0	0	

○ 타이머/카운터1 출력 비교 레지스터 A : OCR1A (자세한 설명은 9장을 참조하기 바람)

비트	7	6	5	4	3	2	1	0	
$2B($4B)				OCR1A[15:8]					OCR1AH
$2A($4A)				OCR1A[7:0]					OCR1AL
읽기/쓰기	R/W	R/W	R/W	R/W	R/W	R/W	R/W	R/W	
	R/W	R/W	R/W	R/W	R/W	R/W	R/W	R/W	
초기값	0	0	0	0	0	0	0	0	
	0	0	0	0	0	0	0	0	

○ 타이머/카운터1 출력 비교 레지스터 B : OCR1B (자세한 설명은 9장을 참조하기 바람)

비트	7	6	5	4	3	2	1	0	
$29($49)				OCR1B[15:8]					OCR1BH
$28($48)				OCR1B[7:0]					OCR1BL
읽기/쓰기	R/W	R/W	R/W	R/W	R/W	R/W	R/W	R/W	
	R/W	R/W	R/W	R/W	R/W	R/W	R/W	R/W	
초기값	0	0	0	0	0	0	0	0	
	0	0	0	0	0	0	0	0	

● 타이머/카운터1 입력 캡처: ICR1 (자세한 설명은 9장을 참조하기 바람)

비트	7	6	5	4	3	2	1	0	
$27($47)				ICR1[15:8]					ICR1H
$26($46)				ICR1[7:0]					ICR1L
읽기/쓰기	R/W	R/W	R/W	R/W	R/W	R/W	R/W	R/W	
	R/W	R/W	R/W	R/W	R/W	R/W	R/W	R/W	
초기값	0	0	0	0	0	0	0	0	
	0	0	0	0	0	0	0	0	

● 타이머/카운터2 제어 레지스터 : TCCR2 (자세한 설명은 8장을 참조하기 바람)

비트	7	6	5	4	3	2	1	0	
$25($45)	FOC2	WGM20	COM21	COM20	WGM21	CS22	CS21	CS20	TCCR2
읽기/쓰기	W	R/W	R/W	R/W	R/W	R/W	R/W	R/W	
초기값	0	0	0	0	0	0	0	0	

▶ 비트 7 : FOC2 (강제 출력 비교, Force Output Compare)

▶ 비트 6,3 : WGM21~20 (파형 발생 모드, Waveform Generation Mode)

▶ 비트 5-4 : COM21~20 (비교 일치 출력 모드, Compare Match Output Mode)

▶ 비트 2-0 : CS22~20 (클럭 선택)

● 타이머/카운터2 레지스터: TCNT2 (자세한 설명은 8장을 참조하기 바람)

비트	7	6	5	4	3	2	1	0	
$24($44)				TCNT2[7:0]					TCNT2
읽기/쓰기	R/W	R/W	R/W	R/W	R/W	R/W	R/W	R/W	
초기값	0	0	0	0	0	0	0	0	

● 타이머/카운터2 출력 비교 레지스터 : OCR2 (자세한 설명은 8장을 참조하기 바람)

비트	7	6	5	4	3	2	1	0	
$23($43)				OCR2[7:0]					OCR2
읽기/쓰기	R/W	R/W	R/W	R/W	R/W	R/W	R/W	R/W	
초기값	0	0	0	0	0	0	0	0	

⬤ 오실레이터 조정 레지스터 및 온 칩 디버그 레지스터 : OCDR

비트	7	6	5	4	3	2	1	0	
$22($42)	MSB/IDRD							LSB	OCDR
읽기/쓰기	R/W	R/W	R/W	R/W	R/W	R/W	R/W	R/W	
초기값	0	0	0	0	0	0	0	0	

▶ 비트 7: IDRB(I/O Debug Register Dirty)

⬤ 워치독 타이머 레지스터 : WDTCR (자세한 설명은 8장을 참조하기 바람)

비트	7	6	5	4	3	2	1	0	
$21($41)	–	–	–	WDCE	WDE	WDP2	WDP1	WDP0	WDTCR
읽기/쓰기	R	R	R	R	R/W	R	R	R	
초기값	0	0	0	0	0	0	0	0	

▶ 비트 4 : WDCE (워치독 변경 허가 비트, Watchdog Change Enable)

▶ 비트 3 : WDE(워치독 허가 비트, Watchdog Enable)

▶ 비트 2-0 : WDP2-WDP0(워치독 타이머 프리스케일러 비트)

⬤ 특수 기능 IO 제어 레지스터: SFIOR (자세한 설명은 2, 6, 8, 9, 13장을 참조하기 바람)

비트	7	6	5	4	3	2	1	0	
$20($40)	TSM	–	–	–	ACME	PUD	PSR0	PSR321	SFIOR
읽기/쓰기	R/W	R	R	R	R/W	R/W	R/W	R/W	
초기값	0	0	0	0	0	0	0	0	

▶ 비트 7 : TSM(타이머/카운터 동기 모드, Timer/Counter Synchronization Mode)

▶ 비트 6-4 : 사용하지 않음

▶ 비트 3 : ACME(아날로그 비교기 멀티플렉서 허가)

▶ 비트 2: PUD(풀-업 금지)

▶ 비트 1: PSR0(프리스케일러 리셋 타이머/카운터0을 클리어)

▶ 비트 0: PSR321(프리스케일러 리셋 타이머/카운터3, 2, 1을 클리어)

◉ **EEPROM의 주소 레지스터 : EEAR (자세한 설명은 2, 12장을 참조하기 바람)**

비트	7	6	5	4	3	2	1	0	
$1F($3F)					EEAR11	EEAR10	EEAR9	EEAR8	EEARH
$1E($3E)	EEAR7	EEAR6	EEAR5	EEAR4	EEAR3	EEAR2	EEAR1	EEAR0	EEARL
읽기/쓰기	R	R	R	R	R	R	R	R/W	
	R/W	R/W	R/W	R/W	R/W	R/W	R/W	R/W	
초기값	0	0	0	0	x	x	x	x	
	x	x	x	x	x	x	x	x	

◉ **EEPROM의 데이터 레지스터 : EEDR (자세한 설명은 2, 12장을 참조하기 바람)**

비트	7	6	5	4	3	2	1	0	
$1D($3D)				EEDR[7:0]					EEDR
읽기/쓰기	R/W	R/W	R/W	R/W	R/W	R/W	R/W	R/W	
초기값	0	0	0	0	0	0	0	0	

◉ **EEPROM의 제어 레지스터 : EECR (자세한 설명은 2, 12장을 참조하기 바람)**

비트	7	6	5	4	3	2	1	0	
$1C($3C)	–	–	–	–	EERIE	EEMWE	EEWE	EERE	EECR
읽기/쓰기	R/W	R/W	R/W	R/W	R/W	R/W	R/W	R/W	
초기값	0	0	0	0	0	0	0	0	

▶ 비트 3 : EERIE (EEPROM Ready Interrupt Enable)

▶ 비트 2 : EEMWE (EEPROM Master Write Enable)

▶ 비트 1 : EEWE (EEPROM Read Enable)

▶ 비트 0 : EERE (EEPROM Read Enable)

◉ **포트 A 데이터 레지스터 : PORTA (자세한 설명은 6장을 참조하기 바람)**

비트	7	6	5	4	3	2	1	0	
$1B($3B)	PORTA7	PORTA6	PORTA5	PORTA4	PORTA3	PORTA2	PORTA1	PORTA0	PORTA
읽기/쓰기	R/W	R/W	R/W	R/W	R/W	R/W	R/W	R/W	
초기값	0	0	0	0	0	0	0	0	

◉ 포트 A 데이터 방향 레지스터 : DDRA (자세한 설명은 6장을 참조하기 바람)

비트	7	6	5	4	3	2	1	0	
$1A($3A)	DDA7	DDA6	DDA5	DDA4	DDA3	DDA2	DDA1	DDA0	DDRA
읽기/쓰기	R/W	R/W	R/W	R/W	R/W	R/W	R/W	R/W	
초기값	0	0	0	0	0	0	0	0	

◉ 포트 A 입력 핀 주소 : PINA (자세한 설명은 6장을 참조하기 바람)

비트	7	6	5	4	3	2	1	0	
$19($39)	PINA7	PINA6	PINA5	PINA4	PINA3	PINA2	PINA1	PINA0	PINA
읽기/쓰기	R/W	R/W	R/W	R/W	R/W	R/W	R/W	R/W	
초기값	0	0	0	0	0	0	0	0	

◉ 포트 B 데이터 레지스터 : PORTB (자세한 설명은 6장을 참조하기 바람)

비트	7	6	5	4	3	2	1	0	
$18($38)	PORTB7	PORTB6	PORTB5	PORTB4	PORTB3	PORTB2	PORTB1	PORTB0	PORTB
읽기/쓰기	R/W	R/W	R/W	R/W	R/W	R/W	R/W	R/W	
초기값	0	0	0	0	0	0	0	0	

◉ 포트 B 데이터 방향 레지스터 : DDRB (자세한 설명은 6장을 참조하기 바람)

비트	7	6	5	4	3	2	1	0	
$17($37)	DDB7	DDB6	DDB5	DDB4	DDB3	DDB2	DDB1	DDB0	DDRB
읽기/쓰기	R/W	R/W	R/W	R/W	R/W	R/W	R/W	R/W	
초기값	0	0	0	0	0	0	0	0	

◉ 포트 B 입력 핀 주소 : PINB (자세한 설명은 6장을 참조하기 바람)

비트	7	6	5	4	3	2	1	0	
$16($36)	PINB7	PINB6	PINB5	PINB4	PINB3	PINB2	PINB1	PINB0	PINB
읽기/쓰기	R/W	R/W	R/W	R/W	R/W	R/W	R/W	R/W	
초기값	0	0	0	0	0	0	0	0	

◉ 포트 C 데이터 레지스터 : PORTC (자세한 설명은 6장을 참조하기 바람)

비트	7	6	5	4	3	2	1	0	
$15($35)	PORTC7	PORTC6	PORTC5	PORTC4	PORTC3	PORTC2	PORTC1	PORTC0	PORTC
읽기/쓰기	R/W	R/W	R/W	R/W	R/W	R/W	R/W	R/W	
초기값	0	0	0	0	0	0	0	0	

◎ 포트 C 데이터 방향 레지스터 : DDRC (자세한 설명은 6장을 참조하기 바람)

비트	7	6	5	4	3	2	1	0	
$14($34)	DDC7	DDC6	DDC5	DDC4	DDC3	DDC2	DDC1	DDC0	DDRC
읽기/쓰기	R/W	R/W	R/W	R/W	R/W	R/W	R/W	R/W	
초기값	0	0	0	0	0	0	0	0	

◎ 포트 C 입력 핀 주소 : PINC (자세한 설명은 6장을 참조하기 바람)

비트	7	6	5	4	3	2	1	0	
$13($33)	PINC7	PINC6	PINC5	PINC4	PINC3	PINC2	PINC1	PINC0	PINC
읽기/쓰기	R/W	R/W	R/W	R/W	R/W	R/W	R/W	R/W	
초기값	0	0	0	0	0	0	0	0	

◎ 포트 D 데이터 레지스터 : PORTD (자세한 설명은 6장을 참조하기 바람)

비트	7	6	5	4	3	2	1	0	
$12($32)	PORTD7	PORTD6	PORTD5	PORTD4	PORTD3	PORTD2	PORTD1	PORTD0	PORTD
읽기/쓰기	R/W	R/W	R/W	R/W	R/W	R/W	R/W	R/W	
초기값	0	0	0	0	0	0	0	0	

◎ 포트 D 데이터 방향 레지스터 : DDRD (자세한 설명은 6장을 참조하기 바람)

비트	7	6	5	4	3	2	1	0	
$11($31)	DDD7	DDD6	DDD5	DDD4	DDD3	DDD2	DDD1	DDD0	DDRD
읽기/쓰기	R/W	R/W	R/W	R/W	R/W	R/W	R/W	R/W	
초기값	0	0	0	0	0	0	0	0	

◎ 포트 D 입력 핀 주소 : PIND (자세한 설명은 6장을 참조하기 바람)

비트	7	6	5	4	3	2	1	0	
$10($30)	PIND7	PIND6	PIND5	PIND4	PIND3	PIND2	PIND1	PIND0	PIND
읽기/쓰기	R/W	R/W	R/W	R/W	R/W	R/W	R/W	R/W	
초기값	0	0	0	0	0	0	0	0	

◎ SPI 데이터 레지스터 : SPDR (자세한 설명은 12장을 참조하기 바람)

비트	7	6	5	4	3	2	1	0	
$0F($2F)	SPDR7	SPDR6	SPDR5	SPDR4	SPDR3	SPDR2	SPDR1	SPDR0	SPDR
읽기/쓰기	R/W	R/W	R/W	R/W	R/W	R/W	R/W	R/W	
초기값	x	x	x	x	x	x	x	x	

◎ SPI 상태 레지스터 : SPSR (자세한 설명은 12장을 참조하기 바람)

비트	7	6	5	4	3	2	1	0	
$0E($2E)	SPIF	WCOL	–	–	–	–	–	SPI2X	SPDR
읽기/쓰기	R/W	R/W	R/W	R/W	R/W	R/W	R/W	R/W	
초기값	x	x	x	x	x	x	x	x	

▶ 비트 7 : SPIF (SPI 인터럽트 플래그, SPI Interrupt Flag)

▶ 비트 6 : WCOL (쓰기 충돌 플래그, Write Collision Flag)

▶ 비트 5-1 : 사용하지 않음

▶ 비트 0 : SPI2X (SPI 2배속 비트, SPI Double Speed Bit)

◎ SPI 제어 레지스터 : SPCR (자세한 설명은 12장을 참조하기 바람)

비트	7	6	5	4	3	2	1	0	
$0D($2D)	SPIE	SPE	DORD	MSTR	CPOL	CPHA	SPR1	SPR0	SPCR
읽기/쓰기	R/W	R/W	R/W	R/W	R/W	R/W	R/W	R/W	
초기값	x	x	x	x	x	x	x	x	

▶ 비트 7 : SPIE (SPI 인터럽트 허가, SPI Interrupt Enable)

▶ 비트 6 : SPE (SPI 허가, SPI Enable)

▶ 비트 5 : DORD (데이터 순서, Data Order)

▶ 비트 4 : MSTR (마스터/슬레이브 선택, Master/Slave Select)

▶ 비트 3 : CPOL (클럭 극성, Clock Polarity)

▶ 비트 2 : CPHA (클럭 위상, Clock Phase)

▶ 비트 1-0 : SPR1, SPR0 (SPI 클럭 속도 선택, SPI Clock Rate Select 1 or 0)

◎ USART 입출력 레지스터0 : UDR0 (자세한 설명은 11장을 참조하기 바람)

비트	7	6	5	4	3	2	1	0	
$0C($2C)				RXB[7:0]					UDR0(Read)
				TXB[7:0]					UDR0(Write)
읽기/쓰기	R/W	R/W	R/W	R/W	R/W	R/W	R/W	R/W	
초기값	0	0	0	0	0	0	0	0	

● USART0 제어 및 상태 레지스터 A : UCSR0A (자세한 설명은 11장을 참조하기 바람)

비트	7	6	5	4	3	2	1	0	
$0B($2B)	RXC0	TXC0	UDRE0	FE0	DOR0	UPE0	U2X0	MPCM0	UCSR0A
읽기/쓰기	R/W	R/W	R/W	R/W	R/W	R/W	R/W	R/W	
초기값	0	0	1	0	0	0	0	0	

- ▶ 비트 7 : RXC0 (USART 0 수신 완료)
- ▶ 비트 6 : TXC0 (USART 0 송신 완료)
- ▶ 비트 5 : UDRE0 (USART0 데이터 레지스터 준비 완료)
- ▶ 비트 4 : FE0 (USART0 프레임 오류, Frame Error)
- ▶ 비트 3 : DOR0 (USART0 데이터 오버런 오류, Data OverRun Error)
- ▶ 비트 2 : UPE0 (USART0 패리티 오류, USART Parity Error)
- ▶ 비트 1 : U2X0 (USART0 2배속 전송 속도 설정)
- ▶ 비트 0 : MPCM0 (USART0 다중 프로세서 통신 모드)

● USART0 제어 및 상태 레지스터 B : UCSR0B (자세한 설명은 11장을 참조하기 바람)

비트	7	6	5	4	3	2	1	0	
$0A($2A)	RXCIE0	TXCIE0	UDRIE0	RXEN0	TXEN0	UCSZ20	RXB80	TXB80	UCSR0B
읽기/쓰기	R/W	R/W	R/W	R/W	R/W	R/W	R/W	R/W	
초기값	0	0	0	0	0	0	0	0	

- ▶ 비트 7 : RXCIE0 (USART0 수신 완료 인터럽트 허가)
- ▶ 비트 6 : TXCIE0 (USART0 송신 완료 인터럽트 허가)
- ▶ 비트 5 : UDRIE0 (USART0 데이터 레지스터 준비 완료 인터럽트 허가)
- ▶ 비트 4 : RXEN0 (USART0 수신 허가)
- ▶ 비트 3 : TXEN0 (USART0 송신 허가)
- ▶ 비트 2 : UCSZ20 (USART0 문자 길이)
- ▶ 비트 1 : RXB80 (USART0 수신 데이터 비트 8)
- ▶ 비트 0 : TXB80 (USART0 수신 데이터 비트 8)

● USART0 보오 레이트 레지스터 하위 바이트 : UBRR0L (자세한 설명은 11장을 참조하기 바람)

비트	7	6	5	4	3	2	1	0	
$09($29)				UBRR0L[7:0]					UBRR0L
읽기/쓰기	R/W	R/W	R/W	R/W	R/W	R/W	R/W	R/W	
초기값	0	0	0	0	0	0	0	0	

- ▶ UBRR0H 레지스터와 결합하여 보오 레이트를 결정

◎ 아날로그 비교기의 제어 레지스터 : ACSR (자세한 설명은 12장을 참조하기 바람)

비트	7	6	5	4	3	2	1	0	
$08($28)	ACD	ACBG	ACO	ACI	ACIE	ACIC	ACIS1	ACIS0	ACSR
읽기/쓰기	R/W	R/W	R	R/W	R/W	R/W	R/W	R/W	
초기값	0	0	N/A	0	0	0	0	0	

▶ 비트 7 : ACD (아날로그 비교기 금지)

▶ 비트 6 : ACBG (아날로그 비교기 밴드갭 선택)

▶ 비트 5 : ACO (아날로그 비교기 출력)

▶ 비트 4 : ACI (아날로그 비교기 인터럽트 플래그)

▶ 비트 3 : ACIE (아날로그 비교기 인터럽트 허가)

▶ 비트 2 : ACIC (아날로그 비교기 입력 캡쳐 허가)

▶ 비트 1-0: ACIS1, ACIS0 (아날로그 비교기 인터럽트 모드 선택)

◎ 아날로그 변환기 멀티플렉스 레지스터 : ADMUX (자세한 설명은 12장을 참조하기 바람)

비트	7	6	5	4	3	2	1	0	
$07($27)	REFS1	REFS0	ADLAR	MUX4	MUX3	MUX2	MUX1	MUX0	ADMUX
읽기/쓰기	R/W	R/W	R/W	R/W	R/W	R/W	R/W	R/W	
초기값	0	0	0	0	0	0	0	0	

▶ 비트 7~6 : REFS0~1(기준 전압 선택 비트, Reference Selection Bits)

▶ 비트 5 : ADLAR(ADC 좌측 보정 결과, ADC Left Adjust Result)

▶ 비트 4~0 : MUX0~4(아날로그 채널 및 이득 선택 비트, Analog Channel and Gain Selection Bit)

◎ 아날로그 변환기 제어 및 상태 레지스터 : ADCSRA (자세한 설명은 12장을 참조하기 바람)

비트	7	6	5	4	3	2	1	0	
$06($26)	ADEN	ADSC	ADFR	ADIF	ADIE	ADPS2	ADPS1	ADPS0	ADMUX
읽기/쓰기	R/W	R/W	R/W	R/W	R/W	R/W	R/W	R/W	
초기값	0	0	0	0	0	0	0	0	

▶ 비트 7 : ADEN(ADC 허가, ADC Enable)

▶ 비트 6 : ADSC(ADC 변환 시작, ADC Start Conversion)

▶ 비트 5 : ADFR(ADC 프리 러닝 선택, Free Running Select)

▶ 비트 4 : ADIF(ADC 인터럽트 플래그, ADC Interrupt Flag)

▶ 비트 3 : ADIE(ADC 인터럽트 허가, ADC Interrupt Enable)

▶ 비트 2~0 : ADPS(ADC 프리스케일러 선택 비트, ADC Perscaler Select Bits)

● 아날로그 변환기 데이터 레지스터(자세한 설명은 12장을 참조하기 바람)

▶ ADLAR=0일 때

비트	7	6	5	4	3	2	1	0	
$05($25)							ADC9	ADC8	ADCH
$04($24)	ADC7	ADC6	ADC5	ADC4	ADC3	ADC2	ADC1	ADC0	ADCL
읽기/쓰기	R	R	R	R	R	R	R	R	
	R/W	R/W	R/W	R/W	R/W	R/W	R/W	R/W	
초기값	0	0	0	0	0	0	0	x	
	x	x	x	x	x	x	x	x	

▶ ADLAR=1일 때

비트	7	6	5	4	3	2	1	0	
$05($25)	ADC9	ADC8	ADC7	ADC6	ADC5	ADC4	ADC3	ADC2	ADCH
$04($24)	ADC1	ADC0							ADCL
읽기/쓰기	R	R	R	R	R	R	R	R	
	R/W	R/W	R/W	R/W	R/W	R/W	R/W	R/W	
초기값	0	0	0	0	0	0	0	x	
	x	x	x	x	x	x	x	x	

● 포트 E 데이터 레지스터 : PORTE (자세한 설명은 6장을 참조하기 바람)

비트	7	6	5	4	3	2	1	0	
$03($23)	PORTE7	PORTE6	PORTE5	PORTE4	PORTE3	PORTE2	PORTE1	PORTE0	PORTE
읽기/쓰기	R	R	R	R	R	R/W	R/W	R/W	
초기값	0	0	0	0	0	0	0	0	

● 포트 E 데이터 방향 레지스터 : DDRE (자세한 설명은 6장을 참조하기 바람)

비트	7	6	5	4	3	2	1	0	
$02($22)	DDE7	DDE6	DDE5	DDE4	DDE3	DDE2	DDE1	DDE0	DDRE
읽기/쓰기	R/W	R/W	R/W	R/W	R/W	R/W	R/W	R/W	
초기값	0	0	0	0	0	0	0	0	

● 포트 E 입력 핀 주소 : PINE (자세한 설명은 6장을 참조하기 바람)

비트	7	6	5	4	3	2	1	0	
$01($21)	PINE7	PINE6	PINE5	PINE4	PINE3	PINE2	PINE1	PINE0	PINE
읽기/쓰기	R	R	R	R	R	R	R	R	
초기값	0	0	0	0	0	0	0	0	

⬤ **포트 F 입력 핀 주소 : PINF (자세한 설명은 6장을 참조하기 바람)**

비트	7	6	5	4	3	2	1	0	
$00($20)	PINF7	PINF6	PINF5	PINF4	PINF3	PINF2	PINF1	PINF0	PINF
읽기/쓰기	R	R	R	R	R	R	R	R	
초기값	N/A	N/A	N/A	N/A	N/A	N/A	N/A	N/A	

⬤ **포트 F 데이터 방향 레지스터 : DDRF (자세한 설명은 6장을 참조하기 바람)**

비트	7	6	5	4	3	2	1	0	
($61)	DDF7	DDF6	DDF5	DDF4	DDF3	DDF2	DDF1	DDF0	DDRF
읽기/쓰기	R/W	R/W	R/W	R/W	R/W	R/W	R/W	R/W	
초기값	0	0	0	0	0	0	0	0	

⬤ **포트 F 데이터 레지스터 : PORTF (자세한 설명은 6장을 참조하기 바람)**

비트	7	6	5	4	3	2	1	0	
($62)	PORTF7	PORTF6	PORTF5	PORTF4	PORTF3	PORTF2	PORTF1	PORTF0	PORTF
읽기/쓰기	R	R	R	R	R	R/W	R/W	R/W	
초기값	0	0	0	0	0	0	0	0	

⬤ **포트 G 입력 핀 주소 : PING (자세한 설명은 6장을 참조하기 바람)**

비트	7	6	5	4	3	2	1	0	
($63)	–	–	–	PING4	PING3	PING2	PING1	PING0	PING
읽기/쓰기	R	R	R	R	R	R	R	R	
초기값	N/A	N/A	N/A	N/A	N/A	N/A	N/A	N/A	

⬤ **포트 G 데이터 방향 레지스터 : DDRG (자세한 설명은 6장을 참조하기 바람)**

비트	7	6	5	4	3	2	1	0	
($64)	–	–	–	DDG4	DDG3	DDG2	DDG1	DDG0	DDRG
읽기/쓰기	R/W	R/W	R/W	R/W	R/W	R/W	R/W	R/W	
초기값	0	0	0	0	0	0	0	0	

⬤ **포트 G 데이터 레지스터 : PORTG (자세한 설명은 6장을 참조하기 바람)**

비트	7	6	5	4	3	2	1	0	
($65)	–	–	–	PORTG4	PORTG3	PORTG2	PORTG1	PORTG0	PORTG
읽기/쓰기	R	R	R	R	R	R/W	R/W	R/W	
초기값	0	0	0	0	0	0	0	0	

○ **저장 프로그램 메모리 제어 및 상태 레지스터 : SPMCSR**

비트	7	6	5	4	3	2	1	0	
($68)	SPMIE	RWWSB	–	RWWSRE	BLBSET	PGWRT	PGERS	SPMEN	SPMCSR
읽기/쓰기	R/W	R	R	R/W	R/W	R/W	R/W	R/W	
초기값	0	0	0	0	0	0	0	0	

▶ 비트 7 : SPMIE (SPM 인터럽트 허가)

▶ 비트 6 : RWWSB (Read-While-Write 영역 비지)

▶ 비트 5 : 사용하지 않음

▶ 비트 4 : RWWWSB (Read-While-Write 영역 읽기 허가)

▶ 비트 3 : BLBSET (부트 고정 비트 설정)

▶ 비트 2 : PGWRT (페이지 쓰기)

▶ 비트 1 : PGERS (페이지 삭제)

▶ 비트 0 : SPMEN (저장 프로그램 메모리 허가)

○ **외부 인터럽트 제어 레지스터 A : EICRA (자세한 설명은 7장을 참조하기 바람)**

비트	7	6	5	4	3	2	1	0	
($6A)	ISC31	ISC30	ISC21	ISC20	ISC11	ISC11	ISC01	ISC00	EICRA
읽기/쓰기	R/W	R/W	R/W	R/W	R/W	R/W	R/W	R/W	
초기값	0	0	0	0	0	0	0	0	

▶ 비트 7~0 : ISC31, ISC30~ISC01, ISC00 (인터럽트 감지 제어 비트, External Interrupt 3~0 Sense Control Bits)

○ **확장 메모리 제어 레지스터 B : XMCRB (자세한 설명은 2장을 참조하기 바람)**

비트	7	6	5	4	3	2	1	0	
($6C)	XMBK	–	–	–	–	XMM2	XMM1	XMM0	XMCRB
읽기/쓰기	R/W	R/W	R/W	R/W	R/W	R/W	R/W	R/W	
초기값	0	0	0	0	0	0	0	0	

▶ 비트 7 : XMBK (External Memory Bus Keeper Enable) 비트

▶ 비트 2~0 : XMM2~XMM0 (External Memory High Mask) 비트

◉ **확장 메모리 제어 레지스터 A : XMCRA (자세한 설명은 2장을 참조하기 바람)**

비트	7	6	5	4	3	2	1	0	
($6D)	–	SRL2	SRL1	SRL0	SRW01	SRW00	SRW11	–	XMCRA
읽기/쓰기	R	R/W	R/W	R/W	R/W	R/W	R/W	R	
초기값	0	0	0	0	0	0	0	0	

▶ 비트 6~4 : SRL2~SRL0 (Wait State Sector Limit) 비트

▶ SRW11와 SRW10 비트 (Wait-state Select Bits for Upper Sector)

▶ SRW01과 SRW00 비트 (Wait-state Select Bits for Lower Sector)

◉ **오실레이터 조정 레지스터 및 온칩 디버그 레지스터**

OSCCAL : 오실레이터 조정 레지스터

비트	7	6	5	4	3	2	1	0	
($6F)	CAL7	CAL6	CAL5	CAL4	CAL3	CAL2	CAL1	CAL0	OSCCAL
읽기/쓰기	R/W	R/W	R/W	R/W	R/W	R/W	R/W	R/W	
초기값	소자 고유의 조정값으로 설정됨								

▶ 비트 6-0 : 내부 RC 오실레이터의 주파수를 미세 조정하기 위한 값

◉ **TWI 비트 라이트 레지스터: TWBR (자세한 설명은 12장을 참조하기 바람)**

비트	7	6	5	4	3	2	1	0	
$70	TWBR7	TWBR6	TWBR5	TWBR4	TWBR3	TWBR2	TWBR1	TWBR0	TWBR
읽기/쓰기	R/W	R/W	R/W	R/W	R/W	R/W	R/W	R/W	
초기값	0	0	0	0	0	0	0	0	

▶ 비트 7-0 : TWBR7~0(TWI 비트 레이트 레지스터, TWI Bit Rate Register)

◉ **TWI 상태 레지스터: TWSR (자세한 설명은 12장을 참조하기 바람)**

비트	7	6	5	4	3	2	1	0	
$71	TWS7	TWS6	TWS5	TWS4	TWS3	–	TWPS1	TWPS0	TWSR
읽기/쓰기	R	R	R	R	R	R	R/W	R/W	
초기값	1	1	1	1	1	0	0	0	

▶ 비트 7-3 : TWS7~3 (TWI 상태, TWI Status)

▶ 비트 1-0 : TWPS0~1 (TWI 프리스케일러 비트, TWI Prescaler Bits)

○ TWI 주소 레지스터: TWAR (자세한 설명은 12장을 참조하기 바람)

비트	7	6	5	4	3	2	1	0	
$72	TWA6	TWA5	TWA4	TWA3	TWA2	TWA1	TWA0	TWGCE	TWAR
읽기/쓰기	R/W	R/W	R/W	R/W	R/W	R/W	R/W	R/W	
초기값	0	0	0	0	0	0	0	0	

▶ 비트 7-1 : TWA6~0 (TWI (슬레이브) 주소 레지스터, TWA (Slave) Address Register)
▶ 비트 0 : TWGCE (TWI 전체 슬레이브 호출 인식 가능 비트, TWI General Call Recognition Enable Bit)

○ TWI 데이터 레지스터: TWDR (자세한 설명은 12장을 참조하기 바람)

비트	7	6	5	4	3	2	1	0	
$73	TWD7	TWD6	TWD5	TWD4	TWD3	TWD2	TWD1	TWD0	TWDR
읽기/쓰기	R/W	R/W	R/W	R/W	R/W	R/W	R/W	R/W	
초기값	0	0	0	0	0	0	0	0	

○ TWI 제어 레지스터: TWCR (자세한 설명은 12장을 참조하기 바람)

비트	7	6	5	4	3	2	1	0	
$74	TWINT	TWEA	TWSTA	TWSTO	TWWC	TWEN	–	TWIE	TWCR
읽기/쓰기	R/W	R/W	R/W	R/W	R	R/W	R	R/W	
초기값	0	0	0	0	0	0	0	0	

▶ 비트 7 : TWINT (인터럽트 플래그, TWI Interrupt Flag)
▶ 비트 6 : TWEA (TWI 허가 확인 비트, TWI Enable Acknowledge Bit)
▶ 비트 5 : TWSTA (TWI START 조건 비트, TWI START Condition Bit)
▶ 비트 4 : TWSTO (TWI STOP 상태 비트, TWI STOP Condition Bit)
▶ 비트 3 : TWWC(TWI 쓰기 충돌 클래그, TWI Write Collision Flag)
▶ 비트 2 : TWEN(TWI 허가 비트, TWI Enable Bit)
▶ 비트 1 : 사용하지 않음
▶ 비트 0 : TWIE (TWI 인터럽트 인에이블, TWI Interrupt Enable)

⬤ 타이머/카운터1 출력 비교 레지스터 C: OCR1C (자세한 설명은 9장을 참조하기 바람)

비트	7	6	5	4	3	2	1	0	
$79				OCR1C[15:8]					OCR1CH
$78				OCR1C[7:0]					OCR1CL
읽기/쓰기	R/W	R/W	R/W	R/W	R/W	R/W	R/W	R/W	
	R/W	R/W	R/W	R/W	R/W	R/W	R/W	R/W	
초기값	0	0	0	0	0	0	0	0	
	0	0	0	0	0	0	0	0	

⬤ 타이머/카운터1 제어 레지스터 C: TCCR1C (자세한 설명은 9장을 참조하기 바람)

비트	7	6	5	4	3	2	1	0	
$7A	FOC1A	FOC1B	FOC1C	–	–	–	–	–	TCCR1C
읽기/쓰기	W	W	W	R	R	R	R	R	
초기값	0	0	0	0	0	0	0	0	

▶ 비트 7: FOCnA(채널 A의 강제 출력 비교)

▶ 비트 6: FOCnB(채널 B의 강제 출력 비교)

▶ 비트 5: FOCnC(채널 C의 강제 출력 비교)

▶ 비트 4~0: 사용되지 않음(Reserved bit)

⬤ 확장 타이머/카운터 인터럽트 플래그 레지스터: ETIFR (자세한 설명은 9장을 참조하기 바람)

비트	7	6	5	4	3	2	1	0	
$7C	–	–	ICF3	OCF3A	OCF3B	TOV3	OCF3C	OCF1C	ETIFR
읽기/쓰기	R	R	R/W	R/W	R/W	R/W	R	R	
초기값	0	0	0	0	0	0	0	0	

▶ 비트 5 : ICF3 (타이머/카운터3 입력 캡처 플래그)

▶ 비트 4 : OCF3A (타이머/카운터3 출력 비교 A 일치 플래그)

▶ 비트 3 : OCF3B (타이머/카운터3 출력 비교 B 일치 플래그)

▶ 비트 2 : TOV3 (타이머/카운터3 오버플로우 플래그)

▶ 비트 1: OCF3C(타이머/카운터3 출력 비교 C 일치 플래그)

▶ 비트 0: OCF1C(타이머/카운터1 출력 비교 C 일치 플래그)

◉ 확장 타이머/카운터 인터럽트 마스크 레지스터: ETIMSK (자세한 설명은 9장을 참조하기 바람)

비트	7	6	5	4	3	2	1	0	
$7D	–	–	TICIE3	OCIE3A	OCIE3B	TOIE3	OCIE3C	OCIE1C	ETIMSK
읽기/쓰기	R	R	R/W	R/W	R/W	R/W	R	R	
초기값	0	0	0	0	0	0	0	0	

▸ 비트 5: TICIE3(타이머/카운터3의 입력 캡쳐 인터럽트 허가)

▸ 비트 4: OCIE3A(타이머/카운터3의 출력 비교 A 일치 인터럽트 허가)

▸ 비트 3: OCIE3B(타이머/카운터3의 출력 비교 B 일치 인터럽트 허가)

▸ 비트 2: TOIE3(타이머/카운터3의 오버플로우 인터럽트 허가)

▸ 비트 1: OCIE3C(타이머/카운터3의 출력 비교 C 일치 인터럽트 허가)

▸ 비트 0: OCIE1C(타이머/카운터1의 출력 비교 C 일치 인터럽트 허가)

◉ 타이머/카운터3 입력 캡쳐 레지스터: ICR3 (자세한 설명은 9장을 참조하기 바람)

비트	7	6	5	4	3	2	1	0	
$81				ICR3[15:8]					ICR3H
$80				ICR3[7:0]					ICR3L
읽기/쓰기	R/W	R/W	R/W	R/W	R/W	R/W	R/W	R/W	
	R/W	R/W	R/W	R/W	R/W	R/W	R/W	R/W	
초기값	0	0	0	0	0	0	0	0	
	0	0	0	0	0	0	0	0	

◉ 타이머/카운터3 출력 비교 레지스터 C: OCR3C (자세한 설명은 9장을 참조하기 바람)

비트	7	6	5	4	3	2	1	0	
$83				OCR3C[15:8]					OCR3CH
$82				OCR3C[7:0]					OCR3CL
읽기/쓰기	R/W	R/W	R/W	R/W	R/W	R/W	R/W	R/W	
	R/W	R/W	R/W	R/W	R/W	R/W	R/W	R/W	
초기값	0	0	0	0	0	0	0	0	
	0	0	0	0	0	0	0	0	

◉ 타이머/카운터3 출력 비교 레지스터 B: OCR3B (자세한 설명은 9장을 참조하기 바람)

비트	7	6	5	4	3	2	1	0	
$85				OCR3B[15:8]					OCR3BH
$84				OCR3B[7:0]					OCR3BL
읽기/쓰기	R/W	R/W	R/W	R/W	R/W	R/W	R/W	R/W	
	R/W	R/W	R/W	R/W	R/W	R/W	R/W	R/W	
초기값	0	0	0	0	0	0	0	0	
	0	0	0	0	0	0	0	0	

◉ 타이머/카운터3 출력 비교 레지스터 A: OCR3A (자세한 설명은 9장을 참조하기 바람)

비트	7	6	5	4	3	2	1	0	
$87				OCR3A[15:8]					OCR3AH
$86				OCR3A[7:0]					OCR3AL
읽기/쓰기	R/W	R/W	R/W	R/W	R/W	R/W	R/W	R/W	
	R/W	R/W	R/W	R/W	R/W	R/W	R/W	R/W	
초기값	0	0	0	0	0	0	0	0	
	0	0	0	0	0	0	0	0	

◉ 타이머/카운터3 카운트 레지스터: TCNT3 (자세한 설명은 9장을 참조하기 바람)

비트	7	6	5	4	3	2	1	0	
$89				TCNT3[15:8]					TCNT3H
$88				TCNT3[7:0]					TCNT3L
읽기/쓰기	R/W	R/W	R/W	R/W	R/W	R/W	R/W	R/W	
	R/W	R/W	R/W	R/W	R/W	R/W	R/W	R/W	
초기값	0	0	0	0	0	0	0	0	
	0	0	0	0	0	0	0	0	

◉ 타이머/카운터3 제어 레지스터 B: TCCR1B (자세한 설명은 9장을 참조하기 바람)

비트	7	6	5	4	3	2	1	0	
$8A	ICNC3	ICES3	–	WGM33	WGM32	CS32	CS31	CS30	TCCR3B
읽기/쓰기	R/W	R/W	R/W	R/W	R/W	R/W	R/W	R/W	
초기값	0	0	0	0	0	0	0	0	

▶ 비트 7 : ICNC3 (입력 캡쳐 잡음 제거 회로)

▶ 비트 6 : ICES3 (입력 캡쳐 에지 선택)

▶ 비트 5 : 사용하지 않음 (Reserved bit)

▶ 비트 4~3 : WGM33~WGM32 (파형 발생 모드)

▶ 비트 2~0 : CS32~0 (클럭 선택)

◉ 타이머/카운터3 제어 레지스터 A: TCCR3A(자세한 설명은 9장을 참조하기 바람)

비트	7	6	5	4	3	2	1	0	
$8B	COM3A1	COM3A0	COM3B1	COM3B0	COM3C1	COM3C0	WGM31	WGM30	TCCR3A
읽기/쓰기	R/W	R/W	R/W	R/W	R/W	R/W	R/W	R/W	
초기값	0	0	0	0	0	0	0	0	

▶ 비트 7-6 : COM3A1~COM3A0 (채널 A의 비교 출력 모드)

▶ 비트 5-4 : COM3B1~COM3B0 (채널 B의 비교 출력 모드)

▶ 비트 3-2 : COM3C1~COM3C0 (채널 C의 비교 출력 모드)

▶ 비트 1~0 : WGM31~0 (파형 발생 모드)

◉ 타이머/카운터3 제어 레지스터 C : TCCR3C(자세한 설명은 9장을 참조하기 바람)

비트	7	6	5	4	3	2	1	0	
$8C	FOC3A	F0C3B	F0C3C	–	–	–	–	–	TCCR3C
읽기/쓰기	R/W	R/W	R/W	R/W	R/W	R/W	R/W	R/W	
초기값	0	0	0	0	0	0	0	0	

▶ 비트 7: FOC3A(채널 A의 강제 출력 비교)

▶ 비트 6: FOC3B(채널 B의 강제 출력 비교)

▶ 비트 5: FOC3C(채널 C의 강제 출력 비교)

▶ 비트 4~0: 사용되지 않음(Reserved bit)

◉ USART0 보오 레이트 레지스터 상위 바이트 : UBRR0H (자세한 설명은 11장을 참조하기 바람)

비트	7	6	5	4	3	2	1	0	
($90)	–	–	–	–	UBRR0H[3:0]				UBRR0H
읽기/쓰기	R	R	R	R	R/W	R/W	R/W	R/W	
초기값	0	0	0	0	0	0	0	0	

▶ UBRR0L 레지스터와 결합하여 보오 레이트를 결정

◉ USART0 제어 및 상태 레지스터 C : UCSR0C (자세한 설명은 11장을 참조하기 바람)

비트	7	6	5	4	3	2	1	0	
($95)		UMSEL0	UPM01	UPM00	USBS0	UCSZ01	UCSZ00	UCPOL0	UCSR0C
읽기/쓰기	R/W	R/W	R/W	R/W	R/W	R/W	R/W	R/W	
초기값	1	0	0	0	0	1	1	0	

▶ 비트 6 : UMSEL0 (모드 선택, Mode Select)

▶ 비트 5-4 : UPM01-00 (패리티 모드, Parity Mode)

▶ 비트 3 : USBS0 (정지 비트 선택, Stop Bit Select)

▶ 비트 2-1 : UCSZ01-00 (문자 길이, Character Size)

▶ 비트 0 : UCPOL0 (클럭 극성, Clock Polarity)

○ USART1 보오 레이트 레지스터 (자세한 설명은 11장을 참조하기 바람)

비트	15	14	13	12	11	10	9	8	
($99)	–	–	–	–	UBRR1[11:8]				UBRR1
($98)	UBRR1[7:0]								
읽기/쓰기	R	R	R	R	R/W	R/W	R/W	R/W	
	R/W	R/W	R/W	R/W	R/W	R/W	R/W	R/W	
초기값	0	0	0	0	0	0	0	0	
	0	0	0	0	0	0	0	0	

▶ 비트 15-12 : 사용하지 않음

▶ 비트 11-0 : UBRR111~0 (보오 레이트 선택 레지스터, Baud Rate Select Register)

○ USART1 제어 및 상태 레지스터 B : UCSR1B (자세한 설명은 11장을 참조하기 바람)

비트	7	6	5	4	3	2	1	0	
($9A)	RXCIE1	TXCIE1	UDRIE1	RXEN1	TXEN1	UCSZ21	RXB81	TXB81	UCSR1B
읽기/쓰기	R/W	R/W	R/W	R/W	R/W	R/W	R/W	R/W	
초기값	0	0	0	0	0	0	0	0	

▶ 비트 7 : RXCIE1 (USART1 수신 완료 인터럽트 허가)

▶ 비트 6 : TXCIE1 (USART1 송신 완료 인터럽트 허가)

▶ 비트 5 : UDRIE1 (USART1 데이터 레지스터 준비 완료 인터럽트 허가)

▶ 비트 4 : RXEN1 (USART1 수신 허가)

▶ 비트 3 : TXEN1 (USART1 송신 허가)

▶ 비트 2 : UCSZ21 (USART1 문자 길이)

▶ 비트 1 : RXB81 (USART1 수신 데이터 비트 8)

▶ 비트 0 : TXB81 (USART1 수신 데이터 비트 8)

○ USART1 제어 및 상태 레지스터 A : UCSR1A (자세한 설명은 11장을 참조하기 바람)

비트	7	6	5	4	3	2	1	0	
($9B)	RXC1	TXC1	UDRE1	FE1	DOR1	UPE1	U2X1	MPCM1	UCSR1A
읽기/쓰기	R/W	R/W	R/W	R/W	R/W	R/W	R/W	R/W	
초기값	0	0	1	0	0	0	0	0	

▶ 비트 7 : RXC1 (USART1 수신 완료406)

▶ 비트 6 : TXC1 (USART1 송신 완료)

▶ 비트 5 : UDRE1 (USART1 데이터 레지스터 준비 완료)

▶ 비트 4 : FE1 (USART1 프레임 오류, Frame Error)

▶ 비트 3 : DOR1 (USART1 데이터 오버런 오류, Data OverRun Error)

▶ 비트 2 : UPE1 (USART1 패리티 오류, USART Parity Error)

▶ 비트 1 : U2X1 (USART1 2배속 전송 속도 설정)

▶ 비트 0 : MPCM1 (USART1 다중 프로세서 통신 모드)

◉ **USART1 입출력 데이터 레지스터 : UDR1 (자세한 설명은 11장을 참조하기 바람)**

비트	7	6	5	4	3	2	1	0	
($9C)				RXB[7:0]					UDR1(Read)
				TXB[7:0]					UDR1(Write)
읽기/쓰기	R/W	R/W	R/W	R/W	R/W	R/W	R/W	R/W	
초기값	0	0	0	0	0	0	0	0	

◉ **USART1 제어 및 상태 레지스터 C : UCSR1C (자세한 설명은 11장을 참조하기 바람)**

비트	7	6	5	4	3	2	1	0	
($9D)	−	UMSEL1	UPM11	UPM10	USBS1	UCSZ11	UCSZ10	UCPOL1	UCSR1C
읽기/쓰기	R/W	R/W	R/W	R/W	R/W	R/W	R/W	R/W	
초기값	1	0	0	0	0	1	1	0	

▶ 비트 6 : UMSEL1 (모드 선택, Mode Select)

▶ 비트 5-4 : UPM11-10 (패리티 모드, Parity Mode)

▶ 비트 3 : USBS1 (정지 비트 선택, Stop Bit Select)

▶ 비트 2-1 : UCSZ11-10 (문자 길이, Character Size)

▶ 비트 0 : UCPOL1 (클럭 극성, Clock Polarity)

CodeVisionAVR C 컴파일러를 사용하기 전에

1. 전처리기

전처리기(preprocessor)는 프로그램이 컴파일되기 전에 프로그램을 미리 처리하는 것으로, 전처리기 지시자를 따라서 프로그램에 있는 기호 축약어를 그 축약어가 나타내는 명령으로 교체한다. 일반적으로 전처리기 지시자를 사용하는 용도는 다음과 같다.

▶ 라이브러리와 사용자에 의해 제작된 함수와 같은 다른 파일을 포함한다.
▶ 소스 코드의 판독성(legibility) 향상과 프로그램 작성의 효율성을 증가시키기 위한 매크로를 정의한다.
▶ 다른 시스템으로의 프로그램 이식을 용이하게 하거나 디버깅의 효율성을 증가할 수 있다.
▶ 소스 코드에서 직접 컴파일러의 설정 사항을 변경한다.

❶ 파일 포함하기 : #include

```
#include <file name>        // 컴파일러의 /inc 디렉터리에서 참조
#include "file name"        // 현재 작업 디렉터리에서 참조함.
                           // 만약, 이 파일이 없다면 컴파일러의 /inc 디렉터리에서 참조
```

❷ 매크로의 정의 : #define

```
#define ALFA 0xff    // ALFA 심볼을 0xff로 정의함.
// 이 선언에 의해 컴파일하기 전에 소스 코드의 모든 ALFA를 0xff로 치환함.

// 매크로는 매개변수를 가질 수 있음:
#define SUM(a,b) a+b
int i=SUM(2,3);              // SUM()의 정의에 의해 i=2+3;으로 치환하여 처리함.
```

```
#define SQUARE(x) x*x
z = SQUARE(2);                    // 프로그램에서는 z=x²로 치환하여 처리함.

// 매크로 매개변수에 #을 사용하면 문자열로 치환할 수 있음.
#define PRINT_MESSAGE(t) printf(#t)
PRINT_MESSAGE(Hello);             // printf("Hello")와 동일하게 처리됨.

// 전처리기의 결합 : 두 개의 매개변수를 ## 연산자를 사용하여 하나로 결합함.
#define ALFA(a,b) a ## b
char ALFA(x,y)=1;                 // char xy=1로 결합되어 처리됨.

// 역 슬래시(\)를 사용하여 다음 줄까지 연장
#define MESSAGE "This is a very     \
long text…"

// #undef를 사용하여 define 지시자를 취소
#undef   ALFA
```

❸ 조건부 컴파일 처리: #if, #ifdef, #ifndef, #else, #elif, #endif를 사용하여 컴파일을 할 때 조건에 따라 특정 정보 또는 코드 블럭을 수용하거나 무시하라고 컴파일러에게 지시할 수 있음.

▶ #ifdef, #ifndef, #else, #endif 지시자

```
#ifdef macro_name
    [문 1 그룹]
#else                   /* option */
    [문 2 그룹]
#endif
```

설 명

만일 macro_name이 define되어 있으면 [문 1 그룹]을 컴파일하고, 그렇지 않으면 [문 2 그룹]을 컴파일한다.

 예

```
#ifdef AVRx16
        #include "io.h"         // AVRx16이 #define으로 정의된 경우에만 수행
        #define S_TABLES 5
#else
        #include "io162.h"      // 정의되어 있지 않은 경우에만 수행
        #define S_TABLES 15
#endif
```

▶ #if, #elif, #else, #endif 지시자

```
#if expression1
        [문 1 그룹]
```

```
#elif expression2
        [문 2 그룹]
#else
        [문 3 그룹]
#endif
```

설 명

#if 지시자는 정규 if와 같은 형식으로 사용되어, 위의 형식에서 expression1이 true이면 [문 1 그룹]을 컴파일하고, 그렇지 않고 만일 expression2가 true이면 [문 2 그룹]을 컴파일하고, 그 외에는 [문 3 그룹]을 컴파일한다.

 예

```
#if SYS==1
        #include "io.h"
#elif SYS ==2
        #include "mac.h"
#else
        #include "gen.h"
#endif
```

❹ #line 지시자를 사용하면 미리 정의된 _LINE_과 _FILE_ 매크로에서 정의된 행 번호와 파일 이름을 다시 설정할 수 있음.

```
#line interger_constant ["file_name"]
```

예

```
#line 50 "file2.c"      // 행 번호는 50으로, 파일 이름은 file.c로 재설정함.
#line 100               // 현재 행 번호를 100으로 재설정함.
```

❺ #error 지시자를 사용하면 컴파일을 중지하고 전처리기가 지시자에 담긴 텍스트의 내용으로 오류 메시지를 표시할 수 있음.

예

```
#if AVR_VERSION_ != 200512L
        #error This Ver. is not matched!!!
#endif
```

❻ #pragma 지시자: 컴파일러에게 지시하는 특수 명령임.
  ▶ #pragma warn 지시자는 컴파일러에게 warning을 허가 또는 금지를 지시하는 기능임.

```
#pragma warn-          // warning 금지
#pragma warn+          // warning 허가
```

▶ #pragma opt 지시자는 컴파일러에게 최적화 기능을 사용할 것인지 아닌지를 지시하는 기능임. 이 지시자는 반드시 소스 파일의 첫 부분에 있어야 함.

```
#pragma opt-              // 최적화 기능 off
#pragma opt+              // 최적화 기능 on
```

▶ #pragma savereg 지시자는 인터럽트 핸들러에서 자동으로 레지스터를 저장하거나 복원하는 기능을 사용할 것인지 아닌지를 지시하는 기능임.

```
#pragma savereg-          // 레지스터를 자동으로 저장하지 않음.
#pragma savereg+          // 레지스터를 자동으로 저장함.
```

2. 상수와 변수

❶ 상수의 표현

▶ 2진수: 0b로 시작(예 0b101001)

▶ 16진수: 0x로 시작 (예. 0xff)

▶ 8진수: 0으로 시작 (예. 0777)

▶ Unsigned integer 상수는 뒤에 U사용: (예, 10000U)

▶ Long integer 상수는 뒤에 L사용: (예, 99L)

▶ Unsigned Long integer 상수는 뒤에 UL사용: (예, 99UL)

▶ Floating point 상수는 뒤에 F사용: (예, 1.234F)

▶ 문자 상수는 1중 따옴표로 처리: (예, 'a')

▶ 문자열 상수는 2중 따옴표로 처리: (예, "Hello world")

▶ (함수의 파라미터 안에 2중 따옴표 문자열이 있으면 FLASH 메모리에 놓임.)

▶ 행렬은 최대 8차까지 가능

❷ 변수

▶ 전역(global) 변수와 지역(local) 변수
  • 전역(global) 변수: 함수 외부에 선언, 프로그램 내의 모든 함수에서 사용 가능
  • 지역(local) 변수: 함수 내부에 선언, 해당 함수 내에서만 사용 가능
    초기화하지 않은 전역 변수는 프로그램 초기에 0으로 초기화 됨.

예

```
// 전역 변수 선언 */
char a;
int b;
long c = 0x12345678;    // c 변수를 선언하고 초기화함
```

```
void main(void){
        // 지역 변수 */
        char d;
        int e;
        long f=22222222;                // 초기화


        ...


}
```

▶ 배열
- 배열의 경우에는 8차원까지 사용 가능
- 배열의 요소는 0부터 시작
- 초기화하지 않은 전역 배열의 변수 값은 0으로 초기화됨.

예

```
/* 전역 행렬 변수 */
int global_array1[32];          /* 모든 값이 0으로 초기화 */
int global_array2[]={1,2,3};
int global_array3[4]={1,2,3,4};
char global_array4[]="This is a string";
int multidim_array[2,3]={{1,2,3},{4,5,6}};

void main(void)
{
        /* 지역 행렬 변수 */
        int local_array[3]={11,22,33};
        ...
}
```

▶ 지역 변수: 지역 변수라도 static 선언을 하면 값을 보존할 수 있다. 특별히 초기화되지 않았더라도 지역 변수는 프로그램 기동 시에 자동으로 0으로 초기화됨.

예

```
int alfa(void)
{
        static int n=1;                 /* static 변수 선언 */
        return n++;
}

void main(void)
{
```

```
                  int i;
                  i = alfa();            /* return 값 = 1 */
                  i = alfa();            /* return 값 = 2 */
                  ...
          }
```

▶ extern 선언: 다른 파일에 선언된 변수는 사용할 경우에는 변수와 함께 extern 선언을 한다. 이때 extern을 이용한 변수의 선언은 다른 파일에서 선언된 것보다 먼저 이루어져야 함.

 예

```
    extern int xyz
    #include <file_xyz.h>   // file_xyz.h에는 변수 xyz가 선언이 되어 있고,
                            // 이를 다른 함수에서 전역 변수로 사용하기 위해서는
                            // 변수가 선언된 파일보다 먼저 선언되어야 함.
```

▶ register 수정자: 변수를 레지스터에 할당하기 위해 사용함.

▶ 전역 변수는 SRAM의 전역 변수 영역에 저장되고, 지역 변수는 SRAM의 데이터 스택 영역에 동적으로 할당됨.

❸ 외부 SRAM의 특정 번지에 전역 변수를 지정하는 방법

▶ @ 연산자를 사용하여 전역 변수를 특정 SRAM 위치에 배치할 수 있음.

 예

```
    int  a  @0x80          // 정수 변수 a를 SRAM 0x80에 할당
    struct x {
            int a;
            char c;
    } alfa @0x90    // 구조체 alfa를 0x90에 할당 */
```

❹ 비트(bit) 변수

▶ 전역 비트 변수는 R2에서 R14까지의 레지스터에 배치되고, 지역 비트 변수는 R15 레지스터에 배치됨.

▶ 이 변수는 bit 키워드를 사용하여 선언됨.

▶ 최대 112비트까지 사용이 가능

예 전역 비트 변수의 할당

```
    bit alfa=1;            // R2 레지스터의 비트 0에 할당
    bit beta;              // R2 레지스터의 비트 1에 할당

    void main(void)
    {
```

```
        if(alfa) beta != beta;
        ...

    }
```

예 지역 비트 변수의 할당

```
void main(void)
{
    bit alfa;                   // R15 레지스터의 비트 0에 할당
    bit beta;                   // R15 레지스터의 비트 1에 할당
    ...

}
```

▶ 전역 비트 변수의 크기는 컴파일러 환경에서 미리 지정이 가능하나, 가능한 작게 지정하는 것이 바람직함. 왜냐하면 보다 많은 전역 변수의 할당을 위해서임.

▶ CodeVision에서는 메뉴 툴바의 Project|Configure|C Compiler|Compilation|Bit Variable Size 선택 부분에서 지정할 수 있음.

▶ 이 비트 변수는 별도의 초기화 과정이 없는 한 프로그램 기동 시 0으로 클리어됨.

3. I/O 레지스터의 비트 단위 액세스

▶ 0x00에서 0x1f까지의 I/O 레지스터 영역은 CBI, SBI, SBIC와 SBIS 어셈블리 명령어로 액세스되므로 비트 단위로 액세스가 가능함.

예

```
sfrb PORTA=0x1b;
sfrb DDRA=0x18;
sfrb PINA=0x19;
void main()
{
    DDRA.0 = 1;                 // Port A의 비트 0을 출력 포트로 설정함
    DDRA.1 = 0;                 // Port A의 비트 1을 입력 포트로 설정함
    PORTA.0 = 1;                // Port A의 비트 0에 1 출력
    if(PINA.1){ // 적당한 코드 작성 };
                                // Port A의 비트 1을 검사하여 처리

    .....

}
```

▶ 프로그램의 판독성을 향상시키기 위해 I/O 레지스터에 #define을 사용하여 의미를 부여하여 사용할 수 있음.

예

```
sfrb PINA=0x19;
```

```
                #define alarm_input PINA.2
                void main(void)
                {
                        if(alarm_input){ // 적당한 코드 작성 };    // Port A의 비트 2를 검사하
                                                                  // 여 처리
                        ...

                }
```

▶ 내부 SRAM의 0x5f 이상에 있는 I/O 레지스터의 비트 영역은 CBI, SBI, SBIC와 SBIS 어셈블리 명령어로 액세스되지 않기 때문에 이와 같은 방법으로 비트 단위의 액세스는 불가능함.

4. EEPROM 액세스

▶ AVR 내부의 EEPROM 사용은 전역 변수 앞에 eeprom 키워드를 사용하여 가능함.
▶ EEPROM의 포인터는 항상 16비트를 사용함.

 예

```
                eeprom int alfa=1;               // Chip 프로그램 시에 EEPEOM에 1값 저장
                eeprom char beta;
                eeprom long array1[5];
                eeprom char string[]="Hello";
                // Chip 프로그램 시에 EEPEOM에 문자열 저장 */

                void main(void)
                {
                        int i;
                        int eeprom *ptr_to_eeprom;     // EEPROM 포인터
                        ...
                        alfa = 0x55;                   // EEPROM에 0x55 값 직접 쓰기

                        ptr_to_eeprom=&alfa;           // 포인터를 사용하여 간접적으로 쓰기
                        ptr_to_eeprom=0x55;

                        i=alfa;                        // EEPROM에서 직접적으로 값 읽기
                        i=*ptr_to_eeprom;
                }
```

5. 인터럽트 루틴의 작성

▶ 인터럽트 서비스 루틴의 정의는 interrupt 키워드를 사용함.
▶ 인터럽트 벡터 번호는 1부터 시작함.

▶ 인터럽트 서비스 루틴에서는 어떠한 함수 인자(argument)도 인터럽트 함수에서 정의될 수 없고, 리턴 값도 사용할 수 없음. 즉, 인터럽트 서비스 루틴에서는 어떠한 매개변수도 사용할 수 없음.

▶ 인터럽트를 사용하기 위해서는 각 인터럽트에 해당하는 허가 비트와 전체 인터럽트 허가 비트가 모두 1로 세트되어 있어야 함.

예

```
interrupt [2] void external int0(void)
{ /* 외부 인터럽트 0 서비스 루틴*/

       /* 여기에 처리 코드를 넣는다 */

}

interrupt [18] void timer0 overflow(void)
{ /* 타이머0 Overflow 인터럽트 서비스 루틴*/

       /* 여기에 처리 코드를 넣는다 */

}
```

▶ 컴파일러는 인터럽트 서비스 루틴이 호출되거나 인터럽트 서비스 루틴으로부터 탈출할 때 자동으로 사용된 레지스터를 스택에 저장하고 복귀시켜 놓음.

▶ 자동적으로 저장하는 레지스터는 R0, R1, R22 ~ R31, SREG임.

▶ 자동으로 레지스터를 저장하고 복귀하는 것은 인터럽트 서비스 루틴의 수행 시간에 영향을 주므로, 인터럽트 처리 시간을 조금이라도 단축하고자 할 경우에는 #pragma savereg 지시자를 사용함.

예

```
#pragma savereg-        // 레지스터 자동 저장 기능 OFF

interrupt [1] void my_irq(void)
{
       // 이 인터럽트 서비스 루틴에서 R30, R31, SREG만을 사용한다고 가정할 경우
       // 이 루틴에서는 R30, R31, SREG만 저장하거나 복원시키면 됨.
       #asm
              push r30
              push r31
              in r30, SREG
              push r30
       #endasm
```

```
        /* 여기에 C 코드를 놓음 */

        #asm
                pop  r30
                out  SREG,r30
                pop  r31
                pop  r30
        #endasm
    }
    #pragma savereg+          // 레지스터 저장 기능 ON
```

6. 내부 SRAM 메모리의 구성

❶ 작업 레지스터 영역

▶ 작업 레지스터(working registers) 영역은 32×8비트로 구성된 일반 목적의 작업 레지스터를 포함하고 있음.

▶ 컴파일러는 R0, R1, R15, R22~R31를 사용함.

▶ 컴파일러는 R2~R15 레지스터의 일부를 전역 비트 변수 또는 지역 비트 변수를 저장하는 데 사용함.

▶ 여기서 사용하지 않는 레지스터는 char, int 형의 전역 변수와 전역 포인터로 할당됨.

[내부 SRAM 메모리의 구성]

❷ I/O 레지스터 영역

▶ I/O 레지스터 영역은 CPU 주변 장치(포트 제어 레지스터, 타이머/카운터와 기타 I/O 기능)를 제어하기 위해 64개의 포트 제어 레지스터로 구성되어 있음.

❸ 데이터 스택 영역

▸ 스택 영역은 지역 변수를 동적으로 저장하고, 함수 매개변수를 전달하고, 인터럽트 루틴을 서비스할 때 R0, R1과 R23~R31의 레지스터와 SREG 레지스터를 저장하는 용도로 사용됨.

▸ 데이터 스택 포인터는 Y 레지스터로 구성되어 있으며, 프로그램이 기동될 때 "0x5F + 데이터 스택 크기"의 값으로 설정됨.

▸ 데이터 스택이 값을 저장할 때에는 데이터 스택 포인터는 감소하고, 이 값을 다시 환원할 때에는 스택 포인터는 증가함.

▸ CodeVision 컴파일러를 사용할 때에는 프로그램 실행 시 I/O 레지스터의 영역과 충돌이 일어나지 않도록 Project | Configure | C Compiler | Code Generation 메뉴에서 데이터 스택 크기를 충분히 설정해야 함.

❹ 전역 변수 영역

▸ 전역 변수 영역은 프로그램이 수행되고 있는 동안에 전역 변수를 정적으로 저장하는 데 사용됨.

▸ 이 영역의 크기는 전역 변수로 선언되어 있는 모든 변수를 계산하여 결정됨.

❺ 기타 영역

▸ 하드웨어 스택 영역은 함수의 반환 주소를 저장하는 데 사용됨.

▸ SP 레지스터는 스택 포인터로 사용되고, _HEAP_START_ − 1의 주소로 초기화됨.

▸ 프로그램이 실행되고 있는 동안에는 하드웨어 스택은 전역 변수 영역으로 감소를 함.

▸ 컴파일러를 구성할 때 DSTACKEND를 데이터 스택의 끝과 HSTACKEND를 하드웨어 스택 영역의 끝에 각각 배치할 수 있도록 컴파일러 선택 메뉴(Project | Configure | C Compiler | Code Generation 메뉴)에서 설정해야 함.

▸ 힙은 하드웨어 스택과 SRAM의 끝 사이에 있는 메모리 영역으로 표준 라이브러리에서 메모리 할당 함수(malloc, calloc, realloc, free)에 의해 사용됨.

▸ 힙의 크기는 다음과 같고, Project | Configure | C Compiler | Code Generation 메뉴에서 반드시 설정해 놓아야 함.

$$heap\_size = (n-1) \cdot 4 + \sum_{i=1}^{n} block\_size_i$$

여기서, n은 힙에 할당되는 메모리 블럭의 수이고, $block\_size$는 메모리 블럭 i의 크기임.

▸ 만약 메모리 할당 함수가 사용되지 않는다면, 힙 크기는 0으로 반드시 설정해야 함.

7. 외부 startup 파일의 이해

CodeVision C 컴파일러에서는 AVR이 리셋되어 다음과 같은 초기화 과정을 실행할 수 있도록 자동적으로 코드를 생성한다.

(a) 인터럽트 벡터 점프 테이블

(b) 전체 인터럽트 금지

(c) EEPROM 액세스 금지

(d) 워치독 타이머 금지

(e) 외부 SRAM 액세스 및 웨이트 상태 허가(필요한 경우에)

(f) R2~R14 레지스터 클리어

(g) SRAM 클리어

(h) SRAM에 있는 전역 변수의 초기화

(i) 데이터 스택 포인터 Y의 초기화

(j) 스택 포인터 SP의 초기화

(k) UBRR 레지스터의 초기화(필요한 경우에)

(b)에서 (h)의 코드 생성은 사용자의 요구와 목표 시스템의 환경에 따라 배제할 수도 있다. 이와 같은 경우에는 다음 화면(Project|Configure|C Compiler|Code Generation)에서 Use an External Startup Initialization File 체크 박스를 선택하면 가능하다. 즉, 다음 화면과 같이 설정된 경우에는 컴파일러는 이상의 (a)에서 (k)까지의 모든 과정의 초기화 과정을 수행하지 않고, 외부에 있는 소스 파일인 startup.asm 파일을 참조하여 초기화 과정을 수행하게 된다. 여기서, startup.asm 파일은 반드시 ..\bin 폴더 밑에 존재해야 한다.

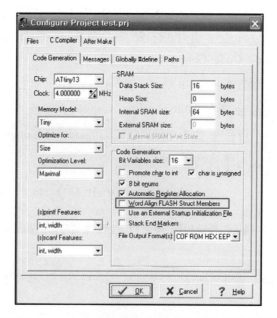

[외부 startup.asm 파일을 사용하기 위한 설정 화면]

▶ startup.asm 소스 파일

```
;CodeVisionAVR C Compiler
;(C) 1998-2007 Pavel Haiduc, HP InfoTech s.r.l.

;EXAMPLE STARTUP FILE FOR CodeVisionAVR V1.24.1 OR LATER

        .EQU __CLEAR_START=0X60 ;START ADDRESS OF SRAM AREA TO CLEAR
                                ;SET THIS ADDRESS TO 0X100 FOR THE
                                ;ATmega128 OR ATmega64 CHIPS
        .EQU __CLEAR_SIZE=256   ;SIZE OF SRAM AREA TO CLEAR IN BYTES
        CLI              ;DISABLE INTERRUPTS
        CLR  R30
        OUT  EECR,R30    ;DISABLE EEPROM ACCESS

;DISABLE THE WATCHDOG
        LDI  R31,0x18
        OUT  WDTCR,R31
        OUT  WDTCR,R30

        OUT  MCUCR,R30  ;MCUCR=0, NO EXTERNAL SRAM ACCESS

;CLEAR R2-R14
        LDI  R24,13
        LDI  R26,2
        CLR  R27
__CLEAR_REG:
        ST   X+,R30
        DEC  R24
        BRNE __CLEAR_REG

;CLEAR SRAM
        LDI  R24,LOW(__CLEAR_SIZE)
        LDI  R25,HIGH(__CLEAR_SIZE)
        LDI  R26,LOW(__CLEAR_START)
        LDI  R27,HIGH(__CLEAR_START)
__CLEAR_SRAM:
        ST   X+,R30
        SBIW R24,1
        BRNE __CLEAR_SRAM

;GLOBAL VARIABLES INITIALIZATION
        LDI  R30,LOW(__GLOBAL_INI_TBL*2)
        LDI  R31,HIGH(__GLOBAL_INI_TBL*2)
__GLOBAL_INI_NEXT:
        LPM
        ADIW R30,1
```

```
            MOV  R24,R0
            LPM
            ADIW R30,1
            MOV  R25,R0
            SBIW R24,0
            BREQ __GLOBAL_INI_END
            LPM
            ADIW R30,1
            MOV  R26,R0
            LPM
            ADIW R30,1
            MOV  R27,R0
            LPM
            ADIW R30,1
            MOV  R1,R0
            LPM
            ADIW R30,1
            MOV  R22,R30
            MOV  R23,R31
            MOV  R31,R0
            MOV  R30,R1
    __GLOBAL_INI_LOOP:
            LPM
            ADIW R30,1
            ST   X+,R0
            SBIW R24,1
            BRNE __GLOBAL_INI_LOOP
            MOV  R30,R22
            MOV  R31,R23
            RJMP __GLOBAL_INI_NEXT
    __GLOBAL_INI_END:
```

▶ _CLEAR_START와 _CLEAR_SIZE 상수는 프로그램의 초기화 과정에서 클리어해야 하
  는 SRAM의 영역에 따라 변경될 수 있음.

▶ _GLOBAL_INI_TBL은 SRAM내에 있는 전역 변수를 초기화하는 데 필요한 정보를 포함
  하는 테이블의 시작 부분에 있어야 함. 이 테이블은 C 컴파일러에 의해 자동으로 생성됨.

CodeVisionAVR C 컴파일러의 라이브러리 함수

CodeVision AVR C 컴파일러에서 제공하는 라이브러리에서는 다양한 I/O의 제어 함수, 문자열 함수, 수학 관련 함수, 메모리 액세스 함수와 같은 표준 라이브러리 외에 다음과 같은 여러 가지의 주변 소자 라이브러리를 포함하고 있다.

▶ 문자형 LCD 모듈

▶ Philips I^2C 버스

▶ 온도 센서 소자(LM75, DS1820)

▶ Real Time Clock 소자 지원(PCF8563,PCF8583, DS1302, DS1307)

▶ Dallas 1 Wire 프로토콜

▶ Thermometer/Thermostat (DS1621)

▶ EEPROM(DS2430, DS2433)

▶ SPI

▶ Delays

▶ Power management

▶ Gray 코드 변환

여기서는 AVR에 내장된 I/O와 메모리 액세스와 관련된 라이브러리 함수를 중심으로 살펴보고, 나머지 수학 관련 함수와 스트링에 관련된 라이브러리에 대해서는 간단하게 함수만 나열하기로 한다. 따라서 이러한 함수에 대한 자세한 사용법에 대해서는 CodeVisionAVR C 컴파일러 매뉴얼을 참조하기 바란다(웹사이트: http://www.hpinfotech.com 참조).

또한, 주변 소자에 관련된 라이브러리에 대해서는 회로의 설계 사항을 검토한 후에 라이브러리를 보다 면밀히 검토한 후에 사용하기 바라며, 여기서는 다루지 않기로 한다.

이상과 같은 라이브러리 함수를 사용하기 위해서는 다음과 같이 프로그램 작성 시에 헤더 파일을 #include 지시자를 사용하여 라이브러리를 포함해야 한다.

 예

```
// 헤더 파일은 함수를 사용하기 전에 포함되어야 함.
#include <math.h>        // abs 함수를 포함하고 있음.
#include <stdio.h>       // putsf 함수를 포함하고 있음.

void main(void)
{
        int a,b;
        a=-99;
        // 실제 함수의 사용
        b=abs(a);
        putsf("Hello AVR World");
}
```

1. 문자형 함수

▶ 이 함수의 프로토타입은 ctype.h에 정의되어 있음.

▶ 이 함수들은 다음과 같고, 함수의 정의와 자세한 사용법은 매뉴얼을 참조하기 바람.

- unsigned char isalnum(char c)
- unsigned char isalpha(char c)
- unsigned char isascii(char c)
- unsigned char iscntrl(char c)
- unsigned char isdigit(char c)
- unsigned char islower(char c)
- unsigned char isprint(char c)
- unsigned char ispunct(char c)
- unsigned char isspace(char c)
- unsigned char isupper(char c)
- unsigned char isxdigit(char c)
- char toascii(char c)
- unsigned char toint(char c)
- char tolower(char c)
- char toupper(char c)

2. 표준 입출력 함수

▶ 이 함수의 프로토타입은 stdio.h에 정의되어 있음.

▶ C 언어의 표준 I/O 함수를 제한된 자원을 갖는 임베디드 마이크로컨트롤러에 동작할 수 있도록 적용함.

▶ 이 함수들은 다음과 같고, 함수의 정의와 자세한 사용법은 매뉴얼을 참조하기 바람.

- char getchar(void)

  // UART를 통해 1 문자를 입력하는 함수 (폴링 기법 사용)

- void putchar(char c)

  // UART를 통해 1 문자를 출력하는 함수 (폴링 기법 사용)

- void puts(char *str)

  // SRAM의 문자열을 송신하는 함수

- void putsf(char flash *str)

  // FLASH 메모리 내에 있는 문자열을 송신하는 함수

- void printf(char flash *fmtstr[, arg1, arg2, ...])

- void sprintf(char *str, char flash *fmtstr[, arg1, arg2, ...])

- void snprintf(char *str, unsigned char size, char flash *fmtstr[, arg1, arg2, ...])

- void snprintf(char *str, unsigned int size, char flash *fmtstr[, arg1, arg2, ...])

- void vrprintf(char flash *fmtstr, va_list argptr)

- void vrprintf(char *str, char flash *fmtstr, va_list argptr)

- void vsnprintf(char *str, unsigned char size, char flash *fmtstr, va_list argptr)

- void vsnprintf(char *str, unsigned int size, char flash *fmtstr, va_list argptr)

- char *gets(char *str, unsigned char len)

- signed char scanf(char flash *fmtstr[, arg1 address, arg2 address, ...])

- signed char scanf(char *str, char flash *fmtstr[, arg1 address, arg2 address, ...])

3. 표준 라이브러리 함수

▶ 이 함수의 프로토타입은 stdlib.h에 정의되어 있음.

▶ 이 함수들은 다음과 같고, 함수의 정의와 자세한 사용법은 매뉴얼을 참조하기 바람.

- int atoi(char *str)　　　　　　　// 스트링 str을 int로 변환
- long int atoi(char *str)　　　　// 스트링 str을 long int로 변환
- void itoa(int n, char *str)　　　// 스트링 str에 있는 int n을 문자로 변환
- void itoa(long int n, char *str)　// 스트링 str에 있는 long int n을 문자로 변환
- float atof(char *str)
- int rand(void)　　　　　　　　// 0-32767 사이의 임의의 값을 발생
- int srand(void)
- void *malloc(unsigned int size)　// 힙에 있는 메모리 블럭을 바이트 크기의 길이로 할당
- void *calloc(unsigned int num, unsigned int size)
- void *realloc(void *ptr, unsigned int size)
- void free(void *ptr)

4. 수학 함수

▶ 이 함수의 프로토타입은 math.h에 정의되어 있음.

▶ 이 함수들은 다음과 같고, 함수의 정의와 자세한 사용법은 매뉴얼을 참조하기 바람.

- unsigned char cabs(signed char x)　　　　　// 절대값
- unsigned int abs(int x)
- unsigned long labs(long int x)
- float fabs (float x)
- signed char cmax(signed char a, signed char b)　// 최대값
- int max(int a, int b)
- long int lmax(long int a, long int b)
- float fmax(float a, float b)
- signed char cmin(signed char a, signed char b)　// 최소값
- int min(int a, int b)
- long int lmin(long int a, long int b)
- float fmin(float a, float b)
- signed char csign(signed char x)　　　　　　// 부호
- signed char sign(int x)
- signed char lsign(long int x)
- signed char fsign(float x)
- unsigned char isqrt(unsigned int x)　　　　　// 제곱
- unsigned int lsqrt(unsigned long x)

- float sqrt(float x)
- float ceil(float x) // 부동소수 x를 최대의 정수값으로
- float fmod(float x) // 나머지
- float modf(float x, float *ipart)
- float ldexp(float x, int expn) // $x*2^{expn}$
- float frexp(float x, int *expn)
- float exp(float x) // ex
- float log(float x) // log
- float log10(float x)
- float pow(float x) // x^y
- float sin(float x) // sin x
- float cos(float x) // cos x
- float tan(float x) // tan x
- float sinh(float x) // sinh x
- float cosh(float x) // cosh x
- float tanh(float x) // tanh x
- float asin(float x) // $sin^{-1} x$
- float acos(float x) // $cos^{-1} x$
- float atan(float x) // $tan^{-1} x$
- float atan2(float y, float x) // $tan^{-1} (y/x)$

5. 스트링 함수

▶ 이 함수의 프로토타입은 string.h에 정의되어 있음.

▶ 스트링 조작 함수들은 SRAM과 플래시 메모리에 있는 스트링을 조작하는 것으로 확장됨.

▶ 이 함수들은 다음과 같고, 함수의 정의와 자세한 사용법은 매뉴얼을 참조하기 바람.

// 스트링의 연결
- char *strcat(char *str1, char *str2)
- char *strcat(char *str1, char flash *str2)
- char *strcat(char *str1, char *str2, unsigned char n)
- char *strcatf(char *str1, char *str2, unsigned char n)

// 스트링에서 문자를 검사하여 포인터/인덱스를 반환하는 함수
- char *strchr(char *str, char c)
- char *strrchr(char *str, char c)

- signed char strpos(char *str, char c)
- signed char strrpos(char *str, char c)

// 스트링 비교

- signed char strcmp(char *str1, char *str2)
- signed char strcmpf(char *str1, char flash *str2)
- signed char strncmp(char *str1, char *str2, unsigned char n)
- signed char strncmpf(char *str1, char flash *str2, unsigned char n)

// 스트링 복사

- char *strcpy(char *dest, char *src)
- char *strcpy(char *dest, char flash *src)
- char *strncpy(char *dest, char *src, unsigned char)
- char *strncpyf(char *dest, char *src, unsigned char)

// 스트링 검사

- char *strspn(char *str, char *set)
- char *strspnf(char *str, char flash *set)
- char *strcspn(char *str, char *set)
- char *strcspnf(char *str, char flash *set)
- char *strpbrk(char *str, char *set)
- char *strpbrkf(char *str, char flash *set)
- char *strppbrk(char *str, char *set)
- char *strrbrkf(char *str, char flash *set)
- char *strstr(char *str1, char *str2)
- char *strstrf(char *str1, char flash *str2)

// 스트링의 길이 검사

- unsigned char strlen(char *str)
- unsigned int strlen(char *str)
- unsigned int strlenf(char flash *str)

// 메모리 복사

- void *memcpy(void *dest, void *src, unsigned char n)   // tiny 모델
- void *memcpy(void *dest, void *src, unsigned int n)   // small 모델
- void *memcpyf(void *dest, void flash *src, unsigned char n)   // tiny 모델
- void *memcpyf(void *dest, void flash *src, unsigned int n)   // small 모델
- void *memccpy(void *dest, void *src, char c, unsigned char n) // tiny 모델
- void *memccpy(void *dest, void *src, char c, unsigned int n)   // small 모델

// 메모리 내용 이동

- void *memmove(void *dest, void *src, unsigned char n)　　// tiny 모델
- void *memmove(void *dest, void *src, unsigned int n)　　// small 모델

// 메모리 버퍼 검사

- void *memchr(void *buf, unsigned char c, unsigned char n)　// tiny 모델
- void *memchr(void *buf, unsigned char c, unsigned int n)　　// small 모델

// 메모리 비교

- signed char memcmp(void *buf1, void *buf2, unsigned char n) // tiny 모델
- signed char memcmp(void *buf1, void *buf2, unsigned int n) // small 모델
- signed char memcmpf(void *buf1, void flash *buf2, unsigned char n)
- signed char memcmpf(void *buf1, void flash *buf2, unsigned int n)
- void *memset(void *buf, unsigned char c, unsigned char n)
- void *memset(void *buf, unsigned char c, unsigned int n)

6. BCD 변환 함수

▶ 이 함수의 프로토타입은 bcd.h에 정의되어 있음.
▶ 이 함수들은 다음과 같고, 함수의 정의와 자세한 사용법은 매뉴얼을 참조하기 바람.
- unsigned char bcd2bin(unsigned char n)
- unsigned char bcd2bcd(unsigned char n)

7. 그레이 코드 변환 함수

▶ 이 함수의 프로토타입은 gray.h에 정의되어 있음.
▶ 이 함수들은 다음과 같고, 함수의 정의와 자세한 사용법은 매뉴얼을 참조하기 바람.
- unsigned char gray2binc(unsigned char n) // gray 코드를 bcd 코드로 변환
- unsigned char gray2bin(unsigned int n)
- unsigned char gary2binl(unsigned long n)
- unsigned char bcd2grayc(unsigned char n) // bcd 코드를 gray 코드로 변환
- unsigned char bcd2gray(unsigned int n)
- unsigned char bcd2grayl(unsigned long n)

8. 메모리 액세스 함수

▶ 이 함수의 프로토타입은 mem.h에 정의되어 있음.
- void pokeb(unsigned int addr, unsigned char data)

```
// SRAM에 지정된 주소 addr에 1바이트의 데이터를 기록함.
```

- void pokew(unsigned int addr, unsigned int data)

  ```
  // SRAM에 지정된 주소 addr에 워드 데이터를 기록함.
  // LSB는 addr에, MSB는 addr+1 주소에 기록.
  ```

- void peekb(unsigned int addr)

  ```
  // SRAM에 지정된 주소 addr에서 1바이트의 데이터를 읽음.
  ```

- void peekw(unsigned int addr)

  ```
  // SRAM에 지정된 주소 addr에서 워드 데이터를 읽음.
  // LSB는 addr에서, MSB는 addr+1 주소에서 읽음.
  ```

9. 전원 관리 함수

▶ 전원 관리 함수는 AVR 소자를 저전력 모드 중의 하나로 동작할 수 있도록 고안된 함수임.

▶ 이 함수의 프로토타입은 sleep.h에 정의되어 있음.

- void sleep_enable(void)

  이 함수는 저전력 소모 모드인 슬립모드로 들어가도록 하는 함수임.

- void sleep_disable(void)

  이 함수는 저전력 소모 모드인 슬립모드로 들어가는 것을 금지하는 함수임.

- void idle(void)

  ✓ 이 함수는 AVR을 휴면(idle) 모드로 설정하는 함수임.

  ✓ sleep_enable 함수를 호출한 다음에 이 함수를 사용해야 함.

  ✓ 이 모드에서는 CPU는 정지되지만, 타이머/카운터, 워치독과 인터럽트 시스템은 계속 동작함.

  ✓ 외부에서 트리거되는 인터럽트 또는 내부 인터럽트에 의해 CPU는 다시 이 모드로부터 깨어날 수 있음.

- void powerdown(void)

  ✓ 이 함수는 AVR을 전원 차단(power down) 모드로 설정하는 함수임.

  ✓ sleep_enable 함수를 호출한 다음에 이 함수를 사용해야 함.

  ✓ 이 모드에서는 외부 오실레이터의 동작은 멈춤.

  ✓ 외부 리셋, 워치독 타임 아웃 또는 외부에서 트리거되는 인터럽트에 의해 CPU는 다시 이 모드로부터 깨어날 수 있음.

- void powersave(void)

  ✓ 이 함수는 AVR을 전원 절감(power save) 모드로 설정하는 함수임.

  ✓ sleep_enable 함수를 호출한 다음에 이 함수를 사용해야 함.

  ✓ 이 모드는 전원 차단 모드와 비슷하나, 약간의 차이점이 있으니 이는 본 교재의 2장을 참조하기 바람.

- void standby(void)
  - ✓ 이 함수는 AVR을 대기(standby) 모드로 설정하는 함수임.
  - ✓ sleep_enable 함수를 호출한 다음에 이 함수를 사용해야 함.
  - ✓ 이 모드는 차이점은 외부 클럭 오실레이터 계속 동작을 하고 있는 것을 제외하고, 전원 차단 모드와 비슷함.
  - ✓ 자세한 사항은 본 교재의 2장을 참조하기 바람.
- void extended_standby(void)
  - ✓ 이 함수는 AVR을 확장 대기(extended standby) 모드로 설정하는 함수임.
  - ✓ sleep_enable 함수를 호출한 다음에 이 함수를 사용해야 함.
  - ✓ 이 모드는 차이점은 외부 클럭 오실레이터 계속 동작을 하고 있는 것을 제외하고, 전원 절감 모드와 비슷함.
  - ✓ 자세한 사항은 본 교재의 2장을 참조하기 바람.

10. 지연 함수

▶ 일정 시간 동안 지연하는 함수로 두 개의 시간지연 함수가 제공됨.
▶ 이 함수의 프로토타입은 delay.h에 정의되어 있음.
▶ 이들 함수를 사용하기 전에는 반드시 인터럽트는 금지되어 있어야 함. 그렇지 않으면 지연 시간이 예상 외로 길어질 수 있음.
▶ 또한, 지연 함수를 사용하기 위해서는 AVR 컴파일러 메뉴인 (Project|Configure|C Compiler| Code Generation)에서 AVR의 클럭 주파수를 정확하게 정의하여 놓아야 함.

- void delay_us(unsigned int n);　　// micro(u) sec 단위 지연 함수
- void delay_ms(unsigned int n);　　// milli(m) sec 단위 지연 함수

이 함수는 wdr 명령을 발생하여 1msec마다 자동으로 워치독 타이머를 리셋함.

 예

```
void main(void)
{
    #asm("cli")                    // 인터럽트 금지
    delay_us(100);          // 100 usec 지연
    ...
    delay_ms(123);          // 123 msec 지연
    ...
    #asm("sei")                    // 인터럽트 허가
    ...
}
```

INDEX

❖ 저자소개

이 응 혁   ehlee@kpu.ac.kr
한국산업기술대학교 전자공학과

장 문 석   msjang@inha.ac.kr
인하대학교 전자공학과

장 영 건   ygjang@chongju.ac.kr
청주대학교 컴퓨터정보공학과

AVR ATmega128
마이크로컨트롤러
프로그래밍과 인터페이싱

초판 1쇄 발행 : 2009년 8월 7일
초판 2쇄 발행 : 2010년 1월 15일
초판 3쇄 발행 : 2011년 2월 15일

지 은 이   이응혁, 장문석, 장영건
발 행 인   최규학

마 케 팅   전재영, 이대현
본문디자인   우일미디어
표지디자인   Arowa & Arowana

발 행 처   도서출판 ITC
등 록 번 호   제8-399호
등 록 일 자   2003년 4월 15일

주   소   경기도 파주시 교하읍 문발리 파주출판단지 535-7
세종출판벤처타운 307호

전   화   031-955-4353(대표)
팩   스   031-955-4355
이 메 일   itc@itcpub.co.kr

인쇄 해외정판사 / 용지 신승지류유통 / 제본 춘산제본

ISBN-10 : 89-6351-004-2
ISBN-13 : 978-89-6351-004-0

값 28,000원

www.itcpub.co.kr